HISTOIRE NATURELLE

DES

ANIMAUX SANS VERTÈBRES.

TOME TROISIÈME.

LIBRAIRIE DE J.-B. BAILLIÈRE.

Traité pratique du microscope et de son emploi dans l'étude des corps organisés, suivi de recherches sur l'organisation des infusoires par MM. *L. Mandl* et *C. G. Ehremberg*. Paris, 1839, in-8 avec 14 pl. 8 f.

Dictionnaire raisonné, etymologique, synonymique et polyglotte des termes usités dans les sciences naturelles; comprenant l'anatomie, l'histoire naturelle et la physiologie générale; l'astronomie, la botanique, la chimie, la géographie physique, la géologie, la minéralogie, la physique, la zoologie, etc.; par A.-J.-L. Jourdan, membre de l'Académie royale de Médecine. Paris, 1834, 2 forts vol. in-8 à deux colonnes. 18 f.

Essai sur les insectes hémiptères, Rhyngotes et Hétéroptères, par *Max. Spinola*. Paris, 1840, in-8.

OUVRAGES DE LAMARCK.

Philosophie zoologique, ou Exposition des considérations relatives à l'histoire naturelle des animaux, à la diversité de leur organisation et des facultés qu'ils en obtiennent, aux causes physiques qui maintiennent en eux la vie et donnent lieu aux mouvemens qu'ils exécutent; enfin à celles qui produisent, les unes le sentiment, et les autres l'intelligence de ceux qui en sont doués; *deuxième édition*. Paris, 1830, 2 vol. in-8. 12 f.

Système analytique des connaissances positives de l'homme restreintes à celles qui proviennent directement ou indirectement de l'observation. Paris, 1830, in-8. 6 f.

Mémoire sur les fossiles des environs de Paris, comprenant la détermination des espèces qui appartiennent aux animaux marins sans vertèbres, et dont la plupart sont figurés dans la collection du Muséum. Paris, in-4. 10 f.

IMPRIMÉ CHEZ PAUL RENOUARD, RUE GARANCIÈRE, 5.

HISTOIRE NATURELLE

DES

ANIMAUX SANS VERTÈBRES,

PRÉSENTANT

LES CARACTÈRES GÉNÉRAUX ET PARTICULIERS DE CES ANIMAUX, LEUR DISTRIBUTION, LEURS CLASSES, LEURS FAMILLES, LEURS GENRES, ET LA CITATION DES PRINCIPALES ESPÈCES QUI S'Y RAPPORTENT;

PRÉCÉDÉE

D'UNE INTRODUCTION

Offrant la Détermination des caractères essentiels de l'Animal, sa Distinction du végétal et des autres corps naturels; enfin, l'Exposition des principes fondamentaux de la Zoologie.

PAR J. B. P. A. DE LAMARCK,

MEMBRE DE L'INSTITUT DE FRANCE, PROFESSEUR AU MUSÉUM D'HISTOIRE NATURELLE.

Nihil extrà naturam observatione notum.

DEUXIÈME ÉDITION.

REVUE ET AUGMENTÉE DE NOTES PRÉSENTANT LES FAITS NOUVEAUX DONT LA SCIENCE S'EST ENRICHIE JUSQU'A CE JOUR;

Par MM.

G. P. DESHAYES ET H. MILNE EDWARDS.

TOME TROISIÈME.

RADIAIRES, VERS, INSECTES.

PARIS.

J. B. BAILLIÈRE, LIBRAIRE,

RUE DE L'ÉCOLE DE MÉDECINE, N° 17.

A LONDRES, H. BAILLIÈRE, 219, REGENT STREET.

1840.

AVERTISSEMENT.

Lorsque nous nous sommes chargés, M. Deshayes et moi, de l'annotation de cette nouvelle édition de l'*Histoire des animaux sans vertèbres* de Lamarck, nous nous étions partagé ce travail de la manière suivante : M. Deshayes devait s'occuper de la révision de l'introduction et de tout ce qui a rapport aux Mollusques, aux Conchifères et aux Echinodermes; moi des Infusoires, des Polypes, des Vers intestinaux, des Annelides, des Arachnides et des Crustacés. Nous nous étions, l'un et l'autre, acquittés presque entièrement de cette tâche, et il ne nous restait guère à revoir que ce troisième volume consacré aux Echinodermes, aux Vers intestinaux, etc., lorsque des circonstances imprévues nous forcèrent de suspendre notre travail. M. Deshayes, chargé par le gouvernement de l'exploration zoologique des côtes de l'Algérie, a dû se rendre en Afrique, et des recherches analogues me retiendront encore pendant une grande partie de l'année prochaine sur un autre point du littoral de la Méditerranée; aussi nous avons craint, un instant, d'être obligés de renvoyer l'impression de ce volume à une époque assez éloignée; mais grâce au concours de deux savans dont les noms sont bien connus de tous les zoologistes, la publication de cet ouvrage ne sera pas interrompue, et ne souffrira pas de notre absence. Effectivement, M. F. DUJARDIN, à qui l'on doit des recherches pleines d'intérêt sur les Rhizopodes ou prétendus Céphalopodes microscopiques, sur l'organisation des Infusoires et sur un grand nombre d'autres points relatifs à l'histoire des animaux inférieurs, a bien voulu se charger de la révision de la portion de ce volume qui traite des *Echinodermes* et des *Tuniciers*, et M. NORDMANN, dont les belles observations sur les métamorphoses des Lernées, et sur la structure des Vers intestinaux l'ont placé si haut dans l'estime des zoologistes, a eu l'extrême complaisance de me suppléer dans l'annotation du chapitre consacré aux *Vers intestinaux*. Il me suffira de citer les noms de nos nouveaux collaborateurs pour convaincre d'avance nos lecteurs que l'ouvrage ne pourra que gagner à ce changement, et en l'annonçant nous nous hâtons de remercier publiquement MM. F. Dujardin et Nordmann du concours qu'ils ont bien voulu nous prêter.

H. MILNE EDWARDS.

Nice, décembre 1839.

HISTOIRE NATURELLE

DES

ANIMAUX SANS VERTÈBRES.

CLASSE TROISIÈME.

LES RADIAIRES.

Animaux nus, libres, la plupart vagabonds : à corps en général suborbiculaire, renversé, ayant une disposition rayonnante dans ses parties tant internes qu'externes, et dépourvu de tête, d'yeux, de pattes articulées.

Bouche inférieure, simple ou multiple (1) : organe de la digestion le plus souvent composé.

Respiration : Des pores ou des tubes extérieurs, aspirant l'eau.

Génération : Des amas de gemmes internes ressemblant à des ovaires.

Animalia nuda, libera, pleraque vagantia : corpore ut plurimum suborbiculato, resupinato; intùs extùsque partibus radiatìm digestis; capite, oculis, membrisque articulatis nullis.

(1) Nous dirons plus loin comment on ne peut admettre chez tous ces animaux sans exception l'existence d'une bouche, et chez aucun l'existence d'une bouche multiple. F. D.

Os inferum, simplex aut multiplicatum. Organum digestionis, sœpiùs compositum.

Respiratio : *Pori vel tubuli externi aquam spirantes.*

Generatio : *Gemmarum internarum acervi ovaria simulantes.*

Observations. — En sortant de la classe des Polypes, on arrive par une espèce de transition des Polypes flottans aux Radiaires mollasses, à la troisième classe du règne animal, à celle qui comprend les *Radiaires*. Là, on trouve des animaux très distingués des Polypes par une forme générale qui est propre à la plupart, et par une situation comme renversée de leur corps; tous enfin offrent une organisation intérieure plus composée. Ces animaux, qui appartiennent à une branche latérale de la série naturelle, sont encore *apathiques*, quoique leur organisation soit plus avancée et plus composée que celle des animaux des deux classes précédentes.

Ici, l'on observe des formes tout-à-fait nouvelles, qui se rapportent à un mode assez généralement le même : or, ce mode est la *disposition rayonnante* des parties tant intérieures qu'extérieures, dans un corps le plus souvent très raccourci et orbiculaire.

Ici encore, au lieu d'un seul organe spécial intérieur de premier ordre, comme dans le plus grand nombre des Polypes, on en aperçoit partout au moins deux; savoir : un organe digestif, et un organe respiratoire.

L'*organe digestif*, le premier et le plus important de tous les organes spéciaux intérieurs, s'est montré pour la première fois dans les Polypes, et se trouve aussi dans tous les Radiaires; mais, dans la plupart de ceux-ci, il est singulièrement composé. Il y est, en effet, constitué par un sac alimentaire fort court, mais augmenté sur les côtés par des appendices ou des *cœcum* souvent vasculiformes et très ramifiés. Quoique variant dans sa forme, selon les organisations dont il fait partie, cet organe, une fois formé, ne manquera désormais dans aucun des animaux des classes qui suivent.

L'*organe respiratoire*, le plus important de tous les organes spéciaux intérieurs, après celui de la digestion, est effectivement le second organe du premier ordre que la nature a institué dans les animaux, et il paraît qu'elle n'a commencé à l'établir que dans les *Radiaires*. Il s'y montre dans des pores ou des tubes extérieurs qui aspirent l'eau et la transportent intérieurement par des canaux ou des espèces de trachées aquifères. L'organe alors en sépare l'air qui fournit son oxigène au fluide nourricier, et qui, en outre, y forme, dans plusieurs, des réservoirs particuliers pleins d'air, qui aident l'animal à se soutenir dans le sein ou à la surface des eaux. Or, l'organe respiratoire une fois établi, se retrouve aussi dans tous les animaux des classes suivantes ; mais la nature varie son mode, étant obligée de l'accommoder partout aux organisations dont il fait essentiellement partie.

On peut dire que les *Radiaires*, en général, ne sont point, comme les Polypes, des animaux à corps allongé, ayant une bouche supérieure et terminale, le plus souvent fixés dans un polypier, et n'ayant qu'un seul organe spécial du premier ordre celui de la digestion; mais que ce sont des animaux libres, errans ou vagabonds, plus composés dans leur organisation que les Polypes, ayant une conformation qui leur est, en général, particulière, et se tenant presque tous dans une position comme renversée, leur bouche alors étant toujours inférieure.

Il n'est personne qui, ayant vu des Polypes, n'en distingue les Radiaires au premier aspect, et s'il est parmi elles des races qui, par leur forme et leur disposition habituelle, s'éloignent un peu des caractères que je viens d'assigner, ce n'est ici, comme ailleurs, qu'au commencement et à la fin de la classe qu'on peut les rencontrer.

Aussi, malgré les différences que je viens de citer entre les Radiaires et les Polypes, on doit remarquer que, depuis les Infusoires jusqu'aux Radiaires inclusivement, les animaux compris dans cette grande série sont tellement liés les uns aux autres par leurs rapports, que les divisions qu'il a fallu établir pour la partager ne sont, en général, que des lignes de séparation artificielles. Après les Radiaires, nous verrons que la même chose n'a point lieu, les vers étant en quelque sorte hors de rang.

Si la classe des Polypes nous a paru mériter beaucoup d'intérêt sous le rapport de l'étude de l'organisation, nous allons voir que celle des Radiaires n'en mérite pas moins; car elle nous présente, dans les animaux qu'elle embrasse, des faits d'organisation très importans à considérer, et qui peuvent nous éclairer sur certains moyens employés par la nature, dont l'usage n'était pas même soupçonné.

Dans l'instant j'essaierai de mettre les preuves de ces moyens en évidence; mais auparavant suivons l'ordre des considérations qui les amènent.

Jusqu'à présent, les animaux que nous avons considérés ne nous ont encore offert ni tête, ni organe de la vue solidement déterminé; ni pattes articulées; ni cette forme symétrique de parties paires, à laquelle la nature doit parvenir pour pouvoir produire les animaux les plus parfaits; et à l'intérieur, l'organisation ne nous a pas encore présenté, soit une moelle longitudinale et un cerveau pour le *sentiment*, soit des artères, des veines et un cœur pour la *circulation* des fluides, soit enfin des organes distincts et de deux sortes pour une véritable fécondation sexuelle. L'organisation n'a pas encore pu atteindre à aucun de ces degrés de composition, à ces points d'animalisation.

Cependant, nous avons déjà vu, dans les animaux des deux classes précédentes, l'organisation commencer à se composer d'une manière évidente, et l'animalisation faire des progrès assez remarquables.

Dans les *Infusoires*, nous avons pu nous convaincre que l'organisation est réduite à sa plus grande simplicité, à la plus faible consistance de ses parties, et qu'elle n'offre aucun organe spécial intérieur. Aussi, est-il facile de sentir que, dans ces animaux, les fluides subtils, excitateurs de la vie et des mouvemens du corps, n'ont d'autre voie pour leur invasion que les points extérieurs de ces petits corps animés. Ces fluides sont, en outre, assujettis dans leur action aux influences de l'irrégularité de forme, de la grande contractilité de ces frêles corps, et du défaut de consistance et de point d'appui; défaut qui fait varier les formes sans limites.

Mais dans les Polypes, la forme générale des animaux étant parvenue à se régulariser, un organe digestif, quoique incomplet, a pu se former, et a offert plus de facilité aux fluides excitateurs pour se précipiter par cette voie dans ces corps souples.

Aussi ces fluides commencent-ils à y opérer, par leur expansion une disposition rayonnante des parties, qui s'annonce, en effet, par la situation des tentacules autour de la bouche.

Dans les Radiaires, qui viennent ensuite et dont nous allons nous occuper, cette influence des fluides excitateurs se fait bien plus sentir; le volume fort accru de ces corps lui donne plus de moyens et ses produits y sont aussi plus remarquables.

En effet, l'organe digestif des plus mollasses d'entre eux est moins simple, plus composé même que dans les animaux les plus parfaits, au moins sous le rapport de ses divisions; et l'on voit clairement que la nature s'en est servie pour y établir le centre du mouvement des fluides propres de l'animal, jusqu'à ce qu'elle ait pu parvenir à employer des moyens plus puissans pour leur accélération.

Voyons jusqu'à quel point ce que je viens d'exposer se trouve appuyé par l'observation et par les connaissances maintenant acquises.

Lorsqu'on connaît, comme à présent, l'expansibilité rayonnante du *calorique* et de l'*électricité* condensée, que l'on sait que tous les milieux qu'habitent les animaux sont remplis plus ou moins abondamment de ces fluides pénétrans et expansifs, peut-on méconnaître leur influence dans ceux des animaux dont les parties, n'ayant encore qu'une faible consistance, sont conséquemment très souples et se plient facilement à l'expansion rayonnante de ces fluides excitateurs et pénétrans.

Si, dans les *Polypes*, ces mêmes fluides subtils n'ont opéré qu'un effet médiocre, qui ne sent que le très petit volume du corps de chaque Polype en a été la cause! Mais dans les *Radiaires*, où le corps de chaque animal est bien plus ample et isolé, ces fluides excitateurs et expansifs se précipitant sans cesse dans l'organe digestif de ces animaux, l'ont évidemment modifié, ainsi que le corps lui-même.

Ainsi, sans craindre de rien accorder à l'imagination, puisque ce sont ici les faits qui nous guident, on peut dire que le centre du mouvement des fluides, dans les animaux imparfaits, tels que les *Polypes* et les *Radiaires*, n'existe que dans le canal alimentaire; que c'est là qu'il a commencé à s'établir; qu'enfin c'est par la voie de ce canal que les fluides subtils ambians pénètrent principalement pour exciter le mouvement dans les fluides essentiels de ces animaux.

Quant aux fluides propres des mêmes animaux, leurs mouvemens excités sont encore fort lents dans celles des *Radiaires* qui ont le corps gélatineux (les Radiaires mollasses); aussi ces fluides propres ne s'y meuvent point encore dans des canaux particuliers. Ces animaux tiennent donc tout, soit leur activité vitale, soit leurs mouvemens particuliers, soit leur forme même, de la puissance des fluides excitateurs.

Qui ne sent, par exemple, que l'invasion des fluides excitateurs dans l'organe digestif des radiaires mollasses, en y établissant le centre du mouvement des fluides propres de l'animal, y a aussi exercé une grande influence sur la forme générale de son corps et sur la disposition de ses parties! Qui ne sent encore que, par une suite de la répulsion divergente de ces fluides excitateurs, l'organe digestif des *Radiaires* dont il s'agit, a dû singulièrement se composer, et que la forme rayonnante des parties et du corps même a dû en être nécessairement le résultat!

Cette forme et cette disposition obtenues se sont conservées dans un grand nombre de *Radiaires* échinodermes; mais elles se sont altérées graduellement, parce que la puissance des fluides excitateurs sur celles-ci fut diminuée à raison de l'accroissement dans la consistance de leur corps et de leurs parties. Ces considérations sont confirmées par l'état de l'organisation des différentes races de ces Échinodermes.

L'influence des fluides excitateurs qui se précipitent sans cesse dans les *Radiaires* mollasses par la voie de leur organe digestif, ne s'est point bornée à y établir le centre du mouvement des fluides propres de l'animal, ni à opérer la forme de son corps et la disposition de ses parties; elle y a en outre acquis le pouvoir de produire dans le corps souple de ces animaux les *mouvemens isochrones* qu'on observe dans tant de *Radiaires* mollasses, et surtout dans celles qui sont les plus régulières (les Médusaires).

Dans l'exposition du premier ordre des *Radiaires*, j'essaierai de montrer la source de ces singuliers mouvemens. Ici, ne voulant pas trop m'étendre, je vais passer à d'autres considérations.

Je me crois fondé à dire que c'est uniquement aux *Radiaires* qu'on pouvait donner le nom d'*animaux rayonnés*; ce que j'ai fait dans la dénomination classique que j'ai assignée à ces animaux. Mais ce nom ne convient point à tous les animaux *apathiques ;* car, dans les Polypes, il n'y a de rayonnant que les tentacules ; et dans les Infusoires, ainsi que dans les Vers, le corps ni les parties ne sont nullement rayonnés.

Ayant montré que, dans la grande généralité des *Radiaires*, le corps est très raccourci, suborbiculaire, rayonnant, et que l'organisation intérieure de ce corps est moins simple que celle des Polypes, nous n'ajouterons encore quelques observations que pour donner de ces animaux l'idée qu'il paraît le plus convenable d'en avoir.

Par suite de la forme des *Radiaires*, leur canal alimentaire est en général très court; mais, outre qu'il est quelquefois divisé dans ses parties principales, puisqu'il s'en trouve qui ont plusieurs bouches et plusieurs estomacs, ce canal est presque toujours augmenté latéralement par des appendices ou des espèces de *cœcum* disposés en rayons, et ces appendices, qui sont quelquefois très déliés et vasculiformes, ajoutent aux moyens pour préparer les sucs nourriciers, et pour les mettre à portée de recevoir les influences de la respiration.

Dans presque toutes les *Radiaires*, et principalement dans les Echinodermes, on observe une multitude de tubes, tantôt rétractiles, mais que l'animal étend et fait saillir au dehors, et tantôt toujours saillans, soit sous la forme de filets, soit conformés comme des franges diversiformes, ayant quantité de petites ouvertures. Ces tubes aspirent l'eau (1), la conduisent dans l'intérieur du corps, comme les trachées des insectes conduisent l'air par tout l'intérieur de l'animal, et dans la plupart cette eau paraît revenir dans la bouche d'où elle est rejetée au dehors. Ces tubes, surtout ceux des Radiaires mollasses, sont pour moi de véritables trachées aquifères qui constituent l'organe respiratoire de ces animaux. Dans les Radiaires échinodermes, où les tubes en question sont rétractiles, il n'y qu'une partie

(1) Ces tubes ne présentent point d'orifice béant, et si le liquide extérieur y pénètre c'est par des pores invisibles. F. D.

d'entre eux qui sert à la respiration; les autres sont employés à d'autres usages.

Le mouvement des fluides propres de l'animal étant encore très peu accéléré dans les *Radiaires mollasses*, ces fluides ne sont pas contenus dans des canaux, et ne se meuvent encore que dans le parenchyme gélatineux et cellulaire de leur corps; mais ce mouvement étant sans doute plus énergique dans les *Radiaires échinodermes*, en qui le système musculaire est déjà ébauché, on leur a effectivement observé des vaisseaux qui contiennent leurs fluides propres. Il ne s'ensuit cependant pas que les fluides de ces animaux subissent une véritable circulation. La plupart des végétaux ont aussi des canaux vasculiformes qui contiennent leurs fluides propres, et néanmoins ces fluides ne circulent pas.

Aucune *Radiaire* ne possède un système nerveux capable de lui donner la faculté de *sentir;* car aucune n'offre ni cerveau, ni moelle longitudinale, ni sens quelconque, et aucune en effet n'a besoin de jouir d'une pareille faculté. Mais, quoiqu'une grande partie des Radiaires soit probablement dépourvue de nerfs, ce qu'on a lieu de croire à l'égard des *Radiaires mollasses*, on devait présumer en trouver dans les *Radiaires échinodermes*, où l'organisation est plus avancée, et où de véritables muscles ne sont plus hypothétiques.

On sait que M. *Spix* a reconnu, dans une *Radiaire échinoderme*, des nerfs qui se rendent à des nodules médullaires. Il a effectivement observé, dans l'*Astérie rouge*, des parties qui paraissent clairement appartenir à un système nerveux ébauché.

Cet habile observateur a vu, sous une membrane tendineuse que les tégumens recouvrent, un entrelacement composé de nodules et de filets blanchâtres. Ces nodules lui ont paru des *ganglions*, et il a regardé les filets blanchâtres qui en partent comme de véritables *nerfs*.

On voit deux de ces nodules à l'entrée de chaque rayon, et tous ces nodules communiquent entre eux par un filet qui part de l'un et va se fixer à l'autre. Enfin, de chacun d'eux partent quelques filets qui vont se rendre à des parties différentes.

Ces nerfs n'ont pas encore été reconnus par d'autres observateurs, qui ont depuis examiné des Astéries. Néanmoins, il est vraisemblable qu'ils existent déjà dans les Radiaires échinodermes.

Sans doute, on s'expose à l'erreur, lorsqu'on attribue à des parties que l'on ne connaît pas bien des fonctions dont on n'a point la preuve; j'en pourrais citer des exemples. Mais ici, plusieurs considérations solides concourent à confirmer le jugement de M. *Spix*; parce que des muscles reconnus dans les Radiaires échinodermes exigent l'existence de nerfs propres à en exciter les mouvemens.

En effet, les Radiaires échinodermes exécutent des mouvemens de parties qui ne peuvent être uniquement le résultat d'excitations de l'extérieur. Leurs épines mobiles, les parties dures de leur bouche, etc., sont dans ce cas nécessairement. Leurs mouvemens ne peuvent être dus qu'à l'action de muscles excités par une influence nerveuse, quoique probablement cette influence soit elle-même provoquée par des excitations du dehors.

Cependant M. *Spix* n'a pu réussir à découvrir des nodules et des filets nerveux dans l'*oursin*; ce que j'attribue à des dispositions particulières de ces parties dans les oursins, car je ne doute pas qu'elles n'y existent.

Quant aux *Radiaires mollasses*, on ne leur connaît aucun mouvement qui ne puisse être le produit d'excitations de l'extérieur. Bien inférieures en animalisation aux Radiaires échinodermes, elles n'ont point de tubes à faire rentrer, point d'épines à mouvoir, point de parties dures à la bouche pour écraser les alimens. Elles digèrent, par macération, ce qu'elles engloutissent dans leur estomac, et, comme les Polypes, elles rejettent ce qu'elles n'ont pu digérer.

J'ai dit que l'imperfection du système nerveux de celles des *Radiaires* qui ont des nerfs, ne paraît encore le rendre propre qu'à l'excitation du mouvement musculaire, et non à la production du sentiment. On a observé effectivement qu'elles ne paraissent nullement douées de sensibilité, et que l'on coupe un rayon à une Stelléride, sans qu'elle en donne aucun signe notable.

Tous les animaux de cette classe sont libres, c'est-à-dire non fixés, et vivent dans la mer. On n'en connaît aucun qui soit habitant de l'eau douce.

La classe des *Radiaires* étant fort nombreuse relativement aux diverses races qui s'y rapportent, je la divise primairement en deux ordres, de la manière suivante :

Ordre 1er. — Radiaires mollasses.

Ordre 2e. — Radiaires échinodermes.

Exposons successivement les caractères de ces deux ordres, ainsi que ceux des objets qu'ils embrassent.

[La classe des Radiaires comprend plusieurs types tellement dissemblables que l'on ne peut rien ajouter de précis aux généralités données ici par Lamarck ; c'est en parlant de chaque division principale que nous ferons connaître et les faits nouveaux acquis par la science au sujet de leur organisation et les principes de classification qui peuvent être adoptés pour chacune de ces divisions érigée en classe ou en ordre.]

ORDRE PREMIER.

RADIAIRES MOLLASSES.

Le corps gélatineux ; la peau molle et transparente ; point de tubes rétractiles sortant par des trous de la peau ; point d'anus ; point de parties dures à la bouche ; point de cavité intérieure propre à contenir des organes.

Parmi les animaux de cette classe, tous ceux qui appartiennent à l'ordre de *Radiaires mollasses* sont évidemment les plus rapprochés des *Polypes* par leurs rapports ; car ce sont encore des animaux gélatineux, transparens et dont les parties n'ont que peu de consistance. On ne leur connaît point de nerfs (1), point de vaisseaux pour le mou-

(1) Nous rapporterons plus loin l'opinion de M. Ehrenberg

vement des fluides propres. Tous sont encore dépourvus d'anus. Leur corps n'offre point de cavité propre à contenir des organes : en sorte que leurs organes spéciaux intérieurs sont encore immergés, pour ainsi dire, dans la chair gélatineuse où ils se sont formés. Leurs fluides propres ne se réparent que par l'absorption qu'en fait sans cesse le tissu cellulaire autour de l'organe digestif, de ses appendices et de ses canaux vasculiformes ; aussi,dans ce tissu qui en est imbibé, ces fluides ne s'y meuvent qu'avec lenteur et sans vaisseaux particuliers. Enfin ici la bouche est toujours, comme dans les Polypes, dépourvue de parties dures. Cet ordre doit donc être le premier de la classe, puisque les animaux qu'il comprend doivent, selon l'ordre même de la nature, venir immédiatement après les Polypes.

Ce que je viens de dire est tellement fondé, que le premier genre des Radiaires mollasses [les *Stéphanomies*] offre des animaux composés et en quelque sorte ambigus entre les Polypes et les Radiaires.

Ces animaux gélatineux sont extrêmement nombreux et diversifiés ; on en trouve dans toutes les mers, mais plus abondamment dans celles des climats chauds. Quant à celles de ces Radiaires qui vivent dans les climats tempérés et même dans ceux qui sont froids, c'est au printemps et surtout dans l'été qu'elles paraissent et qu'il faut les chercher.

Leur grande transparence les rend difficiles à apercevoir dans l'eau. Enfin leur substance est si frêle, que lorsque ces animaux sont hors de l'eau, elle se résout promp-

---

relativement à l'existence des nerfs dans les Méduses, et ce qu'il nomme des anus chez ces animaux. Quant à l'existence d'un système vasculaire, elle est aujourd'hui généralement admise dans plusieurs types.

tement en un fluide analogue à l'eau de mer, et semble n'être que de l'eau coagulée.

Aucune *Radiaire mollasse* ne possédant de système nerveux, même en ébauche, aucune, en effet, ne présente de sens particulier; elles n'en ont nullement besoin. Ainsi non-seulement elles ne jouissent point du sentiment, mais en outre on est fondé à reconnaître qu'aucun de leurs mouvemens ne peut provenir d'une action musculaire, et que les excitations qu'elles reçoivent de l'extérieur, suffisent à l'exécution de leurs mouvemens.

Cependant M. *Péron* dit avoir observé, dans certaines Méduses, les apparences de fibres qu'il regarde comme musculaires. Mais, dans les corps organisés, partout où il y a des fibres, il n'y a pas nécessairement de muscles; les végétaux en offrent la preuve; et tant qu'on n'y trouvera pas en même temps des nerfs partant d'une masse médullaire principale ou de plusieurs de ces masses, je ne regarderai point ces fibres comme musculaires.

D'ailleurs, dans un corps entièrement gélatineux et presque sans consistance, des fibres musculaires manqueraient tellement de point d'appui, qu'il leur serait difficile, pour ne pas dire plus, d'exécuter leurs fonctions : cela me paraît incontestable. On peut ajouter qu'on ne connaît dans ces animaux aucun mouvement de parties qui soit indépendant de ceux de tout le corps, quoique la contractilité seule en puisse produire de cette sorte.

Si ces animaux digèrent rapidement de petits poissons et autres corps vivans dont ils se nourrissent, c'est sans doute en dissolvant promptement ces corps, à l'aide de fluides particuliers dont ils les empreignent; aussi n'ont-ils point de parties dures à la bouche pour les broyer, et ils n'en peuvent avoir, manquant de muscles pour les mouvoir.

Dans presque toutes les *Radiaires mollasses*, et surtout

dans la nombreuse famille des Méduses, on observe pendant la vie de ces animaux, un *mouvement isochrone* ou mesuré et constant, qui se fait sentir dans la masse principale de leur corps. On a pensé qu'il leur servait à se déplacer dans les eaux ; mais il est probable qu'il ne sert qu'à faciliter en eux l'exécution des mouvemens vitaux.

D'abord, on est autorisé à croire que ce mouvement régulier ne provient nullement d'une action musculaire; car il faudrait que ces animaux eussent des muscles, et qu'ils eussent aussi un système nerveux assez puissant pour entretenir, pendant la durée de leur vie, sans interruption et sans fatigue, ce même mouvement, comme le fait le système nerveux des animaux qui ont une circulation sans cesse entretenue par les mouvemens du cœur.

Ensuite, l'on doit reconnaître que ce mouvement isochrone des *Radiaires mollasses* ne provient pas non plus des suites de la respiration de ces animaux; car, après les animaux vertébrés, la nature n'offre, dans aucun animal, ces mouvemens alternatifs et mesurés d'inspiration et d'expiration du fluide respiré. Ce n'est même que dans les mammifères et les oiseaux, que ces mêmes mouvemens ont une régularité distincte; dans les reptiles et dans les poissons, ils perdent cette régularité et deviennent arbitraires; enfin, dans les animaux sans vertèbres on ne les aperçoit plus. Quelle que soit la respiration des Radiaires, elle est extrêmement lente et s'exécute sans mouvemens perceptibles.

Il est bien plus probable que les *mouvemens isochrones* des Radiaires mollasses sont, comme je l'ai dit, le produit des excitations de l'extérieur, excitations continuellement et régulièrement renouvelées dans ces animaux; et en effet je puis démontrer que ces mouvemens résultent des intermittences successives entre les masses des fluides subtils qui pénètrent dans l'intérieur de ces animaux, et celles des mêmes fluides qui s'en échappent après s'être répandues dans toutes leurs parties.

On pourrait regarder comme imaginaire de ma part la possibilité de ces alternatives d'immersion et d'émersion de fluides subtils, dans la masse d'un corps très souple, à laquelle ils communiquent des mouvemens réglés, si le *thermoscope* imaginé par *Franklin* n'offrait un exemple frappant de mouvemens semblables, produits par les alternatives de pénétration et de dissipation de calorique dans la liqueur de cet instrument.

Tous les ans, dans mes leçons sur les *Radiaires mollasses*, j'en fais l'expérience sous les yeux de mes élèves. Ils sont témoins des alternatives réglées que le calorique qui s'échappe de ma main, produit dans la liqueur du *thermoscope*, en s'y répandant et s'en exhalant alternativement, de manière que la liqueur de l'instrument, par ses dilatations et ses condensations promptes, successives et régulières, offre des mouvemens tout-à-fait analogues à ceux des Radiaires dont il s'agit.

Ce n'est donc pas une idée hasardée sans preuve de possibilité, et même sans l'indice d'une probabilité très grande, que celle de considérer les *mouvemens isochrones* des grandes Radiaires mollasses, comme les produits des alternatives de pénétration et de dissipation des fluides subtiles environnans, fluides qui se répandent dans ces corps et s'en exhalent par des paroxysmes réglés.

Les conditions nécessaires pour que le phénomène dont il s'agit puisse s'exécuter, sont au nombre de deux:

1° Il faut que le corps animal soit entièrement gélatineux, afin que la grande souplesse de ses parties se prête aux effets des fluides subtils et expansifs qui viennent les traverser. Aussi, dans les *Radiaires échinodermes*, n'observe-t-on plus de pareils mouvemens :

2° Il faut que le volume du corps animal soit un peu

grand, afin que les masses de fluides subtiles puissent dans leur invasion, y produire des effets sensibles. Aussi, dans les Radiaires mollasses d'un petit volume, ces mouvemens isochrones ne s'aperçoivent presque point, tandis que dans les grandes, comme les Méduses, ils sont extrêmement remarquables.

Toujours gélatineuses, très molles et plus ou moins complètement transparentes, les *Radiaires mollasses* sont toutes libres, comme errantes et vagantes dans les mers. En elles, l'organe de la digestion ou de la nutrition paraît extrêmement compliqué ou divisé ; tantôt par des appendices latéraux, ramifiés et rayonnans, et tantôt par un estomac divisé, et par plusieurs bouches. Les appendices latéraux et rayonnans de leur organe digestif se terminent, vers la circonférence et près de la peau de l'animal, en un réseau vasculeux très fin qui paraît s'anastomoser et se confondre avec les canaux aquifères qui servent à la respiration.

A l'aide de ces canaux ou trachées aquifères, beaucoup de Radiaires mollasses se font des approvisionnemens d'air qu'elles séparent du fluide respiré, et qui leur servent à se soutenir dans les eaux ou à s'élever à leur surface.

Ceux qui observeront suffisamment les *Médusaires*, se convaincront des rapports nombreux que ces animaux mollasses ont avec les *Astéries* (les étoiles de mer) quoiqu'ils en soient très distincts ; et ils sentiront la nécessité de ne les point confondre avec les Polypes, mais de les comprendre dans la classe des *Radiaires* où ils constituent un ordre particulier, bien prononcé.

J'insiste donc fortement contre l'opinion de quelques zoologistes modernes, pour ne point confondre parmi les Polypes, les animaux qui composent cet ordre de Radiaires; parce qu'ils en sont fortement distingués, que leur organisation est moins simple, et que leur réunion avec les Polypes rendrait très obscur et mal circonscrit le caractère classique de ces derniers.

Les *Radiaires molasses* brillent presque toutes pendant la nuit, et surtout dans certains temps, d'un éclat phosphorique très lumineux. Les grandes espèces paraissent alors comme des flambeaux qui illuminent le sein des eaux.

Malgré leur grande transparence, beaucoup d'espèces sont ornées de couleurs vives, variées, éclatantes, et dont l'intensité s'accroît et diminue d'un instant à l'autre.

Ces animaux sont sans doute singulièrement diversifiés et nombreux dans les mers, et cependant nous n'en connaissons encore qu'un petit nombre de genres. Néanmoins l'on verra qu'avec le seul genre des *Méduses* de Linné, *Péron* et *Lesueur*, à qui l'on est redevable de tant d'observations importantes faites sur les animaux pendant leurs voyages, ont institué quantité de nouveaux genres, dont ils ont déjà publié les caractères.

Voici ma distribution des Radiaires mollasses, et les divisions que j'établis parmi elles.

DIVISION DES RADIAIRES MOLLASSES.

Iere SECTION. — RADIAIRES ANOMALES.

Elles sont, soit irrégulières, soit extraordinaires dans leur forme; rarement discoïdes, et plusieurs offrent un corps cartilagineux intérieur, ou une vessie aérienne, ou une crête dorsale qui leur sert de voile.

[A] Bouches en nombre indéterminé.

Stéphanomie.

[B] Bouche unique et centrale.

* *Corps sans vessie aérienne connue, et sans cartilage interne.*

Ceste.
Callianire.
Béroé.
Noctiluque.
Lucernaire.

** *Corps offrant, soit une vessie aérienne, soit un cartilage interne.*

Physsophore.
Rhizophyse.
Physalie.
Vélelle.
Porpite.

IIe SECTION. — RADIAIRES MEDUSAIRES.

Elles sont toutes orbiculaires, régulières ou symétriques dans leur forme, sans crête, sans queue dorsale, sans vessie aérienne apparente, et ont un disque sans corps cartilagineux intérieur.

* *Une seule bouche au disque inférieur de l'ombrelle.*

Eudore.
Phorcynie.
Carybdée.
Équorée.
Callirhoé.
Dianée.

** *Plusieurs bouches au disque inférieur de l'ombrelle.*

Éphyre.
Obélie.
Cassiopée.
Aurélie.
Céphée.
Cyanée.

[Les Radiaires mollasses, en laissant à part les Lucernaires et peut-être les Noctiluques, correspondent à la classe des Acalèphes d'Eschscholtz et de Cuvier qui, de même que Lamarck, les regarde à tort, comme des animaux rayonnés, car chez beaucoup de ces animaux, on ne peut reconnaître une structure rayonnée, souvent même on n'y aperçoit rien de symétrique. La place que leur assignent ces naturalistes, ainsi que Lamarck, entre les Echinodermes et les Polypes, paraît bien toutefois être la véritable. Ce sont des *animaux mous*, *presque gélatineux*, *pourvus d'organes digestifs* et *d'organes locomoteurs qui leur permettent de nager librement dans les eaux de la mer*. Il serait impossible d'en préciser davantage les caractères généraux, parce que cette classe contient des types très différens et encore imparfaitement connus, et surtout, parce que, dans ces derniers temps, on a annoncé chez plusieurs d'entre eux une organisation très complexe et très riche qui les devrait faire placer plus haut dans l'échelle des êtres, à moins toutefois qu'on n'accordât aussi cette même richesse d'organisation à tous les animaux, à partir des Infusoires. Nous exposerons plus loin les idées nouvelles professées, au sujet de l'organisation des divers groupes d'Acalèphes, nous devons nous borner ici à faire connaître les faits généralement admis. Eschscholtz qui publia en 1829 à Berlin un ouvrage d'un grand mérite sur les Acalèphes (*System der Acalephen*) donne de ces animaux la définition que nous rapportons plus haut, et reconnaît qu'il nous manque encore pour eux un caractère distinctif précis.

Ils diffèrent, dit-il, des Infusoires par la présence des organes digestifs, des Hydres par leurs organes locomoteurs, et de la classe des Echinodermes, parce que ces derniers ne peuvent nager librement dans les eaux. Les Acalèphes ont des trompes ou des cavités spéciales, dans lesquelles les alimens peuvent être digérés, mais ils manquent d'un orifice anal, par lequel soient excrétés les résidus de la digestion. Ce caractère leur est commun avec les Polypes et une partie des Echinodermes (les Stellerides) mais les autres Echinodermes ont un véritable canal intestinal.

Les organes locomoteurs sont très différens dans les divers types de cette classe; mais on doit distinguer d'abord des organes locomoteurs actifs et des organes passifs; ceux-ci qu'on ne rencontre que dans les Siphonophores, sont, les uns destinés à soutenir l'animal à la surface des eaux, et consistent en une seule vessie pleine d'air ou en plusieurs cellules également pleines d'air; les autres servent comme une voile pour recevoir l'impulsion du vent. Les organes actifs, chez les Béroïdes ou chez les Cténophores en général, sont simplement des rangées longitudinales symétriques de cils ou de lamelles vibratiles dont l'agitation successive et continuelle détermine le transport de l'animal dans les eaux par un mouvement uniforme, ordinairement très lent : le seul genre Médée peut, en raison de ses cils plus longs, se mouvoir plus vite.

L'organe locomoteur des Méduses ou des Discophores, en général, est un disque gélatineux ou subcartilagineux plus ou moins bombé en forme de cloche ou d'*ombrelle*, et désigné par ce dernier nom; l'ombrelle, en se contractant périodiquement, chasse ou repousse l'eau qui est en contact avec sa face inférieure, et l'animal se trouve ainsi poussé lui-même dans le sens opposé.

Les organes locomoteurs actifs de la plupart des Siphonophores ont quelque rapport avec celui des Méduses, mais ils sont ou doubles dans les Diphyides ou multiples dans les Physophorides, et consistent en pièces de formes diverses, quelquefois symétriques, souvent irrégulières, formées de la même substance que l'ombrelle des Méduses, et susceptibles de se contracter de même aussi pour chasser l'eau contenue dans une cavité dont ils sont creusés. Les Physalies et les Vélelles, avec les cavités remplies d'air qui les soutiennent à la surface, ont aussi des membranes dressées en manière de crête ou de voile qui donnent prise au vent et déterminent le transport de l'animal. Quant aux Porpites, qui ont seulement des cavités celluleuses remplies d'air, on ne leur connaît point d'autres organes locomoteurs; mais il nous semble extrêmement probable que tous les appendices tentaculaires de ces animaux, et des Acalèphes en général, sont couverts de cils vibratiles, non point grands et visibles comme ceux des Béroés, mais tout-à-fait microscopiques comme ceux de certains Infusoires (*Paramécie*).

Les appendices tentaculaires, qu'on nomme plus spécialement cirrhes ou tentacules dans différens genres, sont ou bien des cordons essentiellement musculaires et rétractiles, sans cils microscopiques à la surface, ou bien ce sont de longues lanières molles, charnues, couvertes de cils, et pouvant se mouvoir et se contourner en divers sens par le seul effet des mouvemens de ces cils, ou enfin ce sont des tubes creux, simples ou diversement ramifiés, susceptibles d'extension par l'afflux du liquide qui est poussé dans leur intérieur par certains réservoirs particuliers ou par des cavités creusées dans la masse du corps; puis, se rétractant par un effet de l'élasticité des parois, quand le liquide cessant de les gonfler, retourne occuper l'intérieur du corps ou les réservoirs. Ces tentacules rameux sont souvent chargés d'organes particuliers qu'on a pris mal-à-propos pour des ovaires.

Les organes digestifs diffèrent considérablement aussi dans les différens groupes d'Acalèphes : tantôt c'est une vaste cavité centrale s'ouvrant par une large bouche, chez d'autres (les Diphyides) c'est une longue trompe à la base de laquelle se trouvent quelques organes mal connus;

chez certaines Méduses (Rhizostomides), une infinité de suçoirs répandus à l'extrémité des bras donnent naissance à des canaux qui, en se réunissant, constituent une cavité digestive creusée dans l'intérieur même de la masse. Dans ce dernier cas, on avait pris, par erreur, les quatre cavités ovariennes pour autant de bouches situées autour du pédoncule de l'ombrelle. Chez les autres Acalèphes, on observe un grand nombre de trompes ou de suçoirs portant les sucs nutritifs dans la masse même ou dans un canal nourricier qui a pu être pris pour un intestin. On voit donc qu'à moins d'appeler bouches les extrémités des suçoirs, on ne peut admettre l'existence de tels orifices chez tous les Acalèphes sans exception, ni dans aucun cas la multiplicité des bouches.

Un système circulatoire a été observé depuis long-temps chez les Béroïdes ou Cténophores en général; plus récemment M. Ehrenberg a prétendu reconnaître une circulation au moins partielle dans les Méduses; le même naturaliste a donné la signification d'yeux et de nerfs à des parties qui étaient demeurées indéterminées : nous en parlerons plus loin. Quant à la reproduction des Acalèphes, elle paraît avoir lieu seulement par des œufs ou germes, mais c'est principalement chez les Méduses que le développement de ces œufs a été complètement observé. On a bien vu les Béroés très jeunes, mais on n'a pas suivi le développement des germes; chez les Diphyides, on a pris pour des œufs un amas de très petites vésicules observées dans la cavité natatoire; chez les Physophorides enfin, on n'a rien vu jusqu'à présent de bien précis relativement à la reproduction.

Eschscholtz divise les Acalèphes en trois ordres, de la manière suivante :

ORDRE Ier. Les CTÉNOPHORES.

Ayant une grande cavité digestive centrale, et pour organes locomoteurs des rangées longitudinales externes de cils ou de lamelles vibratiles; familles des *Callianirides*, des *Mnémiides* et des *Béroïdes*.

ORDRE II. Les DISCOPHORES.

Ayant une grande cavité digestive centrale, et pour unique organe locomoteur un disque subcartilagineux en forme de cloche ou d'ombrelle, qui constitue la plus grande partie du corps.

Cet ordre est subdivisé suivant la présence ou l'absence des germes visibles :

1° En *Discophores phanérocarpes*, comprenant les familles des *Rhizostomides* et des *Médusides;*

2° En *Discophores cryptocarpes*, comprenant les familles des *Géryonides,* des *Océanides,* des *Equorides* et des *Bérénicides*.

ORDRE III. Les SIPHONOPHORES.

N'ayant pour organes digestifs que des trompes ou suçoirs sans cavité digestive centrale, et, pour organes locomoteurs, des pièces subcartilagineuses creusées d'une cavité d'où l'eau est chassée par la contraction, ou une vessie remplie d'air, et souvent ces deux sortes d'organes à-la-fois.

Cet ordre comprend les trois familles des *Diphyides*, des *Physophorides* et des *Vélellides*.] F. D.

Première section.

RADIAIRES ANOMALES.

Elles sont, soit irrégulières, soit extraordinaires dans leur forme, rarement discoïdes, et plusieurs offrent un corps cartilagineux intérieur, ou une vessie aérienne, ou une crête dorsale qui leur sert de voile.

Ces Radiaires sont si diversifiées qu'on ne saurait les signaler par un caractère simple qui les embrasse, et cependant aucune d'elles ne peut être convenablement associée aux Médusaires. Sans changer mon ancienne disposition de leurs genres, je les divise de la manière suivante:

[A part les genres *Lucernaire* et probablement *Noctiluque*, les Radiaires anomales correspondent aux Acalèphes ctenophores et siphonophores d'Eschscholtz]. F. D.

[A] *Bouches en nombre indéterminé.* (1)

Sous cette coupe, à laquelle je ne rapporte qu'un genre, j'indique les Radiaires les plus extraordinaires connues, en un mot, des Radiaires constituant des animaux composés. Elles ne tiennent rien de la forme rayonnante des autres Radiaires, et cependant elles ont déjà l'essentiel de l'organisation des Radiaires mollasses. Ce ne sont plus des Polypes, et l'on doit les placer en tête de la classe, comme avoisinant le plus, sous certains rapports, les Polypes flottans.

Il est probable que cette première coupe embrasse un grand nombre d'animaux différens, qui ne sont pas connus, tant par défaut d'observations, que parce que leur grande transparence les rend très difficiles à apercevoir.

C'est à *Péron* et *Lesueur* que nous devons le petit nombre de ceux de ces animaux que nous connaissons, et dont nous n'avons encore qu'une légère idée. Je sais de M. *Lesueur*, que, parmi ceux qu'il a observés, il y en a de singulièrement allongés, et qui sont composés d'une

---

(1) Cette division est basée sur une opinion erronée, et les *Stéphanomies*, comme les Physophorides auxquels on doit les réunir, n'ont point de bouches en nombre indéterminé, à moins qu'on ne veuille prendre pour telles les extrémités des suçoirs. F. D.

multitude de parties qui se séparent lorsqu'on veut s'en saisir.

Je pense qu'attribuer à ces longs corps, des parties pour nager et faire avancer leur masse dans une direction quelconque, est une erreur, parce qu'il y a impossibilité physique à cet égard. Ces corps ne peuvent que flotter et mouvoir leurs parties; mais ils ont la faculté de contracter des portions de leur longueur, pour entourer et saisir leur proie.

En attendant des observations ultérieures sur ces singuliers animaux, voici l'exposé du seul genre que nous rapportons à cette coupe.

STEPHANOMIE. (Stephanomia.)

Animaux gélatineux, transparens, aggrégés, composés, adhérens à un tube commun, et formant par leur réunion une masse libre, très longue, flottante, qui imite une guirlande feuillée, garnie de longs filets.

A chaque animalcule, des appendices divers, subfoliiformes; un suçoir tubuleux, rétractile; un ou plusieurs filets simples, longs, tentaculiformes; des corpuscules en grappes ressemblant à des ovaires.

Animalia gelatinosa, hyalina, aggregata, composita, tubo communi adhærentia, massamque liberam, longissimam, natantem sistentia, eamque sertaceam, foliosam, filamentis instructam simulantem.

Singulo animalculo, appendices variæ, subfoliceæ; haustellum tubulosum, retractile; filamentum, vel filamenta plura simplicia, prælonga, tentaculiformia; corpuscula racemosa ovaria simulantia.

Observations. — Sur la seule inspection de la figure que *Péron* et *Lesueur* ont publiée de la *Stéphanomie* dans le premier volume de leur voyage, j'avais déjà jugé que ce corps singulier et allongé était constitué par des animaux composés, qu'il fallait rapporter à la classe des Radiaires, parmi les Mollasses. Ces animaux effectivement ne sont pas sans rapports avec les Physalies, etc.; mais comme ils paraissent véritablement composés et participant à une vie commune, j'ai cru devoir les placer à l'entrée de la classe, pour les faire venir à la suite des Polypes flottans qui terminent la classe précédente.

Depuis, *Lesueur* ayant publié une seconde espèce avec beaucoup de détails, je vois ma conjecture confirmée, et le genre *Stephanomia* solidement établi.

D'après ce que nous ont appris *Péron* et *Lesueur*, le corps très frêle des *Stéphanomies* est extrêmement long, et l'on ne peut guère s'en procurer que des portions, telles que celles qu'ils ont représentées. Probablement on en découvrira encore d'autres espèces, et déjà M. *Lesueur* en annonce quelques autres.

ESPECES.

1\. Stéphanomie hérissée. *Stephanomia amphytridis.*

St. echinata; appendicibus foliaceis acutis; tentaculis raris, roseis.

Peron et *Lesueur.* Voyage, vol. 1. p. 45. pl. 29. fig. 5.

* *Stephanomia amphitritis.* Eschsch. Acal. p. 155.

* *Stephanomia amphitritis.* Blainv. Man. d'actin. p. 119.

Habite l'Océan atlantique, austral. Elle se montre sous la forme d'une belle guirlande de cristal, couleur d'azur, se promenant à la surface des flots. Elle soulève successivement ses folioles diaphanes, qui ressemblent à des feuilles de lierre; ses beaux tentacules couleur de rose s'étendent au loin pour envelopper la proie, et alors des milliers de suçoirs, semblables à de longues sangsues, s'élancent du dessous des folioles qui les cachaient, pour la sucer. Voilà ce que nous apprend M. Péron.

2\. Stéphanomie grappe. *Stephanomia uvaria.*

St. mutica, subcyanea; appendicibus foliaceis rotundatis; tentaculis numerosis concoloribus.

Stephanomia uvaria. Lesueur. Voyage, etc. pl. dernière.

* *Apolemia uvaria* (1). Eschsch. Acal. p. 143. tab. 13. fig. 2.

---

(1) Le genre Apolemie, *Apolemia*, établi par Eschscholtz (Acal.

* *Apolemia uvaria.* Blainv. Man. d'actin. p. 119. pl. 3. fig. 1.
Habite la Méditerranée et l'Océan atlantique.
D'après les détails et la belle figure que M. Lesueur a publiés sur cette espèce, il n'y a pas de doute qu'elle ne constitue un animal véritablement composé d'une multitude d'individus qui communiquent entre eux et participent à une vie commune, à l'aide du long tube auquel ils adhèrent. Ainsi, les caractères propres de ces individus, et la vie commune dont ils paraissent jouir, ne permettent pas d'associer les *Stéphanomies* aux Ascidiens.

[Les deux espèces rapportées à ce genre, par Lamarck, d'après Péron et Lesueur doivent être classés parmi les *Physophorides* d'Eschscholtz, ou *Physogrades* de M. de Blainville et appartiennent réellement à deux genres différens, la première seule, avec quelques autres espèces, observées par MM. Lesson et Quoy et Gaimard doit constituer le genre Stéphanomie que M. de Blainville caractérise ainsi : « Corps en général fort allongé cylindrique, vermiforme, « couvert dans toute son étendue, si ce n'est dans la ligne

---

p. 143) et adopté par M. de Blainville pour la *Stephanomia uvaria* Lesueur, a les caractères suivans: « Corps fort allongé, cy- « lindrique vermiforme, pourvu en avant de pièces cartilagi- « neuses natatoires subglobuleuses en deux rangées alternes, « après lesquelles viennent d'autres pièces cartilagineuses so- « lides, en massue, isolées, avec des tentacules simples, garnis « de deux rangées de ventouses d'un côté, et ayant des vésicules « allongées et amincies, remplies de liquide à la base des ten- « tacules. »

Eschscholtz, en venant des Açores vers l'Angleterre, put observer plusieurs Apolémies vivantes, mais dépouillées de leurs pièces cartilagineuses natatoires; il ne partageait point du tout l'opinion de M. Lesueur, qui les prit pour des animaux composés. Les suçoirs sont jaunâtres, moitié plus courts et plus minces que les réservoirs de liquide, qui sont d'un rouge de brique

F. D.

« médiane inférieure, d'organes natateurs squameux, « pleins et disposés par bandes transverses, entre lesquel- « les sortent et surtout inférieurement, de longues pro- « ductions cirrhiformes très diversifiées, mêlées avec des « ovaires : orifices du canal intestinal terminaux. » Cette caractéristique tracée dans la persuasion que les Physogrades sont des Mollusques, doit conséquemment différer de celle que donne Eschscholtz qui n'y admet pas d'ovaires, et distingue seulement les Stéphanomies « par leurs « tentacules couverts de rameaux très rapprochés, et par « leurs pièces solides disposées en séries, et laissant entre « elles des fentes pour le passage des tentacules. » N'en pouvant juger lui-même que d'après les dessins de Péron et Lesueur, il ajoute que les pièces cartilagineuses natatoires sont encore inconnues, et que ce genre se distingue des *Agalma* par la disposition régulière et par l'écartement relatif des écailles.

M. de Blainville de son côté, dit (Man. d'actin. p. 129), s'être assuré, d'après des individus peut-être complets, rapportés par MM. Quoy et Gaimard et d'après les dessins de M. Lesueur, que les Stéphanomies sont des animaux bilatéraux et parfaitement symétriques. Le corps à-peu-près cylindrique, présente à la partie inférieure un large sillon médian, ce qui lui donne un contour réniforme, il est en outre entièrement composé de lamelles musculaires posées de champ, libres à leur bord externe, ce qui fait que sa surface est profondément cannelée.

M. de Blainville révoque en doute les assertions de Péron sur la manière dont ces animaux saisissent leur proie; le même auteur rapporte à l'espèce de Péron l'espèce décrite sous le même nom par M. Chamisso et qu'Eschscholtz regarde comme une *Agalma*. Il inscrit aussi dans ce genre les *St. pediculata*, *St. appendiculata*, et *St. rosacea* de M. Lesson et les *St. triangularis*, *St. im-*

bricata, *St. hexacantha* et *St. foliacea* de MM. Quoy et Gaimard.] F. D.

[B] *Bouche unique et centrale.*

Ici, sauf le premier genre qui offre un animal d'une conformation très singulière, les Radiaires mollasses anomales qu'embrasse cette coupe, commencent à présenter une forme plus rayonnante que celle de la coupe qui précède. Le *ceste* même, premier de leur genre, est un animal isolé qui tient à ceux qui viennent ensuite par ses rapports, et qui ne s'en distingue que par l'énorme étendue en largeur de son corps peu élevé.

Les longs filets fistuleux et tentaculiformes de plusieurs de ces Radiaires ne sont point rétractiles, comme les tubes aspirans ou à ventouses des Stellérides et des Echinides; néanmoins ces Radiaires raccourcissent souvent leurs filets tentaculiformes, et même quelques-unes les font presque disparaître, en les tortillant en spirale ou en tirre-boure. Ce fait observé s'applique aux filets tentaculiformes de toutes les Radiaires mollasses. Jamais ces filets ne rentrent entièrement, laissant à nu les trous de la peau de l'animal, comme ceux des Radiaires échinodermes.

[Les genres *Ceste*, *Callianire* et *Béroé* de Lamarck constituent avec plusieurs genres analogues découverts depuis, l'ordre des Acalèphes *Ctenophores*, d'Eschscholtz caractérisé par une grande cavité digestive centrale et par des organes natatoires consistant en lamelles ou papilles vibratiles disposées en quatre ou huit rangées extérieures. Le corps de ces animaux est symétrique, sphérique ou ovoïde ou cylindrique ou en forme de ruban; très mou, facilement décomposable et ne pouvant changer que très lentement sa forme ordinaire. Au milieu se trouve une grande cavité digestive s'ouvrant par une large bouche, dans laquelle s'engouffrent des petits animaux marins rencontrés en nageant par ces Acalèphes. Du fond de cette cavité en arrière part un tube étroit, ou canal aquifère, destiné à conduire au dehors l'eau qui s'engouffre dans l'estomac. On y observe aussi un système vasculaire très developpé, qui généralement consiste en plusieurs vaisseaux, partant de l'extrémité postérieure ou du fond de la cavité digestive, pour suivre les rangées de cils. Dans les Callianirides le système vasculaire est plus complexe que dans les Mnémiides, puisque des vaisseaux proviennent aussi des tentacules; mais c'est dans les Béroïdes qu'on l'observe le mieux. On y voit les huit vaisseaux qui suivent les rangées de cils, aboutir à un anneau vasculaire d'où partent d'autres vaisseaux ramifiés sur la surface interne.

MM. Audouin et Milne Edwards ont observé dans la Manche le *Cydippe pileus* (*Béroé.* Lamck.). Ils y ont vu une cavité, allant d'un pôle à l'autre et communiquant au dehors, et dans le tiers supérieur de laquelle est contenue et comme suspendue une sorte de tube intestinal droit et cylindrique qui s'ouvre au pôle supérieur et porte de chaque côté deux cordons granuleux (peut-être les ovaires?). Cette cavité est remplie par un liquide en mouvement qu'on voit passer dans deux tubes latéraux, lesquels se divisent bientôt chacun en quatre branches, et parviennent à la surface du corps, en s'ouvrant dans les canaux longitudinaux, qui conduisent le liquide dans les cils, dont le mouvement est continuel et qui paraissent être des organes respiratoires. Enfin, des parties latérales de chacun des huit canaux costaux naissent une infinité de petits vaisseaux ou sinus transversaux, qui les font communiquer entre eux et qui s'enfoncent dans le parenchyme environnant.

MM. Quoy et Gaimard qui ont observé la circulation dans un grand nombre de Béroïdes, ont décrit plus particulièrement le *Beroe elongatus* (voy. de l'Astrolabe zool., t. IV, p. 37), qui doit être rapporté au genre Cydippe; ils ont vu de chaque côté de la cavité centrale deux organes qu'ils supposent devoir servir à la digestion. Sur chacune des parties latérales de ces corps existent deux canaux un peu en forme d'S, échancrés pour s'accommoder au renflement du canal central; et s'ouvrant latéralement vers le tiers supérieur par deux orifices béans, pour donner issue aux tentacules ciliés. Ces mêmes naturalistes ont exprimé l'opinion que les Béroïdes en attendant qu'on reconnaisse en eux toutes les conditions pour être des Mollusques acéphales, doivent être considérés comme faisant le passage entre ces derniers et les Zoophytes. M. de Blainville de son côté en a fait sa classe des Ciliogrades parmi les Mollusques; mais n'ayant pu les observer lui-même, il s'est borné à rapporter ce que Fabricius et Fleming ont dit de leur organisation; et il a adopté provisoirement les genres d'Eschscholtz, sauf les genres *Médée* et *Pandore* qu'il réunit aux Béroés, et en y ajoutant les genres *Alcynoé* et *Ocyroé* de M. Rang.

M. Lesson, se fondant sur ses propres observations et sur celles de MM. Quoy et Gaimard, Audouin et Milne Edwards, etc., prétend aussi «que les Béroïdes sont plus voisins des Mollusques acéphales que des Zoophytes; qu'ils ont les plus grands rapports avec certaines espèces d'Ascidies transparentes; qu'enfin ils conduisent aux Firoles et Salpas, et forment un ordre de Mollusques qu'il sera possible de distinguer un jour.»

Il forme de tous les Béroïdes réunis à quelques genres équivoques et mal connus une seule famille divisée ainsi.

1re division. Les Ciliobranches ayant le corps ovalaire, symétrique ou transversal et pair, de substance muqueuse, à réseau vasculaire, à lignes dirigées d'un pôle à l'autre et garnies de lamelles nommées cils.

1re Tribu. Les Cestes, comprenant les genres *Ceste* et *Lemnisque*, ce dernier ayant été de son avis même, établi par MM. Quoy et Gaimard sur un fragment de Ceste.

2e Tribu : Les Callianires, comprenant les genres *Callianire*, *Polyptère*, *Mnémie*, *Calymne*, *Bucéphale*, *Alcynoé*, *Axiotime*.

3e Tribu : Les Neis, pour le seul genre *Néis* Lesson.

4e Tribu : Les Ocyroés, pour le seul genre *Ocyroé*. Rang.

5e Tribu : Les Eucharis, comprenant les genres *Eucharis* et *Cydippe*, avec deux autres genres démembrés de ce dernier : *Mertensie* et *Eschscholtzie*.

6e Tribu : Les vrais Beroés comprenant les genres *Béroé*, *Idya*, *Medea*, *Pandora*, *Cydalisa*.

7e Tribu : Les Beroés douteux, conduisant aux Diphydes, et comprenant le seul genre *Galéolaire*.

2e Division : Les Acils qu'il soupçonne lui-même d'être des Médusaires, et auxquels ils attribue un corps simple, sacciforme, uni, biforé, de substance muqueuse sans nulle trace de cils ?

Cette dernière division, dont le nom peut donner lieu à des équivoques et d'ailleurs implique contradiction avec le nom de Béroïdes si on le prend avec la signification que lui donne l'auteur, contient une seule tribu, la 8e nommée les Berosomes qui comprend les genres *Doliolum*, *Epomis*, *Bursarius*, *Bugainvillea*, *Noctiluca*, *Sulculeolaria*, *Appendicularia* et *Praia* que M. Lesson n'inscrit tous qu'avec un point de doute, et en ajoutant de plus une particule interrogative devant le genre *Bugainvillea* qu'il avait précédemment réuni aux *Cyanées* et dont M. Brandt a fait (1835) le genre *Hippocrène*, compris dans la famille des Géryonides. Il est bien certain d'ailleurs qu'en voulant classer prématurément des êtres ou mêmes des débris d'animaux qui n'ont été observés qu'à la hâte, pendant une navigation pénible, on s'exposerait à commettre des erreurs nombreuses. Il vaut donc mieux, pour beaucoup de genres annoncés, attendre des observations plus complètes. Pour le moment, nous indiquons comme plus satisfaisante la classification d'Eschscholtz qui divise les Cténophores en trois familles, savoir :

1° Les Callianirides qui ont une petite cavité stomacale et des tentacules.

2° Les Mnemeïdes qui ont une petite cavité stomacale, sans tentacules.

3° Les Beroïdes qui ont une grande cavité centrale tenant lieu de cavité digestive.

Première famille : — les Callianirides.

La cavité stomacale n'occupe qu'un petit espace au milieu du corps et de chaque côté se trouve une cavité tubiforme, s'ouvrant dehors et du fond de laquelle prend naissance un tentacule très extensible. Suivant la structure de ces tentacules, ces animaux se classent dans les trois genres suivans :

I. Tentacules simples pourvus de filamens déliés.
 (a) Corps très élargi latéralement en forme de ruban. — 1. *Cestum.*
 (b) Corps globuleux ou ovoïde. — 2. *Cydippe.*
II. Tentacules ramifiés. — 3. *Callianire.*]

F. D.

** Corps sans vessie aérienne connue, sans cartilage interne, et sans crête dorsale.*

CESTE. (Cestum.)

Corps libre, gélatineux, transparent, très allongé, horizontal, aplati sur les côtés, ayant 4 côtes supérieures, serrées, transverses, ciliées dans toute leur longueur.

Bouche unique, située au bord supérieur, à égale distance des extrémités du corps.

Corpus liberum, gelatinosum, hyalinum, longissimum, horizontale, ad latera complanatum; costis 4 confertis transversis, superioribus, secundùm, totam longitudinem ciliatis.

Os unicum, in margine superiore apertum, ab utrâque extremitate corporis, æqualiter remotum.

Observations. — Le *Ceste*, ou la ceinture de Vénus, est un genre d'animal très singulier par l'aplatissement de son corps, sa hauteur verticale petite, et son énorme étendue en largeur, qui lui donne la forme d'un ruban très long, situé horizontalement, ayant ses tranches verticales.

Cet animal est entièrement gélatineux, transparent, d'un blanc laiteux, avec de légers reflets bleuâtres, et avec des cils irisés en ses deux bords supérieurs.

Son extrême longueur transversale doit le faire placer à la suite de la *Stéphanomie*, mais dans une autre coupe. Il montre déjà de grands rapports avec les Béroés et les Callianires.

Les cils qui garnissent ses deux bords supérieurs sont très courts, et probablement vibratiles. On leur attribue la faculté de servir à la locomotion de l'animal, sans prendre garde, d'une part, que le volume et la forme du corps, ainsi que leur petitesse leur en ôte la possibilité; et, de l'autre part, qu'un déplacement sans moyens de direction, sans moyens de courir après une proie, de l'arrêter et de la saisir, ne peut être d'aucune utilité à l'animal. Le *Ceste* se déplace dans les eaux comme une bûche flottante s'y déplacerait. Partout où il se trouve, il y obtient facilement ce qui peut le nourrir.

Le *Ceste* n'a probablement à l'intérieur qu'un organe digestif, fort augmenté sur les côtés, comme dans les autres Radiaires mollasses, et des vaisseaux aquifères pour la respiration. En effet, ayant des appendices latéraux pour la digestion, qui se montrent comme deux lanières contiguës à l'estomac, lesquelles se joignent à des filets vasculiformes, on eût pu voir les rapports de ces canaux avec ceux des autres Radiaires mollasses qui vont former un réseau vasculaire près de la peau, et même s'anastomoser avec les trachées respiratoires.

Parmi les nombreuses découvertes d'animaux marins dont on est redevable à MM. Péron et Lesueur, le Ceste est une des plus remarquables.

L'individu qui a servi à faire connaître ce genre, n'était pas entier, et cependant sa longueur était d'un mètre et demi, sa hauteur de huit centimètres, et son épaisseur d'un centimètre seulement.

[Aux caractères donnés par Lamarck, il faut ajouter la présence des tentacules ciliés, signalés par Eschscholtz; mais surtout il faut considérer comme une bouche l'ouverture inférieure près de laquelle s'ouvrent les tubes d'où sortent les tentacules, tandis que Lamarck supposait au contraire, d'après M. Lesueur, que la bouche devait être située au bord supérieur entre les rangées de lamelles vibratiles, dans un enfoncement où vient aboutir le conduit excréteur.] F. D.

ESPÈCES.

1. Ceste de Vénus. *Cestum Veneris.*

C. parte corporis media haud incrassata; margine inferiori simplici.

Lesueur. Nouv. Bullet. Sc. vol. 3. juin 1813. n° 69. p. 281. pl. 5.

* Cuvier. Règn. anim. 1 éd. IV. 60. 2e éd. III. 283.

* Eschscholtz. Acal. p. 22.

* Delle Chiaje. Mém. sul. an. s. vert. t. IV. p. 13. tab. 52.

* Blainv. Man. d'act. p. 156. pl. 7. f. 1.

Habite la Méditerranée, aux environs de Nice.

† 2. Ceste de Naïade. *Cestum naiadis.* Esch. Acal. p. 23. pl. 1, fig. 1.

C. parte corporis media lateribus triplo crassiori; margine inferiori membranis plicatis instructo.

Habite la mer du Sud, près de l'équateur.—Long. 3 pieds, hauteur 2 pouces 1/2, épaisseur 3 lignes au bord supérieur et 1 1/2 au bord opposé.

† **CYDIPPE.** (Cydippe). (*Eucharis.* Péron). (1)

Animal libre, gélatineux à corps régulier, globuleux ou ovoïde, sans prolongemens aliformes; pourvu de huit rangées de cils vibratiles, qui le partagent en autant de côtes. Deux cirrhes filiformes ou tentacules simples ciliés sortant de deux cavités, qui s'ouvrent du côté opposé à la bouche.

Les cirrhes ou tentacules sont formés d'une tige tubuleuse sur laquelle s'insèrent des rameaux fins, également tubuleux qu'on a indiqués mal-à-propos comme des cils vibratiles.

Les espèces de ce genre primitivement réunies aux Béroés, furent séparées d'abord par M. de Fréminville, qui malheureusement donna le nom d'Idya aux espèces nom-

(1) M. Lesson ne laisse dans le genre CYDIPPE que deux espèces, *C. pileus* et *C. densa.* Il caractérise ainsi ce genre, qu'il place dans sa tribu des *Eucharis :* « Corps globuleux ou ové, « laissant traîner derrière lui deux longs tentacules filiformes, « ciliés sur un des côtés, partant de la base du pôle inférieur. » Les *Cydippe ovum*, *C. elliptica* et *C. ovum* (qu'il nomme *Mertensia Scoresbyi*) sont rangées par lui dans son genre MERTENSIE (*Mertensia*), auquel il assigne les caractères suivans : « Corps « vertical, échancré en bas, comprimé sur les côtés, formé de « globes bordés chacun par une rangée de cils. Deux longs « cirrhes partant du pourtour de la bouche et sortant sur le côté à l'extrémité inférieure. »

Enfin, avec la *Cydippe dimidiata*, il forme son genre ESCHSCHOLTZIE (*Eschscholtzia*), qui a : « le corps vertical, obové, « arrondi au sommet, rétréci en bas, largement et circulaire- « ment ouvert, huit rangées très courtes de cils, occupant seu- « lement le pôle supérieur, deux cintres droits ciliés sur le bord, « partant du milieu des côtés. »

[On doit observer que ce nom *Eschscholtzia* a été donné bien antérieurement à une plante de la famille des Papaveracées.]

F. D.

mées d'abord Béroé par Brown, et laissa ce dernier nom aux espèces dont se compose le genre *Cydippe;* d'un autre côté Flemming proposa pour ce genre le nom *Pleurobranchea :* or le nom *Idea* ayant été donné par Fabricius à des Lépidoptères et le nom *Idya* par Lamouroux, à une Sertulaire, d'un autre côté, le nom de *Pleurobranchea* rappelant trop un genre de Mollusques, Eschscholtz a cru devoir créer le nom actuel.

† 1. Cydippe globuleuse. *Cydippe pileus.* (Voyez plus loin pag. 52. Eschs. Acal. p. 24.)

C. corpore subgloboso, tentaculis duobus prælongis albidis.
Gronovius. Acta. Helvet. IV. p. 36. tab. 4. fig. 1-5.
Beroe. Baster. Opusc. Subsec. I. p. 124. tab. 14. fig. 6-7.
Slabber. Physik. Belustigung. p. 47. tab. 11. fig. 1-2.
Volvox bicaudatus. Lin. Syst. nat. éd. XII. 1325.
Beroe pileus. Muller. Zool. Dan. Prodr. n° 2817.
Beroe pileus et *Beroe lævigatus.* Modeer. N. Mém. Ac. Stock. 1790.
Medusa pileus. Gmelin. Syst. nat. 3152. n. 14.
Scoresby. Arctic. Reg. I. p. 549. pl. 16. fig. 4?
Encycl. mét. pl. 90. fig. 3-4.
Pleurobranchea pileus. Flemming. Brit. Anim. p. 504. n° 67.
Beroe pileus. Lamarck. An. s. vert. 1re éd. t. 2. p. 470.
Béroé globuleux. Cuv. Règ. Anim. 1re éd. IV. p. 59. 2e éd. III. p. 280.
Blainv. Man. d'actin. p. 149. pl. 8. fig. 1.
Lesson. Ann. de Sc. nat. 1836. t. V. 256.
Ehrenberg. Akalephen. tab. VIII. Mém. acad. Berlin. 1836.
Habite la mer du Nord et la Manche. — Larg. 1 pouce.

† 2. Cydippe capuchon. *Cydippe cucullus.* Eschs. Acal. p. 25.

C. corpore hemisphærico, tentaculis coccineis.
Martens. Voy. au Spitzberg. p. 131. tab. T. f. g.
Beroe pileus. Fabricius. Fauna groenl. 361.
Beroe cucullus. Modeer. Nouv. Mém. Acad. de Stock. 1790.
Scoresby. Arctic regions. p. 549. pl. 16. f. 4.
Mertensia Scoresbyi. Lesson. Ann. Sc. nat. 1836. t. V. p. 354.
Habite la mer glaciale. — Long. 2 pouces.

† 3. Cydippe épaisse. *Cydippe densa.* Eschs. Acal. 25.

C. corpore ovali, tentaculis coccineis.
Beroe densa. Forskal. Faun. arab. p. 111.
Modeer. Nouv. Mém. Acad. Stockh. 1790.
Habite la Méditerranée. — Grosse comme une noisette, avec des côtes rougeâtres et des tentacules rouges.

† 4. Cydippe œuf. *Cydippe ovum.* Eschs. Acal. p. 25.

C. corpore ovato, compresso; tentaculis sanguineis.
Beroe ovum. Fabric. Fauna groen. p. 362. n° 355.
Modeer. Nouv. Mém. Acad. Stockh. 1790.
Mertensia ovum. Lesson. Ann. Sc. nat. 1836. t. v. p. 254.
Habite la baie de Baffin.—Varie de la grosseur d'un œuf de pigeon à celle d'un œuf de cane. Couleur du corps bleuâtre pâle; rangées de lamelles vibratiles de couleurs changeantes très brillantes; celles de ces rangées qui correspondent aux côtés étroits ne s'étendent pas aussi loin que les autres vers les extrémités.

† 5. Cydippe entonnoir. *Cydippe infundibulum.* Eschs. Acal. p. 26.

C. corpore hyalino breviter ovato; tentaculis albidis.
Baster. Opusc. subsec. 1. p. 123. tab. 14. f. 5.
Gronovius. Acta Helvet. 5. p. 381.
Volvox beroe. Linn. Syst. nat. éd. XII. p. 1324.
Beroe infundibulum. Muller. Faun. Dan. Prod. n° 2816.
Modeer. Nouv. Mém. Acad. de Stockh. 1790.
Medusa infundibulum. Gmel. Syst. nat. 3152.
Encycl. méth. pl. 90. f. 2.
Beroe ovatus. Var. *Novem costatus.* Lamarck. Hist. Anim. s. vert. 3e éd. t. II. p. 469.
Habite la mer du Nord. — Grosse comme un œuf de poule.
(Eschscholtz croit que l'indication de neuf rangées de lamelles vibratiles n'est fondée que sur une observation inexacte).

† 6. Cydippe elliptique. *Cydippe elliptica.* Eschs. Acal. p. 26, tab. 2, fig. 1.

C. corpore hyalino elongato elliptico, parum compresso; tentaculis albidis.
Mertensia elliptica. Lesson. Ann. Sc. nat. 1836. t. v. p. 254.
Habite la mer du Sud, près de l'équateur. — Long. 1 3/4 pouces, larg. 3/4 pouces.

† 7. Cydippe bipartite. *Cydippe dimidiata.* Esch. p. 27, tab. 2, fig. 2.

C. corpore ovato; cavitate postica maxima.

Beroe biloba. Banks et Solander. 1er voy. de Cook.

Eschscholtzia dimidiata. Lesson. Ann. Sc. nat. 1836. t. v. p. 254.

Habite la mer du Sud, entre la Nouvelle-Zélande et la Nouvelle-Galles du Sud.

Corps long d'un pouce, ovoïde dans sa moitié antérieure avec huit rangées de lamelles vibratiles. Sa moitié postérieure égale en longueur est lisse en dehors, et contient une grande cavité conique.

M. Sars, dans son mémoire imprimé à Bergen en 1835, a fait connaître deux nouvelles espèces de ce genre, sous les noms de *Cydippe bicolor* et *Cydippe quadricostata.*

M. Patterson a décrit dans le *New philosophical journal* d'Edimbourg (1836, vol. 20, p. 26, pl. 1) une nouvelle espèce de Béroé des côtes d'Irlande, qui doit être rapportée au genre *Cydippe.* L'animal est globuleux ou ovoïde, long de 2 à 7 lignes, transparent et sans couleur, excepté au centre de la cavité stomacale où l'on voit une ligne d'un pourpre foncé.

M. Grant prétend avoir observé, dans le *Cydippe pileus*, un système nerveux très développé (Trans. zool. soc. 1833, p. 10.)

Eschscholtz rapporte aussi avec doute les deux espèces suivantes à ce genre.

† 1. *Beroe proteus.* Quoy et Gaimard, voy. de l'Uranie, p. 575. pl. 74 fig. 2.

B. ovato roseus, sex costatus, ore abdito.

Habite près des Moluques. — Long. 1 pouce. Les tentacules n'ont pas été remarquées, mais le caractère de la bouche à peine visible le rapproche des Cydippes.

† 2. *Beroe albens.* Forskal, Fauna arab. p. 111.

B. ovalis, nuce coryli duplo major, costis albis; tentaculis nullis.

Habite la Méditerranée et la mer Rouge. — Sa forme se rapproche bien aussi des Cydippes, et l'on pourrait penser que ses tentacules blancs auraient échappé à l'observation.

Le *Beroe elongatus* de MM. Quoy et Gaimard (voy. de l'Astrolabe, pl. 90, f. 9—14) que M. Lesson veut nommer *Beroe Quoyi*, doit être rapporté à ce genre, sous le nom de *Cydippe elongata*.— Il habite l'Océan atlantique sur la côte d'Afrique. Long. 18 lignes. F. D.

CALLIANIRE. (Callianira.)

Animal libre, gélatineux, transparent; à corps cylindracé, tubuleux, obtus à ses extrémités, augmenté sur les côtés de deux nageoires opposées, lamelleuses, ciliées en leurs bords.

Bouche terminale, supérieure? nue, subtransverse.

Animal liberum, gelatinosum, hyalinum; corpore cylindraceo, tubuloso, utrâque extremitate obtuso, ad latera pinnis duabus lamellosis et margine ciliatis aucto.

Os terminale, superum? nudum, subtransversum.

La *Callianire*, que Péron, de retour à Paris, a publiée comme appartenant à la classe des Mollusques, quoique les notes qu'il prit sur l'animal vivant, qu'il appelait alors *Sophia*, et qui me furent communiquées à son arrivée, n'autorisent nullement cette détermination: cette *Callianire*, dis-je, est pour moi un animal tout-à-fait congénère du *Beroe hexagonus* de Bruguière.

La simplicité de l'organisation intérieure de cet animal, d'après l'observation même de Péron, indique clairement qu'il appartient aux *Radiaires mollasses*, et qu'il est voisin des Béroés par ses rapports.

Voici la description originale que fit *Péron* de sa *Sophia diploptera*, en observant l'animal vivant; description que j'ai extraite de ses manuscrits communiqués.

Animal gelatinosum, hyalinum, molle, lævissimum, folioso-membranulosum, pinniferum, elegans, proteiforme.

Corpus cylindrico-tubulosum, utrâque extremitate obtusum interioris organi cujuslibet apparens ullum. Apertura unica anterior, transversa, bilabiata.

Latere ex unoquoque producuntur alæ duæ, membranuloso-gelatinosæ, in duo secedentes foliola amplissima, margine fimbriato-ciliata, etc.

Cette description d'un animal gélatineux, qui n'offre, outre le digestif, aucun organe intérieur apparent, et qui a une bouche sans anus, n'indique nullement l'organisation d'un Mollusque. Au contraire, l'animal, par ses rapports, annonce son voisinage des Béroés, et montre qu'il est congénère de l'espèce que Bruguière a nommé *B. hexagonus*, l'un et l'autre constituant nos Callianires.

Les Callianires sont des animaux libres, gélatineux, mollasses, transparens dans toutes leurs parties. Leur corps est vertical dans l'eau, presque cylindrique, comme tubuleux, obtus aux deux extrémités. Il est muni sur les côtés de deux espèces de nageoires opposées, qui se divisent chacune en deux ou trois feuillets membraneux, gélatineux, verticaux, et fort amples. Ces feuillets sont très contractiles, bordés de cils, et égalent presque, par leur étendue verticale, la longueur du corps.

On peut dire que les deux nageoires lamellifères et ciliées des Callianires, ne sont que les côtes ciliées et longitudinales des Béroés, mais qui, dans les Callianires, sont très agrandies en volume et réduites en nombre, ou rapprochées et réunies en deux corps opposés. Ces animaux n'ont point de rapport, par l'organisation, avec les Mollusques ptéropodes.

[Quoique Lamarck dise positivement que sa seconde espèce manque de cirrhes ou tentacules, Eschscholtz n'en persiste pas moins à caractériser le genre *Callianire* par la présence de deux tentacules rameux; il n'a vu lui-même aucun de ces animaux, mais il se fonde sur l'analogie pour dire que les tentacules contractés ont pu se dérober à l'observation de Péron et Lesueur. (1)] F. D.

---

(1) M. Lesson, qui conserve le genre Callianire comme Eschscholtz l'a admis, le prend pour type de sa tribu des CALLIANIRES, qui, dit-il, « sont des Béroés à corps vertical, fréquemment aussi haut que large, et dont les côtes deviennent très saillantes

ESPÈCES.

1. Callianire triploptère. *Callianira triploptera.*

C. pinnis utroque latere trilamellosis, ciliatis; cirrhis duobus tripartitis.
Beroe hexagonus. Brug. Dict. n° 3. Encyclop. pl. 90. fig. 5-6.
* *Callianira Slabberi.* De Haan. Bijdrag. t. 2 (1827). p. 150.
* *Callianira triploptera.* Eschs. Acal. p. 28.
* Blainville. Man. d'actin. p. 151. pl. 7. f. 3.
* Lesson. Ann. sc. nat. 1836. t. 5. p. 246.
Habite les mers de Madagascar.

2. Callianire diploptère. *Callianira diploptera.*

C. pinnis utroque latere bilamellosis, ciliatis; cirrhis nullis.
Sophia diploptera. Péron. Mss.
Callianira. Péron et Lesueur. Annales. vol. 15. p. 65. pl. 2. fig. 16.
* Deslongch. Enc. meth. vers. t. II. p. 163.
* *Callianira diploptera.* Eschs. Acal. p. 28.

---

et sont réunies deux à deux pour former deux espèces d'ailes bordées d'une double rangée verticale de cils. »

Avec les genres *Mnemie*, *Calymne* et *Axiotime* d'Eschscholtz et le genre *Alcynoé* de Rang et un nouveau genre *Polyptère*, démembré des Mnémies, il y place son genre Bucephalon, ayant « le corps plus large que haut, composé d'un tube de forme « hastée, très contractile, s'ouvrant en haut entre les deux re- « plis des feuillets supérieurs, par une petite ouverture?, terminé « en bas par une ouverture grande et circulaire, et bordé latéra- « lement par deux portions membraneuses élargies, garnies à « leur terminaison de trois corps denses, épais, massifs et de « forme d'olive.—Le bord supérieur est formé de deux feuilles « minces, garnies sur leur bord d'une rangée transversale de « cils. Sur chaque face quatre appendices cylindracés sont im- « plantés à l'extrémité.» Ce genre ne contient qu'une seule espèce très commune près de l'île de Ceylan : *Bucephalon Reynaudii* (*Callianira bucephalon* Reyn. Cent. Zool. de Lesson, p. 84, pl. 28, f. A-B). F. D.

* *Callianira diploptera.* Blainv. Man. d'actin. p. 151.
Habite les mers équatoriales, voisines de la Nouvelle-Hollande. On y en rencontre des troupes nombreuses.

3. Callianire hexagone. *Callianira hexagona.* Eschs. Acal. pag. 28.

C. corpore hemisphærico, sexangulato; costis ciliatis octo.
* Slabber. Phys. Belustig. p. 28. tab. 7. f. 3.
* *Beroe hexagona.* Modeer. N. mém. acad. de Stockholm. 1790.
* *Janira.* Oken.
* Encycl. méth. pl. 90. f. 6.
Habite la mer du Nord.—Large de 3 lignes; de couleur bleu céleste, avec des lobes plus foncés aux extrémités; tentacules rouges.

[A la suite des Callianires, M. Lesson place la tribu des Neis, qui sont des Callianires ayant le corps plus haut que large, mince, comprimé, et présentant quatre rangées de cils sur les bords et deux autres rangées au milieu, lesquelles se soudent au point de jonction. Cette tribu comprend le seul genre *Neis* et la seule espèce *Neis cordigera* (Less. Voy. Coq. Zooph. p. 103, pl. 16 f. 2), des côtes de la Nouvelle-Galles du sud. — Son corps, aminci sur ses deux faces ou taillé en coin, obcordé au pôle supérieur et largement ouvert à l'autre extrémité, est blanc, hyalin, couvert de vésicules entrecroisées de jaune mordoré et de jaune clair.] F. D.

---

† FAMILLE DES MNÉMIIDES.

Les animaux de cette famille comme les *Callianirides* ont une cavité stomacale, n'occupant qu'une petite partie du corps, mais ils s'en distinguent par l'absence des cirrhes ou tentacules. Tous ils ont à la bouche de grands lobes, ou bien, près de cette ouverture, des prolongemens pourvus de lamelles vibratiles et quelquefois ces deux sortes d'appendices se présentent à-la-fois. De là sont pris, par Eschscholtz, les caractères distinctifs des quatre genres dans lesquels il divise cette famille.

(I) Avec des prolongemens étroits près de la bouche.
(A) Avec des rangées de lamelles vibratiles sur le corps.
(a) Surface du corps pourvue de papilles, sans grands lobes à la bouche.

1. *Eucharis.*

(b) Surface du corps unie, avec des grands lobes à la bouche.

2. *Mnemia.*

(B) Sans rangées de lamelles vibratiles sur le corps.

3. *Calymna.*

(II) Sans prolongemens étroits à la bouche.

4. *Axiotima.*

A ces genres il faudrait ajouter ou même réunir ceux que M. Rang a établis sous les noms d'*Ocyroé* et d'*Alcynoé*, si véritablement ces animaux sont dépourvus de cirrhes ou tentacules; il nous semble très probable d'ailleurs qu'une observation plus exacte des espèces vivantes amenerait la réunion des deux familles des *Callianirides* et des *Mnemiides*, et surtout une réduction considérable du nombre des genres.

---

† **EUCHARIS.** (Eucharis). (1)

Corps ovale, beaucoup plus long que large, un peu comprimé, couvert de papilles, avec huit rangées de lamelles vibratiles. Deux paires d'appendices ciliés autour de la bouche.

---

(1) M. Lesson prend ce genre pour type de sa tribu des Eucharis qui sont, dit-il, des Callianires contractées, de forme ovalaire ou subdéprimée, à 8 ou 9 rangées verticales de cils s'étendant d'un pôle à l'autre. Leur tube digestif est formé par deux entonnoirs réunis par un tube plus étroit sur les côtés partent deux prolongemens cirrhigères. Cette tribu se compose des genres *Eucharis*, *Cydippe*, *Mertensia* et *Eschscholtzia*. F. D.

A l'extrémité postérieure du corps se trouve une excavation profonde en entonnoir, dans laquelle s'ouvre le petit canal excréteur de l'estomac. Sur chacun des larges côtés de la cavité stomacale allongée se trouve un vaisseau finement ramifié; ces deux vaisseaux se réunissent à l'extrémité pointue de l'estomac, et forment autour du canal excréteur un anneau vasculaire étroit d'où partent quatre vaisseaux qui s'élèvent le long des parois de l'excavation en entonnoir jusqu'au bord où ils se partagent chacun en deux branches. Les huit vaisseaux qui en résultent courent sous les rangées de lamelles vibratiles.

† 1. Eucharis de Tiedemann. *Eucharis Tiedemanni.* Eschs. Acal. p. 30. Tab. 1. fig. 2.

Appendicibus quatuor tetragonis brevibus, papillis corporis parvis densis.

Blainville. Man. d'actin. p. 154. pl. 8. fig. 2.

Lesson. Ann. sc. nat. 1836. t. 5. p. 252.

Habite l'Océan pacifique septentrional, à l'est du Japon. — Long. 4 pouces; larg. 1 1/2 pouce. Couleur jaunâtre avec une teinte brune; un point foncé sur chaque lamelle vibratile.

† 2. Eucharis multicorne. *Eucharis multicornis.* Eschs. Acal. p. 31.

Appendicibus duobus corpore paulo brevioribus, papillis corporis raris inæqualibus.

Beroe multicornis. Quoy et Gaim. Voy. de l'Uranie. p. 574. pl. 74. f. 1.

Eucharis multicornis. Lesson. Ann. sc. nat. 1836. t. 5. p. 253.

Habite la Méditerranée. — Long. 2 pouces. Couleur rosée brunâtre.

---

† MNEMIE. (Mnemia.)

Corps lisse, ovale, allongé verticalement, très comprimé; les côtés étroits terminés par de grands lobes près de la bouche, et les côtés larges portant chacun deux longs appendices en entonnoir insérés par leur pointe auprès de la bouche, et munis d'une rangée de lamelles vibratiles; canal excréteur de l'estomac s'ouvrant dans une excavation en entonnoir.

† 1. Mnemie de Schweigger. *Mnemia Schweiggeri*. Eschs. p. 31, tab. 2. f. 3.

Corpore ovato, postice mutico.

Blainville. Man. d'actin. p. 152. pl. 8. f. 4.

Habite près des côtes du Brésil. — Long. 2 pouces.

† 2. Mnemie de Kuhl. *Mnemia Kuhlii*. Eschs. p. 32. tab. 2. f. 4.

Corpore ovato; stylis duobus posticis subulatis.

Habite la mer du Sud, près de l'équateur. — Long. 8 lignes.

† 3. Mnemie de Chamisso. *Mnemia Chamissonis*. Eschs. pag. 32. (1)

Corpore elongato compresso.

Callianira heteroptera. Chamisso. N. act. acad. nat. cur. t. 10. p. 362. t. 31. f. 3.

Polyptera Chamissonis. Lesson. Ann. sc. nat. 1836. t. 5. p. 247.

Habite l'Océan atlantique, près du cap de Bonne-Espérance. — Long. 3 pouces.

† 4. Mnemie norvégienne. *Mnemia norvegica*. Sars. Besk. ov. Polyp. etc. (Bergen, 1835), p. 32.

M. corpore hyalino oblongo compresso, radiis omnibus postice concurrentibus, appendicibus circa os 4 lanceolatis planis ciliatis; lobis corporis maximis.

---

(1) M. Lesson a formé avec cette espèce son genre Polyptère (*Polyptera*), caractérisé ainsi: « corps hyalin, très fragile, tu- « buleux, cylindrique, dilaté antérieurement; bouche trans- « verse. Une seule aile de chaque côté, grande, large, cestoïde, « ciliée sur chaque bord, à cils irisés, ailes intermédiaires plus « petites, au nombre de six, les quatre supérieures sont lancéo- « lées, soudées au corps par leur base, ciliées sur leurs bords; « les deux inférieures ont de grands rapports avec les deux ailes « latérales cestoïdes, et, comme elles, sont ciliées. » F. D.

† CALYMNE. (Calymna.)

Corps ovale comprimé plus large que haut, dépourvu sur sa surface lisse de rangées de lamelles vibratiles qui se trouvent seulement sur les quatre appendices étroits, lesquels sont enveloppés par les grands lobes latéraux et dirigent leur extrémité libre du côté de la bouche. Le canal excréteur de l'estomac ne se termine pas dans une excavation en entonnoir.

1. Calymne de Treviranus. *Calymna Trevirani.* Eschs. p. 33. tab. 2. f. 5.

Blainville. Man. d'actin. p. 153. pl. 8. f. 3.

Habite la mer du Sud, près de l'équateur.— Haut. 2 pouces, larg. 3 1/8 pouces, épaiss. un peu plus d'un pouce.

---

† ALCYNOÉ. (Alcynoe.) Rang.

Corps gélatineux, transparent, vertical, cylindrique, avec huit côtes saillantes, ciliées, et terminées en pointe, cachées en partie sous des lobes natatoires verticaux, libres à la base et sur les côtés seulement. Ouverture buccale pourvue de quatre appendices ciliés.

† 1. Alcynoe vermiculaire. *Alcynoe vermicularis.* Rang Mém. soc. Hist. nat. Paris, t. IV. p. 166. pl. 19. f. 1—4.

Blainville. Man. d'actin. p. 155. pl. 8. f. 5.

(M. Delle Chiaje (Mem. sul an. s. vert. t. IV. p. 30. pl. 51) a décrit et figuré, sous le nom d'*Alcynoe papillosa*, une seconde espèce de ce genre.)

---

† AXIOTIME. (Axiotima.)

Corps comprimé, plus large que haut, avec deux grands lobes latéraux, munis chacun, vers l'extrémité, de deux rangées de lamelles vibratiles, lesquelles rangées se réunissent vers la pointe. Point d'autres appendices autour de la bouche. Au lieu d'estomac on trouve seulement une cavité buccale.

† 1. Axiotime de Gaede. *Axiotime Gaedei.* Eschs. Acal. p. 34. tab. 2. f. 6.

Axia. Eschs. Isis. 1835.

Axiotima Gaïdis. Blainville. Man. d'actin. p. 154. pl. 8. f. 9.

Habite la mer du Sud, près de l'équateur.—De la grosseur d'un œuf de pigeon.

---

† OCYROÉ. (Ocyroe.) Rang.

Corps gélatineux, transparent, vertical, cylindrique, pourvu supérieurement de deux lobes latéraux musculo-membraneux, bifides, épais, larges, et de deux côtes ciliées charnues; avec deux autres côtes ciliées sur les bords entre les lobes; ouverture avec quatre bras également ciliés.

† 1. Ocyroé cristalline. *Ocyroe crystallina.* Rang. Mém. Soc. Hist. nat. de Paris. t. IV. p. 166, pl. 20. f. 4.

O. hyalina; corpore brachiisque brevibus, brachiis obsolete striatis.

Blainville. Man. d'actin. p. 155. pl. 8. f. 6.

Habite l'Océan atlantique, sous l'équateur.— Long. 3 pouces.

† 2. Ocyroé brune. *Ocyroe fusca.* Rang. l. c. fig. 2.

O. flavo-brunneâ; lobis maximis minus crassis, transversè striatis; corpore conico longiusculo.

Habite l'Océan atlantique, près des îles du cap Vert.—Long. 6 à 8 pouces.

† 3. Ocyroé tachée. *Ocyroe maculata.* Rang. l. c. f. 3.

O. corpore multo majore, longiore, hyalino; lobis majoribus, crassioribus, magis striatis, et duplici maculâ fuscâ notatis.

Hab. la mer des Antilles. — Long. 10 à 14 pouces.

(M. de Blainville regarde ce genre comme très voisin de la Callianire hexagone; mais celle-ci a des tentacules dont sont privées les Ocyroés. M. Lesson en fait sa quatrième tribu des Béroïdes dont les caractères sont d'avoir « le « corps vertical muni de deux lobes horizontaux bifur- « qués, ayant deux rangées de cils, non plus dans le sens « vertical, mais bien dans une ligne horizontale. ») F. D.

FAMILLE DES BEROIDES.

Eschscholtz n'a placé dans cette famille que les espèces n'ayant point de cavité stomacale particulière, mais bien une grande cavité occupant la majeure partie du corps, et dont le fond seulement sert de cavité digestive. Il y a toujours huit rangées de cils ou lamelles vibratiles à la surface du corps. A l'extrémité fermée du corps, là où l'on ne peut apercevoir le canal excréteur à cause du défaut de transparence de la masse, on voit deux mamelons saillans également garnis de cils ou de lamelles vibratiles. Huit vaisseaux qui prennent leur origine à l'extrémité fermée du corps et se dirigent vers l'extrémité opposée, envoient sur tout leur trajet des ramifications et se terminent dans un anneau vasculaire autour de la grande ouverture. A la face interne du corps, deux gros vaisseaux longitudinaux simples, prenant leur origine à l'anneau vasculaire, et se fortifiant par la jonction des ramifications venues de l'extérieur ramènent tous les liquides à la partie postérieure de la cavité. Le corps a toujours une forme simple sans prolongemens et sans tentacules. Eschscholtz divise ainsi cette famille en trois genres :

(A) Rangées des cils vibratiles à découvert.

(a) Cils vibratiles plus courts que les intervalles.

1. *Béroé.*

(b) Cils vibratiles plus d'une fois aussi longs que leurs intervalles.

2. *Medæa.*

(B) Rangées des cils situées dans des sillons où elles peuvent se renfermer.

3. *Pandora.*] F. D.

BÉROE. (Beroe.)

Corps libre, gélatineux, transparent, ovale ou globuleux, garni extérieurement de côtes longitudinales ciliés Une ouverture à la base, imitant une bouche.

Corpus liberum, gelatinosum, hyalinum, ovale vel globosum : extùs costis longitudinalibus ciliatis.

Apertura oriformis ad basim corporis.

Observations.—Les Béroés semblent avoir des rapports avec les Pyrosomes; car, lorsque l'on considère le B. ovale, on croit voir un Pyrosome redressé, et il en est de même du B. cylindrique. Mais les Béroés sont des animaux simples, et il n'en est pas ainsi des Pyrosomes. Ces animaux ont plus de rapports avec les Médusaires, et cependant ils en sont trop distincts, par leur conformation générale, pour qu'il soit convenable de les y réunir comme Linné l'avait fait d'abord, et comme ensuite l'a fait Gmelin dans la dernière édition du *Systema naturæ.*

L'ouverture inférieure, quelquefois fort grande, des Béroés, est regardée comme la bouche de l'animal. Je soupçonne néanmoins qu'elle n'est due qu'à l'extrême concavité du disque inférieur de ces corps et que la véritable bouche se trouve dans le fond de cette concavité.

Outre les caractères de forme qui distinguent principalement les Béroés, on prétend que ces Radiaires ont un mouvement de rotation très remarquable, qu'elles impriment à leur corps, à l'aide des cils ou cirrhes nombreux dont leurs côtes longitudinales sont garnies. Ce mouvement sert à exciter ceux de leur intérieur, et non à les faire nager pour courir après une proie, car leur forme n'y est nullement propre, et partout où ils sont, l'eau leur apporte également les corpuscules dont ils se nourrissent. Toutes les autres Radiaires mollasses sont dans le même cas. Ces animaux ont aussi un mouvement alternatif de dilatation et de contraction que Bosc a observé.

Les *Béroés* sont très phosphoriques: ils brillent pendant la nuit, comme autant de lumières suspendues dans les eaux; et leur clarté est d'autant plus vive que leurs mouvemens sont plus rapides.

[La forme des Béroés, au lieu d'être exactement circulaire, est toujours un peu comprimée, et l'on remarque que les rangées de cils, rapprochées deux à deux, au lieu d'être également espacées, paraissent former une paire sur chacune des faces larges et des faces étroites. Les rangées longitudinales de cils vibratiles partent de l'extrémité fermée, mais elles n'atteignent pas tout-à-fait l'autre extrémité; elles sont formées de petites rangées transversales de petits cils plus courts que les intervalles séparant ces petites rangées. Le corps est susceptible de changer de forme jusqu'à un certain point; quand beaucoup d'alimens se sont engouffrés dans la grande cavité centrale, l'animal en empêche la sortie en se resserrant au milieu. Quand, au contraire, il veut expulser le résidu de la nutrition, il peut retourner presque entièrement cette cavité. Si on le touche, il resserre le bord de l'ouverture antérieure et devient presque sphérique.] F. D.

ESPÈCE.

1. Béroé cylindrique. *Beroe cylindricus.*

B. oblongo-cylindraceus, verticalis, subocto-costatus; ore amplo.
Beroe macrostomus. Péron et Lesueur. Voyage. 1. pl. 31. f. 1.
* *Beroe Capensis.* Chamisso. N. act. nat. cur. 10. 361. tab. 30. f. 4.
* *Idya macrostomus.* Freminv. Nouv. bul. phil. 1809. p. 327. f. c.
Encycl. meth. vers. t. II. p. 141.
* *Beroe Capensis.* Eschs. Acal. p. 37.
* *Beroe macrostomus.* Blainv. Man. d'actin. p. 145.
* *Beroe macrostomus.* Lesson. Voyage de la Coq. Zool. pl. 15. f. 2.
* *Idya macrostoma.* Lesson. Ann. sc. nat. 1836. t. 5. f. 257. (1)

---

(1) M. Lesson qui, sans tenir compte de l'absence ou de la présence des cirrhes tentaculaires, met dans le genre *Béroé* les

Hab. l'Océan atlantique austral. Péron et Lesueur. — Sa forme générale est la même que celle du Pyrosome. Tous les vaisseaux sont d'une couleur ferrugineuse.

2. Béroé ovale. *Beroe ovatus.*

B. ovato-conoideus ; subocto-costatus ; ore maximo nudo.
Medusa beroe. Linn. Syst. nat. x[e] éd. p. 660.
Medusa infundibulum. Gmel. p. 3152.
Beroe. Brown. Jam. 384. p. 43. f. 2.
Encycl. pl. 90. f. 1.
Beroe ovata. Eschs. Acal. p. 36.
Blainv. Man. d'actin. p. 144.
Idya ovata. Lesson. Mém. ann. sc. nat. 1836. t. 5. p. 258.
Beroe ovatus. Delle Chiaje. Mém. s. an. s. vert. pl. 32. f. 21. (1) et pl. 52.
2. *idem, novem-costatus.* (Reporté au genre *Cydippe*, p. 37):
Beroe. Bast. op. subs. 3. p. 123. t. 14. f. 5.
Encycl. pl. 90. f. 2.
Hab. les mers d'Amérique, et sa variété, les mers d'Europe.

† 3. Béroé melon. *Beroe cucumis.*

B. radiis omnibus postice concurrentibus, extus immaculata, superficie interna rubro punctata.
Beroe cucumis. O. Fabricius. Fauna Groenl. p. 361.
Gmelin. Syst. nat. 3152.

Béroïdes, qui ont : « le corps arrondi, à rangées de cils très rapprochées; les ouvertures de la bouche et de l'anus très petites; la circulation presque nulle» : donne pour caractères au genre *Idya* d'avoir le « corps sacciforme cylindracé, plus haut que large, « mollasse, à rangées de cils très irisées; très largement ouvert à « une extrémité, et médiocrement à l'autre. » Il place dans ce dernier genre les espèces suivantes: 1° *Idya macrostoma* (*Beroe cylindricus.* Lamk.). 2. *Idya borealis* (*Idya.* Freminville, Bull. Soc. phil. 1809?) 3. *Idya Forskalii* (*Beroe rufescens.* Forskal.) 4. *Idya ovata* (*Beroe ovatus.* Lamk.) F. D.

(1) L'espèce observée par M. Delle Chiaje à Naples n'est probablement pas la même que celle de Lamarck; aussi M. Lesson a-t-il proposé d'en faire une espèce distincte, *Beroe Chiajii* (An. sc. nat. 1836, t. 5, p. 256.). F. D.

Modeer. N. mém. acad. Stockholm. 1790.
Eschscholtz. Acal. p. 36.
Sars. Beskrivelser over Polyp. etc. (Bergen, 1835), p. 30.
Hab. la baie de Baffin. — Long. 3 pouces.

† 4. Béroé ponctué. *Beroe punctata.*

B. radiis omnibus posticè concurrentibus, ciliis altera ab altera æque dissitisextus ferrugineo-punctata, vasis haud coloratis.
Chamisso. N. act. acad. curios. x. p. 361. tab. 31. f. 1.
Eschs. Acal. p. 37. tab. 3. f. 1.
Hab. l'Océan atlantique, au nord des Açores.

† 5. Béroé jaunâtre. *Beroe gilva.*

B. radiis omnibus concurrentibus, ciliis per paria approximatis; vasis ferrugineis.
Eschsch. Acal. p. 37.
Hab. près des côtes du Brésil. — Long. plus de 2 pouces. Couleur d'un jaune brunâtre clair.

† 6. Béroé roussâtre. *Beroe rufescens.*

Ovata oblonga; intus prorsus vacua.
Medusa beroe rufescens. Forskal. Faun. arab. p. 111.
Hab. la Méditerranée. — Long. 5 pouces.

† 7. Béroé de Baster. *Beroe Basteri.* Lesson. Voy. de Coq. Zooph. p. 104. pl. 16. f. 1.

Hab. l'Océan pacifique, sur les côtes du Pérou.
B. ovatus, hyalinus, novem-costatus, membranâ nebulosâ vestitus?

Béroé globuleux. *Beroe pileus.*

B. globosus; costis octo, cirrhisque duobus ciliatis, prælongis.
Medusa pileus. Gmel. p. 3150.
Beroe. Bast. op. subs. 3. p. 126. t. 14. f. 6-7.
Encycl. pl. 90. f. 3-4.
Hab. la Méditerranée, l'Océan atlantique. Il paraît se rapprocher des Noctiluques par ses rapports.
(Cette espèce est reportée au genre *Cydippe*, voy. p. 36.)

(M. Lesson rapporte encore à ce genre : 1° Le *Beroe elongatus* Quoy et Gaim. Voy. de l'Astrol. pl. 90. f. 9 — 14), qu'il nomme *Beroe Quoyii*, mais qui en raison de ses tentacules ou cirrhes rameux doit appartenir au genre Cydippe.

2° Le *Beroe elongatus*. Risso. Hist. nat. Eur. mér. t. v. pag. 303.

3° Le *Beroe albens*, Forskal; et 4° le *Beroe roseus*. Quoy et Gaim., qui est une *Cydippe* comme le précédent. — 5° Le *Beroe Scoresbyi* (*Medusa* Scoresby. Arct. Reg. t. 1 p. 548. pl. 16. f. 5. — 6° Le *Beroe fallax* (*Medusa* Scor. l. c. pl. 16. f. 3), qu'il soupçonne lui-même n'être qu'une variété de l'espèce précédente. Quant au *Béroé gargantua* (Voyag. Coq. zooph., p. 107. pl. 15), on ne peut dire au juste ce que ce peut être, mais très certainement ce n'est pas un Béroé.) F. D.

---

† MÉDÉE. (Medea.) Esch.

Ce genre ne diffère essentiellement des vrais Béroés auxquels M. de Blainville le réunit, que par la longueur des cils vibratiles qui doivent dépasser deux fois la longueur des intervalles séparant les petites rangées transverses de ces cils. Les rangées longitudinales qui partent de l'extrémité fermée, ne dépassent pas beaucoup la moitié de la longueur du corps qui est comprimé et forme deux très grosses lèvres, n'ayant pas moins d'un tiers de sa longueur totale, de chaque côté de la bouche. Le mouvement de locomotion est très vif en raison de la longueur des cils. Comme les espèces de ce genre sont très petites, on pourrait supposer que ce ne sont que de jeunes individus d'un autre genre.

† 1. Médée resserrée. *Medea constricta.*

M. corpore vasisque albicantibus.
Beroe constricta. Chamisso. Nov. act. acad. nat. cur. t. x. p. 361. tab. 31. f. 2.
Medea constricta. Eschs. Acal. p. 38.
Hab. Le détroit de la Sonde. — Corps ovale obtus blanchâtre, long de 5 lignes.

† 2. Médée roussâtre. *Medea rufescens.*

M. corpore rufescente, vasis rufo-ferrugineis.
Eschscholtz. Acal. p. 38. tab. 3. f. 3.
Beroe rufivasa. Blainville. Man. d'actin. p. 145. pl. 8. f. 7.
Hab. la mer du Sud près de l'équateur. — Longueur 2 lignes.

M. Lesson ajoute au genre Médée deux espèces observées par Scoresby dans les régions arctiques et prises pour des Méduses par ce navigateur, l'une *Medea arctica* (*Medusa* Scoresby. Arct. reg. p. 550. Pl. XVI. f. 8), a le corps ovoïdal étranglé près de l'ouverture; elle est transparente avec des vaisseaux roses.

L'autre *Medea dubia* (*Medusa* Scoresb. p. 549. Pl. XVI f. 6. — *Medusa* Martens. Voy. au Spitzb. t. 2, p. 123; pl. P. f. H.), a le corps ovoïde avec une cavité centrale formé de deux cones opposés et unis par un étroit canal.

Entre les *Médées* et les *Pandores* M. Lesson place aussi un nouveau genre CYDALISE, *Cydalisa*, qu'il a créé pour l'espèce *C. mitræformis* qu'il avait précédemment publiée sous le nom de *Beroe mitræformis* (Voyag. de la Coquille. Zool. p. 106. pl. 15 f. 3.), et qui provient des côtes du Pérou. Les caractères du genre sont les suivans:

« Corps tronqué et largement ouvert à une extrémité, « finissant en pointe au pôle opposé qui est percé de « deux petites ouvertures ciliées sur leur pourtour; huit « rangées verticales de cils simples. » L'espèce décrite a le corps conique à large ouverture bordée d'un cercle rose.

---

† PANDORE. (Pandora.)

Ce genre également réuni aux Béroés par M. de Blainville en diffère, parce que ses rangées longitudinales de cils sont logées dans des sillons pourvus de bords membraneux, et susceptibles de les renfermer. Il est en outre distingué par une rangée de filamens fins ou de tentacules qui forment une couronne au bord externe de l'ouverture antérieure, tout-à-fait sur l'anneau vasculaire. Le mouvement de cet animal est très lent.

† 1. Pandore de Flemming. *Pandora Flemingii.* Eschs. Acal. p. 39. Tab. 2, f. 7.

Beroe Flemingii. Blainv. Man. d'actin. p. 145. pl. 8. f. 7.
Lesson. Mém. Ann. s. nat. p. 145. pl. 8. t. v. 1836 p. 259.
Hab. l'Océan pacifique septentrional du Japon. — Long. 3 lignes.
(M. Lesson a jugé d'après la figure donnée par Eschscholtz qu'il existe deux ouvertures à l'extrémité fermée, mais Eschscholtz quoiqu'il ait bien marqué là deux étoiles ne dit rien sur leur signification.)

F. D.

NOCTILUQUE. (Noctiluca.)

Corps très petit, gélatineux, transparent, subsphérique, réniforme dans ses contractions, et paraissant enveloppé d'une membrane chargée de nervures très fines.

Bouche inférieure, contractile, infundibuliforme, munie d'un tentacule filiforme.

Corpus minimum, gelatinosum, hyalinum, subsphæricum, in contractionibus reniforme, pelliculâ venis tenuissimis nervosâ vestitum.

Os inferum, contractile, infundibuliforme, tentaculo filiformi instructum.

Observations. — M. *Suriray*, recherchant, dans le port du Havre, la cause de la phosphorescence des eaux de la mer en certaines circonstances, a observé le *Noctiluque*, l'a décrit et figuré dans un mémoire dont il a fait part à la classe des sciences de l'Institut. Il le regarde comme étant la cause, au moins la principale, de la phosphorescence de la mer en certains temps.

Le *Noctiluque* est quelquefois d'une abondance telle qu'il forme une croûte assez épaisse à la surface de l'eau. Sa forme est sphérique; mais dans ses contractions il prend quelquefois celle d'un rein; il n'est pas plus gros que la tête d'une petite épingle, et sa diaphanéité égale celle du cristal.

Au milieu de sa partie inférieure, on observe une ouverture, de laquelle sort un tentacule filiforme qui paraît tubuleux, et à côté une espèce d'œsophage en entonnoir. Dans les contractions, le tentacule disparaît quelquefois.

Son intérieur offre souvent de petits corps ronds, groupés, que M. *Suriray* prend pour des œufs, et qui ne peuvent être que des gemmes reproducteurs. A l'extérieur, on aperçoit des vaisseaux très fins, ramifiés presque en réseau.

On sait depuis long-temps que la phosphorescence des eaux de la mer est due à des animaux de diverses grandeurs, parmi lesquels il y en a de très petits et même microscopiques. Ce sont ces derniers, et surtout les *Noctiluques*, qui, par leur nombre prodigieux, rendent, en certains temps, la mer singulièrement lumineuse.

On ne connaît encore qu'une seule espèce de Noctiluque, si les *Gleba* (1) de Forskal n'en offrent pas quelques autres.

[Quoique M. Suriray ait encore publié de nouveaux détails sur son Noctiluque (Mag. zool. 1836), on ignore encore la véritable organisation de ce singulier animal, et conséquemment, la place qu'il doit occuper dans la classification. M. de Blainville, qui le range provisoirement à la suite des Diphyides, dit qu'on peut supposer le tentacule terminé par un suçoir, puis il ajoute n'avoir pu déterminer un canal intestinal avec une ouverture anale. M. Lesson en fait le 26e genre de ses Béroïdes; mais à la vérité, il le place dans sa division des Béroïdes acils (c'est-à-dire sans cils) avec les *Rosacea*, et d'autres genres qui paraissent être plutôt des Diphyides. Précédemment, M. Oken, dans son Traité d'histoire nat., 1815, l'avait rapproché des Méduses, et cette opinion est peut-être préférable.] F. D.

ESPECE.

1. Noctiluque miliaire. *Noctiluca miliaris.*

Noctiluca. Suriray. Mém. magasin de zoologie, 1836.

Blainville. Man. d'actin. p. 140. pl. 6. f. 9.

Lesson. Mém. Ann. sc. nat. t. v. p. 268. 1836.

Habite l'Océan européen. Le *Gleba* cité paraît être une seconde espèce, dépourvue de tentacules.

---

(1) Les *Gleba* sont simplement des pièces natatoires détachées du genre Hippopode.

LUCERNAIRE. (Lucernaria.)

Corps libre, gélatineux, subconique, ayant sa partie supérieure allongée et atténuée en queue dorsale, terminée par une ventouse: l'inférieure plus ample, plus large; ayant son bord divisé en lobes ou rayons divergens et tentaculifères.

Bouche inférieure et centrale. Des tentacules courts, nombreux, globulifères, à l'extrémité de chaque rayon.

Corpus liberum, gelatinosum, subconicum; supernâ parte in caudam dorsalem elongato-attenuatâ, cotyloque terminatâ: inferna ampliore, latiore, in lobos aut radios divaricatos et tentaculiferos ad marginem partitâ.

Os inferum et centrale. Tentacula brevia, numerosa, globulifera, ad apicem radiorum.

Observations. —Les *Lucernaires* sont, en quelque sorte, des Astéries gélatineuses, dont la partie dorsale est élevée, allongée et atténuée en queue verticale. L'extrémité supérieure de cette queue offre un oscule que l'on pourrait prendre pour un anus, mais qui paraît n'être qu'une ventouse, au moyen de laquelle l'animal se fixe et se suspend aux fucus ou autres corps marins.

Quant à l'extrémité inférieure du même animal, elle est conoïde, élargie orbiculairement, et son bord est divisé, soit en quatre rayons doubles, soit en huit rayons également espacés selon les espèces; quelquefois même on n'en voit que sept. Au sommet de chaque rayon, l'on aperçoit des tentacules nombreux, globulifères, fort courts, mais que l'animal allonge ou replie comme à son gré, et qui paraissent disposés en faisceau. Le globule de chaque tentacule fait encore l'office de ventouse, et l'animal s'en sert pour saisir sa proie, en y fixant ce globule, et ensuite repliant ses rayons vers la bouche. Celle-ci occupe le centre du disque inférieur qui est un peu concave, et y forme une légère saillie à quatre dents.

Les *Lucernaires* commencent à donner une idée des Médusaires, et néanmoins elles semblent tenir aux Physsophores par leur partie dorsale, prolongée verticalement, et par leur base élargie, et lobée ou rayonnée. Leur queue dorsale ne paraît due qu'à un allongement vertical de leur estomac, auquel aboutissent des *cœcum* qui se prolongent presque jusqu'à l'extrémité des rayons. Des fibres musculaires, probablement animées par quelques fibrilles nerveuses, servent aux mouvemens des rayons, et des autres parties de l'animal.

O.-F. Muller nous a, le premier, fait connaître le genre des *Lucernaires*, en publiant l'espèce qu'il nomma *L. quadricornis*. Depuis, une autre espèce fut découverte, ainsi que quelques-unes de ses variétés que l'on crut pouvoir distinguer. Or, cette deuxième espèce ayant été récemment observée par M. *Lamouroux*, ce zélé naturaliste nous a donné des détails fort intéressans sur l'organisation de ces animaux.

Les *Lucernaires* se nourrissent d'Hydres, de Monocles, de Cloportes marins, etc.; il paraît qu'elles répandent la nuit une lumière phosphorique, comme les Méduses.

[Presque tous les naturalistes, depuis Lamarck, ont assigné au genre *Lucernaire* une toute autre place dans la classification. Cuvier (Règn. anim.) le place dans l'ordre des Polypes charnus, avec les Actinies et les Zoanthes. M. de Blainville (Man. d'act.) le place également en tête de sa famille des Zoanthaires mous ou Actinies, tout en reconnaissant que ce genre est véritablement bien distinct. M. Ehrenberg, dans son ouvrage sur la classification des Polypes (*Die Corallenthiere des Rothen Meeres*, 1834), en fait le neuvième genre de sa famille des Actinines. Cependant on doit reconnaître qu'il y a une grande différence entre les tubercules papilliformes des bras de la Lucernaire, et les tentacules extensibles des Actinies. Peut-être, en raison de leur mode de division quaternaire et de la structure de leurs ovaires, en forme de cordons fraisés comme ceux des Méduses, doit-on les rapprocher davantage de ce dernier type.] F. D.

ESPÈCES.

1. Lucernaire à 4 rayons. *Lucernaria quadricornis*.

L. corpore infernè dilatato, subcampanulato; radiis quatuor bifidis, apice tentaculatis.

Lucernaria quadricornis. Mull. Zool. dan. 1. p. 51. t. 39. fig. 1-6. Encycl. pl. 89. fig. 13-16. Gmel. p. 3151. n° 1.

Lucernaria auricula. O. fab. fn. Groenl. p. 341.

2. *eadem? major, limbo subcampanulato.*

Lucernaria fascicularis. Flem. Act. soc. wern. 2. p. 248. t. 18. f. 1-2.

Habite l'Océan boréal, la mer de Norvège, se fixant aux fucus, etc.

Ses huit rayons, en partie réunis par paires, ne paraissent qu'au nombre de quatre qui sont fourchus au sommet. Ils n'ont effectivement à l'intérieur que quatre cœcum (peut-être doubles), au lieu de huit séparés, comme dans l'espèce suivante.

2. Lucernaire à 8 rayons. *Lucernaria octo-radiata.*

L. corpore infernè campanulato; radiis octo æqualiter distantibus.

Lucernaria auricula. O. Mull. Zool. dan. 4. p. 35. t. 152. fig. 1-3.

Lucernaire campanulée. *Lamouroux.* Mém. mss.

Lucernaria auricula. Montagu. Act. soc. Linn. IX. p. 113. t. 7. fig. 5.

* Blainville. Man. d'actin. p. 317. pl. 50. f. 4.

Habite l'Océan boréal, la Manche. — Cette espèce diffère éminemment de la précédente, en ce que son limbe offre huit rayons courts, simples et également espacés. Ils sont pareillement terminés par des tentacules nombreux, comme en faisceau, et globulifères. A l'intérieur, elle présente huit cœcum séparés au lieu de quatre. Quelquefois, par avortement, elle n'offre que sept rayons, comme on le voit dans la figure publiée par M. *Montagu.*

3. *Lucernaria convolvulus.* Johnston mag. of nat. hist. 1835. p. 59. f. 2.

Cette espèce à laquelle pourrait bien se rapporter la figure donnée par Montagu, diffère de la précédente par la lenteur de ses mouvemens et par sa fixité. Elle est campanulée à partir de son pied dont elle est séparée par un étranglement.

Habite les côtes d'Angleterre. — Haut. 1 pouce.

Corps offrant, soit une vessie aérienne, soit un cartilage interne.

Cette deuxième division des Radiaires anomales-verticales est remarquable par les particularités des animaux qu'elle embrasse. En effet, les uns ont une vessie aérienne qui leur sert à se soutenir dans le sein des eaux, et peut-être qu'ils vident ou remplissent comme à leur gré; et les autres ont intérieurement un corps cartilagineux qui subsiste après leur destruction. Plusieurs de ces animaux ont leur corps surmonté d'une crête dorsale qui semble leur servir de voile. Voici les genres qui se rapportent à cette division.

† [Cette division en y ajoutant les Stéphanomies (p. 24) et les genres découverts depuis la publication de la première édition de Lamarck, correspond au troisième ordre des Acalèphes de Eschscholtz, celui des SIPHONOPHORES caractérisé ainsi: « Point de cavité digestive centrale; « mais des suçoirs distincts. Organes natateurs consistant « en cavités particulières creusées dans des pièces cartila-« gineuses ou en une vessie remplie d'air, ou bien en « ces deux sortes d'organes à-la-fois. » Tandis que dans les Médusaires la forme est toujours régulière et symétrique, ici au contraire ce caractère disparaît, et une famille tout entière se distingue par le défaut de symétrie, la plupart des autres ont une structure en apparence très compliquée et leur corps mou est entouré de pièces cartilagineuses que le moindre contact peut détacher quoiqu'elles aient crû avec le corps lui-même, et sans qu'elles puissent s'y souder de nouveau. De la réunion de ces parties non symétriques résulte un corps en apparence régulier et présentant deux côtés opposés ou une disposition rayonnée. Chez aucun de ces animaux on ne trouve de cavité digestive centrale, mais les sucs nourriciers sont absorbés par des suçoirs ou des trompes d'où ils se répandent dans le reste du corps. En outre de ces suçoirs, tous les genres possèdent aussi des tentacules, souvent très extensibles et servant à ces animaux à saisir leur proie. Ces tentacules sont pourvus dans toute leur longueur de petits organes particuliers servant à les fixer aux corps marins dont ils font leur proie; ce sont ou des mamelons

ou des petits filamens souvent roulés en tire-bouchon. A la base des tentacules on trouve des vésicules ou réservoirs contenant le liquide qui, poussé dans la cavité de ces tentacules, en détermine l'allongement considérable.

Les suçoirs et les tentacules constituent la partie principale du corps des Siphonophores; mais il s'y ajoute encore un ou plusieurs organes natateurs, parmi lesquels on observe une grande diversité. On distingue principalement des vessies remplies d'air destinées à soutenir à la surface des eaux une extrémité du corps pendant que l'autre avec ses filamens plonge plus profondément; et des cavités natatoires creusées dans des pièces d'une consistance gélatineuse ou presque cartilagineuse qui entourent le corps plus mou, et de même que l'ombrelle des Méduses déterminent par leurs contractions et par l'expulsion de l'eau qu'elles contiennent, le mouvement de toute la masse. Quelques Siphonophores ont seulement des cavités natatoires, d'autres ont en même temps une vessie, quelques-uns possèdent seulement ce dernier organe; d'autres enfin sont pourvus de cavités aérifères nombreuses, d'après cela on peut partager ces animaux en trois familles :

1° Les Diphyides dont le corps mou produit une pièce cartilagineuse à une de ses extrémités, et possède en outre une deuxième pièce avec une cavité natatoire.

2° Les Physophorides, dont le corps mou est pourvu d'une vessie remplie d'air à une de ses extrémités.

3° Les Velellides, dont le corps contient une coquille (un test) cartilagineuse ou calcaire creusée de nombreuses cellules remplies d'air.

Cette classification a beaucoup d'analogie avec celle de Cuvier, qui forme avec les Physophores et les Diphyes le second ordre de ses Acalèphes, les Hydrostatiques, et qui place immédiatement auparavant les Velellides à la fin de son ordre des Acalèphes simples (Règ. anim. 2e édit. t. III. pag. 283 et suiv.).

M. de Blainville, au contraire, classe les Diphyes et les Physogrades (*les Physophores*) parmi les Mollusques et ne laisse parmi les Zoophytes que les Velellides formant avec les Méduses sa classe des Arachnodermaires.] F. D.

---

† FAMILLE DES DIPHYIDES.

[Les Diphyides inconnues de Lamarck ont été décrites pour la première fois par M. Bory de St.-Vincent (Voyage aux îles d'Afrique), qui les crut analogues aux Biphores; mais ce fut Cuvier qui le premier, dans son Règne animal 1817, créa le genre *Diphye,* que pourtant il ne connut que d'une manière imparfaite. Eschscholtz, en 1823 et 1824, en put observer dans l'Océan atlantique et la mer du Sud deux nouveaux genres qu'il fit connaître sous les noms d'*Aglaia* et d'*Eudoxia* (Isis 1825); en 1826, MM. Quoy et Gaimard en recueillirent un grand nombre près de Gibraltar et créèrent cinq nouveaux genres qu'ils nommèrent *Calpe*, *Abyla*, *Cymba* , *Enneagonon et Cuboïdes* (Ann. Sc. Nat. t. x, 1827); plus tard encore ils firent connaître le genre *Tetragonum*, et Otto décrivit le genre *Pyramis.* Eschscholtz, qui avait pu observer lui-même sept espèces de Diphyides , publia, en 1829, son système des Acalèphes , dans lequel il réduisit à six le nombre des genres à conserver , en y comprenant le genre *Ersaea* qu'il venait de créer. Enfin M. de Blainville, dans son Manuel d'actinologie (1834), profitant des observations plus récentes de M. Lesueur, de MM. Quoy et Gaimard et de son élève M. Botta , qui arrivait d'un voyage autour du monde, put définir cette famille d'une manière plus complète.

Suivant Eschscholtz, le corps de ces animaux consiste : 1° en deux pièces cartilagineuses transparentes, emboîtées l'une dans l'autre, mais se laissant séparer facilement, et 2° de suçoirs et de tentacules mous qui tiennent à une des pièces cartilagineuses, laquelle est située en avant quand l'animal se meut, et doit être nommée l'appareil nourricier ou la pièce antérieure, tandis que l'autre pièce toujours creusée d'une grande cavité natatoire est l'organe natateur ou la pièce postérieure.

L'appareil nourricier a toujours une excavation dans laquelle est reçu en tout ou en partie l'organe natateur. Dans beaucoup de Diphyides il est aussi pourvu d'une cavité natatoire tubiforme plus petite que celle de l'organe natateur. Dans l'excavation destinée à recevoir par emboîtement la pièce postérieure se trouvent aussi les organes digestifs qui sont intimement soudés à la pièce antérieure, caractère qui n'appartient qu'à cette famille parmi les Siphonophores, et la distingue plus que les autres caractères. Les organes digestifs consistent, ou en une seule grosse trompe qui prend naissance au fond de l'excavation de la pièce antérieure, et de la base de laquelle partent aussi des tentacules fins, ou bien ils consistent en un tube étroit plus ou moins long, sur lequel sont fixés, comme des rameaux, plusieurs suçoirs à une certaine distance les uns des autres, et duquel partent également, en s'écartant, plusieurs tentacules. On voit encore à travers l'épaisseur de la pièce antérieure un organe coloré ovoïde ou tubiforme en connexion avec la base de la trompe ou du tube total. C'est le prolongement de l'organe digestif, et il contient le même liquide au moyen duquel les suçoirs tubiformes et les tentacules peuvent s'étendre et s'allonger en se gonflant. L'organe natateur ou la pièce postérieure a une structure plus simple : il contient une cavité cylindrique assez longue, qui s'ouvre à l'extrémité libre du corps, et se montre entourée le plus souvent de plusieurs pointes qui sont les prolongemens des angles du corps. Du fond de la cavité on voit des lignes opaques se rendre au point de jonction avec la pièce antérieure. Ce sont des vaisseaux qui amènent dans la pièce postérieure les sucs nourriciers de l'appareil digestif, soit pour l'accroissement de cette pièce, soit pour soumettre les sucs nourriciers à l'influence de la respiration qui s'opère dans cette cavité, sur les parois de laquelle on voit aussi des vaisseaux.

Quelquefois on trouve la cavité natatoire à moitié remplie par une masse opaque, divisée par une membrane en beaucoup de petites parties irrégulières. Cette masse délayée dans l'eau ne laisse voir qu'une multitude de vésicules uniformes qu'on peut considérer comme des germes ou corps reproducteurs. (V. plus loin, *Diphyes regularis.*)

Le mode de mouvement des Diphyides, présente autant de diversité que la structure de ces animaux. Ceux qui ont une grande cavité natatoire, et dont la pièce antérieure se termine en pointe, nagent très rapidement. Ce sont tous des animaux d'une grande transparence, habitant de préférence, en grande nombre, loin des rivages, les mers des pays chauds.

Les genres de cette famille se partagent pour Eschscholtz en deux divisions, suivant qu'ils ont seulement une trompe ou un canal nourricier.

A. Avec une trompe.
- (a) La pièce antérieure sans cavité natatoire. 1 *Eudoxia.*
- (b) La pièce antérieure avec une cavité natatoire prolongée en forme de tube libre. 2 *Ersaea.*
- (c) La pièce antérieure avec une cavité natatoire creusée dans sa propre masse. 3 *Aglaisma.*

B. Avec un tube sur lequel s'insèrent comme des rameaux beaucoup de trompes.
- (a) Les trompes à découvert.

(1) La cavité natatoire de la pièce antérieure s'ouvrant en dehors. 4 *Abyla* (*abyla*, *calpe*, *rosacæa*?)

(2) La cavité natatoire de la pièce antérieure s'ouvrant dans l'excavation destinée à recevoir la pièce postérieure. 5. *Cymba* (*cymba*, *Enneagonum*, *cuboïdes*.)

(b) Chacune des trompes couverte par une écaille cartilagineuse. 6 *Diphyes*.

MM. Quoy et Gaimard, en publiant la Zoologie de l'Astrolabe en 1833, ont réuni dans le seul genre *Diphyes* tous les genres précédemment établis par eux-mêmes, en reconnaissant que tous ces animaux ne diffèrent réellement que par les formes extérieures. F. D.

---

† EUDOXIE. (Eudoxia.)

Trompe ou tube suceur unique, assez gros avec des organes fortement colorés à sa base, lesquels paraissent être en partie des ovaires, communiquant avec la trompe, et en partie des tentacules rétractés. Pièce catilagineuse antérieure simple et arrondie en arrière, sans cavité natatoire, et sans excavation pour recevoir la pièce postérieure qui est de même grosseur que la première ou plusieurs fois aussi grosse.

1. Eudoxie de Bojanus. *Eudoxia Bojani*. Esch. Acal. p. 125, tab. 12, f. 1.

Parte corporis cavitate natatoria instructa quam altera triplo longiori, ad orificium quadridentata.

Habite l'Océan atlantique au sud de l'équateur. — Long. 3 lig.

2. Eudoxie de Lesson. *Eudoxia Lessonii*. Esch. Acal. p. 126, tab. f. 2.

E. partibus cartilaginosis corporis longitudine æqualibus, parte nutritiva lanceolata compressa.

Diphyes cucullus. Quoy et Gaim. Voy. de l'Astrol. Zool. p. 92. pl. 4, f. 21-23.

Habite la mer du Sud au nord de l'équateur.—L'ouverture a quatre dents.

3. Eudoxie pyramide. *Eudoxia pyramis*. Esch. Acal. p. 127.

E. partibus corporis arcte unitis, corpus pyramidale tetragonum formantibus.

Pyramis tetragona. Otto. Nov. act. acad. nat. cur. t. XI. tab. 42. f. 2.

Pyramis tetragona. Blainville. Man. d'actin. p. 136. pl. 6. f. 3.

Habite la Mediterranée près de Naples.

4. Eudoxie triangulaire. *Eudoxia triangularis*. Eschsch. Acal. p. 127.

Salpa triangularis. Quoy et Gaimard. Voy. de l'Uranie. p. 511. pl. 74. f. 9. 10.

Habite près de la Nouvelle-Guinée.

---

† ERSÉE. (Ersaea.)

Trompe ou tube suceur unique; pièce antérieure pourvue d'une petite cavité natatoire saillante comme un petit tube qui se trouve logé avec la trompe, dans la petite excavation destinée à recevoir la pièce postérieure.

1. Ersée de Quoy. *Ersaea Quoyi*. Esch. Acal. p. 128, tab. 12, f. 3.

E. parte nutritiva corporis lanceolata; parte natatoria apice libero processu membranaceo bilobo.

Habite l'Océan atlantique entre les tropiques.

2. Ersée de Gaimard. *Ersaea Gaimardi*. Esch. Acal. p. 128. tab. 12, f. 4.

E. parte nutritiva corporis late triangulari, parte natatoria apice libero, altero latere elevata et truncata, altero bidentato.

Habite l'Océan atlantique entre les tropiques.

---

† AGLAISMA. (Aglaisma.)

Trompe ou tube suceur unique; partie antérieure du corps, pourvue d'une petite cavité natatoire interne.

1. Aglaisma de Baer. *Aglaisma Baerii.* Esch. Acal. p. 129, tab. 12, f. 5.

A. parte corporis nutritoria cuboidea, parte natatoria apice libero tridentata.

Aglaja Baerii. Eschs. Isis. 1825. p. 745. tab. 5.

Habite l'Océan atlantique entre les tropiques.

(Eschscholtz a changé pour le nom actuel celui d'Aglaja qu'il avait proposé d'abord, mais qui était déjà employé en zoologie.)

Il suppose que le fragment décrit par MM. Quoy et Gaimard, sous le nom de *Tetragonum Belzoni* (Voy. de l'Uranie, p. p. 579, pl. 80, f. 11), est la pièce natatoire de cette espèce ou du même genre.

---

† ABYLE. (Abyla.)

Conduit nourricier, muni de plusieurs petits tubes suceurs. Pièce antérieure du corps, pourvue d'une petite cavité natatoire, creusée à l'intérieur et s'ouvrant au dehors.

Ce genre se rapproche déjà beaucoup plus que les précédens du type des Diphyes, en raison de son conduit nourricier, pourvu de trompes nombreuses. Ses tentacules ont une tige propre, d'où partent comme des rameaux, des filamens minces, pourvus dans leur milieu d'un corps épais, oblong, et se terminant en tire-bouchon. Le canal nourricier avec ses petites trompes, est ainsi totalement différent des tentacules, ce qui distingue essentiellement ce genre des Diphyes, aussi bien que d'avoir les trompes à découvert. Eschscholtz réunit en un seul genre les *Abyla* et les *Calpe* de MM. Quoy et Gaimard qui ne diffèrent que par la forme de quelques parties et notamment par la forme la pièce antérieure; il y réunit aussi comme appendice leur *Rosacea*, dont ils n'auraient suivant lui, observé que la pièce antérieure; et enfin, il pense aussi que leur *Salpa polymorpha* (Voy. de l'Uranie, p. 512, pl. 74) n'est que la pièce antérieure d'une *Abyla*. MM. Quoy et Gaimard, en décrivant les espèces de ce genre comme de simples espèces de leur genre commun *Diphyes*, ajoutent à leur caractéristique l'indication des angles de la masse et des dentelures de l'ouverture.

1. Abyle triangulaire. *Abyla trigona*. Esch. Acal. p. 131.

A. parte corporis nutritoria compressa parallelogramma; parte natatoria apice clauso acuminata.

Abyla trigona. Quoy et Gaimard. Annal. d. sc. nat. t. x. pl. 11. B. f. 1-8.

Diphyes abyla. Quoy et Gaim. Voy. de l'Astrol. t. IV. Zool. p. 87. pl. 4. f. 12-17.

Habite près de Gibraltar.

2. Abyle pentagone. *Abyla pentagona*. Esch. Acal. p. 132.

A. parte corporis nutritoria cuboidea, parte natatoria apice clauso obtusa.

Calpe pentagona. Quoy et Gaimard. Annal. d. sc. nat. t. x. pl. 2. A. f. 1-7.

Habite près de Gibraltar.

1. Rosace de Ceuta. *Rosacea Ceutensis*. Esch. Acal. p. 132.

R. parte corporis nutritoria subglobosa, latere unico ad orificium cavitatis natatoria truncata.

Quoy et Gaimard. Ann. sc. nat. t. x. pl. 2.

Habite près de Gibraltar.

2. Rosace plissée. *Rosacea plicata*. Eschs. Acal. p. 133.

R. parte nutritoria reniformi. Quoy et Gaimard. Ann. sc. nat. t. x.

Habite près de Gibraltar.

---

† NACELLE. (Cymba.)

Conduit nourricier, muni de plusieurs petits tubes suceurs. Pièce antérieure, pourvue d'une petite cavité natatoire saillante, comme un petit tube (Eschscholtz qui n'a pu en juger que d'après les figures publiées par MM. Quoy et Gaimard, se croit fondé a réunir les trois genres *Cymba*, *Enneagonum* et *Cuboides* de ces auteurs).

1. Nacelle sagittée. *Cymba sagittata*. Eschs. Acal. p. 134.

C. parte nutritoria apice libero bifida; parte natatoria ad cavitatis orificium irregulariter sexdentata.

Quoy et Gaimard. Annal. sc. nat. t. x. pl. 2. C.
— Blainville Man. d'actin. p. 131. pl. 4. f. 2.
Habite près de Gibraltar.

2. Nacelle ennéagone. *Cymba enneagonum*. Eschs. p. 134.

C. parte nutritoria spinis novem crassis circumdata; parte natatoria minima.

Enneagonum hyalinum. Quoy et Gaimard. Ann. sc. nat t. x. pl. 2. D.
Diphyes enneagona. Quoy et Gaim. Astrol. p. 100. pl. 5. f. 1-6.
— Blainville. Man. d'actin. p. 133. pl. 4. f. 5.
Habite près de Gibraltar.

3. Nacelle cuboïde. *Cymba cuboides*. Eschs. Acal. p. 135.

C. parte nutritoria cuboidea, parietibus concavis; parte natatoria parva apice libero quadridentato.

Cuboides vitreus. Quoy et Gaimard. Ann. sc. nat. t. x. pl. 2. E.
Diphyes cuboidea. Quoy et Gaim. Voy. Astrol. p. 98. pl. 5. f. 7-11.
—Blainville. Man. d'actin. p. 132. pl. 4. f. 6.
Habite près de Gibraltar.

---

† DIPHYE. (Diphyes.)

Conduit nourricier muni de plusieurs trompes également espacées, qui sont recouvertes par des écailles cartilagineuses. Pièce antérieure du corps pourvue d'une cavité natatoire creusée à l'intérieur et s'ouvrant au-dehors.

Sur le conduit nourricier, qui prend naissance au fond d'une cavité de la pièce antérieure, se trouvent distribuées, à égales distances, quelques grosses trompes ayant à leur base une couronne de tubercules qu'on peut prendre pour des cœcums. A côté de chaque trompe prend naissance un long tentacule extensible, et ces deux parties ensemble sont recouvertes par une écaille cartilagineuse transparente qui présente une forme différente dans chaque espèce. Chaque tentacule est pourvu de quelques rameaux latéraux terminés par une vésicule allongée, du milieu de laquelle part latéralement un court filament tourné en tire-bourre.

1. Diphye rétrécie. *Diphyes angustata.* Eschs. Acal. p. 136. tab. 12. f. 6. — (Isis 1825. tab. 5. f. 16.)

D. cavitate natatoria partis nutritorii altero duplo longiori, cavitate ductus nutritorii ultra medium corporis protensa.

Habite la mer du Sud près de l'équateur. — Long. plus d'un pouce.

2. Diphye dissemblable. *Diphyes dispar.* Eschs. Acal. p. 137.

D. cavitatibus natatoriis æqualibus, cavitate ductus nutritorii ultra medium corporis protensa.

Diphyes dispar. Chamisso. N. act. acad. Nat. cur. t. x. p. 565. tab. 32. f. 4.

Habite la mer du Sud près de l'équateur.—Long. un pouce et demi.

3. Diphye campanulifère. *Diphyes campanulifera.* Eschs. p. 137.

D. cavitate natatoria partis natatoriæ quam altera majori; cavitate ductus nutritorii antè medium corporis desinenti.

Diphyes Bory. Quoy et Gaimard. Ann. sc. nat. t. x. pl. 1. f. 1-7.— Voy. Astr. p. 83. pl. 4. f. 1-6.

Diphyes Bory. Blainville. Man. d'actin. p. 135. pl. 5. f. 1.

Habite près de Gibraltar.

4. Diphye appendiculée. *Diphyes appendiculata.* Eschs. Acal. p. 138. tab. 12. f. 7.

D. cavitate natatoria partis nutritoriæ altera fere duplo majori, cavitate ductus nutritorii brevissima.

Habite l'Océan pacifique septentrional. — Long. 6 lignes.

5. M. Meyen a décrit avec une exactitude (Act. ac. nat. cur. t. 16. sup. p. 208. tab. 36) une nouvelle espèce, *Diphyes regularis,* qui lui a fourni l'occasion de rectifier sur plusieurs points l'opinion d'Eschscholtz, notamment sur la signification des organes (cœcums) situés à la base de la trompe, et qu'il a démontrés être réellement des ovaires, ainsi que dans les autres Diphyes.

Suivant M. de Blainville (Man. d'actin., p. 129) les Diphyides (*Diphyides*), au lieu d'être Radiaires, sont des Mollusques intermédiaires aux Biphores et aux Physophores; elles se rapprochent des premiers, dont l'enveloppe subcartilagineuse est quelquefois tripartite, en ce que la masse des viscères est nucléiforme, qu'elle est contenue en grande partie dans cette enveloppe, qui a deux ouvertures, et que c'est par la contraction que s'exécute la locomotion. Elles se rapprochent, au contraire, des Physophores, en ce que les organes natateurs sont analogues à ceux du genre Diphyse, « où le plus petit est en avant et le plus grand en arrière, l'un et l'autre étant parfaitement bi-latéraux. La bouche est aussi à l'extrémité d'une sorte de trompe; il y a quelquefois un renflement bulloïde plein d'air; enfin le corps est terminé par une production cirrhigère et peut-être ovifère. »

M. de Blainville, d'ailleurs, tout en interprétant d'une manière différente l'organisation des Diphyides, décrit ces animaux à-peu-près comme l'a fait, de son côté, Eschscholtz. « Ils ont, suivant lui (l. c. p. 125), le corps « bi-latéral et symétrique, composé d'une masse viscé- « rale très petite, nucléiforme, et de deux organes na- « tateurs, creux, contractiles, subcartilagineux et séreux; « l'un antérieur dans un rapport plus ou moins immédiat « avec le nucléus qu'il semble envelopper, l'autre posté- « rieur et fort peu adhérent. *Bouche* à l'extrémité d'un es- « tomac proboscidiforme. *Anus* inconnu. Une longue pro- « duction cirrhiforme et ovigère sortant de la racine du « nucléus et se prolongeant plus ou moins en arrière. »

M. de Blainville ajoute plus loin (p. 127), que le corps des Diphyes forme un véritable nucléus situé à la partie antérieure de la masse totale, et composé d'un œsophage proboscidien à bouche terminale en forme de ventouse, se continuant dans un estomac rempli de granules verts hépatiques et quelquefois dans un second rempli d'air. On remarque en outre, dit-il, à la partie inférieure, un autre amas glanduleux, qui est probablement l'ovaire, et en rapports plus ou moins immédiats avec la production cirrhigère et peut-être ovifère qui se prolonge en arrière.

On voit, d'après cela, que c'est dans la signification du tentacule que M. de Blainville s'éloigne le plus de l'opinion d'Eschscholtz; celui-ci n'y voit qu'un organe de préhension, et suppose que la masse opaque remplissant quelquefois la cavité natatoire est composée d'œufs ou de germes, tandis que M. de Blainville, tout en regardant comme probable l'existence d'un ovaire à la base de l'appareil digestif, appelle encore le tentacule une production ovigère.

M. de Blainville, adoptant provisoirement tous les genres établis avant lui, au nombre de dix-sept, partage les Diphyes en trois divisions, savoir :

I. Celles dont la partie antérieure n'a qu'une seule cavité. Comprenant les genres *Cucubalus*, Quoy et Gaimard (Man. actin. p. 130, pl. 6, fig. 1). *Cucullus*, Quoy et Gaimard (Man. act. p. 131, pl. 6, fig. 2), lequel, dit-il, ne diffère du précédent que par la forme des organes natateurs et mérite à peine d'être conservé. *Cymba*, Quoy et Gaimard (Man. actin. p. 131, pl. 4, fig. 2), ne différant encore des précédens que par la forme des organes natateurs; *Cuboides*, Quoy et Gaimard (l. c. p. 132, pl. 4, fig. 6); *Enneagona*, Quoy et Gaimard (l. c. p. 133, pl. 4, fig. 5); *Amphiron*, Lesueur (l. c. p. 133, pl. 4, fig. 1), du golfe de Bahama.

II. Celles dont la partie antérieure a deux cavités distinctes. Comprenant les genres *Calpe*, Quoy et Gaimard (l. c. p. 134, pl. 4, fig. 3); *Abyla*, Quoy et Gaimard (l. c. p. 134, pl. 4, fig. 4), auquel se rapporte une espèce trouvée par les mêmes naturalistes dans le détroit de

Bass, et nommée par eux *Bassia quadrilatura; Diphyes*, Cuvier (l. c. p. 135, pl. 5, fig. 1), comprenant l'indication de neuf espèces, dont cinq inédites.

III. Les espèces douteuses ou composées d'une seule partie. Comprenant les genres *Pyramis*, Otto (l. c. p. 136, pl. 6, fig. 3); *Praia*, Quoy et Gaimard (l. c. p. 137, pl. 6, fig. 4), qu'il soupçonne avec raison de n'être que l'organe natateur de quelque Physophore; *Tetragona*, Quoy et Gaimard (l. c. p. 138, pl. 6, fig. 5), qu'il croit formé avec l'organe natateur postérieur d'une véritable Diphye; *Sulculearia*, Lesueur (l. c. p. 138, pl. 6, fig. 5), établi pour trois espèces inédites des côtes de Nice, qui pourraient bien aussi n'être que des pièces natatoires de Diphyes; *Galeolaria*, Lesueur (l. c. p. 139, pl. 6, fig. 7), ayant pour type la *G. australis*, dont MM. Quoy et Gaimard ont voulu faire le genre *Béroïde*, et paraissant faire en effet le passage des Diphyides aux Béroés; *Rosacea*, Quoy et Gaimard (l. c. p. 140, pl. 6, fig. 8), qu'il suppose être plutôt une Physophore qu'une Diphye; *Noctiluca*, Suriray (l. c. p. 140, pl. 6, fig. 9),[1] et *Doliolum*, Otto (l. c. p. 142, pl. 6, fig. 10), qu'il croit être un véritable Biphore dont le nucléus aura échappé à l'observation.

---

† Famille des Physophorides.

Cette famille, qui correspond aux genres Stéphanomie, Physophore, Rhisophyse et Physalie de Lamarck, comprend des animaux dont le corps mou est muni, à une de ses extrémités, d'une vessie remplie d'air, et qui en outre, chez la plupart, est entouré de pièces cartilagineuses pourvues de cavités natatoires pour plusieurs genres. Elle se distingue surtout des Diphyides, parce que ses organes digestifs ne sont point intimement unis aux pièces cartilagineuses et par sa vessie terminale pleine d'air, laquelle soutient l'animal à la surface des eaux. L'air peut, dit-on, sortir de cette vessie et y être introduit de nouveau.

A partir de la vessie aérifère, le corps mou se continue comme un canal nourricier pourvu de plusieurs trompes ou suçoirs, et portant aussi un grand nombre de tentacules qui présentent, dans chaque genre, une structure différente. Tantôt ce sont des filamens simples roulés en tire-bouchon ou garnis de suçoirs mamelonnés, tantôt ils portent des rameaux déliés qui peuvent eux-mêmes aussi être simples, ou être terminés par un renflement surmonté de deux ou trois pointes. Quelques genres sont distingués par des réservoirs particuliers de liquide à la base des tentacules.

Les pièces cartilagineuses transparentes qui, en nombre variable, entourent le conduit nourricier dans la plupart des Physophorides sont dans quelques genres d'une seule sorte, et dans ce cas encore ce sont ou des pièces pleines destinées seulement à protéger le corps, ou bien elles sont creusées d'une cavité natatoire, et sont des organes de locomotion, qui agissent en se contractant et pour chasser en arrière l'eau qu'elles contiennent. Dans d'autres genres, la partie supérieure, la plus voisine de la vessie aérifère, est pourvue de pièces creusées d'une cavité natatoire, et toujours disposées sur deux rangs alternes, tandis que le reste du corps est entouré de pièces pleines, de formes très différentes et irrégulièrement placées. Les pièces natatoires qui se détachent avec une extrême facilité ont pu être prises souvent pour des animaux particuliers, et ont donné lieu à l'établissement des genres *Cuneolaria* (Eysenhardt), *Pontocardia* (Lesson) et *Gleba* (Bruguière et Otto).

Eschscholtz divise les Physophorides de la manière suivante en plaçant comme appendice à sa première division le genre Stephanomie, qui n'est pas encore suffisamment connu.

Première division. Corps entouré de pièces cartilagineuses.

(A) Tentacules avec des réservoirs de liquide.	
(a) Réservoirs de liquide à la base des tentacules.	
(1) Tentacules simples.	1. *Apolemia* (*Stephanomia uva*. Les.)
(2) Tentacules pourvus de rameaux.	2. *Physophora*.
(b) Réservoirs de liquide à la base des rameaux.	3. *Hippopodius* (*Protomedea*. Les. Blainv.)
(B) Tentacules sans réservoirs de liquide.	
(a) Tentacules simples.	4. *Rhizophysa*.
(b) Tentacules pourvus de rameaux.	
(1) Rameaux n'étant que de simples filamens.	5. *Epibulia*.
(2) Rameaux terminés par des organes particuliers renflés.	
* Renflement terminal portant deux pointes.	6. *Agalma*.
** Renflement terminal portant trois pointes.	7. *Athorybia* (*Rhodophysa*. Blainv.)
Genre placé comme appendice à cette division.	8. *Stephanomia*.
2ᵉ Division. Corps mou, nu.	
(a) Vessie aérifère, ronde et simple.	9. *Discolabe*.
(b) Vessie aérifère portant une crête.	10. *Physalia*.

M. de Blainville admet cette même famille sous le nom de *Physogrades;* mais il la place parmi les Mollusques. Suivant lui (Man. d'actin., p. 111), ces animaux « ont le

« *corps* régulier symétrique, bilatéral, charnu, contrac-
« tile, souvent fort long, pourvu d'un canal intestinal
« complet, avec une dilatation plus ou moins considéra-
« ble aérifère; une bouche, un anus, l'un et l'autre ter-
« minaux, et des branchies anomales en forme de cirrhes
« très longs, très contractiles, entremêlés avec les ovai-
« res. »

La famille des Physogrades est divisée dans son ouvrage en trois groupes, savoir :

* Les P. à organe natatoire simple et lamelleux, comprenant le seul genre *Physale*.

** Les P. à organes locomoteurs complexes et vésiculeux, qui constituent les genres *Physophore*, *Diphyse* (Quoy et Gaimard), et *Rhizophyse*, auquel il réunit le genre *Epibulia* Esch.

*** Les P. pourvus de deux sortes d'organes locomoteurs, les antérieurs creux, les postérieurs solides : ce sont les genres *Apolemia* Esch., *Stephanomie*, *Protomédée* Les. (*Hippopodius* Quoy et Gaimard), et *Rhodophyse* (*Athorybia* et *Discolabe* Esch.)

Cuvier dans son Règne animal admet comme genres principaux les *Physalies* et les *Physophores*, et comme genres secondaires par rapport à ces derniers les *Hippopodes*, les *Cupulites*, les *Racémides*, les *Rhizophyses* et les *Stéphanomies*.

HIPPOPODE. (Hippopodius.)

Le genre Hippopode, *Hippopodus*, établi par MM. Quoy et Gaimard, qui depuis l'ont réuni aux Stéphanomies, a été adopté par Eschscholtz (Acal. p. 149), qui lui donne pour caractères d'avoir « le corps non entouré de pièces
« cartilagineuses pourvues d'une cavité natatoire en forme
« de fossette recouverte par un feuillet; avec des tenta-

« cules rameux, ayant des réservoirs de liquide en « forme de globules à la base des rameaux qui sont fili- « formes et se roulent en hélice. » Il ne place dans ce genre que la seule espèce suivante, dont suivant lui la *Gleba* de l'Encyclopédie méthodique est une pièce cartilagineuse détachée.

1. Hippopode jaune. *Hippopodius luteus.* Quoy et Gaimard Ann. sc. nat. t. x, pl. 4 A.

Corpore ovato, cylindraceo, hyalino; appendicibus imbricatis, suborbiculatis; concavis, valvulatis; tentaculis longis, ovalis luteis.

Stephanomia hippopoda. Quoy et Gaim. Voy. Astrol. Zool. p. 67. pl. 2. f. 13-21.

Gleba. Bruguière. Encycl. méth. pl. 89. f. 5. 6.

Gleba exesa. Otto. N. acta. acad. nat. cur. t. 2. pl. 42. f. 3.

Protomedea lutea. Blainv. Man. d'actin. p. 121. pl. 2. f. 4.

Habite la Méditerranée.

Les pièces cartilagineuses liées entre elles forment une masse conique, latéralement comprimée d'un aspect écailleux qui, vue du côte où se présentent les deux séries de pièce cartilagineuse, ressemble à un épilet de certains gramens (*Briza*), ou à un chaton de houblon. Les pièces les plus voisines de la vessie natatoire sont les plus petites et les autres sont de plus en plus grandes, ce qui donne au tout sa forme conique. Leur nombre est de huit à neuf, et leur forme rappelle celle d'un sabot de cheval, car elles sont épaisses au bord, et excavées au centre sur leurs deux faces. Mais la moitié interne de la face inférieure est plus fortement excavée, et l'on remarque au bord de la fossette qui en résulte quatre pointes courtes au moyen desquelles les diverses pièces se tiennent entre elles. Sous ces pointes on trouve le feuillet qui recouvre la fossette et en fait une cavité natatoire. Ces pièces cartilagineuses laissent entre elles un canal central occupé par le conduit nourricier qu'on peut isoler de ces pièces aussi bien que les tentacules qui prennent naissance entre.

M. de Blainville nomme ce même genre PROTOMÉDÉE, *Protomedea*, d'après un mémoire inédit de M. Lesueur, qui en a observé trois nouvelles espèces, les *P. uniformis*, *P. calcearia* et *P. notata* dans les mers d'Amérique. Il le caractérise ainsi (Man. d'actin. p. 121): « Corps libre, flottant, cylindrique, fistuleux, fort long, pourvu « supérieurement d'un assemblage imbriqué sur deux « rangs latéraux alternes, de corps gélatineux, pleins, « hippopodiformes, et dans tout le reste de sa longueur « de productions filamenteuses, cirrheuses, diversiformes. « Bouche proboscidiforme à l'extrémité d'une sorte d'es- « tomac vésiculeux. »

Le genre RACEMIDE admis par Cuvier (Règn. Anim. 2ᵉ éd. t. III. p. 287), d'après M. Delle Chiaje, pour des Acalèphes observées dans la Méditerranée, a des vésicules globuleuses, petites, garnies chacun d'une petite membrane et réunies en une masse ovale qui se meut par leurs contractions combinées.

Le genre DIPHYSE, *Diphysa*, établi par MM. Quoy et Gaimard, est caractérisé ainsi par M. de Blainville (Man. d'actin. p. 117), qui a pu l'étudier sur les individus rapportés par ces naturalistes: « Corps cylindrique allongé, « contractile, musculaire, composé de trois parties, l'anté- « rieure vésiculeuse; la moyenne portant à sa partie in- « férieure deux organes natateurs, creux, placés l'un de- « vant l'autre, et enfin la troisième, la plus longue, pour- « vue en dessus d'une plaque fibrillo-capillacée, et en des- « sous de productions cirrhiformes; bouche terminale; « anus? » La seule espèce connue a été nommée *Diphysa singularis*, par MM. Quoy et Gaimard, qui l'ont prise pendant le voyage de l'Astrolabe.] F. D.

PHYSSOPHORE. (Physsophora.) (1)

Corps libre gélatineux, vertical, terminé supérieurement par une vessie aérienne. Lobes latéraux distiques, subtrilobés, vésiculeux.

Base du corps tronquée, perforée, entourée d'appendices, soit corniformes, soit dilatés en lobes subdivisés et foliiformes. Des filets tentaculaires plus ou moins longs en dessous.

Corpus liberum, gelatinosum, verticale, vesicâ aeriferâ terminatum. Lobi laterales plures distichi, subtripartiti, vesiculosi.

Corporis pars infima truncata, forata, appendicibus corniformibus vel in folia subdivisa dilatatis obvallata. Filamenta tentacularia subtùs, plus minusve longa.

Observations. — C'est principalement par la forme et la composition de la base de ces corps que les Physsophores diffèrent des Rhizophyses. Ces animaux, conformés, en quelque sorte, comme des pèse-liqueurs, se soutiennent à la surface des eaux, à l'aide de la vessie aérienne qui termine supérieurement leur corps. On prétend qu'ils ont la faculté de chasser l'air de leur vessie terminale lorsqu'ils veulent s'enfoncer dans les eaux, et qu'ils peuvent la remplir d'air dès qu'ils veulent flotter à la surface. Leur bouche paraît être l'ouverture observée à la base tronquée de leur corps, ce qui n'indique nullement que les Physsophores soient des animaux composés, comme le pense M. Lesueur.

Au reste, l'organisation des Physsophores est encore peu connue, malgré ce que nous apprend Forskal de l'espèce qu'il a décrite et figurée.

[Eschscholtz, non plus que Lamarck, n'avait point vu de Phy-

(1) L'orthographe adoptée par Eschscholtz pour le genre *Physophore* est préférable à celle de Lamarck, puisqu'elle est conforme à l'étymologie, et fait connaître que cet animal porte une vessie.

sophores vivantes; cependant il caractérise ainsi ce genre qui, comme les autres Physophorides, a le corps mou, pourvu à une de ses extrémités d'une vessie natatoire remplie d'air: « Des « tentacules rameux, à rameaux en massue; des vésicules pleines « de liquide, allongées et amincies, à la base des tentacules; des « pièces cartilagineuses natatoires en deux rangées, pourvues « d'une cavité interne. » Il diffère du genre *Apolemia* (voir plus haut pag. 25), qui sont également pourvues de vésicules allongées et amincies, contenant du liquide à la base des tentacules, parce que ces vésicules prennent naissance toutes au même point, et entourent les suçoirs et les tentacules cachés derrière elles, et parce que surtout les tentacules ont beaucoup de petits rameaux. M. de Blainville, qui rapproche les Physophorides des Mollusques, décrit ainsi le genre Physophore : « Corps plus ou « moins allongé, cylindroïde, hydatiforme dans sa partie anté- « rieure, pourvu dans la partie moyenne de deux séries de « corps vésiculeux diversiformes (organes locomoteurs ou na- « tatoires), à ouverture régulière, et dans sa partie postérieure, « d'un nombre variable de cirrhes de forme variable, dont deux « beaucoup plus longs et plus complexes que les autres; bouche « à l'extrémité de la partie hydatiforme; anus terminal? organe « de la génération? »

M. de Blainville dit s'être assuré, sur les échantillons rapportés dans l'alcool par MM. Quoy et Gaimard, que la vessie hydrostatique est musculaire, et qu'elle est un renflement du canal intestinal, avec un orifice ou bouche à son extrémité; il ajoute que les corps vésiculeux, ou poches contractiles, représentent le pied des Physales, et que les cirrhes sont des branchies.] F. D.

ESPÈCES.

1. Physsophore hydrostatique. *Physsophora hydrostatica.*

Ph. ovalis; vesiculis lateralibus trilobis : plurimis extrorsùm apertis; intestino medio, et tentaculis quatuor majoribus rubris.

Forsk. *fig.* Ægypt. p. 119. et ic. tab. 33. *fig.* E. e 1. e 2.
Encycl. pl. 89. f. 7-9.

Modeer. Nouv. mém. acad. Stockh. 1789.
* Eschscholtz. Acal. p. 145.
* Delle Chiaje. Mem. sul. an. s. vert. t. 4. pl. 50.
* Blainv. Man. d'act. p. 115.
Habite la Méditerranée.

2. Physsophore muzonème. *Physsophora muzonema.*

Ph. oblonga, lateribus distichè lobifera; basi ampliore multifidâ, tentaculatâ.

Physsophora muzonema. Péron et Lesueur. Voyage. pl. 29. f. 4.
* *Physsophora muzonema.* Esch. Acal. p. 145.
* *Physsophora muzonema.* Blainv. Man. d'actin. p. 115. pl. 2.
Habite l'Océan atlantique. — Long. 4 pouces.

† 3. Physsophore de Forskal. *Physsophora Forskalii.*

Ph. oblonga, vesiculis lateralibus apertis quatuor; totidem tentaculis, basi rubra ovifera.

Quoy et Gaimard. Voyage de l'Uranie. p. 583. pl. 87. f. 6.
Eschscholtz. Acal. p. 145. n° 2.
(MM. Quoy et Gaimard ont observé pendant le voyage de l'Astrolabe, quatre autres espèces qu'ils ont nommées : *P. alba, P. intermedia, P. australis, P. discoidea* (Voy. Astr. p. 53. pl. 1).
M. Lesson (Voy. Coq. p. 45. pl. 16. f. 3) en a décrit une autre qu'il nomme *Physsophora disticha.*

RHIZOPHYSE. (Rhizophysa).

Corps libre, transparent, vertical, allongé ou raccourci, terminé supérieurement par une vessie aérienne. Plusieurs lobes latéraux, oblongs ou foliiformes, disposés soit en série, soit en rosette. Une ou plusieurs soies tentaculaires pendantes en dessous.

Corpus liberum, hyalinum, verticale, elongatum vel abbreviatum, vesicâ aeriferâ supernè terminatum. Lobuli plures laterales, oblongi aut foliiformes, in seriem subsecundam aut in rosam dispositi. Seta tentacularis vel setæ plures subtùs pendulæ.

OBSERVATIONS. — Les singuliers animaux dont il s'agit ici furent découverts par Forskal, qui les rangea parmi ses Physsophores. *Péron*, probablement les observa depuis, les sépara des Physsophores, et en constitua le genre le genre *Rhizophyse*, dont il n'eut pas le temps de publier le caractère.

J'ai tâché d'y suppléer, sans connaître directement ces animaux. Je vois que les Rhizophyses et les Physsophores ont des caractères communs, savoir: une vessie aérienne qui les termine supérieurement, et des lobes latéraux que M. *Lesueur* regarde comme des organes natatoires. Mais, au-dessous de ces lobes, la base des *Rhizophyses* est très simple; tandis que celle des Physsophores est élargie, lobée, divisée, très composée. De là, M. *Lesueur* a pensé que chaque Physsophore offrait des animaux réunis.

ESPÈCES.

1. Rhizophyse filiforme. *Rhizophysa filiformis.*

R. filiformis; lobis lateralibus, oblongis, pendulis, seriatis, subsecundis.

Physsophora filiformis. Forsk. *fig.* Ægypt. p. 120. n° 47. et ic. tab. 33. *fig.* F. encycl. p. 89. f. 12.

Rhizophysa. Péron et Lesueur. Voyage pl. 29. f. 3.

* *Physsophora filiformis.* Modeer. Nouv. mém. acad. Stock. 1789.

* Delle Chiaje. Mem. sul. an. s. vert. t. 4. pl. L. f. 3. 5.

* *Epibulia filiformis.* Eschsch. Acal. p. 148.

* *Rhizophysa filiformis.* Blainv. Man. d'actin. p. 118. pl. 2. f. 1.

Habite la Méditerranée. — Cet animal peut se contracter et se raccourcir presqu'en une masse subglobuleuse.

2. Rhizophyse rosacée. *Rhizophysa rosacea.*

R. orbicularis, depresso-conica; lobulis lateralibus, foliaceis, in rosam densam imbricatis.

Physsophora rosacea. Forsk. *fig.* Ægypt. p. 120. n° 46. et ic. tab. 43. *fig.* B. b. Encycl. pl. 89. f. 10-11.

* Modeer. Nouv. mém. acad. de Stockholm. 1789.

* *Athorybia rosacea.* Eschsch. Acal. p. 154.

* *Rhodophysa rosacea.* Blainv. Man. d'actin. p. 123.

Habite la Méditerranée. — Largeur, 1 pouce.

[Le genre Rhizophyse, établi par Péron et conservé par M. de Blainville, a été augmenté de plusieurs espèces par MM. Quoy et Gaimard, qui l'ont défini tout autrement, en y admettant toutes celles qui ont des organes cartilagineux natateurs, entremêlés avec les tentacules ou filamens sur toute la longueur du corps. Eschscholtz a fait, avec les espèces de ces derniers naturalistes, ses genres *Athorybia* et *Discolabe*, qui forment le genre *Rhodophysa* de M. de Blainville; et de plus, il a séparé du genre de Péron la seule espèce que Lamarck eût citée, pour en faire son genre *Epibulia*, et ne conserver dans le genre Rhizophyse que la *Rhizophysa planostoma* de Péron, à laquelle il ajoute, sous le nom de *Rhizophysa Peronii*, une espèce nouvelle observée par lui-même dans la mer des Indes. D'après cela, tout en déclarant que le genre Rhizophyse est encore imparfaitement connu, il lui donne pour caractères d'avoir « le corps terminé su-« périeurement par une vessie aérifère, entouré dans sa « partie moyenne de pièces cartilagineuses natatoires, « creusées d'une grande cavité bilobée, et d'avoir des « tentacules simples, susceptibles de se rouler en hélice, « et sans réservoir de liquide à leur base. » Ce n'est qu'avec doute qu'il attribue à ce genre les pièces cartilagineuses presque cubiques qu'il trouva séparées du corps.

† 3. Rhizophyse planostome. *Rhizophysa planostoma.*

R. tubulis suctoriis apice cæruleis; tentaculis, æqualibus.
Péron et Lesueur. Voyage aux terres australes. pl. 29. f. 3.
Eschscholtz. Acal. p. 147.
Habite l'Océan atlantique.

† 4. Rhizophyse de Péron. *Rhizophysa Peronii.* Esch. Acal. p. 148, tab. 12, f. 3.

R. tubulis suctoriis apice rufo-ferrugineis; tentaculis superis cæteris majoribus.
Habite la mer des Indes au sud de Madagascar.] F. D.

G.

† **ÉPIBULIE.** (Epibulia.) Esch.

Le genre Epibulia a été établi par Eschscholtz pour quelques Acalèphes très imparfaitement connus; de sorte que, dans l'ignorance où il est de l'existence et de la structure de ses pièces cartilagineuses natatoires, il ne peut le caractériser que par ses tentacules rameux, dont les rameaux sont des filamens simples, et par l'absence de réservoirs de liquide à la base de ces tentacules. Il y place trois espèces, savoir : 1° l'*Epibulia filiformis* de la Méditerranée; 2° une seconde espèce observée par lui dans l'Océan atlantique septentrional, et qui était différemment colorée; elle avait l'ouverture de la cavité aérienne entourée d'un large anneau et marquée de points bruns; le corps et les suçoirs étaient jaunâtres, et entre ces derniers se trouvaient quatre tentacules roses; 3° la *Rhizophysa Chamissonis* décrite par Eysenhardt, dans les nouveaux mémoires de l'Académie des curieux de la nature, t. x, p. 416, pl. 35, fig. 3. Elle a le canal central rougeâtre pâle : deux des individus observés par Eysenhardt, dans l'Océan pacifique septentrional, avaient, l'un deux, l'autre cinq suçoirs; ils avaient, en outre, deux tentacules filiformes rouges. Eschscholtz suppose que l'animal observé par Quoy et Gaimard, près des côtes orientales de la Nouvelle-Hollande, et décrit par eux (Voyage de l'*Uranie*, p. 580, pl. 87, fig. 14, 15, 16) sous le nom de *Cupulita Boodwich*, doit appartenir au même genre *Epibulia* qui, dans ce cas, serait pourvu de pièces cartilagineuses natatoires, en forme de flacon large et déprimé, disposées en deux séries. Mais dans la Zoologie de l'Astrolabe, MM. Quoy et Gaimard disent eux-mêmes que la Cupulite leur paraît être une Physophore incomplète ou une Stéphanomie a organes creux.]

F. D.

---

† AGALMA. (Agalma.) Eschs.

Le genre *Agalma* a été établi par Eschscholtz pour des Acalèphes qu'il put observer complètement sur les côtes du Kamtschatka; il est caractérisé par « des tentacules « pourvus de rameaux renflés en massue à l'extrémité et « terminés par deux pointes, avec des pièces cartilagi- « neuses natatoires, dont les supérieures sont creuses, « distiques, et les inférieures pleines, irrégulières et rap- « prochées, sans ordre. » A l'intérieur de chaque rameau des tentacules, on distingue un canal de couleur foncée tourné en hélice. Les pièces cartilagineuses creuses forment deux séries à la partie supérieure au nombre de quinze de chaque côté et servent au mouvement de l'animal. Elles ont la forme d'une large massue aplatie, dont l'extrémité la plus épaisse se rétrécit et présente une ouverture tubuleuse, et dont le bord tranchant est élargi et a au milieu une profonde échancrure; les deux parties saillantes de ce bord tranchant s'adaptent à celles de la pièce correspondante de la rangée opposée, de telle sorte qu'elles forment ensemble une ouverture centrale servant au passage du canal nutritif. La cavité de ces pièces est tapissée par des vaisseaux qui font penser que ces organes tiennent lieu de branchies. Les plus antérieures de ces pièces diffèrent des moyennes, parce qu'elles sont plus courtes, plus épaisses, plus bombées, avec une cavité plus grande, prolongée en deux appendices latéraux. Après la série des pièces natatoires creuses se trouve un grand nombre de pièces cartilagineuses solides plus petites et de diverses formes tellement rapprochées, qu'elles constituent ensemble un tube servant à protéger et à livrer passage aux suçoirs et aux tentacules : c'est dans la disposition irrégulière de ces pièces solides que gît la différence entre les *Agalma* et les *Stephanomia*.

† 1. *Agalma Okenii.* Eschsch. Acal. 151. tab. 13. f. 1. Isis. 1825. p. 743. tab. 5.

A. partibus natatoriis ad cavitatis ostiolum cuneiformibus, ad marginem internum latè excisis.

Habite l'Océan pacifique septentrional. —Long. 3 pouces.

2. Eschscholtz regarde comme pouvant appartenir à une deuxième espèce l'animal incomplet décrit par Chamisso sous le nom de *Stephanomia Amphitritis* (N. acta acad. nat. cur. x. p. 367. tab. 32. f. 5), et dont les pièces creuses natatoires ont formé pour Eysenhardt un nouveau type nommé, par lui, *Cuneolaria incisa* (ibid. pag. 369); cette espèce habiterait les mêmes parages.

3. Le même auteur attribue à une troisième espèce les pièces creuses natatoires, décrites par M. Lesson sous le nom de *Pontocardia cruciata* (Mém. soc. d'hist. nat. de Paris. t. III. p. 417. pl. 10); elle habite près des Moluques.

4. Enfin Eschscholtz signale aussi comme appartenant à une autre espèce d'*Agalma* une Physophoride prise par lui dans l'Océan atlantique à l'est de Madère ressemblant bien à un *Agalma* par ses tentacules jaunâtres et ses suçoirs rosés, mais privée de ses pièces cartilagineuses; ses tentacules avaient des rameaux terminés comme pour les autres espèces, par des organes pédicellés ou en massue, mais quelques-uns de ces organes avaient une structure différente : c'était un globule marqué latéralement de deux points bleus et terminé par un long appendice droit, pourvu latéralement d'une rangée de dentelures ou de filamens épais et courts. F. D.

---

† ATHORYBIE. (Athorybia). Eschs.

Le genre Athorybia a été établi par Eschscholtz d'après les figures de MM. Quoy et Gaimard pour plusieurs Acalèphes observées dans la Méditerranée par ces naturalistes, et décrites par eux sous le nom de Rhizophyses d'abord, et de Stéphanomies plus tard. Il lui donne pour caractère d'avoir « des tentacules pourvus de rameaux renflés à l'extrémité et terminés par trois petites pointes, « et des pièces cartilagineuses toutes solides, disposées « en rayonnant autour d'un point. » Avec la *Rhizophysa rosacea* de Lamarck (voir p. 82), il range dans ce genre les deux espèces suivantes :

† 1. *Athorybia heliantha*. Esch. Acal. p. 153.

A. partibus cartilagineis angustis, utrinque acuminatis, incurvis.

Rhizophysa heliantha. Quoy et Gaimard. Ann. des Sc. nat. x. pl. 5. A.

Stephanomia helianthus. *Id.* Voy. Astrol. p. 63. pl. 2. f. 1-6.

Rhodophysa heliantha. Blainv. Mém. d'actin. p. 123. pl. 2. f. 3.

Vessie natatoire d'un brun rouge, suçoirs rougeâtres avec des cœcums jaunâtres à leur base ; tentacules incolores avec les renflemens des rameaux brunâtres.

† 2. *Athorybia melo*. Esch. Acal. p. 154.

A. partibus cartilagineis latis, extus rugosis; extremitate superiore rotundatis, intùs appendiculatis, infernè acutis.

Rhizophysa melo. Quoy et Gaimard. Ann. Sc. nat. t. x. pl. 5. c.

Stephanomia melo. Quoy et Gaim. Voy. Astr. p. 65. pl. 2. f. 7-12.

Rhodophysa melo. Blainv. Man. d'actin. p. 123.

Rameaux renflés, bruns, des tentacules plus longs que dans l'espèce précédente.

M. de Blainville établit de son côté ce même genre sous le nom de Rhodophyse, *Rhodophysa* ; mais comme il y réunit à tort la *Rhizophysa discoidea* (Quoy et Gaimard), dont Eschscholtz a fait son genre *Discolabe*, sa caractéristique a dû être un peu différente, d'autant plus que, persuadé que ces animaux appartiennent au type des Mollusques ou Malacozoaires, il pense que les dessins de MM. Quoy et Gaimard, donnant à ces animaux une disposition radiaire, ne peuvent être rigoureusement exacts et ont été faits sous l'influence d'une fausse idée d'analogie. Toutefois M. de Blainville convient lui-même que pour la *Rhizophysa discoidea*, qui est dépourvue d'organes natateurs, la disposition des productions ovigères (tentacules) est bien radiaire, et se demande si dans le cas où le dessin serait exact, cet animal ne formerait pas le passage des Mollusques aux Radiaires, ou si ce serait réellement une Méduse voisine des Porpites? Pour cet auteur (Man. d'act. p. 123), les Rhodophyses ont « le corps « court, cylindrique, charnu, renflé supérieurement en « une vessie aérifère, et pourvu au-dessous d'un nombre « variable de corps gélatineux, pleins, costiformes, for- « mant une seule série transverse, et d'un nombre variable « de productions filamenteuses, diversiformes, une bouche « et un anus terminaux. »

M. Meyen a formé le nouveau genre ANTHOPHYSA avec une espèce de Physophoride de l'Océan pacifique, dont le corps, pourvu d'une vessie oblongue, est entouré d'organes natateurs également oblongs verticillés, entremêlés de tentacules rameux.

Le genre DISCOLABE séparé par Eschscholtz des Rhizophyses s'en distinguerait, en effet, par l'absence totale des pièces cartilagineuses qu'on voit au contraire chez tous les autres Physophorides excepté chez les Physalies, si toutefois on ne pouvait supposer qu'à l'état parfait, il dût lui-même en posséder aussi. Ses caractères sont d'avoir « une vessie aérifère ronde, simple, à laquelle « tient, par un long pédoncule le corps qui est nu, en « forme de disque horizontal et pourvu d'une rangée « d'appendices coniques marginaux. » Ces appendices sont composés d'une quantité innombrable de petites pièces discoïdes agglutinées entre elles. Au milieu de la face inférieure du disque se trouvent des tentacules simples, pourvus d'une rangée de suçoirs, et d'ailleurs entourés aussi à leur base de petits corps jaunes qui paraissent être une autre sorte de suçoirs ou des ovaires.

† 1. *Discolabe mediterranea*. Esch. Acaleph. p. 156.

D. appendicibus marginalibus disci rosaceis circiter duodenis.

Rhizophysa discoidea. Quoy et Gaim. Ann. des Sc. nat. x. pl. 5. B.
Physsophora discoidea. Id. Voy. Astrol. p. 59. pl. 1. f. 22-24.
Rhodophysa discoidea. Blainv. Man. d'actin. p. 123.
Habite près de Gibraltar. — Long. 1 pouce 1/2, diamètre du disque, 5 lignes.
(M. de Blainville (Man. d'act. p. 635) veut que le Discolabe soit une Méduse). F. D.

PHYSALIE. (Physalia.)

Corps libre, gélatineux, membraneux, irrégulier, ovale, un peu comprimé sur les côtés, vésiculeux intérieurement, ayant une crête sur le dos, et des tentacules divers sous le ventre.

Tentacules nombreux, inégaux, et de diverses sortes : les uns filiformes, quelquefois très longs ; les autres plus courts et plus épais.

Bouche inférieure, subcentrale.

Corpus liberum, gelatinosum, membranosum, irregulare, ovatum, ad latera subcompressum, intùs vesiculosum ; dorso subcristato ; ventre tentaculis variis instructo.

Tentaculi numerosi, varii inæquales : alii filiformes interdum longissimi ; alii breviores et crassiores.

Os inferum, subcentrale.

Observations. — Je rapporte à ce genre l'*Holothuria physalis* de Linné, dont Sloane a publié une assez mauvaise figure, et qui n'est ni une Holothurie, ni une Thalide, comme le pensait Bruguière; mais qui est très voisine des *Vélelles* par ses rapports, ainsi que de la nombreuse famille des *Médusaires*.

Cette Radiaire mollasse, que les marins connaissent sous le nom de *Galère* ou de *Frégate*, fait partie d'un genre particulier dont on connaît déjà plusieurs espèces bien distinctes.

Sa forme irrégulière, sa crête dorsale, et les tentacules très longs et pendans qu'elle a sous le ventre, la distinguent éminemment des Vélelles. Par cette même crête, et par son intérieur vésiculeux, elle diffère de toutes les Médusaires connues.

La bouche des *Physalies* est inférieure, sans être tout-à-fait centrale. Les tentacules qui l'avoisinent ou l'environnent, et qui, conséquemment, sont situés et pendans sous le ventre de l'animal, sont nombreux, très inégaux, et de diverses sortes.

Les uns sont plus courts, plus épais, et paraissent terminés en suçoirs; les autres sont fort longs, filiformes, comme ponctués par la diversité de leurs couleurs locales; car ils sont vivement colorés de différentes manières, et il y en a de rouges, de violets et d'un très beau bleu.

Leur crête dorsale est aussi très vivement et agréablement variée dans ses couleurs.

Les *Physalies*, ou galères animales, flottent ordinairement sur la mer dans les temps calmes et beaux, et ne s'enfoncent dans les eaux que lorsque le temps devient mauvais. Elles s'attachent alors aux corps marins qu'elles rencontrent, par ceux de leurs tentacules qui sont terminés en suçoirs ou en ventouses.

Si l'on marche dessus, lorsque cet animal est à terre, il se crève et rend un bruit semblable à celui d'une vessie de carpe que l'on écrase avec le pied.

Lorsqu'on touche ou que l'on prend un de ces animaux avec la main, il répand une humeur si subtile, si pénétrante, et en même temps si vénéneuse ou si caustique, qu'elle cause aussitôt une chaleur extraordinaire, une démangeaison et même une douleur cuisante, qui dure assez long-temps.

On assure que l'apparition des *Physalies* vers les côtes est le présage d'une tempête prochaine.

[Eschscholtz, qui a pu étudier des Physalies vivantes, et qui a fait mieux connaître l'organisation de ces singuliers animaux, les caractérise ainsi : « Corps nu, formé par une vessie oblongue « remplie d'air, et portant en dessus une crête plissée également remplie d'air, et pourvu, à une extrémité seulement, de « tentacules et de suçoirs nombreux et de diverses sortes, avec « des vésicules oblongues remplies de liquide à la base des tentacules. » A une des extrémités de la vessie, on remarque un prolongement, également plein d'air, qui ne porte ni suçoirs, ni tentacules, et présente près du bout un petit creux qui s'ouvre pour laisser échapper l'air aussitôt que l'on comprime la vessie. L'extrémité opposée est au contraire garnie de suçoirs d'un seul côté, et présente aussi en dessus un autre creux qui paraît être une seconde ouverture de la vessie, laquelle se compose d'une double membrane.

Les organes de nutrition qui se trouvent en dessous de la vessie sont des tentacules et des suçoirs (tubes suceurs). Les tentacules de diverses grandeurs sont isolés ou groupés plusieurs ensemble sur des pédoncules communs, mais toujours simples et formés d'un seul filament rond susceptible de se rouler en tire-bouchon, et portant dans toute sa longueur, sur un côté, une rangée de mamelons réniformes, et sur l'autre côté une membrane étroite. A la base de chaque tentacule est un réservoir de liquide, oblong et aminci en pointe, adhérent, dans presque toute sa longueur, à la base du tentacule. Les mamelons des tentacules paraissent être les organes sécréteurs du mucus dont le contact produit sur la peau de l'homme une sensation si vive de brûlure.

Eschscholtz considère les réservoirs de liquide à la base des tentacules, comme ayant quelque analogie avec les appendices locomoteurs des Holothuries et des Astéries, qui remplissent leurs fonctions en se gonflant d'eau. Il n'admet point la *bouche centrale*, admise par Lamarck sur la foi de ses devanciers, et conteste formellement la signification des prétendus ganglions nerveux décrits par le docteur Blume (Isis, 1819, p. 184), qui aura été trompé par l'apparence des orifices fermés de la vessie. La supposition de l'entrée et de la sortie de l'air dans la vessie, au gré de l'animal, lui paraît également peu probable.

En outre des tentacules et des suçoirs, on trouve aussi entre ces organes, à la face inférieure de la vessie, un ou plusieurs faisceaux de filamens courts, que l'on peut prendre pour des corps reproducteurs. On y distingue plusieurs parties, savoir : un long filament fermé à l'extrémité, un appendice tubiforme ou en entonnoir, et une petite vésicule à leur base. Ces parties se détachent quand on touche l'animal, comme il arrive pour les corps reproducteurs des autres animaux inférieurs, de sorte que Eschscholtz se croit fondé à considérer le long filament comme le réservoir de liquide d'un tentacule non développé ; l'appendice en entonnoir, comme un suçoir, et la petite vésicule comme une vessie aérifère non encore remplie d'air, de sorte que ces trois parties constituent les organes essentiels au développement d'une jeune Physalie.

Cuvier, dans son Règne Animal (2e ed. t. III, p. 285), avait insisté sur la simplicité de l'organisation intérieure des Physalies, qui ne présentent point de système nerveux, ni circulatoire, ni glanduleux, et en avait pris occasion pour contredire l'idée présentée par M. de Blainville que la Physalie pourrait être un Mollusque; mais M. de Blainville qui d'abord (Dic. sc. nat. t. XI) avait rapporté ces animaux à la famille des Biphores, est revenu sur cette question dans un mémoire lu à l'Institut en 1828, et plus récemment encore dans son Manuel d'actinologie (pag. 113), et, modifiant sa première opinion pour aller plus loin encore, il regarde positivement les Physalies comme des Mollusques gastéropodes nageant sur le dos à la manière des Eolides, des Cavolinies et des Glaucus. Pour lui, c'est la crête qui est le pied; les orifices habituellement fermés de la vessie sont la bouche et l'anus; les longs filamens diversiformes (tentacules et suçoirs des auteurs) sont des branchies; et enfin il a reconnu « la terminaison des organes de la génération dans deux « orifices fort rapprochés qui se remarquent au côté gauche du « corps, à la racine de la partie proboscidiforme. » Des deux membranes qui composent la vessie, l'une pour lui est la peau, l'autre est l'estomac. Enfin, il croit avoir remarqué une plaque hépatique, des vaisseaux, et un organe central de la circulation.

On conçoit que cette question ne peut être désormais éclaircie que par des études faites à loisir sur les Physalies vivantes; pour le moment, nous nous bornons à dire qu'il paraît difficile d'admettre qu'un vrai estomac soit, comme la vessie de ces animaux, constamment et exclusivement rempli d'air.] F. D.

ESPECES.

1. Physalie rougeâtre. *Physalia pelagica.*

Ph. ovata, subtrigona: cristâ dorsali prominente subrubellâ, venosâ.
Holothuria physalis. Lin. Amæn. acad. 4. p. 254. t. 3. f. 6.

Urtica marina.... Sloan. Jam. hist. 1. t. 4. f. 5.
Arethusa.... Brown. Jam. p. 356.
Medusa caravella. Müller Beschaf. d. Berl. naturf. 2. p. 190. pl. 9. f. 2.
Medusa caravella. Gmel. Syst. nat. p. 3156.
Physalis pelagica? Osbeck. it. t. 12. f. 1.
* *Physsophora physalis.* Modeer. N. mém. acad.. Stockh. 1789.
* *Physalis arethusa.* Tilesius. Voy. de Krusenstern. 3. p. 91.
* *Physalis arethusa.* Chamisso. Voy. pitt. de Choris. t. f. 1. 2.
* Eysenhardt. N. act. acad. nat. cur. t. x. p. 420. tab. 35. f. 1.
* *Thalia.* Encycl. méth. pl. 89.
* *Physalia caravella.* Esch. Acal. p. 160. tab. 14. f. 1.
* *Physalia atlantica.* Lesson. Voy. de la Coq. zool. p. 36. pl. 4.
* *Physalis Arethusa.* Blainville. Man. d'actin. p. 113. pl. 1. fig. 1.
Habite l'Océan atlantique, les mers d'Amérique, le golfe du Mexique.
[M. Lesson décrit, sous le nom de *Physalia Azoricum* (Voy. de la Coq. Zool. p. 42. pl. 5. f. 4), une espèce qu'il prétend être à-la-fois l'analogue de la *Physalia pelagica* de Bosc et de Chamisso, et la *Physalia utriculus* d'Eschscholtz.]

2. Physalie tuberculeuse. *Physalia tuberculosa.*

Ph. irregularis, ovata, obsoletè cristata; extremitate anteriore tuberculis, cæruleis, seriatis, confertis.
* *Physalis pelagica.* Osbeck. Voy. aux Indes or. 284. tab. 12. f. 1.
Holothuria physalis. Lin. Amæn. acad. 4. p. 254. tab. 3. f. 6. — Syst. nat. ed. XII. p. 1090.
* *Physophora physalis.* β. Modeer. N. mém. Acad. Stockh. 1789.
* *Physalia pelagica.* Bosc. Hist. nat. des vers. 2. p. 166. pl. 19.
* Bory St-Vincent. Voy. aux Iles d'Afrique. III. pag. 188. pl. 54.
* *Physalis glauca.* — *Ph. pelagica* — *Ph. cornuta.* Tilesius. Voy. de Krusenstern. 4. p. 104.
* *Physalia Osbeckii et pelagica.* Eysenhardt. Nov. act. acad. nat. cur. x. p. 421. pl. 35.
* *Physalia Megalista?* Peron et Lesueur. pl. 29.
* *Physalia pelagica.* Eschs. Acal. p. 162.
* Lesson. Voy. Coq. Zool. p. 40. pl. 5. f. 3.
* Blainv. Man. d'actin. p. 113.
Habite l'Océan atlantique, les mers d'Amérique. Elle a une rangée de tubercules d'un beau bleu à son extrémité antérieure, et sur son dos une crête aiguë, mais médiocre.

3. Physalie bleue. *Physalia megalista.*

Ph. ovata; extremitate anteriore longiore rectâ rostriformi; cristâ prominulâ plicatâ.

Physalia megalista. Péron et Lesueur, Voyage 1. pl. 29. f. 1.

* *Physalis australis.* Lesson. Voy. de la Coq. Zooph. p. 38. pl. 5. f. 1.

Habite l'Océan atlantique austral.

(Eschscholtz rapporte avec doute cette espèce de Péron à la *Physalia pelagica* (*P. tuberculosa* Lk.)

4. Physalie allongée. *Physalia elongata.*

Ph. oblonga, utrinque acuta, subhorizontalis.

James Forbes. Mém. orientaux, vol. 2. p. 200 (Méduse), et vol. 4. fig.

Habite... les mers de la Guinée.

† 5. Physalie utricule. *Physalia utriculus.* Esch. Acal. p. 163 tab. 14, f. 2.

P. tubulis suctoriis omnibus simplicibus; vesica extremitate tubulifera processu carnoso elongato.

Medusa utriculus. La Martinière. Journ. de Phys. nov. 1787. p. 365. pl. 2. f. 13. 14.

Medusa utriculus. Gmelin. Lin. Syst. nat. 3155.

Lamartinière. Voyage de La Pérouse. pl. 20 f. 13. 14.

Physalis Lamartinieri. Tilesius. Voy. de Krusenstern. 3. p. 99.

Eysenhardt. Nov. act. acad. nat. cur. t. x. p. 421.

Physalia antarctica. Lesson. Voy. de la Coq. Zooph. p. 39. pl. 5.

Habite la mer du Sud entre les tropiques.

Elle se distingue par le prolongement charnu en forme de trompe de sa vessie aérifère qui atteint une longueur de 3 1/2 pouces.

[Eschscholtz a établi, sous le nom de famille des Vélellides, une troisième famille dans son troisième ordre des Acalèphes, et y a placé, avec un nouveau genre *Rataire*, les genres *Vélelle* et *Porpite*, pour lesquels Cuvier avait déjà (Règn. anim. t. III, p. 283) aperçu la nécessité de faire cette division. M. de Blainville a établi de son côté la même famille sous le nom d'ordre des Cirrhigrades, dans sa classe des Arachnodermaires, qui comprend également les Médusaires ; tandis qu'il reporte avec les Mollusques ou Malacozoaires les autres Acalèphes, tels que les Physophores, les Béroés et les Diphyes. Cuvier plaçait les Vélellides entre les Béroés et les Physalies. Eschscholtz les place à une extrémité de la série des Acalèphes, tandis qu'il place les Cténophores, qui comprennent les Béroés, à l'autre extrémité.

Les Vélellides, suivant Eschscholtz, sont des Acalèphes « sans « cavité digestive centrale, pourvus de suçoirs, dont un plus « grand au centre tient lieu d'estomac, et enfin sécrétant une « coquille interne, cartilagineuse ou calcaire, celluleuse et con- « tenant de l'air dans ses cellules, ce qui en fait un organe na- « tatoire passif. » Cette coquille est ou d'une seule pièce plate, circulaire, ou composée de deux moitiés formant par leur réunion un corps oblong, tantôt plat, tantôt relevé en manière de crête. La coquille est entièrement enveloppée par la masse charnue du corps de l'animal, qui forme sur son bord externe une membrane épaisse, et sur tout le reste une couche très mince. Toute la face inférieure est couverte par les organes nutritifs, parmi lesquels on distingue un gros suçoir central, analogue à un estomac, et susceptible d'avaler de petits animaux. Dans les genres Vélelle et Porpite, ce suçoir central est entouré d'un grand nombre de suçoirs plus petits, et, au bord et en dessous, on trouve en outre une rangée de tentacules beaucoup moins extensibles et contractiles que dans les Diphyides et les Physophorides, mais susceptibles seulement de se courber pour venir en contact des corps extérieurs, et, par conséquent, paraissant être des suçoirs. Dans le genre *Rataria*, on ne trouve que le grand suçoir, ou estomac central, et les tentacules du bord.

MM. Quoy et Gaimard avaient annoncé (Voy. de Freycinet, p. 587), d'après M. Sander-Rang, que les jeunes Vélelles sont toujours pourvues de deux filets bleus, longs de plusieurs pouces, qu'elles perdent en devenant adultes; mais Eschscholtz révoque en doute le rapprochement établi entre les Vélelles et les animaux observés par M. Rang; il pense que ces derniers devraient plutôt appartenir à un genre nouveau; car lui-même il n'a rien vu de tel chez les jeunes Vélelles. Cependant M. Lesson a représenté également avec deux longs filets bleus le jeune âge de la Vélelle mutique.

Voici comment Eschscholtz divise les Vélellides. :

1. Coquille avec une crête.	
a) Crête musculeuse et changeant de forme	1 *Rataria.*
b) Crête cartilagineuse immobile	2 *Velella.*
2. Coquille sans crête	3 *Porpita.*

Cet auteur signale les rapports des deux premiers genres avec les Physophorides, et en particulier l'analogie des *Rataria* avec les Physalies dont la crête celluleuse rappelle la coquille celluleuse remplie d'air des Vélellides ; mais en même temps il trouve que le genre Porpite se rapproche singulièrement des Zoophytes, et surtout du genre *Fungia*, dans lequel on trouve aussi un estomac central, entouré de nombreux tentacules analogues à des suçoirs, lesquels occupent une seule face du corps, tandis que la face opposée ne présente aucun organe. Sur ce dernier point, M. de Blainville (Man. d'actin. p. 303) professe une opinion semblable. F. D.

---

† RATAIRE. (Rataria.)

Genre établi par Eschscholtz pour de très petits Acalèphes de la famille des Vélellides, que M. Blainville soupçonne avec raison n'être que des degrés de développement des Vélelles.

Ce genre est caractérisé ainsi : « Corps muni d'une « crête en dessus ; coquille comprimée élevée, avec une « membrane musculeuse en forme de crête située longi- « tudinalement sur la coquille ; tentacules (suçoirs) seule- « ment au bord. » Il se distingue essentiellement des Vélelles, parce que la partie horizontale du corps forme une ellipse et non un quadrilatère allongé, et que la coquille oblongue en occupe le grand diamètre et non la diagonale. Elle est fortement comprimée, latéralement, beaucoup plus haute que large et conséquemment elle forme en grande partie le support de la crête ; sur l'angle dièdre qu'elle présente en dessus s'attache une membrane musculaire en forme de feuille dans une position perpendiculaire; ainsi le cartilage constituant la voile des Vélelles manque totalement ici.

Il en résulte que la forme de la crête est très variable, et comme l'animal peut contracter cette membrane musculaire et abaisser la partie saillante de sa coquille, il prend quelquefois une forme plus semblable à celle des Porpites qu'à celles des Vélelles. Dans ce dernier cas il flotte à plat sur la mer; mais, aussitôt qu'il étend sa crête charnue, il chavire sur le côté, et c'est la crête qui vient à la surface de l'eau, de sorte qu'au lieu de lui servir de voile comme celle des Vélelles, elle ne sert qu'à le faire tourner.

1. Rataire cordiforme. *Rataria obcordata*. Esch. p. 167 tab. 16, f. 1.

R. crista ovata obcordata, corpore albo, margine fusco.

Habite l'Océan atlantique septentrional, au 47° lat. — Long. 1 lig.

Eschscholtz pense que les figures données par Forskal pour les jeunes de son *Holothuria spirans* (*Velella limbosa*) doivent représenter la *Rataire cordiforme*, qui d'après cela pourrait atteindre un diamètre de trois lignes.

2. Rataire gobelet. *Rataria pocillum*. Esch. p. 168.

R. cristâ ovatâ, apice acutâ; corporis margine fusco-cærulescente; tentaculis fusco-cæruleis.

Medusa pocillum. Montaigu. Linean transact. XI. p. 11. tab. 14. f. 4.

Aglaura crista. Oken. Naturgeschichte. p. 125.

Velella pocillum. Fleming. Brit. anim. p. 500. n° 53.

Habite l'Océan atlantique près des côtes d'Angleterre. — Long. 3 lig.

3. Rataire mitrée. *Rataria mitrata*. Esch. p. 178. tab. 16 f. 2.

R. cristâ triangulari; testâ supernâ parte brunneâ; corpore flavescente; tubo suctorio medio rubescente; tentaculis 12; marginalibus cæruleis.

Habite l'Océan atlantique près des îles du Cap-Vert. — Long. 1 lig.

VÉLELLE. (Velella.)

Corps libre, gélatineux extérieurement, cartilagineux à l'intérieur, elliptique, aplati en dessous, et ayant sur le dos une crête élevée, insérée obliquement.

Bouche inférieure, centrale, un peu saillante.

Corpus liberum, extrinsecùs gelatinosum, intùs cartilagineum, ellipticum, subtùs planulatum; cristâ dorsali prominente, obliquè insertâ.

Os inferum, centrale, subprominulum.

Observations. —Les *Vélelles* ont été, comme les Porpites, confondues parmi les Méduses par Linné; mais elles en sont bien distinguées par leur intérieur qui est cartilagineux et composé de deux plans inégaux, dont l'un s'insère verticalement sur l'autre.

En effet, l'un de ces deux plans est inférieur, horizontal, elliptique ou suborbiculaire; tandis que l'autre est supérieur, vertical et inséré obliquement sur le plan inférieur. Ce plan vertical qui, dans sa base, est de la longueur du corps de l'animal, soutient une membrane qui s'élève sur le dos de ce corps comme une crête, une espèce de voile, ou comme une vessie transparente et pleine d'air.

Le corps des *Vélelles* est aplati en dessous, et au centre de cette face inférieure, on observe la bouche, qui tantôt est comme à nu, et tantôt offre de nombreux tentacules, selon les espèces.

Les *Vélelles* sont phosphoriques, brillent la nuit comme des lumières, et causent des démangeaisons lorsqu'on les touche. Elles flottent et voguent à la surface des eaux, comme les Porpites, les Physalies, etc. Les matelots les font frire et les mangent.

[Eschscholtz caractérise ainsi les Vélelles : « Corps portant « en dessus une crête cartilagineuse, entourée d'une membrane « musculeuse, et placée diagonalement sur la coquille : tentacules marginaux simples. » La coquille est cartilagineuse et non calcaire; elle est composée de deux moitiés, qui par leur réunion forment un corps elliptique presque plat, un peu bombé en dessus et excavé en dessous. La ligne de jonction des deux parties occupe le petit diamètre de la coquille totale, sur laquelle on remarque beaucoup de stries concentriques très écartées d'un côté, et très rapprochées les unes des autres au côté opposé, à chaque extrémité. Ces stries proviennent d'un égal nombre de cloisons qui se trouvent entre la plaque inférieure et la plaque supérieure de la coquille. Une diagonale située dans le plus grand diamètre partage de nouveau la diagonale en deux moitiés étroites. Sur cette diagonale est dressé perpendiculairement un cartilage plat, immobile, presque en forme de demi-cercle. Toute la coquille est revêtue d'une membrane molle très mince; mais, en outre, le bord externe est garni d'une membrane molle assez épaisse, qui se trouve en quelques endroits plus large que dans d'autres, d'où résulte un contour en forme de quadrilatère, dont deux côtés sont plus longs que les deux autres. La coquille occupe une diagonale de ce quadrilatère. A la face inférieure, on remarque au milieu un estomac central, entouré d'un grand nombre de suçoirs courts, et au bord de la coquille, une seule rangée de tentacules simples.]

F. D.

ESPECES.

1. Vélelle mutique. *Velella mutica.*

V. oblongo-ovata, subnuda; margine ciliato; cristâ membranaceâ.
Medusa velella. Gmel. p. 3155.
Phyllidoce... Brown. Jam. 387. t. 48. f. 1.
* *Velella mutica.* Lesson et Garnot. Voyag. coquill. zooph. p. 52. p. 6. f. 1. 2.
Habite l'Océan atlantique.
[M. Lesson a représenté (loc. cit. pl. 6. f. 1 E) une jeune Vélelle portant deux longs filamens bleus, laquelle il croit être le jeune âge de cette espèce.]

2. Vélelle à limbe nu. *Velella limbosa.*

V. ovalis, obliquè cristata; tabulâ inferiore limbo nudo obvallatâ, disco margine tentaculis longis crinito.

Holothuria spirans. Forsk. Ægypt. p. 104. n° 15. et ic. tab. 26. fig. K. Encycl. pl. 90. f. 1-2.
* *Holothuria spirans.* Gmelin. Syst. nat. 3145.
* *Velella tentaculata.* Bosc. Hist. nat. des Vers. t. 2. p. 159. pl. 19. f. 3. 4.
* *Velella spirans.* Eschscholtz. Acaleph. p. 172. n° 5.
* *Velella limbosa.* Blainv. Man. d'actin. p. 304.
Habite la Méditerranée. Son disque inférieur est couvert de suçoirs blancs, et bordé de tentacules bleus, longs, filiformes. Au centre de ce disque, la bouche offre une saillie subtubuleuse. — Long. 2 pouces.

3. Vélelle scaphidienne. *Velella scaphidia.*

V. ovalis, obliquè cristatâ, cristâ dorsali tenuissimâ, angulata; tabulâ inferiore tentaculis cæruleis numerosissimis echinatâ.
Velella scaphidia. Péron et Lesueur. Voyage 1. p. 44. pl. 30. f. 6.
Hab. l'Océan atlantique austral. Sa crête dorsale est blanchâtre, transparente, extrêmement mince. Toute sa face inférieure est hérissée jusqu'en son bord, de tentacules d'un beau bleu. On la rencontre par milliers à la surface des eaux.

[Eschscholtz distingue dix espèces de Vélelles dont il a pu observer lui-même huit ou neuf; mais il ne peut préciser à laquelle de ses espèces doivent être rapportées les Vélelles mutique et scaphidienne de Lamarck dont les caractères sont trop vagues. M. de Blainville doute que ces dix espèces soient réellement distinctes, on ne peut nier cependant qu'Eschscholtz ne soit de tous les naturalistes celui qui a le plus étudié ces animaux. Il en forme deux divisions.

1° Celles qui, regardées par un de leurs grands côtés, ont la coquille dirigée de l'angle antérieur du côté gauche, à l'angle postérieur du côté droit.

† 1. *Velella aurora.* Esch. p. 171.

V. limbo testæ integro, cæruleo punctato; testa membrana cærulea obducta; limbo cristæ lato, purpureo; tentaculis cæruleis.
Hab. l'Océan pacifique du Nord au 42° lat. N. — Long. 3 pouces.

† 2. *Velella septentrionalis.* Esch. p. 171. tab. 15. f. 1.

V. limbo testæ integro, ferrugineo punctato, ad marginem internum cæruleo striolato; testa flavescenti; tentaculis cæruleis.

Hab. la côte nord-ouest de l'Amérique, au 57° lat.— Long. 2 pouc.

† 3. *Velella oblonga.* Esch. p. 171.

V. limbo testæ integro cæruleo, testa elongata angusta, lucida; crista vertice truncata; limbo cristæ cæruleo; tentaculis apice cæruleis.

Velella oblonga. Chamisso. Act. nat. cur. t. 10, p. 364. tab. 32 f. 2.

3e *Velella.* Esch. Voy. de Kotzebue autour du monde. 3. p. 200.

Velella marginata? Quoy et Gaimard. Voy. p. 586. pl. 86. f. 9.

Hab. la mer du Sud, près de l'équateur. — Long. 3 pouces.

† 4. *Velella lata.* Eschsch. p. 172.

V. limbo testæ lobato, cæruleo; testa lata, flava; limbo cristæ viridi; tentaculis cæruleis.

Velella lata. Chamisso. Act. nat. cur. t. 10. tab. 32, f. 3.

4e *Velella.* Esch. Voy. de Kotzebue autour du monde. 3. p. 200.

Habite la moitié septentrionale de l'Océan pacifique, au 36° lat. — Long. 2 pouces.

† 5. *Velella spirans.* Esch. p. 172 (voy. plus haut.)

V. limbo testæ integro, cæruleo; testa albida in conum elevata; crista triangulari vertice acuminata; tentaculis cæruleis.

2o Celles qui regardées par un des grands côtés, ont la coquille dirigée de l'angle antérieur de côté droit à l'angle postérieur du côté gauche.

† 6. *Velella caurina.* Eschsch. p. 173. tab. 15. f. 2.

V. limbo testæ integro, cæruleo punctato; testa membrana cæruleo punctata obducta; limbo cristæ angusto, margine cæruleo punctato; tentaculis cæruleis.

Habite l'Océan-Atlantique septentr. au 46° lat. — Long. 2 pouc.

† 7. *Velella tropica.* Esch. p. 174. tab. 15. f. 3.

V. limbo testæ integro, angusto, cæruleo; testa elongata immaculata, membrana cærulea obducta; crista vertice processu truncato; tentaculis apice cæruleis.

Hab. l'Océan atlantique, sous l'équateur. — Long. 3 1/2 pouces.

(Eschscholtz remarque que cette espèce a une grande

analogie avec la *V. oblonga*, mais sa coquille a une position différente et elle est aussi différemment colorée. Il soupçonne que cette espèce est la même que la *V. scaphidia* de Péron.)

† 8. *Velella pacifica.* Esch. p. 174. tab. 15. f. 4.

V. limbo testæ integro, membranaque testam obducenti intensè cæruleis; crista triangulari, apice acuta, sulcis transversis, margine parallelis; tentaculis cæruleis.

Habite la moitié septentrionale de l'Océan pacifique, au 25° lat. En grandes troupes. — Long. 2 pouces.

† 9. *Velella indica.* Esch. p. 175. tab. 15. f. 5.

V. limbo testæ maximo, inciso, cæruleo, ferrugineo-punctato, testa immaculata, membrana ferrugineo-punctata obducta; tentaculis cæruleis.

Habite la mer des Indes, du 30° au 34° lat. S.—Long. 1 1/2 pouc.

† 10. *Velella antarctica.* Esch. p. 175.

V. limbo testæ inciso cæruleo; testa immaculata; membrana cærulea obducta; tentaculis apice aurantiacis.

Velella sinistra. Chamisso. Act. nat. cur. t. 10. p. 363. tab. 32. f. 1.

1re *Velella.* Esch. Voy. de Kotzebue autour du monde. t. 3. p. 200.

Habite au cap de Bonne-Espérance.

Eschscholtz parle aussi d'une onzième espèce qu'il aurait incomplètement observée pendant le voyage de Kotzebue, au 30° lat. N., et qui est indiquée sous le nom de 2e Vélelle dans la relation de ce voyage.

M. Lesson décrit, sous le nom de *Velella cyanea* (Voy. de la Coq. Zooph. p. 55. pl. 6. f. 3), une espèce de l'Océan pacifique méridional, qui probablement doit être l'analogue de quelqu'une des précédentes : elle est longue de 20 lignes, bleue en dessus, jaune en dessous, à bouche blanche entourée de suçoirs jaunes, et avec une bordure bleue foncée en dehors de la rangée des tentacules qui sont également bleus.] F. D.

PORPITE. (Porpita.)

Corps libre, orbiculaire, déprimé, gélatineux à l'extérieur, cartilagineux intérieurement, soit nu, soit tentaculifère à la circonférence ; à surface supérieure plane, subtuberculeuse, et ayant des stries en rayons à l'inférieure,

Bouche inférieure et centrale.

Corpus liberum, orbiculare, depressum extùs gelatinosum, internè cartilagineum, ad periphæriam vel nudum, vel tentaculatum ; supernâ superficie planâ, subtuberculosâ; infernâ radiatìm striatâ.

Os inferum et centrale.

Observations. — Les Porpites et les Vélelles, étant cartilagineuses à l'intérieur, sont, par ce caractère, très distinguées des Méduses, parmi lesquelles Linné les avait rangées.

Quant à leur forme, les Porpites présentent un corps libre, orbiculaire, presque plane et subtuberculeux en dessus, un peu convexe en dessous, avec des stries rayonnantes, et souvent avec des papilles lacérées si ténues que cette surface en paraît couverte et comme chargée d'un duvet fin, très mou.

En général, ces Radiaires ont peu d'organes extérieurs, ou n'en ont que de très peu saillans, ce qui les fait ressembler à des pièces de monnaie; néanmoins certaines espèces offrent à leur circonférence, des tentacules nombreux et assez longs.

Leur bouche est au centre de leur face inférieure : elle s'ouvre et se ferme presque continuellement par des mouvemens alternatifs de dilatation et de contraction.

Outre les papilles nombreuses et piliformes de la surface inférieure des Porpites, on prétend qu'il s'en trouve trois autour de la bouche qui sont plus grosses que les autres.

Les Porpites voguent et flottent à la surface de la mer. Bosc, qui en a rencontré en mer, dit qu'elles ont l'apparence d'une pièce de vingt-quatre sous emportée par les eaux.

[Eschscholtz, qui a observé lui-même quatre espèces vivantes de Porpites, leur donne pour caractères génériques d'avoir : « le corps « orbiculaire, inerme en dessus, et des tentacules marginaux

« pourvus de trois rangées de glandes ou suçoirs. » Il ajoute que leur coquille celluleuse est formée d'une substance calcaire assez solide et qu'elle est marquée en dessus de stries concentriques, croisées par des stries rayonnantes. A sa face inférieure se voient des feuillets rayonnans qui, chez certaines espèces, sont très saillans et rendent le corps presque globuleux. Au milieu se trouve une grande trompe tenant lieu d'estomac, et entourée d'une foule de petits suçoirs, qui couvrent toute la face inférieure, et, au bord se trouvent de longs tentacules claviformes de diverses longueurs, pourvus de trois rangées de glandes ou suçoirs plus ou moins pédicellés.

Cuvier désignait ces derniers organes sous le nom de tentacules extérieurs, plus longs, munis de petits cils terminés chacun par un globule. Aucun auteur, depuis Lamarck, n'a parlé des trois papilles qu'il supposait être autour de la bouche.]

F. D.

ESPECES.

1. Porpite nue. *Porpita nuda.* (1)

P. orbicularis, planulata, subnuda.
Medusa porpita. Lin. Amæn. acad. 4. p. 255. t. 3. f. 7. 9.
* Gmel. Syst. nat. 3153.
Encycl. pl. 90. f. 3. 5.
* *Porpita indica.* Bosc. Hist. nat. des vers. t. 2. p. 155.
* *Porpita umbella.* Esch. Acal. (Remarque à la p. 176.)
* *Porpita vulgaris.* Blainv. Man. d'actin. p. 306.
Hab. l'Océan des Grandes-Indes. Cet animal ressemble à une pièce de monnaie, et pour la forme au Cyclolite numismal (*Madrepora porpita* Lin.); aussi Linné a pensé qu'il en pouvait être le type, et d'autres qu'il était celui de la Nummulite.

2. Porpite appendiculée. *Porpita appendiculata.*

P. orbicularis, margine appendicibus aucto.
Bosc. Hist. des vers. vol. 2. p. 155. pl. 18. f. 5. 6.

(1) Eschscholtz, dans son ouvrage sur les Acalèphes (p. 176), dit que la *Medusa porpita* de Linné est un individu de la *M. umbella*, privé de ses tentacules.

Hab. l'Océan atlantique, vers le 40° de lat. boréale. Elle est blanche, glabre, avec trois appendices bleus sur les bords. L'appendice antérieur est très large; les deux postérieurs sont plus étroits.

[Eschscholtz (Acal. p. 177) pense que cette espèce n'a été établie que sur un individu mutilé, et qu'elle ne peut être conservée. C'est aussi l'opinion de M. de Blainville.] F. D.

3. Porpite glandifère. *Porpita glandifera.*

P. cærulea, radiata; tentaculis disci nudis; radiis trifariam glandiferis.

Holothuria denudata. Forsk. Ægypt. p. 103. n° 14. et Ic. tab. 26. f. L. l. Encycl. pl. 90. f. 6. 7.

Holothuria nuda. Gmel. p. 3143.

* *Phyllidoce denudata.* Modeer. Nouv. mém. de l'acad. de Stockh. 1790.

* *Porpita mediterranea.* Esch. Acal. p. 177. n° 1.

* *Porpita glandifera.* Blainv. Man. d'actin. p. 307.

Hab. la Méditerranée. — Larg. 8 lignes.

4. Porpite chevelue. *Porpita gigantea.*

P. tentaculis ad periphæriam longis, tenuissimis et cæruleis comosa; subtùs suctoriis numerosissimis.

Porpita gigantea. Péron et Lesueur. Voyage 1. pl. 31. f. 6.

* *Medusa umbella.* Müller. Beschaft der Berl. naturf. 2. p. 295. tab. 9. f. 23.

* *Medusa umbella.* Gmel. Syst. nat. 3156.

* *Phyllidoce porpita.* Modeer. N. mém. acad. Stockholm. 1790. p. 192.

* *Porpita glandifera.* Esch. Isis. 1825.

* *Porpita umbella.* Esch. Acal. p. 179. n° 4.

* *Porpita gigantea.* Blainv. Man. d'actin. p. 306. pl. 46. f. 1.

Habite l'Océan atlantique. — Larg. 8 à 12 lig.

†5. Porpite ramifère. *Porpita ramifera.*

P. testâ suprà convexa; limbo angustissimo; tentaculis apicè tantum glandulis longè pedunculatis.

Esch. Isis. 1825. Acal. p. 178. n° 2. pl. 16. f. 3.

Hab. la mer du Sud. — Larg. 1/2 lig.

† 6. Porpite globuleuse. *Porpita globulosa.*

P. testa globosa, supra disco minimo cæruleo; tentaculis lateribus testæ insertis, glandulis subsessilibus.

Esch. Isis. 1825. Acal. p. 178. n° 3. pl. 16. f. 4.

Hab. l'Océan atlantique, près des îles du Cap-Vert. — Larg. 3 lig.

† 7. Porpite bleue. *Porpita cœrulea.*

P. testâ depressa, suprà obscurè cærulea, radiis denticulatis; tentaculis clavatis, glandulis subpedunculatis.

Eschs. Isis. 1825. Acal. p. 179. n° 5, pl. 16. f. 5.

Hab. la mer du Sud, près de l'équateur. — Larg. 1 pouce.

[M. Lesson (Voy. de la Coq. Zooph. p. 58. pl. 7) a décrit et représenté trois espèces qu'il croit nouvelles : ce sont 1° la *Porpita chrysocoma*, de l'Océan pacifique et de la Nouvelle-Guinée, qui est caractérisée par ses tentacules jaunes, et par le bord du disque de cette même couleur; 2° la *Porpita atlantica*, de l'Océan atlantique, bleue en dessus, avec le bord et les tentacules vert-bleuâtre, la bouche et les suçoirs blanchâtres; 3° la *Porpita pacifica*, de l'Océan pacifique, près du Pérou; à disque bleu clair et nacré en dessus, avec les tentacules d'un azur clair, chargés de glandes d'un bleu indigo.] F. D.

Deuxième section.

RADIAIRES MÉDUSAIRES.

Radiaires orbiculaires, gélatineuses, transparentes, lisses, plus ou moins convexes en dessus, aplaties ou concaves en dessous, avec ou sans appendice en saillie.

Bouche inférieure, soit simple, soit multiple.

Les *Radiaires* dont il s'agit ici, sont régulières ou symétriques dans leur forme, toutes verticales dans leur situation, et aucune ne contient de corps particulier subsistant après leur destruction.

C'est avec le genre *Medusa* de Linné, partagé en différens genres particuliers, que cette section a été formée. Les diverses races qui appartiennent à ces genres sont toutes tellement liées entre elles par leurs rapports, qu'on peut les considérer toutes ensemble comme constituant une grande famille qu'il a été nécessaire de diviser pour en faciliter l'étude, leur nombre étant très considérable.

Il paraît en effet, d'après les observations de *Péron* et *Lesueur*, que celles des Radiaires que l'on réunissait dans un seul genre sous le nom de *Méduses*, sont extrêmement nombreuses dans les mers; et qu'elles sont tellement diversifiées entre elles, qu'il est réellement nécessaire d'en former plusieurs genres, afin de pouvoir les étudier et les reconnaître avec plus de facilité.

Ainsi, malgré les caractères qui les distinguent, comme ces Radiaires tiennent les unes aux autres par les rapports les plus évidens, les *Médusaires*, dorénavant, devront être considérées comme constituant une famille naturelle, dans laquelle on distingue plusieurs genres particuliers.

Elles offrent toutes un corps libre, gélatineux, transparent, orbiculaire, lisse, plus ou moins convexe en dessus, aplati ou concave en dessous, avec ou sans appendices en saillie.

Leur bouche, soit simple, soit multiple, est toujours placée dans le disque inférieur; et lorsqu'il y en a plusieurs, il paraît qu'il n'y a ni moins de quatre, ni plus de dix. Le plus ordinairement, les Médusaires à plusieurs bouches n'en offrent que quatre.

Réaumur donnait aux animaux dont il s'agit, le nom de *Gelée de mer*, parce qu'en effet, la consistance molle et gélatineuse de leur corps, ainsi que sa transparence, leur donne entièrement l'aspect d'une masse de gelée.

En général, la forme de leur corps présente un segment de sphère, dont la convexité est lisse et tournée en haut, et dont le disque inférieur est tantôt nu, et tantôt muni d'appendices souvent très diversifiés. En sorte que les Médusaires tantôt ressemblent à une calotte ou à un disque, et tantôt présentent la forme d'un champignon muni inférieurement d'un pédicule soit simple, soit divisé.

Le corps des Médusaires se résout assez promptement en une eau analogue à celle de la mer, et par l'évaporation ou la cuisson, il se réduit presque à rien.

On voit dans son intérieur quelques lignes colorées qui indiquent des organes quelconques, mais que la difficulté de les bien distinguer ne permet pas de reconnaître ou de déterminer d'une manière positive et sans arbitraire. Aussi l'organisation de ces corps prête-t-elle beaucoup de champ à l'imagination, qui y montre tout ce qu'on veut y trouver. Néanmoins, près de leurs bords, on aperçoit des vaisseaux plus multipliés, et M. Cuvier pense que ce sont des appendices de la cavité alimentaire.

Dans des animaux comme les Médusaires, où la cavité alimentaire, soit simple, soit multiple, est extrêmement courte, elle est probablement augmentée par une multitude de cœcums vasculiformes, que l'observation a fait connaître dans d'autres Radiaires. Néanmoins il est possible que l'on confonde avec ces appendices de la cavité alimentaire les canaux qui appartiennent à l'organe respiratoire de ces animaux. Il paraît même qu'il y a une véritable connivence entre les uns et les autres.

Dans l'eau, les Médusaires se meuvent et se déplacent avec assez de vitesse; mais, jetées sur la grève, elles y sont aussitôt sans mouvement. J'en ai beaucoup vu dans ce cas; elles étaient si luisantes que leur éclat au soleil m'éblouissait. On sait qu'elles éprouvent des contractions et des expansions alternatives de leurs bords, qu'elles conservent constamment tant qu'elles sont vivantes et dans les eaux: or, ces mouvemens isochrones, qui se succèdent et se continuent sans fatigue pour l'animal, et qu'il ne maîtrise point, parce que leur cause est hors de lui, le font, à la vérité, se déplacer sans cesse dans les eaux, mais sans possibilité de direction, et ils ne lui sont réellement nécessaires que parce qu'ils activent et facilitent ses mouvemens vitaux. (1)

Quant à l'observation de M. Péron, qui nous apprend que chaque espèce a son habitation propre, dont elle ne dépasse pas les limites, il n'en résulte aucune autre conséquence, sinon que, lorsqu'un individu d'une espèce qui ne peut vivre que dans tel champ d'habitation, en est entraîné dehors, il périt bientôt; et qu'ainsi l'espèce entière ne pouvant se conserver que dans les lieux favorables à son existence, continue de s'y multiplier.

L'observation citée n'autorise donc nullement à dire que les individus de cette espèce, par des actes de *volonté*, qui le sont de *jugement*, comme ceux-ci le sont de *pensées*, maîtrisent et dirigent leurs mouvemens, pour ne point quitter l'habitation qui leur convient. Les plantes elles-mêmes, ont, pour la plupart de leurs espèces, des lieux propres d'habitation; et cependant le transport de leurs graines par le vent, les oiseaux, etc., les met souvent dans le cas de vivre ailleurs; mais elles y périssent si l'art, par degrés et par ses moyens, ne parvient à les conserver, à les acclimater.

Les *Médusaires* paraissent au printemps dans nos climats, et disparaissent dans l'automne: dans la zone tor-

---

(1) Les Méduses prennent une position plus ou moins inclinée dans les eaux; par conséquent, les contractions de l'ombrelle, au lieu de les faire mouvoir seulement de bas en haut en oscillant, les font avancer dans le sens où l'ombrelle est penchée; on ne peut dès-lors s'empêcher de supposer que l'animal prend cette position inclinée par un effet de sa volonté, en contractant ou en dilatant telle ou telle partie de ses bras et de ses franges munies de cils vibratiles microscopiques; c'est du moins ce que j'ai bien vu chez les Pelagies. F. D.

ride, on les trouve toujours; leur multiplication est prodigieuse.

Il y en a de tellement grandes qu'elles ont plus d'un pied de diamètre, et qu'elles pèsent jusqu'à soixante livres (*Voyez* les Annales du mus. vol. 14. p. 219.)

Lorsqu'on prend les *Médusaires*, et qu'on les manie pendant un peu de temps, elles excitent dans les mains des démangeaisons plus ou moins cuisantes. Ces démangeaisons, quelquefois assez piquantes, leur ont fait donner le nom d'*Orties de mer vagabondes* par les anciens naturalistes.

Enfin, la plupart de ces Radiaires sont phosphoriques et brillent pendant la nuit, comme autant de globes de feu suspendus dans les eaux.

Telles sont les principales particularités qu'on leur connaissait et qui les concernent en général. Mais il en est d'autres extrêmement remarquables qui appartiennent à leur forme, et dont la considération doit servir à distinguer leurs nombreuses races.

En effet, les unes n'ont en leur disque inférieur ni pédoncule, ni bras, ni tentacules; d'autres ont des tentacules, mais sans pédoncule et sans bras; d'autres encore, sans être pédonculées, ont des bras et des tentacules; enfin, d'autres sont pédonculées, c'est-à-dire qu'elles ont en dessous une espèce de tige qui leur donne en quelque sorte la forme d'un champignon.

MM. *Péron* et *Lesueur*, à qui l'on doit ces observations, ont en outre remarqué que les unes n'ont qu'une seule bouche, tandis que les autres en ont plusieurs, depuis quatre jusqu'à dix. (1)

En faisant usage de toutes les considérations que je

---

(1) Ces auteurs ont pris pour des bouches les cavités ovariennes des Méduses, comme nous l'exposons plus loin.

viens de citer, ces naturalistes ont divisé les Médusaires en vingt-neuf genres, dont ils ont publié les caractères dans les *Annales du Museum*, vol. 14, p. 325.

Je ne sais si l'on sera un jour forcé d'employer ces nombreuses distinctions génériques; mais, pour le présent, une division plus simple me semble suffire, surtout les nombreuses Médusaires observées par MM. *Péron* et *Lesueur* n'étant pas encore publiées.

En conséquence, je vais essayer de réduire à plus de moitié le nombre de ces coupes génériques, en n'employant pour former les genres que les caractères les plus faciles à saisir.

Je ne donne le nom de *tentacules* qu'aux filets, courts ou longs, qui bordent le pourtour de l'ombrelle. Quant au *pédoncule* et aux *bras*, ces parties, lorsqu'elles existent, se trouvent toujours sous le disque inférieur de l'ombrelle. Tantôt les bras ne sont que les premières divisions de l'extrémité du pédoncule; tantôt ils naissent autour de sa base; enfin, tantôt on les trouve lorsque le pédoncule n'existe pas.

Ainsi, avec ces seuls moyens et la considération du nombre des bouches, je partage la grande famille des *Médusaires*, en treize genres, de la manière suivante:

DIVISION DES MEDUSAIRES.

* *Une seule bouche au disque inférieur de l'ombrelle.*

1. Ombrelle sans pédoncule, sans bras et sans tentacules.

   [a] Point de lobes ou d'appendices au pourtour de l'ombrelle.

Eudore.

Phorcynie.

[b] Des lobes ou des appendices au pourtour de l'ombrelle.

Carybdée.

2. Ombrelle sans pédoncule et sans bras, mais garnie de tentacules.

Équorée.

3. Ombrelle sans pédoncule, mais ayant des bras en dessous. Le plus souvent des tentacules au pourtour.

Callirhoé.

4. Ombrelle ayant un pédoncule, avec ou sans bras. Point de tentacules au pourtour.

Orythie.

5. Ombrelle ayant un pédoncule; avec ou sans bras. Des tentacules au pourtour.

Dianée.

** *Plusieurs bouches au disque inférieur de l'ombrelle.*

1. Ombrelle sans pédoncule, sans bras, et sans tentacules.

Ephyre.

2. Ombrelle sans pédoncule, sans bras, mais tentaculée au pourtour.

Obélie.

3. Ombrelle sans pédoncule, mais garnie de bras en dessous. Point de tentacules au pourtour.

Cassiopée.

4. Ombrelle sans pédoncule, mais garnie de bras en dessous. Des tentacules au pourtour.

Aurélie.

5. Ombrelle ayant en dessous un pédoncule et des bras. Point de tentacules au pourtour.

Céphée.

6. Ombrelle ayant en dessous un pédoncule et des bras Des tentacules à son pourtour.

Cyanée.

[Depuis la publication des travaux de Péron et Lesueur, la science s'est enrichie de nombreuses observations sur les Méduses qui ne permettent plus d'admettre les caractères donnés par Lamarck comme basés sur l'organisation. Les recherches les plus importantes sur ce sujet sont celles de MM. Chamisso et Eysenhardt (1821), de M. Delle Chiaje (1823), de MM. Quoy et Gaimard (1824-1827), d'Eschscholtz, qui publia en 1829 son excellent ouvrage sur les Acalèphes, de M. Milne Edwards (1833), de M. Sars, de M. Lesson, de M. Ehrenberg et enfin de M. Brandt. Ce dernier avait déjà publié en 1835 (Actes de l'acad. de Saint-Pétersbourg, p. 1834) une classification basée sur l'organisation mieux connue des Méduses, et tout en conservant les familles établies par Eschscholtz, il les avait coordonnées d'une manière différente. Plus récemment en 1838, dans les mémoires de la même Académie, il vient de publier un travail plus considérable sur les Méduses observées par Mertens, et sur l'organisation des Méduses en général; c'est dans cet ouvrage que nous puiserons en partie les détails exposés ici comme complément ou comme rectification des descriptions de Lamarck.

Les Méduses sont les seules Acalèphes ou Radiaires mollasses qui présentent, comme les Échinodermes, une disposition régulièrement rayonnée, car les Béroïdes présentent une disposition symétrique plutôt que rayonnée; mais, tandis que les parties et les divisions du corps des Échinodermes sont le plus souvent au nombre de cinq, celles des Méduses sont au nombre de quatre ou des multiples de quatre par 2, 4, 8 ou 16, et ce n'est que rarement ou accidentellement que d'autres nombres sont observés. Ainsi l'ombrelle se joint à la membrane concave qui, formant la partie inférieure du corps, contient les organes essentiels, se joint, disons-nous, en un bord souvent divisé en lobes ou festons du nombre de 4, 8, 16, etc., simples ou présentant eux-mêmes des dentelures qui portent le nombre total des divisions à un multiple plus élevé de ces premiers nombres; dans les échancrures principales prennent naissance, chez beancoup d'espèces, des tentacules dont le nombre est par conséquent soumis à la même règle, et vers le sommet des quatre ou huit principales échancrures se voit un petit corps globuleux coloré, entouré de membranes ou d'organes particuliers, qui fournit un nouvel exemple de l'emploi du nombre 4 ou de ses multiples, aussi bien que les ovaires qu'on aperçoit par transparence, et les bras ou les lobes qui entourent la bouche.

La substance de l'ombrelle des Méduses a été considérée d'abord comme une simple gelée, en raison de sa transparence et de sa facile décomposition en un liquide qui ne laisse presque pas de résidu après l'évaporation; depuis elle a été décrite par M. Rosenthal (Journal de physiologie de Tiedemann et Treviranus), comme traversée par des membranes aussi fines que l'hyaloïde; M. Ehrenberg (Müller's Archiv. 1835) a vu toute la substance gélatineuse parsemée de nombreux granules, comme glanduleux, liés entre eux par un réseau délié qu'il suppose vasculaire. L'ombrelle est en outre revêtue d'une peau mince, que Gaede avait déjà décrite dans l'*Aurelia aurita* comme parsemée de petits grains visibles à la loupe, et composés eux-mêmes de grains plus petits; M. Eysenhardt, d'un autre côté, n'a pu voir aucune trace d'épiderme sur le corps du Rhizostome ; mais M. Rosenthal a bien vu cette membrane extérieure, qu'il compare à la membrane hyaloïde de l'œil, et après lui, M. de Blainville, comparant cette même membrane à une toile d'araignée, a été conduit à nommer *Arachnodermaires* la classe qu'il a formée avec les Médusaires et les Vélellides. M. Ehrenberg a trouvé sur l'ombrelle de l'*Aurelia aurita* un épiderme simple qui recouvre un réseau de mailles hexagones remplies d'une substance blanchâtre, et porte en dehors, des groupes nombreux de petits tubercules. Les filamens du réseau ont pu aussi être pris pour des vaisseaux. Les fibres concentriques ou rayonnantes, qu'on aperçoit près du bord de l'ombrelle ou autour de la bouche, ont été prises pour des fibres musculaires : on en a supposé d'autres dans l'ombrelle, par ce seul motif qu'on voulait expliquer les contractions de l'animal, sans faire attention que des animaux ou des embryons montrent des contractions dans des parties évidemment homogènes : cependant des fibres contractiles bien réelles, et méritant le nom de fibres musculaires, se trouvent dans les tentacules si extensibles du bord de l'ombrelle.

La bouche unique et centrale de plusieurs Méduses (*Médusides*, *Equorides*, *Océanides*) avait été facilement reconnue depuis long-temps ; mais ce que Lamarck prenait pour des bouches multiples, d'après Péron et Lesueur, a dû être considéré avec raison comme des cavités ovariennes. Les *Rhizostomides* et les *Géryonides*, auxquelles on attribuait ainsi quatre grandes ouvertures buccales, ont, au lieu de bouches, des suçoirs nombreux à l'extrémité des ramifications du pédoncule, lequel est creusé d'un canal central représentant la bouche simple des autres Méduses, et auquel viennent aboutir, en se réunissant de proche en proche, les canaux ramifiés qui ont pris naissance aux petits orifices considérés comme des suçoirs. D'autres Méduses (les Bérénicides), auxquelles Lamarck attribuait une bouche centrale qui n'existe pas, ont probablement des suçoirs à leur surface inférieure, mais les espèces rapportées à cette famille ont été trop imparfaitement étudiées, pour qu'on puisse affirmer seulement que ce ne sont pas des animaux mutilés. M. Brandt a basé ses divisions principales de la classe des Méduses sur cette différence dans la structure des organes de manducation, indiquant que certaines Méduses peuvent avaler leur proie entière, tandis que d'autres ne peuvent que sucer; et il en forme trois tribus : les *Monostomes*, les *Polystomes* et les *Astomes*.

La bouche des Méduses monostomes est située au centre même de la concavité de la face inférieure des Aurélies, des Equorées, etc.; ou bien elle est à l'extrémité d'un prolongement en forme de trompe, partant comme un pédoncule du centre de la face inférieure de l'ombrelle. Dans ce cas encore on observe des différences, selon que ce pédoncule est formé par la réunion, à leur base, de quatre bras distincts, qui sont très longs, chez les Pélagies; ou bien selon qu'il est tout-à-fait cylindrique, tubuleux, avec ou sans appendices autour de l'orifice terminal.

Les bras qni entourent la bouche varient beaucoup dans les différens genres : ils sont simples et tentaculiformes, ou bien ils sont ornés de membranes latérales élégamment festonnées et fraisées qui changent continuellement leur disposition, en raison du mouvement vibratile des cils dont elles sont couvertes. Ils sont souvent, en outre, munis sur leur face convexe de franges ou de membranes fraisées, avec des petites poches dont l'ouverture regarde la face inférieure de l'ombrelle, et qui se dilatent périodiquement pour recevoir le frai. Enfin les bras sont quelquefois aussi, surtout vers leur extrémité, munis de prolongemens tentaculiformes.

Le pédoncule des Méduses polystomes présente également des variations importantes: il est simple et cylindrique avec ou sans lobes à l'extrémité, ou bien il se divise en quatre ou huit bras volumineux qui sont simples, mais garnis de membranes fraisées, chez les Rhizostomes, ou divisés en rameaux nombreux chez les Céphées et les Cassiopées.

La cavité digestive, à laquelle conduit une sorte d'œsophage rond ou à quatre angles, est simple, en forme de sac, ou bien elle présente latéralement des prolongemens ou des cœcums au nombre de 4, 8, 16, 32, disposés en rayonnant, et qui sont arrondis, ou oblongs, ou triangulaires, ou en spatule, ou en cœur, ou bien encore la cavité stomacale est multiple. De l'estomac et de ses prolongemens, chez beaucoup de Méduses, partent, en suivant encore la même disposition rayonnante et la même règle, quant au nombre, des canaux membraneux simples ou bien plus ou moins ramifiés, dans lesquels on voit se mouvoir, en oscillant, les substances nutritives : c'est pourquoi on les a souvent pris pour des vaisseaux. Ces canaux, arrivés au bord de l'ombrelle, se terminent en formant un réseau par leurs anastomoses (chez les Rhizostomes); ou bien ils se prolongent dans les tentacules, ou bien ils forment des sinus particuliers, ou enfin ils s'abouchent dans un canal marginal qui établit une communication entre tous ces canaux. M. Ehrenberg a vu, chez l'*Aurelia aurita*, le canal marginal former, à égale distance de deux globules colorés marginaux, un renflement au point où aboutit un canal arrivant de l'estomac sans être divisé. Ce renflement, recouvert par un grand lobe marginal, s'ouvrirait au-dehors par un orifice d'où cet auteur aurait vu sortir des débris d'animaux microscopiques, et qu'il veut, en conséquence, nommer un anus, de sorte que l'*Aurelia* aurait huit anus, et ce serait à tort, suivant M. Ehrenberg, qu'on aurait supposé que, chez les Méduses, le même orifice buccal sert à l'excrétion des parties non digérées.

Quant à nous qui avons fait avaler des Annelides à des Méduses monostomes, et qui avons vu cette proie successivement altérée par la digestion et rejetée en partie par la bouche au bout d'un certain temps, nous pensons qu'il faut attendre des observations plus concluantes pour admettre définitivement l'existence de ces anus multiples. Nous croyons que les petits corps microscopiques, tels que les Bacillariées, sont arrivés accidentellement avec l'eau dans les canaux de la Méduse et non point pour servir d'aliment, d'autant plus que des petits Crustacés vivans ont été observés souvent dans l'estomac des Méduses, où ils avaient cherché volontairement un gîte.

Les tentacules, qui prennent naissance au bord de l'ombrelle et le plus souvent dans des échancrures, sont des cordons charnus simples, creux à l'intérieur. Ils sont remplis d'un liquide qui les fait allonger considérablement en les gonflant, et qui est refoulé dans les canaux de l'ombrelle quand ces tentacules se raccourcissent par l'effet de la contraction des fibres circulaires et longitudinales, dont ils sont formés. Comme ils communiquent directement avec l'appareil digestif, on a pu leur attribuer des fonctions relatives à la digestion, et Schweigger notamment les a considérés comme destinés à sécréter un fluide analogue à la bile. Mais il est beaucoup plus probable que ces organes servent seulement, sinon à arrêter la proie, du moins à la palper et à l'engourdir au moyen de leur contact brûlant.

Les organes marginaux, dans lesquels M. Ehrenberg a voulu voir récemment des yeux et des branchies, avaient été signalés précédemment par beaucoup de naturalistes. O. F. Muller les décrivait comme présentant un petit tube marqué d'un point noir au sommet, M. de Baer les appelait des petits corps énigmatiques (*räthselhafte*), M. de Blainville leur donne le nom d'auricules. Beaucoup de Méduses paraissent en être totalement dépourvues, et d'après cela, Eschscholtz crut pouvoir ajouter ce caractère de l'absence des organes ou corpuscules marginaux à celui de l'absence des ovaires pour caractériser sa division des *Cryptocarpes;* mais plus récemment, on en a observé dans des espèces qui étaient rapportées à cette même division des Cryptocarpes. Ainsi, M. Milne Edwards les a vus dans la Carybdée marsupiale, et M. Sars les a vus dans sa *Thaumantias multicirrata.*

Ces organes dans les Rhizostomes, où nous les avons étudiés, se composent d'un sac membraneux, situé entre deux lobes, au fond d'une échancrure de l'ombrelle, et replissé irrégulièrement, mais cependant de manière à représenter une apparence de digitations comme l'avait dit M. Milne Edwards. Les plis convergent vers le bord externe de l'ombrelle où le sac se termine en un tube membraneux court, dans lequel les corps légers sont entraînés par un courant dirigé vers l'intérieur et qui se divise suivant les plis principaux. A travers la paroi du tube, on aperçoit un globule trois fois plus étroit, rougeâtre par réflexion ou noirâtre par transparence, fixée à l'extrémité d'un pédoncule multiple, lequel on ne voit bien lui-même que par transparence. En déchirant la membrane, on peut isoler ce corps globuleux et reconnaître qu'il est formé de quatre pièces oblongues, supportées latéralement chacune par un pédoncule qui se prolonge en pointe au-delà du globule total. Ces pièces par le frottement se détachent du pédoncule, à la manière des Carpelles, des Ombellifères, c'est-à-dire de bas en haut par rapport au pédoncule, à la pointe duquel elles restent pendantes.

On peut, sans doute, en raison du mouvement circulatoire du liquide dans les poches membraneuses, admettre que ces organes sont le siége d'une sorte de respiration, mais tant d'autres parties dans les Méduses présentent également un mouvement produit par des cils vibratiles, qu'on aurait tout autant de motifs de leur attribuer aussi des fonctions respiratoires. Quant à l'autre signification donnée par M. Ehrenberg aux globules colorés, on ne voit absolument aucun autre motif que la couleur rougeâtre pour croire avec lui que ce puissent être des yeux, et bien au contraire, la structure que nous venons de signaler n'a rien absolument de comparable à ce que nous montrent les yeux véritables des autres animaux. A la vérité, M. Ehrenberg indique aussi des ganglions nerveux au voisinage de ces prétendus yeux; mais ce serait faire un cercle vicieux que de s'étayer de la signification de ces prétendus nerfs pour conclure à la vraie signification des yeux, quand on n'a pas d'autres motifs que la détermination hypothétique de ces derniers organes pour appeler nerfs ou ganglions nerveux les parties blanches quelconques que l'on indique en cet endroit. M. Ehrenberg qui a étudié ces organes énigmatiques dans l'*Aurelia aurita*, les décrit comme consistant en une petite tête ovale ou cylindrique jaunâtre, portée par un pédoncule un peu plus mince qui est fixé sur une petite vésicule dans laquelle est logé librement un corps glanduleux jaunâtre ou blanchâtre (ganglion nerveux), envoyant deux branches (nerfs optiques) à la petite tête. Au côté dorsal de cette petite tête se trouve un point rouge consistant en un pigment finement granuleux qui recouvre un bulbe (bulbe nerveux). La vésicule de la base contient une quantité variable de cristaux de carbonate de chaux qui avaient déjà été signalés par Gaede et par Rosenthal; mais indiqués mal-à-propos par ce dernier comme inattaquables par les acides. M. Ehrenberg n'a pas trouvé de pigment dans les Cyanées et les Chrysaores, il n'y a vu que la poche ou vésicule contenant les cristaux et le corps glanduleux.

Les ovaires, bien connus chez les Rhizostomides et les Médusides, n'ont point été vus chez un grand nombre d'autres Méduses que pour cette raison Eschscholtz place dans la division des Discophores cryptocarpes, tandis qu'il nomme les premières, ses Phanérocarpes; chez celles-ci on voit sous l'ombrelle, autour de la base des bras, quatre ou huit cavités assez grandes s'ouvrant séparément au-dehors, par des ouvertures qui ont pu être prises pour des bouches par quelques naturalistes; ces cavités elles-mêmes ont pu être prises avec plus de raison pour des organes respiratoires, car elles renferment des membranes plissées en fraise, ciliées et garnies de tentacules courts ou de cœcums flottans nombreux, ciliés eux-mêmes, et qui sont le siége d'un mouvement vibratile continu. C'est dans l'épaisseur de cette membrane plissée que se développent les œufs qui les gonflent et en forment quatre bourrelets colorés, disposés le plus souvent en croissant, d'où résulte une apparence de croix ou de fleur à quatre pétales, qu'on aperçoit par transparence à travers l'ombrelle.

On a supposé sans motifs concluans que les cœcums ou tentacules de l'ovaire pouvaient remplir les fonctions d'organes mâles; d'un autre côté, M. de Siebold (Froriep's, Notiz, 1836, n. 1081, p. 339) prétend avoir observé les deux sexes séparément sur les Méduses. Les mâles, suivant lui, auraient à la place des ovaires, des organes presque semblables, contenant des zoospermes analogues à ceux des Anodontes et des Mulettes. Mais on peut supposer que ce prétendu testicule, si semblable à un ovaire, était le résultat d'une altération morbide de l'ovaire lui-même.

Le développement des Méduses a été particulièrement étudié et suivi dans l'*Aurelia aurita.* Les œufs, quand ils ont atteint leur maturité dans l'ovaire, sont arrondis et revêtus d'une coque lisse, mince et membraneuse. Par l'effet des contractions de l'ombrelle, ils sont chassés hors des ovaires et ils sont reçus dans les sacs membraneux qui bordent les bras. Là, ils continuent à grossir et acquièrent la faculté de se mouvoir avec une grande vivacité; puis ils quittent ces poches qu'ils ont gonflées temporairement. Les œufs, dans cette période de leur développement, perdent leur coque et les jeunes, suivant M. Ehrenberg, prennent une des trois formes suivantes : les uns sont globuleux ou ovoïdes, d'une couleur violette pâle, ou ressemblent en petit à des framboises, d'autres sont discoïdes, également violets et ressemblent à des petites Méduses sans bras et sans cavité digestive, mais la plupart sont cylindriques, obtus aux deux extrémités, d'une couleur brun-jaune et longs d'un huitième de ligne, munis de cils vibratiles comme les précédens, et nageant dans les eaux avec rapidité.

M. de Siebold a suivi le développement des mêmes œufs et y a pu reconnaître d'abord la tache germinative et la vésicule de Purkinje; mais quand ils sont arrivés dans les sacs des bras, la vésicule germinative a disparu, et des changemens remarquables se sont opérés; le vitellus est divisé par des sillons rayonnans et circulaires; ce qui produit la forme de framboise observée par M. Ehrenberg. Quand les sillons ont atteint leur maximum de développement, il se forme au milieu une cavité, et l'on aperçoit à la surface, les premiers indices du mouvement des cils vibratiles, qui se montrent bientôt partout et déterminent la rotation de la masse. Cependant les œufs ont passé successivement à la forme d'un cylindre arrondi aux deux bouts et ont changé en brun leur couleur violette.

M. Sars enfin, ayant étudié le développement des œufs de la même *Aurelia aurita*, a prétendu récemment que l'animal, décrit par lui-même auparavant sous le nom de *Strobila*, n'est pas autre chose que cette Méduse dans le jeune âge. Or, la *Strobila* ressemble d'abord à un polype fixé par sa base qui est cylindrique, et terminé supérieurement en manière de coupe avec vingt à trente tentacules mobiles de la longueur du corps, et une bouche très extensible et protractile. Dans une seconde période, le strobila est comme divisé transversalement par des sillons, dont le nombre s'augmente successivement. Dans une troisième période, chaque segment transverse se prolonge latéralement en huit lobes bifides à l'extrémité, qui correspondent exactement aux lobes des autres segmens, dont le plus inférieur se prolonge en un pédoncule qui fixe toute la famille. Dans une quatrième période enfin, les segmens se séparent et deviennent autant d'animaux distincts analogues aux Méduses. On conçoit, d'après cela, que l'histoire des Méduses laisse encore beaucoup à faire.

Les familles établies par Eschscholtz paraissant devoir être conservées, nous donnons ici sa classification des Méduses ou Acalèphes discophores.

1re division. DISCOPHORES PHANÉROCARPES.

Cordons ovariens visibles. Huit échancrures au bord du disque, dans chacune desquels est un corpuscule coloré.

1re *famille*. RHIZOSTOMIDES.

Point de bouche. Bras très divisés et ramifiés pourvus de suçoirs.

- *A.* Avec huit sacs ovariens. — 1. *Cassiopée.*
- *B.* Avec quatre sacs ovariens.
  - *a.* Des bras sans tentacules. — 2. *Rhizostome.*
  - *b.* De grands tentacules entre les bras. — 3. *Céphée.*

2e *famille*. MÉDUSIDES.

Une bouche entre les bras.

- *A.* Des tentacules.

I. Estomac prolongé par des canaux ramifiés.
- *a.* Tentacules au bord et à la face inférieure de l'ombrelle. — 4. *Sthenonie.*
- *b.* Tentacules au bord seulement. — 5. *Méduse.*

II. Estomac avec des prolongemens en forme de sac.
- *a.* Tentacules à la face inférieure de l'ombrelle. — 6. *Cyanée.*
- *b.* Tentacules au bord seulement.
  - *α.* Au nombre de huit. — 7. *Pélagie.*
  - *β.* Au nombre de vingt-quatre. — 8. *Chrysaore.*

B. Sans tentacules et sans bras. — 9. *Ephyre.*

2e division. DISCOPHORES CRYPTOCARPES.

Point d'ovaires visibles. Point de corpuscules colorés dans les échancrures du bord de l'ombrelle.

1re *famille.* GERYONIDES.

Un long pédoncule partant du milieu de l'ombrelle en dessous.

A. Pédoncule sans bras à sa base.
- I. Plusieurs cavités stomacales en forme de cœur. — 10. *Geryonie.*
- II. Un estomac ou plusieurs, non en forme de cœur.
  - *a.* Pédoncule divisé en lobes à l'extrémité.
    - *α.* Prolongemens de l'estomac en forme de sac, au contour de l'ombrelle. — 11. *Dianée.*
    - *β.* Canaux simples au contour de l'ombrelle. — 12. *Linuche.*
  - *b.* Pédoncule simple à l'extrémité. — 13. *Saphénie.*
  - *c.* Pédoncule pourvu à l'extrémité de bras plumeux. — 14. *Eirène.*

B. Pédoncule portant des bras à sa base.
- I. Tentacules au bord de l'ombrelle. — 15. *Lymnorée.*
- II. Point de tentacules. — 16. *Favonie.*

2e *famille.* OCÉANIDES.

Une cavité stomacale peu étendue, s'ouvrant au dehors par un orifice buccal tubiforme; de cette cavité partent de petits canaux qui arrivent jusqu'au bord de l'ombrelle, laquelle est en forme de cloche et beaucoup plus convexe que dans les autres familles.

A. Des tentacules au bord de l'ombrelle.
- I. Point de tentacules à l'intérieur de l'ombrelle.
  - *a.* Bord de la bouche simple ou lobé.
    - *α.* Ombrelle concave en dessous.
      - * Tentacules du bord simples.
        - 1. Des lobes autour de l'orifice. — 17. *Océanie.*

2. De l'estomac, longs bras autour de l'orifice.	18. *Callirhoé.*
** Tentacules du bord renflés en bulbe à leur base.	19. *Thaumantias.*
6. Ombrelle prolongée en cône par-dessous.	20. *Tima.*
b. Bord de la bouche muni de tentacules noueux.	21. *Cytaeis.*
II. Des tentacules à l'intérieur de l'ombrelle.	22. *Mélicerte.*
B. Point de tentacules au bord de l'ombrelle.	23. *Phorcynie.*

3e *famille.* Equorides.

Cavité stomacale occupant un grand espace au milieu de la face inférieure de l'ombrelle, s'ouvrant au dehors par une large bouche qui ne peut s'allonger en forme de tube, et se prolongeant en canaux étroits ou en sacs élargis jusqu'au bord de l'ombrelle.

A. Prolongemens de l'estomac en canaux étroits.	
a. Point de cirrhes ou tentacules au bord de la bouche.	24. *Equorée.*
b. Des tentacules au bord de la bouche.	25. *Mésonème.*
B. Prolongemens de l'estomac larges, en forme de sacs.	
a. Tentacules simples.	
* Des tentacules entre les prolongemens de l'estomac.	26. *Egine.*
* Des tentacules à la paroi externe des prolongemens de l'estomac.	27. *Cunine.*
b. Tentacules pourvus de glandes.	28. *Eurybie.*
C. Prolongemens de l'estomac, allongés et triangulaires.	29. *Polyxène.*

4e *famille.* Bérénicides.

Point de cavité stomacale, mais des canaux digestifs ramifiés en forme de vaisseaux, recevant la nourriture par un grand nombre de petites ouvertures ou de courts suçoirs. Ombrelle plane.

Point de tentacules.	30. *Eudore.*
Des tentacules au bord.	31. *Bérénice.*

M. Brandt, en considérant que plusieurs des Méduses cryptocarpes sont réellement pourvues d'ovaires visibles et d'organes marginaux, et qu'on ne peut supposer une aussi grande différence entre l'organisation des deux divisions d'Eschscholtz, a adopté ses familles, mais les a rangées d'une autre manière en trois tribus, savoir : 1° celle des *Monostomes*, comprenant les familles des *Océanides*, des *Equorides* et des *Médusides;* 2° celle des *Polystomes*, comprenant les familles des *Géryonides* et des *Rhizostomides;* et 3° celle des *Astomes*, établie provisoirement, et comme appendice, pour la seule famille des *Bérénicides*, qui, mieux connue, devra probablement rentrer dans la tribu des *Polystomes*, sinon dans une des familles de cette tribu.

Ce mode de classification a beaucoup de rapport avec celui adopté par Cuvier, dans la 2e édition du Règne animal, si ce n'est que, dans ses Astomes, Cuvier place les *Lymnorées*, les *Favonies*, les *Géryonies* et les *Carybdées*.

Aux genres établis par Péron et Lesueur, Eschscholtz a ajouté comme on voit beaucoup de genres nouveaux, M. Lesson, MM. Quoy et Gaimard, et enfin M. Brandt, d'après Mertens, en ont ajouté encore d'autres; nous les mentionnerons plus loin; mais on doit remarquer que la plupart de ces genres ont été établis sur des animaux incomplètement observés, ou incomplets eux-mêmes par suite de quelque mutilation accidentelle. Il faut donc attendre de nouvelles observations pour être fixé sur la classification des Méduses.] F. D.

* *Une seule bouche au disque inférieur de l'ombrelle.*

EUDORE. (Eudora.)

Corps libre, orbiculaire, discoïde, sans pédoncule, sans bras et sans tentacules.

Bouche unique, inférieure et centrale.

Corpus liberum, orbiculare, discoideum; pedunculo, brachiis, tentaculisque nullis.

Os unicum, inferum, centrale.

Observations. — Les *Eudores* se rapprochent en quelque sorte des Porpites par leur forme générale ; mais, outre qu'elles ne sont point cartilagineuses intérieurement, leur organisation est différente. Elles sont principalement distinguées des Ephyres, en ce qu'elles n'ont qu'une bouche. Ce sont des corps gélatineux, transparens, éminemment veineux ou vasculeux, et aplatis comme des pièces de monnaie. On n'en connaît encore qu'une espèce.

[Eschscholtz n'accorde point de bouche ni de cavité stomacale aux Eudores; il y admet seulement un canal digestif ramifié comme un système vasculaire, et recevant les élémens nutritifs par un grand nombre de petites ouvertures, ou peut-être même par des suçoirs courts. M. de Blainville regarde comme un estomac le centre de réunion des quatre canaux, et paraît croire qu'il doit aussi exister une bouche; d'ailleurs il doute que l'animal observé par Péron et Lesueur ait été complet.] F. D.

ESPÈCES.

1. Eudore onduleuse. *Eudora undulosa.*

Péron. Ann. du Mus. vol. 14. p. 326.

Lesueur. Voyage, etc. pl. 1. f. 1-3.

* *Eudora undulosa.* Eschsch. Acal. p. 120.

* *Eudora undulosa.* Blainv. Man. d'actin. p. 272. pl. 30. f. 1. 3.

Habite près de la terre de Witt. Corps orbiculaire, aplati, discoïde, nu, rayonné en dessus par des vaisseaux simples, onduleux, et offrant en dessous des vaisseaux polychotomes divergens.

[M. Lesson a figuré, dans le Voyage de la Coquille (Zooph. pl. 9), deux Méduses qu'il nomme, l'une *Eudora hydropotes*, l'autre *Eudora discoides;* mais on a lieu de penser, d'après le peu de détails donnés sur leur organisation, que les objets figurés par lui sont des Méduses d'un autre genre, des Equorées, par exemple, qui auraient été mutilées et privées de leurs tentacules.] F. D.

PHORCYNIE. (Phorcynia.)

Corps transparent, orbiculaire, convexe, rétus et comme tronqué en dessus, concave en dessous; à bord ou limbe large, obtus, nu et entier. Point de pédoncule, ni de bras, ni de tentacules.

Corpus hyalinum, orbiculaire, supernè convexum retusum aut truncatum, subtùs concavum; margine vel limbo lato, obtuso, nudo, integro; pedunculo, brachiis tentaculisque nullis.

Observations. — Les *Phorcynies* sont principalement distinguées des Eudores par leur forme générale, étant convexes en dessus, concaves en dessous, et ayant l'estomac distinct, quelquefois en saillie. Elles ne sont point aussi veineuses que les Eudores, et par leur bord nu, sans appendice quelconque, elles diffèrent éminemment des Carybdées. J'y réunis les Eulimènes de *Péron*.

[Eschscholtz place le genre Phorcynie dans sa famille des Océanides, et lui donne pour caractère d'avoir « une cavité stomacale s'ouvrant au dehors par une bouche tubuleuse simple et des canaux étroits et nombreux, dirigés de la cavité centrale vers le bord. » On ne peut s'empêcher de penser, même d'après les dessins de M. Lesueur, que plusieurs des espèces rangées dans ce genre pourraient se rapporter à des animaux mutilés.] F. D.

ESPÈCES.

1. Phorcynie turban. *Phorcynia cudonoidea.*

P. crassa, superne latior, retusa; limbo magno, rotundato; stomacho prominulo, inversè pyramidato.

Phorcynia cudonoidea. Péron. Ann. 14. p. 333.

Lesueur. Voy. etc. pl. 5. f. 5 et 6.

* Eschs. Acal. p. 107.

* Blainv. Man. d'actin. p. 273. pl. 31.

Habite près la terre de Witt. Couleur bleuâtre.

2. Phorcynie pétaselle. *Phorcynia petasella.*

P. subconica, truncata, hyalina; margine integerrimo.
Phorcynia petasella. Péron. Ann. p. 333.
Lesueur. Voy. pl. 6. f. 1. 2. 3.
* Eschscholtz. Acal. p. 107. n° 2.
* Blainv. Man. d'act. p. 274.
Habite près des îles Furneaux. — Forme d'un chapeau rond.

3. Phorcynie istiophore. *Phorcynia istiophora.*

P. supernè convexa; limbo lato, pendulo; margine integro subcriseo.
Phorcynia istiophora. Péron. ibid. 333.
Lesueur. Voy. pl. 6. f. 4.
* Eschscholtz. Acal. p. 107.
* Blainv. Man. d'actin. p. 274.
Hab. près des îles de Hunter.

4. Phorcynie cyclophylle. *Phorcynia cyclophylla.*

P. supernè convexo-retusa; margine integro; limbo subtùs radiato.
Eulimena cyclophylla. Péron. Ann. p. 334.
Lesueur. Voy. pl. 6. f. 6 et 7.
* *Eulimena cyclophylla.* Blainv. Man. d'actin. p. 274.
Habite l'Océan atlantique austral.

5. Phorcynie sphéroïdale. *Phorcynia sphæroidalis.*

P. sphæroidea; supernè infernèque depressiuscula; costellis longitudinalibus, minimis ad periphæriam.
Eulimena sphæroidalis. Péron. ibid.
Lesueur. Voy. pl. 6. f. 5.
* *Eulimena sphæroidalis.* Blainv. Man. d'actin. p. 274. pl. 31.
Habite l'Océan atlantique austral. — Taille petite; couleur hyaline avec quelques nuances de rouge et de bleu.

† 6. Phorcynie croisée. *Phorcynia cruciata.*

P. disco canalibus quatuor albis, crucem referentibus.
Medusa cruciata. Linné. Syst. nat. 12e édit. p. 1196.
Müller. Prodr. Faun. Dan. 2818.
Modeer. Nouv. Mém. Acad. Stockh. 1790.
Habite la mer du Nord, sur les côtes de Norwège.
(M. Lesson a décrit (*Voy. Coq.* p. 130) sous le nom d'*Eulimena Heliometra*, une espèce de Médusaire, qui doit aussi être rapportée à ce genre.)

CARYBDÉE. (Carybdea.)

Corps orbiculaire, convexe ou conoïde en dessus, concave en dessous, sans pédoncule, ni bras, ni tentacules, mais ayant des lobes divers à son bord.

Corpus hyalinum, orbiculare, supernè convexum aut conoideum, subtùs cavum; margine lobis variis instructo; pedunculo, brachiis tentaculisque nullis.

Observations. — On distingue facilement les *Carybdées* des Phorcynies par les appendices ou les lobes particuliers et divers qui bordent leur limbe. Et, quoique les unes et les autres n'aient ni pédoncule, ni bras, ni tentacules, la forme générale des *Carybdées* est déjà plus composée que celle des Phorcynies, et semble annoncer le voisinage des Equorées. On n'en connaît encore que deux espèces.

[Eschscholtz rapporte à son genre *Oceania* la Carybdée marsupiale qu'il n'a point vue. M. Milne Edwards, qui a eu occasion de l'étudier avec soin à Naples, regarde avec raison les quatre lobes linéaires de l'ombrelle comme des tentacules; mais il décrit comme des vaisseaux biliaires quatre groupes de cœcums flottans, rameux, situés à la place qu'occupent ordinairement les ovaires. En conséquence, il suppose que les quatre organes marginaux pourraient être des ovaires. Il serait à desirer que cette observation fût répétée en diverses saisons, pour qu'on fût bien assuré que les ovaires ne se développent pas à certaines époques au-dessous des cœcums rameux, qui seraient alors analogues aux tubes ou tentacules bordant les ovaires dans d'autres Méduses.] F. D.

ESPECES.

1. Carybdée périphylle. *Carybdea periphylla.*

C. conica umbonata, subtùs cava; limbo lobis, foliiformibus aucto.
Carybdea periphylla. Péron. Ann. 14. p. 332.
Lesueur. Voyage, etc. pl. 5. f. 1. 2. 3.
* Blainv. Man. d'actin. pl. 275. pl. 31. f. 1.
Habite l'Océan atlantique équatorial. — Larg. 18 à 22 lig.

2. Carybdée marsupiale. *Carybdea marsupialis.*

C. conoidea crumeniformis; margine lobis quatuor linearibus distantibus.

Urtica.... Plancus. Conch. tab. 4. f. 5.

Carybdea marsupialis. Péron. Ann. p. 333.

Lesueur. Voy. pl. 5. f. 4.

Medusa marsupialis. Linn. Syst. nat. 12e éd. 1097.

* Brug. Encycl. méth. pl. 92. f. 9.

* Modeer. Nouv. Mém. acad. Stockh. 1790.

* *Calybdea marsupialis.* Milne Edwards. Ann. sc. nat. t. 28. p. 248. pl. 11. 12.

* Blainv. Man. d'actin. p. 275 et 282 (*Oceania*).

* *Oceania marsupialis.* Eschs. Acal. p. 101. n° 12.

Habite dans la Méditerranée. — Larg. 12 à 15 lig.

† 3. Carybdée bicolore. *Carybdea bicolor.* Quoy et Gaim. Voy. Astrol. zool. p. 293. pl. 25. fig. 13.

C. conica, pileiformi, basi dilatata, subtus cava, ferruginea; limbo sexdecies lobato; tentaculis crassis, brevibus, rubro punctatis.

Habite l'Océan atlantique entre les îles du cap Vert et la côte d'Afrique. — Hauteur 6 pouces.

† 4. Carybdée bitentaculée. *Carybdea bitentaculata.* Quoy et Gaim. l. c. p. 295. pl. 25. fig. 41. 5.

C. minima, subcordiformi; limbo dilatata, andulata; ore octies fimbriato; tentaculis duabus, externis, longis.

Habite près d'Amboine. — Couleur variant du blanc au jaune rougeâtre doré; tentacules rougeâtres à la pointe, verts au milieu.

ÉQUORÉE. (Æquorea.)

Corps libre, orbiculaire, transparent, sans pédoncule et sans bras, mais garni de tentacules.

Bouche unique, inférieure et centrale.

Corpus liberum, orbiculare, hyalinum; pedunculo brachiisque nullis; tentaculis ad periphæriam.

Os unicum, inferum, centrale.

Observations. — Les *Equorées* dont il s'agit ici sont nombreuses en espèces, et peuvent sans doute être divisées elles-mêmes en plusieurs coupes particulières. Mais, comme elles n'ont ni pédoncule ni bras, nous les trouvons en cela tellement remarquables, qu'il nous a paru suffire d'en former un seul genre.

Ce sont des corps orbiculaires, les uns aplatis, les autres plus ou moins convexes en dessus, tentaculés dans leur pourtour, offrant, soit de petites lames saillantes, soit des espèces de petits suçoirs, soit diverses particularités propres à caractériser les races, ou à former des sections parmi elles. Ces corps n'ont qu'une seule bouche dans leur disque inférieur.

ESPÈCES.

1. Equorée rose. *Æquorea rosea.*

Æ. orbicularis, planiuscula, rosea; supernè vasculis, trichotomis et polychotomis; tentaculis capillaceis, longissimis et numerosissimis.

Cuvieria. Péron et Lesueur. Voy. Ic. pl. 30. f. 2.

Cuvieria carisochroma. Lesueur. Voy. pl. 2. f. 1.

* *Berenice rosea.* Eschs. Acal. p. 120. n° 3. (1)

* *Berenice rosea.* Blainv. Man. d'actin. p. 276.

2. Equorée euchrome. *Æquorea euchroma.*

(1) Le genre Bérénice, établi par Péron et Lesueur, fut fort imparfaitement caractérisé par eux dans cette seule phrase (Ann. mus. t. 14, p. 326): « Ombrelle aplatie, polymorphe; « des vaisseaux ramifiés, garnis d'une multitude de suçoirs. » Car, bien qu'il eût été dit que ce genre était de la division des Méduses agastriques non pédonculées, mais tentaculées, cela ne donnait pas une idée claire des Bérénices; aussi Lamarck crut-il devoir le réunir aux Equorées. Eschscholtz (*Syst. der Acalephen*) reprit ce genre, et le plaça dans sa famille des Bérénicides, la quatrième de ses Discophores cryptocarpes ou sans ovaires visibles, laquelle comprend des animaux sans cavité stomacale, mais avec des canaux digestifs, ramifiés, dans lesquels la nourriture pénètre par une foule de petites ouvertures ou de suçoirs; puis il le distingua des Eudores par cette phrase : « bord de l'ombrelle pourvu de cirrhes allongés. »

M. de Blainville (Man. d'actin.), qui adopte aussi ce genre, a

Æ. subconvexa, vasculosa, vasculis quatuor dorsi centro crucem referentibus; tentaculis capillaceis, longissimis.

Cuvieria euchroma. Lesueur. Voy. pl. 2. f. 1.

An Berenix euchromia? Péron. Ann. 14. p. 327.

* *Berenice euchroma.* Eschs. Acal. p. 120. p. 2.

* *Berenice euchroma.* Blainv. Man. d'actin. p. 277. pl. 32. f. 1.

Hab. l'Océan atlantique équatorial? — Couleur verdâtre.

3. Equorée thalassine. *Æquorea thalassina.*

Æ. convexiuscula, vasculosa; vasculis sex majoribus, in dorso centroque depresso permiscuis.

Berenix thalassina. Péron. Ann. 14. p. 327.

* *Cuvieria carisochroma.* Péron et Lesueur. Voy. pl. 6. f. 2.

* *Berenice thalassina.* Eschs. Acal. p. 120. n° 1.

* *Berenice thalassina.* Blainv. Man. d'actin. p. 276.

Habite les côtes de la terre d'Arnheim.— Ce n'est pas la même que l'Équorée viridule, n° 9.

4. Equorée mollicine. *Æquorea mollicina.*

Æ. orbicularis, depressa; foveolis tentaculisque brevibus duodecim ad periphæriam.

Medusa mollicina. Forsk. Ægypt. p. 109. et Ic. tab. 33. fig. C.

Encycl. pl. 95. f. 1. 2.

* Modeer. Nouv. mém. acad. Stockh. 1790.

---

rendu sa caractéristique plus complète en disant que « l'orifice « buccal est aussi large que l'excavation de l'ombrelle, au fond « de laquelle des ramifications vasculiformes aboutissent par « quatre gros troncs en croix à un sinus médian. »

Ce genre d'ailleurs, pour ces divers auteurs, ne comprend bien que les mêmes espèces, les trois premières Equorées de Lamarck; il a reçu le nom de *Cuvieria* dans le Voyage aux Terres Australes de Péron et Lesueur.

C'est à la famille des *Bérénicides* que M. Brandt rapporte son nouveau genre *Staurophore* fondé sur une espèce incomplètement observée par Mertens; ce genre serait caractérisé par le manque de bouche et par la présence d'un grand nombre de bras ou suçoirs (?) disposés en deux séries alternes qui forment une croix à la face inférieure de l'ombrelle qui est convexe, de forme variable et bordée de tentacules nombreux. La *Staurophora Mertensii* (Brandt. Ueber. Schirmq. p. 400. tab. 24 et 25)

Foveolia mollicina. Péron. Ann. 14. p. 340. (1)
* *Æquorea mollicina*. Eschs. Acal. p. 112. n° 13.
* *Foveolia mollicina*. Blainv. Man. d'actin. p. 280, p. 33.
Habite la Méditerranée. — Larg. 18 lig.

5. Equorée bleuâtre. *Æquorea mesonema*.

Æ. orbicularis, depressa; subtùs fasciâ annulari lamellosâ, circulo tentaculifero divisâ; tentaculis raris.
Medusa... Forsk. Ægypt. Ic. tab. 28. fig. B. *absque descr.*
Encycl. pl. 95. f. 4.

---

est bleuâtre, large de 3 pouces, elle habite l'Océan pacifique septentrional.

(1) Le genre Foveolie que Eschscholtz n'accepte pas plus que ne l'avait accepté Lamarck, mais que M. de Blainville conserve, tout en avouant qu'il ne le connaît que d'après des figures, et en déclarant qu'il ne paraît pas différer beaucoup des Equorées, fut créé par Péron et Lesueur pour des Méduses gastriques, non pédonculées, tentaculées, ne différant des Equorées que par la présence de « petites fossettes au pourtour de « l'ombrelle. » Ces auteurs y rapportent. Ann. du Mus. t. 14, les cinq espèces suivantes :

1. *Foveolia pilearis*, de l'Océan.

Péron et Lesueur. Ann. du Mus. 14. p. 339.
Medusa pilearis. Linn. Syst. nat. 12e édit. p. 1097.
Blainv. Man. d'actin. p. 280.

2. *Foveolia bunogaster* des côtes de Nice. larg. 9. à 12 lig.

Blainv. Man. d'actin. p. 280.

3. *Foveolia mollicina. Equorée*, n° 4 de Lamarck.

4. *Foveolia diadema* de l'Oc. atlant. austral. — Larg. 22 l.

5. *Foveolia lineolata* des côtes, de Nice. larg. 12 à 18 lig.

M. de Blainville caractérise ainsi ce genre (Man. d'actinolog. p. 280) « Corps circulaire plus ou moins élevé, garni dans sa « circonférence d'un cercle peu nombreux de cirrhes tentacu- « laires, en général assez courts, avec des fossettes ou sinus in- « termédiaires, excavé en dessous, avec un orifice buccal cen- « tral, très grand, sans pédoncule ni appendices brachidés. »

Æquorea mesonema. Péron. Ann. 14. p. 336.
Lesueur. Voy. pl. 8. f. 1.
* *Medusa cœlum-pensile*. Modeer. Nouv. mém. Stockh. 1790.
* *Mesonema cœlum-pensile*. Eschs. Acal. p. 112. n° 1. (1)
* *Æquorea cœlum-pensile*. Blainv. Man. d'actin. p. 278.
Habite la Méditerranée? — Larg. 3 pouces.

---

(1) Le genre MESONEMA, établi par Eschscholtz dans sa famille des Equorides, c'est-à-dire des Acalèphes discophores cryptocarpes, qui ont une large cavité stomacale entourée de prolongemens en forme de canaux, et une bouche grande, ordinairement ouverte, non prolongée en tube, sont caractérisés « par des cils qui bordent la bouche, en même temps que des « tentacules nombreux occupent le bord de l'ombrelle, et que « les canaux partant de l'estomac sont étroits et linéaires. » Ce genre, qui ne diffère réellement des Equorées que par ces cils entourant la bouche et que M. de Blainville n'adopte pas, comprend avec l'espèce indiquée ci-dessus *Æquorea mesonema*, une seconde espèce décrite par Eschscholtz, et trois nouvelles espèces de M. Brandt, qui considère comme des bras les tentacules entourant la bouche, et conséquemment rapporte à ce genre des espèces qui ont ces appendices très courts.

† 1. *Mesonema abbreviata*. Esc. Acal. p. 113. tab. 11. f. 3.

M. umbella hemisphærica; ventriculi canalibus 17-brevibus; cirrhis marginalibus numerosis brevissimis.
Æquorea abbreviata. Blainv. Man. d'actin. p. 278. pl. 38. f. 4.
Habite le détroit de la Sonde. — Ombrelle incolore, larg. 8 lig.

† 2. Mesoneme macrodactyle. *Mesonema macrodactylum*. Brandt. über. Schirmq. p. 132. tab. IV.

M. umbellâ hyalinâ convexiuscula subtus inflata et 40 64 ventriculi appendicibus instructa; brachiis numerosis brevibus circa os late apertum; tentaculis 10-16 marginalibus, longis.
Habite l'Océan pacifique près de l'équateur.— Larg. 2 à 12 pouces.

† 3. Mesoneme (Zygodactyle) bleuâtre. *Mesomena (Zygodactyla) cærulescens*. Brandt. l. c. p. 124. tab. V.

6. Equorée forskalienne. *Æquorea forskalea.*

Æ. orbicularis, planiuscula, hyalina; margine tentaculis, numerosis, prælongis; subtus annulo lato lamelloso.

Medusa æquorea. Forsk. p. 110. et Ic. tab. 82.

Encycl. pl. 95. f. 3.

Æquorea forskalena. Péron. Ann. p. 336.

Lesueur. Voyag. tab. 8. f. 2.

* *Medusa patina.* Modeer. Nouv. mém. Stockh. 1790.

* *Æquorea Forskalia.* Eschs. Acal. p. 109. n° 1.

* *Æquorea Forskalea.* Blainv. Man. d'actin. p. 277.

Hab. la Méditerranée et l'Océan atlantique. — Larg. 1 pied.

7. Equorée eurodine. *Æquorea eurodina.*

Æ. hemisphærica, rosea; limbo radiatim lineato; tentaculis numerosissimis longissimisque ad periphæriam.

Æ. eurodina. Péron. Ann. p. 336.

Lesueur. Voy. tab. 9.

* Eschs. Acal. p. 110. n° 5.

Habite au détroit de Bass.

8. Equorée cyanée. *Æquorea cyanea.*

Æ. hemisphærica, ad periphæriam subcoarctata, cærulea; fasciculis lamellarum subclavatis; tentaculis capillaceis.

Æquorea cyanea. Péron. Ann. p. 337.

Lesueur. Voyage. tab. 10. f. 1. 2. 3.

Eschs. Acal. p. 111. n° 6.

* Blainv. Man. d'actin. p. 277. pl. 32. f. 2.

Habite les côtes de la terre d'Arnheim.

M. umbellâ lenticulari, duplici serie tentaculorum basi cæruleorum marginatâ; brachiis 60 lanceolatis undulatisque ori circumdatis; ventriculi appendicibus 120.

Hab. l'Océan pacifique septentrional au 35° lat.

Les caractères du sous-genre *Zygodactyla* sont d'avoir les tentacules marginaux sur deux rangs, avec une rangée de corpuscules cupuliformes qui paraissent être des tentacules non développés.

M. Brandt décrit aussi comme pouvant peut-être appartenir à ce genre, le *Mesonema dubium* (Ueber Schirmq. p. 125. tab. 26) observé par Mertens dans l'Océan pacifique, à la Conception sur les côtes du Chili. F. D.

9. Equorée viridule. *Æquorea viridula.*

Æ. depressa, centro gibba; limbo fasciculis lamellarum annulatim lineato; tentaculis capillaceis.

Æquorea thalassina. Péron. Ann. p. 337.

Lesueur. Voy. tab. 10. f. 4. 5. 6.

Æquorea thalassina. Eschs. Acal. p. 111. f. 7.

* *Æquorea thalassina.* Blainv. Man. d'actin. p. 278.

Habite les côtes de la terre d'Arnheim.

10. Equorée stauroglyphe. *Æquorea stauroglypha.*

Æ. subhemisphærica, centro depressa, crucigera; tentaculis peripheriæ brevissimis.

Æquorea stauroglypha. Péron. Ann. p. 337.

Lesueur. Voy. tab. 10. f. 7. 8. 9.

Hab. les côtes de la Manche. — Couleur rosée. Larg. 12 à 18 lig.

11. Equorée pourprée. *Æquorea purpurea.*

Æ. plana, discoidea, purpurea; limbo subtùs radiatim lamelloso; lamellis polyphyllis, fasciculatis; tentaculis brevibus.

Æquorea purpurea. Péron. Ann. p. 337.

Lesueur. Voyage. pl. 11. f. 1. 2.

* *Polyxenia?* Eschs. Acal. p. 119. (1)

Habite près de la terre d'Endracht. — Il y a vingt-quatre faisceaux de lames.

---

(1) Le genre Polyxenia, établi par M. Eschscholtz, dans sa famille des Equorides pour une Méduse qu'il observa près des îles Açores, a pour caractères d'avoir « une cavité stomacale « très ample, divisée vers la périphérie en prolongemens amin- « cis qui s'étendent jusqu'à l'origine des cirrhes; la membrane « de cet estomac est libre et pendante entre ces prolongemens, « et plissée à l'intérieur. » Il a d'ailleurs les caractères communs aux Equorides, d'avoir une bouche largement ouverte et non susceptible de se prolonger en forme de tube, et de manquer d'œufs ou d'ovaires, et de points colorés au bord de l'ombrelle. M. de Blainville n'en fait qu'une division du genre Equorée.

† *Polyxenia cyanostylis.* Eschs. Acal. p. 119. tab. 50. f. 1.

P. tenera, hyalina; appendicibus ventriculi 16-18, et cirrhis cyaneis totidem.

12. Equorée pleuronote. *Æquorea pleuronota.*

Æ. discoidea; limbo dorsali, costellis, radiato; lamellis per pares fasciculatis; tentaculis denis, distantibus.

Æquorea pleuronota. Péron. Ann. p. 338.

Lesueur. Voyage. pl. 11. f. 3. 6.

* *Polyxenia?* Eschs. Acal. p. 119.

Hab. près de la terre d'Arnheim. — Hyaline, bleuâtre.

13. Equorée allantophore. *Æquorea allantophora.*

Æ. subsphærica, infernè truncata, hyalino-crystallina; subtùs circulo, corporibus cylindraceis, numerosissimis, formato; tentaculis brevissimis.

Æquorea allantophora. Péron. Annales. p. 338.

Lesueur. Voyage. pl. 12. f. 6. 9.

* *Æquorea allantophora.* Eschs. Acal. p. 111. n° 8.

* *Æquorea atlantophora,* Blainv. Man. d'actin. p. 278.

Habite les côtes de la Manche. — Larg. 18 à 27 lig.

14. Equorée onduleuse. *Æquorea undulosa.*

Æ. conoidea, lineis undulosis, supernè radiata, rosea, tentaculis longissimis.

Æquorea undulosa. Péron. Annales. p. 338.

Lesueur. Voyage. pl. 12. f. 1. 4.

* Eschs. Acal. p. 111. n° 9.

Habite près de la terre d'Arnheim.

Æquorea cyanostyla. Blainv. Man. d'actin. p. 278. pl. 39. f. 4.

Habite l'Océan atlantique, près des Açores. — Larg. 3 pouces. L'estomac, qui occupe presque toute l'étendue de l'ombrelle, sert ordinairement de gîte à un grand nombre de petits crustacés : de là le nom du genre, de πολυ, *plusieurs,* ξενος, *hôte.*

M. Eschscholtz rapporte avec doute à ce même genre les *Æquorea purpurea* et *pleuronota* de Péron et de Lamarck.

M. Brandt y ajoute, sous le nom de *Polyxenia flavibrachia,* une espèce observée par Mertens dans la mer du Sud entre les côtes du Pérou et les îles Marquises. Elle est caractérisée par ses appendices stomacaux au nombre de 32, ainsi que ses tentacules jaunes.

15. Equorée Risso. *Æquorea Risso.*

Æ. planulata, discoidea, hyalino-subrosea, subtùs radiata : limbo angusto nudo; tentaculis capillaceis longissimis.

Æquorea risso. Péron. Ann. p. 338.

Lesueur. Voyage. tab. 13. f. 1. 2.

* Eschs. Acal. p. 111. n° 10.

Habite les côtes de Nice. — Larg. 3 à 4 pouces.

16. Equorée sphéroïdale. *Æquorea sphæroidalis.*

Æ. sphæroidea, basi truncata; umbrellæ margine, crenulato, tentaculifero : tentaculis 32 longiusculis.

Æquorea sphæroidalis. Péron. Annales. p. 335.

Lesueur. Voyage. pl. 7. f. 1. 2.

Habite près de la terre d'Endracht.

17. Equorée amphicurte. *Æquorea amphicurta.*

Æ. hemisphærica, subtùs eminentia centrali, lineis verrucisque annulatim cincta; tentaculis brevibus.

Æquorea amphicurta. Péron. Annales. p. 335.

Lesueur. Voyage. pl. 7. f. 3. 4.

Æquorea bunogaster, Péron. ibid.

Lesueur. Voyage. pl. 7. f. 5.

* Eschs. Acal. p. 111. n° 11.

Habite près de la terre d'Arnheim, et celle de Witt.

18. Equorée phospériphore. *Æquorea phosperiphora.*

Æ. depressa, crassa, discoidea; subtùs eminentiâ centrali gastricâ, annulo lamelloso cinctâ, circuloque tuberculorum, phosphoricorum; tentaculis raris, brevibus.

Péron. Annales. p. 336.

Lesueur. Voyage. pl. 7. f. 6.

* *AEquorea phosphoriphora* (erreur typ.) Eschsch. Acal. p. 111. n° 12.

* *AEquorea phospheriphora* (erreur typ.) Blainv. Man. d'actin. p. 277.

Habite près de la terre d'Arnheim.

† 19. Equorée rhodolome. *Æquorea rhodoloma.* Brandt. über Schirmq. p. 121. tab. 3. f. 1-5.

Æ. umbella convexa, conoidea, cingulo roseo ornata undè procedunt 32 tentacula, prælonga simul aut vicissim modo penden-

tia, modo erecta aut patula; inferà, concavâ, 32, appendicibus costatim ornata.

Hab. l'Océan pacifique aux côtes du Chili.

† L'Equorée mitre, *Æquorea mitra* de M. Lesson (Voy. coq. zooph. p. 127. pl. 14. f. 3), est remarquable par sa forme allongée, par ses tentacules rouges, et ses ovaires jaunes.

[Eschscholtz prend le genre Equorée pour type de sa famille des Equorides caractérisée par la grandeur de la cavité stomacale et par une large bouche non susceptible de s'allonger en trompe; il place dans cette famille, outre le genre Equorée et les genres Mesonème et Polyxène qui en sont démembrés, trois nouveaux genres observés par lui, *Ægina*, *Cunina*, et *Eurybia*, qui se distinguent des premiers par les prolongemens de l'estomac en forme de larges sacs. M. Brandt ajoute à la même famille les genres *Stomobrachium* et *Æginopsis*, d'après les dessins et les descriptions de Mertens.] F. D.

---

† ÉGINE. (Ægina). Eschscholtz.

Appendices ou prolongemens de l'estomac, élargis en forme de sacs; tentacules simples, situés entre les appendices de l'estomac et alternant avec eux.

M. de Blainville n'admet les Egines que comme un sous-genre des Equorées.

† 1. Egine citrine. *Ægina citrea*. Eschs. Acal. p. 113. tab. 11. f. 4.

Æ. appendicibus ventriculi extus bilobis; cirrhis quatuor; disco extùs juxtà cirrhos sulcato.

Æquorea citrea. Blainv. Man. d'actin. p. 279. pl. 39. f. 1.

Habite l'Océan pacifique septentrional, au 34° lat.—Ombrelle épaisse, très bombée, large de 2 pouces, ayant en dessous quatre sillons d'où partent les tentacules.

† 2. Egine rose. *Ægina rosea*. Esch. Acal. p. 115. tab. 10. f. 3.

Æ. appendicibus ventriculi extùs integris, cirrhis quinque aut sex.

Habite le même lieu.— Ombrelle peu bombée, large de 10 à 12 lig.

Eschscholtz rapporte avec doute au genre Egine les cinq espèces suivantes décrites comme des Equorées par MM. Quoy et Gaimard.

† 1. E. cyanogramme. *Æ. cyanogramma.* Quoy et Gaim. Voy. de l'Uranie. p. 663. pl. 84. f. 7. 8.

Æ. subconvexa, margine undulato cæruleo; tentaculis marginalibus brevibus.

Eschs. Acal. p. 115.

Habite les côtes N. O. de la Nouvelle-Hollande. — Larg. plus d'un pouce; 12 à 20 tentacules.

† 2. E. grise. *Æ. grisea.* Quoy et Gaim. Voy. de l'Uranie. p. 663. pl. 84. f. 4. 5.

Æ. subconvexa, suprà grisea; margine integro, tentaculis 12 orevibus; ore radiato.

Eschs. Acal. p. 115.

Habite les côtes de la Nouvelle-Hollande. — Larg. plus d'un pouce.

† 3. E. ponctuée. *Æ. punctata.* Quoy et Gaim. Voy. de l'Uranie. p. 564. pl. 85. f. 4.

Æ. planiuscula, hyalina; ore eminenti, amplo, basi punctato, umbrella margine undulata; tentaculis brevibus crassis.

Eschs. Acal. p. 116.

Habite l'Océan pacifique septentrional au 36°, entre les îles Sandwich et les Marianes. — Larg. 4 pouces.

† 4. E. semi-rosée. *Æ. semirosea.* Quoy et Gaim. Voy. de l'Uranie. p. 564 pl. 84. f. 6.

Æ. subconvexa; umbrella hyalina, margine crenulato, ore amplo extante; tentaculis duodecim roseis.

Eschs. Acal. p. 116.

Habite la Nouvelle-Guinée. — Larg. 2 pouces.

† 5. E. chevelue. *Æ. capillata.* Quoy et Gaim. Ann. sc. nat. t. x.

Æ. disco suprà excavato; tentaculis duodecim et pluribus.

Habite près de Gibraltar. — Larg. 4 lig. F. D.

† CUNINE. (Cunina.) Eschscholtz.

Appendices ou prolongemens de l'estomac élargis en forme de sac, avec un tentacule partant du bord extérieur de chacun, sous l'ombrelle.

M. de Blainville fait également de ce genre un sous-genre des Equorées.

† 1. Cunine campanulée. *Cunina campanulata.* Eschs. p. 116. tab. 9. f. 2.

C. disco campanulato, appendicibus ventriculi basi angustioribus et dissitis, apice conniventibus.

Æquorea campanulata. Blainv. Man. d'actin. p. 279.

Habite l'Océan atlantique.—Ombrelle en forme de cloche, large de plus d'un pouce; parfaitement diaphane.

† 2. Cunine globuleuse. *Cunina globosa.* Eschs. Acal. p. 117. tab. 9. f. 3.

C. disco globoso; appendicibus ventriculi undique dissitis.

Habite la mer du Sud, près de l'équateur.—Ombrelle globuleuse, diaphane, large de 4 lig.

---

† EURYBIE. (Eurybia.) Eschscholtz.

Appendices ou prolongemens de l'estomac élargis en forme de sac; tentacules munis de suçoirs ou glandes à leur face interne et partant du bord de l'ombrelle.

† 1. Eurybie naine. *Eurybia exigua.* Esch. Acal. p. 118. tab. 8. f. 5.

E. subglobosa, cirrhis quatuor.

Eurybia exigua. Blainv. Man. d'actin. p. 280. pl. 39. f. 3.

Habite la mer du Sud, sous l'équateur.—Ombrelle globuleuse, large de 3|4 lig. F. D.

---

† **STOMOBRACHIUM.** Brandt.

Appendices ou prolongemens de l'estomac en forme de canaux; plusieurs lobes ou bras courts autour de la bouche; des tentacules nombreux au bord de l'ombrelle.

1. Stomobrachium lenticulaire. *Stomobrochium lenticulare.* Brandt. Ueber Schirmquallen, p. 122. tab. 3. f. 6. 7. — *Stomobrachiota.* Brandt. Prodr. 20.

S. disco lenticulari subtùs concavo; appendicibus ventriculi 10-12 *elongatis angustis.*

Habite l'Océan Atlantique, à la hauteur des îles Falkland, en grandes troupes.

Les lobes irréguliers indiqués par Mertens autour de la bouche, pourraient faire penser que cette espèce a été mal observée et doit être reportée à une autre famille. F. D.

† **ÉGINOPSIDE.** (Æginopis.) Brandt.

Appendices ou prolongemens de l'estomac élargis en forme de sac, quatre petits bras autour de la bouche, quatre tentacules prenant naissance sur le disque audessus des appendices de l'estomac.

† 1. *Æ. Laurentii* Brandt. Ueber Schirmquallen. p. 127. — *Æ horensis.* Brandt. Prodr. p. 22.

Æ. disco convexo, supernè quatuor cirrhos depressos emittente; ventriculi appendicibus 32 *lobatis.*

Habite le golfe Saint-Laurent.] F. D.

CALLIRHOÉ. (Callirhoe.)

Corps orbiculaire, transparent, garni de bras en dessous, mais privé de pédoncule.

Le plus souvent des tentacules au pourtour. Bouche unique, inférieure et centrale.

Corpus orbiculare, hyalinum, subtùs brachiatum; pedunculo nullo.

Tentacula sæpius ad periphæriam. Os unicum, inferum, centrale.

Observations. — Ce genre est le même que celui qu'ont établi MM. *Péron* et *Lesueur*, sauf que j'y admets les espèces qui seraient sans tentacules; mais on n'en connaît encore aucune.

Les *Callirhoés*, comme tous les genres précédens, sont dépourvues de pédoncule; mais elles ont des bras sous l'ombrelle, ce qui les distingue éminemment.

[Péron et Lesueur caractérisaient ce genre en lui assignant « quatre ovaires chenillés à la base de l'estomac. » M. de Blainville conserve ce même caractère, tout en disant avec doute que si, comme Baster l'indique, il n'existe pas de bouche entre les quatre appendices brachidés, on pourrait considérer la véritable bouche comme aussi grande que l'excavation de l'ombrelle, et que dans ce cas les quatre appendices seraient des ovaires. La caractéristique donnée par cet auteur (Man. d'actin. p. 294) est d'ailleurs beaucoup plus complète que celle de Péron, et plus précise que celle de Lamarck. Eschscholtz, qui adopte aussi ce genre, le place dans sa famille des Océanides comprenant les Acalèphes discophores cryptocarpes, à disque très convexe, dont la cavité stomacale peu étendue s'ouvre au dehors par un orifice buccal en forme de tube, et se prolonge en canaux étroits jusqu'au bord de l'ombrelle. Il lui donne pour caractères d'avoir « des tentacules marginaux, « d'être privé de tentacules sous l'ombrelle qui est excavée, et « d'avoir l'orifice buccal pourvu de quatre longs bras. » Il ajoute que ce dernier caractère seul distingue les Callirhoés des Océanies.] F. D.

ESPÈCES.

1. Callirhoé micronème. *Callirhoe micronema.*

C. subsphærica; brachiis quatuor longissimis, latissimis; tentaculis brevissimis.

Callirhoe micronema. Péron. Annales. p. 341.

* Eschs. Acal. p. 101. n° 1.
* Blainv. Man. d'actin. p. 295.
Habite les côtes N. O. de la Nouvelle-Hollande.—Larg. 18 à 22 lig.

2. Callirhoé bastérienne. *Callirhoe basteriana.*

C. orbicularis, plana convexaque; ad marginem tentaculis, longis, inæqualibus; subtùs brachiis, quatuor acutis.
Callirhoe basteriana. Péron. Ann. p. 342.
Medusa. Bast. Op. subs. 2. p. 35. tab. 5. f. 2. 3.
Encycl. pl. 94. f. 4. 5.
* *Medusa marginata.* Modeer. Nov. mém. Acad. Stock. 1790.
* *Callirhoe basteriana.* Eschs. Acal. p. 101. n° 2.
* *Callirhoe basteriana.* Blainv. Man. d'actin. p. 294. pl. 35. f. 2.
Habite les côtes de la Hollande. —Larg. 18 à 22 lig.

ORYTHIE. (Orythia.)

Corps orbiculaire, transparent, ayant un pédoncule, avec ou sans bras sous l'ombrelle. Point de tentacules.

Bouche unique inférieure et centrale.

Corpus orbiculare, hyalinum, sub umbrellâ pedunculatum, cum vel absque brachiis. Tentacula nulla.

Os unicum, inferum, centrale.

Observations. —Sous le nom d'*Orythie*, je réunis des Médusaires moins simples dans leur forme générale que celles des genres précédens. Elles offrent toutes, sous leur ombrelle, un pédoncule avec ou sans bras. Le pourtour de leur ombrelle n'est point muni de tentacules; et c'est par ce caractère seul qu'elles diffèrent de nos Dianées. Ces Médusaires sont assez nombreuses en espèces, et se reconnaissent aisément par leur défaut de tentacules. Comme elles n'ont qu'une seule bouche, on ne les confondra point avec les Céphées.

[Eschscholtz a supprimé ce genre, en rapportant ses diverses espèces aux genres *Rhizostome*, *Géryonie* et *Favonie*. M. de Blainville le conserve pour les deux premières espèces de Lamarck, et y ajoute l'Orythie jaune de MM. Quoy et Gaimard.] F. D.

ESPÈCES.

1. Orythie verte. *Orythia viridis.*

O. hemisphærica, ad periphæriam subangulata : margine octodentato ; pedunculo nudo.
Orythia viridis. Péron. Annales. p. 327.
Lesueur. Voyage. pl. 3, f. 1.
* *Rhizostoma viridis.* Eschs. Acal. p. 54. n° 10.
* *Orythia viridis.* Blainv. Man. d'actin. p. 287. pl. 34. f. 2.
Habite les côtes de la terre d'Endracht. — Larg. 18 à 22 lig.

2. Orythie minime. *Orythia minima.*

O. depressa, discoidea ; maculis octo petaliformibus emarginatis notata ; pedunculo clavato, nudo.
Orythia minima. Péron. Annales. p. 328.
Lesueur. Voyage. pl. 3. f. 2.
Medusa minima. Bast. Op. sub. 2. p. 62.
* Modeer. Nouv. mém. acad. Stockh. 1788.
Geryonia minima. Eschs. Acal. p. 87. n° 1.
Blainv. Man. d'actin. p. 287.
Habite les côtes de la Belgique. — Larg. 4 lig.

3. Orythie octonème. *Orythia octonema.*

O. hemisphærica, punctulata, crucigera ; brachiis octo bifidis ciliatis, rubris ad basim pedunculi.
Favonia octonema. Péron. Annales. p. 328. (1)
Lesueur. Voyage. pl. 3. f. 3.
* *Favonia octonema.* Eschs. Acal. p. 95. f. 1.
* *Favonia octonema.* Blainv. Man. d'actin. p. 290. pl. 40.
Habite les côtes de la terre d'Arnheim.

---

(1) Le genre Favonie, établi par Péron et Lesueur pour des Méduses agastriques pédonculées non tentaculées, mais ayant « des bras garnis de nombreux suçoirs, et fixés à la base du pédoncule », a été conservé par M. Eschscholtz, qui le place dans sa famille des Géryonides, la première des Acalèphes discophores cryptocarpes ou sans ovaires, et lui donne pour caractères d'avoir sous l'ombrelle, qui n'a pas de cirrhes marginaux, un pédoncule muni de bras à sa base. M. de Blainville, qui l'admet aussi, lui accorde au contraire quatre ovaires, et

4. Orýthie hexanème. *Orythia hexanema.*

O. subhemisphærica, glabra, dorso crucigera; brachiis sex, filiformibus, indivisis, ciliatis ad basim pedunculi.
Favonia hexanema. Péron. Annales. p. 328.
Lesueur. Voyage. pl. 3, f. 4.
* *Favonia hexanema.* Eschs. Acal. p. 96.
* *Favonia hexanema.* Blain. Man. d'actin. p. 290.
Habite l'Océan atlantique austral.

5. Orythie tétrachire. *Orythia tetrachira.*

O. hemisphærica; pedunculo crasso brevi, brachiis quatuor lanceolatis terminato.
Medusa persea. Forsk. Ægypt. p. 107. et Ic. tab. 33. f. B. b.
Evagora tetrachira. Péron. Ann. p. 343.
* Gmelin. Lin. Syst. nat. 3158.
* Modeer. Nouv. mém. acad. Stockh. 1790.
* *Rhizostoma persea.* Eschs. Acal. p. 51. n° 2.
* *Ocyroe persea.* Blainv. Man. d'actin. p. 291. (1)
Habite la Méditerranée. — Larg. 22 à 26 lig.

6. Orythie pourpre. *Orythia purpurea.*

O. hemisphærica; brachiis octo pediculatis, ad pediculos coalitis, supernè cruciatim divaricatis.
Melitea purpurea. Péron. Ann. p. 343. (2)

---

le définit comme ayant « le corps hémisphérique, sans cirrhes « ni cils tentaculiformes marginaux, assez excavé en dessous, « et pourvu d'un long prolongement proboscidiforme, ayant à « sa base huit appendices brachidés, garnis de suçoirs radici- « formes. »

Ce genre chez les divers auteurs ne comprend que les deux espèces ci-dessus mentionnées: *O. octonema*, et *O. hexanema.*

(1) Voir à la page 172 pour le genre Ocyroé.

(2) Le genre Mélitée, établi par Péron et Lesueur pour cette seule espèce, est placé dans leur division des Méduses monostomes, pédonculées, brachidées, non tentaculées, à côté du genre Evagore, dont il ne diffère que par l'absence des ovaires. Il est caractérisé ainsi par ces auteurs: « Huit bras supportés « par autant de pédicules, et réunis en une espèce de croix de « Malte; point d'organes intérieurs apparens. » M. de Blainville

* *Rhizostoma purpurea.* Eschs. Acal. p. 53. n° 8.
* *Melitea purpurea.* Blainv. Man. d'actin. p. 295. pl. 35.
Habite les côtes de la terre de Witt.

7. Orythie chevelue. *Orythie capillata.*

O. subcampaniformis, intus cruce notata; pedunculo brevi, brachiis capillaribus fasciculatim terminato.
Evagora capillata. Péron. Ann. p. 343.
* *Rhizostoma capillata.* Eschs. Acal. p. 54. n° 11.
* *Evagora capillata.* Blainv. Man. d'actin. p. 296. pl. 35. (1)
Habite les côtes de la terre d'Endracht.

---

qui s'étonne avec raison de ce que Péron ait placé ce genre dans la division des Méduses monostomes, en donne ainsi la caractéristique d'après la figure de Lesueur: « Corps circulaire « hémisphérique, sans cirrhes tentaculiformes à la circonfé- « rence, fortement excavé à l'intérieur, l'excavation communi- « quant avec l'extérieur par huit ouvertures, formées par au- « tant de pédicules d'attache percés au milieu, d'où naissent « huit appendices brachidés fort courts. »

C'est avec raison, comme on le voit, que M. Eschscholtz réunit ce genre aux Rhizostomes. F. D.

(1) Le genre Evagora, établi par Péron et Lesueur pour des Méduses gastriques monostomes, pédonculées, brachidées, non tentaculées, est caractérisé suivant ces auteurs par « quatre « ovaires formant une espèce de croix ou d'anneau, ce qui seu- « lement le distingue des Mélitées. » M. Eschscholtz le réunit à ses Rhizostomes, M. Cuvier le réunit à ses Cyanées, M. de Blainville l'admet avec doute, en pensant que les ovaires qui le distinguent des Mélitées pourraient devenir plus apparens à certaines époques de l'année. Il lui donne pour caractères d'avoir « le « corps circulaire, hémisphérique ou subcampaniforme, sans cils « ni cirrhes à la circonférence, assez faiblement excavé en des- « sous, mais pourvu d'une masse considérable d'appendices « brachidés et pédonculés; ovaires au nombre de quatre. » Ce genre pour Péron comprend les *Orythia tetrachira* et *capillata*. M. de Blainville n'y place que cette dernière espèce, et reporte l'autre au genre Ocyroé. F. D.

† 8. Orythie jaune. *Orythia lutea.* Quoy et Gaimard. Ann. sc. nat. t. 10. pl. 4.

O. brachiis quatuor dichotomis cotyliferis, basi in pedunculum quadrangularem unitis. Disci margine denticulato.

Rhizostoma lutea. Eschs. Acal. p. 51.

Orythia lutea. Blainv. Man. d'actin. p. 287.

Habite au détroit de Gibraltar.—Ombrelle très convexe; large de 2 pouces.

MM. Quoy et Gaimard (Voy. de l'Astrol. zoop. p. 297. pl. 25. fig. 6-10) ont décrit sous le nom d'Orythie incolore (*Orythia incolor*) une espèce qui paraît devoir être reportée au genre Rhizostome.

---

† GERYONIE. (Geryonia.)

[Le genre Geryonie fut établi par Péron et Lesueur pour des Méduses caractérisées par un pédoncule inséré au milieu de l'ombrelle en dessous, et terminé par une membrane en forme d'entonnoir, du fond de laquelle semblent partir des vaisseaux qui remontent jusqu'à l'ombrelle. Il fut supprimé par Lamarck qui reporta ses espèces dans les genres Orythie et Dianée. Cuvier le rétablit dans son Règne animal, et Eschscholtz l'adoptant aussi, le caractérisa plus nettement par la multiplicité de ses cavités stomacales (4, 6 ou 8) en forme de cœur, disposées au pourtour de l'ombrelle; par ses grands tentacules marginaux en nombre égal, et par son pédoncule présentant un rétrécissement avant l'extrémité, qui est membraneuse et plissée. Il est le type de la famille des Géryonides, que distingue si particulièrement le pédoncule implanté sous l'ombrelle comme celui d'un champignon. Ce pédoncule n'est point une trompe traversée par un œsophage; il ne contient que des canaux très petits et pouvant seulement livrer passage aux substances liquides ou très divisées absorbées par succion.

Avec les genres *Geryonie*, *Dianée*, *Lymnorée* et *Favonie* de Péron, qui se trouvaient tous compris dans le genre *Dianée* de Lamarck et dans une partie de son genre *Orythie*, la famille des *Géryonides* comprend encore les genres *Linuche*, *Saphenia* et *Eirene* créés par Eschscholtz aux dépens des *Dianées* de

Lamarck. M. Brandt y ajoute les genres *Proboscidactyla* et *Hippocrene*, ce dernier ayant été établi par Mertens, pour une espèce que M. Lesson a nommée *Bugainvillea*.

Eschscholtz rapporte à son genre Géryonie les espèces suivantes :

1. *G. minima* (*Orythia minima* Lamarck).

2. *G. proboscidalis* (*Dianea proboscidalis* Lamarck). p. 154.

3. Geryonie tétraphylle. *Geryonia tetraphylla.*

G. ventriculis quatuor ovatis, apice rotundatis, transversim striatis, viridi costatis, pedunculo attenuato, apice cyathigero, viridi marginato.

Chamisso. Nouv. Acta. nat. curiosorum. t. x. p. 357. tab. 27. f. 2.
Eschscholtz. Acal. p. 88.
Blainv. Man. d'actin. p. 288. pl, 34. f. 3.
Habite le détroit de la Sonde, à l'entrée de la mer des Indes. Larg. 9 lig.

4. Geryonie bicolore. *Geryonia bicolor.* Eschsch. Acal. p. 89. tab. 11. f. 1.

G. ventriculis quatuor ovatis, apice rotundatis, punctulatis, sæpè viridi costatis, pedunculo attenuato, apice cyathigero sæpè viridi et roseo-maculato.

Habite la côte du Brésil au cap Frio.—Très analogue à la précédente, elle s'en distingue principalement parce que les estomacs au lieu d'être finement rayés en travers, sont finement pointillés de blanc.

5. Geryonie rosacée. *Geryonia rosacea.* Eschsch. Acal. p. 89. tab. 11. f. 2.

G. ventriculis quatuor latis, basi truncatis, apice rotundatis lateribus inter se approximatis, rosaceis; pedunculo attenuato; apice margine rosaceo.

Habite la mer du Sud, près de l'équateur.— Ombrelle hémisphérique. Larg. de 3 lig.

6. Geryonie naine. *Geryonia exigua.* Eschs. Acal. p. 89.

G. ventriculis quatuor cordatis, apice acutis, immaculatis, pedunculo clavato, apice membrana quadriplicata.

Dianæa exigua. Quoy et Gaim. Ann. Sc. nat. t. x. pl, 6 A.
Habite le détroit de Gibraltar. — Larg. 9 lig. F. D.

† Le genre PROBOSCIDACTYLE établi par M. Brandt pour une espèce observée par Mertens, fait partie de la famille des GÉRYONIDES; ses caractères sont d'avoir: « le pédoncule entouré « à l'extrémité par des bras simples, allongés, nombreux; tout « le bord de l'ombrelle garni de tentacules nombreux, disposés « sur un seul rang, fixés sur autant de tubercules; et une cavité « digestive centrale, entourée par quatre prolongemens lan- « céolés. »

1. Proboscidactyle à tentacules jaunes. *P. flavicirrhata.* Brandt. Prodr. p. 28. Mém. sur les Méduses. p. 154. pl. 19.

Habite les côtes du Kamtschatka. — Larg. 1/2 lig. F. D.

---

† Le genre HIPPOCRÈNE, établi par Mertens dans ses manuscrits et publié par M. Brandt, ne comprend qu'une seule espèce, décrite d'abord par M. Lesson sous le nom de *Cyanea Bugainvillii* (Voyag. de la Coq. Zooph. pl. n. 14. fig. 3). Plus tard le même naturaliste en a fait le type d'un nouveau genre, sous le nom de *Bugainvillæa macloviana* (Ann. sc. nat. 1836. t. 5). Ses caractères sont ainsi indiqués par M. Brandt: « Bouche pro- « longée en manière de trompe, et munie de chaque côté à sa « base de deux bras rameux dichotomes, avec quatre faisceaux « distincts de tentacules au bord. Une cavité stomacale entou- « rée de huit prolongemens ou appendices alternativement plus « petits; de chacun des quatre plus grands appendices part un « vaisseau qui se rend au bord de l'ombrelle, où il pénètre dans « un tubercule cordiforme, sur lequel est fixé le faisceau de « tentacules. »

La seule espèce, *Hippocrene Bugainvillii* (Brandt. Prodrom. p. 29. —Mém. sur les Méduses, p. 157) est de la grandeur d'une lentille. Elle a été observée par M. Lesson aux îles Malouines, et par Mertens dans la mer de Beering. F. D.

DIANÉE. (Dianæa.)

Corps orbiculaire, transparent, pédonculé sous l'ombrelle, avec ou sans bras. Des tentacules au pourtour de l'ombrelle.

Bouche unique, inférieure et centrale.

Corpus orbiculare, hyalinum, subtùs pedunculatum, cum vel absque brachiis. Tentacula ad marginem umbrellæ.
Os unicum, inferum, centrale.

Observations. — Les *Dianées* sont des Médusaires encore plus compliquées dans leur forme générale que les Orythies, puisqu'elles ont des tentacules au pourtour de leur ombrelle, tandis que les Orythies en sont dépourvues.

Comme les *Dianées* connues sont nombreuses en espèces, on peut sans doute les diviser en plusieurs tribus, et par suite en plusieurs genres. Cependant, comme ces genres deviendront d'autant plus difficiles à reconnaître que l'on sera descendu dans plus de détails pour les établir, je crois que la coupe que je présente ici peut suffire actuellement pour l'étude de ces Médusaires.

N'ayant qu'une seule bouche, les *Dianées* ne sont point dans le cas d'être confondues avec les Cyanées.

[Eschscholtz, en lui donnant pour caractères d'avoir quatre cirrhes marginaux et un pédoncule terminé par une membrane à six lobes, ne laisse dans ce genre qu'une seule espèce *Dianæa exigua*, rapportée par MM. Quoy et Gaimard comme variété à leur espèce du même nom, dont Eschscholtz a fait une Géryonie.]

F. D.

ESPECES.

1. Dianée trièdre. *Dianæa triedra.*

D. subhemisphærica, punctato-verrucosa; margine tentaculis, brevissimis et tenuissimis; pedunculo longo trigono ad basim octo-brachiato.

Lymnorea triedra. Péron. Annales. p. 329. (1)

---

(1) Le genre Lymnorée, établi par Péron et Lesueur pour cette seule espèce, était rangé par ces auteurs dans la division des Méduses agastriques pédonculées et tentaculées; ils l'avaient

Lesueur. Voy. pl. 3. f. 5.
* *Lymnorea triedra.* Eschs. Acal. p. 95.
* *Lymnorea triedra.* Blainv. Man. act. p. 291. pl. 40. f. 2.
Habite le détroit de Bass. — Couleur bleuâtre; bras courts, bifides, ciliés, rouges.

2. Dianée dinème. *Dianæa dinema.*

D. minima, subconica; margine tuberculis, minimis; tentaculis duobus oppositis; pedunculo subclavato.
Geryonia dinema. Péron. Annales. p. 329.
Lesueur. Voy. pl. 4. f. 1-2-3.
* *Saphenia dinema.* Eschs. Acal. p. 93. (1)

---

caractérisé ainsi: « des bras bifides, groupés à la base du pé« doncule, et garnis de suçoirs nombreux en forme de petites « vrilles. » Lamarck n'adopta point ce genre; mais Eschscholtz l'a repris en le plaçant entre les genres *Eirene* et *Favonia* dans la famille des Géryonides, et lui donnant pour caractères d'avoir « le pédoncule muni de bras à sa base, et d'avoir des tentacules au bord de l'ombrelle. » M. de Blainville (Man. d'actinologie, p. 290) ne l'adopte qu'avec restriction, et en observant qu'il ne diffère des Favonies que par l'existence des cils tentaculaires du bord de l'ombrelle. Il ajoute aux caractères donnés par les précédens auteurs, que le corps est subhémisphérique, que les cils tentaculaires sont très fins courts et nombreux, et qu'il y a quatre ovaires en croix. F. D.

(1) Le genre *Saphenia*, établi par Eschscholtz pour la *Dianæa dinema*, et pour deux autres espèces observées par MM. Quoy et Gaimard, et rapportées par eux au genre *Dianæa*, fait partie de la famille des Géryonides, dans la division des *Discophores cryptocarpes.* Il est, comme tous les genres voisins, privé d'ovaires et de points oculiformes au bord du disque, et possède comme eux un pédoncule allongé en manière de trompe. On ne sait s'il a une ou plusieurs cavités stomacales; mais il est caractérisé par deux cirrhes marginaux plus longs, et parce que son pédoncule est simple ou non divisé à l'extrémité.

M. de Blainville, qui n'admet pas ce genre, reporte dans une section particulière du genre *Geryonia* les deux espèces de

* *Campanella dinema*. Blainv. Man. actin. p. 288. (1)
Habite les côtes de la Manche.
(Elle a aussi au bord de l'ombrelle des tentacules plus petits entre les deux grands).

3. Dianée proboscidale. *Dianœa proboscidalis.*

D. hemisphærica, ad periphæriam hexaphylla; margine, tentaculis sex longissimis; pedunculo longo, proboscidiformi extremitate margine plicato.
* *Medusa proboscidalis*. Gmel. Syst. nat. 3158.
Geryonia hexaphylla. Péron. Annales. p. 329.
Lesueur. Voy. pl. 4. f. 4-5.
Medusa proboscidalis. Forsk. Ægypt. p. 108 et ic. tab. 36. f. 1.
* Modeer. N. Mém. Acad. Stockh. 1790.
Encycl. pl. 93. f. 1.
* *Geryonia proboscidalis*. Esch. Acal. p. 88. n° 2.
* *Geryonia hexaphylla*. Blainv. Man. d'actin. p. 288.
* Brandt. Ueber. Schirmq. p. 153. pl. XVIII.
Habite la Méditerranée. — Les tentacules sont plus courts dans celle de Forskal.

4. Dianée phosphorique. *Dianœa phosphorica.*

D. subhemisphærica, pedunculata; tentaculis 32 ad periphæriam.

MM. Quoy et Gaimard, et place la *Dianœa dinema* dans le genre *Campanella* de ces auteurs. F. D.

(1) Le genre *Campanelle* (*Campanella*), établi par MM. Quoy et Gaimard (Voyage de l'Astrolabe, zool.) a les caractères suivans; « Ombrelle campaniforme pourvue de deux longs cirrhes tentaculaires; cavité stomacale libre, terminée par une dilatation « entourée de huit lobes, au fond de laquelle est un orifice « buccal arrondi. » La seule espèce observée par MM. Quoy et Gaimard (*Campanella capitulum*) dans la mer des Moluques et représentée dans la pl. 184 de leur voyage, est remarquable en ce que la dilatation stomacale sort de l'ombrelle, ce qui fait paraître les tentacules comme attachés au milieu du corps. La deuxième espèce, *Dianœa dinema* Lamk, que M. de Blainville veut y ajouter, n'a pas ce caractère, et d'ailleurs elle a des tubercules ou tentacules plus petits entre les deux grands cirrhes. F. D.

Oceania phosphorica. Péron. Annales. p. 344.
* *Oceania phosphorica.* Eschs. Acal. p. 97. n° 1.
* *Oceania phosphorica.* Blainv. Man. d'actin. p. 282. pl. 33. f. 3.
Habite les côtes de la Manche.

5. Dianée linéolée. *Dianœa lineolata.*

D. hemisphæroidalis; annulo lineolis composito versus marginem; tentaculis 120 tenuissimis.
Oceania lineolata. Péron. Annales. p. 344.
* *Oceania lineolata.* Eschs. Acal. p. 97. n° 2.
* *Oceania lineolata.* Blainv. Man. d'actin. p. 282.
Habite la Méditerranée.— Quatre échancrures peu profondes au rebord.

6. Dianée flavidule. *Dianœa flavidula.*

D. subhemisphærica; margine integerrimo; tentaculis numerosissimis, longissimis, tenuissimis.
Oceania flavidula. Péron. p. 345.
* *Oceania flavidula.* Eschs. Acal. p. 97. n° 3.
* *Oceania flavidula.* Blainv. Man. d'actin. p. 282.
Habite la Méditerranée. — Les organes intérieurs jaunes.

7. Dianée Lesueur. *Dianœa Lesueur.*

D. conica, apice acuta; brachiis quatuor brevissimis, coalitis; tentaculis numerosissimis, longissimis.
Oceania Lesueur. Péron. p. 345.
* *Oceania Lesueur.* Eschs. Acal. p. 98. n° 6.
* *Oceania Lesueuri.* Blainv. Man. d'actin. p. 282.
Habite la Méditerranée. — Tentacule d'un jaune d'or.

8. Dianée bonnet. *Dianœa pileata.*

D. ovato-campanulata, supernè globulo mobili hyalino; brachiis quatuor brevissimis; marginis tentaculis numerosis, basi fusco-flavis.
Oceania pileata. Péron. p. 345.
Medusa pileata. Forsk. Ægyp. p. 110. et ic. t. 33. f. D.
Encycl. pl. 92. f. 11.
* Modeer. Nouv. Mém. Acad. Stockh. 1790.
* *Oceania pileata.* Eschs. Acal. p. 98. n° 4.
* *Oceania pileata.* Blainv. Man. d'actin. p. 282.
Habite la Méditerranée.

9. Dianée diadème. *Dianœa diadema.*

D. subsphæroidalis, supernè tuberculo mobili acuto; brachiis quatuor brevissimis; margine coarctato; tentaculis duobus.

Oceania dinema. Péron. p. 346.
* *Oceania diadema*. Eschs. Acal. p. 98. n° 5.
* *Oceania dimena*. Blainv. Man. d'actin. p. 282.
Habite les côtes de la Manche.
(Cette espèce, large d'une ligne environ, a l'ombrelle rose, l'estomac et les bras verts; M. Eschscholtz, en raison du nombre de ses tentacules moindres que chez les autres espèces, doute qu'elle appartienne réellement au genre *Oceania*).

10. Dianée viridule. *Dianœa viridula.*

D. subcampaniformis; pedunculo proboscideo, pyramidali, retractili, brachiis quatuor fimbriatis terminato; tentaculis brevissimis.
Oceania viridula. Péron. p. 346.
* *Eirene viridula*. Eschs. Acal. p. 94. n° 2. (1)
* *Dianœa viridula*. Blainv. Man. d'actin. p. 289.
Habite les côtes de la Manche.

11. Dianée bossue. *Dianœa gibbosa.*

D. subhemisphœrica; tuberibus quatuor in dorso; pedunculo proboscideo retractili, quadribrachiato; tentaculis brevissimis.
Oceania gibbosa. Péron. p. 346.
* *Eirene gibbosa*. Eschs. Acal. p. 94. n° 3.
* *Dianœa gibbosa*. Blainv. Man. act. p. 289.
Habite la Méditerranée, près de Nice.

12. Dianée panopyre. *Dianœa panopyra.*

D. hemisphœrica, centro dorsali depressa, verrucosa; pedunculo quadrifido; tentaculis 8 longissimis.

---

(1) Le genre Eirene, établi par Eschscholtz pour les *Dianœa viridula, D. gibbosa,* et *D. digitale* de Lamarck, et pour la *Dianœa endrachtensis* de MM. Quoy et Gaimard (Voyage de l'Uranie p. 566, pl. 84, f. 2), est caractérisé par ses tentacules marginaux nombreux, et par son pédoncule portant au sommet des bras frangés. Voici les caractères de la dernière espèce:

Eirene d'Endracht. *Eirene Endrachtensis*.(*Dianaea*.Q.et G.)

E. hemisphœrica, rosea; cirrhis sex longissimis; pedunculo tereti.
Habite la côte occidentale de la Nouvelle-Hollande.— Ombrelle peu convexe, large de 2 pouces. Pédoncule cylindrique aminci vers l'extrémité où il porte trois ou quatre bras longs de quelques lignes.
M. de Blainville conserve le nom de *Dianée* à ce genre. F. D.

Medusa panopyra. Péron et Lesueur. Voy. pl. 31. f. 2.
Pelagia panopyra. Péron. Annales. t. XIV. p. 349.
* *Pelagia panopyra.* Eschs. Acal. p. 73. tab. 6. f. 2.
* *Pelagia panopyra.* Blainv. Man. d'actin. p. 302.
* *Pelagia panopyra.* Lesson. Cent. Zool. pl. 62.
* *Pelagia panopyra.* Brandt. Mém. sur les Méd. p. 146. tab. XIV. f. 1 et XIV. A.
Habite l'Océan atlantique équatorial. — Couleur rose.

13. Dianée onguiculée. *Dianœa unguiculata.*

D. orbicularis, supra plana, sedecimradiata, margine crenato; brachiis quatuor brevibus latissimis.
Medusa unguiculata. Swartz. N. act. Stock. 1788. 3. tab. 6. a–c.
Pelagia unguiculata. Péron. Annales. p. 349.
* *Linuche unguiculata.* Eschs. Acal. p. 91. (1)
* *Linuche unguiculata.* Blainv. Man. act. p. 289. pl. 37. f. 2.
Habite les côtes de la Jamaïque. — Bleuâtre; des taches brunes à la base du pédoncule. Elle est large de 8 lignes.

14. Dianée cyanelle. *Dianœa cyanella.*

D. subhemisphærica, depressa; pedunculo brevissimo; brachiis quatuor prælongis subalatis.
Pelagia cyanella. Péron. Annales. p. 349.
Medusa pelagica. Swartz. N. act. Stockh. 1788. t. 5.
* *Medusa pelagia.* Lœffling. Voyag. p. 105.
* *Medusa pelagia.* Lin. Syst. nat. 12e éd. p. 1098.
* *Medusa pelagia.* Gmel. Syst. nat. p. 3154.
* *Pelagia noctiluca.* Chamisso. Voy. pitt. I. p. 3. tab. 2.

---

(1) Le genre Linuche, établi par Eschscholtz (Acaleph. p. 91) pour cette seule espèce qui n'a encore été observée que par Schwartz, est intermédiaire entre les genres *Dianœa* et *Saphenia* du même auteur, et fait partie comme eux de la famille des Géryonides, dans la division des *Discophores cryptocarpes*, c'est-à-dire qu'il porte inférieurement un pédoncule de la même consistance gélatineuse que l'ombrelle, et incapable de livrer passage à des alimens solides. Les caractères de ce genre sont d'avoir « plusieurs cirrhes marginaux, un pédoncule dilaté « au sommet, et huit canaux partant de ce sommet, pour se « rendre au bord du disque, en se bifurquant et en émettant « des rameaux latéraux. » F. D.

* *Pelagia cyanella.* Eschs. Acal. p. 75. tab. 6. f. 1.
* *Pelagia cyanella.* Blainv. Man. d'actin. p. 302. pl. 36.
Habite l'Océan atlantique septentrional. — Marge de l'ombrelle repliée en dedans, garnie de huit tentacules rouges.

15. Dianée denticulée. *Dianæa denticulata.*

D. hemisphærica ; margine denticulato; tentaculis octo brevibus; brachiis fimbriatis, violaceo-punctulatis.
Medusa pelagica. Bosc. Vers. t. 2. p. 140. pl. 17. f. 5.
* *Pelagia denticulata.* Péron. Annales. p. 350.
* *Pelagia cyanella.* Eschs. Acal. p. 75.
* *Pelagia denticulata.* Brandt. Mém. sur les Méd. p. 147. tab. 14. f. 2.
Habite l'Océan atlantique septentrional.
[Eschscholtz réunit cette espèce à la précédente; mais M. Brandt la considère comme distincte, en raison des dentelures de son bord.]

16. Dianée digitale. *Dianæa digitala.*

D. conica; pedunculo elongato, ad extremitatem brachiis filiformibus fasciculatis penicillato; tentaculis introrsùm uncinatis.
* *Medusa digitale.* O. Fabricius. Fauna Groenl. p. 366.
Medusa digitala. Mull. Prod. zool. dan. p. 2824.
Melicerta digitale. Péron. Annales. p. 352.
* *Eirene digitale.* Eschs. Acal. p. 95. n° 4.
* *Dianœa digitalis.* Blainv. Man. d'actin. p. 289.
Habite les côtes du Groënland.

17. Dianée campanule. *Dianæa campanula.*

D. orbiculato-conica; limbo ampliato, tentaculifero; infernâ facie concavâ, cruce ciliata notata; pedunculo subluteo.
Medusa campanula. Fabr. Faun. Groënl. p. 366.
Melicerta campanula. Péron. Annales. p. 352.
* Modeer. Nouv. Mém. Acad. Stockh. 1790.
* *Melicertum campanula.* Eschs. Acal. p. 105. n° 1.
* *Melicerta campanula.* Blainv. Man. d'actin. p. 284.
Habite les côtes du Groënland.

18. Dianée clochette. *Dianæa cymbalaroides.*

D. convexo-conoidea; brachiis quatuor subpedicellatis; tentaculis sedecim basi bulbosis.
* *Medusa cymballaroides.* Slabb. Nat. tab. 12. f. 1-3.

* *Oceania? cymballoidea*. Péron et Lesueur. Hist. des Méd. p. 34.
* Modeer. Nouv. Mém. Acad. Stockh. 1790.
Medusa campanella. Shaw. Miscell. vol. 6. t. 196.
Encycl. pl. 93. f. 2-4.
* *Thaumantias cymbaloidea*. Eschs. Acal. p. 102.
* *Thaumantias cymbaloidea*. Blainv. Man. d'actin. p. 285.
Habite l'Océan boréal.
[M. Lesson a nommé Dianée cérébriforme (Voy. de la Coquille, Zooph. pl. 10) une Méduse qui semblerait plutôt appartenir au genre Cyanée, en raison des festons du tour de l'ombrelle.] F. D.

---

† MELICERTE. (Melicertum.)

Le genre MELICERTE fut établi par Péron et Lesueur avec les caractères suivans : « Ombrelle pourvue de tentacules « marginaux; bras très nombreux, filiformes, chevelus, et for- « mant une espèce de houppe à l'extrémité du pédoncule. » Ce genre faisait partie chez ces auteurs de la division des Méduses gastriques monostomes, et comprenait cinq espèces, savoir: 1° la M. digitale, dont Lamarck et M. de Blainville ont fait une Dianée, et dont Eschscholtz fait une *Eirene*. 2° la M. campanule; 3° la M. perle, reportée par Eschscholtz au genre Rhizostome; 4° la M. pleurostome; 5° la M. fasciculée, que M. de Blainville laisse dans le genre Mélicerte qu'il caractérise de même, en ajoutant que les tentacules du bord sont ordinairement fort courts et très peu nombreux.

Eschscholtz; qui prend aussi pour type de son genre Mélicerte la Dianée campanule, le caractérise cependant d'une manière un peu différente. Ce genre, suivant lui, « a l'ombrelle « en forme de cloche, avec une cavité stomacale simple, ayant « son orifice tubiforme et lobé, et quatre canaux à la face in- « terne, revêtus en dessous d'une frange de tentacules; plu- « sieurs cirrhes marginaux (en nombre déterminé) de différentes « grandeurs. » Ce genre est placé dans la famille des Océanides, où, seul des autres genres, il présente des tentacules à la face inférieure du disque. Il comprend quatre espèces, savoir:

1° *Melicertum campanula*. — (*Dianœa*. Lamk.)

2° *M. campanulatum*. Eschs. Acal. p. 105. n° 2.

M. disco campanulato, subquadrangulo; cirrhis marginalibus, quadriplici ordine, numerosis, internis, ventriculum circumdantibus.

Medusa campanulata. Chamisso. N. acta nat. curior. x. p. 359. tab. [illegible] f. 1.

Blainv. Man. d'actin. p. 284. pl. 35. fig. 4.

Habite la mer du Sud. — La hauteur de l'ombrelle est d'un pouce.

3° *M. penicillatum*. Eschs. Acal. p. 106. n° 3. pl. 8. fig. 4.

M. disco campanulato; cirrhis marginalibus duplici ordine: octo majoribus et 32 minoribus, internis a ventriculo remotis.

Aglaura penicillata. Blainv. Man. d'actin. p. 283. pl. 33. f. 1.

Habite les côtes de la Californie. — Ombrelle haute d'un pouce.

4 *M. pusillum*. Eschs. Acal. p. 106. n° 4.

M. disco bursæformi; ciliis marginalibus triplici ordine: octo longissimis et totidem brevissimis, sedecim intermediis.

Actinia pusilla. Swartz. Nova acta Holm. 1788. tab. 6. f. 2.

Habite l'Océan atlantique. — Grande comme une lentille.

Eschscholtz ne place qu'avec doute la 4e espèce dans le genre Mélicerte, parce qu'il ignore si elle a en dessous les quatre canaux en croix, revêtus d'une frange de tentacules. La première et la troisième espèce ont bien réellement les canaux en croix revêtus de tentacules, ce qui est bien différent du caractère assigné par Péron et Lesueur. Quant à la deuxième espèce, elle n'a présenté qu'une touffe de tentacules nombreux autour de la bouche, et répondrait mieux par conséquent à l'indication de ces auteurs; mais cela ne nous semble pas une raison pour dire, comme M. de Blainville (Man. d'actin.), que M. Eschscholtz caractérise ses Mélicertes de manière à n'être que le genre *Aglaure* de Péron et Lesueur.

---

† AGLAURE. (Aglaura.)

Le genre *Aglaure*, qui n'est pas même cité par Eschscholtz, fut établi par Péron et Lesueur pour une espèce de la Méditerranée, *A. hemistoma*. Ils le placent à côté du genre Mélicerte, dans la division des Méduses gastriques monostomes, et lui donnent pour caractère d'avoir « huit organes allongés, cy- « lindroïdes, flottant librement dans l'intérieur de la cavité « ombrellaire (Hist. gén. des Méd. p. 39). » Il se pourrait que les organes cylindroïdes flottant à l'intérieur et indiqués par Péron fussent des houppes de tentacules; mais, puisque aucun genre voisin ne montre d'ovaires, on ne peut admettre que ce soient des ovaires, comme le veut M. de Blainville, qui donne aux Aglaures les caractères suivans: « Corps sphéroïdal, pour- « vu de cirrhes marginaux peu nombreux, fortement excavé en « dessous, et contenant dans cette excavation une masse pro- « boscidiforme, entourée des ovaires au nombre de huit, et ter- « minée par quatre appendices brachidés très courts, au milieu « desquels est la bouche. »

Aglaure hémistome. *Aglaura hemistoma.*

A. umbella sphæroideá, hyaliná; margine intus annulato; cirrhis decem brevibus; brachiis quatuor brevissimis; organis octo intùs fluctantibus luteis.

Péron et Lesueur. Hist. gén. des Méd. p. 39.

Aglaura hemistoma. Blainv. Man. d'actin. p. 283.

Habite les côtes de Nice. — Larg. 3 lignes.

THAUMANTIAS. (Thaumantias.)

Le genre Thaumantias a été établi par Eschscholtz pour des Méduses de la famille des *Océanides*, qui ont « une cavité sto- « macale simple, d'où partent quatre canaux en massue, et qui « sont dépourvus de bras; mais qui possèdent plusieurs cir- « rhes marginaux tentaculaires bulbeux à la base. » Leur ombrelle est hémisphérique, surbaissée, concave en dessous, où elle présente un orifice buccal simple, prolongé en tube.

1. *Thaumantias cymbaloidea.* — *Dianæa*. Lam. n° 18.

2. *Thaumantias hemisphærica*. Eschs. Acal. p. 102.

Canalibus versus marginem disci clavatis.

Medusa hemisphærica. Gronovius. Acta Helv. 4. 38. tab. 4. fig. 7.
Medusa hemisphærica. Lin. Syst. nat. ed. 12. p. 1098.
Müller. Prod. Faun. Dan. n° 2822. — Zool. Dan. tab. 7.
Modeer. Nouv. Mém. Acad. Stokh. 1790.
Bruguière. Encycl. méth. pl. 93. f. 8–11.
Thaumantias hemisphærica. Blainv. Man. d'actin. p. 285.
Habite la mer du Nord.

3. *Thaumantias multicirrhata.* Sars. Beskrivelser over. Polyp. etc. p. 26. tab. 5. f. 12.

T. disco hemisphærico, canalibus in clavam elongatum dilatatis; cirrhis marginalibus ultra 200 ; ore fimbriato-laciniato.
Habite la mer du Nord. — Larg. 8 à 12 lignes.

4. *Thaumantias? plana.* Sars. l. c. p. 28. tab. 5. f. 13.

T. disco orbiculari plano, subtus corporibus 4 ovato-rotundatis libere dependentibus ; ventriculo tubuloso ore quadrilobato ; cirrhis marginalibus numerosis.
Hab. la mer du Nord. — Larg. 3 lignes.

---

† OCÉANIE. (Oceania.)

Une grande partie du genre *Dianée* de Lamarck, doit former le genre *Océanie*, qui a servi de type à la famille des OCÉANIDES d'Eschscholtz, la deuxième de ses *Discophores cryptocarpes*. Cette famille est caractérisée par « une « cavité stomacale peu considérable, pourvus d'un ori- « fice en tube allongé, et de laquelle partent des canaux « étroits beaucoup plus longs que le diamètre de l'estomac « et arrivant jusqu'au bord de l'ombrelle qui est en forme « de cloche très élevée. Elle contient, avec le genre *Océanie* de Péron et Lesueur, leurs *Callirhoe*, *Mélicerte* et *Phorcynie*, les *Thaumantias*, *Tima* et *Cytaeis*, d'Eschscholtz, et les *Circe* et *Conis* de Mertens et Brandt.

Le genre *Océanie* de Péron et Lesueur, réuni par Cuvier aux Cyanées et par Lamarck aux Dianées, a été rétabli avec raison par Eschscholtz qui lui donne pour caractères d'avoir: « L'ombrelle convexe en dessus, très concave en « dessous, bordée de tentacules simples nombreux à cha- « cun desquels se rendent à l'intérieur des canaux très « étroits simples partant de l'estomac, qui est petit et s'ou- « vre par une bouche en entonnoir, allongée et pourvue de petits lobes (ordinairement quatre) au bord. » Mais cette caractéristique trop vague l'a conduit à réunir les Carybdées et peut-être d'autres types encore aux vraies Océanies. M. Brandt a proposé de diviser ce genre d'après la présence ou l'absence du canal marginal et des sinus de la base des tentacules; il a même formé le genre *Rathkia* aux dépens des Océanies.

M. de Blainville admet aussi ce genre en le caractérisant ainsi : « Ombrelle pourvue d'un rang de cirrhes tentaculaires variables dans leur forme et leur nombre, fortement excavée en dessous avec une sorte d'estomac libre et suspendu, pourvu de quatre appendices brachidés à sa terminaison, quatre ovaires prolongés jusqu'au bord. »

1. *Oceania phosphorica* (*Dianæa* Lamk. n. 4. pag. 154).
2. *Oceania lineolata* (*Dianæa* Lamk. n. 5. pag. 155).
3. *Oceania flavidula* (*Dianæa* Lamk. n. 6. p. 155).
4. *Oceania pileata* (*Dianæa* Lamk. n. 8. p. 155).
5. *Oceania diadema* (*Dianæa* Lamk. n. 9. p. 155).
6. *Oceania Lesueur* (*Dianæa* Lamk. n. 7. p. 155).
7. *Oceania conica* Quoy et Gaim. Ann. sc. nat. t. x. pl. 6.

O. ovato-campanulata, supernè acuta; costis internis quatuor; tentaculis circiter 40.

Esch. Acal. p. 99.

Blainv. Man. d'actin. p. 283.

Habite près de Gibraltar. — Hauteur, 1 pouce.

8. *Oceania bimorpha*. Eschs. Acal. p. 99.

O. dorso eminenti, subtùs cruce minuta foraminibus quinque cinctâ, margine ciliato (tentaculato).

Medusa bimorpha. Fabric. Faun. Groenl. p. 365.

Muller. Prodr. Faun. Dan. n° 2823.
Habite la baie de Baffin.

9. *Oceania rotunda.* Quoy et Gaim. l. c.

O. globosa, intus quadriradiatâ; brachiis quatuor brevissimis obtusis tentaculis marginalibus longis.
Esch. Acal. p. 100.
Habite la Méditerranée. — Larg., 1 pouce.

10. *Oceania funeraria.* Quoy et Gaim. l. c.—Eschs. p. 100.

O. umbella hemisphariâ, crassissimâ; brachiis canalibusque septenis, tentaculis brevissimis.
Habite près de Gibraltar. — Larg., 1 pouce.

11. *Oceania cacuminata.* Eschs. Acal. p. 100.

O. subconico-campanulata; cruce rufescente, tentaculis numerosis longis.
Medusa cacuminata. Modeer. N. mém. acad. Stockh. 1790.
Medusa cruciata? Forskal. Faun. Ægypt. Arab. 110. F. 33.
Encycl. méth. pl. 93. f. 5-7.
Habite la Méditerranée. — Larg., 6 lignes.

12. *Oceania Blumenbackii.* Rathke. Isis. 1834. p. 680.

O. campanulata, margine integerrimo, tentaculis 24 filiformibus ad periphæriam.
Rathkia Blumenbachii. Brandt.
Habite la mer Noire, près de Sébastopol. — Elle est phosphorescente.

13. *Oceania ampullacea.* Sars. Beskrivels. ov. Polyp. p. 22 tab. 4 f. 8.

O. ovato-campanulata supernè appendiculo oblongo conico; ore fimbriis, brevissimis; cirrhis marginalibus usque 24 tenuissimis corpore sextuplo longioribus.
Habite la mer du nord. — Haut., 1 pouce environ. Les individus adultes contiennent beaucoup d'œufs et de jeunes.

14. *Oceania octocostata.* Sars. l. c. p. 24. tab. 4. f. 9.

O. disco campanulato, ore plicato brachiis nullis, intùs canalibus 8 clavatis; cirrhis marginalibus 40-60 longissimis.
Habite la mer du nord. — Haut., 8 lignes; larg., 7 lignes.

15. *Oceania saltatoria.* Sars. l. c. p. 25. tab. 4. f. 10.

O. disco conico-campanulato (supernè paululum acuminato), hyalino, cirrhis marginalibus longis pallidè rubris; ventriculo cylindrico libero longitudinaliter striato; ore tubuloso longo extremitate quadrilobata.

Habite la mer du nord. — Haut., 2 lignes.

16. *Oceania? tubulosa.* Sars. l. c. p. 25. tab.

O. disco campanulato, ventriculo seu ore libero longissimo (corpore duplo longiore) tubuloso apice clavato; cirrhis marginalibus 4 corpore triplo longioribus, cotyledonibus instructis.

Habite la mer du nord. — Haut., 4 lignes. Cette espèce, par son pédoncule filiforme, se rapproche beaucoup des *Saphenia.*

M. Ehrenberg a ajouté au genre Océanie une nouvelle espèce très petite et phosphorescente, qu'il nomme *Oceania microscopica.*

Le genre Tima établi par Eschscholtz, pour une seule espèce, *Tima flavilabris*, observé par lui dans l'Océan atlantique au N. E. des Açores est caractérisé ainsi : « Ombrelle convexe en dessus et prolongée à la face inférieure en un cône dont le sommet est occupé par la cavité stomacale. De l'estomac, qui est plissé, partent quatre canaux assez larges, se joignant par un tube très petit, au canal du bord de l'ombrelle auquel sont fixés des tentacules marginaux nombreux. »

1. *Tima flavilabris.* Eschs. Acal. p. 103. tab. 8. f. 3.

Blainv. Man. d'actin. p. 286. pl. 38. f. 1.

Larg., 3 pouces; cône inférieur saillant de 1 1/2 pouce.

Le genre Cytaeis d'Eschscholtz a l'ombrelle très convexe en dessus, concave en dessous, avec des tentacules marginaux, épais, peu nombreux ; la cavité stomacale prolongée en une trompe qui est bordée à son orifice d'un rang de cirrhes ou tentacules fins rétractiles, terminés par une petite tête.

1. *Cytaeis tetrastyla.* Eschs. Acal. p. 104. tab. 8. f. 5.

C. disco cylindrico campanulato; cirrhis quatuor crassis ascendentibus longitudine disci.

Blainv. Man. d'actin. p. 285. pl. 38. f. 2.

Habite l'Océan atlantique, sous l'équateur. — Haut., 1/2 ligne.

2. *Cytaeis? octopunctata.* Sars. Beskriv. ov. Polyp. p. 28. tab. 6. f. 14.

C. disco conico-campanulato, margine punctis nigris 8, quorum singulum cirrhos marginales 3 longissimos emittit.

Habite la mer du nord. — Haut., 1 1/2 ligne; larg., 1 ligne; tentacules longs de 4 à 6 lignes.

Le genre Circe établi par Mertens, pour une seule espèce *Circe kamtschatica*, observé par lui près du Kamtschatka, fait partie de la famille des Océanides et est caractérisée par les canaux simples, partant de la cavité stomacale pour aboutir à un vaisseau ou canal marginal duquel partent de nombreux tentacules marginaux en une seul rangée; par sa bouche bordée par quatre lobes ou bras rudimentaires; et par son estomac entouré de huit prolongemens sacciformes. L'espèce décrite (Brandt. Ueber Schirmq. mem. Pétersb., 1838. p. 354. pl. 1), l'ombrelle campanulée allongée, en pointe mousse au sommet, et bordée de tentacules roses, courts. Sa largeur excède un pouce. F. D.

Le genre Conis que distingue son ombrelle, surmontée d'un appendice conique, a des vaisseaux fins très nombreux partant de l'estomac pour se rendre dans un vaisseau marginal, auquel sont fixés des tentacules marginaux en nombre égal; sa bouche est entourée de quatre larges lobes frangés et enfin il a une seconde rangée de tentacules élémentaires. Il fait également partie de la famille des *Océani-*

des et renferme une seule espèce, *Conis mitrata* (Brandt. Ueber Schirmq. p. 353. tab. 2), très voisine de l'*Oceania pileata*, Péron, qu'on devrait peut-être rapporter au même genre. Elle a presque deux pouces de hauteur, son ombrelle est teinte de rose, et ses tentacules ont une tache bleue à la base. Elle habite l'Océan pacifique septentrional au 36° lat. F. D.

PELAGIE. (Pelagia.)

Le genre PELAGIE établi par Péron et Lesueur est conservé par Cuvier qui lui assigne pour caractère d'avoir la bouche prolongée en pédoncule et divisée en bras, mais il lui réunit les *Callirhoé* et les *Evagores*; Eschscholtz circonscrit mieux ce genre en lui attribuant une cavité stomacale ayant seize prolongemens sacciformes et huit tentacules marginaux. Il se distingue des Méduses, des Aurélies et des Cyanées qui font également partie de la famille des Médusides, parce que les prolongemens sacciformes de l'estomac s'étendent jusqu'au bord de l'ombrelle, et ne donnent point naissance à des canaux ramifiés en formes de vaisseaux, et aussi parce que les tentacules partent du bord même de l'ombrelle. A l'intérieur se trouvent quatre cordons ovariens étroits, qui sur leur bord tourné vers la cavité stomacale, portent une rangée de tubes ou suçoirs allongés, minces, qui se meuvent librement dans cette cavité et font même quelquefois saillie hors de la bouche.

Avec la *Pelagia panopyra* et la *P. cyanella*, à laquelle il réunit la *Pelagia denticulata* de Péron, Eschscholtz décrit encore les espèces suivantes.

3. Pélagie jaunâtre. *Pelagia flaveola*. Eschs. Acal: p. 76. tab. 6. f. 3.

P. flavescens; disco hemisphærico, verrucis magnis elongatis crys-

tallinis densè obsito, brachiis basi discretis; appendicibus ventriculi bifidis.

Habite l'Océan pacifique septentrional, au 34° lat. — Largeur, 15 lignes.

4. Pélagie discoïde. *Pelagia discoidea.* Eschs. Acal. pag. 76. tab. 7. f. 1.

P. disco complanato, margine summo tantum inflexo, supra lævi; brachiis basi discretis; appendicibus ventriculi parum emarginatis.

Habite l'Océan atlantique méridional, près du cap de Bonne-Espérance. — Larg. 3 pouces.

5. Pélagie noctiluque. *Pelagia noctiluca.* Eschs. Acal. page 77.

P. hyalino-rufescens; disco depresso, brunneo-verrucoso; brachiis basi in pedunculum elongatum unitis.

Medusa noctiluca. Forskal. Fauna arab. p. 109.

Modeer. Nouv. mém. acad. Stockh. 1790.

Medusa pelagica. var. β *noctiluca.* Gmel. Syst. nat. 3154.

Habite la Méditerranée.

6. Pélagie Labiche. Quoy et Gaimard. Voy. de l'Uranie. pag. 571. pl. 84. f. 1.

P. convexa, verrucosa, griseo-hyalina; disci margine intùs striato; brachiis foliaceis, violaceis; cirrhis rubris.

Habite l'Océan pacifique, près de l'équateur.

7. Pélagie phosphorique. *Pelagia phosphorea.* — *Aurelia.* Lam. (V. p. 176).

** *Plusieurs bouches dans le disque inférieur de l'ombrelle.*

ÉPHYRE. (Ephyra.)

Corps orbiculaire, transparent, sans pédoncule, sans bras, sans tentacules.

4 bouches ou davantage au disque inférieur.

Corpus orbiculare, hyalinum, pedunculo, brachiis, tentaculisque destitutum.

Ora quatuor vel plura in disco inferiori.

Observations. —Les *Ephyres* ont quelque analogie par leur forme avec les Eudores, etc., etc., et sont pareillement dépourvues de pédoncule, de bras et de tentacules; mais elles ont plusieurs bouches, et l'estomac plus composé. Les unes sont aplaties comme des pièces de monnaie; les autres sont plus ou moins convexes, à-peu-près comme les Phorcynies.

[Eschscholtz, en conservant ce genre *Ephyra*, lui donne pour caractères d'avoir une bouche simple, et d'être privé de bras et de cirrhes, soit au bord, soit à la partie inférieure du disque.]

ESPECES.

1. Ephyre simple. *Ephyra simplex.*

E. suborbicularis, discoidea, obsoletè convexa; margine nudo.
Medusæ var. Borlas. Corn. p. 257. pl. 25. f. 13-14.
Medusa simplex. Pennant.
Ephyra simplex. Péron. Annales. p. 354.
Habite les côtes de Cornouailles.— Quatre bouches; couleur hyaline.
[Cuvier et après lui Eschscholtz regardent cette espèce comme établie sur des individus mutilés de Rhizostome.]

2. Ephyre tuberculée. *Ephyra tuberculata.*

E. hemisphærica, purpurea; margine membranula crenata aucto; infernâ superficie tuberculatâ, cruce duplici notatâ.
Ephyra tuberculata. Péron. Annales. p. 354.
* *Ephyra tuberculata.* Eschsch. Acal. p. 83.
* Blainv. Man. d'actin. p. 273.
Habite les côtes de la terre de Witt.

3. Ephyre antarctique. *Ephyra antarctica.*

E. plana, discoidea, roseâ; margine quindecim foliolis; infernâ superficie tuberculatâ.
Euriale antarctica. Péron. Annales. p. 354.
* *Ephyra antarctica.* Eschsch. Acal. p. 83.
Habite près des îles Furneaux.

† 4. Ephyre à huit lobes. *Ephyra octolobata.*

E. discoidea depressa, margine disci lobis octo magnis, apice bifidis.
Ephyra octolobata. Eschsch. Acal. p. 84. tab. 8. f. 1.
Ephyra octolobata. Blainv. Man. actin. p. 273. pl. 36. f. 3.
Habite l'Océan atlantique, près de l'équateur.

Le disque du seul individu observé par Eschscholtz avait à peine une ligne de largeur; il rappelle la forme des *Strobila* de M. Sars, tellement qu'on serait tenté de croire que ce n'est qu'une jeune Méduse d'un autre genre.

M. Templeton (*Mag. of. nat. hist.* 1836. p. 301. f. 46) décrit sous le nom d'*Ephyra hemisphærica* une espèce des côtes d'Angleterre, que sa forme paraît devoir éloigner des précédentes. Elle est caractérisée ainsi :

E. hemisphærica, hyalina, tenuissime et obsolete radiata; ovariis quatuor purpureis, cordiformibus.] F. D.

OBÉLIE. (Obelia.)

Corps orbiculaire, transparent, sans pédoncule et sans bras. Des tentacules au pourtour de l'ombrelle. Un appendice conique à son sommet.

4 bouches.

Corpus orbiculare, hyalinum, pedunculo brachiisque destitutum. Tentacula ad periphæriam umbrellæ, et appendix conica ad apicem.

Ora quatuor.

Observations. — *Péron* fut contraint de former une coupe particulière pour l'*Obélie*, que des tentacules au pourtour de l'ombrelle ne permettaient pas d'associer aux Ephyres. Quant à l'appendice sus-ombrellaire, ce caractère peut n'appartenir qu'à l'espèce déjà observée.

ESPÈCES.

1. Obélie sphéruline. *Obelia sphærulina.*

Slabber. Phys. Belust. p. 40. tab. 9. f. 5-8.
Péron. Annales. p. 355.

Encycl. pl. 92. f. 12-15.
* *Medusa conifera.* Modeer. Nouv. Mém. Acad. de Stockh. 1790.
* Blainv. Man. d'actin. p. 281.
Habite les côtes de la Hollande. — Taille microscopique. Appendice sus-ombrellaire terminé par un globule. Seize tentacules courts.

[Le genre Obélie n'a été établi par Péron que d'après la figure et la description peu complètes données par Slabber, aussi Eschscholtz est-il d'avis que ce doit être une espèce de Rhizophyse voisine de celle dont lui-même a fait le genre Discolabe.

M. de Blainville (Man. actin. p. 281) paraît également douter que ce genre soit véritablement bon.]

M. Templeton a décrit dans le *Magazine of natural history* 1836, une Méduse vivant dans le même lieu que la précédente, et pourvue également d'un appendice au sommet de l'ombrelle et de tentacules marginaux, laquelle mieux observée, devrait sans doute être rapportée au même genre. Cependant M. Templeton en a fait le type d'un nouveau genre nommé par lui Piliscelotus et caractérisé ainsi : « Corps hyalin hémisphérique, ayant le « sommet prolongé en un appendice allongé charnu fusi- « forme, et le bord muni de quatre tentacules partant chacun d'un petit tubercule. »

L'espèce observée est le

Piliscelote vitré. *Piliscelotus vitreus.* Templeton mag. of. nat. hist. 1836. p. 302. f. 48.

P. hyalinus, campaniformis; tentaculis quatuor e margina prodeuntibus; umbella apice productâ in longo, brunneo appendice, medio inflato. F. D.

CASSIOPÉE. (Cassiopea.)

Corps orbiculaire, transparent, muni de bras en dessous. Point de pédoncule; point de tentacules au pourtour.

4 bouches ou davantage au disque inférieur.

Corpus orbiculare, hyalinum, subtus brachiatum; pedunculo nullo; tentaculis ad periphæriam nullis.

Ora quatuor vel plura in disco inferiore.

Observations. — Les *Cassiopées* dont il s'agit ici sont celles de *Péron*, auxquelles je réunis son *Ocyroé*, qui n'a que quatre bras. Ce sont des Médusaires à plusieurs bouches, qui ont sous l'ombrelle quatre, huit ou dix bras, et qui manquent de pédoncule et de tentacules: elles sont tantôt aplaties, tantôt plus ou moins convexes en dessus. Le nombre de leurs bouches paraît être en rapport avec celui de leurs bras.

Les espèces de ce genre sont assez nombreuses.

ESPÈCE.

1. Cassiopée linéolée. *Cassiopea lineolata.*

C. hemisphærica, lineolis 20 divaricatis intùs radiata; margine subcrenato, brachiis quatuor basi unitis.

Ocyroe lineolata. Péron. Annales. p. 355.

* *Rhizostoma?* Eschsch. Acal. p. 54.

* *Ocyroe lineolata.* Blainv. Man. d'actin. p. 291. (1)

Habite les côtes de la terre de Witt.

2. Cassiopée théophile. *Cassiopea theophila.*

C. hemisphærica, ad periphæriam dentata, centro crucigera; brachiis octo ramoso-polychotomis cotyliferis.

Cassiopea dieuphila. Péron. Annales. p. 356.

---

(1) M. de Blainville, dans son Manuel d'actinologie, conserve le genre *Ocyroé*, qu'il caractérise ainsi: « *Corps* hémisphérique, festonné à sa circonférence, excavé en dessous; l'excavation communiquant avec l'extérieur par quatre orifices semi-lunaires, formés par l'attache de quatre appendices brachidés simples, réunis au centre en un prolongement central court et polyèdre. »

Il y comprend, avec l'Ocyroé linéolée (Cassiopée), l'Ocyroé labiée (*Cassiopea labiata* de Chamisso et Eisenhardt) qu'il a figurée dans l'atlas de son ouvrage, pl. 35, et l'Ocyroé Persée de Forskal, qui est une *Orythia* de Lamarck. F. D.

* *Rhizostoma theophila.* Esch. Acal. p. 53. n° 7.
* *Cassiopea dieuphila.* Blainv. Man. d'actin. p. 292.
Habite près des îles de l'Institut, à la terre de Witt.—Quatre bouches.

3. Cassiopée Forskal. *Cassiopea forskalea.*

C. orbicularis, depressa, pallidè maculosa, margine crenata; brachiis octo corymbiferis, albidis; cotylis subfoliaceis.

* Gmelin. Syst. nat. VI. p. 3157. 30.
* Bruguière. Encycl. méth. pl. 91.
* Modeer. Nouv. Mém. Acad. Stock. 1790.
* *Medusa andromeda.* Forskal. p. 107. tab. 31.
Cassiopea forskalea. Péron. Annales. p. 356.
* *Cassiopea andromeda.* Esch. Acal. p. 43.
* *Cassiopea andromeda.* Tilesius. Nov. act. Acad. nat. curios. vol. XV. part. II. p. 266. tab. LXIX–LXX.
* *Cassiopea forskalea.* Blainv. Man. d'actin. p. 292.
Habite la mer Rouge, les côtes de l'île de France. — Huit bouches.

4. Cassiopée Borlase. *Cassiopea borlasea.*

C. orbicularis, planulata, margine dentata; brachiis octo elongatis perfoliato-lamellosis; oribus octonis semi-lunatis.

Cassiopea borlasea. Péron. Annales. p. 357.
Urtica marina octo-pedalis. Borl. Corn. p. 258. tab. 25. f. 16-17.
* *Medusa octopus.* Var. ζ. Gmelin. Syst. nat. 3157.
* *Medusa lunulata.* Pennant. British. Zool. IV. 58.
* *Cassiopea lunulata.* Fleming. Brit. Anim. p. 502. n° 64.
* Modeer. Nouv. Mém. Acad. Stockh. 1790.
* *Cassiopea lunulata.* Esch. Acal. 44. n° 3.
* *Cassiopea borlasea.* Blainv. Man. act. p. 292.
* *Cassiopea rhizostomoidea.* Tilesius. Nov. act. nat. cur. t. XV. p. 274. tab. LXXI.
Habite les côtes de Cornouailles.

5. Cassiopée frondescente. *Cassiopea frondosa.*

C. orbicularis planulata, margine decem-lobata; brachiis decem ramoso-frondosis cotyliferis; cotylis pedicellatis.

Medusa frondosa. Pallas. Spicil. Zool. 10. p. 30. tab. 2. f. 1-3.
* Pallas. Naturgeschichte merkw. Thiere 10. p. 40. tab. 11. f. 1-3.
Encycl. pl. 92. f. 1.
Cassiopea Pallas. Péron. Annales. p. 357.
* *Cassiopea frondosa.* Esch. Acal. p. 43. n° 1.
* *Cassiopea Pallas.* Blainv. Man. d'act. p. 292.
* De Chamisso. Nov. act. nat. cur. t. X. p. II. p. 358.

* Tilesius. Nov. act. nat. cur. t. xv. p. II. p. 278.
Habite l'Océan des Antilles. — Dix bouches.
Nota. Ici probablement, l'on devra rapporter la *Medusa andromeda*. Forsk. p. 107. n° 19 et ic. t. 31. Encycl. pl. 91, comme étant une espèce de Cassiopée. Voyez Shaw. Miscel. vol. 8. tab. 259. (M. Eschscholtz a réuni la *Medusa andromeda* à la *Cassiopea forskalea*, comme on l'a vu plus haut).

† 6. Cassiopée de Bourbon. *Cassiopea borbonica.*

C. margine disci integro, tenui, maculis albis subtriangularibus in orbem positis exornato; brachiis octo dichotomis, fimbriatis; capitulis pedunculatis, minoribus albis, majoribus violaceis zona alba prœditis.
Cassiopea borbonica. Delle Chiaje. Mem. sulla storia e notomia degli an. s. vert. 1. tab. 3-4.
Rhizostoma borbonica. Esch. Acal. p. 54. n° 12.
Cassiopea borbonica. Blainv. Man. d'actin. p. 292.
Habite la Méditerranée.

† 7. Cassiopée des Canaries. *Cassiopea canariensis.* Tiles.

C. umbella plano-convexa, radiata, margine crenato cœruleo cincta, subtùs concava, pedunculo centrali brevissimo discoideo octo-brachiato, ovariis 8 circumdato, brachiis 8 majoribus ramosissimis cotyliferis subclavatis, totidemque minoribus, stellæ instar è centro prodeuntibus æque cotyliferis pedunculata.
Tilesius. Nov. act. nat. curios. t. xv. p. 285. tab. LXXIII.
Habite l'Océan atlantique, près des îles Canaries. — Son diamètre varie de 3 à 6 pouces.

AURÉLIE. (Aurelia.)

Corps orbiculaire, transparent, muni de bras sous l'ombrelle, et de tentacules à son bord. Point de pédoncule.

4 bouches au disque inférieur.

Corpus orbiculare, hyalinum, sub umbrellâ brachiatum, ad periphæriam tentaculatum; pedunculo nullo.

Ora quatuor in disco inferiore.

OBSERVATIONS. — Les *Aurélies* manquent de pédoncule sous leur ombrelle, ainsi que les Cassiopées; mais elles s'en distinguent par le pourtour de leur ombrelle, qui est constamment garni de tentacules. Elles en diffèrent en outre, en ce qu'elles n'ont pas plus de quatre bras, ni plus de quatre bouches.

Comme leur genre est le même que celui de Péron, je ne cite point les particularités de détail qui les concernent, parce qu'on les trouvera dans son mémoire imprimé au quatorzième volume des Annales du Museum. Leurs espèces sont nombreuses.

ESPÈCES.

1. Aurélie Suriray. *Aurelia surirea.*

A. hemisphærica, cærulescens, margine denticulata: auriculis octo ad periphæriam, tentaculisque numerosissimis, brevissimis; brachiis quaternis.

Aurelia Suriray. Péron. Annales. p. 357.

* Blainv. Man. d'actin. p. 293.

* *Medusa surirea.* Esch. Acal. p. 65.

Habite les côtes du Havre. — Quatre bouches.

2. Aurélie campanule. *Aurelia campanula.*

A. cærulescens, campanulæformis apice depressa; margine ampliato, denticulato tentaculifero; tentaculis numerosissimis brevissimis; brachiis quaternis.

Aurelia campanula. Péron. Annales. p. 358.

* Blainv. Man. d'actin. p. 293.

* *Medusa campanula.* Esch. Acal. p. 65.

Habite le Havre. — Quatre bouches.

3. Aurélie rose. *Aurelia aurita.*

A. hemisphærico-depressa, margine tentaculis numerosissimis brevissimisque ciliata; brachiis quatuor prælongis, membranis undato-crispis hinc alatis.

* Linn. Fauna suecica. éd. I. n° 1287. éd. II. n° 2109.

Medusa aurita. Mull. Zool. Dan. tab. 76. f. 1-3 et tab. 77. f. 1-5. Prodr. 2820.

Gmel. p. 3153. Encycl. pl. 94. f. 1-3.

Aurelia rosea. Péron. Annales. p. 358.

* *Urtica sexta.* Aldrovand. Zooph. l. IV. 574.

* Modeer. Nouv. Mém. Acad. Stockh. 1790.
* *Medusa cruciata*. Baster. Opusc. sub. 1. 123. tab. 14.
* Gaede. Médus. p. 12. tab. 1.
* De Baer. Archiv. de Meckel. VIII. vol. p. 369. pl. IV.
* *Cyanea aurita*. Cuv. Règ. an. 2ᵉ éd. t. III. p. 277.
* *Medusa aurita*. Esch. Acal. p. 62.
* *Aurelia aurita*. Blainv. Man. d'actin. p. 293.
* Ehrenberg. Mém. de l'Acad. de Berlin. 1836.
* Siebold. Froriep. Notiz. 50. 3.
* Sars. Archiv. de Muller. 1837. p. 192 (*Strobila*).
Habite la mer Baltique. — Quatre bouches.

4. Aurélie granuleuse. *Aurelia granulata*.

A. orbicularis, granulosa, margine tentaculis numerosissimis brevissimisque ciliata; brachiis oribusque quaternis.
Medusa aurita. Bast. Opusc. subs. 3. p. 123. t. 14. f. 3-4.
Aurelia melanopsila. Péron. Annales. p. 358.
* *Aurelia melanopsila*, Blainv. Man. d'act. p. 293.
* *Medusa granulata*. Esch. Acal. p. 65. n° 6.
Habite la mer du nord.— Péron la dit très aplatie.

5. Aurélie phosphorique. *Aurelia phosphorea*.

A. convexiuscula, lævis, ad periphæriam fimbriato; tentaculis octo.
Aurelia phosphorea. Péron. Annales. p. 358.
Medusa phosphorea. Spallanzani. Voyage en Sicile. t. 4. p. 192.
* *Pelagia phosphorea*. Esch. Acal. p. 78. n° 7.
* *Aurelia phosphorea*. Blainv. Man. d'actin. p. 293.
Habite le détroit de Messine.

6. Aurélie tyrrhénienne. *Aurelia tyrrhena*.

A. orbicularis convexa, lævigata, rubro maculata; tentaculis longissimis; brachiis oribusque quaternis.
Medusa tyrrhena. Gmel. p. 3155.
Medusa amaranthea. Macri. del Polm. Mar. p. 19.
Aurelia amaranthea. Péron. Annales. p. 359.
* Blainv. Man. d'actin. p. 203.
* *Medusa tyrrhena*. Esch. Acal. p. 65. n° 7.
Habite la mer de Naples.

7. Aurélie crucigère. *Aurelia crucigera*.

A. hemisphærica, subcampanulata; centro cruce rufescente; tentaculis brevibus numerosissimis; brachiis 4 rufescentibus.

Medusa cruciata. Forsk. Ægypt. p. 110. et ic. t. 33. f. A.
Encycl. pl. 93. f. 5-7.
Medusa crucigera. Gmel. p. 3158.
Aurelia rufescens. Péron. Annales. p. 359.
* *Medusa cacuminata.* Modeer. Nouv. Mém. Acad. Stockh. 1790.
* *Medusa crucigera.* Esch. Acal. p. 66. n° 8.
* *Aurelia rufescens.* Blainv. Man. d'actin. p. 294.
Habite la Méditerranée.

8. Aurélie radiolée. *Aurelia radiolata.*

A. convexa, purpurascens, lineolis tenuissimis radiata; brachiis quaternis.

Medusæ var. Borl. Corn. p. 257. tab. 25. f. 9-10.
Aurelia lineolata. Péron. Annales. p. 359.
* *Medusa purpurata.* Modeer. Nouv. Mém. Acad. Stockh. 1790.
* *Medusa purpurea.* Pennant. Brit. Zool. 4. p. 57.
* *Medusa radiolata.* Esch. Acal. p. 66. n° 9.
* *Aurelia purpurea.* Blainv. Man. d'act. p. 294.
Habite les côtes de Cornouailles.

† 9. Aurélie flavidule. *Aurelia flavidula.*

A. umbella depressa, subtùs crux centralis eminens lævis (nec falciformis nec ciliata); crucem circumdatis quatuor cavitates orbiculares, marginibus ciliatis flavis (non punctatis), versus angulum crucis patentes : cilia marginalia etiam flava.

Medusa aurita. O. Fabricius. *Fauna Groenl.* p. 369. n° 356.
Aurelia flavidula. Péron et Lesueur. Hist. des Méd. n° 92.
Esch. Acal. p. 66.
Habite la mer Glaciale.

[En caractérisant son genre Méduse (qui répond au genre Aurélie) par « les prolongemens de l'estomac en forme de vaisseaux ; et « par des tentacules nombreux au bord ne l'ombrelle » ; Eschscholtz n'y rapporte avec certitude que la *Medusa aurita* (*Aurelia.* Lamck) et les deux espèces suivantes.]

† 10. Aurélie (Méduse) labiée. *Medusa labiata.* Eschs. Acal. p. 64.

M. hemisphærica, brachiis trigonis, appendice basali trigono cuneatim pyramidem quadrilateram protensam formantibus.

Aurelia labiata. Chamisso. N. act. nat. cur. t. x. p. 358. pl. 28. f. 1.

Hab. l'Oc. pacifique septentrional, sur les côtes de Californie.—Larg. 1 pied. Les ovaires et les organes digestifs sont teints de violet.

† 11. Aurélie (Méduse) globulaire. *Medusa globularis.* Eschs. Acal. p. 64. tab. 6. f. 4.

M. globosa, brachiis trigonis basi utrinque processu laterali uncinato.
Aurelia globularis. Chamisso. N. act. nat. cur. t. x. 358. pl. 28. f. 2.

Habite l'Océan atlantique septentrional, au nord-est des Açores. — Larg. 3 pouces. Ombrelle finement pointillée de jaune brunâtre. Organes digestifs et tentacules marginaux courts, de cette même couleur.

Ce n'est qu'avec doute que ce même auteur rapporte au genre *Medusa* les *Aurelia Surirea*, *A. campanula*, *A. granulata*, *A. tyrrhena*, *A. crucigera*, et *A. radiolata* de Lamarck, dont plusieurs cependant pourraient bien n'être que de simples variétés des précédentes. Les trois espèces suivantes décrites par M. Brandt d'après les observations de Mertens, paraissent bien au contraire réunir les caractères assignés par Eschscholtz, d'autant plus que les deux premières au moins sont très voisines de l'*Aurelia aurita*. M. Brandt d'ailleurs ajoute à la caractéristique de ce genre la présence de « quatre appendices sacciformes à l'esto-« mac et de 16 canaux allant de cette cavité à un canal ou « vaisseau marginal duquel partent des tentacules nom-« breux ». Puis il divise ce genre en deux sous-genres le premier *Monocraspedon* comprenant les espèces « à bord « simple du côté ventral et à tentacules sur un seul rang, « sans tentacules rudimentaires », le deuxième *Diplocraspedon* « à bord double du côté ventral; avec une seule « rangée de tentacules parfaits et une autre rangée de « tentacules rudimentaires allongés vésiculeux. »

† 12? Aurélie colpote. *Aurelia colpota* (*Monocraspedon*). Brandt. Ueber. Schirmq. p. 370. tab. 9.

A. rubescens, brachiis ovato-lanceolatis, versus basin magis sinuatis et indè lobatis.

Hab. la mer du Sud au 35° lat. S. — Elle n'est peut-être qu'une variété de l'*Aurelia aurita*.

† 13. Aurélie hyaline. *Aurelia hyalina* (*Monocraspedon*). Brandt. l. c. p. 372. tab. 11.

A. hyalina; brachia lanceolata appendicibus tentaculiformibus, versus marginem intructa; ventriculi appendices vasculares ramosissimi.

Hab. près des îles Norfolk et Aleutiennes.

† 14. Aurélie bordée. *Aurelia limbata* (*Diplocraspedon*). Brandt. l. c. p. 372. tab. 10.

A. vix cærulescens margine brunneo ornata; brachia ovato-lanceolata, appendicibus tentaculiformibus, versus marginem instructa; ventriculi appendices vasculares ramosissimi.

Hab. les côtes du Kamtschatka. — Larg. 3 à 12 pouces.

[M. Ehrenberg (Mém. acad. Berlin. 1835) a décrit sous le nom de *Medusa* (*aurelia*) *stelligera* une nouvelle espèce de la Méditerranée.]

[Eschscholtz en restituant au genre *Aurélie* de Péron le nom de *Méduse*, donné d'abord par Linné, en a fait le type de sa famille des Médusides caractérisée par une grande ouverture buccale qui peut admettre une proie volumineuse et entière, et qui est entourée de bras plus simples que ceux des Rhizostomides, et au nombre de quatre excepté chez les Ephyres qui sont probablement des Méduses dans les premières périodes de leur développement. La plupart des Médusides ont aussi des tentacules au bord de l'ombrelle ou à sa face inférieure. L'estomac occupe le centre de la face inférieure et est entouré de prolongemens qui se rendent au bord de l'ombrelle, et qui sont ou sacciformes ou en forme de vaisseaux ramifiés et anastomosés. Cette famille pour Eschscholtz comprend les genres *Sthénonie*, *Méduse* (*Aurélie*), *Cyanée*, *Pélagie*, *Chrysaore* et *Ephyre*; M. Brandt y ajoute le genre *Phacellophora*.

Le genre Sthénonie *Sthenonia*, établi par Eschscholtz, fait partie de la famille des Médusides; il a comme le genre Méduse des prolongemens en forme de vaisseaux ramifiés autour de l'estomac; mais il en diffère parce que en outre des tentacules marginaux qui sont au nombre de 32, il a huit faisceaux d'autres tentacules très fins à la face inférieure de l'ombrelle, lesquels sont pourvus d'une double rangée de suçoirs. La seule espèce connue, *Sthenonia albida* Eschs. Acal. p. 59 tab. 4, est large d'un pied, mince et presque plate, blanchâtre, ses quatre bras sont très petits, presque cylindriques: elle a été observée sur les côtes du Kamtschatka.] F. D.

[Le genre Phacellophore. *Phacellophora* établi par M. Brandt, est caractérisé par les « seize faisceaux de « tentacules situes entre les échancrures du bord où ils « forment une rangée simple sur un sinus en forme d'arc; « il a aussi la cavité stomacale simple entourée seule-« ment de canaux vasculaires ». Ce genre se rapproche surtout beaucoup des genres *Sthénonie* et *Cyanée* d'Eschscholtz, mais il se distingue du premier par ses bras beaucoup plus développés, par ses tentacules plus courts dépourvus de glandes ou suçoirs, et par les canaux de l'estomac autrement divisés et n'aboutissant pas à un vaisseau marginal; et enfin par le manque de tentacules marginaux. Le manque d'appendices sacciformes à l'estomac le rapproche au contraire des Cyanées.

1. Phacellophore du Kamtschatka (*Phacellophora Camtschatica*). Brandt. Prodr. p. 23. — Ueber Schirmq. p. 366. tab. 8.

Hab. près des côtes du Kamtschatka. — Larg. 2 pieds.] F. D.

CÉPHÉE. (Cephea.)

Corps orbiculaire, transparent, ayant en dessous un pédoncule et des bras. Point de tentacules au pourtour de l'ombrelle.

4 bouches ou davantage au disque inférieur.

Corpus orbiculare, hyalinum, subtùs pedunculatum et brachideum. Tentacula ad periphœriam umbrellæ nulla.

Ora quatuor vel plura in disco inferiore.

Observations. — Parmi les Médusaires à plusieurs bouches, les Céphées sont les premiers qui soient munis en dessous d'un pédoncule. Dans plusieurs, ce pédoncule est court et fort épais, et ce sont les divisions de son extrémité qui constituent les bras de ces Radiaires. Ces bras sont au nombre de huit, tantôt très composés, polychotomes et entremêlés de cirrhes, comme dans les Céphées de Péron, et tantôt simplement bilobés, comme dans ses Rhizostomes, que nous réunissons à notre genre. D'ailleurs, le nom de Rhizostome ayant été formé sur une erreur, nous ne croyons pas devoir le conserver pour désigner un genre parmi les Médusaires.

Les Céphées sont distingués des Orythies et des Dianées, parce qu'ils ont plusieurs bouches; ils n'en ont jamais moins de quatre, ni plus de huit. Enfin, on les distingue des Cyanées, parce qu'ils sont privés de tentacules au pourtour de leur ombrelle.

ESPÈCES.

* *Céphées.* Péron.

1. Céphée cyclophore. *Cephea cyclophora.*

C. hemisphærica, tuberculata, fusco-rufescens; brachiis octo divisis, cotyliferis; stylis inter brachia suboctonis, prælongis, filiformibus.

Medusa cephea. Forsk. Ægypt. p. 108. et Ic. tab. 29.
Encycl. p. 92. f. 3. Gmel. p. 3158. Shaw. Misc. 7. t. 224.
Cephea cyclophora. Péron. Ann. 14. p. 360.
* Modeer. Nouv. mém. Acad. Stock. 1790.
* Eschscholtz. Acal. p. 55. n° 1.
* Blainv. Man. d'actin. p. 296.
Habite la mer Rouge.

2. Céphée polychrome. *Cephea polychroma.*

C. orbicularis; centro supernè prominulo; margine octies diviso; brachiis octo ramosis, villosulis cotyliferis.

Medusa tuberculata. Macri del polm. mar. p. 20. Gmel. p. 3155.
Cephea polychroma. Péron. Ann. 14. p. 361.
* *Cephea tuberculata.* Esch. Acal. p. 56. n° 2.
* *Cephea polychroma.* Blainv. Man. d'actin. p. 296.
Habite les côtes de Naples. — Quatre bouches rondes.

3. Céphée ocellé. *Cephea ocellata.*

C. orbicularis, planulata, maculis ocellatis adspersa; margine ampliato pendulo; brachiis octo villosis cotyliferis; stylis octonis.

Medusa ocellata. Modeer. Act. nov. Haf. no 31.
Cephea ocellata. Péron. Annales. 14. p. 361.
* Eschs. Acal. p. 56. n° 3.
* Blainv. Man. d'actin. p. 296.
Habite...

4. Cépée brunâtre. *Cephea fusca.*

C. hemisphærica, tuberculata, fusco-nigricans, albo-lineata; margine dentato; brachiis octo arborescentibus, cirrhis longis, filiformibus, intermixtis.

Cephea fusca. Péron. Annales 14. p. 361.
* Eschs. Acal. p. 57. n° 4.
Habite les côtes de la terre de Witt.

5. Céphée rhizostomoïde. *Cephea rhizostomoidea.*

C. hemisphærica, tuberculata, octo radiata; margine pendulo, octies diviso; brachiis octo ramosis; cirrhis longissimis.

Medusa octostyla. Forsk. Ægypt. p. 106. et Ic. t. 30.
Encycl. p. 92. f. 4. Gmel. p. 3157.
Cephea rhizostomoidea. Péron. Annales. p. 361.
* Modeer. Nouv. mém. Acad. Stock. 1790.
* *Cephea octostyla.* Eschs. Acal. p. 57. n° 5.
* *Cephea rhizostomoidea.* Blainv. Man. d'actin. p. 296.
Habite la mer Rouge.

† 5. a. Céphée du Cap. *Cephea capensis.* Quoy et Gaim. Voy. de l'Uranie. Zool. p. 568. pl. 84. f. 9.

C. hemisphærica, cæruleo-rubens, margine dentato, brachiis octo divisis cotyliferis.

Eschs. Acal. p. 58.
Habite près du cap de Bonne-Espérance. — Larg. 2 pieds.

** *Rhizostomes.* Péron.

6. Céphée rhizostome. *Cephea rhizostoma.*

C. hemisphærica, margine purpurascente; brachiis octo bilobis maximis denticuliferis : dentibus uniporis.

* *Pulmo marinus.* Matthiol. Aldrov. Zooph. lib. 4. p. 575.

Gelée de mer. Réaumur. Mém. de l'acad. 1710. p. 478. pl. 11 f. 27. 28.

Rhizostoma. Cuvier. Journ. de phys. 49. p. 436.

— Bull. des sc. 2. p. 69. — Règne an. 2e éd. t. 3. p. 278.

Rhizostoma Cuvierii. Péron. Ann. p. 362.

Lesueur. Voyage. pl. 14.

* Macri. Nuove oss. int. la stor. del Polmone marino. 1778.

* Eysenhardt. N. act. nat. curios. 10. p. 377. tab. 34.

* *Medusa pulmo.* Gmel. Lin. Syst. nat. p. 3155.

* *Medusa octopus* var. β. Gmel.

* *Medusa undulata.* Pennant. Brit. zool. 4. 58.

* *Rhizostoma undulata.* Fleming. Brit. anim. p. 502. n° 68.

* *Medusa pulmo.* Borlase. Nat. hist. Corn. 257. tab. 25. f. 15.

* *Rhizostoma Cuvieri.* Eschs. Acal. p. 45. n° 1.

* Blainv. Man. d'actin. p. 297.

Habite les côtes de la Manche. — Quatre bouches dans le disque, autour du pédoncule.

7. Céphée d'Aldrovande. *Cephea Aldrovandi.*

C. hemisphærica, margine cærulescente; brachiis octo bilobis : lobis brachiorum acumine brevioribus.

Potta marina. Aldrov. Zooph. lib. 4. p. 576.

Rhizostoma Aldrovandi. Péron. Ann. p. 362.

* Blainv. Man. d'act. p. 297.

Habite les côtes de Nice.

[M. Eschscholtz réunit cette espèce à la précédente, sous le nom de *Rhizostoma Cuvieri.*]

8. Céphée couronne. *Cephea corona.*

C. hemisphærica, cruce cæruleâ notata; brachiis octo ramosis, apice bilobis, basi utrinque dentatis.

Medusa corona. Forsk. Ægypt. p. 107.

Gmelin. Syst. nat. 3158. 31.

Rhizostoma Forskalii. Péron. Annales. p. 362.

* Modeer. Nouv. Mém. Acad. Stock. 1790.

Habite la mer Rouge.

[M. Lesson a nommé *Rhizostome croisé* une nouvelle espèce des côtes du Brésil (Voy. de la Coq. Zooph. pl. 11), caractérisée par ses ovaires de couleur violette formant une ligne contournée en croix, dont les branches sont bifides à l'extrémité, et par ses bras chargés de franges bordées de jaune. Une autre espèce des côtes de Waigiou représentée dans la même planche sous le nom de *Céphée des Papous*, est remarquable par les changemens qu'elle éprouve avec l'âge; son ombrelle est teinte de bleu pâle, et ses bras, d'abord bleus et terminés par des tentacules vermiformes, deviennent roses, en massue prismatique, et couverts de tubercules.] F. D.

[La famille des Rhizostomides d'Eschscholtz qui a pour type le genre *Rhizostome* et comprend en outre les genres *Céphée* et *Cassiopée*, a pour caractère l'absence totale d'une bouche que dans les autres familles on trouve entre les bras. On n'y voit que des bras très ramifiés ou plissés pourvus de petites ouvertures nombreuses ou de suçoirs pouvant conduire à l'estomac les substances absorbées par succion. Tous les animaux de cette famille manquent de tentacules marginaux. Les *Rhizostomes* diffèrent des *Céphées*, parce qu'ils manquent des tentacules ou cirrhes qu'on trouve entre les bras de ces derniers. Les uns et les autres diffèrent des *Cassiopées*, parce qu'ils n'ont que quatre ovaires au lieu de huit; ce sont d'ailleurs les cavités contenant ces ovaires qu'on avait prises pour des bouches chez ces animaux. Eschscholtz réunit en une seule espèce les *Céphée rhizostome* et *Céphée d'Aldrovande* sous le nom le *Rhizostome de Cuvier*. Il admet aussi comme espèces du même genre le *Cephea corona*, les *Orythia tetrachira*, *O. purpurea*, *O. viridis*, et *Orythia capillata* de Lamarck ainsi que sa *Cassiopea dieuphila* et dubitativement sa *Cassiopea lineolata;* puis il y comprend l'*Orythia lutea* de Quoy et Gaimard (voyez plus haut pag. 149) et enfin les espèces suivantes.

† 1. *Rhizostoma leptopus*. Chamisso. N. act. acad. nat. cur. t. x. p. 356. tab. 27. f. 1.

R. brachiis discretis, tenuibus, antè apicem subulatum appendice filamentoso.

Eschs. Acal. p. 52.

Habite la mer du sud, au nord de l'équateur, près de l'île de Radack. —Larg. 4 pouces.

† 2. *Rhizostoma mosaica*. Eschs. Acal. p. 53.

R. hemisphærica, glauca, verrucosa, margine ciliato; brachiis conigeris punctatis.

Cephea mosaica. Quoy et Gaim. Voy. de l'Uranie. Zool. p. 569. pl. 85. f. 3.

Habite au port Jackson. — Larg. 6 pouces.

† 3. *Rhizostoma perla*. Eschs. Acal. p. 53.

R. disco campanulato, supra tuberculato; ore stylo elongato apice laciniato munito.

Medusa perla. Modeer. Nouv. Mém. Acad. Stock. 1790.

Slabber. Physik. Belustig. 58. pl. 13. f. 1.

Encycl. méth. pl. 92. f. 7-8.

Habite la mer du nord, sur les côtes de Hollande.

† 4. *Rhizostoma borbonica*. Eschs. Acal. p. 54. (voyez au genre *Cassiopée*. p. 174.)

M. Brandt avait décrit d'abord dans son Prodrome, sous le nom de *Cassiopea Mertensii*, l'espèce suivante observée par Mertens près de l'île d'Ualan, et qu'il place aujourd'hui dans le sous-genre *Polyclonia*, comprenant les Rhizostomes à bras très ramifiés.

† 5. *Rhizostoma Mertensii*. Brandt. Ueber Schirmq. p. 396. tab. 21-23.

R. umbellâ, planâ; flavo-rufescente; margine deflexo lobato; lobis spathulatis; brachiis fuscescentibus, appendicibus flavo-rufis, cum vesiculis albis elongatis interpersis.

Largeur 4 à 5 pouces.

† 6. *Rhizostoma loriferum*. Hempr. et Ehr. (Mém. acad. Berl. 1835. p. 260.)

R. amethystinum, margine albo violaceo late maculato, brachiis, discretis loriformibus, basi octaedris, apice triquetris, corpusculo cartilagineo, conico hyalino, glabro terminatis.

Habite la mer Rouge. — Larg. 6 pouces, long. des bras, 1 pied.

CYANÉE. (Cyanea.)

Corps orbiculaire, transparent, ayant en dessous un pédoncule et des bras. Des tentacules au pourtour de l'ombrelle.

4 bouches ou davantage au disque inférieur.

Corpus orbiculare, hyalinum, subtùs pedunculatum et brachideum. Tentacula ad periphæriam umbrellæ.

Ora quatuor vel plura in disco inferiore.

Observations. — Les Cyanées dont il s'agit ici, sont celles de Péron, plus ses Chrysaores, que je n'en sépare pas, supposant, d'après les divisions mêmes de l'auteur, que ces Médusaires ont réellement un pédoncule, des bras et des tentacules. Leur pédoncule est perforé à son centre. Leurs bras, peu distincts et comme chevelus dans ses Cyanées, le sont davantage et ne sont nullement chevelus dans ses Chrysaores. Dans les premières, on observe au centre de l'ombrelle un groupe de vésicules aériennes, et dans les seconds, c'est une grande cavité aérienne et centrale qui remplace ce groupe de vésicules. Les premières n'ont que quatre bouches : les seconds en ont quelquefois davantage.

Voici les espèces, assez nombreuses, qui paraissent pouvoir se rapporter à nos Cyanées.

[Eschscholtz donne pour caractères au genre Cyanée d'avoir l'estomac entouré de prolongemens sacciformes, et d'avoir, au lieu des tentacules marginaux, huit faisceaux de tentacules fins à la face inférieure de l'ombrelle. Les appendices sacciformes de l'estomac, au nombre de 32, alternativement plus larges, envoient vers le bord de l'ombrelle des prolongemens en forme de vaisseaux. Autour de la bouche prennent naissance quatre bras fortement plissés ensemble, mais non soudés en un pédoncule ; comme Lamarck l'indique pour ce genre. Des espèces de Lamarck, il n'y a que les *Cyanea Lamarckii* et *C. capillata*, en réunissant sous ce dernier nom les *C. arctica*, *baltica*, *borealis* et *britannica*, qui doivent rester dans ce genre. Eschscholtz y rapporte également avec doute la *C. lusitanica ;* mais il ajoute comme nouvelles espèces les *C. ferruginea* Esch. et *C. rosea* Quoy et Gaim.] F. D.

ESPÈCES.

* *Cyanées.* Péron.

1. Cyanée bleue. *Cyanea Lamarck.*

C. planulata, sedecimfissa; tentaculis fasciculatis cœruleis; orbiculo interno cœruleo.

Ortie de mer. Dicquemare, journal de phys. 1784. déc. p. 451. pl. 1.

Cyanea Lamarckii. Péron. Annales. p. 363.

* *Cyanea Lamarckii.* Esch. Acal. p. 71. n° 3. tab. 5. f. 2.

* Blainv. Man. d'actin. p. 300.

Habite les côtes du Havre. — Un groupe de vésicules aérifères au centre.

2. Cyanée arctique. *Cyanea arctica.*

C. convexiuscula, intùs purpurea crucigera; fissuris 32 marginalibus; brachiis quatuor flabelliformibus.

Medusa capillata. Fab. Fauna Groenland. n° 358. p. 364.

Cyanea arctica. Péron. Annales. p. 363.

* *Cyanea capillata.* Esch. Acal. p. 68.

Habite les mers du Groenland.

3. Cyanée baltique. *Cyanea baltica.*

C. convexiuscula; margine sedecies emarginato; tentaculis fasciculatis capillaceis; orbiculo interno sedecim radiato.

Medusa capillata. Lin. Reise. West-Gothl. p. 200. tab. 3. f. 3.

Fauna suecica. éd. 1. n° 1286. éd. II. 2108.

Gmelin. Lin. Syst. nat. 3154.

Cyanea baltica. Péron. Annales. p. 363.

* O. F. Muller. Prod. Zool. Dan. 2821.

* O. Fabricius. Faun. Groenl. p. 364.

* Modeer. Nouv. Mém. Acad. Stock. 1790.

* Gaede Medusen. p. 21. tab. 11.

* *Cyanea capillata.* Esch. Acal. p. 68. n° 1.

* *Cyanea baltica.* Blainv. Man. d'actin. p. 300.

Habite la mer Baltique.

4. Cyanée boréale. *Cyanea borealis.*

C. planulata, fuscescens; margine sedecies emarginato; brachiis 4 capillaceis; orbiculo interno lineolis notato.

Medusa capillata. Bast. Opusc. subs. 2. p. 60. tab. 5. f. 1.

Cyanea borealis. Péron. Annales. p. 364.

* *Cyanea capillata.* Esch. Acal. p. 68.

* Blainv. Man. d'actin. p. 301.

Habite la mer du nord.

5. Cynaée britannique. *Cynaea britannica.*

C. subhemisphærica, lineis per pares octo radiata; fissuris sedecim marginalibus; appendicibus capillaceo-crispis.

The capillated medusa. Barbut. The gen. verm. p. 79. pl. 9. f. 3.

Cyanea britannica. Péron. Annales. p. 364.

* *Cyanea capillata.* Esch. Acal. p. 68.

Habite les côtes du comté de Kent.

[M. Eschscholtz réunit en une seule espèce, sous le nom de *Cyanea capillata*, les quatre espèces précédentes.]

6. Cyanée lusitanique. *Cyanea lusitanica.*

C. orbicularis, convexa, supernè vasculis reticulata; fissuris duodecim marginalibus.

Cyanea lusitanica. Péron. Annales. p. 364.

Medusa capillata. Tilesius. Jarb. Naturg. p. 166-177.

Habite les côtes du Portugal.

[Eschscholtz (Acal. p. 72) doute de l'existence des douze échancrures du bord.]

† 6. a. Cyanée ferrugineuse. *Cyanea ferruginea.*

C. disci margine sedecies inciso : incisionibus alternis profundioribus, lobis quadrangularibus extus incisis; appendicibus plicatis ventriculi alternis dimidio latioribus, ferrugineis, vasa latissima emittentibus.

Cyanea ferruginea. Esch. Acal. p. 70. no 2. tab. 5. f. 1.

Habite l'Ocean pacifique septentrional, près du Kamtschatka.—Elle atteint un diamètre d'un pied et demi; l'ombrelle est jaunâtre en dessus.

† 6. b. Cyanée rose. *Cyanea rosea.*

C. hemisphærica, verrucosa, rosea, brachiis quatuor cotyliferis, tentaculis longissimis et numerosissimis.

Cyanea rosea. Quoy et Gaimard. Voyage de l'Uranie. Zool. p. 570. tab. 85. f. 1-2.
Esch. Acal. p. 72. no 4.
Habite près des côtes de la Nouvelle-Hollande.

† 6. c. Cyanée de Postels. *Cyanea Postelsii*. Brandt. Prodr. p. 24. Ueber. Schirmq. p. 375. tab. 12. 13 et 13. A.

Hab. près des îles Norfolk. — Cette belle espèce large de 3 à 12 pouces et plus, a l'ombrelle déprimée au centre d'une couleur jaune ferrugineuse; ainsi que les bras et les tentacules, avec un bord bleuâtre divisé en lobes arrondis inégaux séparés par 32 échancrures dont 8 sont plus profondes et les 24 autres beaucoup moindres; les bras élégamment frangés et les tentacules nombreux forment une masse dix fois plus considérable que l'ombrelle.

† 6. d. Cyanée (Cyaneopis) de Behring. *Cyanea* (*Cyaneopsis*) *Behringiana*. Brandt. Prodr. p. 24. — Ueber. Schirmq. p. 379, tab. 11. f. 1.

Hab. près des côtes du Kamtschatka. — Cette espèce à ombrelle jaunâtre large de 18 lignes environ, est remarquable par huit tentacules très gros et très longs, occupant, en dessous de l'ombrelle, le centre d'autant de houppes, formées de tentacules très petits; c'est ce caractère qui a servi à M. Brandt à l'établissement de son sous-genre *Cyaneopsis*.

[M. Brandt décrit encore une troisième espèce de Cyanée d'après les croquis de Mertens, comme pouvant appartenir à un autre sous-genre *Heccaedecomma*, qui aurait des tentacules nombreux fixés à la face inférieure de l'ombrelle, près du bord, sur un canal marginal formant un cercle interrompu par les seize organes ou corpuscules marginaux; il nomme cette espèce *Cyanea ambiguum*.]

[M. Ehrenberg, dans les Mém. acad. Berlin. 1834, a décrit sous le nom de *Cyanea helgolandica*, une nouvelle espèce de ce genre trouvée dans la mer Baltique, et remarquable par sa phosphorescence.]

** *Chrysaores*. Péron.

7. Cyanée Lesueur. *Cyanea Lesueur.*

C. rufa; annulo centrali albo, angulis sedecim albis annulum obvallantibus.
Chrysaora Lesueur. Péron. Annales. p. 365.
* *Medusa hysoscella.* Linn. Syst. nat. XII. éd. p. 1097.
* Gmelin. Syst. nat. 3153.
* Modeer. Nouv. Mém. Acad. Stockh. 1790.
* Borlase. Natur. Hist. Cornw. p. 256. tab. 25. f. 7-12.
* *Medusa fusca* et *M. tuberculata*. Pennant. Brit. Zool. IV. p. 75.
* Fleming. Brit. Anim. p. 491. n_o 59.
* *Aurelia crenata.* Chamisso. N. act. nat. curios. x. 359. tab. 29.
* *Chrysaora hysoscella.* Esch. Acal. p. 79. tab. 7. f. 2.
* *Chrysaora Lesueur* et *Chr. lutea.* Blainv. Man. d'act. p. 299.
Habite les côtes du Havre.

8. Cyanée aspilonote. *Cyanea aspilonota.*

C. alba, immaculata; lineis 32 *rufis, angulos sedecim ad periphæriam formantibus.*
Chrysaora aspilonota. Péron. Annales. p. 365.
* *Chrysaora hysoscella.* Esch. Acal. p. 79.
Habite les côtes du Havre.

9. Cyanée cyclonote. *Cyanea cyclonota.*

C. orbicularis, alba; annulo centrali fusco; lineis 32 *radiantibus, angulos sedecim inversos figurantibus.*
Chrysaora cyclonota. Péron. Annales. p. 365.
Urtica marina. Borlase. Hist. nat. of Cornw. p. 256. tab. 25. f. 7-8.
* *Chrysaora hysoscella.* Esch. Acal. p. 79.
Habite dans la Manche. Quatre bras écartés. Les dents du bord sont-elles des tentacules?

10. Cyanée pointillée. *Cyanea punctulata.*

C. grisea, rufo-punctulata; maculâ centrali fusco rufescente; angulis vel maculis triangularibus sedecim versùs periphæriam.
Chrysaora spilhelmigona. Péron. Annales. p. 365.
2. *Chrysaora spilogona.* Péron. Annales. p. 365.
* *Chrysaora hysoscella.* Esch. Acal. p. 79.
Habite les côtes du Havre.

11. Cyanée pleurophore. *Cyanea pleurophora.*

C. alba; vasculis 32 internis, costas arcuatas periodicè simulantibus.
Chrysaora pleurophora. Péron. Annales. p. 365.
* *Chrysaora hysoscella.* Esch. Acal. p. 79. n° 1.
Habite les côtes du Havre.

12. Cyanée méditerranéenne. *Cyanea mediterranea.*

C. hemisphærica, alba, glabra, striis fulvis radiata; brachiis quatuor rubris cruciatim patentibus.
Pulmo marinus. Belon. Aquat. lib. 2. p. 438.
Chrysaora mediterranea. Péron. Annales. p. 366.
* *Chrysaora mediterranea.* Esch. Acal. p. 82. n° 3.
* Blainv. Man. d'act. p. 299.
Habite la Méditerranée.
[M. Eschscholtz (Acal. p. 82) pense que cette espèce est peut-être une variété de la *Chrysaora hysoscella.*]

13. Cyanée pentastome. *Cyanea pentastoma.*

C. hemisphærica, rufa; margine fissuris tentaculisque longissimis instructo; brachiis oribusque quinis.
Chrysaora pentastoma. Péron. Annales. p. 366.
* *Chrysaora pentastoma.* Esch. Acal. p. 82. n° 4.
* Blainv. Man. d'actin. p. 299.
Habite les côtes de la terre Napoléon.

14. Cyanée hexastome. *Cyanea hexastoma.*

C. rosea; margine albo, dentato; brachiis sex prælongis fimbriatis albis.
Chrysaora hexastoma. Péron. Annales. p. 366.
* *Chrysaora hexastoma.* Esch. Acal. p. 82.
* Blainv. Man. d'act. p. 299.
Habite près de la terre de Diémen.

15. Cyanée heptanème. *Cyanea heptanema.*

C. orbicularis, hyalino-albida; centro circulifero, extùs lineis, fusco-rufis radiato; tentaculis septem tenuissimis.
Chrysaora heptanema. Péron. Annales. p. 366.
* Martens. Voy. au Spitz. 1675. p. 261.
* *Chrysaora heptanema.* Esch. Acal. p. 83. n° 6.
* Blainv. Man. d'act. p. 299.
Habite les mers du nord.

16. Cyanée rayonnée. *Cyanea macrogona.*

C. orbicularis, centro granulosa, maculis fuscis radiata; brachiis 4 simplicissimis patentibus.

Chrysaora macrogona. Péron. Annales. p. 366.

Medusa var. Borlase. Cornw. p. 257. tab. 25. f. XI–XII.

* *Medusa tuberculata.* Pennant. Brit. Zool. IV. p. 58.

* *Cyanea tuberculata.* Fleming. Brit. Anim. n° 61.

* Esch. Acal. p. 79 (réunie à la *Chr. hysoscella.*)

* Blainv. Man. d'act. p. 299.

Habite les côtes de Cornouailles.

† 17. Cyanée aux beaux cheveux. *Cyanea plocamia.* Less. Voy. de la Coquille. Zooph. pl. n° 12.

[M. Lesson a fait connaître sous ce nom une belle espèce des côtes du Pérou, caractérisée par ses 32 tentacules marginaux, jaunes à la base, et d'un rouge vif dans le reste de leur longueur.

La *Cyanea Bugainvillii* (Voy. Coq. Zool. pl. n° 14. f. 3) du même auteur, a été depuis nommée par lui-même *Bugainvillea*, et par Mertens, puis par M. Brandt, *Hippocrene*, et placée dans la famille des Geryonides.]

[Eschscholtz qui conserve le genre *Chrysaore* tout en avouant qu'il ne devrait former tout au plus qu'un sous-genre des Pelagies, y rapporte six espèces dont plusieurs douteuses, savoir :

1° *Chrysaora hysoscella*, comprenant comme synonymes ou doubles emplois les *Chr. Lesueur*, *C. aspilonota*, *C. cyclonota*, *C. spilhelmigona*, *C. spilogona*, *C. pleurophora* et *C. macrogona* de Péron, qui sont les *Cyanea Lesueur*, *C. aspilonota*, *C. cyclonota*, *C. punctulata*, *C. pleurophora*, et *C. macrogona* de Lamarck.

2° Chrysaore lactée. *Chrysaora lactea.* Esch. Acal. p. 81. tab. 7. f. 3.

C. umbella valdè convexa; disci margine lobis viginti quatuor profundè emarginatis; cirrhis, viginti quatuor longis, sedecimque brevissimis.

Elle habite près des côtes du Brésil.— Son diamètre est de 2 à 3 pouces. Elle est d'un blanc laiteux avec une légère teinte purpurine,

3o *Chrysaora mediterranea* Péron, qu'il soupçonne n'être encore qu'une variété de la première.

4°, 5° et 6°. Les *Ch. pentastoma*, *Ch. hexastoma* et *Ch. heptanema*, indiquées seulement, d'après Péron.

[M. Brandt en admettant le genre *Chrysaore* comme distingué du genre *Pelagie* par le nombre de ses tentacules seulement, le divise lui-même en trois sous-genres, savoir : les *Dodecabostrycha*, qui ont 12 tentacules, les *Heccaedecabostrycha*, qui en ont 16, et les *Polybostricha*, qui en ont 24 ou davantage. Il décrit les trois espèces suivantes d'après Mertens.

7. Chrysaore (Polybostryche) roussâtre. *Chrysaora* (*Polybostrycha*) *helvola*. Brandt. Prodr. p. 27. Ueber. Schirmq. p. 384. tab. 15.

Habite près des îles Aleutiennes. — Ombrelle large de 3 pouces avec 32 échancrures dont 8 plus profondes sont occupées par les organes ou corpuscules marginaux et les 24 autres donnent naissance à autant de tentacules fauves, plus foncés, très longs.

8. Chrysaore (Polybostryche) melanastre. *Chrysaora* (*Polybostrycha*) *melanaster*. Brandt.

Des mêmes lieux.—Cette espèce large de 5 pouces, d'une couleur légèrement bleuâtre, a son ombrelle assez convexe, ornée en dessus de 16 rayons bruns, partant d'un cercle de cette même couleur et correspondant à un égal nombre de lignes plus minces et plus foncés à la face concave : le bord de l'ombrelle est découpée en 32 lobes spatulés, et porte dans les échancrures 8 corpuscules marginaux et 24 tentacules bleus.

9. D'après de simples croquis de Mertens, M. Brandt (Ueber Schirmq. p. 387. tab. 29 et 30) propose de former encore une autre espèce de Chrysaore qu'il nomme lui-même douteuse, *Chrysaora dubia*, et rapporte, aussi avec doute, au sous-genre *Dodecabostrycha*.

M. Lesson a publié dans le Voyage de la Coquille (Zooph. pl. 31) deux nouvelles espèces de Chrysaore, l'une *Chrysaora Gaudichaudii*. Less. des îles Malouines, a 12 tentacules rougeâtres, granuleux, partant de dessous chaque grand lobe du bord de l'ombrelle, et quatre bras en forme de feuille; la couleur de l'ombrelle est gris rougeâtre; l'autre, *Chrysaora Blossevillii* des côtes du Brésil, est jaunâtre, tachetée régulièrement de fauve sur l'ombrelle, avec quatre bras frangés et 18 (probablement 16) tentacules filiformes simples.

ORDRE SECOND.

RADIAIRES ÉCHINODERMES.

Peau opaque, coriace ou crustacée, le plus souvent tuberculeuse, épineuse même, et en général percée de trous disposés par séries.

Des tubes rétractiles aspirant l'eau, et sortant par les trous dont la peau est percée.

Une bouche simple, presque toujours située inférieurement, et en général armée de parties dures à son orifice.

Des vaisseaux pour le transport des fluides propres; une cavité simple ou divisée, particulière au corps dans la plupart.

Observations. — Ici, comme dans les Radiaires mollasses, toutes les parties du corps de l'animal, tant intérieures qu'extérieures, ont en général une disposition rayonnante, et y montrent mieux encore le caractère particulier de l'organisation des Radiaires, ainsi que la nécessité de les distinguer comme formant une classe d'animaux qu'on ne saurait confondre avec les Polypes.

Les Radiaires échinodermes ont, par leur organisation et leur forme, les rapports les plus évidens avec les Radiaires mollasses, et néanmoins elles en sont très distinguées par les caractères de leur ordre, et par des progrès remarquables dans le perfectionnement de leur organisation.

Dans les Radiaires mollasses, les organes intérieurs, tels que le sac alimentaire, ses appendices, et le réseau vasculaire, qui paraît en dépendre et communiquer avec les trachées aquifères, sont comme immergés ou enfoncés dans la chair gélatineuse de ces animaux; et l'on n'aperçoit ni cavité particulière du corps, ni membrane quelconque.

Rien de semblable ne s'offre plus dans l'intérieur des Radiaires échinodermes. On y distingue nettement différens organes particuliers qui ont des membranes propres, et qui flottent dans la cavité du corps. L'on voit même des fibres que l'on peut regarder comme musculaires, depuis que des nerfs, observés dans quelques-uns de ces animaux, autorisent à leur attribuer une pareille nature. Enfin, on leur a trouvé des vaisseaux particuliers pour le transport de leurs fluides propres, quoique l'on n'ait pu montrer que ces fluides jouissaient d'une véritable circulation.

Outre l'organe alimentaire, l'intérieur de ces animaux nous présente un organe respiratoire circonscrit, constitué par des vaisseaux aquifères qui s'abouchent avec les tubes absorbans supérieurs de la peau, et qui, peut-être, communiquent avec l'organe digestif; des grappes de corps reproductifs et graniformes, imitant des ovaires; et dans ceux où le système nerveux a été observé, ce système est sans cerveau et sans masse médullaire allongée, ce qui indique qu'il n'est propre qu'à l'excitation musculaire. Tous ces organes ont une disposition rayonnante, et sont séparés et bien distincts dans la cavité du corps.

A ces caractères qui distinguent éminemment les Radiaires échinodermes de celles du premier ordre, il faut joindre ceux de leur peau, qui est opaque, coriace ou crustacée, souvent chargée de tubercules spinifères, et, en général percée de trous pour le passage des tubes rétractiles qui absorbent l'eau que ces animaux respirent ou qui servent de ventouses lorsque l'animal a besoin de se fixer.

Aucun animal de cet ordre n'est phosphorescent ou lumineux dans l'obscurité comme le sont éminemment ceux de l'ordre qui précède; l'opacité de la peau ne le permet pas. (1)

Aucun de même n'offre, dans la masse de son corps, ces mouvemens *isochrones* ou mesurés, constans pendant la vie, et qui sont si remarquables dans les Radiaires de la famille des Méduses, parce que la consistance et l'état des tégumens de ces animaux s'y opposent entièrement.

On peut remarquer que, des Radiaires mollasses et surtout de celles qui composent la famille des Méduses, la nature n'a eu qu'un pas à franchir pour parvenir à la production des Radiaires échinodermes, et pour passer du *Medusa andromeda* et du *Medusa frondosa* à la production des Ophiures, et ensuite à celle des Astéries ou étoiles de mer.

Ainsi les races d'animaux qui appartiennent à cet ordre nous offrent encore presque toutes un corps court, orbiculaire, rayonnant par la disposition de ses parties, tant intérieures qu'extérieures. Mais ici, le corps de l'animal est couvert d'une peau opaque, ferme, coriace ou crustacée, percée de trous disposés par séries, et parsemée d'épines articulées; enfin, par les trous de la peau sortent des tubes absorbans et rétractiles, qui aspirent l'eau comme des suçoirs.

Que l'on joigne à ces considérations celle qui nous montre que ces animaux ont presque tous des parties dures à la bouche, qui pressent circulairement les corps alimentaires qu'il s'agit d'écraser, et l'on sera convaincu qu'à mesure que la nature diversifie les races d'animaux, elle complique et perfectionne peu-à-peu leur organisation.

Les Radiaires échinodermes ont été confondues par Linné parmi les Mollusques; on sait assez maintenant combien elles en diffèrent par leur organisation intérieure, qui est bien moins composée, moins avancée vers son perfectionnement.

Bruguière en a fait un ordre particulier, qu'il a placé entre les Mollusques nus et les Mollusques testacés, laissant les Radiaires mollasses parmi les Mollusques nus ou sans coquille.

D'autres naturalistes, tels que Klein, Muller, etc., ont rangé

---

(1) On connaît maintenant des Ophiures phosphoriques.

certaines Radiaires échinodermes, comme les Échinides ou la famille des Oursins, parmi les Mollusques testacés, et ont suivi Linné, en laissant les Astéries parmi les Mollusques sans coquille. On sent assez maintenant combien est grande l'inconvenance de ces prétendus rapports, parce qu'ils ne sont nullement fondés sur les caractères de l'organisation.

A la vérité, la peau des Radiaires échinodermes a une consistance plus ou moins ferme, coriace, crustacée, et même presque testacée, comme dans les Echinides; mais c'est toujours une peau ou l'une de ses parties, et certes, on ne peut comparer cette partie de la peau avec une coquille, celle-ci étant toujours distincte de la peau de l'animal.

D'après tant de motifs, et trouvant dans les distributions reçues tant d'inconvenances et d'irrégularités, j'ai donc été autorisé à établir la classe intéressante et distincte des Radiaires; à y comprendre les Mollasses et les Echinodermes, et à éloigner considérablement cette classe des Mollusques, sans la confondre avec les Polypes; ce que j'ai exécuté dans mes leçons publiques long-temps avant la publication de mon *Système des animaux sans vertèbres*.

Les Radiaires échinodermes sont toutes marines, gemmipares internes, et ont la faculté de régénérer les parties de leur corps qui ont été rompues ou séparées (1). Ces parties séparées ont même, sous une condition, la faculté de continuer de vivre isolément, et de repousser tout ce qui leur manque pour former un corps semblable à celui dont elles proviennent. Un rayon d'Astérie, emporté avec une partie de la bouche, remplit la condition, vit, et reforme une Astérie complète.

Je partage les Radiaires échinodermes en trois familles, savoir :

---

(1) Cette régénération des parties rompues ou séparées n'a été observée jusqu'à présent que chez les Astéries et les Ophiures parmi les vrais Echinodermes, puisque nous ne pouvons rapporter à la même classe les Actinies. Il nous paraît bien positif qu'un Oursin blessé par la rupture de son test ne peut continuer à vivre, et qu'une Holothurie qui a rejeté ses intestins en se contractant, vient mourir sur le rivage. F. D.

1. Les Stellérides;
2. Les Echinides;
3. Les Fistulides.

DIVISION DES RADIAIRES ECHINODERMES.

Ire SECTION. — LES STELLÉRIDES.

Peau non irritable, mais mobiles. Corps déprimé, à angles ou lobes rayonnans et mobiles. Point d'anus. (1)

Comatule.
Euryale.
Ophiure.
Astérie.

IIe SECTION. — LES ECHINIDES.

Peau intérieure, immobile et solide. Corps non contractile, subglobuleux ou déprimé, sans lobes rayonnans. Un anus distinct de la bouche.

Scutelle.
Clypéastre.
Fibulaire.
Echinonée.
Galérite.
Ananchite.
Spatangue.
Cassidule.
Nucléolite.
Oursin.

IIIe SECTION. — LES FISTULIDES.

(1) La Comatule seule a un anus tubuleux saillant.

Peau molle, mobile et irritable. Corps contractile, allongé, cylindracé. Le plus souvent un anus.

Actinie.
Holothurie.
Fistulaire.
Priapule.
Siponcle.

[L'ordre des Radiaires échinodermes a été adopté comme ordre ou comme classe par tous les naturalistes, mais avec certaines modifications; ainsi Cuvier en fait la première classe (les Echinodermes) de ses Zoophytes, en y ajoutant les Encrines, qui sont des Comatules portées sur une tige, et quelques vers, voisins des Siponcles, qu'il nomme des Echinodermes sans pieds, et en séparant avec raison les Actinies qui sont des Polypes. M. de Blainville en lui donnant le nom d'Echinodermaires, en a fait la première classe de ses Actinozoaires, qui répond à celle de Cuvier, sauf les Siponcles et les autres Echinodermes sans pieds qu'il reporte dans la classe des vers. M. Agassiz a limité tout-à-fait de même la classe des Echinodermes en n'y admettant que les trois grandes divisions correspondantes aux genres *Holothuria*, *Echinus* et *Asterias* de Linné, dont il fait des ordres subdivisés eux-mêmes en familles et en genres.

Quoique plusieurs types de cette classe présentent dans leurs parties une disposition rayonnée bien remarquable, cette disposition cependant n'est point générale et ne peut fournir un caractère commun; elle fait place à une disposition simplement symétrique que M. Agassiz s'est efforcé de démontrer dans toute la classe. Le même auteur veut assigner pour caractère général aux Radiaires échinodermes, d'avoir des pédicules rétractiles disposés en séries entre les segmens verticaux de l'enveloppe du corps; mais, d'une part, chez certaines Holothuries les pédicules rétractiles sont disposés sans ordre, et d'autre part les Comatules qui forment le type de la famille (ordre?) des Crinoïdes ont, au lieu de ces pédicules contractiles, et le long des bras seulement, des tentacules charnues non susceptibles de rentrer à l'intérieur. Peut-être trouverait-on un caractère plus général dans la structure des pièces osseuses qui, plus ou moins développées dans les différens types, sont toujours lacuneuses et non compactes, ni formées de couches superposées.

D'ailleurs, on ne voit rien d'absolument analogue quant à l'organisation, entre les animaux des trois ordres limités comme on le fait aujourd'hui, si ce n'est l'hermaphrodisme et la reproduction au moyen d'œufs. Pour y admettre généralement le système aquifère il faut en séparer au moins les Comatules; quant a l'appareil digestif il est essentiellement différent chez les Astéries, où il ne présente qu'une seule ouverture donnant immédiatement dans un grand sac stomacal très extensible et prolongé en cœcum dans les bras, chez les Echinides et les Holothuries, qui montrent un intestin complet et une bouche garnie d'un appareil mandibulaire, chez les Comatules, où un estomac formant avec le foie une masse lacuneuse, s'ouvre au dehors par deux ouvertures distinctes, sans aucune armure dentaire. L'appareil respiratoire qui se confond avec l'appa eil aquifère chez plusieurs, paraît chez d'autres entièrement remplacé par des tentacules ou des papilles garnis de cils vibratiles.

On a prétendu reconnaître dans les Astéries d'abord, et dans les Oursins ensuite, l'existence d'un système nerveux, mais véritablement nous n'avons pas plus de certitude sur cette question qu'à l'époque où Cuvier lui-même convenait que ces prétendus nerfs ressemblent tout-à-fait à du tissu fibreux. L'existence des yeux, annoncée par

M. Ehrenberg chez les Astéries, ne repose que sur une circonstance de coloration et sur l'interprétation hasardée des filets blancs pris pour des nerfs.]

F. D.

Première section.

LES STELLÉRIDES.

Peau coriacée, non irritable, mais mobile en divers points.

Le corps court, déprimé, plus large que long, à angles ou lobes marginaux, rayonnans, plus ou moins nombreux et mobiles.

Point d'anus.

Les *Stellérides* composent la première section ou famille des Radiaires échinodermes; et par leur forme, la mobilité des parties de leur peau, et leur défaut d'anus elles forment une transition des Radiaires mollasses aux Échinides.

Elles n'ont pas la peau solide comme les Radiaires échinides, mais simplement coriacée, plus épaisse et un peu crustacée en dessus, quelquefois écailleuse, et toujours mobile en différens points. Elles n'ont pas non plus d'épines articulées sur des tubercules solides et immobiles, comme les Échinides; mais parmi les Stellérides, celles qui ont des épines les portent sur des mamelons mobiles.

Linné rapporta toutes les Stellérides qu'il connut à un seul genre qu'il nomma *Asterias;* l'étude de ces Radiaires a montré depuis, qu'il était nécessaire de les distinguer en plusieurs genres particuliers, et qu'elles formaient une famille éminemment caractérisée parmi les Échinodermes.

Le corps des Stellérides étant déprimé, leur sac alimentaire est extrêmement court, et n'a qu'une issue qui est augmentée sur les côtés d'appendices rayonnans, mais seulement dans les Astéries.

C'est sur la peau coriace, un peu crustacée ou écailleuse, des *Stellérides*, que sont articulées, sur des tubercules mobiles, les épines, en général petites et molles, qu'on observe dans un grand nombre de ces Radiaires.

Dans beaucoup de Stellérides, et particulièrement dans les Astéries, on trouve sur le dos, et presque à l'opposé de la bouche un tubercule court ou un disque réticulé, labyrinthiforme, dont on ne connaît pas encore l'usage. Quelques personnes ont prétendu que c'était l'anus, quoique beaucoup d'autres Stellérides n'offrent pas le moindre vestige de ce tubercule. D'autres personnes ont soupçonné que ce tubercule poreux fournissait des issues aux corpuscules des ovaires. (1)

La bouche des *Stellérides* est toujours au centre des rayons, dans la face inférieure du corps étoilé de l'animal. Elle offre quelquefois cinq osselets fourchus; mais plus ordinairement elle n'est entourée que de colonnes de grains durs, en général au nombre de cinq.

Je divise les Stellérides en quatre genres, qui me paraissent actuellement suffire pour l'étude et la connaissance de cette famille. Ces genres sont :

---

(1) Les Astéries seules possèdent ce tubercule que M. de Blainville a nommé tubercule madréporiforme, mais qui est encore tout autant énigmatique qu'à l'époque de Lamarck. On sait seulement qu'il est en connexion à l'intérieur avec un cœcum sinueux et renflé à l'extrémité, tout rempli de corpuscules osseux. F. D.

Les Comatules.
Les Euryales.
Les Ophiures.
Les Astéries.

[La section des Stellérides renferme trois types bien distincts, les Astéries, les Ophiures et les Crinoïdes représentés par les Comatules qui n'ont guère d'autre rapport avec les deux premiers que leur forme étoilée. Il est donc fort difficile sinon impossible de préciser pour cette classe un autre caractère général que celui de la forme qui varie singulièrement elle-même. Les Astéries et les Ophiures ont des épines articulées et des pédicules rétractiles de plusieurs sortes, mais ce dernier type présente des écailles sur le dos et sur les rayons; et des pièces osseuses dans l'axe de ces mêmes rayons, ce qui n'a pas lieu chez les Astéries dont les rayons sont creux. Les Comatules n'ont point de pieds rétractiles, ni d'épines, mais seulement des bras articulés garnis de pinnules alternes, formées elles-mêmes de pièces articulées nombreuses, et portant au côté ventral des tentacules charnus non rétractiles. Ce dernier type d'ailleurs a un appareil digestif muni de deux ouvertures, et porte ses ovaires à la base des pinnules, tandis que les deux autres ont une vaste cavité stomacale s'ouvrant en dehors par une bouche très extensible, et leurs ovaires sont dans le disque même ou à la base des bras.

M. de Blainville divise l'ordre des Stellérides en trois familles, savoir:

1° Les ASTERIDES, dont le corps est stelliforme.

2° Les ASTEROPHIDES, dont le corps est disciforme (*Ophiure*, *Euryale*).

3° Les ASTERENCRINIENS, dont le corps est cupuliforme (*Comatule*, *Encrine*, etc.).

M. Agassiz (Mém. Soc. sc. nat. Neufchatel, 1836) divise cet ordre de la même manière, mais il nomme ses trois familles :

1° Les Asteries, qui ont à l'organe digestif un seul orifice entouré de suçoirs, mais dépourvu de dents; un tubercule madréporiforme sur le dos entre les deux rayons postérieurs, et des sillons profonds occupés par plusieurs rangées de pédicules, allant de la bouche à l'extrémité des bras.

2° Les Ophiures, dont le corps forme un disque aplati et distinct, auquel sont annexés des rayons plus ou moins allongés ou même ramifiés, dépourvus de sillons à leur face inférieure.

3° Les Crinoïdes, ayant au canal intestinal deux orifices séparés quoique très rapprochés : et pour la plupart étant fixées par la face dorsale au moyen d'un pédicule articulé.]

F. D.

COMATULE. (Comatula.)

Corps orbiculaire, déprimé, rayonné ; à rayons de deux sortes, dorsaux et marginaux, tous munis d'articulations calcaires.

Rayons dorsaux très simples, filiformes, cirrheux, petits, rangés en couronne sur le dos du disque.

Rayons marginaux toujours pinnés, beaucoup plus grands que les rayons simples : leurs pinnules inférieures allongées, abaissées en dessous, entourant le disque ventral.

Bouche inférieure, centrale, isolée, membraneuse tubuleuse, saillante. (1)

---

(1) C'est l'anus que Lamarck désigne ici comme la bouche.

F. D.

Corpus orbiculare, depressum, radiatum; radiis ex duobus generibus, dorsalibus et marginalibus; articulis calcareis in omnibus.

Radii dorsales simplicissimi; filiformes, cirrhati, parvuli, ad disci dorsum in coronam ordinati.

Radii marginales pinnati, simplicibus multo majores, ad basim usque sæpiùs partiti: pinnulis inferioribus elongatis, subtùs inclinatis, discum ventralem obvallantibus.

Os inferum, centrale, membranaceum, tubulosum, subprominulum.

Observations.—Les Comatules sont éminemment distinguées de toutes les autres Stellérides non-seulement parce qu'elles ont deux sortes de rayons disposés comme sur deux rangs, mais en outre, parce que leur bouche est saillante, membraneuse, et offre un tube en forme de sac ou de bourse, au centre du disque inférieur. Ces Stellérides ont d'ailleurs des habitudes qui leur sont particulières; ce que nous a appris M. Péron, et ce que confirme l'ongle crochu et solide qui termine leurs rayons dorsaux. Elles doivent donc former un genre séparé des Euryales et des Ophiures, genre que j'énonçai dans mes leçons sous la dénomination de Comatule.

Effectivement, les Comatules constituent, parmi les Stellérides, un genre non-seulement très distinct, mais même singulier par ses caractères.

Le corps de ces Radiaires est petit, orbiculaire, déprimé en dessus et en dessous, véritablement discoïde, éminemment rayonné, et en outre ayant des cirrhesou des rayons simples, les uns sur le dos du disque; les autres abaissés sous le ventre, entourant la bouche et à quelque distance d'elle. Ces derniers ne sont que les pinnules inférieures des grands rayons, qui sont allongées et abaissées en dessous.

Les rayons latéraux, ou grands rayons, sont constamment pinnés, et ont des articulations calcaires, recouvertes, dans le vivant par une peau mince, transparente. qui disparaît dans les individus desséchés. Chacune des articulations de ces rayons est épaisse d'un côté et mince de l'autre. Par la disposition de ces articulations entre elles, les côtés épais alternent avec les côtés minces; en sorte que les sutures des articulations sont obliques et en zigzag.

Chaque articulation soutient une seule pinnule qui s'insère sur son côté épais, et il en résulte que les pinnules sont alternes. Ces pinnules sont linéaires subulées, articulées comme les rayons, et moins calcaires.

On voit ici le contraire de ce qui a lieu dans les Ophiures; car le disque dorsal des Comatules est beaucoup plus petit que le disque ventral. Il soutient une rangée de rayons simples, cirrheux, terminés chacun par un ongle ou un ergot crochu.

Le disque inférieur ou ventral offre un plateau orbiculaire plus large que le dorsal, entouré de rayons simples, cirrheux Près de la circonférence de ce plateau, on aperçoit un sillon irrégulièrement circulaire, qui s'ouvre sur la base des rayons pinnés, et se propage le long de leur face inférieure, ainsi que de celle des pinnules. Ce sillon néanmoins, ne s'approche point de la bouche et ne vient point s'y réunir, comme cela a lieu pour la gouttière des rayons dans les Astéries.

Au centre du disque inférieur ou ventral des Comatules, la bouche, membraneuse, tubuleuse ou en forme de sac, fait une saillie plus ou moins considérable suivant les espèces. Ce caractère singulier, qu'on ne rencontre jamais dans les Euryales ni dans les Ophiures, semble rapprocher les Comatules de certaines Médusaires.

Quant aux habitudes particulières des Comatules, elles consistent en ce que ces Stellérides se servent de leurs rayons simples, dorsaux, pour s'accrocher et se suspendre soit aux fucus, soit aux Polypiers rameux; là, fixées, elles attendent leur proie, l'arrêtent avec leurs grands rayons pinnés, et l'amènent à la bouche avec leurs rayons simples inférieurs.

Les Ophiures et les Euryales, n'ayant point de rayons dorsaux, ne peuvent se suspendre comme les Comatules, mais seulement se traîner sur le sable ou sur les rochers, ou s'accrocher aux plantes marines avec leurs rayons.

Le nombre naturel des grands rayons ou rayons pinnés des Comatules est de cinq; mais, dans certaines espèces, ces rayons divisés presque jusqu'à leur base, en deux, trois, quatre, et quelquefois cinq branches, soutenues sur un pédicule très court, paraissent bien plus nombreux. Néanmoins, les divisions de ces rayons ne forment point de dichotomie semblable à celle des Euryales.

[Le genre *Comatule*, nommé d'abord *Alecto*, par Leach et *Antedon*, par M. de Freminville, diffère considérablement des autres Stellérides et doit être considéré comme le type vivant de la famille des Encrines ou Crinoïdes, dont les débris fossiles sont si abondamment répandus dans les terrains intermédiaires et secondaires. Ce rapport a été bien senti et formellement exprimé par Cuvier (Règn. anim.) et par M. de Blainville (Man. d'actinologie). Les observations subséquentes de Meckel sur l'anus des Comatules, de M. Dujardin, sur la structure des bras et sur la position des ovaires, à la base des pinnules, de M. Thompson, sur leur développement et de M. J. Müller sur leur squelette ont confirmé ce rapport, en montrant, combien leur organisation diffère de celle des Astéries et des Ophiures.

Leur corps est supporté par un système de pièces osseuses intérieures, composé d'un disque pentagonal, bombé à la face dorsale, où il porte un nombre variable de cirrhes articulés, et concave à la face ventrale où correspondante à la bouche ; autour de ce disque s'articulent cinq bras bifides ou ramifiés commençant par deux pièces simples, qui concourent à former la cavité viscérale; ces bras sont formés eux-mêmes par une série de pièces articulées, alternativement plus épaisses d'un côté et portant des pinnules alternes, également articulées. Tout ce squelette osseux est revêtu par une couche charnue vivante, qui l'a sécrété; la face inférieure ou ventrale des bras et des pinnules est garnie d'une double rangée de tentacules charnus, protégé par un double rang de lamelles charnues extérieures et laissant entre eux un sillon occupé par des papilles garnies de cils vibratiles, dont le mouvement détermine dans le liquide des courans, qui en suivant l'axe des bras, se rendent à la bouche et y conduisent les animalcules ou les végétaux miscroscopiques, dont se nourrit la Comatule.

La cavité centrale formée par le disque et par la base du bras est occupée par une masse viscérale, composée d'un foie et d'un estomac lacuneux, qui semblent se pénétrer l'un l'autre; elle est enveloppée par une membrane molle, contenant quelques lames calcaires lacuneuses, et pourvue de deux ouvertures excentriques; l'une plus près du centre est la bouche en forme de fossette, à laquelle se rendent les rangées de papilles venant des bras; l'autre en forme de tube renflé et plus ou moins saillant, musculaire et contractile, à bord festonné et resserré, est l'anus qu'on avait pris à tort pour un appareil de respiration ou de locomotion. On en voit sortir quand il se contracte, une pulpe brunâtre, dans laquelle on distingue une foule de débris d'animalcules. C'est au moyen de ses cirrhes dorsaux articulés, que la Comatule se fixe dans une position quelconque aux fucus, en tenant ses bras plus ou moins étalés ou même renversés en arrière, de manière à présenter les formes les plus élégantes; quelquefois aussi elle nage librement dans la mer, en agitant alternativement ses bras d'un mouvement ondulatoire.

C'est à la base et le long des pinnules que se développent les œufs des Comatules au mois de septembre, dans une cavité qui se renfle peu-à-peu. A cette même éqoque, on voit le bord des rangées de papilles, orné d'une rangée de vésicules sessiles ou pédicellées, remplies d'un liquide rouge. M. Thompson qui dans un travail spécial (1827), avait fait connaître le *Pentacrinus europœus* (*Hibernula*, Flem. *Phytocrinus*, Blainv.), observé par lui sur les côtes d'Irlande, a récemment essayé de démontrer (Edinburg new phil. Journ. 1836. p. 295. pl. 2), que cet animal, si semblable d'ailleurs à la Comatule, n'est que le premier âge de la *Comatula decacnemos* elle-même; mais quoi qu'il ait par ses nouvelles recherches enrichi de nouveaux faits l'histoire de ces animaux, cependant son opinion n'a pas encore été généralement adoptée. Nous avons bien de notre côté observé et dessiné au mois de mai (1835), à Toulon, un petit animal cupuliforme, composé de plusieurs pièces articulées, pourvu au sommet de tentacules ciliés, et porté par un long pédoncule articulé, nous pensons que c'est une jeune Comatule, mais nous n'en avons pu suivre le développement aussi loin que M. Thompson.] F. D.

ESPÈCES.

1. Comatule solaire. *Comatula solaris.*

C. radiis decem latè pinnatis, dorso planulatis, subtus sulcatis et carinis transversis bifariam crenatis.

Mus. n°

Habite.... les mers australes? Grande et très belle espèce qui provient du voyage de MM. Péron et Lesueur, et qui a l'aspect d'un soleil à rayons larges et élégamment pinnés. Lorsque ses parties sont étendues, elle a au moins un pied de diamètre.

2. Comatule multirayonnée. *Comatula multiradiata.*

C. radiis pinnatis basi dichotomo-palmatis, quinque ad decem-fidis, numerosissimis; pinnulis subappressis; cirrhis dorsalibus majusculis apice aduncis.

Asterias multiradiata? Lin.

Linck. St. tab. 22. f. 34.

Encycl. pl. 125. f. 3. Seba. Mus. 3. t. 9. f. 3-4.

**Com. multir.* Goldf. Petref. t. 1. p. 202. tab. LXI. f. 2.

**Comaster multiradiatus.* Agassiz. Mém. soc. sc. nat. Neufch. p. 193.

Habite les mers de l'Inde. Celle-ci est, de toutes les Comatules connues, celle qui a le plus de rayons pinnés; et quoique, dans leur principe, ces rayons ne soient qu'au nombre de 5, chacun d'eux est divisé presque jusqu'à sa base en 5 à 10, ou quelquefois 12 branches pinnées; en sorte qu'on en compte 50 à 60, ou même davantage.

3. Comatule rotalaire. *Comatula rotalaria.*

C. radiis pinnatis basi 2-5 fidis, subvigesimis; pinnulis subtùs verticaliter inclinatis; cirrhis infimis numerosioribus.

Habite.... les mers australes? Péron et Lesueur.

4. Comatule frangée. *Comatula fimbriata.*

C. radiis pinnatis basi 2 ad 5-fidis, gracilibus; articulis margine subciliatis.

Petiv. Gaz. tab. 4. f. 6. *Stella chinensis.*

* Miller. Crinoid. frontispice.

Habite.... les mers australes? Péron et Lesueur. Ses rayons pinnés, à peine longs de 3 pouces, sont plus grêles que dans les précédentes, et au nombre de 12 à 30. Leurs articulations sont un peu ciliées en leur bord. Il semble que le *Stella barbata* de Linckius (St. p. 55. tab. 37. n° 64) ait des rapports avec cette Comatule; mais ses grands rayons ne sont qu'au nombre de dix et paraissent plus gros. Ce serait plutôt son *Caput medusæ cinereum* (Linck. St. p. 57. tab. 21. n° 33), s'il ne lui attribuait jusqu'à 60 rayons.

5. Comatule carinée. *Comatula carinata.*

C. radiis pinnatis basi bifidis, denis, dorso obsoletè carinatis; articulis imbricatis; cirrhis dorsalibus vigesimis.

An antedon gorgonia? Freminville. Nouv. bullet. des Sciences. n° 49. p. 349.

Habite les mers de l'Ile-de-France. Cabinet de M. Dufresne, et rapporté par M. Mathieu. Cette espèce a 10 rayons pinnés et 20 griffes ou cirrhes dorsales.

6. Comatule méditerranéenne. *Comatula mediterranea.*

C. radiis pinnatis basi bifidis, denis; pinnulis longiusculis subulatis; cirrhis dorsalibus trigesinis.

Encycl. pl. 124. f. 6.

Stella (decameros) rosacea. Linck. St. p. 55. tab. 37. f. 66.

* *Asterias bifida.* Pennant. Brit. Zool. p. 63. n° 70.

* *Comatula fimbriata.* Miller. Crinoïd. p. 132. f. 1.

* *Comatula rosacea.* Blainv. Man. d'actin. p. 248.

* Goldfuss. Petrefacten. t. 1. p. 201. tab. LXI. f. 1.

Habite la Méditerranée, etc. Lalande. Celle-ci a 10 rayons pinnés comme la précédente; mais elle est moins grande, à articulations moins serrées, et ses griffes ou cirrhes dorsales sont au nombre de 30.

7. Comatule de l'adéone. *Comatula adeonæ.*

C. radiis pinnatis denis, gracilibus, pennæ-formibus; pinnulis lanceolatis, subtùs complicato-canaliculatis; cirrhis dorsalibus vigesimis.

* Blainv. Man. d'actin. p. 249. pl. 26. f. 1–5.

Habite les mers de la Nouvelle-Hollande. Péron et Lesueur. On l'a trouvée accrochée à l'*Adéone foliifère.* Elle est petite, délicate, a 10 rayons pennacés, fort grêles, et n'a que trois pouces de diamètre. Ses pinnules sont lancéolées, comme pliées en deux, en dessous longitudinalement.

8. Comatule brachiolée. *Comatula brachiolata.*

C. radiis pinnatis subdenis, incrassatis, attenuato-subulatis, breviusculis; pinnis laxis subcrispis; cirrhis dorsalibus subquindenis.

An asterias tenella? Retzii. Gmel. p. 3166.

Habite... l'Océan atlantique? — Cette Comatule est presque auss petite que la précédente, mais elle en est très distincte.

† 9. Comatule barbue. *Comatula barbata.*

Stella (decameros) barbata. Link. Stell. p. 55. tab. 37. f. 64.

Asterias decameros. Pennant. Brit. Zool. 4. p. 66. tab. 33. f. 71.

Asterias pectinata. Adams. Trans. Linn. t. 10.

Habite les côtes d'Angleterre.

Espèces fossiles.

† 1. Comatulé pinnée. *Comatula pinnata.* Goldfuss. Petref. t. 1. p. 203. tab. 71. f. 3.

C. brachiis simplicibus tentaculisque æqualibus tetragonis elongatis alternis, brachiis auxiliaribus filiformibus longissimis.

Ophiurites pennatus. Schlot. Petref. p. 326. tab. 28. f. 1–4.

Comatulites mediterraneæformis. Schloth. Nachtr. II. p. 47.

Knorr. tab. XI, XXXIV. a. f. 1. j. 1. n. 61.

Pterocoma pinnata. Agassiz. Mém. Soc. Sc. nat. de Neufchâtel. 1836. p. 193.

Decacnemos pennatus. Bronn. Lethæa. p. 273. tab. XVII. f. 17.

Fossile du calcaire lithographique de Solenhofen.

† 2. Comatule délicate. *Comatula tenella.* Goldf. Petref. 1. p. 204. t. 72. f. 1.

C. brachiis simplicibus tentaculisque æqualibus oppositis, brachiis auxiliaribus brevissimis costis quinque dorsalibus affixis.

Saccocoma tenella. Agassiz. l. c. p. 193.
Fossile du calcaire lithographique de Solenhofen.

† 3. Comatule pectinée. *Comatula pectinata.* Goldf. Petr. t. 1. p. 205. tab. 72. f. 2.

C. brachiis simplicibus, tentaculis brevibus geminatis à basi, aliisque longissimis filiformibus à medio ad apicemusque brachiorum alternis, brachiis auxiliaribus brevissimis costis quinque dorsalibus affixis.
Ophiurites filiformis (?). Schloth. Petref. p. 326.
Baieri. Oryctogr. Nor. tab. 8. f. 4. — Monum. tab. 7. f. 2-6.
Knorr. Suppl. tab. XI. f. 2-9.
Asteriacites pannulatus. Schlot. l. c. p. 325.
Park. Organ. Rem. III. tab. 1. f. 15.
Saccocoma pectinata. Agassiz. l. c. p. 193.
Fossile du calcaire lithographique de Solenhofen.

† 4. Comatule filiforme. *Comatula filiformis.* Goldf. Petref. 1. p. 205. tab. 72. f. 3.

C. brachiis simplicibus, tentaculis brevissimis geminatis aliisque longissimis filiformibus a basi ad apicem usque brachiorum alternis, brachiis auxiliaribus brevissimis costis quinque dorsalibus afixis.
Saccocoma filiformis. Agissiz. l. c. p. 193.
Fossile du calcaire lithographique de Solenhofen.

† 5? *Comaturella Wagneri.* Münster. Beitrage zur Petref. 1839. p. 85. tab. VIII. f. 2.

M. le comte de Münster a décrit sous cette dénomination un petit fossile du calcaire lithographique de Solenhofen, qui montre seulement dix rayons formés de longues pièces articulées et sans pinnules.

[M. Agassiz sépare du genre Comatule la *C. multiradiata*, pour en faire le type d'un nouveau genre Comaster, caractérisé par ses bras ramifiés; mais ayant d'ailleurs la même organisation que les Comatules.

Le même auteur considère les espèces fossiles décrites par M. Goldfuss comme appartenant à des genres différens, savoir: la *C. pinnata* au genre Pterocoma, caractérisé par ses rayons pinnés, tellement développés et bifurqués, que le disque paraît nul, et les trois autres espèces, *C. tenella, pectinata* et *filiformis*, au genre SACCOCOMA, ayant le disque en forme de poche arrondie, au bord de laquelle sont articulés cinq rayons grèles, bifurqués simplement jusque vers leur base et pinnés.

M. Agassiz ne voit avec raison dans les genres GLENOTREMITES. Goldf. et GANYMEDA. Gray, que des disques isolés de quelque espèce de Comatule.

Le *Glenotremites paradoxus* est un fossile de la craie, que M. Goldfuss rapproche des Oursins; il présente à sa surface des dépressions perforées que l'on a prises mal-à-propos pour le lieu d'insertion des piquans; on y voit aussi cinq ouvertures infundibuliformes autour de la cavité centrale, et alternant avec cinq sillons.

La *Ganymeda pulchella* de M. Gray est une pièce osseuse provenant d'un animal vivant et trouvée sur les côtes d'Angleterre. Elle diffère du *Glenotremite* par l'absence des ouvertures et des sillons autour de la cavité centrale; elle montre au sommet un espace déprimé quadrangulaire.] F. D.

---

† HOLOPE. (Holopus.)

M. d'Orbigny a fait connaître dernièrement sous le nom de HOLOPUS (Magasin de zoologie, 1837. pl. 3) un nouveau genre de la famille des Crinoïdes, conséquemment voisin des Comatules, établi sur le squelette pierreux d'une espèce rapportée par M. Rang de la Martinique où on l'avait pêchée vivante. Il le caractérise ainsi: « Animal fixé au sol par une racine prenant la forme des corps solides sur lesquels elle s'attache; de cette racine ou base part un pied ou corps entier, court, épais, creux, contenant les viscères, et s'ouvrant en une bouche qui remplit en même temps les fonctions d'anus, placée dans le fond d'une cavité irrégulière, formée par la réunion de bras dichotomes, épais, pierreux, extérieurement convexes, creusés en gouttières en dedans, divisés en articulations nombreuses, et munies alternativement, sur leur longueur, de petits ramules coniques fortement comprimés. »

Mais, on doit le remarquer, l'auteur, n'ayant vu que le squelette pierreux, n'a pu former que des conjectures sur la position et la structure des viscères. Or, l'analogie aurait dû au contraire faire supposer un anus distinct, comme chez les Comatules.

L'individu observé, et qu'on a nommé *Holopus Rangii* avait environ 3 pouces de hauteur. F. D.

EURYALE. (Euryale.)

Corps orbiculaire, déprimé, à dos nu; divisé dans sa circonférence en une rangée de rayons allongés, grêles; dichotomes, très divisés, cirrheux : les rayons aplatis en dessous, cylindracés sur le dos.

Bouche inférieure et centrale. Dix trous allongés, sous le disque et vers son bord.

Corpus orbiculare, depressum, dorso nudum, ad periphæriam radiatum ramosissimum; radiis uniserialibus, elongatis; gracilibus, dichotomis, cirrhatis, infrà planulatis.

Os inferum, centrale : foramina decem, elongata infrà discum, versùs marginem.

Observations. — Les Euryales, dont Linné ne connut qu'une espèce qu'il désigna sous le nom d'*Asterias caput Medusæ*, sont très distinguées des Ophiures et des Comatules, en ce que leurs rayons sont dichotomes et très divisés.

Ces Stellérides, auxquelles Linck donnait le nom d'*Astrophyton*, ont un aspect très particulier, non-seulement à cause de la division singulière de leurs rayons, mais, en outre, parce que ces rayons, fort allongés et cirrheux, ont leurs dernières divisions très nombreuses, très fines, presque capillaires.

Effectivement, les rayons des Euryales, qui partent d'un corps ou d'un disque en général très petit, ne sont toujours qu'au nombre de cinq à leur origine; mais ils se bifurquent dans certaines espèces en un si grand nombre de fois qu'on prétend avoir compté jusqu'à huit mille de leurs branches.

On dit en outre que les rayons des Euryales, qui tendent à se recourber tous à-la-fois en dessous, c'est-à-dire du côté de la bouche, leur servent à arrêter la proie, et peuvent même l'amener à la bouche par leur manière de se contracter tous ensemble. Cette faculté, qui leur serait commune avec les Comatules, les distinguerait encore des Ophiures, celles-ci ne faisant pas un pareil usage de leurs rayons.

Les rayons pris à leur naissance sont d'abord assez gros, mais ils s'atténuent graduellement ensuite, de manière qu'à leur extrémité leurs divisions sont très menues. Ces rayons, cylindracés sur le dos, aplatis en dessous, ne sont jamais pinnés ou pectinés sur les côtés par des rangées régulières d'épines ou de papilles, comme dans les Comatules et les Ophiures.

En la face inférieure du disque des Euryales, on voit dix ouvertures oblongues, deux entre chaque rayon, distantes entre elles et de la bouche, et situées assez près du bord. Ces ouvertures servent à donner passage à des organes rétractiles, probablement tentaculaires.

[Le genre EURYALE, distingué d'abord par Link sous le nom d'*Astrophyton*, puis nommé *Gorgonocéphale* par Leach, paraît avoir les plus grands rapports avec les *Ophiures* proprement dits, ou à rayons cylindriques; il n'en diffère que par ses rayons plus ou moins ramifiés. M. Agassiz a proposé d'en séparer les espèces, telles que l'*E. palmifer*, ayant les rayons fourchus à l'extrémité, pour en former un nouveau genre nommé TRICASTER.]

ESPÈCE.

1. Euryale verruqueuse. *Euryale verrucosum.*

E. disco lato, supernè costis verrucosis radiato; radiis subtùs planulatis, bifariam papillosis : papillis minimis, hinc pectinatis, submarginalibus.

Astrophyton scutatum. Linck. St. p. 65. tab. 29.

N° 48. Knorr. Delic. tab. G.

Rhumph. Mus. t. 16.

Asterias euryale et Asterias caput Medusæ. Gmel. p. 3167.

* *Asterias arborescens.* Penn. Brit. Zool. 4. p. 67. n° 73.

* *Euryale scutatum.* Blainv. Man. d'actin. p. 246.

Habite la mer des Indes et la mer du nord. Mon cabinet. Belle et grande espèce, celle des Euryales connues qui a le disque le plus large, et à-la-fois l'une des plus remarquables par les verrues graniformes qui se trouvent sur les côtes dorsales de son disque et sur le dos de ses rayons. Ces côtes, au nombre de dix, sont disposées comme des rayons, du centre jusqu'au bord du disque.

2. Euryale à côtes lisses. *Euryale costosum.*

E. dorso disci costis decem muticis, per pares digestis, apice truncatis; radiis dichotomis, ramosissimis, transversim rugosis.

Astrophyton costosum. Linck. St. p. 64. tab. 18 et 19. Encycl. pl. 130. f. 1-2.

Seba. Mus. 3. t. 9. f. 1. Shaw. Miscellan. 3. t. 103.

2. *Var. disco minori.*

Habite les mers d'Amérique. Mon cabinet. Cette *Euryale*, presque aussi grande que la précédente, en est extrêmement distincte, n'a jamais son disque aussi large, n'offre point sur ces côtes dorsales, ni sur le dos de ses rayons, de verrues graniformes, et n'a point le dessous de ses rayons garni de deux rangées longitudinales et marginales de papilles pectinées.

3. Euryale rude. *Euryale asperum.*

E. disco mediocri supernè decem-costato; radiis tuberculis acutis inæqualibus et aculeiformibus asperatis.

Astrophyton. Linck. St. p. 66. tab. 20. f. 32.

Seba. Mus. 3. t. 9. f. 2. Encycl. pl. 127.

2. *Varietas minor; dorso disci concavo, obsoletè costato, submuricato.*

Habite la mer des Indes. La variété 2 vient du voyage de MM. Péron et Lesueur. Cette espèce est, comme les précédentes, à rayons dichotomes, très ramifiés, cirrheux; mais ces rayons sont moins finement divisés, et sont hérissés de dents et de tubercules aculéiformes.

4. Euryale muriquée. *Euryale muricatum.*

E. dorso disci convexo, decem-costato : costis aculeato-muricatis; radiis dichotomis cirrhatis dorso lævibus.

Encycl. pl. 128 et 129.

Habite.... Celle-ci n'est ni moins distincte, ni moins remarquable que les précédentes. Ses rayons sont allongés, inégaux, dichotomes, très divisés, cirrheux, glabres sur le dos.

5. Euryale exiguë. *Euryale exiguum.*

E. perparvum; dorso disci 5-sulcato; radiis dichotomis, subtùs tuberculato-dentatis, supernè muticis, subtilissimè granulatis.

Habite.... l'Océan austral? Péron et Lesueur. Espèce bien remarquable par sa petite taille, par le dos de son disque qui n'offre point de côtes rayonnantes, mais seulement cinq sillons divergens; enfin par les tubercules dentiformes de la face inférieure de ses rayons. Toutes ses parties étant étendues, son diamètre est à peine de trois pouces (de 6 à 7 centimètres). Couleur blanchâtre.

6. Euryale palmifère. *Euryale palmiferum.*

E. radiis infernè simplicibus, apice dichotomo-palmatis; dorso tuberculis biserialibus muricato.

Encycl. pl. 126. f. 1-2.

* *Tricaster palmifer.* Agassiz. Prodr. échin. Mém. Neufch. p. 193.

Habite.... Celle-ci est la plus singulière et la plus remarquable des espèces de ce genre. D'un disque petit et orbiculaire, partent 5 rayons simples dans les trois quarts de leur longueur, et qui sont seulement dichotomes et comme palmés à leur sommet. Ces rayons assez épais à leur base, vont en s'atténuant vers leur extrémité où ils sont menus et cirrheux. Sur leur dos, on voit deux rangées longitudinales de tubercules dont les bases sillonnent transversalement les rayons; et sur le dos du disque, on aperçoit dix côtes rayonnantes, et des tubercules graniformes entre leurs extrémités.

OPHIURE. (Ophiura.)

Corps orbiculaire, déprimé, à dos nu, ayant dans sa circonférence une rangée de rayons allongés, grêles, cirrheux, simples, papilleux ou épineux sur les côtés, presque pinnés.

Face inférieure des rayons aplatie et sans gouttière ou canal.

Bouche inférieure et centrale. Des trous aux environs de la bouche.

Corpus orbiculare, depressum, dorso nudum, ad periphæriam radiatum : radiis uniserialibus, simplicibus, elongatis, cirrhâtis; subtùs planulatis, ad latera papillosis vel spinosis, subpinnatis.

Os inferum, centrale : foramina plura circà os.

Observations. — On ne saurait disconvenir que les Ophiures n'aient les plus grands rapports avec les Euryales, surtout les espèces à rayons convexes sur le dos; cependant, outre que toutes les Ophiures sont principalement distinguées des Euryales par leurs rayons très simples, elles ne paraissent point avoir les mêmes habitudes, et on ne les a point vues contracter tous leurs rayons à-la-fois, pour amener leur proie à la bouche.

Les Ophiures ont en général le corps très petit, et leurs rayons sont grêles, fort allongés, cirrheux, écailleux et articulés. Ces rayons sont garnis sur deux côtés opposés, soit de papilles courtes, soit d'épines plus ou moins ouvertes, disposées par rangées transverses. Les rayons qui ont des épines paraissent pectinés sur les côtés. Ces épines ne sont articulées que dans leur base, ce qui les distingue de celles des Comatules.

La face inférieure des rayons n'est ici, comme dans les deux genres précédens, que simplement aplatie, et n'offre point une gouttière longitudinale comme dans les Astéries; mais, parmi les Ophiures, plusieurs espèces ont le dos des rayons convexe comme dans les Euryales, tandis que beaucoup d'autres ont leurs rayons aplatis sur le dos comme dans les Comatules.

Dans les espèces qui n'ont latéralement que des papilles, les rayons paraissent mutiques, et ressemblent à des queues de lézard ou de serpent.

Les Ophiures se servent de leurs rayons comme d'espèces de jambes, elles en accrochent un ou deux à l'endroit vers lequel elles veulent se traîner, et s'avancent en les contractant par des mouvemens d'ondulation. Il ne paraît pas qu'elles s'en servent comme les Euryales pour saisir leur proie et l'amener à la bouche.

Des trous pour le passage de tentacules ou de tubes rétractiles se trouvent aux environs de la bouche, un ou deux de chaque côté de la base des rayons. On croit qu'il n'y en a point le long des rayons, au moins dans les espèces mutiques ou à papilles. Enfin, l'estomac des Ophiures, de même que celui des Euryales et des Comatules, n'est point environné de cœcums. (Cuv. anatom. vol. 4, p. 144.)

[Les Ophiures diffèrent essentiellement des Astéries parce que leurs bras, au lieu de contenir des viscères comme chez ces dernières ne sont plus que de simples organes de locomotion, au moyen desquels on voit souvent ces animaux se mouvoir assez rapidement sur la plage ou dans l'eau près du rivage. Leurs bras, armés d'écailles et de pointes plus ou moins allongées et soutenus par une séries de pièces osseuses, occupant leur axe comme les vertèbres d'une queue de lézard, sont d'ailleurs munis de papilles ou de pédicules rétractiles concourant à remplir les fonctions respiratoires. On doit ajouter aussi que le tubercule madréporiforme observé sur les Astéries manque totalement chez les Ophiures; la disposition des organes et des parties extérieures étant après cela tout-à-fait la même pour les cinq angles ou les cinq bras des Ophiures, on ne voit pas comment leur forme rayonnée pourrait être ramenée à une forme simplement symétrique ainsi que celle des autres Echinodermes. Les ovaires au nombre de dix, formés de petits sacs fusiformes portés par un tube ramifié aboutissent à des ouvertures qui se trouvent de chaque côté de la base de chaque rayon; la bouche habituellement close et prolongée en cinq fentes, dans la direction des rayons, est armée d'une double rangée de pièces osseuses qui permettent aux Ophiures de broyer leur proie. On n'a rien vu jusqu'à présent chez ces animaux qu'on ait pu prendre pour un système nerveux. On en rencontre souvent dont un ou plusieurs bras, accidentellement rompus sont en voie de régénération et présentent un prolongement plus mince et plus lisse que la partie restante, comme il arrive aussi à la queue mutilée des lézards.

M. de Blainville a divisé les Ophiures d'après la longueur et la disposition des épines, sans tenir compte du caractère employé par Lamarck de la forme cylindrique ou aplatie des rayons.

M. Agassiz divise les Ophiures proprement dites en cinq genres savoir :

1. Ophiura ayant le disque très déprimé, les rayons simples, squameux, portant des épines très courtes accolées aux rayons (*O. texturata* Lamk. — *O. lacertosa* Lamk.)

2. Ophiocoma qui diffère du précédent par de longues épines très mobiles aux rayons (*O. squamata* Lamk. — *O. echinata* Lamk. etc.)

3. Ophiurella dont le disque est à peine distinct (Il ne comprend que des espèces fossiles : *O. carinata* Münst. — *O. speciosa* Münst. — *O. milleri* Phil. — *O. Egertoni* Brod.)

4. Acroura qui ne diffère des Ophiures que parce que de petites écailles placées sur les côtés des rayons remplacent les épines: les rayons eux-mêmes sont très grêles (ce genre ne comprend que des espèces fossiles : *O. prisca* Münst. — *Acroura Agassiz* Münst. 1839.)

5. Aspidura ayant la face supérieure du disque recouverte par une étoile de dix plaques, tandis que les rayons

proportionnellement gros, sont entourés d'écailles imbriquées (espèce fossile : *A. loricata* Goldfuss.)] F. D.

ESPECES.

** Rayons arrondis ou convexes sur le dos.* (1)

1. Ophiure nattée. *Ophiura texturata.*

Oph. radiis tereti-subulatis lævigatis : infernâ superficie squamis trifariis contextâ; papillis laterum minimis, appressis.

Stella lacertosa. Linck. Stell. p. 47. tab. 2. n° 4.

Encycl. pl. 123. f. 2-3.

* *Asterias lacertosa.* Pennant. Brit. Zool. 4. p. 130. tab. 34.

* *Ophiura bracteata.* Fleming. Hist. of Brit. anim. p. 488. n° 29.

* *Ophiura texturata.* Blainv. Man. d'actin. p. 243.

* *Ophiura aurora.* Risso. Enr. mérid. t. v. p. 273. pl. 6. f. 29.

* *Ophiura bracteata.* Johnston. Mag. of. nat. hist. 1835. p. 465. f. 41.

Mus. n°

2. *Eadem minor albida.*

Habite les mers d'Europe, l'Océan atlantique. Mon cabinet. Cette Ophiure, plus petite que celle qui suit, et à rayons peu allongés, est toujours glabre ou mutique, et ses rayons vus en dessous présentent l'aspect de cinq petites tresses.

2. Ophiure lézardelle. *Ophiura lacertosa.*

Oph. radiis elongatis, tereti-subulatis sublævigatis; papillis laterum breviusculis, sæpius appressis, transversim seriatis.

Stella longicauda. Linck. St. p. 47. tab. XI. no 17. Planc. Conch. t. 4. f. 4.

Mus. n°

---

(1) [M. de Blainville place les trois espèces suivantes dans sa première division comprenant les Ophiures dont les épines des rayons sont très courtes et appliquées, » il y ajoute trois nouvelles espèces nommées par lui *O. gigas*, *O. breviradiata*, *O. trispina* et l'*O. brachiata* de Montagu (Linn. Transactions, t. 7. p. 84) qui se trouvent dans la mer du nord.] F. D.

2. *Eadem radiis fusco vel spadiceo maculatis.*

Encycl. pl. 122. f. 4. et pl. 123. f. 1.

* *Ophiura squamata.* Risso. Hist. nat. de l'Eur. mérid. t. v. p. 272. n° 13. et *O. Rondeletii.* id. l. c. p. 273. n° 14.

Habite les mers d'Europe, etc. Mon cabinet. Cette espèce n'est point rare. Ses rayons ressemblent à des queues de lézard, un peu longues, cirrheuses, mutiques, rarement échinulées par leurs papilles ouvertes. Dans la variété 2 ils sont panachés d'orangé ou de brun. Le *Stella lateribus lunatis*, Linck. St. p. 48. t. 22. n° 35, appartient évidemment à cette espèce.

3. Ophiure épaissie. *Ophiura incrassata.*

Oph. disco latiusculo; radiis, crassis, elongatis, tereti subulatis, ad latera spinosis : spinis latitudine radii subæqualibus.

Mus. n°

Habite.... Du voyage de Péron et Lesueur. Belle et assez grande espèce, à disque un peu large, subpentagone, ayant cinq plaques presque rhomboïdales autour de la bouche. Ses rayons, épais vers leur base, sont ensuite atténués, allongés, cirrheux, épineux sur les côtés, convexes sur le dos. Couleur jaunâtre.

Le *Bellis scolopendrina*, Linck. St. p. 52. t. 40. n° 71, ressemble à cette Ophiure par son aspect, mais en paraît néanmoins très distinct.

4. Ophiure annuleuse. *Ophiura annulosa.* (1)

Oph. subfusca; radiis longis, tereti-subulatis, ad latera spinosis; spinis annulosis, subappressis; dorso disci echinulato.

Mus. n°

* Blainv. Man. d'actin. p. 244. pl. 24. f. 1-4.

Habite.... Du voyage de Péron et Lesueur. Espèce bien remarquable par ses épines qui semblent articulées, et par les anneaux colorés et transverses dont elles sont bigarrées. Ces mêmes épines sont un peu plus longues que la largeur du rayon qui les porte. La plupart sont couchées sur leur rayon.

---

(1) M. de Blainville place cette espèce et la suivante et toutes celles de la deuxième section de Lamarck, dans sa deuxième division comprenant les Ophiures « dont les épines des rayons sont longues et non appliquées. »

5. Ophiure marbrée. *Ophiura marmorata.*

Oph. albo fuscoque varia; radiis dorso convexis, ad latera spinosis; spinis latitudine radii brevioribus; dorso disci decem-lineato.

Mus. n°

Habite.... Du voyage de Péron et Lesueur. Elle semble voisine de l'*Asterias aculeata* de Linné et de Muller; mais elle en est très distincte, surtout par le caractère de son disque dorsal.

** *Rayons aplatis sur le dos c'est-à-dire en dessus comme en dessous.*

6. Ophiure hérissée. *Ophiura echinata.*

Oph. nigricans; disco supernè granulato; radiis echinato-spinosis; spinis crassis patentibus ad latera quadrifariis, latitudine radii sublongioribus.

Stella granulata. Linck. St. p. 50. tab. 26. n° 43.

Encycl. pl. 124. f. 2-3.

An Asterias aculeata? Lin. an. Sloan. Jam. t. 2. 244. f. 8-9.

* *Ophiura granulata.* Blainv. Man. d'act. p. 243.

* Fleming. Edinb. phil. journ. VIII. 301. — Brit. anim. 488.

* Johnston. Mag. of. nat. hist. 1835. p. 595. f. 67.

2. *Var. dorso lævi; spinis tenuioribus.*

Mus. n°

3. *Var. radiis versùs extremitates magis attenuatis.*

Asterias nigra. Mull. Zool.-Dan. 3. p. 20. t. 93.

Habite les mers d'Europe, l'Océan des Antilles, l'Atlantique, etc. Mon cabinet. MM. Péron et Lesueur en ont rapporté de leur voyage plusieurs individus et quelques variétés.

[Il est probable que deux espèces au moins sont confondues avec celle-ci ou ses variétés. M. Johnston donne pour caractère à son *O. granulata* d'avoir les épines latérales des bras disposées par trois, et d'avoir une écaille cordiforme entre les rayons à leur base sur la face rénale.]

7. Ophiure scolopendrine. *Ophiura scolopendrina.*

Oph. disco orbiculato; dorso punctis prominulis scabro; radiis longis echinato-spinosis; articulis spinisque maculato-variegatis.

Mus. n°

Habite l'Océan austral, près de l'Ile-de-France. M. Mathieu. Belle et grande espèce, à rayons très hérissés d'épines ouvertes. Les articles des rayons et les épines sont tachetés et bigarrés. La longueur des rayons est de 12 à 15 centimètres. Couleur générale, cendrée, rembrunie ou roussâtre.

8. Ophiure longipède. *Ophiura longipeda.*

Oph. dorso disci orbiculati areis decem cuneiformibus sculpto; radiis longissimis echinato-spinosis; articulis perangustis.

Mus. n°

Habite l'Océan austral, près de l'Ile-de-France. M. Mathieu. Celle-ci est la plus remarquable par l'extrême longueur de ses rayons. Son disque est petit, orbiculaire, marqué sur le dos par dix facettes cunéiformes, disposées en rosette. Les épines, blanches et ouvertes, ne sont pas plus longues que la largeur de leur rayon. Les rayons ont 25 à 30 centimètres de longueur, et sont très cirrheux.

9. Ophiure néréidine. *Ophiura nereidina.*

Oph. cœrulescens; disco minimo pentagono, radiis longissimis spinoso-ciliatis; articulis angustissimis.

Mus. n°

Habite les mers australes. Péron et Lesueur. Cette espèce n'est pas moins remarquable que celle qui précède, surtout par la petitesse de son disque qui est pentagone et à cinq sillons sur le dos. Les rayons sont déprimés, ciliés par les épines, et ont au moins 15 centimètres de longueur. Toutes les parties de cet animal sont bleuâtres.

10. Ophiure ciliaire. *Ophiura ciliaris.*

Oph. radiis subplumosis; spinis ciliiformibus, patulis, latitudine radii longioribus.

Asterias ciliaris. Lin. Mull. Zool. Dan. Prod. 2841.

Stella marina minor, etc. Barrel. Var. 131. t. 1295. f. 1.

Linck. Stell. tab. 34. f. 56.

Pentaphyllum. Linck. Stell. p. 52. t. 37. f. 65.

Encycl. pl. 124. f. 4-5?

Mus. n°

2. *Eadem? disco latiori, dorso in rosulam insculpto.*

Mus. n°

Habite les mers d'Europe et l'Océan austral. Péron et Lesueur. Cette Ophiure a ses épines menues comme des poils, assez longues, ouvertes, et qui font paraître les rayons éminemment ciliés ou frangés. Dans les petits individus, les rayons paraissent plumeux. En général, cette espèce est d'une taille médiocre et même petite.

11. Ophiure écailleuse. *Ophiura squamata.*

Oph. disco orbiculato læviusculo; dorso radiorum squamis latis imbricato; spinis latitudine radii brevioribus, ad latera quadrifariis.

An Asterias aculeata? Lin. Mull. Zool. Dan. 3. p. 29. t. 99.

Mon cabinet.

Habite les mers d'Europe, l'Océan atlantique. Elle est blanchâtre, glabre, et plus grande que l'espèce qui précède; ses rayons surtout sont plus larges, bien écailleux, à écailles du dos entières et transverses. Les écailles du dessous des rayons sont petites et quadrangulaires.

Nota. Le *Rosula scolopendroides*, Linck. Stell. p. 52. tab. 26. n° 42 (Encycl. pl. 123. f. 5–7), paraît appartenir à une espèce particulière, distincte de celle-ci.

12. Ophiure cassante. *Ophiura fragilis.*

Oph. dorso disci spinis muricato; radiis lineari-subulatis, ad latera echinato-pectinatis; spinis serrato-asperis.

Asterias fragilis. Mull. Zool. Dan. 3. p. 28. t. 98.

* *Rosula scolopendroides.* Linck. Stell. p. 52. t. 26. n° 42.
* Encycl. méth. pl. 123. f. 6–7.
* *Ophiura rosula.* Flemm. Hist. Brit. anim. p. 489. n 32.
* *Ophiura spinulosa.* Risso. Hist. nat. Eur. mér. p. 272. n° 12. pl. 6. f. 30.
* Borlase. Cornwal. 259. tab. 25. f. 19–24.
* *Ophiura rosula.* Johnst. Mag. of nat. hist. 1836. p. 231. f. 26.

Mon cabinet.

Habite l'Océan boréal, la mer de Norwège. Cette Ophiure est petite, grisâtre, à rayons linéaires-subulés, bien hérissés d'épines sur les côtés, et à dos imbriqué d'écailles en demi-losanges. Le disque est orbiculaire, à dos divisé par dix raies épineuses, dont cinq plus étroites. Les épines sont serrulées. Les rayons ont 5 à 7 centimètres de longueur.

[M. de Blainville indique comme synonyme de cette espèce l'*Asterias sphærulata* de Pennant (British. Zool. t. IV), M. Johnston de son côté donne comme synonymes les *Asterias pentaphylla*, *A. varia*, *A. aculeata*, *A. hastata*, *A. fissa* et *A. nigra* du même auteur (t. IV. p. 131–133).

ESPÈCES QUE JE N'AI POINT VUES.

13. * Ophiure rosulaire. *Ophiura rosularia.*

Oph. disco supernè setoso et in rosulam partito; radiis ad latera echinatis.

Rosula scolopendroides. Linck. Stell. p. 52. tab. 26. n° 42.

Encycl. pl. 123. f. 6-7.

[On doit, comme l'a fait M. de Blainville, réunir cette espèce à la précédente.]

14. * Ophiure pentagone. *Ophiura pentagona.*

Oph. disco regulari pentagono; radiis ad latera hispidis : spinis brevibus.

Stella regularis. Link. Stell. p. 51. t. 27. f. 46.

Encycl. pl. 123. f. 4-5.

[La forme pentagonale du disque tient à l'état de dessiccation de l'échantillon d'après lequel a été fait le dessin de Linck.]

15. * Ophiure filiforme. *Ophiura filiformis.*

Oph. disco squamoso; aculeis latitudine radii æqualibus.

Asterias filiformis. Mull. Zool. Dan. t. 59.

Encycl. p. 122. f. 1-3.

16. * Ophiure tricolore. *Ophiura tricolor.*

Oph. radiis quinque articulis ad latera pectinatis, dentibus scabris; disco hispido.

Asterias tricolor. Mull. Zool. Dan. 3. p. 28. t. 97.

17. * Ophiure lombricale. *Ophiura lombricalis.*

Encycl. pl. 124. f. 1.

Seba. Mus. 3. tab. 9. f. 6?

18. * Ophiure porte-pointes. *Ophiura cuspidifera.*

Encycl. pl. 122. f. 5-8.

Elle parait granifère, à cinq rayons subulés, droits, hispides, tachetés ou panachés.

---

† 19. Ophiure négligée. *Ophiura neglecta.* Johnst. Mag. of nat. hist. 1836. p. 467. f. 42.

O. dorso plano, marginato, supernè imbricato; squamis subæqualibus lævibus; squamâ majore duplici ad basin cujusque radii, su-

pernè obtecti serie simplici squamarum quadratarum, et lateraliter spinulis longis utrinquè ternis aut quaternis armati.

Habite les côtes d'Angleterre. — Larg. du disque, 3 lignes; long. des rayons, 9 lignes.

† 20. Ophiure marguerite. *Ophiura bellis.* Johnst. Mag. of nat. hist. 1835. p. 595. f. 66.

O. dorso squamis rotundis sejunctis et tuberculis interstitialibus adsperso; absque squamis juxtà basim radiorum; radii depressi supernè convexi, squamis ovatis et tuberculis minutis obtusis seriatim interpositis obtecti, necnon spinis lateralibus brevioribus armati.

Ophiura bellis. Fleming. Brit. anim. 488.

Asterias sphærulata. Pennant. Brit. Zool. IV. 131. pl. 34. f. 2.

Turton. Brit. Faun. 141.

Asterias aculeata. Stew. Elem. 1. 401.

Fleming. Edinb. Phil. Jour. VII. 298.

Habite les côtes d'Angleterre. — Diamètre du disque, 6 lignes; larg. des rayons, 18 à 24 lignes.

† 21. Ophiure cordifère. *Ophiura cordifera.*

O. disco supra squamoso-imbricato, squamis maximis radiis obversis duplicato-pectinatis decem, lateribus lunato et subquinque-cordato; radiis parum elongatis, semiteretibus, papillis laterum binis majoribus.

Bosc. Hist. nat. Vers. 2. tab. 16. f. 3.

Stella lateribus lunatis. Link. Stell. f. 48. tab. 22. n° 35.

Stella marina scolopendroides lævis. Rumph. Mus. tab. 15. f. C.

Asterias cordifera. Delle Chiaje. Mém. an. s. vert. 2. p. 358. tab. 20. f. 12.

Habite la Méditerranée, à Naples.

[M. Delle Chiaje décrit dans son ouvrage (l. c. p. 359. tab. 21. f. 7) sous le nom d'*Asterias Tenorii*, une petite Ophiure à trois branches qu'il n'a trouvée que deux fois dans les trous de l'éponge officinale, mais qu'on pourrait croire fondée sur des individus jeunes et incomplets d'une autre espèce. Plus tard, dans son 3e vol. p. 79, il annonce en avoir trouvé des variétés à 4, 7 bras, à 4 épines et à disque lobé.]

† 22. Ophiure de Férussac. *Ophiura Ferussaci.*

O. disco orbiculari 5-lobato, radiis squamulis imbricatis bilobatis; spinulis longissimis 9-fariis.

Asterias Ferussacii. Delle Chiaje. l. c. 3. p. 79. tab. 34. f. 12.

Habite la Méditerranée, à Naples.

† 23. Ophiure de Cuvier. *Ophiura Cuvierii.*

O. disco orbiculari subquinque lobato, radii squamulis subimbricatis trilobatisve, spinis septem-fariis inæqualibus.

Asterias Cuvierii. Delle Chiaje. l. c. 3. p. 79. tab. 35. f. 17.

Habite la Méditerranée, à Naples.

† 24. Ophiure noctiluque. *Ophiura noctiluca.* Viviani. Phosphor. mar. 1805. p. 5. tab. 1. f. 1-2.

Habite la Méditerranée.

Espèces fossiles.

† 1. Ophiure spécieuse. *Ophiura speciosa.* Münster.

O. disco nudo? brachiis lineari lanceolatis, scutis inferioribus octogonis, tentaculis ovatis geminatis, aculeis subulatis tri-vel quadrifariis diametro transversali radii longiores.

Goldfuss. Petref. 1. p. 206. tab. 72. f. 4.

Ophiurella speciosa. Agassiz. Mém. soc. d'hist. nat. Neufchâtel. 1836. p. 192.

Fossile du calcaire lithographique des montagnes d'Eisstadt, et rarement dans celui de Solenhofen.

† 2. Ophiure carénée. *Ophiura carinata.* Münster.

O. disco nudo, brachiis subulatis, scutis carinatis, carina dorsali gibbosa, aculeis acicularibus diametro transversali radii longitudine æqualibus.

Goldf. Petref. 1. p. 206. tab. 72. f. 6.

Ophiurella carinata. Agassiz. l. c.

Fossile du calcaire lithographique de Solenhofen.

† 3. Ophiure antique. *Ophiura prisca.* Münster.

O. disco scutato, brachiis subulatis subteretibus brevibus inermibus, scutis inferioribus subhexagonis, tentaculis ovalibus seriatis.

Asteriacites ophiurus. Schlot. Petref. p. 325. tab. 29. f. 6.

Ophiura prisca. Goldf. Petref. 1. p. 207. tab. 72. f. 7.

Acroura prisca. Agassiz. l. c. p. 193.

Fossile du Muschelkalk de Bayreuth.

† 4. Ophiure cuirassée. *Ophiura loricata.* Goldf. Petref. I. p. 207. tab. 72. f. 7.

O. disco utrinque scutato, brachiis lanceolatis subteretibus brevibus inermibus, tentaculis.....

Asteriacites scutellatus. Blumenb. Spec. Archæol. p. 24. tab. 2. f. 10.
V. Albert. die Gebirge d. Wurtemberg. p. 77-87.
Ophiura scutellata. Bronn. Lethæa. p. 157. tab. XI. f. 23.
Aspidura loricata. Agassiz. l. c. 193.
Fossile du Muschelkalk de Wurtemberg.

† 5. Ophiure d'Egerton. *Ophiura Egertoni.* Broderip. Trans. geol. Soc. 2. Ser. V. p. 174. pl. 12. f. 5.

O. radiis tereti-subulatis, articulis supernè subtrilobatis, disco subplano, subpentagono, rotundato.
Ophiurella Egertoni. Agassiz. l. c.
Fossile du Lias de Lyme Regis.

† 6. Ophiure de Miller. *Ophiura Milleri.* Phillips. Geology of Yorkshire. pl. 13. f. 20.

Ophiurella Milleri. Agassiz. Mém. soc. sc. nat. Neufch. 192.
Fossile du Lias de l'Yorkshire.

† 7. Ophiure ...... *Ophiura.* Williamson. Mag. of. nat. hist. 1836. p. 426. f. 64.

Cette espèce, trouvée dans la même localité que la précédente, en diffère, parce que la base de chaque rayon est protégée par deux fortes écailles représentant ensemble la forme d'un cœur ; elle en diffère surtout par l'arrangement des plaques dorsales des rayons qui, dans l'une et l'autre, forment bien trois séries longitudinales; mais, tandis que dans l'Ophiure de Miller la rangée du milieu est deux fois plus large que les rangées latérales, le contraire a lieu dans celle-ci.

† 8. Ophiure d'Agassiz. *Ophiura Agassiz.*

O. brachiis rotundatis, brachiorum latera squamis arcuatis brevibus obtecta; ventralis faciei squamæ utrinquè emarginatæ, litteræ X formam referentes; ex ore pentagono versus marginem quinque radii bifidi prodeuntes.
Acroura Agassiz. Münster. Beiträge zur Petref. 1839. p. 87. tab. XI. f. 2.
Fossile du Muschelkalk. — Le disque est large de 3 lignes, et les bras larges de 2/3 de ligne doivent avoir eu environ 10 lignes de longueur.

ASTÉRIE. (Asterias.)

Corps suborbiculaire, déprimé, divisé dans sa circonférence en angles, lobes ou rayons disposés en étoiles.

Face inférieure des lobes ou des rayons munie d'une gouttière longitudinale, bordée de chaque côté d'épines mobiles, et de trous pour le passage de pieds tubuleux et rétractiles.

Bouche inférieure et centrale, dans le point de réunion des sillons inférieurs.

Corpus suborbiculare, depressum, ad periphæriam stellatìm angulatum, lobatum, vel radiis divisum.

Inferna superficies loborum vel radiorum sulco longitudinali exarata; marginibus spinis mobilibus et serialibus instructis, foraminibusque numerosis seriatìm pertusis.

Os inferum, centrale, in commissurâ canalium infimorum.

Observations. — On donne vulgairement le nom d'*Etoiles de mer* aux animaux de ce genre, parce que leur circonférence offre des angles ou des lobes disposés en rayons divergens, de la même manière qu'on représente une étoile.

Leur corps est orbiculaire, déprimé, un peu convexe en dessus, aplati en dessous, et couvert d'une peau coriace, plus ou moins granuleuse ou tuberculeuse, mobile dans tous ses points. Leur face aplatie ou inférieure présente autant de gouttières longitudinales qu'il y a d'angles ou de rayons autour du corps de l'animal. Ces gouttières, régulièrement disposées en étoiles, partent de la bouche qui est placée au centre de leur réunion, et vont aboutir à l'extrémité des rayons, après les avoir traversés dans leur longueur.

Le long de chaque gouttière, on remarque sur les deux bords plusieurs rangées d'épines courtes, grêles, mobiles, qui souvent sont si nombreuses, que *Réaumur* en a compté jusqu'à mille cinq cent vingt pour une même Étoile.

Outre ces nombreuses épines, les *Astéries* sont pourvues, le long et près des bords de chaque gouttière, d'une quantité infinie de petits trous pour le passage des tubes rétractiles que l'animal fait sortir lorsqu'il est dans l'eau, et qui, comme autant de petits pieds, lui servent à se fixer, ou à ses mouvemens de déplacement. Ils font l'office de suçoirs mobiles ou de ventouses, et l'animal les fixe au besoin sur les corps marins pour s'y attacher ou pour se mouvoir.

Outre ces pieds tubuleux et contractiles qui garnissent inférieurement les bords de la gouttière de chaque rayon, le dos des *Astéries* est muni d'une multitude de tubes contractiles, plus petits encore que les pieds, tubes qui sortent, comme par faisceaux, entre les tubercules ou les grains dont la surface dorsale est hérissée. Ces petits tubes sont l'organe respiratoire de ces animaux; et, en effet, c'est par leur voie que l'eau est admise dans la cavité du corps, ou du moins dans un organe particulier et vésiculaire qui la reçoit, et c'est par la même voie qu'elle en sort, lorsque l'animal contracte sa peau dorsale. (V. *Reaumur*, Mémoires de l'Académie des sciences, an. 1710). Ainsi les Astéries inspirent l'eau en dilatant leur peau dorsale, et l'expirent en la contractant.

La bouche, située constamment au centre de la face inférieure de l'*Astérie*, communique presque immédiatement avec l'estomac qui est pareillement au centre et fort court. Cette bouche est armée de cinq fourches osseuses, qui paraissent agir en se resserrant toutes ensemble sur le centre de l'ouverture.

Outre ses fonctions directes et essentielles, la bouche sert aussi d'anus, le canal intestinal n'étant qu'un cul-de-sac extrêmement court, qu'un estomac assez vaste, augmenté latéralement par cinq paires de *cœcum* allongés et pinnés, qui accroissent les moyens digestifs. Ainsi, il y a dix *cœcum* allongés et pinnés, deux dans chaque rayon, qui partent des côtés de l'estomac, et qui s'étendent dans les trois quarts de la longueur du rayon.

Pour donner plus de fermeté à chaque rayon et maintenir les organes intérieurs, la nature, par une sécrétion de matière pierreuse, a produit dans la longueur de chaque rayon un assemblage longitudinal de petites pièces pierreuses jointes les unes aux autres, et qui forment par leur disposition une colonne creusée d'un côté en coulisse. On a donné, par une fausse analogie, le nom de *colonne vertébrale* à cet assemblage d'osselets pierreux. Ce n'est cependant point un organe de mouvement, c'est-à-dire destiné à fournir des points d'appui aux muscles. Il ne produit jamais de côtes, et ne donne point de gaîne à une moelle épinière. Ainsi cet enchaînement de pièces pierreuses, tout-à-fait analogue à celui de l'axe articulé et pierreux des *Encrines*, n'a rien de comparable à la colonne vertébrale des animaux à vertèbres.

Le chyle ou le produit de la digestion, dans les Astéries, paraît reçu dans des canaux vasculaires très déliés, qui naissent des cœcum, ou des petits mésentères qui accompagnent ces cœcum. Ces petits vaisseaux chyleux se réunissent ensuite pour former dix vaisseaux principaux qui règnent dans l'épaisseur et la longueur de chaque mésentère, et vont aboutir à un vaisseau circulaire et commun qui entoure la bouche. Un autre vaisseau circulaire forme avec le premier, autour de la bouche, un plexus. Il en naît quelques troncs particuliers que nous ne suivrons pas ici, et, en outre, d'autres vaisseaux qui portent le fluide nourricier dans la cavité du corps, et probablement dans le voisinage de l'organe respiratoire, où ce fluide va recevoir l'influence de la respiration, pour être ensuite reporté vers les points du corps qu'il doit nourrir.

Quoiqu'il soit très difficile, peut-être même impossible de suivre la marche du fluide essentiel de l'Astérie, depuis l'instant où il est formé par la digestion et absorbé par les plus petits vaisseaux, jusqu'à celui où il arrive aux parties qu'il nourrit, aucune observation n'a pu constater que ce fluide subisse une véritable circulation, que ses portions non employées revinssent au même point d'où elles sont parties. Ainsi, il ne faut pas confondre le transport d'un fluide dans des vaisseaux qui le conduisent en différens lieux, avec les mouvemens d'envoi et ceux de retour qui constituent la circulation.

Les *Astéries* sont sujettes à perdre un ou plusieurs de leurs rayons par divers accidens auxquels elles sont exposées; mais elles ont la faculté de les régénérer. Elles repoussent même avec tant de promptitude leurs parties perdues, que dans l'été deux ou trois jours suffisent pour reproduire les rayons qui leur manquent. Ce qui est bien plus remarquable, c'est que ceux des rayons qui ont été entièrement détachés par quelque accident, repoussent eux-mêmes à leur origine d'autres petits rayons, et deviennent une Astérie complète, semblable à celle dont ils proviennent. Une simple portion de rayon détachée ne jouirait pas de cet avantage.

Ces *Radiaires* jouissent d'une irritabilité exquise dans leurs parties molles intérieures, comme on le voit par la célérité avec laquelle elles retirent leurs pieds à l'approche d'un corps quelconque, et par la contraction de leur peau, lorsqu'on les presse entre les doigts. On peut néanmoins leur couper un rayon, sans qu'elles offrent aucun signe qui montre qu'elles en soient affectées; ce qui prouve qu'elles ne sont qu'irritables, et non sensibles.

La peau supérieure ou du dos des *Astéries* est, pour l'ordinaire, différemment colorée selon les espèces: elle est rouge dans quelques-unes, violette ou bleue dans quelques autres; et, dans d'autres, elle est orangée, jaunâtre, roussâtre, ou de couleur moyenne entre celles-ci. La surface inférieure des Astéries varie moins pour la couleur; elle est ordinairement d'un blanc jaunâtre.

Les Astéries se nourrissent de vers marins, de petits crabes, et même de petits coquillages. (1)

Le genre des *Astéries* est nombreux en espèces, et très difficile à diviser en sections. On ne peut faire usage pour cet objet de la considération du nombre des angles ou des rayons, sans s'exposer à rompre des rapports, et l'on sait en outre que dans presque toutes les espèces le nombre des angles ou des rayons varie dans différens individus, quoique dans des limites déterminables.

Pour faciliter l'étude des espèces, j'emploie une considération quelquefois un peu embarrassante ou équivoque, mais qui me

---

(1) On voit souvent des Astéries communes occupées à sucer un Mollusque encore vivant dans sa coquille, la Mactre lisor, par exemple; dans ce cas, l'Astérie gonfle et fait saillir au dehors sa membrane stomacale qui enveloppe en partie la coquille et pénètre même entre les valves. F. D.

paraît plus propre à la conservation des rapports, que celle que l'on trouve dans le nombre des rayons; la voici:

1° *Astéries scutellées:* corps à angles, lobes ou rayons courts, et dont la longueur n'excède point celle du diamètre du disque.

2° *Astéries rayonnées:* corps à rayons allongés, et dont la longueur excède éminemment celle du diamètre du disque.

[L'Anatomie des Astéries, sans être complètement connue, a cependant fait de notables progrès depuis Lamarck. C'est surtout le bel ouvrage de Tiedemann sur l'anatomie des Echinodermes (1816) qui a contribué à faire connaître davantage l'organisation de ces animaux.

Quelques années plus tard, M. Delle Chiaje, dans ses Mémoires sur les animaux sans vertèbres du royaume de Naples, s'occupa de ce même sujet, et il contesta formellement la signification des prétendus nerfs observés par Spix, et la valeur des expériences galvaniques de cet auteur. M. de Blainville, de son côté, déclara en 1834 n'avoir pu s'assurer de l'existence d'un système nerveux dans les Astéries. Nous pourrions nous-même ajouter notre témoignage négatif sur cette question, et cependant Tiedemann, tout en reconnaissant que des ligamens fibreux ont pu être pris pour des nerfs par ses prédécesseurs, prétend avoir reconnu un véritable cordon nerveux entourant la bouche et envoyant des rameaux dans les bras.

M. Ehrenberg, en 1834, a prétendu reconnaître de véritables yeux chez l'*Asterias violacea:* ce sont des points d'un rouge vif situés à la face inférieure de l'extrémité des rayons, et auxquels, dit-il, on peut facilement voir aboutir un filet nerveux courant le long du rayon et renflé à l'extrémité. L'œil ou le point rouge ainsi placé en dessous, se trouve ramené en dessus pour servir à la vision par le redressement de l'extrémité du rayon. Le même observateur a vu une circulation intérieure dans les tubes contractiles du dos, lesquels sont aussi pourvus de cils vibratiles en dehors.

La circulation des Astéries, déjà admise et décrite par Tiedemann et par d'autres naturalistes, a été dernièrement l'objet d'un travail de M. Volkmann. Suivant cet observateur, il y a dans ces animaux trois cercles vasculaires: le premier immédiatement autour de la bouche; le second, sur les pièces osseuses de l'armure dentaire; le troisième et le plus considérable fixé sur la paroi dorsale de la cavité intérieure, comm l' a représenté Tiedemann. Le cœur, admis aussi par Tiedemann, est une vésicule membraneuse allongée, allant du cercle vasculaire dorsal au premier cercle entourant la bouche; il a des fibres musculaires bien visibles; mais il ne montre point de pulsations, même dans l'animal vivant.

M. Volkmann suppose néanmoins que le fluide nourricier passe de ce cœur dans le premier cercle vasculaire, et de là dans les branches envoyées par ce cercle à chaque rayon, et dans les rameaux arrivant à chaque pied ou tentacule dans l'intérieur desquels ils pénètrent. Ces pieds, en vertu de leur contractilité, agissent comme autant de cœurs veineux pour faire revenir le sang par des rameaux aboutissant à un vaisseau central qui de chaque rayon vient se rendre au deuxième cercle vasculaire, d'où partent de gros troncs de communication qui se rendent au troisième cercle vasculaire. Ce dernier cercle s'abouche de part et d'autre dans le cœur; et ainsi se trouve complété le circuit.

On sait depuis long-temps que les ovaires sont des faisceaux de tubes ovigères très nombreux, logés dans les angles entre la base des rayons; mais ce n'est que depuis très peu de temps que M. Sars a fait connaître des particularités fort curieuses sur le développement de l'*Asterias sanguinolenta*, qui se montre d'abord sous une forme totalement différente de celle qu'elle doit avoir plus tard. (Voy. la note p. 257)

M. de Blainville a d visé les Astéries en six sections ou sous-genres de cette manière :

A. Espèces dont le corps est pentagonal et peu ou point lobé à sa circonférence ; les angles étant fissurés (les OREILLERS): ex. *A. discoïdea*. Lamk. n. 7 — *A. pentagonula* Lamk. n. 9.

B. Espèces pentagonales, minces et comme membraneuses (genre *Palmipes* Link — les PALMASTERIES): ex. *A. membranacea* Lamk. n. 19. — *A. rosacea* Lamk. n. 19 — *A. calcar* Lamk. n. 17, etc.

C. Espèces quinquelobées et non articulées à la circonférence : ex. *A. minuta* Lin.

D. Espèces pentagonales et plus ou moins lobées et articulées à leur circonférence (les SCUTASTÉRIES ou PLATASTÉRIES) : ex. *A. tessellata* Lamk. n. 1 — *A. punctata* Lamk n. 2, etc.

E. Espèces profondément divisées en cinq rayons (les PENTASTÉRIES) : ce genre est subdivisé en trois groupes suivant que les rayons sont : — 1° triangulaires déprimés et articulés sur les bords (genre *Astropecten* Link; *Crenaster* Luid) : ex. *A. arantiaca* Lam. n. 31, *A. calcitrapa* Lam. n. 32, etc. — 2° Ou que les rayons sont triangulaires assez courts et arrondis en dessus : ex. *A. rubens* Lam. — *A. glacialis*, etc. — 3° Ou que les rayons sont longs, étroits, et souvent rétrécis à leur origine : ex. *A. variolata* Lamk. n. 36, etc.

F. Espèces qui sont divisées en un plus grand nombre de rayons que cinq ou six (les SOLASTÉRIES) : ex. *A. tenuispina* Lamk. n. 27. — *A. endeca* Linn. — *A. papposa* Linn. — *A. helianthus* Lamk n. 20, etc.

M. Nardo (Isis 1834) a proposé de diviser les Astéries dans les trois genres STELLARIA (*A. aranciaca* — *A. calcitrapa*); — STELLONIA (*A. rubens* — *A. glacialis*); — ASTERINA (*A. exigua* — *A. minuta*); — ANSEROPODA (*A. membranacea* — *A. rosacea*), et — Linkia (*A. lævigata* — *A. variolosa*).

M. Agassiz plus récemment (Mém. soc. sc. nat. de Neufchâtel 1836) adoptant en partie les genres établis avant lui, mais sans avoir égard au nombre des rayons, divise les Astéries en neuf genres, savoir :

1. ASTERIAS (*Astropecten* Link. — *Crenaster* Luid. — *Pentastérie* Blainv. — *Stellaria* Nardo) ayant le corps en étoile; la face supérieure tesselée, et les rayons déprimés,

bordés de deux rangées de larges plaques portant de petites épines : ex. — *A. aranciaca*, — *A. calcitrapa*.

2. Coelaster Ag. qui diffère du précédent en ce que la cavité intérieure est circonscrite par des plaques disposées comme celles des Oursins au sommet desquelles on aperçoit une étoile d'ambulacres. Ce genre se rapproche donc par son organisation de la famille des Crinoïdes, tandis que sa forme est celle des vrais Astéries ; une seule espèce fossile *C. Couloni* Ag.

3. Goniaster Ag. (*Scutastérie* ou *Platastérie* Blainv.), ayant le corps pentagonal, bordé d'une double série de larges plaques qui portent des épines, et la face supérieure noueuse : ex. *A. tessellata* Lamk. — *A. equestris* Lin. etc.

4. Ophidiaster Ag., à corps en étoile, finement tesselé sur toute sa surface ; sillons inférieurs très étroits : ex. *Asterias ophidiana* Lamk.

5. Linkia Nardo, à corps en étoile ; à rayons tuberculeux et allongés montrant la peau poreuse dans les intervalles des tubercules : ex. *A. variolata* Lamk.

6. Stellonia Nardo (*Pentastéries* en partie et *Solastéries* Blainville). Ayant le corps en étoile, entièrement couvert d'épines plus ou moins saillantes : ex. *A. rubens*, — *A. glacialis*, — *A. endeca*, — *A. papposa*, — *A. helianthus*, etc.

7. Asterina Nardo (*Astérie*, section C. Blainv. — *Pentaceros* Link.), dont le corps pentagonal, recouvert d'écailles pectinées, est bombé à la face supérieure, et présente des sillons profonds à la face inférieure : ex. *A. minuta*.

8. Palmipes Link (*Palmastérie*. Blainv. — *Anseropoda* Nardo), à corps pentagonal, très déprimé, mince, mais membraneux sur ses bords : ex. *A membranacea*.

9. Culcita Ag. (*Oreiller* Blainv.), ayant le corps pentagonal, fendu aux angles, et les tégumens : granuleux : ex. *A. discoïdea*.] F. D.

ESPÈCES.

* *Corps scutellé.*

1. Astérie parquetée. *Asterias tessellata.* (1)

A. camplanata, pentagona, utrinque tessellata : tessellis subgranulatis; margine articulato.
An Asterias granularis? Gmel. p. 3164.
(A) *Tessellis minutissimè granulosis.* (*A. granularis.* Blainville.)
Pentetagonaster regularis. Linck. St. p. 20. t. 13. f. 22.
Encycl. pl. 96. Mull. Zool. Dan. t. 92.
Seba. Mus. 3. t. 6. f. 5-8. et t. 8. f. 4.
Mus. n°
(B) *Tessellis lævibus, planulatis.*
Mus. n°
(C) *Tessellis convexis subglobosis, graniformibus.*
Link. St. t. 24. f. 39. Encycl. pl. 97. f. 1-2.
(D) *Tessellis dorsi subpapillosis : papillis conico-cuspidatis.*
Linck. St. t. 23. f. 37. Encycl. pl. 98. f. 1-2.
Seba. Mus. 3. t. 6. f. 9-10.

---

(1) Les six premières espèces de Lamarck, avec les 12e, 13e, 14e, 15e, 16e, appartiennent à la division des SCUTASTÉRIES ou PLATASTÉRIES de M. de Blainville, comprenant « les espèces pentagonales et plus ou moins lobées et articulées à leur circonférence. »

M. de Blainville rapporte à cette même division les espèces suivantes :

1. a. Astérie oculée. *Asterias oculata.*

Link. Stell. Mar. tab. 23. f. 11.
Pennant. Brit. Zool. tab. 307. f. 56.
Habite la mer du nord et la Manche.

1. b. Astérie de Seba. *Asterias Sebæ.* Blainv.

Seba. Mus. 3. pl. 8. n° 1.

1. c. Astérie de Linck. *Asterias Linckii.*

Link. Stell. Mar. tab. 7. n° 8.

* *Goniaster.* Agassiz. Prodr. Echin. Mém. Neufch. p. 191.
* Blainv. Man. d'actin. p. 238. pl. 23. f. 4.

Habite les mers d'Europe, d'Amérique et des Grandes-Indes. Cette Astérie est remarquable par sa forme simple, par ses angles courts, par le bourrelet articulé de ses bords, et par les nombreuses variétés qu'elle présente.

[On doit reconnaître avec M. de Blainville que la variété A constitue une espèce distincte.]

2. Astérie ponctuée. *Asterias punctata.*

A. pentagona, inermis, utrinque tessellata; tessellis dorsi sinuato-angulis, punctatis; margine articulato.

Mus. n°

Habite.... les mers australes? Péron et Lesueur. Cette espèce avoisine la précédente par ses rapports, et néanmoins en est très distincte.

3. Astérie cuspidée. *Asterias cuspidata.*

A. pentagona, inermis, utrinque tessellato-granulata; angulis porrectis, longis, angustis, cuspidiformibus; margine articulato.

Mus. n°

Habite.... les mers australes? Péron et Lesueur. Celle-ci approche aussi de l'Astérie parquetée par ses rapports; mais on l'en distingue au premier aspect par ses angles prolongés en longues pointes comme des cornes droites ou des rayons.

4. Astérie pléyadelle. *Asterias pleyadella.*

A. inermis, pentagona, quinqueloba, utrinque tessellata : tessellis omnibus granulatis; dorso ad interstitia tessellarum foraminulato.

Mus. n°

Habite.... Les mers australes? Péron et Lesueur. Petite Astérie très distincte des autres espèces, et néanmoins rapprochée de l'Astérie parquetée par ses rapports. Elle a à peine un pouce de diamètre, et offre cinq lobes coniques assez égaux. Ses bords se composent de deux rangs de pièces granuleuses comme celles de ses parquets, et son dos est piqueté.

5. Astérie ocellifère. *Asterias ocellifera.*

A. inermis, pentagona; angulis porrectis, corniculatis dorso convexo, orbulis granulatis ocellato.

Mus. n°

Habite.... les mers australes? Péron et Lesueur. Belle espèce bien distincte des précédentes et qui y tient cependant par ses rapports.

Dans l'état sec, elle n'est plus que blanche; mais M. Lesueur assure qu'elle était d'un beau rouge dans l'état frais.

6. Astérie vernicine. *Asterias vernicina.*

A. inermis, pentagona, subtessellata, vernicinâ splendore undiquè indutâ; margine articulato mutico.

Mus. n°

Habite.... les mers australes? Péron et Lesueur. C'est encore une espèce voisine de l'Astérie parquetée par ses rapports, et qu'il faut en distinguer.

7. Astérie discoïde. *Asterias discoidea.* (1)

A. inermis crassissima, pentagona; angulis brevibus apice bifidis; paginâ inferiore tessellato-granulatâ.

Encycl. pl. 97. f. 3. pl. 98. f. 3. et pl. 99. f. 1.

* *Culcita.* Agassiz. l. c.

* Blainv. Man. d'actin. p. 237. pl. 23. f. 1.

Mus. n°

Habite.... Espèce singulière, très remarquable, et qui tient à l'Astérie parquetée par ses rapports. Elle est pentagone, presque orbiculaire, à angles forts, et devient extrêmement épaisse et pesante. Ses angles sont bifides au sommet, par le prolongement des gouttières inférieures jusque sur une partie du dos. Le dessous de cette Astérie est parqueté de pièces finement granuleuses, chargées d'autres grains plus gros. Son dos est convexe, presque lisse, obscurément réticulé par des nervures, et muni de tubercules coni-

---

(1) L'Astérie discoïde et l'Astérie pentagonale n° 9 « font partie de la division des Oreillers de M. de Blainville, comprenant les espèces dont le corps est pentagonal et peu ou point lobé à sa circonférence, les angles étant fissurés. » A cette même division appartiennent aussi les deux espèces suivantes :

† 7. *a.* Astérie lune. *Asterias luna* Linn.

Gmel. Syst. nat. p. 3160. n° 1.

† 7. *b.* Astérie granulaire. *Asterias granularis.* Linn.

Retzius. Nouv. mém. acad. Stockh. 1783.

Gmel. Syst. nat. p. 3164. n° 28.

Linck. Stell. Mar. p. 20. tab. 13. f. 22.

Cette espèce correspond à la variété A de l'espèce n° 1 de Lamarck.

ques, petits, groupés par espaces et rares. Cette Astérie a l'aspect d'un gâteau, d'un diamètre de 14 à 18 centimètres.

8. Astérie exiguë. *Asterias exigua.* (1)

A. minima, pentagona, simplicissima; dorso convexo, minutissimè poroso; infernâ superficie concavâ papillosâ.

Pentaceros plicatus et concavus. Linck. St. 25. tab. 3. n° 20.

Seba. Mus. 3. tab. 5. f. 13-15.

Encycl. pl. 100. f. 1-3.

An Asterias minuta? Gmel. p. 3164.

* *Asterias minuta.* Blainv. Man. d'actin. p. 238.

* *Asterina minuta.* Nardo. Agassiz. l. c.

Habite les mers d'Amérique, etc. Mon cabinet.— C'est la plus petite des Astéries connues ; elle n'a guère que 1 à 3 centimètres de largeur.

[M. Delle Chiaje (Mem. sul. an. s. vert. t. 2. p. 355. pl. 18. f. 1) rapporte avec doute à l'espèce de Lamarck une petite Astérie qu'il a observée à Naples, et qu'il caractérise par ses écailles dorsales pectinées, épineuses, à huit dents, et par ses écailles ventrales à trois dents.]

9. Astérie pentagonule. *Asterias pentagonula.*

A. inermis, orbiculato-pentagona; angulis brevibus, reflexis, emarginatis : paginæ inferioris canaliculis latis, ad margines articulato-plicatis.

Mus. n°

Habite.... les mers australes? Péron et Lesueur. Cette espèce sin-

---

(1) M. de Blainville prend l'Astérie exiguë, qu'il nomme *Asterias minuta,* pour type de sa troisième division, comprenant « les espèces quinquelobées et non articulées à la circonférence. » Il rapporte à la même division les espèces suivantes :

† 8*. Astérie gibbeuse. *Asterias gibbosa.* Pennant. Brit. Zool. 4. n. 62.

Pentaceros gibbus plicatus. Link. Stell. Mar. p. 25. f. 3. n° 20.

† 8**. Astérie gentille. *Asterias pulchella.* Blainv. Faun. fran. — Man. d'actin. p. 238. pl. 23. f. 3.

Habite la Méditerranée. — Précédemment confondue avec l'*A. minuta.*

gulière ne tient nullement à l'Astérie parquetée par ses rapports, et néanmoins elle est aussi simple, presque discoïde, et n'a que cinq angles courts, réfléchis en dessus. Son dos est aplati, non parqueté, couvert de papilles courtes. — Larg., 8 à 10 centimètres.

10. Astérie coussinet. *Asterias pulvillus.*

A. lubrica, margine integro mutico.

Mull. Zool. Dan. 1. p. 19. tab. 19.

Encycl. pl. 107. f. 1-3.

Habite les mers de Norwège. Je n'ai point vu cette espèce; mais je dois la mentionner ici, parce que son existence n'est point douteuse.

[Cette espèce est placée par M. de Blainville dans la division des *Palmastéries* avec les espèces 17, 18 et 19.]

11. Astérie pénicillaire. *Asterias penicillaris.*

A. inermis, subtomentosa, dorso convexa, quinque-loba; paginâ inferiore penicillis confertis transversim seriatis rugosâ.

Link. St. p. 31. tab. 34. n° 57? *Stella obtusangula.*

Mus. n°

Habite.... Elle est du voyage de MM. Péron et Lesueur, et probablement elle vit dans l'Océan atlantique. Cette espèce est à peine scutellée; elle a 5 lobes sublancéolés, émoussés à leur sommet.

12. Astérie équestre. *Asterias equestris.*

A. pentagona, angulis porrectis; margine articulato: articulis digitato-papilliferis; dorso mutico, subverrucoso, obsoletè reticulato.

Pentaceros planus. Link. St. p. 21. tab. 12. f. 21. et tab. 33. f. 53.

Encycl. pl. 101 et 102.

* *Scutasterias.* Blainv. Man. d'actin. p. 238.

* *Goniaster.* Agassiz. l. c.

Mus. n°

Habite les mers d'Europe? Elle est marginée, carénée et articulée en son bord; mais ses écailles marginales portent chacune deux à quatre papilles en forme de digitations, et ses angles sont un peu prolongés en cornes lancéolées.

13. Astérie carinifère. *Asterias carinifera.*

A. pentagona, angulis porrectis; margine aculeato; dorso carinis quinque aculeatis muricato.

Mus. n°

Habite.... Elle provient du voyage de Péron et Lesueur. Cette

Astérie ressemble tellement à la précédente par son aspect, qu'on pourrait présumer qu'elle n'en est qu'une variété. Cependant, au lieu de papilles digitiformes sur ses scutelles marginales, elle offre une série de piquans simples, et sur son dos on voit cinq côtes tranchantes et spinifères.

14. Astérie obtusangle. *Asterias obtusangula.*

A. crassa, depressa, quinqueloba; margine tessellis granulosis articulato; dorso granis seriatis sublævibus.

Mus. n°

Habite.... Du voyage de MM. Péron et Lesueur. Par sa forme générale, elle ressemble à l'Astérie figurée dans l'Encyclopédie (pl. 103); mais ce n'est pas la même, d'après les détails de la figure citée. Cette Astérie est divisée en cinq lobes épais et obtus; porte sur le dos quelques rangées de grains sphériques, lisses, séparés les uns des autres; et offre en ses bords des rangées de plaques granulifères, convexes, presqu'en forme de fraises. — Larg., 15 ou 16 centimètres.

15. Astérie réticulée. *Asterias reticulata.*

A. quinqueloba, maxima, crassa; dorso reticulato, aculeis muricato, centro turgido.

Asterias reticulata. Lin.

Link. St. t. 23 et 24. n° 36. t. 41 et 42. n° 72.

Seba. Mus. 3. tab. 7 et 8. n° 1.

Encycl. pl. 100. f. 6. 7. 8.

* *Scutasterias.* Blainv. Man. d'actin. p. 238.

* *Goniaster.* Agassiz. l. c.

2. *Eadem quadrilobata.* Rumph. Mus. t. 15. f. D.

Link. St. t. 31. f. 51.

Mus. n°

Habite l'Océan des Grandes-Indes. Mon cabinet. Cette espèce n'est point rare, devient fort grande, épaisse, à dos réticulé, hérissé de pointes courtes, irrégulièrement renflé au centre. Ses lobes, au nombre de cinq et rarement de quatre ou de six, sont coniques et épineux ou dentés sur les bords. Sa face inférieure est finement granuleuse, avec des paquets séparés de papilles très courtes, inégales. Elle acquiert 20 à 26 centimètres de largeur.

16. Astérie couronnée. *Asterias nodosa.*

A. radiis quinque carinatis, aculeato-muricatis; margine mutico.

Asterias nodosa. Lin.

Rumph. Mus. tab. 15. f. A.
Linck. Tab. 2 et 3. n° 3. tab. 26. f. 41.
Encycl. pl. 105.
* *Scutasterias*. Blainv. Man. d'actin. p. 238.
* *Goniaster*. Agassiz. l. c.
2. *Eadem?* Linck. St. tab. 25. n° 40.
3. *Eadem?* Linck. St. tab. 7. n° 8.
Seba. Mus. 3. tab. 7. f. 3. Encycl. pl. 106. f. 1.
Mus. n°
Habite l'Océan des Grandes-Indes. Cette belle Astérie est fort remarquable par les épines fortes, cuspidiformes ou glandiformes qui couronnent le dos de son disque, et qui règnent le long de ses carènes dorsales. Tantôt ces épines sont toutes très droites ou verticales, et tantôt elles sont diversement inclinées.

[Les trois espèces suivantes de Lamarck, *A. calcar*, *A. membranacea* et *A. rosacea* avec l'*Asterias pulvillus* (*n*° 10) constituent la division des *Palmastéries* de M. de Blainville (genre *Palmipes* de Link) comprenant les espèces pentagonales minces et comme membraneuses.]

17. Astérie éperon. *Asterias calcar*.

A. orbiculato-angulata supernè convexa, vermiculis brevibus texturata; infernâ superficie papillis cylindricis echinulatâ.
(a) *Ast. calcar quinque-angula.*
(b) *Ast. calcar hexagona.*
Mus. n°
(c) *Ast. calcar octogona.*
Mus. n°
Habite les mers de la Nouvelle-Hollande; Port du Roi-Georges. Péron et Lesueur. On est tenté, à l'aspect des variétés de cette Astérie, de les considérer comme appartenant à trois espèces différentes. Elles offrent effectivement des différences assez remarquables dans leur forme générale; mais les caractères de leurs surfaces, en dessus et en dessous, sont à-peu-près les mêmes dans toutes ces variétés. Cette Astérie est rouge-violette, brillante de couleurs, et ressemble à une fleur lorsqu'elle est vivante.

18. Astérie patte-d'oie. *Asterias membranacea*.

A. complanata, submembranacea, utrinque tuberculis subhispidis granulosa; angulis quinque amplis acutis; disco dorsali squamoso.

Asterias membranacea. Retz. Ins. Nouv. mém. acad. Stock. 1783.
Gmel. Syst. nat. p. 3164.
Palmipes. Link. St. p. 29. tab. 1. n° 2.
* *Palmasterias.* Blainv. Man. d'actin. p. 237. pl. 23. f. 2.
* *Anseropoda.* Nardo.
* *Palmipes.* Agassiz. l. c.
Mus. n°
Habite la Méditerranée. Celle-ci et la suivante sont extraordinaires par leur grand aplatissement et leur peu d'épaisseur.

19. Astérie rosacée. *Asterias rosacea.*

A. complanata, submembranacea, utrinque tuberculis minimis et subhispidis granulosa; lobis obtusis brevissimis; disco dorsali nudo.
Encycl. pl. 69. f. 2-3.
2. *Var. lobis senis.*
Mus. n°
3. *Var. lobis quindenis.*
Mus. n°
Habite.... Quelque voisine que soit cette Astérie de la précédente par ses rapports, elle me paraît s'en distinguer constamment par la forme de ses lobes et par le défaut d'écailles au centre et sur les côtes de son disque dorsal. Effectivement, la surface supérieure ou dorsale de l'Astérie rosacée n'offre partout que de petits tubercules, tous semblables, qui lui donnent l'aspect d'une peau de chagrin.
La variété 3 est fort grande et singulièrement remarquable, ayant 15 lobes courts, qui la font ressembler à une *rose des vents.*

[Les quatre espèces suivantes; avec l'*Astérie fine épine*, n. 27, et les *Astérie sableuse*, n. 40, et *A. du Sénégal*, n. 42, constituent la division des Solastéries de M. de Blainville comprenant «les espèces qui sont divisées en un plus grand nombre de rayons que cinq ou six» mais qui de l'aveu de l'auteur lui-même est artificielle et comprend des espèces de structure différente.]

20. Astérie héliante. *Asterias helianthus.*

A. orbicularis, multiradiata, subtùs concava, papilloso-echinata; papillis seriatis: dorsalibus brevioribus.
Encycl. pl. 108-109.

* *Solasterias.* Blainv. Man. d'actin. p. 242. pl. 23. f. 5.
* *Stellonia.* Nardo. — Agassiz. l. c.
Mus. n°
Habite.... C'est une des Astéries les plus singulières et les plus curieuses; elle est orbiculaire, convexe en dessus, concave en dessous, et divisée dans sa circonférence en 30 à 36 rayons étroits, rapprochés, arqués, quelquefois un peu enroulés, et hérissés de petites papilles disposées par rangées longitudinales. — Sa largeur est de 14 à 16 centimètres.

21. Astérie échinite. *Asterias echinites.*

A. orbicularis multiradiata, spinoso-echinata; spinis basi tomentosis, subarticulatis : dorsalibus validioribus, longioribus et acutioribus.
Soland. et Ell. tab. 60 à 62.
Encycl. pl. 107. A. B. C.
Mus. n°
Habite l'Océan des Grandes-Indes. Cette Astérie n'est ni moins singulière, ni moins curieuse que la précédente, et c'est de toutes les espèces connues celle qui est la plus épineuse. Elle est orbiculaire, discoïde, légèrement convexe en dessus avec le centre un peu enfoncé, et divisée dans sa circonférence en 16 à 20 rayons assez épais et très épineux. Toute sa surface supérieure est muriquée comme le dos d'un hérisson. La plupart des épines dorsales ont plus de 2 centimètres de longueur. — La largeur de cette Astérie est de 16 à 22 centimètres.

22. Astérie à aigrettes. *Asterias papposa.*

A. dorso marginibusque penicillis papposis muricata; radiis subtridenis, lanceolatis.
Asterias papposa. Lin. Gmel. p. 3160.
Linck. St. tab. 17. f. 28. et tab. 32. f. 52.
Encycl. pl. 107. f. 4-5. Seba. Mus. 3. t. 8. f. 5.
* *Solasterias.* Blainv. Man. d'actin. p. 24.
* *Stellonia.* Nardo. — Agassiz. l. c.
* *Asterias papposa.* Johnst. Mag. of nat. hist. 1836. p. 474. f. 69.
2. *Eadem minor, disco dorsi concavo.*
Linck. St. tab. 34. f. 54.
Encycl. pl. 107. f. 6-7.
Mus. n°
Habite l'Océan européen et asiatique. Mon cabinet. Cette espèce est fort remarquable et n'est point rare; elle est roussâtre ou ferrugi-

neuse, et a l'aspect d'un petit soleil, ayant 12 à 15 rayons lancéolés, moins longs que le diamètre du disque.

23. Astérie dactyloïde. *Asterias endeca.*

A. undiquè aculeis minimis, subpectinatis aspera; radiis novem tortuosis.

Asterias endeca. Lin. Gmel. p. 3162.
Link. St. tab. 15. f. 26. tab. 16. f. 26. et tab. 17. f. 27.
Encycl. pl. 114. et 115. Rumph. Mus. t. 15. f. F.
* *Solasterias* Blainv. Man. d'actin. p. 24.
* *Asterias endeca.* Johnston. Mag. of nat. hist. 1836. p. 299. f. 44.
* *Stellonia.* Nardo. — Agassiz. l. c.
2. *Eadem radiis octo.* Link. St. t. 14. f. 25.
Encycl. pl. 113. f. 3.

Habite les mers du nord. Elle est comme irrégulière, à rayons tortueux dont le nombre varie de 6 à 9.

[M. Delle Chiaje pense que c'est une monstruosité de l'*A. rubens.*]

** *Corps rayonné.*

[Les espèces de cette divison, moins l'*Astérie fine épine*, n. 27, l'*A. sableuse* et l'*A. du Sénégal* reportées avec les *Solastéries*, sont réunies par M. de Blainville dans la division des PENTASTÉRIES qui comprend «les espèces profondément divisées en cinq rayons,» et qui est elle-même partagée en trois sections savoir: la 1re pour les Astéries à rayons triangulaires déprimés et articulés sur les bords (les *Astropecten* Link ou *Crenaster* Luid.) telles que les *A. aranciaca*, n. 31, et *A. calcitrapa*, n. 32, auxquelles M. de Blainville ajoute les *A. irregularis* (Linck. p. 26 tab. 6, n. 13), *A. regularis* (Linck. p. 16, tab. 8, n. 1), *A. fimbriata* (Linck. p. 27, tab. 23 et 24 n. 38) et *A. bispinosa* Otto.

La 2e section pour les Astéries « à rayons triangulaires assez courts et arrondis en dessus », telles que les *A. rubens*, n. 28, *A. acuminata*, n. 33. *A. striata*, n. 34, *A. glacialis*, n. 26, *A. milleporella*, n. 35, *A. multifora*, n. 37, auxquelles M. de Blainville ajoute les *A. violacea* Linn. et *A. spongiosa* Fabr.

La 3ᵉ section pour les Astéries « à rayons longs, étroits et souvent rétrécis à leur origine, telles que les *A. variolata*, n. 36, *A. granifera*, n. 24, *A. echinophora*, n. 25, *A. bicolor*, n. 38, *A. lævigata*, n. 39, *A. cylindrica*, n. 41, *A. senegalensis*, n. 43, *A. subulata*, n. 44, *A. clavigera*, n. 29 et *A. seposita*, n. 30, auxquelles M. de Blainville ajoute les *A. reticulata* Link. p. 34. tab. 39. n. 16, *A. phrygiana* Linn. et l'*Asterias cometa* Blainv. espèce détachée de l'*Asterias lævigata* et caractérisée par le développement excessif d'un de ses rayons.]

24. Astérie granifère. *Asterias granifera.*

A. radiis quinque subteretibus, reticulato-graniferis : granis majoribus pisiformibus.

Mus. n°

2. *Eadem minor, granis omnibus minimis.*

Mus. n°

Habite.... les mers australes. Péron et Lesueur. Tout le dos et les côtés de cette Astérie offrent une sorte de réseau à mailles arrondies, dont les bords soutiennent des papilles graniformes, subsphériques, lisses comme des perles, les unes fort petites, les autres plus grosses et qui ressemblent à de petits pois, ou à de petites perles, un peu pédiculées.

25. Astérie échinophore. *Asterias echinophora.*

A. radiis quinque subteretibus, undique reticulato-aculeatis; superficie poris sparsis pertusâ.

Pentadactylosaster spinosus. Linck. St. p. 35. tab. 4. n° 7.

Encycl. pl. 119. f. 2-3.

Seba. Mus. 3. tab. 7. f. 4.

Petiv. Gaz. t. 16. f. 6.

Mus. n°

Habite les côtes de la Virginie. Espèce tranchée et très distincte par ses caractères. Elle est petite, partout hérissée de piquans soutenus par des nervures en réseau.

26. Astérie glaciale. *Asterias glacialis.* (1)

A. radiis quinis longis, tortuosis, costato-angulatis; costis verrucoso-aculeatis dorsalibus subtribus.

(1) [M. Delle Chiaje réunit comme simples variétés à l'*Aste-*

(A) *A. glacialis cancellata : radiis longissimis, dorso bicostatis; nervis transversis muticis.*

Sol echinatus cancellatus, Linck. St. p. 33. tab. 38. et 39.

Encycl. pl. 117 et 118.

* *Asterias echinophora*. Delle Chiaje. l. c.

* *Stellonia*. Nardo. — Agassiz. l. c.

Mon cabinet.

(B) *A. glacialis angulosa : radiis crassis, angulatis, dorso tricostatis; nervis transversis obseletis.*

Asterias angulosa. Mull. Zool. Dan. 2. p. 1. tab. 41.

Encycl. pl. 119. f. 1.

Mus. n°

Habite la Méditerranée et l'Océan boréal. Comme on l'a fait, je rapporte à cette espèce, deux Astéries qui présentent entre elles d'assez grandes différences, et qui probablement ne sont que des variétés l'une de l'autre. Ce qu'elles ont de commun ensemble, c'est d'avoir 5 rayons anguleux, des épines portées chacune sur une verrue ou un gros renflement, et un petit nombre de côtes dorsales, c'est-à-dire deux ou trois seulement, sans compter les marginales.

La variété (*A*) est la plus grande des Astéries qui me soit connue. Son diamètre, de l'extrémité d'un rayon à celle d'un autre opposé, est d'un demi-mètre (plus d'un pied et demi). Ses rayons sont linéaires-lancéoles, treillissés sur le dos, par le croisement des deux côtes épineuses avec les nervures mutiques transverses. Elle vit dans la Méditerranée.

La variété (*B*) est bien moins grande; à rayons épais, plus anguleux; à épines portées sur de grosses verrues. Elle n'est point ou

---

rias echinophora de Lamarck, les *A. glacialis*, *A. tenuispina*, du même auteur, et l'*Asterias violacea* de Muller.]

Le même auteur (Mem. sul. an. s. vert. t. 2. p. 357. pl. 18. f. 6) a décrit l'espèce suivante que nous pensons n'être qu'une variété de l'Astérie glaciale, d'autant plus que nous-même nous avons observé celle-ci dans la Méditerranée avec plus de cinq rayons :

† 26. *a.* Astérie de Savarès. *Asterias Savaresi*. Delle Chiaje.

A. radiis 5-9, subteretibus, sæpius inæqualibus; supra papillis verrucoso-aculeatis, forisque ovatis præditis; aculeis apice subcompressis hinc inde sulcato-retusis; subtus papillis apice retusis, quadruplici ordine digestis.

presque point treillissée sur le dos de ses rayons. Elle vit dans l'Océan.

27. Astérie fine-épine. *Asterias tenuispina.*

A. radiis subseptenis, angustis, costato-spinosis; costis dorsalibus quinatis; spinis tenuibus, simplicibus, longiusculis.

* *Asterias echinophora.* Delle Chiaje. l. c.

* *Solasterias.* Blainv. Man. d'actin. p. 24.

Habite l'Océan européen. Mon cabinet. Peut-être a-t-on confondu cette espèce avec l'Astérie glaciale, dont elle se rapproche effectivement par ses rapports. Malgré cela, elle en est très distincte; car, outre qu'elle a 7 à 9 rayons étroits, munis de cinq côtes dorsales bien épineuses (les marginales non comprises); ses épines menues et un peu longues, ne sont pas soutenues par des verrues aussi renflées ou aussi remarquables que celles de l'Astérie glaciale. Sous les rayons, les gouttières sont assez larges.

28. Astérie commune. *Asterias rubens.*

A. radiis subquinis, lanceolatis, papilloso-echinatis; papillis dorsi sparsis et subseriatis.

Linck. St. tab. 30. n° 50. tab. 36. n° 61. tab. 9 et 10. n° 19. tab. 14. n° 23. tab. 35. etc.

Seba. Mus. 3. tab. 5. f. 3.

Encycl. pl. 113. f. 1-2. et pl. 112. f. 3-4.

* Blainv. Man. d'actin. p. 239. pl. 22. A et B.

* Turton. Brit. Faun. 139.

* Fleming. Brit. Anim. 486.

* *Asterias rubens.* Johnston. Mag. of nat. hist. 1836. p. 144. f. 20.

* *Stellonia.* Nardo. — Agassiz. l. c.

Habite les mers d'Europe. Espèce très commune et si abondante sur nos côtes, qu'on la répand sur les terres en guise d'engrais.

[M. Delle Chiaje pense que les deux espèces suivantes doivent être réunies à celle-ci.]

29. Astérie clavigère. *Asterias clavigera.*

A. radiis quinis longis semi-teretibus undiquè papilliferis; papillis aliis minimis creberrimis lævibus; aliis magnis rariusculis, clavatis, granuliferis.

Mus. n°

Habite.... Belle et grande espèce très distincte, dont je ne connais point l'habitation, et qui me paraît inédite. Elle ressemble par son port au *Pentadactylosaster reticulatus*, etc. Link. St. p. 34.

tab. 9 et 10. n_0 16 (Encycl. pl. 112. f. 1-2); mais elle n'est pas seulement réticulée, et, outre les petites papilles très nombreuses dont elle est chargée en dessus, elle en porte de grandes, figurées en massue finement granuleuse.

30. Astérie réseau-rude. *Asterias seposita.*

A. radiis, quinis, angusto-lanceolatis, subteretibus; dorso reticulato, aculeis perparvis aspero.

Asterias seposita. Retzii. Gmel. p. 3262.

Pentadactylosaster reticulatus, etc. Link. St. p. 35. tab. 4. n° 5.

Seba. Mus. 3. tab. 7. f. 5.

* *Pentasterias.* Blainv. Man. d'actin. p. 240.

* *Stellonia.* Nardo. — Agassiz. l. c.

Mus. n_0

Habite la Méditerranée, l'Océan européen et boréal. Mon cabinet. Espèce commune, de taille médiocre, à rayons étroits, presque cylindracés, et réticulés sur le dos, avec de petites papilles sur les réticulations, qui les font paraître pectinées. C'est avec l'*Asterias rubens* que cette espèce a le plus de rapports; mais ses rayons étroits à dos bien réticulé, l'en distinguent facilement. On en observe quelques variétés, les unes à rayons courts, les autres à rayons fort allongés et très aigus.

31. Astérie frangée. *Asterias aranciaca.*

A. disco lato; radiis quinis depressis lanceolatis; dorso paxillis truncatis et echinulatis tecto; margine articulato, aculeisque ciliato.

Asterias aranciaca. Lin. Mull. Zool. Dan. 3. p. 3. tab. 83.

Astropecten. Linck. St. tab. 5 et 6. f. 5 et 13. tab. 8. f. 11-12. tab. 4. f. 14. tab. 27. f. 44.

Seba. Mus. 3. tab. 7. f. 2. et tab. 8. f. 6-8.

Encycl. pl. 110. f. 1-5. et pl. 111. f. 1-6.

* Tiedemann. Anatomie. 1816. tab. 5. 6. 7. 8. 9.

* *Pentasterias.* Blainv. Man. d'actin. p. 239.

* *Stellaria.* Nardo.

* *Asterias.* Agassiz. l. c.

* Johnston. Mag. of hist. nat. 1836. p. 299. f. 44.

* Delle Chiaje. Mem. s. an. s. vert. t. 2. p. 355. pl. 19.

Mus. n_0

2. *Var. aculeis marginalibus minimis* (*A. Jonstoni.* Delle Chiaje. (1)

---

(1) [M. Delle Chiaje (Mem. s. an. s. vert. t. 2. p. 356) décrit

3. *Var. disco perparvo.*

Habite les mers d'Europe, etc. Belle espèce, fort remarquable par ses caractères, assez commune dans les collections, et qui devient très grande. Son disque est assez large, un peu moins déprimé en dessous qu'en dessus, et sa circonférence se divise en 5 rayons lancéolés, marginés et frangés. Les bords partout semblent articulés par le produit des sillons transverses qui les divisent, et la frange qui les borde résulte des épines sériales dont ils sont garnis.

32. Astérie chaussetrape. *Asterias calcitrapa.*

A. disco parvo; radiis quinis lineari-subulatis; dorso paxillis truncatis obtecto; margine articulato, inermi.

Mus. n°

2. *Var. radiis perangustis.*

Mus. n°

Habite.... les mers australes? Du voyage de MM. Péron et Lesueur. Cette Astérie tient sans doute beaucoup de la précédente par ses rapports; mais ses rayons allongés, linéaires-subulés et son disque petit, doivent la faire distinguer comme espèce.

33. Astérie acuminée. *Asterias acuminata.*

A. dorso convexo inermis; radiis quinis, conicis, acuminatis, longitudinaliter striatis; disco inferiori concavo.

Mus. n°

Habite.... Celle-ci est toute particulière dans la forme et la disposition de ses parties. Elle est de la taille de l'Astérie commune (*A. rubens*), mais elle est très différente. Ses rayons sont coniques-pointus, finement papilleux sur le dos avec des stries longitu-

---

la variété 2 de Lamarck comme une espèce distincte sous le nom d'*Asterias Jonstoni.*]

Le même auteur décrit l'espèce suivante observée à Naples :

† 31. *a.* Astérie à cinq épines. *Asterias pentacantha.* Delle Chiaje. l. c. pl. 18. f. 3.

A. disco, radiis acuminato-compressis, ac dorso paxillis stellatis obtectis; spinis margine superiore apophysium lateralium nullis, inferiore quinque, digitato-articulatis; subtus papillis tubulosis subulatisque quadruplici ordine.

Habite la Méditerranée. Cette Astérie ressemble beaucoup à l'*Asterias aranciaca*, et pourrait bien n'en être qu'une variété mal observée.

dinales percées de trous. En dessous, elle a 5 gouttières profondes, et un disque très concave.

Obs. Cette espèce est peut-être la même que l'*Asterias violacea* de Muller (Zool. Dan. 2. t. 46. et Encycl. pl. 116. f. 4 et 5), mais que l'exemplaire desséché du Muséum ne représente plus.

34. Astérie striée. *Asterias striata.*

A. radiis quinis, dorso longitudinaliter striatis, convexis, striis spinoso-asperis; paginâ inferiore papillis creberrimis echinulatâ.
Mus. n°

Habite les côtes de l'Ile-de-France. M. Mathieu. Cette espèce, bien distincte, est de la taille de l'Astérie commune; elle présente cinq rayons lancéolés, éminemment hérissés de papilles en dessous; mais son dos convexe ressemble à une étrille, et offre des stries longitudinales chargées de petites épines. Couleur rousse.

35. Astérie milléporelle. *Asterias milleporella.*

A. radiis quinis, conico-lanceolatis, dorso convexis, undiquè tessellatis : tessellis planulatis, granulatis, ad interstitia perforatis.

Mus. n°

Habite.... les mers d'Europe ? Ma collection. Elle a de grands rapports avec l'Astérie variolée; cependant elle est toujours beaucoup plus petite, à rayons plus lancéolés, à pièces de ses parquets plus aplaties, et dont tous les interstices sont percés de trous solitaires. — Largeur des plus grandes, 6 à 8 centimètres.

36. Astérie variolée. *Asterias variolata.*

A. radiis quinis vel senis elongatis, subteretibus, dorso tessellatis tessellis inæqualibus, convexis, tenuissimè granulatis.

Link. St. tab. 1. f. 1. tab. 8. f. 10 et tab. 14. f. 24.

Encycl. pl. 119. f. 4-5.

* *Pentasterias* Blainv. Man. d'actin. p. 240.

* *Linckia.* Nardo. — Agassiz. l. c.

2. *Var. major, tessellis globulosis, graniformibus.*

Mus. n°

Habite.... les mers d'Europe? Cette espèce n'est point rare dans les collections. Elle offre cinq (rarement quatre ou six) rayons allongés, presque cylindriques et atténués en pointe à leur sommet. Son dos est parqueté de pièces suborbiculaires, convexes, inégales, et qui ressemblent à des grains ou boutons de petite-vérole. Ces pièces sont quelquefois presque lisses, plus souvent finement granuleuses, et leurs interstices, enfoncés, sont quelquefois perforés, et souvent ne le sont pas.

37. Astérie multifore. *Asterias multifora.*

A. tessellato-granulata, et ad interstitia varia areis multiforis subfenestrata; radiis quinis, cylindraceo-conicis.

An pentadactylosaster oculatus? Link. St. p. 35. n° 7. tab. 36. n° 62.

Mus. n°

Habite.... les mers d'Europe? Espèce de petite taille, qui paraît voisine par ses rapports de l'Astérie variolée et de l'Astérie millépore; mais qu'on ne peut confondre avec elles. Elle a 5 et rarement 6 rayons cylindracés, atténués vers leur sommet, et parquetés partout de petites pièces suborbiculaires, convexes, finement granuleuses. Outre ces pièces variolaires, on voit, dans différens de leurs interstices, de petits espaces arrondis, percés chacun de 5 à 8 trous, et qui ressemblent à de petites fenêtres. Les gouttières inférieures sont étroites, bordées de papilles extrêmement petites et obtuses. — Larg. 6 à 9 centimètres.

38. Astérie bicolore. *Asterias bicolor.*

A. radiis quinis cylindraceis, rubentibus; papillis albis, parvis, truncatis, undiquè sparsis.

Mus. n°

Habite.... Petite espèce, n'offrant rien de bien remarquable, et cependant distincte de toutes celles que je connais.

39. Astérie miliaire. *Asterias lævigata.*

A. radiis, elongatis, semicylindricis, crassis, undiquè verrucosis; verrucis miliaribus, granuliferis : dorsalibus subsparsis; ad paginam inferiorem quincuncialibus.

Rumph. Mus. tab. 15. f. E.

Grew. Mus. t. 8. f. 1-2.

Link. St. tab. 28. f. 47.

Encycl. pl. 120. Seba. Mus. 3. tab. 6. f. 13-14.

2. *Eadem radiis gracilioribus, inæqualibus; paginâ inferiore angustiore.* Vulg. la Comète.

Mus. n°

Habite l'Océan indien : la variété 2 se trouve dans la Méditerranée. Cette Astérie est commune dans les collections, et remarquable en ce que d'un disque fort petit, partent 5 rayons allongés, semi-cylindriques, épais, couverts de petites verrues graniformes et granulifères.

40. Astérie sableuse. *Asterias arenata.*

A. minima; radiis octonis, bifariis, cylindraceo-conicis, papillis exiguis, capituliferis, undique asperatis.

Habite.... Petite Astérie singulière par la disposition de ses rayons, et qui est distincte, par ses papilles, de toutes celles déjà déterminées. Elle a 8 rayons, quatre d'un côté et autant de l'autre, comme sur deux rangs. Les gouttières inférieures sont un peu grandes, profondes. — Larg. 5 à 7 centimètres.

41. Astérie cylindrique. *Asterias cylindrica.*

A. radiis quinis cylindricis, langitudinaliter costatis; costis verrucosis; papillis externis canalium conicis, longiusculis.

Mus. n°

Habite.... les mers australes? Du voyage de MM. Péron et Lesueur. Cette espèce ne paraît pas devenir aussi grande que l'Astérie miliaire, s'en approche par ses rapports, mais en est bien distincte. Elle est presque luisante, d'un orangé roux ou jaunâtre, à 5 rayons cylindracés, munis de 8 côtes longitudinales verruqueuses. La gouttière du dessous de chaque rayon est garnie de chaque côté de deux rangées de papilles dont les extérieures sont plus grandes et coniques. — Larg. 10 à 12 centimètres.

42. Astérie du Sénégal. *Asterias Senegalensis.*

A. novem-radiata, dorso mutica, striis decussatis subgranulata: radiis linearibus supernè canaliculatis.

Encycl. pl. 121.

Mus. n°

Habite l'Océan d'Afrique, les côtes du Sénégal. Adanson. Belle espèce, très distincte de toutes celles qui ont été jusqu'à présent observées. Elle a 9 rayons linéaires, atténués en pointe mousse, légèrement excavés en canal sur le dos, où ils sont comme granuleux par des fissures croisées qui entaillent leur superficie. Cette Astérie, brune ou bleuâtre sur le dos, est blanchâtre en sa face inférieure, avec 9 gouttières profondes, bordées de spinules aplaties. Les deux côtés du dessous de chaque rayon sont comme articulés par des coupures transverses et fréquentes. — Diamètre, 2 décimètres ou plus.

43. Astérie ophidienne. *Asterias ophidiana.*

A. radiis quinis longis, dorso cylindricis, transversè rugosis, subdecussatis; canaliculis baseos latiusculis.

* *Pentasterias.* Blainv. Man. d'actin. p. 240.

* *Ophidiaster.* Agass. Prodr. Echin. l. c.
Mus. n°
Habite.... Grande et singulière espèce, à disque petit, et dont les rayons fort allongés ressemblent à des serpens réunis en étoile. Ces rayons, presque lisses sur le dos, avec des rides transverses et onduleuses, ont chacun en dessous une gouttière large, bordée de papilles très petites. — Larg., plus d'un pied.

44. Astérie subulée. *Asterias subulata.*

A. radiis quinis perangustis, tereti-subulatis; dorso paxillis truncatis obtecto; canaliculis basis strictissimis.
Mus. n°
Habite.... C'est avec l'Astérie miliaire (*A. lævigata*) que cette espèce paraît avoir des rapports ; mais elle en est très distincte. Ses rayons sont grêles, cylindriques-subulés, tout couverts de papilles tronquées, subquinconciales. De semblables papilles, mais échinulées, s'observent en dessous et sont aussi régulièrement disposées.—Larg., 2 décimètres. Couleur brune en dessus, blanchâtre en dessous.

† 45. Astérie violette. *Asterias violacea.*

A. disco orbiculari supra fusco, tuberculis granulatis violaceis; granula innumera aculeum album e medio prominentem pluribus circulis cingunt; radii quinque concolores lanceolati, apice rubicundi serie triplici dictorum tuberculorum, paucisque sparsis armantur.
Stella marina quinque radiorum holsatica coloris violacei. Kade. ap. Link. St. p. 97. f. 1-9.
Stella penta dactyla violacea. Linn. Faun. Suec. p. 512.
Linn. Gmel. Syst. nat. p. 3163.
Ehrenberg. Mém. acad. Berl. 1835. p. 209. tab. VIII. f. XI.
Habite la mer Baltique.

† 46. Astérie d'Helgoland. *Asterias helgolandica.* Ehrenberg. Akal. p. 34.

A. minima, radiis 4-5 brevibus obtusis, dorso radiorum lævi, margine acicularum argute denticulatarum seriebus duabus armato.
Habite la mer Baltique. — Larg. 2 lignes, disque large d'une demie ligne. — M. Ehrenberg prétend que cette petite Astérie, sur laquelle il a observé également les points rouges oculiformes de l'extrémité des rayons, n'est pas le jeune âge de l'*Asterias violacea* très commune dans le même lieu.

† 47. Astérie de Johnston. *Asterias Johnstoni.* Johnston. Mag. of nat. hist. 1836. p. 146. f. 21.

A. corpore quadrato, rubro inter angulos sinuato, plano, supernè papillis et granulis miliaribus consperso; faciem ventralem in quatuor areis trigonis dividunt quatuor canales tentaculares, duplici serie spinarum fimbriati.

Habite les côtes d'Angleterre. — Larg. 4 à 5 pouces. — Ce pourrait bien n'être qu'une variété de l'*Astérie parquetée* présentant accidentellement quatre angles au lieu de cinq.

† 48. Astérie sanguinolente. *Asterias sanguinolenta.* Müll. Prodr. zool. danicæ. 2836.

A. supra sanguinea, radiis apice albis.

Lin. Gmel. Syst. nat. p. 3164. n° 25.

Sars. Wiegmann's Archiv. 1837. p. 404.

Habite la mer de Norwège. C'est cette espèce qui a fourni à M. Sars à faire le sujet de ses curieuses observations sur le développement des Astéries. (1)

---

(1) Ces Astéries nouvellement écloses ont le corps déprimé, arrondi, muni de quatre appendices ou bras très courts en massue à l'extrémité antérieure. Quand elles sont un peu développées, on peut distinguer à la face supérieure quelques papilles disposées en cinq séries rayonnantes. Ces jeunes Astéries se meuvent lentement, mais uniformément en ligne droite avec leur quatre bras en avant. Leur mouvement est probablement produit par des cils vibratiles; les bras peuvent d'ailleurs leur servir aussi à se fixer ou à ramper lentement le long des parois. Au bout de douze jours, les 5 rayons du corps qui jusqu'alors était arrondi, commencent à s'accroître, et après huit autres jours, les deux rangées de pieds ou tentacules se sont développées sous chaque rayon et peuvent servir au mouvement de l'animal, en s'allongeant et se contractant tour-à-tour, et en faisant les fonctions de ventouses; le mouvement de natation a tout-à-fait cessé alors; enfin, dans l'espace d'un mois, les quatre bras primitifs ont disparu complètement, et l'animal, d'abord symétrique ou binaire, est devenu radiaire.

† 49. Astérie ciliaire. *Asterias ciliaris*. Philippi. Wiegmann's Arch. 183. p. 194.

A. disco parvo, radiisque septenis elongatis, angustis depressis, paxillis truncatis obsitis; radiis non articulatis, margine subtusque spinis numerosissimis teretibus armatis.

Habite la Méditerranée.

Philippi de Cassel a observé aussi sur les côtes de Sicile sept espèces plus ou moins voisines de l'*Asterias aranciaca* ou *aurantiaca*, et qu'il regarde comme des espèces distinctes. Il les caractérise ainsi :

† 1. *Asterias Jonstoni*. Delle Chiaje. vol. 2. t. 18. p. 2.

A. ratione diametri disci ad longitudinem radii ut 1 : 1, 3; *articulis in marginem radiorum circa* 30, *supra inermibus, infra spina simplici armatis, cœterum læviusculis.*

Larg. 3 pouces.

† 2. *Asterias spinulosa*. Phil.

A. ratione diametri disci ad longitudinem radii ut 1 : 3, 2; *articulis in margine radiorum circa* 25, *omnino spinulosis, infra spina simplici armatis, supra spina distincta nulla.*

Larg. 3 pouces 8 lignes.

† 3. *Asterias platyacantha*. Phil.

A. ratione diametri disci ad longitudinem radii ut 1 : 1, 4; *articulis in margine radiorum circa* 20–24, *supra æquè atque infra spina simplici armatis, inferiore majore lanceolata.*

Larg. 3 pouces 9 lignes.

† 4. *Asterias subinermis*. Phil.

A. ratione diametri disci ad longitudinem radii ut 1 : 1, 78; *sinubus inter radios rotundatis; articulis in margine radiorum circa* 70–78, *supra inermibus, infra spina minima simplici armatis.*

Larg. 14 pouces.

† 5. *Asterias aurantiaca*. Linn.

A. ratione diametri disci ad longitudinem radii ut 1 : 2, 12, *articulis in marginem radiorum circa* 38, *supra spinis parvis* 1-2, *infra spina simplici armatis.*

Lar . 9 pouces 10 lignes.

† 6. *Asterias pentacantha*. Delle Chiaje. vol. II. tab. 18. f. 3.

A. ratione diametri disci ad longitudinem radii ut 1 : 2, 3; articulis in margine radiorum circa 40, supra inermibus, infra spinis quinis armatis.

Larg. 5 pouces 3 lignes.

† 7. *Asterias bispinosa*. Otto. Nov. act. nat. cur. XI. p. 285. t. 39.

A. ratione diametri disci ad longitudinem radii ut 1 : 3, 1; articulis in margine radiorum circa 50, supra æque ac infra spina longa lanceolata armatis.

Delle Chiaje. Mém. t. 2. p. 355.

Gravenhorst. Tergestina. 1831.

Larg. 6 pouces 9 lignes.

On voit que M. Philippi a pris en considération deux caractères assez variables avec l'âge ou par toute autre cause, savoir le rapport de la longueur des rayons au diamètre du disque, et le nombre des pièces articulaires du bord des rayons. Il est bien probable que plusieurs de ces espèces, comme la *bispinosa*, sont vraiment distinctes de l'*aranciaca*; mais une étude comparative des Astéries à différens âges pourrait seule permettre d'adopter une opinion définitive.

M. Ch. Desmoulins a décrit dans les Actes de la Société linnéenne de Bordeaux (t. v, 1832), sous le nom d'*Asterias minutissima*, une très petite Astérie, large de 4 lignes environ, qui n'a été trouvée que deux fois, aux mois de mai et juin, flottant sur des feuilles de zostère dans le bassin d'Arcachon; mais on ne peut s'empêcher de penser que ce doit être un jeune individu d'une autre espèce de nos côtes, peut-être même de l'Astérie commune, en raison de la largeur du sillon inférieur des bras, et du petit nombre des pieds et des tubercules proportionnellement.

Espèces fossiles.

† 1. Astérie lombricale. *Asterias lumbricalis.* Schloth. Petref. p. 324.

A. brachiis subteretibus subulatis elongatis aculeatis (?), sulco angusto.

Knorr. II. tab. L. n° 43. f. 1-3.
Schroter. Einl. III. tab. 5. f. 2.
Goldfuss. Petref. 1. p. 208. tab. 73. f. 1.
Bronn. Lethæa. p. 274. tab. XVII. f. 18.
Fossile du grès du Lias de Cobourg et de Bamberg.

† 2. Astérie lancéolée. *Asterias lanceolata.* Goldf. Petref. 1. p. 208. tab. 73. f. 2.

A. brachiis elongatis lanceolatis basi subdepressis in dorso carinatis, inermibus, sulco angusto.

Fossile du même lieu.

† 3. Astérie obtuse. *Asterias obtusa.* Goldf. Petref. l. c. f. 3.

A. brachiis quinque abbreviatis depressis lanceolatis basi coarctatis apice obtusis, assulis marginalibus angustis.

Fossile du Muschelkalk de Wurtemberg. — C'est une simple empreinte.

† 4. Astérie arénicole. *Asterias arenicola.* Goldf. Petref. l. c. f. 4.

A. radiis quinque depressis late lanceolatis basi latioribus, assulis marginalibus angustis.

Fossile des couches arénacées supérieures de la formation jurassique en Westphalie.

† 5. Astérie à 5 lobes. *Asterias quinqueloba.* Goldf. l. c. 209. tab. 73. f. 5.

A. quinquangularis, assulis marginalibus in superficie externâ; pentagonis punctatis limbo subtilissime punctato cinctis, dorsalibus lobatis, abdominalibus hexagonis.

Schulzen. Beitr. der verst. Seesterne. 1760. tab. 2. f. 6 (?).
Parkinson. Organ. Rem. III. tab. 2. f. 1.
Fossile de la craie.

† 6. Astérie jurassique. *Asterias jurensis.* Münster.

A. quinquangularis, assulis dorsalibus lobatis, aldominalibus angulosis, marginalibus in facie externa pentagonis, granulosis, in superficie glenoidali papillosis, sulco et margine lævi cinctis.

Goldfuss. Petref. 1. p. 210. tab. 73. f. 6.

Goniaster? jurensis. Agassiz. Mém. soc. sc. nat. Neufch. p. 191.

Fossile du calcaire jurassique de Wurtemberg et de Baireuth.

† 7. Astérie carrelée. *Asterias tabulata.* Goldf. l. c. f. 7.

A. assulis discoidalibus angulosis latis tenuibus denticulatis, in superficie lævi papillis pluribus patellæformibus obsitis.

Fossile des couches argileuses supérieures du calcaire jurassique de Baireuth.

[Cette espèce et les deux suivantes ne sont établies que sur des pièces osseuses détachées. M. Agassiz soupçonne que ce sont des plaques de calices de Crinoides inconnus.]

† 9. Astérie écussonnée. *Asterias scutata.* Goldf. l. c. f. 8.

A. assulis discoidalibus angulosis latis, tenuibus, eroso-dentatis, centro excavatis.

Knorr. Suppl. tab. IX. h. n. 210.

Fossile siliceux des couches supérieures du calcaire jurassique de Baireuth.

† 10. Astérie stellifère. *Asterias stellifera.* Goldf. l. c. p. 211. tab. 73. f. 9.

A. assulis discoidalibus angulosis lobatis stellatim costatis.

Fossile du calcaire jurassique de Baireuth.

† 11. Astérie ancienne. *Asterias prisca.* Goldf. l. c. p. 211. tab. 74. f. 1.

A. brachiis quinque lanceolatis inermibus planis, sulco amplo, assulis marginalibus latis.

Fossile du Lias du Wurtemberg.

† 12. Astérie de Murchison. *Asterias Murchisoni.* Williamson. Mag. of nat. hist. 1836. p. 425. f. 63.

Fossile du Lias de l'Yorkshire. — C'est une empreinte fort remarquable d'une Astérie à 18 rayons deux fois plus longs que le disque, obtus à l'extrémité et garnis latéralement de nombreuses épines très fines. — Sa largeur est de 4 1/2 pouces.

† 13. Astérie de Mandelslohe. *Asterias Mandelslohi.* Münster. Beitrage zur Petrefact. 1839. p. 86. tab. XI. f. 1.

A. corpore stelliformi, radiis 5 planis, utrinque serie geminâ assularum spinas gerentium munitis.

Fossile de l'oolite inférieure.

M. Desmoulins a décrit (Act. soc. Linn. Bord. t. v, 1832), sous les noms d'*Asterias poritoides*, *A. lævis*, et *A. adriatica* des osselets isolés d'Astéries provenant du terrain tertiaire; il donne aussi les noms d'*A. stratifera*, *A. chilipora*, et *A. punctulata*, à d'autres osselets d'Astéries trouvées dans le terrain crayeux; mais les caractères n'ont pu être pris que de la forme si variable de ces osselets et de l'état de leur surface externe, plus ou moins lisse, plus ou moins pointillée ou granuleuse, et par conséquent, ils ne nous semblent point avoir une assez grande valeur. A la vérité l'on pourrait peut-être en dire autant de plusieurs espèces établies par M. Goldfuss et même des deux espèces établies par M. Agassiz sous les noms de *Goniaster porosus* et *Goniaster Couloni* (Mém. soc. sc. nat. de Neufchâtel I. p. 143. pl. 14. f. 19-24), pour quelques pièces osseuses d'Astéries trouvées dans le terrain crayeux. Il est au moins permis de penser que plusieurs des objets étudiés et classés par MM. Desmoulins et Agassiz doivent se rapporter à l'*Asterias quinqueloba* de Goldfuss, trouvée également dans la craie. F. D.

Deuxième section.

LES ECHINIDES.

Peau intérieure immobile et solide. Corps subglobuleux ou déprimé, sans lobes rayonnans, non contractile. Un anus distinct de la bouche.

Les tubercules spinifères sont immobiles comme le test solide de la peau, mais leurs épines peuvent se mouvoir.

En comparant aux Stellérides, que nous avons déjà exposées, les *Echinides* que nous allons voir, on ne peut, d'après leur caractère énoncé, se refuser à reconnaître un progrès très marqué dans l'organisation de ces derniers animaux.

Ici [dans les Echinides], pour la première fois, le canal intestinal a deux ouvertures, un anus très distinct de la bouche : ce n'est plus un sac soit simple, soit divisé; c'est un véritable canal ou tube alimentaire, ouvert aux deux extrémités.

Dans les *Stellérides*, la peau quoique opaque et non irritable, n'était que coriace et avait de la mobilité dans ses parties.

Dans les *Echinides*, au contraire, la peau pareillement opaque et non irritable, au moins l'intérieure, est crustacée, solide, et n'a aucune mobilité dans ses parties.

On ne voit à la bouche des Stellérides, tantôt que 5 colonnes granuleuses et angulaires, et tantôt que 5 petites fourches particulières, propres à presser circulairement les corps ou les matières dont ces animaux se nourrissent.

Mais à la bouche des *Echinides*, on voit souvent un appareil beaucoup plus composé. Il consiste en 5 doubles colonnes aplaties, très solides, comme osseuses, striées transversalement, présentant un tranchant dentelé vers le centre ou l'axe de pression, et se terminant antérieurement en une pointe oblique. Ces 10 lames solides, jointes 2 à 2, sont fortifiées extérieurement et à leur base vers le fond de la bouche, par 15 autres pièces pareillement solides, mais plus étroites, en sorte que les 25 pièces de l'appareil dont il s'agit, sont disposées de manière à représenter dans leur assemblage, une lanterne en cône renversé, dont la base est dans l'intérieur de l'animal, tandis que le sommet pointu se trouve à l'entrée de la bouche où il présente 5 pointes obliques.

La disposition de ces pièces et celle des muscles qui peuvent les mouvoir, montrent que les 5 colonnes doubles et tranchantes ne peuvent avoir qu'un mouvement commun, qu'aucune d'elles ne saurait avoir des mouvemens particuliers, indépendans, et qu'à leur égard il n'est pas encore question de véritables mâchoires. Ces 5 colonnes solides, en se resserrant toutes ensemble sur l'axe de l'ouverture, peuvent écraser les corps alimentaires introduits dans la bouche, mais n'opèrent point une véritable mastication.

Ainsi les *Radiaires échinides* sont plus animalisées encore que les Stellérides, et ont effectivement une puissance musculaire plus grande : leur cavité propre, qui contient les organes intérieurs, est plus marquée; leur peau interne est un test tout-à-fait solide, immobile dans tous ses points, et chargé de tubercules pareillement immobiles, sur lesquels s'articulent des épines de diverses formes et grandeur selon les espèces. On sait que ces épines se meuvent sur leur articulation, et l'on croit qu'elles le font, la plupart à l'aide de la peau extérieure qui recouvre le test et enveloppe leur base.

En outre, comme la cause qui a donné une forme générale rayonnante aux Radiaires n'a plus ici de pouvoir, cette forme commence à s'altérer dans les *Echinides*; et, en effet, beaucoup de ces corps sont irréguliers.

Après la mort des *Echinides*, ces animaux perdent assez facilement les épines que soutenaient les tubercules de leur test; ce test, alors à nu, laisse voir qu'il est percé, ainsi que sa peau externe, d'une multitude de petits trous disposés par séries, et qui donnent issue à des tubes très contractiles, qui rentrent et sortent comme au gré de l'animal.

Ces séries de petits trous forment sur le test de ces Radiaires, des bandelettes poreuses, toujours disposées par paires; et ces bandelettes, qui partent deux à deux du sommet du corps, divergent de tous côtés comme des rayons, tantôt se prolongent jusqu'à la bouche, et tantôt sont interrompus avant même d'arriver au bord de l'Echinide. On a donné le nom d'*Ambulacre*, par comparaison avec une allée de jardin, tantôt à l'espace compris entre les deux bandelettes d'une paire, et tantôt à chaque bandelette elle-même; variation dans la définition du terme employé, qui nuit à l'intelligence des descriptions. Au reste, la considération des *Ambulacres*, les uns *complets*, comme lorsqu'ils se prolongent du sommet jusqu'à la bouche, les autres *bornés*, comme ceux qui n'atteignent pas même le bord, est fort utile à employer dans la détermination des genres.

Quant aux tubes très contractiles qui sortent et rentrent par les petits trous dont la peau est percée, il paraît que les uns servent à la respiration de l'animal, et que les autres lui sont utiles pour se fixer et pour se déplacer, leur extrémité faisant l'office de suçoir. Ces derniers sont comme autant de petits pieds qui l'aident dans ses mouvemens. Cependant je me suis convaincu par l'observation que les mouvemens des épines, dans certaines espèces, contribuent à la locomotion de ces animaux.

Linné réunissait toutes les Echinides en un seul genre sous le nom d'*Echinus*. Cette réunion n'eut d'autre utilité que de faire remarquer les rapports naturels qui lient entre elles toutes les Echinides. Mais, comme les Echinides constituent réellement une grande division dans la classe des Radiaires, d'autres naturalistes, surtout Klein et ensuite Leske, sentirent la nécessité de partager ce grand genre *Echinus* de Linné en divers genres particuliers ; et à cet égard nous les avons imités, en nous efforçant néanmoins de réduire le nombre de ces genres, lorsque nous en avons trouvé la possibilité, et d'en circonscrire les caractères plus nettement et avec plus de précision.

L'on a, comme on sait, de bons moyens pour diviser les Echinides et caractériser leurs genres, en employant la considération des différentes positions respectives de la bouche et de l'anus de ces Radiaires, et en joignant à cette considération celle des Ambulacres complets et des Ambulacres bornés qui distinguent divers de leurs genres.

Une détermination précise des genres et des espèces parmi les *Echinides*, m'a paru d'autant plus utile, qu'un grand nombre d'espèces de cette famille ne sont connues que dans l'état fossile, et qu'il importe, tant à l'avancement de la Zoologie qu'à celui de la Géologie, qui considère les débris fossiles des corps vivans, que les caractères de ces nombreuses races soient enfin déterminés, ainsi que les lieux de leur habitation.

Voici l'ordre le plus naturel et le nom des genres que j'ai cru convenable d'établir parmi les Echinides.

DIVISION DES ECHINIDES.

[1] Anus sous le bord, dans le disque inférieur, ou dans le bord.

* *Bouche inférieure, toujours centrale.*

Scutelle. Clypéastre. Fibulaire.	Ambulacres bornés.
Echinonée. Galérite.	Ambulacres complets

** *Bouche inférieure, non centrale, mais rapprochée du bord.*

Ananchite.
Spatangue.

[2] Anus au-dessus du bord; et par conséquent dorsal.

(*a*) Anus dorsal, mais rapproché du bord.

Cassidule.
Nucléolite.

(*b*) Anus dorsal et vertical; test régulier.

Oursin.
Cidarite.

[Depuis la publication de Lamarck la science s'est enrichie de plusieurs faits importans sur l'organisation des Oursins et des Echinides en général, mais c'est particulièrement leur test qui a été l'objet des recherches de M. de Blainville, de M. Desmoulins, de M. Agassiz et de plusieurs autres auteurs. On a surtout étudié leurs débris fossiles dont la connaissance est devenue chaque jour plus indispensable aux géologues.

Tiedeman, en 1816, fit connaître avec détails l'anatomie de l'*Echinus saxatilis;* M. Delle Chiaje, en 1825, s'occupa également de l'anatomie des Oursins et des Spatangues; il fit connaître avec exactitude la nature des diverses sortes d'appendices et de tentacules, et prouva que les Pédicellaires de Muller ne sont bien que des organes de ces animaux. M. Sars plus récemment acheva de dissiper tous les doutes qui auraient pu demeurer encore sur ces prétendus pédicellaires. M. Carus avait fait connaître l'existence d'une circulation partielle au-dessous des ambulacres. M. Ehrenberg a ajouté cette autre observation curieuse d'un mouvement vibratile produit à la surface des piquans par les cils microscopiques dont la membrane externe est revêtue. M. Van-Beneden a bien annoncé la découverte d'un système nerveux chez les Oursins, mais ce fait qui d'ailleurs concorderait avec l'existence des nerfs chez les autres Echinodermes, a besoin d'être constaté par plus d'un naturaliste; quant à nous qui n'avons pu apercevoir des nerfs chez aucun animal de cette classe, nous préférons douter encore.

On est bien d'accord aujourd'hui pour regarder le test des Oursins comme produit dans l'intérieur même de la peau, et conséquemment, comme totalement différent du test des Mollusques; mais on a voulu expliquer sa structure interne et son mode d'accroissement d'une manière qui n'est pas la véritable. Le fait est que ce test présente partout et même dans les piquans une structure lacuneuse ou irrégulièrement poreuse, mais non une structure perpendiculairement fibreuse ou lamellaire; il est vrai aussi que les pièces du test constamment pénétrées par le tissu vivant, dans lequel elles se sont déposées, continuent à s'accroître par leurs surfaces et par leurs bords, en restant toujours poreuses ou lacuneuses au même degré. On se ferait une très fausse idée de leur structure, si l'on en voulait juger par les fossiles qui ne présentent qu'une chaux carbonatée spathique sans la moindre trace de structure organique interne. Le test desséché des Oursins pris à l'état vivant est très léger en raison même de sa porosité, tandis que le test des Oursins fossiles doit présenter la densité même du Spath calcaire. Les dents seules chez les Echinides, qui en sont pourvus, ont une structure différente; elles sont formées de lames excessivement minces, empilées en quantité innombrable, de manière à former de longs cordons, lesquels se durcissent peu-à-peu, par la soudure de ces lames, à l'extrémité servant à la manducation; tandis qu'à l'extrémité opposée, ces mêmes cordons sont mous, nacrés et se terminent en une partie charnue.

M. de Blainville avait analysé avec soin la composition du test des Oursins. M. Desmoulins suivant la même voie a fait connaître de la manière la plus complète l'arrangement et la disposition relative des pièces dont ce test se compose.

M. de Blainville a fait voir d'abord que le test des Oursins se compose de dix doubles séries verticales de plaques ou assules polygonales, dont cinq présentent des trous pour le passage des tubes rétractiles, ce sont les aires ambulacraires et les cinq autres, qui sont dépourvues de ces trous, se nomment les aires anambulacraires ou interambulacraires.

M. Desmoulins a étendu cette observation à tous les Echinides et a prouvé que chez ceux même, comme certains Spatangues, auxquels on n'attribuait que quatre ambulacres, la même composition du test peut être constatée, c'est-à-dire que chez tous on peut reconnaître les dix doubles séries verticales de pièces coronales. Mais si le nombre des séries verticales de ces pièces est invariable, il n'en est pas de même du nombre des pièces qui entrent dans chaque série. En effet ce nombre s'augmente sans cesse avec l'âge, et chez les très jeunes Oursins, chaque série a pu n'être composé que de trois, de deux ou même d'une seule pièce. Il faut noter cependant que des déviations du type normal peuvent s'observer chez les Echinides, quant au nombre des séries de plaques, quoique beaucoup plus rarement que chez les Astérides.

Au sommet ou au point de rencontre des ambulacres, on observe dix pièces inégales alternativement plus grandes, qui, dans les Oursins, les Echinomètres, les Cidarites et les autres genres voisins, entourent aussi l'anus, mais qui, dans les genres à anus excentrique, se trouvent soudés et plus ou moins fondus en une pièce centrale. Celles de ces pièces apiciales qui correspondent aux aires interambulacraires, sont percées d'un petit trou auquel aboutit l'oviducte de l'ovaire correspondant, de sorte qu'on a dû supposer que ces trous donnent issue aux œufs, et on les a nommés pour cette raison *pores génitaux*. Leur nombre normal est de cinq, mais dans les genres à anus excentrique, il est arrivé souvent que la position de l'intestin a déterminé l'avortement d'un des ovaires et conséquemment aussi la disparition du pore génital correspondant, c'est ce qu'on observe constamment dans les genres Cassidule, Nucléolite, Galérite, Spatangue et Ananchyte. On a remarqué que la plus grande de ces pièces apiciales présente souvent chez les Oursins et les Cidarites un renflement poreux et granulé, comparable au tubercule madréporiforme des Astéries.

L'armature buccale a été indiquée ou démontrée dans beaucoup de genres pour lesquels on ne l'avait point mentionnée; ainsi M. Desmoulins l'admet dans onze de ses dix-sept genres ou dans 231 espèces sur 362. Ce même observateur a signalé une différence à laquelle il accorde peut-être trop d'importance, dans la structure des dents des Cidarites et des Oursins. Ceux-ci, dit-il, ainsi que les Echinomètres et les Echinocidarites ont chaque dent formée d'une lame plane, arquée dans le sens de sa longueur et sur la ligne médiane de laquelle naît une autre lame posée de champ et plus ou moins tranchante, d'où résulte à l'extrémité une pointe *trilamellaire*. Chez les Cidarites, au contraire, les dents sont formées d'une seule lame pliée en gouttière, en sorte que leur pointe est *bilamellaire*. Or, d'après ce que nous avons dit plus haut sur la structure intime des dents de ces animaux, on conçoit que ces modifications de forme extérieure ne peuvent avoir qu'une valeur bien secondaire.

M. de Blainville prenant pour caractères, 1° la forme générale du corps, 2° la position de la bouche, 3° l'armature de cette bouche et 4° la position de l'anus, le nombre des ovaires et de leurs orifices, la nature des piquans et des tubercules qui les portent, ainsi que la disposition des ambulacres, a divisé ainsi les Echinides.

1re Famille : les ECHINIDES EXCENTROSTOMES.

Ayant la bouche subterminale sans aucune dent et ouverte dans une échancrure bilabiée du test.

Genres. 1. *Spatangus;* 2. *Ananchytes.*

2e Famille : les E. PARACENTROSTOMES ÉDENTÉS.

Ayant la bouche subcentrale, plus antérieure que médiane, non armée, et percée dans une échancrure du test, régulière, arrondie.

Genres. 3. *Nucleolites;* 4. *Echinoclypeus;* 5. *Echinolampas;* 6. *Cassidulus,* 7. *Fibularia*, 8. *Echinoneus.*

3e Famille : les E. PARACENTROSTOMES DENTÉS.

Ayant la bouche subcentrale, dans une échancrure régulière du test et pourvue de dents.

Genres. 9. *Echinocyamus*; 10. *Lagana*; 11. *Clypeaster*, 12. *Echinodiscus* (Placentule), 13. *Scutella*.

4e Famille : les E. CENTROSTOMES.

Ayant la bouche parfaitement centrale, le sommet médian, le corps régulièrement ovale ou circulaire, couvert de tubercules et de mamelons, et par conséquent de baguettes de deux sortes et dissemblables; l'anus variable, ordinairement au milieu du dos.

Genres: 14. *Galerites*; 15. *Echinometra*; 16. *Echinus*, (Oursin); 17. *Cidarites*.

M. Gray, en 1835 (Philosoph. Magazine), a proposé une nouvelle classification des Echinides, et notamment il a créé aux dépens des genres Oursin (*Echinus*) et Cidarites plusieurs genres nouveaux qu'il a nommés *Diadema*, *Arbacia*, *Salenia*, *Astropyga*.

M. Agassiz, adoptant ces genres de M. Gray, dans son prodrome des Echinodermes (Mém. soc. Neufchâtel 1836), divise les Echinides en trois familles seulement :

I. Les SPATANGUES qui ont le corps plus ou moins allongé et gibbeux; la bouche pouvue de mâchoires et placée vers l'extrémité antérieure, l'anus vers l'extrémité postérieure, tantôt à la face supérieure du disque, tantôt à sa face inférieure. Leur test est mince, couvert de petits tubercules très nombreux parmi lesquels on en distingue de plus gros disséminés, les piquans sont sétacés et d'inégale grandeur; l'ambulacre antérieur est ordinairement moins développé que les autres; ces ambulacres forment tout autour de la bouche des sillons où les trous sont plus gros et d'où sortent des tentacules ramifiés comme ceux des Holothuries: il n'y a que quatre des plaques oviducales qui soient bien distinctes.

Cette famille comprend les genres 1. *Disaster* Agassiz; 2. *Holaster* Ag. 3. *Ananchytes* Lamk. 4. *Hemipneustes* Ag. 5. *Micraster* Ag. 6. *Spatangus*; 7. *Amphidetus* Ag.

8. *Brissus* Klein, et 9. *Schizaster*; elle correspond entièrement aux deux genres *Spatangue* et *Ananchyte* de Lamarck.

II. Les Clypeastres, qui, intermédiaires aux deux autres familles ont une forme plus généralement circulaire que les *Spatangues*; ils ont la bouche centrale où subcentrale; mais leur anus plus ou moins rapproché de la périphérie se trouve tantôt à la face supérieure, tantôt à la face inférieure du disque. »

Les genres de cette famille sont: 1. *Catopygus* Ag.; 2. *Pygaster* Ag.; 3. *Galerites*; 4. *Discoidea* Klein; 5. *Clypeus* Klein.; 6. *Nucleolites* Lamk.; 7. *Cassidulus* Lamk.; 8. *Fibularia* Lamk.; 9. *Echinoneus* Lamk.; 10. *Echinolampas* Gray; 11. *Clypeaster* Lamk.; 12. *Echinarachnius* Leske, Gray; 13. *Scutella*. Lamk.

III. Les Cidarites, dont le caractère le plus marqué est la forme sphéroïde du test qui porte deux espèces de piquans, les uns plus grands, portés sur de gros mamelons, les autres plus petits, entourant la base des premiers ou recouvrant les ambulacres. La bouche est centrale à la face inférieure du disque; l'anus qui lui est diamétralement opposé est situé au sommet du disque, et s'ouvre entre les petites plaques qui l'entourent, vis-à-vis et quelquefois assez près de l'aire interambulacraire postérieure.

A cette famille appartiennent les genres 1. *Cidaris*; 2. *Diadema*; 3. *Astropyga* Gray; 4. *Salenia* Gray; 5. *Echinometra* Breyn; 6. *Arbacia* Gray; et 7. *Echinus* (oursin), qui correspondent aux seuls genres *Echinus* et *Cidarites* de Lamarck.

Plus récemment, M. Agassiz, dans la première livraison de ses Monographies d'échinodermes, a annoncé l'intention de créer encore beaucoup d'autres genres nouveaux, notamment aux dépens des anciens Cidarites.

Ce seront des *Acrocidaris*, *Hemicidaris*, *Tetragramma*, *Acropeltis*, *Pedina*, *Cyphosoma*, *Cœlopleurus*, *etc.* On ne pourra se former une idée de la valeur des caractères génériques employés par cet auteur qu'après la publication de la suite de son ouvrage. Mais on doit regretter qu'à l'instant où les genres qu'il venait de créer ou de s'approprier, commençaient à être généralement admis par les zoologistes et surtout par les géologues, il se soit laissé entraîner par des vues d'amélioration à multiplier extraordinairement des coupes dans une famille qui par l'ensemble et par l'uniformité de ses caractères semblait une des moins susceptibles d'être subdivisée ainsi :

— M. Desmoulins, dans trois Mémoires successifs, fruit d'un travail consciencieux et persévérant, a doté la science d'une excellente synonymie, d'un travail complet sur le test des Echinides, et enfin d'une discussion approfondie de la valeur relative des caractères à employer pour la classification de ces animaux, que malheureusement il n'a pu étudier vivans, et dont même il n'a étudié que les parties solides.

M. Desmoulins prend d'abord en considération la position centrale ou excentrique de la bouche et sa forme symétrique, subsymétrique ou non symétrique. Il partage ainsi les Echinides en quatre groupes dont le premier de beaucoup plus nombreux est subdivisé d'après la présence des supports osseux, à l'intérieur, d'après la forme des ambulacres, et d'après le nombre des pores génitaux. voici comment sont distribués ses dix-sept genres.

(A) A bouche centrale symétrique, avec un appareil buccal osseux complet.

† Ayant des supports osseux à l'intérieur et des ambulacres bornés.

G.— 1. *Clypéastre*.— 2. *Scutelle*.— 3. *Fibulaire*.—4. *Cassidule*.

†† Sans supports osseux, mais avec des ambulacres complets.

* Ayant 4 pores génitaux, et l'ouverture anale, non perpendiculairement opposée à la bouche qui est peu ou point enfoncée.

G. — 6. *Galerite*. — 6. *Pyrine*.

** Ayant 5 pores génitaux, et l'ouverture anale perpendiculairement opposée à la bouche.

G. — 7. *Echinomètre*. — 8. *Oursin*. — 9. *Echinocidarite* — 10. *Diadème*. — 11. *Cidarite*.

(B) A bouche centrale, non symétrique, sans appareil buccal osseux.

G. — 12. *Echinonée*.

(C) A bouche subcentrale, subsymétrique.

G. — 13. *Echinolampe*. — 14. *Nucléolite*. — 15. *Collyrite*.

(D) A bouche très excentrique, non symétrique, transverse, labiée, sans mâchoire ni dents.

G. — 16. *Ananchyte*. — 17. *Spatangue*.

Sans vouloir examiner ici les droits de priorité des divers auteurs que nous venons de citer, et tout en reconnaissant combien les études de M. Desmoulins sont consciencieuses, s'il nous fallait choisir dans les nouveaux genres proposés, nous adopterions ceux de M. Agassiz parce qu'ils ont en leur faveur une sorte de prise de possession résultant de la publicité bien plus grande des écrits de leur auteur.] F. D.

SCUTELLE. (Scutella.)

Corps aplati, elliptique ou suborbiculaire, légèrement convexe en dessus, plane en dessous, à bord mince, presque tranchant, et garni de très petites épines.

Ambulacres bornés, courts, imitant une fleur à cinq pétales.

Bouche inférieure, centrale. Anus entre la bouche et le bord; rarement dans le bord.

Corpus complanatum, ellipticum vel suborbiculare, supernè convexiusculum, subtùs planum, spinis minimis echinulatum; margine tenui subacuto.

Ambulacra subquina, brevia, circumscripta, florem pentapetalam æmulantia.

Os inferum, centrale. Anus intrà os et marginem; raro in margine.

Observations. — Les Scutelles sont les Echinides les plus aplaties, celles qui ont les plus petites épines, et que l'on peut en quelque sorte considérer comme formant le passage des Astéries aux Echinides.

Ce sont des corps un peu irréguliers, suborbiculaires ou elliptiques, toujours très déprimés, ayant le bord mince, presque tranchant, le disque supérieur légèrement convexe et l'inférieur tout-à-fait aplati.

La figure de ces Echinides approche de celle d'un écusson ou de celle d'un disque arrondi, lequel est tantôt entier, tantôt percé de trous oblongs et à jour, tantôt entaillé en son bord, et tantôt digité ou denté sur un de ses côtés. On observe sur le vertex de ces Echinides 4 ou 5 pores plus grands que les autres.

La bouche est armée de 5 pièces à deux branches, en forme d'A ou d'V renversé, et la face interne de chacune de ces branches est lamelleuse.

Des colonnes testacées, verticales et irrégulières, s'observent dans l'intérieur de l'Echinide, entre les deux planchers.

[Le genre Scutelle, omis par M. Goldfuss, a été réduit par MM. de Blainville, Gray et Agassiz, qui en ont séparé les *Echinarachnius* ou *Echinodiscus;* M. Desmoulins, au contraire, l'a plutôt agrandi, en y faisant rentrer quelques Clypéastres.

M. de Blainville, en plaçant ce genre dans la famille des *Paracentostromes dentés*, le caractérise ainsi : « Corps irrégulièrement circulaire, plus large en arrière, extrêmement déprimé « à bord presque tranchant, sub-convexe en dessus, un peu « concave en dessous, couvert d'épines très petites, égales et « éparses. Cinq ambulacres bornés, plus ou moins pétaliformes; « les deux rangées de pores de chaque branche réunies par des

« sillons transverses, qui les font paraître striées. Bouche médiane, ronde, pourvue de dents, et vers laquelle convergent « cinq sillons vasculiformes plus ou moins ramifiés, et quelquefois bifides dès la base. Anus inférieur et assez éloigné du « bord. Quatre pores génitaux. »

Il le divise en six sections. (A) Les espèces dont le disque est perforé. — (B) Celles dont le disque et les bords sont perforés. — (C) Celles dont le bord seul est échancré. — (D) Celles dont le disque et les bords sont entiers. — (E) Celles dont le disque est perforé et le bord multidigité. — (F) Celles enfin dont le disque est imperforé et le bord multiradié.

M. Agassiz place les Scutelles dans la famille des *Clypéastres* et se contente de les caractériser par leur test aplati circulaire, à bords minces, avec l'anus inférieur et les ambulacres semblables à ceux des Clypéastres, mais proportionnellement plus larges.

M. Desmoulins qui, prenant ses caractères seulement dans la forme et la disposition des parties solides ou osseuses, a été conduit à agrandir les limites du genre SCUTELLE, le distingue des Clypéastres par la presque égalité des aires ambulacraires et anambulacraires, par la non-concavité de la face inférieure, et par la forme ronde ou en rose de sa bouche. Comme à cet autre genre, d'ailleurs, il lui attribue aussi une bouche centrale symétrique, des supports osseux et des ambulacres bornés. Mais il ne trouve pas un caractère fixe dans la position de l'anus et dans le nombre des pores génitaux.]

F. D.

ESPECES.

1. Scutelle dentée. *Scutella dentata.*

S. orbicularis, depressa; disco integro; margine posteriore serrato.
Echinus orbiculus. Gmel. p. 3192.
Echinodiscus dentatus. Leske apud Klein. p. 212. tab. 22. f. E. F.
Encycl. pl. 151. f. 2.
Rumph. Mus. t. 14. f. 1. Breyn. Echin. t. 7. f. 3. 4.
* *Echinus planus.* Seba. Mus. t. 3. pl. 15. f. 15. 16.
* *Echinotrochus decem dentatus.* Van Phelsum. p. 33.

* *Scutella dentata.* Blainv. Dict. sc. nat. t. 48. p. 226. — Man. d'actin. p. 220.
* Deslongch. Enc. méth. t. 2. p. 675.
* Agassiz. l. c. p. 188.
* Desmoul. Echinid. p. 220.
2. *var. min.* (c'est l'espèce suivante 1 *a.*)
Leske apud Klein. tab. 49. f. 6. 7.
Habite les mers de l'Inde. [* Côte occidentale d'Afrique.] Mon cabinet.

† 1. *a.* Scutelle radiée. *Scutella radiata.*

S. circularis posticè 9-dentata; ambulacra brevissima, stellatim rectà disposita.
Scutella dentata. var. *b* minor. Lamk.
Deslongch. Encycl. t. 2. p. 675.
Encycl. méth. pl. 151. f. 3. 4.
Scutella semisol. Blainv. Dict. sc. nat. t. 48. p. 226.
Desmoulins. Echinid. p. 220.
Scutella radiata. Blainv. Man. d'actin. p. 220.
Agassiz. Prodr. l. c. p. 188.
Echinodisci sp. 3 *minuscula.* Seba. Thes. t. 3. pl. 15. f. 19. 20.
Echinus orbiculus. var. *b.* Linn. Gmel. Syst. nat. p. 3192.
Habite la côte occidentale d'Afrique et les côtes d'Amérique.
Cette espèce se distincte surtout de la précédente par ses digitations plus régulières.

2. Scutelle digitée. *Scutella digitata.*

S. orbicularis, depressa; disco anteriore foraminibus binis vel quaternis pervio; margine posteriore inciso, subpalmato, digitato.
(a) *Echinus decadactylos.* Gmel. p. 3191.
Echinodiscus decies digitatus. Leske apud Klein. p. 209. tab. 22. fig. A. B.
Encycl. pl. 150. f. 5. 6.
* *Echinus alter planus.* Seba. Thes. t. 3. pl. 15. f. 17. 18.
* *Echinodiscus.* Gualt. pl. 110. f. H.
* *Placenta rotula.* sp. 1. Klein. § 90. pl. 94. pl. 12. f. A.
* *Scutella decadactyla.* Blainv. Dict. sc. nat. t. 48. p. 227.— Man. d'actin. p. 220.
* Desmoul. Echin. p. 222.
* *Scutella digitata.* Deslongch. t. 2. p. 675.
* Agassiz. Prodr. Echin. l. c. p. 188.
(b) *Var. minor.* [*Cette variété est une espèce distincte.]

Echinus octodactylos. Gmel. p. 3192.
Echinodiscus octies digitatus. Leske apud Klein. p. 911. tab. 22. f. C. D.
Encycl. pl. 150. f. 3. 4.
Habite... Espèce bien singulière par les entailles nombreuses, inégales et profondes de son bord postérieur, et par les trous de son disque antérieur. Elle est orbiculaire, très aplatie, à côté postérieur digité, subpalmé.

† 2 *a*. Scutelle octodactyle. *Scutella octodactyla* Blainv. Dict. sc. nat. t. 48. p. 227. — Man. d'actin. p. 220.

S. orbicularis anticè bifora, posticè bipartita palmis duabus quadrilobatis depressa; ambulacris longioribus, non clausis.
Scutella digitata. var. *b* minor. Lamk. — Deslongch. Encycl. t. 2. p. 675.—Encycl. méth. pl. 150. f. 3. 4.
Echinis octodactylos. Lin. Gmel. Syst. nat. p. 3192.
Echinodiscus. Gualt. pl. 110. f. F.
Placenta rotula. sp. 1. Klein. Gall. p. 94. pl. 12. f. B.
Echinodiscus octies digitatus. Leske. n° 63. p. 211. pl. 22. f. C. D.
Echinotrochus octodigitatus. Van Phelsum. p. 33.
Scutella octodactyla. Agassiz. Prod. l. c. p. 188.
Desmoulins. Echin. p. 222.
Elle diffère de la précédente par des ambulacres plus longs, ouverts au bout; elle est aussi plus petite.

3. Scutelle émarginée. *Scutella emarginata.*

S. orbiculato-elliptica, depressa; foraminibus sex, quinque marginem attingentibus.
Echinodiscus emarginatus. Leske ap. Klein. p. 200. tab. 50. f. 5. 6.
Encycl. pl. 150 f. 1, 2.
* *Echinus emarginatus.* Lin. Gmel. Syst. nat. p. 3189.
* *Echinoglycus frondosus.* Van Phelsum. p. 34.
* *Scutella emarginata.* Deslongch. Enc. t. 2. p. 675.
* Blainv. Dict. sc. nat. t. 48. p. 224.—Man. d'actin. p. 219.
* Agassiz. Prod. l. c. p. 188.
* Desmoul. Echin. p. 222.
Habite l'Océan austral, les côtes de l'île de Bourbon. Mon cabinet.

4. Scutelle à six trous. *Scutella sexforis.*

S. orbicularis, depressa, hinc obsoletè truncata; foraminibus sex, oblongis; ano ori vicino.

Echinus hexaporus. Gmel. p. 3189.
Echinodiscus sexies perforatus. Leske apud Klein. p. 199. tab. 50. f. 3. 4.
Encycl. pl. 149. f. 1. 2.
Knorr. Delic. tab. D I. f. 17.
Echionanthus. Seba. Mus. 3. tab. 15. f. 7. 8.
* *Echinotrochus perforatus.* Van Phelsum. p. 33.
* *Scutella sexforis.* Deslongch. Enc. t. 2. p. 676.
* Desmoulins. Echin. p. 224.
* *Scutella hexapora.* Blainv. Man. d'actin. p. 219.
* Agassiz. Prod. l. c. p. 188.
Habite l'Océan indien et de l'Amérique. Mon cabinet.

5. Scutelle à cinq trous. *Scutella quinquefora.*

S. orbiculata subreniformis depressa; foraminibus quinque oblongis; ano ori proximo.
Echinus pentaforus. Gmel. p. 3189.
Echinodiscus quinquies perforatus. Leske ap. Klein. p. 197. tab. 21. f. C. D.
Seba. Mus. 3. tab. 15. f. 9. 10.
Encycl. pl. 149. f. 3. 4.
Knorr. Delic. tab. D I. f. 16.
* *Echinodiscus.* Gualt. pl. 110. f. E.
* *Echinoglycus 5-perforatus.* Van Phelsum. p. 35.
* *Oursin pentapore.* Bosc. Buff. Déterv. t. 24. p. 281. pl. G 25. f. 11. 12.
* Oursin disque. Dargenv. Zoomorph. p. 63. pl. 7. f. c.
* *Placenta melitta testudinata.* Klein. § 82. p. 92. pl. 11. f. c.
Habite... Cette espèce semble n'être qu'une variété de la précédente, mais un peu plus petite et n'ayant que cinq trous.

6. Scutelle à quatre trous. *Scutella quadrifora.*

S. suborbicularis, sinuosa, subbifissa, foraminibus quatuor pertusa; ano ori vicino.
Echinus tetraporus. Gmelin. p. 3190.
Echinodiscus quater perforatus. Leske apud Klein. p. 204.
Echionanthus sp. 3. Seba. Mus. 3. tab. 15. f. 5. 6.
Encycl. p. 148.
* *Scutella quadrifora.* Deslongch. Enc. t. 2. p. 676.
* Desmoulins. Echinid. p. 224.
* *Scutella tetrapora.* Blainv. Man. d'actin. p. 219.
* Agassiz. Prodr. l. c. p. 188.

Habite... Il semble que cette Echinide ne soit qu'une variété de la Scutelle émarginée, dont seulement deux des trois trous postérieurs atteignent le bord.

7. Scutelle à deux trous. *Scutell bifora.*

S. obtusè trigona, depressa; foraminibus duobus oblongis, ad disci partem posticam; ano ab ore remoto.

Echinus biforis. Gmel. p. 3188.

Echinodiscus. Knorr. Delic. tab. D I. f. 12.

Echinoglycus irregularis. Van Phelsum. p. 35. n° 15.

2. *var. orbiculata, margine sinuato; foraminibus brevibus, subovatis.*

Echinodiscus biperforatus. Leske apud Klein. p. 196. tab. 21. f. A. B.

Encycl. p. 147. f. 7. 8.

* *Scutella bifora.* Deslongch. Enc. t. 2. p. 676.

* Blainv. Dict. sc. nat. t. 48. p. 223. — *S. biforis.* Man. d'actin. p. 219.

* Agassiz. Prodr. l. c. p. 188.

* Desmoul. Echinid. p. 226.

3. *var. foraminibus subrotundis.*

Encycl. pl. 147. f. 5. 6.

Mus. n° .

Habite... Le dessous de cette Echinide présente des lignes onduleuses qui partent de la bouche en rayonnant vers les bords, et qui se bifurquent vers leur extrémité.

[M. Desmoulins ne conserve le nom de *Scutella bifora* qu'à la 2e variété de Lamarck, et il fait deux espèces des deux autres variétés, en nommant *bilinearifora* la première, qui vient des côtes de la Cafrerie, et *Scutella bioculata* la dernière.]

8. Scutelle double-entaille. *Scutella bifissa.*

S. cordato-orbiculata, depressa; latere latiore, incisuris binis: lobo intermedio, prominulo, truncato.

Echinus inauritus. Gmel. p. 3190.

Echinus. Rumph. Mus. tab. 14. fig. F.

Encycl. p. 152. f. 1. 2.

Echionanthus. Seba. Mus. 3. tab. 15. f. 3. 4.

* *Echinoglycus inauritus.* Van. Phelsum. p. 34.

* *Oursin double entaille.* Bosc. Buff. Déterv. t. 24. p. 281.

* *Echinodiscus inauritus.* Leske. n° 55. p. 202.

* *Scutella bifissa.* Deslongch. Enc. t. 2. p. 676.

* Desmoul. Echinid. p. 226.
* *Scutella inaurita*. Blainv. Man. d'actin. p. 220.
* Agassiz. Prodr. Echin. l. c. p. 188.
2. *Var. lobo truncato, ad angulos aurito;*
Echinus auritus. Leske apud Klein. p. 202.
Echionanthus maximus. Seba. Mus. 3. tab. 15. f. 1. 2.
Encycl. pl. 151. f. 5. 6.
* *Echinus auritus*. Lin. Gmel. p. 3189.
* *Echinoglycus auritus*. Van Phelsum. p. 34.
* *Scutella aurita*. Blainv. Man. d'actin. p. 220.
* Agassiz. Prodr. l. c. p. 188.
Mus. n° . Mon cabinet.
Habite l'Océan des Grandes-Indes.

[M. de Blainville et M. Agassiz, d'après Leske et Van Phelsum, font deux espèces des deux variétés principales de la *Scutella bifissa* de Lamarck; M. Desmoulins, qui distingue encore une autre variété de la même espèce, ne les sépare point.]

9. Scutelle lenticulaire. *Scutella lenticularis.*

S. orbicularis, convexiuscula; ambulacris quinque brevibus, apice fissis; ano marginali.
* *Scutella lenticularis*. Deslongch. Enc. t. 2. p. 677.
* Defrance. Dict. sc. nat. t. 48. p. 230.
* Blainv. Man. d'actin, p. 220.
* Desmoul. Echinid. p. 234.
* *Echinarachnius lenticularis*. Gray.
* Agassiz. Prodr. l. c. p. 188.
Mon cabinet.
Habite... Fossile de Grignon, près de Versailles.

10. Scutelle orbiculaire. *Scutella orbicularis.*

S. circularis, versùs marginem depressa, centro dorsi convexiuscula; ambulacris ovato-acutis; ano intrà os et marginem.
Echinus orbicularis. Gmel. p. 3191.
Echinodiscus orbicularis. Leske apud Klein. p. 208. tab. 45. f. 6. 7.
Breyn. Echin. t. 7. f. 1. 2.
Echinodiscus. Gualt. Ind. t. 210. f. B.
Encycl. p. 147. f. 1. 2.
* *Scutella orbicularis*. Deslongch. Encycl. t. 2. p. 677.
* Blainv. Dict. sc. nat. t. 48. p. 228.
* Agassiz. Prodr. l. c. p. 188.
* Desmoul. Echinid. p. 232.

* *Lagana orbicularis* et *Echinodiscus orbicularis*. Blainv. Man. d'actin. p. 215. pl. 18. f. 2. et p. 218.
Habite les mers de l'Inde. Péron et Lesueur.

11. Scutelle fibulaire. *Scutella fibularis*.

S. orbicularis, depressa, crassiuscula, minima; margine rotundato; ano intrà os et marginem.
An Echinites fistularis minor? Lang. Lap. fig. tab. 35. fig. ult.
* *Echinoneus ovatus*. Münst. Goldf. Petref. p. 136. pl. 42. f. 10.
* Grateloup. Mém. oursins foss. p. 49.
* *Scutella fibularis*. Deslongch. Encycl. t. 2. p. 677.
* *Scutella hispana*. Defr. Dict. sc. nat. t. 48. p. 231.
* Blainv. Man. d'actin. p. 221.
* *Scutella hispanica*. Agassiz. Prodr. l. c. p. 188.
* *Fibularia ovata*. Agassiz. Prodr. l. c. p. 187.
* Desmoul. Echinid. p. 242.
Habite... Fossile * des terrains tertiaires, Bordeaux, Dax, Avignon, Westphalie, Hesse, Espagne.

12. Scutelle arachnoïde. *Scutella placenta*.

S. orbicularis, complanata, centro dorsi subprominula; ambulacris quinis, assulatis, apice divaricatis; ano marginali.
Echinarachnius. Leske apud Klein. p. 218. tab. 20. f. A. B.
Encycl. p. 143. f. 11. 12.
Breyn. Echin. tab. 7. f. 7. 8.
Gualt. Ind. tab. 210. f. GG.
Echinus placenta. Lin. Gmel. Syst. nat. p. 3195.
* *Scutella placenta*. Deslongch. Encycl. t. 2. p. 677.
* Desmoulins. Echinid. p. 228.
* *Echinodiscus placenta*. Blainv. Man. d'actin. p. 218.
* *Echinarachnius*. Van Phelsum. p. 38.
* *Echinarachnius placenta*. Gray. (1)
* Agassiz. Prodr. l. c. p. 188.
Habite l'Océan austral. Péron et Lesueur.

---

(1) Le genre ECHINARACHNIUS adopté, par M. Agassiz d'après M. Gray, avait déjà été nommé ainsi par Leske et par Van Phelsum, il comprend les *Arachnoïdes* de Klein, ou les *Echinodiscus* de M. de Blainville et quelques-uns de ses *Lagana*, ou enfin celles des Scutelles de Lamarck, qui, avec « un disque circu- « laire ou sub-anguleux, et l'anus marginal, ont les ambulacres

13. Scutelle rondache. *Scutella parma.*

S. orbicularis, dorso convexiuscula; ambulacris quinis subovatis, apice disjunctis: subtùs sulcis quinque ramosis; ano marginali.
Echinus planus. Rumph. Mus. tab. 14. f. G.
* *Scutella parma.* Deslongch. Enc. méth. t. 2. p. 677.
* Desmoul. Echinid. p. 230.
* *Scutella parma* et *S. Rumphii.* Blainv. Dict. sc. nat. t. 48. p. 226.
* *Echinodiscus parma* et *E. Rumphii.* Blainv. Man. d'act. p. 218.
* *Echinarachnius parma.* Gray.
* *Echinarachnius parma* et *E. Rumphii.* Agassiz. l. c. p. 188.
Habite l'Océan des Indes. Mon cabinet.

14. Scutelle ronde. *Scutella subrotunda.*

S. orbicularis, dorso convexiuscula; ambulacris quinis subovatis, apice coarctatis; ano infrà marginem.
Echinodiscus subrotundus. Leske ap. Klein. p. 206. tab. 47. f. 7.
Echinus melitensis. Scilla corp. mar. tab. 8. f. 1-3.
* *Echinus subrotundus.* Lin. Gmel. Syst. nat. p. 3191. n° 72.
* Parkinson. Org. rem. III. pl. 3. f. 2.

« comme ceux des *Clypeastres*, dont elles ne diffèrent que par « la forme très aplatie du test et par ses bords tranchans. » M. Agassiz rapporte à ce genre six espèces, savoir : 1. *E. lenticularis* (*Scutella* n. 9, Lamk.); — 2. *E. placenta* (*Scutella* n. 12, Lamk.); — 3. *E. parma* (*Scutella* n. 13, Lamk.); — 4. *E. placunarius* (*Scutella* n. 15, Lamk.); — 5. *E. latissimus* (*Scutella* n. 16, Lamk.); — 6. *E. Rumphii* (cette dernière devant être réunie à la troisième).

Ces mêmes espèces, excepté la première, composent le genre Echinodiscus ou Placentule de M. de Blainville, caractérisé ainsi :

« Corps arrondi, déprimé, subquinquélobé, un peu conique « en dessus, couvert d'épines très petites, comme soyeuses; cinq « ambulacres rendus divergens par la séparation complète de « de chaque ligne double de pores. Bouche médiane, ronde, « vers laquelle convergent cinq sillons droits et stelliformes. »

M. de Blainville avec les espèces ci-dessus indiquées comprend dans son genre Placentule la *Scutella orbicularis* Lamk. n. 10.

* Blainv. Man. d'actin. p. 220.
* Grateloup. Mém. Oursins foss. (Act. soc. lin. Bordeaux. 1836). p. 138. f. 1.
* Bronn. Lethæa. p. 138.
* Desmoulins. Echinid. p. 232.
Habite... Fossile des environs de Douai, *Bordeaux, Dax, Touraine, Bollène, Malte. Mon cabinet.

† 14. *a.* Scutelle de Faujas. *Scutella Faujasii.* Def. Dic. sc. nat. t. 48. p. 230.

S. explanata subovalis; ambulacris obscuro-abbreviatis.
Grateloup. Mém. Oursins foss. pl. 1. f. 2-3.
Bronn. Lethæa. p. 907. tab. 36. f. 8.
Fossile de Bordeaux, Douai, Montpellier, Dax, Saint-Paul-Trois-Châteaux, etc. Cette espèce se distingue par la troncature postérieure et par l'anus très éloigné du bord.
(M. Grateloup a décrit sous le nom de *Scutella subtetragona* (Mém. Oursins foss. p. 37. pl. 1. f. 4) une Scutelle très voisine de la *Sc. subrotunda* ou de la *Striatula* dont elle n'est peut-être qu'une modification accidentelle, d'autant plus qu'un seul échantillon en a été trouvé. L'espèce suivante, confondue précédemment avec la *Sc. subrotunda*, paraît au contraire bien réellement distincte.

† 14. *b.* Scutelle striatule. *Scutella striatula.* Marcel de Serr. Géogn. terr. tert. p. 156.

Sc. sub-orbicularis, complanata, supernè convexiuscula; pagina inferiore vix concava, quinque sulcata; sulcis bifurcatis, sinuosis.
Scutella subrotunda. Grateloup. Mém. Oursins foss. p. 37. pl. 1. f. 1.
Echinus subrotundus. Leske. n° 58. p. 206. pl. 47. f. 7.
Scutella striatula. Agass. Prodr. Echin. p. 21.
Fossile des terrains tertiaires. Dax, Touraine, Montpellier.

15. Scutelle placunaire. *Scutella placunaria.*

S. elliptica, depressa, anticè latior, ambulacris angustis linearibus, apice disjunctis; ano margini vicino.
* Deslongch. Encycl. 2. p. 678. n° 15.
* *Echinodiscus placunarius.* Blainv. Man. d'actin. p. 218.
* *Echinarachnius placunarius.* Agassiz. l. c. p. 188. Prodr. p. 21.
Mus. n°
Habite l'Océan austral. Péron et Lesueur.

16. Scutelle large-plaque. *Scutella latissima.*

S. maxima, depressa, elliptica, subpentagona, posticè truncata; ambulacris oblongo-ovalibus; ano margini vicino.

* Deslongch. Encycl. 2. p. 678. n° 16.

* *Echinodiscus latissimus.* Blainv. Man. d'actin. p. 218.

* *Echinarachnius latissimus.* Agassiz. Prodr. p. 21. l. c. p. 188.

* *Scutella latissima.* Desmoul. Echinid. p. 228. n° 14.

Mus. n° Mon cabinet.

Habite... l'Océan austral? C'est la plus grande des espèces connues de ce genre.

[M. Desmoulins donne pour synonyme de cette espèce la *Scutella integra* Brug.—Blainv.—Agassiz.]

17. Scutelle ambigène. *Scutella ambigena.*

S. ovato-elliptica, dorso convexiuscula; lateribus subsinuosis; ambulacris ovato-oblongis, pulvinatis; ano margini vicino.

Echinanthus humilis. Leske apud Klein. p. 188. tab. 19. f. C D.

Encycl. pl. 145. f. 3. 4.

Seba. Mus. 3. tab. 15. f. 13. 14.

Mus. n°

* *Scutella ambigena.* E. Deslongch. Encyc. 2. p. 678. n° 17.

* *Clypeaster ambigenus.* Blainv. Dict. sc. nat. t. 48. p. 299. — Man. d'actin. p. 216.

* Desmoul. Echinid. p. 214.

* Agassiz. Prodr. Echin. p. 20. Mém. soc. Neufch. p. 187.

Habite... Celle-ci tient de très près aux Clypéastres.

† 18. Scutelle gibbérule. *Scutella gibberula.* Marc. de Serr. Geogn. terr. tert. p. 156 (l'auteur écrit *S. gibercula.*)

S. orbicularis, depressa, supernè partim gibbosa; margine rotundato; ambulacris quinis eleganter subovatis brevibusque.

Agassiz. Prodr. Echin. l. c. p. 188.

Fossile du terrain tertiaire de la France méridionale.

† 19. Scutelle de Hauteville. *Scutella altavillensis* Defr. Dict. sc. nat. t. 48. p. 231.

S. ovato, depressa, crassiuscula supernè complanata, ambulacris quinis apertis.

Blainv. Man. d'actin. p. 221.

Agassiz. Prodr. l. c. p. 188.

Fossile du terrain tertiaire. Hauteville (Manche). — Long. 7 lig.

† 20. Scutelle nummulaire. *Scutella nummularia* Defr. Dict. sc. nat. t. 48. p. 231.

Blainv. Man. d'actin. p. 221.

Agassiz. Prodr. l. c. p. 188.

Fossile du terrain tertiaire. Paris; Blaye. — Ressemble à une Nummulite, d'autant plus que les ambulacres ne sont souvent pas marqués.

[M. Desmoulins rapporte en outre à ce genre plusieurs espèces faisant partie du genre *Echinarachnius*, les *Clypeaster scutiformis* Lamk. n° 4, et *Clypeaster laganum* Lamk. n° 5, et plusieurs espèces inédites.]

CLYPÉASTRE. (Clypeaster.)

Corps irrégulier, ovale ou elliptique, souvent renflé ou gibbeux, à bord épais ou arrondi, à disque inférieur concave au centre; épines très petites.

Cinq ambulacres bornés, imitant une fleur à cinq pétales.

Bouche inférieure, centrale. Anus près du bord ou dans le bord.

Corpus irregulare, ovatum aut ellipticum, sæpè turgidum vel gibbosum, spinis minimis echinulatum; margine crasso vel rotundato; centro paginæ inferioris concavo.

Ambulacra quina, apice subemarginata, florem pentapetalam æmulantia.

Os inferum, centrale. Anus propè marginem aut in ipso margine.

Observations. — Les Clypéastres avoisinent sans doute les Scutelles par leurs rapports; néanmoins on les en distingue facilement, non-seulement parce que leur corps est, en général, renflé en dessus, que leur forme est elliptique ou ovale dans le plus grand nombre, mais surtout parce que leur bord est épais ou arrondi, et que leur disque inférieur est presque toujours concave au centre. C'est dans la cavité du disque inférieur des Clypéastres qu'est située leur bouche.

Ces Echinides, plus épaisses, plus convexes ou plus renflées que les Scutelles, ont plus souvent l'anus dans le bord qu'au-dessous et éloigné du bord, et leur bouche est pareillement armée de 5 pièces osseuses, cunéiformes, comme bilobées postérieurement, et striées d'un côté par des lames étroites et transverses.

[Le genre CLYPEASTER de Lamarck a été admis, mais considérablement réduit par les auteurs plus récens, qui ont transféré dans le genre *Echinolampas*, une partie de ses espèces et en ont reporté d'autres aux genres *Scutella* et *Lagana*.

M. de Blainville assigne les caractères suivans à son genre *Clypéastre*, qui contient encore plusieurs espèces devant être reportées au genre *Echinolampas* et en outre la *Scutella ambigua* de Lamarck. « Corps très déprimé, arrondi et assez épais « sur les bords, quelquefois assez incomplètement orbiculaire « ou rayonné, élargi vers l'extrémité anale, composé de « plaques larges et inégales, couvert d'épines très petites, « égales, éparses; portées par de très petits tubercules percés « d'un pore. Cinq ambulacres bornés, pétaloïdes, les deux ran- « gées de pores de chaque branche réunies par un sillon. Bouche « centrale ou sub-centrale au fond d'une sorte d'entonnoir, « formée par cinq rainures et armée de cinq dents. Anus termi- « nal et marginal. Cinq pores génitaux. »

M. Agassiz le limite convenablement, en le caractérisant par son test ovale ou presque pentagonal, épais, divisé en compartimens à l'intérieur par des piliers verticaux, avec l'anus inférieur et marginal et les ambulacres formant au sommet une large étoile à branches arrondies.

M. Desmoulins ajoute, comme caractères, la concavité de la face inférieure, l'inégalité des aires dont les ambulacraires sont les plus larges, la forme pentagonale de la bouche et le nombre cinq des pores génitaux.

Suivant ces différens auteurs, la *Scutella ambigua* est un Clypéastre, et plusieurs espèces nouvelles viennent également prendre place dans ce genre, qui correspond, ainsi réduit, aux *Echinanthus* de M. Gray et en partie à ses *Lagana*, ou aux *Echinodiscus* et *Echinorhodum* de Van Phelsum.]

F. D.

ESPÈCES.

1. Clypéastre rosacé. *Clypeaster rosaceus.*

Cl. ovato-ellipticus, pentagonus, dorso convexus; margine posteriore retuso; paginâ inferiore concavâ; ambulacris amplissimis.

Echinus rosaceus. Lin. 3186.

Echinanthus humilis. Leske apud Klein. p. 185. tab. 17. f. A et 18. f. B.

Encycl. pl. 145. f. 5-6.

Seba. Mus. 3. tab. XI. f. 2-3.

Knorr. Delic. tab. D I. f. 12.

* *Echinorhodum.* Van Phelsum. p. 38. n_0 4.

* *Clypeaster rosaceus.* Deslongch. Encycl. t. 2. p. 199.

* Blainv. Dict. sc. nat. t. 9. p. 448. et Man. d'actin. p. 216.

* Agassiz. Prodr. échin. l. c. p. 187.

* Desmoulins. Echin. *id.* p. 212.

2. *Var. lineis quinque radiata.*

* *Echinanthus ovalis.* Gualt. pl. 110. f. A.

Leske. ap. Klein. tab. 19. f. A. B.

* *Echinus planus ellipticus.* Seba. Mus. t. 3. pl. 15. f. 11-12.

Encycl. pl. 145. f. 1-2.

3. *Var. assulata.* * (C'est un échantillon altéré.)

Mus. n°

Habite l'Océan indien et américain. Ce Clypéastre est une espèce bien connue, et très commune dans les collections.

[M. Desmoulins fait de la 2e variété de Lamarck une espèce qu'il nomme *Clypeaster rangianus.*] (1)

---

(1) C'est sur un échantillon rapporté de la côte d'Afrique par M. Rang que M. Desmoulins a établi l'espèce qu'il nomme *Clypeaster rangianus*, et qui répond à la deuxième variété du *Clypeaster rosaceus* de Lamarck. M. Desmoulins, dans son premier mémoire, p. 62 et suiv., pl. I et II, donne une description détaillée de cet Echinide, dans lequel il a pu retrouver en place une partie des organes intérieurs, dont il a particulièrement étudié l'appareil buccal. Ce Clypéastre d'un brun foncé est long de plus de 3 pouces et un peu moins large, épais de 10 lignes au centre et de 5 lignes au bord; il a deux sortes d'épines, les unes aciculaires vitreuses longues de 2 lignes environ, les

2. Clypéastre élevé. *Clypeaster altus.*

Cl. vertice elato, conoideo; ambulacris longis; margine brevi, crasso rotundato.

Echinus altus. Gmel. 3187.

Echinanthus altus. Leske ap. Klein. p. 189. tab. 53. f. 4.

Encycl. pl. 146. f. 1-2.

* *Echinites campanulatus.* Schlotth. Min. Tasch. 1833. VII. 50. — Petref. 1. 323.

Scill. Corp. mar. tab. 9. f. 1-2.

Knorr. Petref. suppl. tab. IX d. f. 1.

* *Clypeaster altus.* Deslongch. Encycl. t. 2. p. 199.

* Defrance. Dict. sc. nat. t. 9. p. 449.

* Blainv. Man. d'actin. p. 216.

* Grateloup. Mém. Oursins. foss. p. 41.

* Agassiz. Prodr. l. c. p. 187.

* Desmoulins. Echin. p. 216.

* D'Archiac. Mém. soc. géol. II. p. 192 bis.

* *Clypeaster grandiflorus.* Bronn. Lethæa. p. 903. tab. 36. f. 9.

Habite. . Fossile d'Italie, *Dax, Corse, Malte, Provence, Allemagne. Mon cabinet. On ne connaît encore cette espèce que dans l'état fossile.

3. Clypéastre à large bord. *Clypeaster marginatus.*

Cl. vertice convexo, stellifero; ambulacris brevibus, ovato-acutis; margine attenuato, expanso, latissimo.

Scill. Corp. mar. tab. XI. f. *inferior.*

Knorr. Petr. p. II. tab. E V. f. 1-2.

* Deslongchamps. Encycl. méth. t. 2. p. 200.

* Defrance. Dict. sc. nat. t. 9. p. 450.

* Blainv. Man. d'actin. p. 216.

* Grateloup. Mém. Ours. foss. p. 40.

* Agassiz. Prodr. échin. l. c. p. 187.

* Desmoulins. Echinid. p. 218.

---

autres, capillaires, excessivement courtes; les ambulacres presque égaux, pétaloïdes, arrondis et parfaitement limités au bout *qui est ouvert.* L'anus, rond et plus petit que la bouche, est à deux lignes environ au-dessous du bord; la bouche pentagone occupe le centre d'un enfoncement, duquel partent cinq gouttières rayonnantes; elle laisse voir cinq dents convergentes presque horizontales.

Habite.... Fossile du terrain tertiaire des environs de Dax, Bordeaux, Corse.

4. Clypéastre scutiforme. *Clypeaster scutiformis.*

Cl. ellipticus, dorso planulatus, submarginatus; ano margini vicino.

Echinus planus scutiformis. Seba. Mus. 3. tab. 15. f. 23-24.

Encycl. pl. 147. f. 3-4.

* *Clypeaster scutiformis.* Deslongch. Encycl. méth. t. 2. p. 199.

* Blainv. Man. d'actin. p. 216.

* Agassiz. Prodr. échin. l. c. p. 187.

* *Scutella clypeastriformis.* Blainv. Dict. sc. nat. t. 48. p. 228.

* Desmoulins. Echinid. p. 230.

Mon cabinet.

Habite l'Océan indien?

5. Clypéastre beignet. *Clypeaster laganum.*

Cl. orbiculato-ellipticus, obsoletè pentagonus, utrinque planulatus; ano margini vicino.

Echinodiscus laganum. Leske apud Klein. p. 104. tab. 22. f. a-b-c.

Rumph. Mus. tab. 14. f. E.

Seba. Mus. 3. t. 15. f. 25-26.

* *Echinodiscus.* Gualt. pl. 110. f. c.

* *Echinus laganum.* Lin. Gmel. p. 3190.

* *Scutella laganum.* Blainv. Dict. sc. nat. t. 48. p. 228.

* *Lagana laganum.* Blainv. Man. d'actin. p. 215. (1)

* *Scutella laganum.* Desmoul. échin. p. 230.

* *Clypeaster laganum.* Deslongch. Encycl. t. 2. p. 199.

Mus. n° Mon cabinet.

Habite... Cette espèce est en général plus petite que la précédente et toujours plus orbiculaire, quoique encore elliptique et obscurément pentagone. Elle est aplatie des deux côtés, et néanmoins son bord est plus arrondi que tranchant.

---

(1) Le genre *Lagana* de M. de Blainville est caractérisé ainsi: « Corps déprimé, circulaire ou ovale, un peu convexe en dessus, concave en dessous, à disque et bords bien entiers, couvert d'épines semblables et éparses. Cinq ambulacres réguliers pétaloïdes, ayant les pores de chaque côté réunis par un sillon. Bouche médiane enfoncée, avec sillons convergens, et pourvue de dents. Anus inférieur, situé entre la bouche et le bord. Cinq pores génitaux. »

Il comprend deux espèces de forme circulaire la *Scutella or-*

6. Clypéastre excentrique. *Clypeaster excentricus.*

Cl. suborbicularis, depressus, convexiusculus; ambulacris quinque angustis, è vertice excentrico divaricatis; ano marginali.

An echinus orientalis? etc. Seba. Mus. 3. t. 10. n° 23. f. a-b.

Encycl. pl. 144. f. 1-2.

* *Clypeaster excentricus.* Deslongch. Encycl. t. 2. p. 200.

* Defrance. Dict. sc. nat. t. 9. p. 450.

* *Clypeaster excentricus* et *Echinolampas excentricus.* Blainv. Man. d'actin. p. 209 et p. 216.

* *Clypeaster Kleinii.* Gold. Petref. p. 133. pl. 42. f. 5.

* *Clypeaster oviformis.* Grateloup. Mém. Ours. p. 46. pl. 1. f. 10.

* *Echinolampas Kleinii.* Desmoulins. Echinid. p. 346.

* Agassiz. Prodr. échin. l. c. p. 187.

* Bronn. Lethæa. p. 901. tab. 36. f. 10.

Mon cabinet.

Habite.... Fossile de Chaumont.

7. Clypéastre oviforme. *Clypeaster oviformis.*

Cl. obovatus, convexus, subtùs planulatus, vertice excentrico; ambulacris quinque angustis; ano marginali.

Echinus oviformis. Gmel. p. 3187.

Echinanthus ovatus. Leske apud Klein. p. 191. tab. 20. f. c-d.

Breyn. Echin. p. 59. tab. 4. f. 1-2.

2. *Var. ad latera latior.*

* *Echinus sulcatus.* Rumph. p. 36. pl. 14. f. 3.

* *Echinorhodum ovatum.* Van Phelsum. p. 38.

* *Clypeaster oviformis.* Deslongch. Encycl. t. 2. p. 200.

* Defrance. Dict. sc. nat. t. 9. p. 450.

* *Clypeaster oviformis* et *Echinolampas oviformis.* Blainv. Man. d'actin. p. 209 et p. 216.

* *Clypeaster oviformis* et *Clypeaster Cuvierii.* Grateloup. Mém. Oursins foss. p. 46. pl. 1. f. 10 et p. 42. pl. 2. f. 22.

* *Echinolampus oviformis.* Desmoulins. Echin. p. 342.

---

bicularis (Lamk. n. 10) et le *Clypeaster laganum* (Lamk. n. 5). Une troisième espèce de forme ovale le *Lagana ovalis* (*Clypeaster reticulatus* Desm. Agass.), et une quatrième espèce de forme pentagonale, *Lagana decagona* Lesson (Blainv. Man. d'actinol. p. 215. pl. 18, f. 3) dont M. Desmoulins veut faire une Scutelle.

Mus. n

Habite les mers australes. Péron et Lesueur. La variété 2 se trouve fossile dans les vignes aux environs du Mans, et m'a été communiquée par M. Ménard.

* Fossile du terrain tertiaire : Bordeaux, Dax, Chaumont, Montpellier.

8. Clypéastre uni. *Clypeaster politus.*

Cl. ovatus, inflatus, lævis; ambulacris quinque longis, angustis, apice disjunctis.

* Deslongch. Encycl. méth. t. 2. p. 200.
* Defrance. Dict. sc. nat. t. 9. p. 451.
* Blainv. Man. d'actin. p. 217.
* *Echinolampas polita.* Agassiz. Prodr. échin. l. c. p. 187.
* Desmoulins. Echin. p. 348.

Habite.... Fossile de Sienne, rapporté d'Italie par M. Cuvier. Il est oviforme, enflé, un peu plus gros qu'un œuf ordinaire.

[M. Desmoulins réunit à cette espèce le *Clypeaster ellipticus.* Goldf. Petr. p. 135. pl. 42. f. 8.]

9. Clypéastre hémisphérique. *Clypeaster hemisphæricus.*

Cl. orbiculatus convexus, semiglobosus; ambulacris quinque longiusculis, è vertice excentrico radiantibus; ano marginali.

* *Echinanthus ovatus.* Var. 2. Leske. p. 193. pl. 20. f. a–b.
* *Echinanthus cordatus.* Van Phelsum. p. 38. n° 2.
* *Echinus oviformis.* Var. b. Lin. Gmel. Syst. nat. p. 3187.
* *Clypeaster hemisphæricus.* Deslongch. t. 2. p. 201.
* Defrance. Dict. sc. nat. t. 9. p. 450.
* Grateloup. Mém. Oursins foss. p. 44.
* Blainv. Man. d'actin. p. 217.
* *Clypeaster Richardi.* Agassiz. Prodr. l. c. p. 187 (d'après Desmarest.)
* *Echinolampas hemisphæricus.* Agassiz. Prodr. l. c. p. 187.
* *Echinolampas Richardi.* Desmoul. Echin. p. 342.

Mus. n°

Habite... Fossile... communiqué par M. de Borda.

* Espèce vivante de la côte occidentale d'Afrique. Fossile du terrain tertiaire de Bordeaux, Dax, Cassel (Nord), Saint-Paul-Trois-Châteaux, Italie, Montpellier.

10. Clypéastre stellifère. *Clypeaster stelliferus.*

Cl. ovatus tumidus; ambulacris quinque longis angustis, areâ prominulis; ore transverso pentagono.

An Knorr. Petr. p. 11. tab. E. III. f. 5.
* *Clypeaster stelliferus*. Deslongch. Encycl. t. 2. p. 201.
* Defrance. Dict. sc. nat. t. 9. p. 451.
* Blainv. Man. d'actin. p. 217.
* Grateloup. Mém. Oursins foss. p. 45.
* *Clypeaster fornicatus*. Gold. Petref. p. 134. pl. 42. f. 7.
* *Echinolampas fornicatus*. et *Ech. stellifera*. Agassiz. l. c. p. 187.
* *Echinolampas stellifera*. Desmoulins. Echin. p. 344.
Mus. n°
Habite... *Fossile du terrain tertiaire, Blaye, Dax, Westphalie.

† 11. Clypéastre gibbeux. *Clypeaster gibbosus*. Marcel de Serres. Géogn. ter. tert. p. 157.

Cl. rotundatus, elevatus, vertice convexo prominente; margine expanso latissimo; ambulacris in medio amplissimis, cum sulcis distantibus ad marginem tenuiter dispositis.

Scutella gibbosa. Risso. Hist. nat. Eur. merid. t. 5. p. 284.
Blainv. Man. d'actin. p. 221.
Clypeaster Gaimardi. Al. Brongn. Dict. sc. nat. t. 54.
Agassiz. Prodr. Echin. l. c. — Desmoulins. Echin. p. 216.
Fossile du terrain tertiaire de Corse, d'Italie, de Montpellier.

† 12. Clypéastre scutelle. *Clypeaster scutellatus*. Marcel de Serres. l. c.

Cl. vertice convexo stellifero; ambulacris quinque brevibus ovato-acutis, striis in medio latis, ad marginem tenuiter dispositis; margine imbricato, expanso latissimo. Paginâ inferiore concavâ, in medio profunde sulcata.

Scilla. Corp. mar. pl. 10. f. 2.
**Echinanthus humilis*. Var. foss. Leske. p. 189.
Clypeaster scutellatus. Desmoul. Echinid. p. 216.
Fossile du terrain tertiaire, Montpellier, Corse.

† 13. Clypéastre Tarbellien. *Clypeaster Tarbellianus*. Grateloup. Mém. oursins foss. p. 40s pl. 1. f. 5.

Cl. maximus, depressus, subpentagonus; margine latissimo, expanso, attenuato; ambitu sinuoso; vertice elevato, convexo, stellifero; ambulacris convexis ovalibus; pagina inferâ quinque-sulcata; sulcis simplicibus, profundis; ano submarginali.

Echinus. Scilla. Corp. mar. pl. 11. n° 2.
Clypeaster tarbellianus. Desmoul. l. c. p. 218.
Fossile du terrain tertiaire de Dax. — Long. 5 1/2 pouces.

† 14. Clypéastre de Blumenbach. *Clypeaster Blumenbachii.* Koch et Dunker. Verstein. d. Oolit. p. 37. tab. IV. f. 1.

C. fere orbicularis, sinuosus, valdè depressus, anticè turgidus; basi plana, media subconcava, gibberosa; areis ambulacrorum planis, gracilibus; ambulacris parum curvatis, marginem versus ad se propius accedentibus, ad basim usque conspicuis; ore subpentagono, ano rotundo, fere ovato, submarginali.

Fossile du terrain jurassique d'Allemagne.

† 15. Clypéastre de Hausmann. *Clypeaster Hausmanni.* Koch et Dunker. l. c. p. 38. tab. IV. f. 3.

C. ovato-orbicularis, subpentagonus, valdè depressus, anticè paulum convexus; basi subplana, medio concava; areis ambulacrorum latis planis; ambulacris æqualiter curvatis, marginem versus ad se propius accedentibus, ad basim usquè conspicuis; ano magno elliptico submarginali.

Fossile du terrain jurassique d'Allemagne.

M. Desmoulins ajoute à ce genre plusieures espèces inédites, qu'il nomme *Cl. Pärræ*, *Cl. scillæ*, *Cl. Martinianus*, *Cl. intermedius* et *Cl. portentosus*, toutes fossiles du terrain tertiaire, et dont la dernière a été indiquée par M. Marcel de Serres, sous le nom de *Cl. altus*.

Les autres Clypéastres des auteurs sont reportées au genre Echinolampe.

---

† **ECHINOLAMPE.** (Echinolampas.) Gray.

Le genre Echinolampas de M. Gray est formé aux dépens des *Clypéastres* et des *Galérites* de Lamarck, par M. Agassiz, qui y comprend toutes les espèces « ovales « ou circulaires, à bord antérieur, plus ou moins échan- « cré, ayant la bouche subcentrale, l'anus marginal in- « férieur et des ambulacres très larges au sommet, où « ils forment une étoile dont les rayons se touchent, « mais qui deviennent de plus en plus étroits vers la pé-

« riphérie. » M. Desmoulins limite ce genre de la même manière, et ajoute à ses caractères d'avoir, comme les Nucléolites, « quatre pores génitaux, la bouche penta- « gonale, bordée de cinq protubérances interambula- « craires et les ambulacres interrompus. »

M. de Blainville qui, comme nous l'avons dit plus haut, laisse dans le genre Clypéastre, la plupart des espèces du genre Echinolampe, caractérise ce dernier d'une manière un peu différente, en lui attribuant « une bouche ronde, « un anus tout-à-fait marginal, terminal, et un disque « ovale ou circulaire déprimé, un peu concave en « dessous, arrondi et élargi en avant, un peu rétréci en « arrière. » Aussi n'y comprend-il que quatre espèces : les *E. orientalis*, *E. lampas*, *E. excentricus* (*Clypeaster* Lamarck, n. 6) et *E. oviformis* (*Clypeaster* Lam. n. 7). Voici les espèces d'*Echinolampas* admises par MM. Agassiz et Desmoulins.

1. *Echinolampas oviformis*. Desmoul. (*Clypeaster*. Lam. n. 7).

2. *Echinolampas hemisphæricus*. Agass. (*E. Richardi*. Desmoul. (*Clypeaster*. Lam. n. 9)

3. *Echinolampas stelliferus* et *E. fornicatus*. Ag. — *E. stellifera*. Desmoul. (*Clypeaster* Lam. n. 10)

4. *Echinolampas Kleinii*. Desmoul. , Agass. (*Clypeaster*. Lam. n. 6)

5. *Echinolampas politus*. Agass., Desmoul. (*Clypeaster*. Lam. n. 8)

6. *Echinolampas conoideus* (*Galerites*. Lam. n. 9).

7. *Echinolampas semi-globus* (*Galerites*. Lam. n. 12).

8. *Echinolampas ovatus*. Desmoul. *Ech. Leskei*. Agass. (*Galerites*. Lam. n. 11).

9. *Echinolampas cylindricus* (*Galerites*. Lam. n. 13).

10. *Echinolampas Bouei* Desmoul., Agass. (*Galerites*. Lam. n. 6).

11. *Echinolampas scutiformis.* Desmoul. (*Galerites.* Lam. n. 10).

12. *Echinolampas excentricus* (*Galerites.* Lam. n. 16).

13. *Echinolampas affinis.* Desmoul. Echinid. p. 344.

E. subconvexus, anticè depressiusculus, ambitu ovato-orbicularis basi subconcava, areis ambulacrorum angustis convexis, ano submarginali transversali.

Clypeaster affinis. Goldf. Petref. p. 134. pl. 42. f. 6.
Echinolampas affinis. Agassiz. Prodr. l. c. p. 187.
Fossile du terrain tertiaire du Brabant, de Bordeaux, Dax.

14. *Echinolampas pustulata.* Desmoul. Echinid. p. 344.

E. orbicularis, convexa, punctis elevatis asperis, adspersâ. Ambulacris 5 angustis, longis, arearum una sinu longitudinali excavata.

Echinus oviformis. Lin. Gmel. p. 3187 (var. *C*).
Echinanthus ovatus. Leske. n° 49. p. 191. pl. 20 f. C D.
Echinanthus vertice elatiore. Breyn. Ech. p. 59. pl. 4. f. 1. 2.
Galerites pustulata. M. de Serres. Géogn. p. 156.
Fossile du terrain tertiaire de Montpellier.
Elle ressemble à la *Galerites patella,* mais elle est plus petite.

15. *Echinolampas Cuvierii.* Agassiz. Prod. l. c. p. 187.

C. convexus, postice dorsatus, ambitu ovato obsolete-pentagono, basi plano-concava, areis ambulacrorum angustis subconvexis, ano longitudinali, marginali, producto.

Clypeaster Cuvierii. Münst. Goldf. Petref. p. 133. pl. 42. f. 2.
Echinolampas Cuvierii. Desmoul. Echin. p. 348.
Fossile du terrain tertiaire. Bavière, Anvers.

16. *Echinolampas Brongnartii.* Agassiz. l. c.

E. subconvexus, antice depressus, posticè subdorsatus, ambitu ovali, basi concava, areis ambulacrorum planis, ano longitudinali, marginali, producto.

Clypeaster Brongnartii. Münst. Goldf. Petr. p. 133. pl. 42. f. 3.
Echinolampas Brongnártii. Desmoul. Echin. p. 348.
Fossile du terrain tertiaire de Bavière.

17. *Echinolampas Linckii.* Agassiz. l. c.

E. convexus, posticè subdorsatus, ambitu ovali, basi concava, areis ambulacrorum latis convexiusculis, ano submarginali.

Galerites complanatus. Desr. Dict. sc. nat. t. 18. p. 87.

Clypeaster Linckii. Goldf. Petref. p. 133. pl. 42. f. 4.
Echinolampas Linckii. Desmoul. Echinid. p. 350.
Fossile du terrain tertiaire. Vienne, Italie.

18. *Echinolampas trilobus.* Agassiz. l. c. Desmoul. l. c.

Clypeaster trilobus et *Galerites triloba.* Defr. Dict. sc. nat. t. 9. p. 450 et t. 18. p. 87.
Blainv. Man. d'actin. p. 217.
Fossile de la craie. Neufchâtel.

19. *Echinolampas lampas.* Blainville. l. c. p. 209. Desmoul. l. c.

Echinonaus lampas. Delabêche. Trans. soc. géol. Lond. t. 1. pl. 3. f. 3. 4. 5.
Fossile de la craie d'Angleterre. Lyme-Regis.

20. *Echinolampas ovum.* Desmoul. l. c.

E. elliptico-regularis suprà convexus, subtùs planus; ambulacris quinis angustis, è vertice declivi ortis; ore centrali, transverso; ano infrà marginali, subovali, transverso. Gratel.
Galerites ovum. Grateloup. Mém. oursins foss. p. 55. pl. 2. f. 5.
Fossile de la craie. Dax. Périgord.

M. Agassiz rapporte encore à ce genre deux espèces nouvelles de la craie de Neufchâtel: *Echinolampas productus* et *Ech. minor;* le *Clypeaster pentagonalis* (Phillips Geogl. Yorkshire); et l'*Echinolampas Kœnigii* de Gray et M. Desmoulins y ajoute:

1° L'*E. Faujasii*, fossile de la craie de Maestricht et du Périgord; 2° l'*E. Francii*, fossile du terrain tertiaire de la France méridionale; 3° l'*E. acuta*, de la craie; 4° l'*E. Bordæ* (*Galerites* de Grateloup) du terrain tertiaire, et 5° l'*E. caudata* (*Galerites caudatus* Catullo) du terrain jurassique, mais il est vraisemblable que beaucoup de ces espèces fossiles, établies d'après des échantillons en mauvais état, doivent former double emploi.

FIBULAIRE. (Fibularia.)

Corps subglobuleux, ovoïde ou orbiculaire, à bord nul ou arrondi, à épines très petites.

Cinq ambulacres bornés, courts et étroits.

Bouche inférieure, centrale. L'anus près de la bouche, ou moyen entre la bouche et le bord.

Corpus subglobosum, obovatum aut orbiculare; margine nullo vel rotundato; spinis minimis.

Ambulacra quinque, brevia, angusta, circumscripta.

Os inferum, centrale: ano ori vicino vel mediano intrà os et marginem.

Observations.—Les Fibulaires sont les plus petites des Echinides; elles ont en général une forme subglobuleuse ou ovoïde, et se rapprochent singulièrement des Echinonées, étant renflées et ayant la plupart l'anus très près de la bouche. Mais elles tiennent aux Clypéastres par leurs ambulacres bornés : ainsi, j'ai dû les distinguer des unes et des autres, ce que Leske avait déjà fait sous la dénomination d'*Echinocyamus*.

[Le genre Fibulaire, confondu par M. Goldfuss avec les Echinonées, a été bien distingué au contraire par M. Agassiz qui le caractérise de même que Lamarck. M. Desmoulins lui attribue des ambulacres très ouverts au bout, et complète ses caractères en disant que les aires ambulacraires sont triples des anambulacraires; que la bouche, armée de mâchoires est pentagonale ou subarrondie, peu ou point enfoncée, et que le test présente à l'intérieur des supports osseux, et qu'il y a quatre pores génitaux.]

ESPÈCES.

1. Fibulaire trigone. *Fibularia trigona.*

F. exigua, globoso-trigona; ambulacris brevibus apice fissis; ano ori vicino; lateribus subsulcatis.

An Echinus lathyrus? Gmel.

Echinus faba. Lin. Gmel. Syst. nat. p. 3194.

* *Echinocyamus ovalis.* Leske. n° 72. p. 216. pl. 37. f. 6.
* Van Phelsum. pl. 2. f. 16-20.
* *Echinometra setosa.* Statius Muller.
* *Fibularia trigona* et *Fib. ovalis.* Deslongch. l. c. p. 389-390.
* *Fibularia trigona.* Man. d'act. p. 211.
* Desmoulins. Echin. p. 238.
Mon cabinet.
Habite.... Cette espèce paraît voisine par ses rapports de l'*Echinus craniolaris*, et des autres Fibulaires représentées dans l'ouvrage de Klein et de Leske. pl. 48.

2. Fibulaire ovule. *Fibularia ovulum.*

F. minima, globoso-ovata, basi subangusta; ambulacris brevibus fissis; ano ori vicino.
An spatagus pusillus? Mull. Zool. Dan. 3. p. 18. t. 91. f. 5-6.
* *Fibularia ovulum.* Deslongch. Encycl. méth. t. 2. p. 389.
* Blainv. Man. d'act. p. 211.
* Agassiz. l. c. p. 186.
* Desmoulins. Echinid. p. 240.
Mus. n° Mon cabinet.
Habite.... la mer de Norwège? Espèce très petite, n'excédant pas la grosseur d'un pois ordinaire.

3. Fibulaire de Tarente. *Fibularia tarentina.*

F. ovato-elliptica, convexiuscula, subtùs plano-concava; ambulacris brevibus, apice disjunctis; ano ori vicino.
* *Echinocyamus equinus.* Leske. n° 70. p. 215.
* Van Phelsum. Oursin. p. 134. pl. 2. f. 6-10.
* *Echinus equinus.* Lin. Gmel. Syst. nat. p. 3194.
* *Fibularia tarentina.* Deslongch. Encycl. méth. t. 2. p. 389.
* Blainv. Man. d'actin. p. 211.
* Risso. Hist. nat. Europ. mér. t. 5. p. 283. n° 44.
* Desmoulins. Echin. p. 236.
Mon cabinet.
Habite la Méditerranée dans le golfe de Tarente. Celle-ci, aussi petite que la précédente, n'est point aussi renflée, et a la forme d'un petit œuf un peu aplati en dessus, quoique légèrement convexe. Elle n'est point sillonnée sur les côtés.
[M. Marcel de Serres indique une espèce fossile des terrains tertiaires de la France méridionale, comme l'analogue de cette espèce vivante.]

† 4. Fibulaire anguleuse. *Fibularia angulosa.*

F. ovata, subpentagona, fere applanata, basi angustata; lateribus sulcatis; ambulacris pulvinatis; vertice centrali.

Deslongch. Encycl. méth. t. 2. p. 390.
Blainv. Dict. sc. nat. t. 16. p. 512.
Desmoul. Echin. p. 236.
Echinus minutus. Lin. Gmel. Syst. nat. p. 3194.
Echinocyamus angulosus. Leske. n° 71. p. 215.
Van Phelsum. p. 134. pl. 2. f. 11-15.
Echinocyamus minutus. Blainv. Man. d'actin. p. 214.
Echinus pusillus? Flem. Brit. anim. p. 481.
Habite l'Océan, côtes de l'Europe.

† 5. Fibulaire inégale. *Fibularia inæqualis.*

F. ovato-oblonga, subpentagona anticè gibbosa, postice applanata; lateribus sulcatis; vertice centrali.

Blainv. Dict. sc. nat. t. 16. p. 512.
Deslongch. Enc. t. 2. p. 390.
Desmoul. Echin. p. 236.
Echinus inæqualis. Lin. Gmel. p. 3191.
Echinocyamus inæqualis. Leske. n° 73. p. 216.
Van Phelsum. pl. 2. f. 21-25.
[M. Desmoulins rapporte à cette espèce les *Echinus raninus* et *bufonius* du Syst. nat. L. Gmel. p. 3195, qui sont des *Echinocyamus* de Leske et de Van Phelsum, et que M. de Blainville confond avec la *Fibularia angulosa.*]

† 6. Fibulaire craniolaire. *Fibularia craniolaris.*

F. elliptica, anticè globosa, posticè subpentagona, basi subangustata; lateribus sulcatis, petalis pulvinatis, vertice excentrico.

Blainv. Dict. sc. nat. t. 16. p. 512.
Deslongch. Encycl. méth. t. 2. p. 389.
Encycl. méth. pl. 154. f. 1-5.
Agassiz. l. c. p. 186.
Desmoul. Echin. p. 238.
Echinus craniolaris. —*E. turcicus* et *E. vicia.* Lin. Gmel. p. 3193.
Echinocyamus craniolaris. — *E. turcicus.* — *E. vicia* et *E. ovatus.* Leske. p. 214-215.
Van Phelsum. p. 132. 133. pl. 1. f. 16-35.
Habite la mer des Indes. — Indiqué comme l'analogue vivant d'une espèce fossile des terrains tertiaires de la France méridionale.

† 7. Fibulaire gesse. *Fibularia lathyrus.*

F. ovata; lateribus vix sulcatis ambulacris pulvinatis; vertice ferè centrali.

Blainv. Dict. sc. nat. t. 16. p. 512.
Deslongch. Enc. t. 2. p. 390.
Encycl. méth. pl. 154. f. 6-10.
Desmoul. Echinid. p. 240.
Echinus lathyrus. Lin. Gmel. Syst. nat. . 3194.
Echinocyamus lathyrus. Leske. p. 215. pl. 28. f. 1.
Van Phelsum. p. 133. pl. 2. f. 1-5.

† 8. Fibulaire noyau. *Fibularia nucleus.*

F. globosa, basi angustata, medio applanata; lateribus sulcatis, ambulacris pulvinatis; vertice excentrico.

Blainv. Dict. sc. nat. t. 16. p. 611.
Desmoul. Echinid. p. 240.
Fibularia nucleola. Deslongch. Encycl. méth. Vers. t. 2. p. 389.
Encycl. méth. pl. 153. f. 24-28.
Echinus nucleus — *E. centralis* (var.) — *E. ervum* (var.) Lin. Gmel. p. 3193.
Echinocyamus nucleus-cerasi — *L. vertice centrali* — *E. ervum.* Leske. n° 65. 66. 67. p. 213. pl. 48. f. 2.
Van Phelsum. p. 131. n° 1. 2. 3. pl. 1. f. 1-15.

† 9. Fibulaire écusson. *Fibularia scutata.* Agass. l. c.

F. convexo-planus, ambitu ovato, basi concava, ambulacris elongatis, poris crebris minutis.

Echinodiscus laganum. Leske. n° 57. p. 206.
Scutella ambigua. Encycl. méth. pl. 153. f. 3-5. (Nouv. Explic.)
Echinoneus scutatus. Münster. Goldf. Petr. p. 136. pl. 42. f. 11.
Parkinson. Org. Rem. t. 3. pl. 3. f. 8.
Fibularia scutata. Desmoul. Echin. p. 242.
Fossile des terrains tertiaires. Bordeaux, Languedoc, Westphalie.
[M. Desmoulins pense avec raison qu'on y doit réunir la *Scutella occitana* de MM. Defrance, Blainville et Agassiz.]

† 10. Fibulaire gâteau. *Fibularia placenta.* Agassiz. l. c.

F. parvula, ovata, convexiuscula, depressa; basi subconcava; ambulacris quinque brevibus, biporosis; poris numerosis minutis.

Desmoul. Echin. p. 242.
Echinoneus placenta. Goldf. Petr. p. 136. pl. 42. f. 12.

Grateloup. Mém. ours. foss. p. 49.
Fossile de la craie. Maestricht, Dax. — Larg. 4 lig.

† 11. Fibulaire subglobuleuse. *Fibularia subglobosa.*

F. subglobosa, posticè producta, ambitu ovato, basi convexa angustata, ambulacris brevibus poris raris remotis.
Desmoul. Echin. p. 242.
Echinoncus subglobosus. Goldf. p. 135. pl. 42. f. 9.
Fossile de la craie. Maestricht.
[M. Agassiz rapporte encore au genre *Fibulaire* la *Scutella fibularis* Lamk. n° 11, et la *Fibularia suffolciensis*, fossile d'Angleterre. M. Desmoulins y ajoute plusieurs espèces inédites nommées par lui : *F. australis*, espèce vivante de la mer du Sud; *F. affinis*, fossile des terrains tertiaires à Blaye; *F. subcaudata*, fossile d'Antibes et des Martigues; et la *Scutella inflata* (Defrance. Dict. sc. nat. t. 48. p. 230), fossile de Paris, qu'il nomme *Fibularia Francii.*]

ÉCHINONÉE. (Echinoneus.)

Corps ovoïde ou orbiculaire, convexe, un peu déprimé. Ambulacres complets, formés de 10 sillons qui rayonnent du sommet à la base.

Bouche subcentrale. Anus inférieur, oblong, situé près de la bouche.

Corpus obovatum aut orbiculare, subdepressum. Ambulacra sulcis decem radiatim ab apice ad basim inscripta, non interrupta.

Os subcentrale, anus inferus, oblongus, ori vicinus.

Observations. — Les Echinonées constituent évidemment un genre particulier, qui avoisine les Fibulaires par ses rapports, ainsi que les Galérites. On les distingue des Fibulaires par leurs ambulacres complets, qui rayonnent du sommet à la base, et des Galérites, parce qu'elles ont l'anus voisin de la bouche.

[M. Goldfuss ne comprend dans son genre Echinonée que des Fibulaires fossiles; M. Agassiz, au contraire, circonscrit ce genre et le caractérise de même que Lamarck, en le plaçant à coté des Fibulaires. M. Desmoulins le place entre les Cidarites et les Echinolampes, fort loin des Fibulaires, dans sa section D, caractérisée par la bouche centrale non symétrique, et renfermant le seul genre Echinonée, dont il complète les caractères en lui assignant quatre pores génitaux et des aires anambulacraires triples des ambulacraires. Il est ainsi conduit à en séparer l'Echinonée cyclostome, qu'il reporte dans le genre *Galerites*.]

ESPECES.

1. Echinonée cyclostome. *Echinoneus cyclostomus.*

E. ovato-oblongus, subdepressus, pulvinatus; vertice poris quinis; ore rotundo.

Echinus cyclostomus. Gmel. p. 3183.

Echinoneus cyclostomus. Leske ap. Klein. p. 173. tab. 37. f. 3-4.

Encycl. pl. 153. f. 19-20.

Rumph. Mus. t. 14. f. D.

Breyn. Echin. t. 2. f. 5-6.

* Deslongch. Encycl. t. 2. p. 296.

* Blainv. Dict. sc. nat. t. 14. p. 196. — Man. d'actin. p. 212.

* Agassiz. Prodr. échin. (Mém. soc. Neufch. p. 187.)

* *Galerites echinonea.* Desmoul. Echin. p. 246.

Habite.... l'Océan asiatique?

2. Echinonée semi-lunaire. *Echinoneus semi-lunaris.*

E. ovato-oblongus, subdepressus; vertice poris quatuor; ore oblongo, obliquè transverso.

Echinus. Seba. Mus. 3. tab. 15. f. 37.

2. *Idem minor, ano ori remotiore.*

Echinoneus minor. Leske apud. Klein. p. 174. t. 49. f. 8-9. Encycl. pl. 153. f. 21-22.

Seba. Mus. 3. t. 10. f. 7. a-b.

* Blainv. Man. d'actin. p. 212.

* *Echinus semi-lunaris.* Lin. Gmel. Syst. nat. p. 3184.

* *Echinoneus semi-lunaris.* Deslongch. Encycl. t. 2. p. 296.

* Agassiz. l. c. p. 187.

* Desmoul. Echin. p. 340.

Habite l'Océan des Antilles, à Saint-Domingue. Mon cabinet.

3. Echinonée gibbeuse. *Echinoneus gibbosa.*

E. ovatus, turgidus, irregularis, vertice excentrico, ambulacris undatis; ore ovali; acuto, obliquè transverso.

* Deslongch. Encycl. méth. t. 2. p. 296.
* Blainv. Dict. sc. nat. t. 14. p. 196.
* Agassiz. l. c. p. 187.
* Desmoul. Echin. p. 340.
Mon cabinet.

Habite... les mers d'Amérique? Celle-ci est plus grosse et plus irrégulière que les autres espèces connues.

GALÉRITE. (Galerites.)

Corps élevé, conoïde ou presque ovale. Ambulacres complets, formés de 10 sillons, qui rayonnent par paires du sommet à la base.

Bouche inférieure et centrale. Anus dans le bord.

Corpus elatum, conoideum aut subovale. Ambulacra sulcis 10, per paria ab apice ad basim radiatim inscripta non interrupta.

Os inferum et centrale. Anus in margine vel infrà et propè marginem.

Observations. — Les Galérites, dont presque toutes les espèces ne sont connues que dans l'état fossile, constituent un genre particulier et très distinct. Ce sont des corps à dos élevé, le plus souvent conique ou conoïde, quelquefois presque ovale. Leurs ambulacres sont complets, et consistent en 5 paires de sillons qui partent du sommet et rayonnent sans interruption jusqu'à la bouche, qui est inférieure et centrale. Les deux rangées de pores qui forment chaque sillon sont presque confondues. L'anus est dans le bord ou contigu au bord en dessous. Cette situation de l'anus distingue les Galérites des Echinonées.

[Plusieurs espèces de Galérites de Lamarck ont été reportées par M. Goldfuss dans le genre *Clypeaster.* Un plus grand nombre ont été placées par M. Desmoulins et par M. Agassiz dans le genre Echinolampe, et, de plus, M. Agassiz a formé entièrement son genre *Discoïdea* d'après Klein et M. Gray, aux dépens des Galérites. Quelques autres espèces, suivant les différens auteurs, doivent aussi appartenir aux genres *Nucleolites*, *Clypeus* ou *Echinoneus*. On conçoit d'après cela, combien la caractéristique de Lamarck doit être modifiée.

Suivant M. Agassiz, les vraies Galérites ont « le disque sub-« circulaire, les ambulacres *étroits*, percés de pores assez dis-« tans, convergeant uniformément vers le sommet; la bouche « centrale, l'anus marginal et inférieur. » Ils ne diffèrent des *Discoïdea* que parce que celles-ci ont les ambulacres larges, percés de petits pores très rapprochés. M. Desmoulins, qui ne fait pas cette distinction, n'ajoute aux caractères donnés par Lamarck, que la présence de quatre pores génitaux, et la position de l'anus intra-marginal, ce qui seul distingue ce genre des *Pyrina* qui l'ont supra-marginal. M. de Blainville, au contraire, attribue cinq pores génitaux et des ambulacres étroits mais complets aux Galérites, qui font partie de sa famille des Centrostomes, tandis qu'il reporte le *G. albo-galerus* dans ses Paracentostromes édentés, et en fait une *Echinonée* ayant quatre pores génitaux et des ambulacres larges.] F. D.

ESPECES.

1. Galérite conique. *Galerites albo-galerus.*

G. conicus; ambulacris areisque denis; arearum tuberculis minimis et creberrimis; ano submarginali.

Echinus albo-galereus. Gmel. p. 3181.

Conulus albo-galereus. Leske apud Klein. p. 162. tab. 13. f. A-B.

Encycl. pl. 152. f. 5-6.

* *Conulus albo-galerus* (1). Mantell. Géol. Sussex. pl. 17. f. 8.

---

(1) Le fossile figuré par Mantell doit constituer une espèce véritablement distincte, qui se trouve également dans la Champagne et qui est caractérisée par sa forme en ellipsoïde tronqué à sa base, laquelle est bien moins large proportionnellement que dans l'espèce de Lamarck, comme M. Deshayes nous l'a fait observer sur un échantillon de sa collection. On peut aussi remarquer que les tubercules spinifères en sont plus petits et plus nombreux, surtout dans les ambulacres. F. D.

* Parkins. Org. rem. t. 3. pl. 2. f. 10-11.
* *Echinometrite*. Bourguet. Petr. p. 71. pl. 53. f. 561.
* *Galerites albo-galerus*. Deslongch. Encycl. méth. t. 2. p. 431.
* Defrance. Dict. sc. nat. t. 18. p. 86.
* Al. Brongniart. Géol. env. Par. p. 388. pl. 4. f. 12.
* Goldfuss. Petr. p. 127. pl. 40. f. 19.
* Grateloup. Mém. Oursins foss. p. 57 (non la figure citée.)
* Desmoul. Echinid. p. 248.
* *Echinoneus albo-galerus*. Blainv. Man. d'actin. p. 212.
* *Discoidea albo-galera*. Agassiz. Prod. l. c. p. 186.
* Bronn. Lethæa. p. 614. tab. 29. f. 18.

Habite.... Fosile de France, du terrain crayeux de France et d'Angleterre.

2. Galérite commune. *Galerites vulgaris*.

G. conoideus; ambulacrorum sulcis denis angustis; ambitu subovato; ano marginali.

Echinus vulgaris. Gmel. p. 3182.

Echinites vulgaris. Leske ap. Klein. p. 165. tab. 13. f. C-K? et tab. 14. f. A-K.

Encycl. pl. 153. f. 6-7.

* *Echinoconites hemisphæricus*. Breyn. Echin. p. 57. pl. 2. f. 3-4.
* *Galerites vulgaris*. Deslongch. Encycl. t. 2. p. 431.
* Blainv. Man. d'actin. p. 222.
* Grateloup. Mém. Oursins foss. p. 55.
* Agassiz. Prod. échin. l. c. p. 186.
* Desmoul. Echin. p. 250.
* Bronn. Lethæa. p. 616. tab. 29. f. 17.
* *Conulus vulgaris*. Parkinson. Org. rem. t. 3. pl. 2. f. 3.
* Mantell. Trans. soc. géol. Lond. t. 3. p. 205.

Habite.... Fossile du terrain crayeux, commun en France et en Allemagne, dans les champs. Mon cabinet.

[L'espèce nommée par M. Goldfuss, *G. vulgaris*, est différente de celle de Lamarck (Voyez plus loin n° 17 †].

3. Galérite raccourcie. *Galerites abbreviatus*.

G. conoideus, obtusus; ambitu suborbiculari; ambulacris impressis, subasperis; areis prominulis; ano infrà marginem.

Mon cabinet.

2. *Idem? major; ano oblongo.*

Leske ap. Klein. p. 166. tab. 40. f. 1-2.

* *Echinites vulgaris* (Var.) Leske. n° 35. p. 166. pl. 40. f. 2-3. et pl. 13. f. G-H. et pl. 14. f. a-b.
* Encycl. méth. pl. 153. f. 8-9 (expl. des pl. *Galerites quinquefasciata.*)
* *Galerites abbreviatus.* Deslongch. Encycl. t. 2. p. 432.
* Blainv. Man. d'actin. p. 223.
* Agassiz. Prod. l. c. p. 186.
* Desmoul. Echin.
* *Galerites truncata.* Defrance. Dict. sc. nat. t. 18. p. 87.
Habite... Fossile de France et d'Allemagne, du terrain crayeux.

4. Galérite à six bandes. *Galerites sexfasciatus.*

G. orbiculatus, convexus; ambulacris senis; ano propè marginem.
Echinites sexies fasciatus. Leske ap. Klein. p. 170. tab. 50. f. 1-2.
Encycl. pl. 153. f. 12-13.
Echinus sexfasciatus. Gmel. p. 3183.
* *Galerites sexfasciatus.* Deslongch. Encycl. t. 2. p. 432.
* Defrance. Dict. sc. nat. t. 18. p. 86.
* Blainv. Man. actin. p. 223.
Habite... Fossile de... Mon cabinet.
[M. Agassiz regarde cette espèce comme une monstruosité par excès; M. Desmoulins en fait une variété de la *G. vulgaris* n° 2.]

5. Galérite fendillée. *Galerites fissuratus.*

G. conoideo-depressus, subhemisphæricus; ambitu orbiculari, margine fissuris crenato; sulcis ambulacrorum denis subcrenatis.
* Deslongch. Encycl. méth. t. 2. p. 432.
* Desmoul. Echin. p. 256.
Mon cabinet.
Habite... Fossile du nord de l'Allemagne, * du terrain cayeux; Saint-Paul-trois-Châteaux, Grasse, Castellane. — Celle-ci est orbiculaire, à dos en cône très surbaissé, et semble crénelée grossièrement dans sa circonférence.

6. Galérite hemisphérique. *Galerites hemisphæricus.*

G. minor, orbicularis, hemisphæricus, sublævigatus; ambulacris superficialibus biporosis; ano margini contiguo.
An Echinites subuculus? Leske ap. Klein. p. 171. tab. 14. f. L-O.
* *Galerites hemisphæricus.* Deslongch. Encycl. t. 2. p. 432.
* Blainv. Man. d'actin. p. 223.
* *Clypeaster Bouei.* Munst. Goldf. Petref. p. 131. pl. 41. f. 7.

* *Galerites Bouei*. Al. Brongn. Théor. des terr. (Dict. sc. nat. 54).
* *Echinolampas Bouei*. Agassiz. Prodr. l. c. p. 187.
* Desmoul. Echin. p. 348. — Catullo. p. 219.
Mon cabinet.
Habite ... * Fossile du terrain tertiaire de l'Allemagne. — Cette Echinide est très différente de la Galérite rotulaire.

7. Galérite déprimée. *Galerites depressus.*

G. suborbicularis, hemisphærico depressus; lineis ambulacrorum decem biporosis; ano ovali maximo.
Echinus depressus. Gmel. p. 3182.
Echinites depressus. Leske. ap. Klein. p. 164. tab. 40. f. 5-6.
Encycl. pl. 152. f. 7-8 (*Galerites radiatus*. Expl. pl.).
* *Echinites orificatus*. Schlotth. Petref. p. 317.
* *Galerites depressus*. Deslongch. Encycl. t. 2. p. 432.
* Defrance. Dict. sc. nat. t. 18. p. 86.
* Goldfuss. Petref. p. 129. pl. 41. f. 3.
* Blainv. Man. d'actin. p. 223.
* Grateloup. Mém. Oursins foss. p. 56.
* Desmoul. Echin. p. 254.
* Koch et Dunker. Verstein. d. Oolith. p. 40. tab. 4. f. 2. (Var. *hemisphærica*).
* *Discoidea depressa*. Agassiz. Prod. échin. l. c. p. 186.
Habite... * Fossile du terrain jurassique, Bavière. Suisse, Boulogne, Châlons.

8. Galérite rotulaire. *Galerites rotularis.*

G. orbicularis, hemisphæricus, minimus; areis ambulacrorum decem alternè minoribus; ano suborbiculari ab ore remotiusculo.
Echinus subuculus. Gmel. p. 3183.
Echinus subuculus. Leske. ap. Klein. p. 171. tab. 14. f. L-M-N-O.
Encycl. pl. 153. f. 14-17.
2. *Var. areis assulatis, et lineis ambulacrorum numerosioribus.*
* *Galerites rotularis*. Deslongch. Encycl. t. 2. p. 433.
* Defrance. Dict. sc. nat. t. 18. p. 86.
* Parkinson. Org. rem. t. 3. p. 21. pl. 2. f. 7.
* *Galerites subuculus*. Goldfuss. Petref. p. 129. pl. 41. f. 2.
* Desmoul. Echin. p. 254.
* *Discoidea rotularis*. Agass. Prod. l. c. p. 186.
* *Discoidea subuculus*. Bronn. Lethæa. p. 615. tab. 29. f. 29.
Mon cabinet.
Habite.... Fossile du département du Gers, * du terrain crayeux.

Westphalie, Périgord, Angleterre, etc. — Espèce très-petite, sub lenticulaire.

9. Galérite conoïde. *Galerites conoideus.*

G. maximus, conoideus, assulatus; ambitu suborbiculari; ore in cavo, transverso, angulis obtusis obvallato.

* *Galerites conoideus.* Deslongch. Encycl. t. 2. p. 433.

* *Galerites semi-globus.* Grateloup. Mém. Ours. foss. p. 53. pl. 2. f. 4.

* *Echinolampas conoidea.* Desmoul. Echin. p. 344.

Habite... Fossile du terrain tertiaire d'Italie, Dax, — du cabinet de M. Valenciennes.

10. Galérite scutiforme. *Galerites scutiformis.*

G. ovato-ellipticus, convexus, subassulatus; vertice excentrico; interstitiis ambulacrorum linea flexuosa divisis; pagina inferiore subconcava.

An Scilla corp. marin? tab. XI. n° 2. *fig. superiores.*

* *Echinoneus scutiformis.* Leske. p. 174.

* *Echinus scutiformis.* Lin. Gmel. Syst. nat. p. 3184.

* *Galerites scutiformis.* Deslongch. Encycl. t. 2. p. 433.

* Defrance. Dict. sc. nat. t. 18. p. 86.

* *Clypeaster excentricus.* Grateloup. Oursins foss. p. 47.

* *Echinolampas scutiformis.* Desmoul. Echin. p. 348.

Mon cabinet.

Habite... * Fossile du terrain tertiaire, Corse, Saint-Paul-Trois-Châteaux. — La forme de cette Galérite approche de celle figurée dans l'ouvrage de Klein, tab. 42. f. 2 et 3.

11. Galérite ovale. *Galerites ovatus.*

G. ovato-conoideus, ad latera depressus, assulatus; ambulacris quinis; interstitiis ambulacrorum linea bipartitis.

* *Galerites ovatus.* Deslongch. Encycl. t. 2. p. 433.

* Grateloup. Mém. Oursins foss. p. 54.

* *Clypeaster Leskii.* Goldfuss. Petref. p. 132. pl. 42. f. 1.

* *Echinolampas Leskii.* Agass. Prod. échin. p. 187.

* *Echinolampas ovata.* Desmoul. Echin. p. 346.

Mon cabinet.

Habite... * Fossile de la craie, Périgord, Royan, Maestricht. — Elle a la forme générale et la taille de l'*Echinus ovatus* de Gmelin, qui est une Ananchite; mais sa bouche centrale l'en distingue principalement.

12. Galérite demi-globe. *Galerites semi-globus.*

G. orbicularis, hemisphæricus, assulatus; ambulacris quinis, longis, biporosis; vertice excentrico.

Echinocorytes. Leske ap. Klein. p. 179. tab. 42. f. 5.

* *Echinus conoideus.* Lin. Gmel. Syst. nat. p. 3181.

* *Echinoclypeus conoideus.* Leske, n° 32. p. 159. pl. 43. f. 2.

* *Galerites semi-globus.* Deslongch. Encycl. t. 2. p. 433.

* *Galerites conoideus* et *Echinoclypeus conoideus.* Blainv. Man. d'actin. p. 223 et p. 208.

* *Galerites conoideus.* Al. Brongn. Théor. terr. Dict. sc. nat. t. 54.

* Grateloup. Mém. Ours. foss. p. 51. pl. 2. f. 3.

* *Echinolampas conoideus* et *Clypeus conoideus.* Agass. Prod. échin. l. c. p. 187 et 186.

* *Echinolampas semi-globus.* Desmoul. Echin. p. 344.

* *Clypeaster conoideus.* Goldfuss. Petref. p. 132. p. 41. f. 8.

Mus. n°

Habite... Fossile du terrain tertiaire de Dax, d'Italie, des environs de Plaisance. Espèce grande.

13. Galérite cylindrique. *Galerites cylindricus.*

G. cylindricus, brevis, dorso retusus; ambulacrorum lineis porosis denis; interstitiis assulatis; ano infero propè marginem.

* *Galerites cylindricus.* Deslongch. Encycl. t. 2. p. 433.

* *Clypeaster subcylindricus.* Munst. Goldf. Petr. p. 131. pl. 41. f. 6.

* *Echinolampas subcylindricus.* Agass. Prodr. Ech. l. c. p. 187.

* *Echinolampas cylindrica.* Desmoul. Echinid. p. 346.

Mus. n°

Habite... Fossile * du terrain tertiaire, Allemagne.

14. Galérite patelle. *Galerites patella.*

G. orbiculatus, depressus, convexiusculus; sulcis ambulacrorum eleganter striatis; arearum unâ sinu longitudinali excavatâ.

Encycl. pl. 143. f. 1. 2.

Mus. n°

* Deslongch. Encycl. méth. t. 2. p. 434. n° 14.

* *Echinoclypeus patella.* Blainv. Man. d'actin. p. 208. pl. 15. f. 3.

* *Nucleolites patella.* Defr. Dict. sc. nat. t. 35. p. 213.

* *Clypeus patella.* Agass. l. c. p. 186.

* *Nucleolites patella.* Desmoul. Echinid. p. 354.

* Habite... Fossile * du terrain jurassique. Boulogne, Lorraine.

15. Galérite ombrelle. *Galerites umbrella.*

G. hemisphæricus, subtùs plano-concavus; sulcis ambulacrorum angustis biporosis substriatis; arearum unâ sinu longitudinali excavatâ.

An Echinus sinuatus. Gmel. p. 3180.
Clypeus sinuatus. Leske apud Klein. p. 157. t. 12.
Encycl. pl. 142. f. 7. 8.
* *Galerites umbrella.* Deslongch. Enc. méth. t. 2. p. 434. n° 15.
* *Echinites*... Mart. Lister. lap. turb. p. 224. pl. 7. f. 27.
* *Clypeus Plotii* et *Placenta laganum*. sp. 5. *Plotii* (double emploi). Klein. § 40. p. 64. pl. 7. et § 88. p. 94.
* *Clypeus sinuatus.* Fleming. Brit. Anim. p. 479.
* Parkins. Organ. Rem. t. 3. p. 24. pl. 2. f. 1.
* Agassiz. l. c. p. 186.
* *Echinoclypeus umbrella.* Blainv. Man. d'actin. p. 208.
* *Nucleolites umbrella.* Defr. Dict. sc. nat. t. 18. p. 87 (*Galérite*).
* Desmoul. Echinid. p. 354.
Mus. n°
Habite... Fossile de... Cette espèce devient presque aussi grande que la précédente.
* Du terrain jurassique. Boulogne, Angleterre.

16. Galérite excentrique. *Galerites excentricus.*

G. ovatus convexo-gibbus; ambulacris quatuor è vertice excentrico ortis; paginâ inferiore quinque sulcatâ.

* *Galerites excentricus.* Deslongch. Encycl. t. 2. p. 434.
* Grateloup. Mém. ours. foss. p. 53. pl. 2. f. 2.
* *Echinolampas excentrica.* Desmoul. Echin. p. 350.
Mus. n°
Habite... Fossile du * terrain tertiaire. Corse, Dax, Provence.

Celle-ci est une espèce singulière par le nombre de ses ambulacres, et par son irrégularité. Elle ne le cède point aux précédentes en volume.

† 17. Galérite pyramidale. *Galerites pyramidalis.*

G. hemisphærico-conoideus, ambitu ovato-orbiculari, basi convexa, ano orbiculari infrà marginali. Goldf.

Echinites vulgaris. var. Leske. n° 35. p. 165. pl. 14. f. *c. d. e. f. g. h.*
Galerites vulgaris. Goldf. Petr. p. 128. pl. 40. f. 20.
Galerites pyramidalis. Desmoul. Echin. p. 248.
Fossile de la craie.

[M. Desmoulins rapporte à cette espèce, comme modification accidentelle de forme ou comme monstruosité, la *Galerites quadrifasciata* (Enc. méth. pl. 153. f. 10. 11. — Blainv. Man. d'actin. p. 222), qui est nommée *Echinites quaterfasciatus* par Leske (n° 36. p. 170. pl. 47. f. 3. 4. 5). C'est aussi l'*Echinus quadrifasciatus* du Syst. nat. Lin. Gmel. p. 3183.]

† 18. *Galerites sulcato-radiatus.* Goldf. Petr. p. 130. pl. 41. f. 4.

G. subhemisphæricus, ambitu orbiculari, basi concava quinquies sulcata, ambulacris vix conspicuis, tuberculis raris sparsis; ano orbiculari infra marginali producto.

Fossile de la craie. Maestricht.

† 19. *Galerites subrotundus.* Agass. Prodr. l. c. p. 186.

Conulus subrotundus. Mantell. Geol. Sussex. pl. 17. f. 15. 18.

Fossile de la craie. Lewes (Angleterre).

† 20. *Galerites Hawkinsii.* Desmoul. Echin. p. 254.

G. hemisphæricus vel cylindraceus, ambitu suborbiculari, basi plana radiato-canaliculata, areis ambulacrorum convexis; tuberculis transversim seriatis, ano longitudinali intrà os et marginem.

Conulus Hawkinsii. Mantell. Trans. Soc. geol. Lond. t. 3. p. 20.

Galerites canaliculatus. Goldf. Petref. p. 128. pl. 41. f. 1.

Discoidea canaliculata. Agassiz. Prod. l. c. p. 184.

Fossile de la craie. Hamsey et Guildford (Angleterre), Westphalie.

[A ce genre, M. Desmoulins rapporte le *Galerites mixtus* (Defr. Dict. sc. nat. t. 18. p. 87) du terrain crayeux, Saint-Paul-trois-Châteaux. Le *G. echinoneus*, qui est l'*Echinoneus cyclostomus* de Lamarck, et le *G. macropygus*, qui est une *Discoidea* de M. Agassiz. — Les *G. scutiformis*, *G. complanatus* et *G. trilobus* Defr. sont des Echinolampes, ainsi que les *G. hemisphæricus* et *G. semi-globosus* de M. de Blainville, les cinq premières de M. Grateloup, et les onze dernières espèces de M. Goldfuss. Le *G. speciosus* de cet auteur est reproduit au genre Nucléolite.]

F. D.

---

† DISCOIDE. (Discoidea.)

Le genre Discoidea de MM. Gray et Agassiz ne diffère des Galérites que par ses ambulacres plus larges et percés de petits pores très rapprochés. Il ne contient que des espèces fossiles de la craie et du terrain jurassique, savoir : 1. *Discoidea depressa* (*Galerites*. Lamk. n. 7), 2. *Discoidea albo-galera* (*Galerites*, Lamk. n. 1), 3. *Discoidea canaliculata* (*Galerites*. Goldf. v. plus loin n. 20. p.) 4. *Discoidea rotularis* (*Galerites*. Lamk. n. 8.)

5. *Discoidea speciosa*. Agassiz. Prodr. l. c. p. 186.

D. subhemisphærica, ambitu suborbiculari, basi plano-concava, areis ambulacrorum convexis, tuberculis majoribus in dorso raris in basi transversim seriatis majoribus interspersis.

Galerites speciosus. Munst. Goldf. Petref. p. 130. pl. 41. f. 5.

Cidaris angulosa. Leske. p. 93. pl. 42.

Nucleolites speciosa. Desmoul. Echinid. p. 206.

Fossile du terrain jurassique. Lorraine, Wurtemberg.

6. *Discoidea rotula*. Agassiz. l. c.

Galerites rotula. Al. Brongn. Geol. envir. Paris. p. 399. pl. 9. f. 13.

Pyrina rotula. Desmoul. Echin. p. 258.

Fossile de la craie. Les Fis. Saint-Paul-trois-Châteaux.

7. *Discoidea macropyga*. Agassiz. Foss. cret. Neufch. Mém. soc. Neufch. p. 137. pl. 14. f. 7. 8. 9.

Galerites macropyga. Desmoul. Echin. p. 256.

Fossile de la craie. Suisse.

ANANCHITE. (Ananchytes.)

Corps irrégulier, ovale ou conoïde, garni de tubercules spinifères dans l'état vivant.

Ambulacres partant d'un sommet simple ou double, et s'étendant sans interruption, soit jusqu'au bord, soit jusqu'à la bouche.

Bouche près du bord, labiée, subtransverse. Anus latéral, opposé à la bouche.

Corpus irregulare, ovatum vel conoideum, in vivo tuberculis spiniferis obsitum.

Ambulacra radiatìm è vertice subduplicato orta, et usque ad marginem vel ad orem extensa, non interrupta.

Os propè marginem, labiatum, subtransversum, ano laterali oppositum.

Observations. — Les Ananchites ressemblent beaucoup aux Spatangues par leur partie inférieure ; car, comme eux, elles ont la bouche latérale, labiée, subtransverse, et l'anus dans le bord opposé à celui de la bouche. Mais les ambulacres des Ananchites sont complets, c'est-à-dire qu'ils partent en rayonnant soit d'un sommet simple, soit d'un sommet double, et s'étendent jusqu'au bord sans interruption, et souvent même en dessous jusqu'à la bouche. Ainsi, au lieu de représenter une fleur à 5 pétales, ces ambulacres allongés imitent les courroies qui sanglent un corps.

Toutes les Ananchites connues sont dans l'état fossile, ce qui est assez remarquable, tandis que, parmi les Spatangues, on en connaît beaucoup dans l'état frais vivant, et beaucoup d'autres dans l'état fossile. Il est probable que la bouche des Ananchites n'est pas plus armée de pièces solides que celle des Spatangues.

[Le genre *Ananchytes* a été considérablement réduit par MM. de Blainville, Desmoulins et Agassiz, qui en ont séparé les *Collyrites* ou *Disaster* et quelques espèces de Spatangues, et l'ont circonscrit plus exactement, en ajoutant à ses caractères l'absence du sillon qu'on observe au contraire chez les Spatangues. M. Agassiz dit en outre que les ambulacres vont en convergeant uniformément vers le sommet ou les doubles pores sont très rapprochés. M. Desmoulins signale aussi la presque égalité des aires, qui sont au contraire très dissemblables chez les Spatangues. Ce genre, ainsi réduit, ne contient que des espèces fossiles, appartenant presque exclusivement à la formation crétacée qu'il caractérise.]

E. D.

ESPÈCES.

1. Ananchite ovale. *Ananchytes ovata.*

A. obovato-conoidea, læviuscula, assulata; assulis serialibus, subhexagonis; ano ovato.

Echinocorytes ovatus. Leske apud Klein. p. 178. tab. 53. f. 3.
Encycl. pl. 154. f. 13.
* *Echinites scutatus major*. Schloth. Petref. p. 309.
* *Echinocorys scutatus*. Parkins. Org. Rem. t. 3. pl. 2. f. 4.
* Mantell. Trans. of soc. géol. Lond. t. 3. p. 201.
* *Echinus ovatus*. Lin. Gmel. p. 3185.
* *Ananchytes ovata*. Deslongch. Enc. t. 2. p. 61.
* Defrance. Dict. sc. nat. t. 2; suppl. p. 40.
* Blainv. Man. d'actin. p. 205. pl. 15. f. 1.
* Cuvier et Brongn. Géol. Paris. p. 15 et 390. pl. 5. f. 7.
* Goldf. Petref. p. 145. pl. 44. f. 1.
* Grateloup. Oursins. foss. p. 59.
* Agassiz. Prodr. l. c. p. 183. — Desmoul. Echin. p. 368.
* Bronn. Lethæa. p. 622. tab. 29. f. 22.
Hab... Fossile de la craie des environs de Paris, Meudon, Angleterre, Allemagne, Maestricht, Cyply, etc. Mon cabinet.

2. Ananchite striée. *Ananchytes striata.*

A. ovato-rotundata, elata, multistriata; dorso convexo, subretuso striis verticalibus areisque numerosis; assululis obsoletis.

Echinocorytes. Leske apud Klein. p. 176. tab. 42. f. 4.
Encycl. pl. 154. f. 11. 12.
* *Echinus scutatus*. var. *a*. Lin. Gmel. p. 3184.
* *Ananchytes striata*. Deslongch. Enc. t. 2. p. 62.
* Blainv. Man. d'actin. p. 205.
* Goldf. Petref. p. 146. pl. 44. f. 3. a, b, c.
* Grateloup. Ours. foss. p. 60. pl. 2. f. 9.
* Desmoul. Echinid. p. 370.
Habite... Fossile de Picardie, trouvé dans le canal. * Du terrain crayeux. Rouen, Chartres, Reims, Dax, Périgord, Angleterre, Aix-la-Chapelle, Maestricht.

3. Ananchite bombée. *Ananchytes gibba.*

A. ovata, elata, dorso ventricosa retusa; lateribus infernè depressis; interstitiis ambulacrorum lævibus; vertice duplicato.

An Echinocorys scutatus. Leske apud Klein. p. 175. tab. 15. f. A B.
Echinus scutatus. Gmel. p. 3184.
* *Ananchytes gibba.* Deslongch. Enc. t. 2. p. 62.
* Blainv. Man. d'actin. p. 205.
* Grateloup. Ours. foss. p. 61.
* Agassiz. Prod. Echinid. l. c. p. 183.
* Desmoul. Echinid. p. 372.
* *Ananchytes striata*, var. *a* (*marginata*). Goldf. Petref. p. 146. pl. 44. f. 3 d. e. f.
Habite... Fossile de Normandie, etc. Mon cabinet.

4. Ananchite pustuleuse. *Ananchytes pustulosa.*

A. ovato-conica, versùs apicem attenuata, lateribus depressa, assulata; ambulacrorum lineis biporosis per paria dispositis; vertice impresso, duplicato.
Echinocorytes pustulosus. Leske apud Klein. p. 180. tab. 16. f. A B.
Encycl. pl. 154. f. 16. 17. et f. 14. 15. *specim. junius.*
Mus. n°
* *Echinus pustulosus.* Lin. Gmel. p. 3185.
* *Ananchytes pustulosa.* Deslongch. Enc. t. 2. p. 62.
* Blainv. Man. d'actin. p. 205.
* Grateloup. Ours. foss. p. 63. pl. 2. f. 10. 11.
* Desmoul. Echinid. p. 372.
* Catullo. Saggio d. zool. foss. 1827. p. 220.
Habite... Fossile de la craie. Dax, Périgord, Dantzig, Angleterre.
[M. Agassiz pense que cette espèce a été établie avec le noyau ou moule intérieur de l'*Ananchytes ovata.* M. Desmoulins, cependant, dit avoir le fossile complet de Tercis, près de Dax.]

5. Ananchite bicordée. *Ananchytes bicordata.*

A. obovata, utrâque extremitate subsinuatâ; dorso lævi; vertice duplicato.
Spatangites bicordatus. Leske apud Klein. p. 244. tab. 47. f. 6.
Echinus bicordatus. Gmel. p. 3199.
* *Ananchytes bicordata.* Deslongch. Enc. t. 2. p. 62.
* *Spatangus bicordatus.* Goldf. Petref. p. 151. pl. 46. f. 6.
* Blainv. Man. d'actin. p. 203.
* *Disaster bicordatus.* Agassiz. Prodr. Echin. l. c. p. 183.
* *Collyrites bicordata.* Desmoul. Echinid. p. 366.

Habite... Fossile des environs du Mans. (M. Ménard.) * Du terrain crayeux. Mecklenbourg. Mon cabinet.

6. Ananchite carinée. *Ananchytes carinata.*

A. cordata, anticè canaliculata, sinuata; dorsi medio carinato.

Spatangites carinatus. Leske apud Klein. p. 245. tab. 51. f. 2. 3.

Echinus carinatus. Gmel. p. 3199.

* *Echinus paradoxus.* Schloth. Petref. p. 318.

* Encycl. méth. pl. 158. f. 1. 2. (*Spatangus cordatus.* expl. pl.)

* *Ananchytes carinata.* Deslongch. Encyc. t. 2. p. 63.

* *Spatangus carinatus.* Goldf. Petref. p. 150. pl. 46. f. 4.

* Blainv. Man. d'actin. p. 203.

* *Spatangus pyriformis?* Grateloup. Ours. foss. p. 76. pl. 2. f. 16.

* *Disaster carinatus.* Agassiz. Prodr. l. c. p. 183.

* *Collyrites carinata.* Desmoul. Echinid. p. 366.

* *Spatangus carinatus.* Bronn. Lethæa. p. 286. tab. 17. f. 7.

Habite... Fossile des environs du Mans. (M. Ménard.) * Du calcaire jurassique. Bayreuth, Wurtemberg, Souabe, Suisse. Mon cabinet.

7. Ananchite elliptique. *Ananchytes elliptica.*

A. ovato-elliptica, pulvinata, integerrima subassulata; verticibus duobus remotis.

Knorr. Petref. p. 2. tab. E. 111. f. 6.

Encycl. pl. 159. f. 13. 14. 15.

* *Ananchytes elliptica.* Deslongch. Encyc. t. 2. p. 63.

* *Spatangus.* Parkins. Org. rem. t. 3. p. 35. pl. 3. f. 3.

* *Spatangites ovalis.* Leske. p. 253. pl. 41. f. 5.

* *Echinoneus bivertex.* Van Phelsum. p. 32. n° 3.

* *Nucleolites obesus?* Catullo. Saggio di zool. foss. p. 227. tab. 11. f. B.

* *Nucleolites excentricus.* Munst. Goldf. Petr. p. 140. pl. 49. f. 7.

* *Disaster ellipticus* et *D. excentricus.* Agassiz. l. c. p. 183.

* *Collyrites elliptica.* Desmoul. Echin. p. 364.

Habite... Fossile des environs du Mans (M. Ménard). Mon cabinet.
* Fossile du terrain jurassique. Bavière, Niort.

8. Ananchite en cœur. *Ananchytes cordata.*

A. cordato-conica, assulata; parte anteriore retusâ emarginatâ; ambulacris fasciatis, quadrifariam porosis; vertice indiviso.

Spatangus ananchytis? Leske apud Klein. p. 243. tab. 53. f. 1. 2.

Encycl. pl. 157. f. 9 et 10.

* *Echinus ananchytis.* Lin. Gmel. p. 3199.

* *Ananchytes cordata.* Deslongch. Encyc. t. 2. p. 63.
* Catullo. Saggio di zool. foss. p. 220.
* *Spatangus cordatus.* Blainv. Man. d'actin. p. 203.
* *Spatangus ananchytis.* Desmoul. Echinid. p. 406.
Habite... Fossile de... Mon cabinet. Espèce remarquable, offrant la forme d'un cœur lorsqu'on la regarde en dessous, mais à dos élevé et presque conique.

9. Ananchite spatangue. *Ananchytes spatangus.*

A. cordata, convexa, subassulata; ambulacris quinis, coloratis, impressis; carina posticâ sulco exaratâ.
* *Ananchytes spatangus.* Deslongch. Enc. t. 2. p. 63.
* *Spatangus ananchytes.* Blainv. Man. d'actin. p. 203.
* *Spatangus ananchytoides.* Desmoul. Echin. p. 406.
* *Ananchytes cordata.* Grateloup. Ours. foss. p. 64. pl. 2. f. 7.
Habite... Fossile de France. Mon cabinet. Elle tient de très près, par la forme et la taille, au *Spatangus cor-anguinum;* mais ses cinq ambulacres se continuent jusqu'à la bouche.
* Du terrain crayeux. Dax, Périgord, Oxford (Angleterre).

10. Ananchite demi-globe. *Ananchytes semi-globus.*

A. ovato-hemisphærica, basi plana, ambulacris angustis; lineis decem biporosis per paria coarctata dispositis; vertice indiviso.
Echinocorytes minor. Leske ap. Klein. p. 183. tab. 16. f. C-D.
Encycl. pl. 155. f. 2-3. (*Ananchytes semi-globosus.* Expl. pl.)
Echinus minor. Var. *A. papillosus.* Gmel. p. 3186.
* *Ananchytes semi-globus.* Deslongch. Encycl. t. 2. p. 63.
* Grateloup. Oursins foss. p. 62. — Desmoul. Echin. p. 374.
* *Ananchytes minor.* Blainv. Man. d'actin. p. 205.
Habite... Fossile de la craie. Mon cabinet.

11. Ananchite pilulle. *Ananchytes pilulla.*

A. minima, ovato-globosa, subtùs convexiuscula; ano in summo margine.
* *Ananchytes pilulla.* Deslongch. Encycl. p. 64.
* *Nucleolites cor-avium?* Catullo Saggio di Zool. foss. p. 226. tab. 11. f. E.
* *Spatangus pillula.* Desmoul. Echin. p. 406.
Habite... Fossile des environs de Beauvais. Mon cabinet.

12. Ananchite cœur d'oiseau. *Ananchytes cor avium.*

A. subcordata, convexa; ambulacris quinis laxè striatis: quinto obsoleto.

An echinus teres? Gmel. p. 3200.
Spatangus ovatus? Leske ap. Klein. p. 252. tab. 49. f. 12-13.
Seba. Mus. tab. 15. f. 28-29.
* *Ananchytes cor avium.* Deslongch. Encycl. t. 2. p. 64.
* *Spatangus cor avium.* Desmoul. Echin. p. 412.
Habite... Fossile de la craie.

† 13. Ananchite conique. *Ananchytes conoidea.* Goldfuss. Petref. p. 145. pl. 44. f. 2.

A. conoidea, elata; vertice subretuso; ambitu ovali; basi ad latera carinæ excavata; poris ambulacrorum raris.
Grateloup. Oursins foss. p. 63. pl. 2. f. 8.
Desmoul. Echin. p. 370.
Fossile de la craie, Dax, Belgique, Boulogne, Angleterre.

† 14. Ananchite hémisphérique. *Ananchytes hemisphærica* (et *Ananchytes pustulosa*). Cuv. et Brongn. Geol. Paris. p. 390. pl. 5. f. 8.

A. hemisphærica, vertice depresso; ambitu obovato; basi convexo-plana: assulis convexis; suturis immersis flexuosis; poris verticem versus remotis (ex nucleo).
Echinus semi-globosus Lin. Gmel. p. 3180.
Echino clypeus hemisphæricus. Leske. n° 30. p. 158. pl. 43. f. 1.
Blainv. Man. d'actin. p. 208.
Echinocorys hemisphæricus. Mantell. Trans. soc. géol. t. 3. p. 201.
Ananchytes hemisphærica et *Clypeus hemisphæricus.* Agassiz. Prod. l. c. p. 183 et 186.
Grateloup. Oursins foss. p. 62.
Desmoul. Echin. p. 374.
Fossile de la craie, Dax, Joigny, Angleterre.

† 15. Ananchite tuberculeuse. *Ananchytes tuberculata.* Defrance. Dict. sc. nat. t. 2. suppl. p. 41.

A. hemisphærica, vertice depresso, ambitu obovato, basi convexo-plana, assulis convexis, suturis immersis flexuosis, poris ambulacrorum verticem versus remotis.
Echinus ovatus. Var. C. Lin. Gmel. p. 3185.
Ananchytes sulcatus. Goldf. Petref. p. 146. pl. 45. f. 1.
Ananchytes tuberculata. Desmoul. Echin. p. 374.
Fossile de la craie, Maestricht, Aix-la-Chapelle, Cyply, Italie.

† 16. Ananchite petit-cœur. *Ananchytes corculum.* Goldf. Petref. p. 147. pl. 45. f. 2.

A. hemisphærica, convexa; ambitu obcordato; basi ad carinæ latera excavata; poris ambulacrorum raris.

Grateloup. Oursins foss. p. 65.

Desmoul. Echin. p. 376.

Ananchytes concava ? Catullo Saggio di Zool. foss.

Fossile de la craie, Dax, Périgord, Westphalie, Angleterre.

SPATANGUE. (Spatangus.)

Corps irrégulier, ovale ou cordiforme, subgibbeux, garni de très petites épines.

Quatre ou cinq ambulacres bornés et inégaux.

Bouche inerme, transverse, labiée, rapprochée du bord. Anus latéral, opposé à la bouche.

Corpus irregulare, ovatum vel cordiforme, subgibbosum, spinis minimis obtectum.

Ambulacra subquina, brevia, inæqualia, circumscripta.

Os inerme, transversum, labiatum, margini vicinum. Ano laterali oppositum.

Observations. — Parmi les Echinides, les *Spatangues* et les *Ananchites* sont les seuls qui aient la bouche latérale, c'est-à-dire rapprochée du bord; dans toutes les autres, la bouche est toujours centrale. Outre cette particularité des Spatangues et des Ananchites d'avoir la bouche latérale et opposée à l'anus, la bouche des Echinides dont il s'agit n'est point armée de pièces solides comme celle des autres Echinides en qui on l'a observé; ce qui constitue un caractère important à considérer dans la détermination des rapports parmi les Echinides.

Si les *Spatangues* tiennent aux Ananchites par les caractères de forme et de situation de la bouche, et par la disposition de l'anus situé dans le bord opposé, ils en sont très distingués par leur forme générale, et surtout par leurs ambulacres bornés, courts et très inégaux. Quoique très voisins par leurs rapports, ces deux genres sont donc éminemment distincts l'un de l'autre.

Le corps des Spatangues est irrégulier, ovale ou cordiforme, souvent renflé, et toujours moins élevé que large. Les ambulacres sont plus ou moins profondément enfoncés, et au nombre de 4 ou de 5. Comme dans la plupart des espèces, l'anus est dans le haut de l'épaisseur du bord, ces Echinides semblent par cette considération faire le passage aux Nucléolites en qui l'anus est au dessus du bord.

Les Spatangues constituent un genre nombreux en espèces, parmi lesquelles beaucoup sont connues dans l'état frais ou marin, et d'autres ne le sont que dans l'état fossile, le plus souvent siliceux.

Les habitudes des Spatangues sont de s'enfoncer dans le sable et d'y vivre à-peu-près dans l'inaction, cachés, et à l'abri de leurs ennemis. Comme ils n'ont point leur bouche armée de pièces dures, ils ne se nourrissent que des corpuscules nutritifs que l'eau leur apporte. Leur test ou peau crustacée est mince et a peu de solidité.

[Le genre Spatangue de Lamarck a été conservé tout entier comme l'un des plus naturels, et même augmenté de quelques espèces d'Ananchytes par M. Desmoulins, qui le caractérise ainsi que les Ananchytes par sa bouche transverse et labiée, très excentrique, non symétrique; par sa forme ovalaire et par ses quatre pores génitaux; mais qui le distingue de ce dernier genre par l'inégale largeur de ses aires dont les anambulacraires sont les plus grandes, par ses ambulacres interrompus, et par la position de l'anus dans une facette marginale. Ce même auteur, pour diviser ce genre en sections, a pris en considération une sorte d'impression plus ou moins étendue sur le test et ressemblant en quelque sorte à l'impression palléale de certains mollusques, quoique produite par une toute autre cause. Ainsi sa première section comprend les espèces (*Sp. arouarius, Sp. crux-Andreæ, etc.*) dont l'impression dorsale est située sur le sommet entre les ambulacres; dans la seconde section (*Sp. pectoralis, Sp. carinatus, Sp. ovatus, etc.*) l'impression dorsale entoure la portion pétaliforme des ambulacres. Les espèces tout-à-fait privées de cette impression (*Sp. purpureus, Sp. subglobosus*) forment une troisième section.

M. Agassiz, au contraire, a divisé les Spatangues en sept genres, dont plusieurs ne contiennent qu'une ou deux espèces. Il n'a laissé dans le genre Spatangue proprement dit que huit espèces appartenant aux diverses sections de M. Desmoulins, et a caractérisé ainsi ce genre très réduit: « Disque cordiforme; « sillon bucco-dorsal assez profond; l'ambulacre pair qui s'y trouve est formé de très petits pores égaux; les quatre ambulacres pairs sont formés sur la face dorsale de rangées de doubles pores qui, se rapprochant vers le sommet du disque et à son pourtour, présentent la forme d'une étoile. Outre les petits piquans qui sont ras sur le dos, il y en a quelques grands, mais très grêles. »

M. de Blainville admet le genre Spatangue comme Lamarck et M. Desmoulins, et le divise en six sections dont plusieurs correspondent aux genres de M. Agassiz.] F. D.

ESPÈCES.

* 4 AMBULACRES.

1. Spatangue plastron. *Spatangus pectoralis.* *

Sp. ovato-ellipticus, depressus, maximus; ambulacris quaternis; interstitiis eleganter granulatis; assulis elongatis ad marginem.

Echinospatagus. Gualt. Ind. tab. 109. f. B. B.

Seba. Mus. 3. tab. 14. f. 5-6. *fig. optimæ.*

Encycl. pl. 159. f. 2-3.

* *Spatangus pectoralis*. Deslongch. Encycl. méth. t. 2. p. 686.

* Desmoul. Echin. p. 380.

* *Echinus spatagus*. (Var.) Lin. Gmel. S. N. p. 3200.

* *Brissus magnus*. V. Phelsum. p. 39. no 8.

* *Brissus pectoralis*. Agass. l. c. p. 184.

Habite la côte occidentale d'Afrique. C'est la plus grande et l'une des plus belles espèces de ce genre; elle est fort différente de celles auxquelles on l'a réunie comme variété.

2. Spatangue ventru. *Spatangus ventricosus.*

Sp. ovatus, inflatus, obsoletè assulatus; ambulacris quaternis oblongis, impressis canaliculatis; tuberculis majoribus in zigzag positis.

Brissus ventricosus. Leske ap. Klein. p. 29. tab. 26. f. A. Rumph. Mus. t. 14. f. 1.

An Scill. corp. mar? t. 4. f. 1-2.

An Encycl. pl. 158. f. 11?

* *Echinus spatagus.* Var. Lin. Gmel. Syst. N. p. 3199.

* *Spatangus maculosus* et *Sp. ventricosus.* Blainv. Man. d'actin. p. 203.

* *Spatangus ventricosus.* Deslongch. Encycl. t. 2. p. 686.

* *Spatangus maculosus.* Desmoul. Echin. p. 382.

* *Brissus ventricosus.* Agass. l. c. p. 184.

Habite l'Océan des Antilles, * Méditerranée. Cette espèce devient fort grande, et n'est point rare dans les collections.

3. Spatangue cœur de mer. *Spatangus purpureus.*

Sp. cordatus; ambulacris quaternis, lanceolatis, planis; tuberculis majoribus in zig-zag *positis.*

Echinus purpureus. Lin. Gmel. S. N. p. 3197.

Mull. Zool. Dan. tab. 6. — Prod. p. 236. n° 2850.

Spatangus purpureus. Leske ap. Klein. p. 235. tab. 43. f. 3-5. et tab. 45. f. 5.

Encycl. pl. 157. f. 1-4.

Argenv. Conch. pl. 25. f. 3. Pas-de-Poulain.

Scilla. Corp. mar. t. 11. n° 1. f. 1.

* *Echinus lacunosus.* Pennant. Brit. Zool. t. 4. p. 69. pl. 35. f. 76.

* *Spatangus purpureus.* Deslongch. Encycl. méth. t. 2. p. 686.

* Blainv. Man. d'actin. p. 202. pl. 14. f. 1-3.

* Desmoul. Echin. p. 388.

* *Spatangus meridionalis.* Risso. Eur. mérid. t. 5. p. 280 (*Variété*).

* *Spatangus Desmarestii.* Münst. Goldf. l. c. p. 153. pl. 47. f. 4.

* Agassiz. l. c.

Habite l'Océan européen, la mer du nord, la Méditerranée. Mon cabinet.

* Fossile des terrains tertiaires, Sicile, Turin, Saint-Paul-trois-Châteaux.

4. Spatangue ovale. *Spatangus ovatus.*

Sp. ovatus, semi-cylindricus, antice retusus; ambulacris quaternis excavato-canaliculatis; anticis obliquis.

Spatangus brissus unicolor. Leske apud Klein. p. 248. tab. 26. f. B-C.

2. *Idem assulis coloratis maculatus.*

Encycl. pl. 158. f. 7-8.

Seba. Mus. 3. tab. 10. f. 22.
* *Echinus spatagus*. Var. *unicolor*. Lin. Gmel. Syst. nat. p. 3200.
* *Spatagus flavescens*. Mull. Zool. Dan. Prod. p. 236.
* *Spatangus ovatus*. Deslongch. Encycl. méth. t. 2. p. 686.
* *Spatangus unicolor*. Blainv. Man. d'actin. p. 203.
* Desmoul. Echin. p. 382.
* *Brissus unicolor*. V. Phels. p. 39. n_o 7.
* Agassiz. l. c. p. 184.
Habite... probablement les mers d'Amérique, la mer du nord?
[M. Grateloup a décrit sous le nom de *Spatangus ovatus* (Mém. oursins foss. p. 75) un Nucleus spathique provenant d'une espèce fossile des terrains tertiaires de Dax, qu'il croit être l'analogue de celle de Lamarck; M. Desmoulins est plus porté à le rapporter au *Sp. colombaris*.]

5. Spatangue caréné. *Spatangus carinatus*.

Sp. ovato-inflatus, ad latera turgidulus; ambulacris quaternis : anticis divaricato-transversis; area dorsali postica carinata, obtusè prominula.
Echino-spatagus. Gualt. Ind. t. 108. f. G. G.
Spatagus brissus, latè carinatus. Leske ap. Klein. p. 249. tab. 48. f. 4-5.
Encycl. pl. 148. f. 11. et pl. 159. f. 1.
Seba. Mus. 3. tab. 14. f. 3-4.
2. *Idem assulis coloratis maculatus.*
* *Spatangus carinatus*. Deslongch. Encycl. t. 2. p. 686.
* Blainv. Man. d'actin. p. 203.
* Risso. Hist. nat. Eur. mérid. t. 5. p. 279. n_o 31.
* Desmoul. Echin. p. 380.
* *Oursin spatangus*. Bosc. Buff. Deterv. Vers. t. 24. p. 282. pl. G. 25. f. 6.
* *Brissus carinatus*. Agass. l. c.
Habite l'Océan austral, aux îles de France et de Bourbon, (*) la Méditerranée. Mon cabinet.

6. Spatangue colombaire. *Spatangus columbaris*.

Sp. ovalis; vertice retuso; ambulacris quaternis breviusculis : posticis rectis.
Echinus.... Sloan. Jam. 2. t. 242. f. 3-4-5.
Seba. Mus. 3. tab. 10. f. 19.
Encycl. pl. 158. f. 9-10.
* *Echinus spatagus*. Var. *C. nodosus* et Var. *F. ovatus*. Linn. Gmel.

Syst. nat. p. 3199-3200.
* *Spatangus brissus.* Var. 3. *ovatus.* Leske. p. 249. pl. 38. f. 4.
* *Spatangus columbaris.* Deslongch. Encycl. méth. t. 2. p. 687.
* Blainv. Man. d'actin. p. 203.
* Desmoul. Echin. p. 284.
* *Brissus columbaris.* Agass. l. c. p. 185.
Habite l'Océan américain. Mon cabinet.

7. Spatangue comprimé. *Spatangus compressus.*

Sp. minor, ovatus, ad latera compressus, immaculatus; dorso carinato; ambulacris quaternis impressis.
* Deslongch. Encycl. méth. t. 2. p. 687.
* Desmoul. Echin. p. 388.
* *Brissus compressus.* Agassiz. l. c.
Habite les mers de l'Ile-de-France. M. Mathieu.

8. Spatangue croix de Saint-André. *Spatangus crux Andreæ.*

S. ovatus, depressus; ambulacris quaternis lanceolatis, obliquè divaricatis; interstitiis ocellatis.
* Deslongch. Encycl. méth. t. 2. p. 687.
* Desmoul. Echin. p. 378.
* Agassiz. l. c. p. 184.
Habite l'Océan austral. Péron et Lesueur. Espèce très rapprochée par ses rapports du Spatangue plastron (n° 1), mais beaucoup plus petite, et qui en est très distincte.
* Habite la mer Rouge.

9. Spatangue sternale. *Spatangus sternalis.*

S. ovatus, assulatus, maculatus; ambulacris quaternis; sterno paginæ inferioris carinato.
* Deslongch. Encycl. méth. t. 2. p. 687.
* Desmoul. Echin. p. 388.
* *Brissus sternalis.* Agassiz. l. c.
Habite l'Océan austral. Péron et Lesueur.

10. Spatangue planulé. *Spatangus planulatus.*

S. ellipticus, depressus; ambulacris quaternis, angustis, lanceolatis, obliquè divaricatis; interstitiis subocellatis.
* Deslongch. Encycl. méth. t. 2. p. 687.
* Desmoul. Echinid. p. 378.
* Agassiz. l. c. p. 184.
Habite les mers australes. Péron et Lesueur. Cette espèce tient de

très près au Spatangue croix de Saint-André, et néanmoins en est très distincte.

** 5 AMBULACRES.

11. Spatangue à gouttière. *Spatangus canaliferus.*

S. cordato-oblongus, basi posticè gibbus; ambulacris quinis impressis patulis; antico profundiore canaliformi.

Spatangus... Leske apud Klein. tab. 27. f. A.

Rumph. Mus. tab. 14. f. 2.

Encycl. pl. 156. f. 3.

Scilla. Tab. 25. f. 2.

* *Oursin lacuneux.* Bosc. Buff. Déterv. t. 24. p. 282.

* *Echinus lacunosus.* var. *a* et *b.* Lin. Gmel. Syst. nat. p. 3196.

* *Spatangus canaliferus.* Deslongch. Encycl. méth. t. 2. p. 688.

* Blainv. Man. d'actin. p. 202.

* Desmoul. Echin. p. 386.

* *Micraster canaliferus.* Agassiz. l. c.

Habite l'Océan indien, * les mers d'Europe et d'Amérique. Mon cabinet. Cette espèce est une de celles qui, quoique très différentes, ont été confondues en une seule, sous le nom d'*Echinus lacunosus.*

[La même espèce, suivant MM. Marcel de Serres et Desmoulins, se trouve fossile dans les terrains tertiaires de Perpignan, de Malte et d'Italie.]

12. Spatangue tête-morte. *Spatangus Atropos.*

S. ovato-globosus, gibbus; ambulacris quinis angustatis, profundè impressis; antico magis excavato, subcavernoso.

Knorr. Delic. tab. D III. f. 3.

Encycl. pl. 155. f. 9-11.

An spatangus lacunosus? Leske apud Klein. tab. 24. X. f. A-B. foss.

* *Echinospatagus ovatus.* Mull. Delic. nat. t. 1. p. 96. pl. D-III.

* *Spatangus atropos.* Deslongch. Encycl. méth. t. 2. p. 688.

* Blainv. Man. d'actin. p. 202.

* Desmoul. Echin. p. 384.

* *Schizaster Atropos.* Agass. l. c. p. 185. (1)

Habite l'Océan européen, la Manche. Mon cabinet.

---

(1) Le genre Schizaster de M. Agassiz est caractérisé ainsi:

13. Spatangue arcuaire. *Spatangus arcuarius.*

Sp. cordatus, inflatus, posticè gibbus; ambulacris quinis : lateralibus arcus duplicatos æmulantibus; ore subcentrali.

Spatangus pusillus. Leske apud Klein. p. 230. tab. 24. f. C-D-E. et tab. 38. f. 5.

Seba. Mus. 3. t. 10. f. 21. A-B.

Encycl. pl. 156. f. 7-8.

* *Echinus brissus.* Argenv. Conch. tab. 25. f. 1.

Knorr. Delic. t. D-I. f. 14.

* *Spatangus arcuarius.* Deslongch. Encycl. t. 2. p. 688. n_0 15.

* Goldfuss. Petref. p. 154. pl. 48. f. 1 (Voyez plus loin, p. 336).

* Blainv. Man. d'actin. p. 201.

* Desmoul. Echin. p. 378.

* *Echinus pusillus* et *Ech. lacunosus.* Var. *d. e.* Lin. Gmel. Syst. nat. p. 3198.

* *Echinospatagus cordiformis.* Breyn. Echin. p. 61. pl. 5.

* *Spatangus cordatus.* Fleming. Brit. anim. p. 489.

* *Echinocardium Sebæ.* Gray.

* *Amphidetus Sebæ* et *Amp. pusillus.* Agass. l. c. p. 184.

Habite l'Océan atlantique austral, les côtes de Guinée. Mon cabinet. * Les mers d'Europe.

14. Spatangue ponctué. *Spatangus punctatus.*

S. cordatus, convexus, subassulatus, dorso posticè carinatus; tuberculis minimis punctiformibus; ambulacris crenulatis,

Spatangus cor anguinum. Leske apud Klein. tab. 23 *. f. C.

* *Echinites corculum.* Schlotth. Petref. p. 311.

* *Spatangus subrotundus* et *Sp. tuberculatus.* V. Phelsum. p. 40.

* *Echinus cor anguinum.* Lin. Gmel. Syst. N. p. 3195 (Var. *a.*)

* *Spatangus cor anguinum.* Goldf. Petref. p. 157. pl. 48. f. 6 (non

---

« Disque cordiforme, très élevé en arrière; sillon bucco-dorsal « long et très profond; quatre autres sillons au sommet dorsal, « profonds et étroits, où sont cachés les ambulacres. » Il répond à la section β du genre Spatangue de M. de Blainville, et en partie au genre *Echinocardium* de Van Phelsum et de M. Gray.

M. Agassiz n'y comprend, avec le *Sp. Atropos*, qu'une seule espèce fossile.

Schizaster Studeri. Agass. — *Spat. Studeri.* Desmoul. p. 412. des terrains tertiaires d'Italie.

Lamarck nec cæt.)

* *Spatangus punctatus.* Deslongch. Encycl. méth. t. 2. p. 688.

* Defrance. Dict. sc. nat. t. 50. p. 93.

* Blainv. Man. d'actin. p. 204.

* Desmoul. Echin. p. 404.

Mon cabinet.

Habite.... * Fossile du terrain crayeux, Westphalie, Vérone, Périgord, Angleterre.

[M. Grateloup (Mém. Ours. foss. p. 69. pl. 1. f. 11) a décrit comme fossile de la craie de Dax, sous le nom de *Spatangus punctatus*, une espèce différente de celle de Lamarck. M. Desmoulins (Ech. p. 392) la nomme *Spatangus brissoides*, d'après Leske, et lui donne pour synonyme le *Brissoides cranium.* Klein. *Echinus brissoides.* Gmel. p. 3200.]

15. Spatangue cœur d'anguille. *Spatangus cor anguinum.*

Sp. cordatus, subconvexus; ambulacris quinis impressis, quadrifariam porosis; poris biserialibus ultrà ambulacra extensis.

Spatangus cor anguinum. Leske apud Klein. p. 221. tab. 23. f. A. B. C. D. et tab. 45. f. 12.

Encycl. p. 155. f. 4-5-6.

Breyn. Echin. tab. 5. f. 5-6.

2. *Idem, oblongo cordatus.*

Spatangus, etc. Leske apud Klein. p. 225. tab. 23. f. e. f.

Encycl. pl. 155. f. 7-8.

* *Spatangus cor marinum.* Parkins. Org. rem. t. 3. pl. 3. f. 11.

* *Echinus cor anguinum.* Lin. Gmel. Syst. nat. p. 3295 (Var. b. c. d. e.)

* *Spatangus cor anguinum.* Deslongch. Encycl. méth. t. 2. p. 688.

* Defrance. Dict. sc. nat. t. 50. p. 93.

* Brongniart. Géol. Env. Paris. p. 388. pl. 4. f. 11.

* Blainv. Man. d'actin. p. 204.

* Grateloup. Mém. échin. foss. p. 69.

* *Spatangus cor?* Risso. Eur. mérid. t. 5. p. 280.

* *Micraster cor anguinum.* Agass. l. c. p. 184.

Habite... Fossile de France, d'Allemagne, etc., dans les champs crétacés. Mon cabinet.

[M. Goldfuss (Petref. p. 156. pl. 48. f. 5) confond cette espèce avec celle qu'il nomme *Spatangus testudinarius*, et qui est admise comme espèce distincte par M. Desmoulins (Echin. p. 404) et par M. Agassiz qui la nomme *Micraster cor testudinarium*, elle serait caractérisée par sa bouche très éloignée du bord.]

16. Spatangue écrasé. *Spatangus retusus.*

Sp. cordiformis, dorso postico elatus, convexus et angustior, anticè depressus, canaliculatus; ambulacris quinis : quinto in lacunâ dorsi.

Echinospatagus. Breyn. Echin. tab. 5. f. 3-4.
Echinus complanatus. Gmel. *Synonymis exclusis.*
* *Echinus quaternatus.* Schlotth. Petref.
* *Echinites spatagoides.* Scheuchzer. Lith. hel. p. 61. f. 84.—Mus. dil. n° 811, 813, 815.
* *Echinite à 4 rayons divisés.* Bourg. Petr. p. 76. pl. 51. f. 528-530-533.
* *Spatangus oblongus.* Al. Brongn. Ann. mines. 1821. pl. 7. f. 9.
* *Spatangus argilaceus.* Phil. Géol. Yorkshire. pl. 2. f. 3-4.
* *Spatangus complanatus.* Blainv. Man. d'actin. p. 204.
* *Spatangus retusus.* Deslongch. Encycl. méth. t. 2. p. 689.
* Defrance. Dict. sc. nat. t. 50. p. 94.
* Goldfuss. Petref. p. 149. pl. 46. f. 2.
* Grateloup. Mém. oursins. foss. p. 71.
* *Holaster complanatus.* Agass. l. c. p. 183.—Foss. Neufch. pl. 14. f. 1.
Habite... Fossile de France, etc. Mon cabinet.
[Il faut probablement rapporter à cette espèce plusieurs fossiles du terrain crayeux, décrits sous des noms différens, et notamment le *Spatangus chloriteus.* Risso. Eur. mérid. pl. 7. f. 40.]

17. Spatangue subglobuleux. *Spatangus subglobosus.*

Sp. cordato-orbiculatus; utrinque convexus assulatus; ambulacris quinis, duplicato-biporosis; ano ovato.

Spatangus subglobosus. Leske apud Klein. p. 240. tab. 54. f. 2-3.
Encycl. pl. 157. f. 7-8.
* Delongch. Encycl. méth. t. 2. p. 689.
* Defrance. Dict. sc. nat. t. 50. p. 94.
* Blainv. Man. d'actin. p. 203.
* Goldfuss. Petref. p. 148. pl. 45. f. 4.
* Desmoul. Echin. p. 398.
* *Echinus subglobosus.* Lin. Gmel. Syst. nat. p. 3198.
* *Spatangus cordiformis?* Mantell. Géol. Sussex. p. 108.
* *Holaster subglobosus.* Agass. l. c. p. 183.
Habite... Fossile de Grignon (? *), près Versailles. Mon cabinet.
* Fossile de la craie, Angleterre, le Havre, Rouen, Beauvais, Allemagne, le Hartz.

18. Spatangue bossu. *Spatangus gibbus.*

Sp. cordato-abbreviatus, convexus, subgibbosus, antice retusus; vertice elato; ambulacris quinis, duplicato-biporosis; ano ovato.

Encycl. pl. 156. f. 4-5-6.
* Deslongch. Encycl. méth. t. 2. p. 689.
* Defrance. Dict. sc. nat. t. 50. p. 94.
* Blainv. Man. d'actin. p. 204.
* Goldfuss. Petref. p. 156. pl. 48. f. 4.
* Grateloup. Mém. échin. foss. p. 71.
* Desmoul. Echin. p. 402.
* *Micraster gibbus*. Agass. l. c. p. 184.
Habite... Fossile * du terrain crayeux, Westphalie, Alet, Dax. — Mon cabinet.

19. Spatangue prunelle. *Spatangus prunella.*

Sp. subglobosus, posticè gibbosus; ambulacris quinis brevibus, quadrifariam porosis; ano ad aream marginalem altissimo.

Encycl. pl. 158. f. 3-4. *è specimine juniore.*
* Deslongch. Encycl. méth. t. 2. p. 689. n° 21.
* Defrance. Dict. sc. nat. t. 50. p. 94.
* Blainv. Man. d'act. p. 204.
* Goldfuss. Petref. n° 17. p. 155. pl. 48. f. 2.
* *Echinite.* Faujas. Mont. Saint-Pierre.
* *Micraster prunella.* Agass. l. c. p. 184.
Habite... Fossile de Maestricht. Mon cabinet.
[M. Desmoulins réunit à cette espèce de Lamarck le *Spatangus bufo.* (Brongn. Géol. Par. p. 84 et 389. pl. 5. f. 4), admis comme espèce distincte par MM. Defrance (Dict. sc. nat. t. 50. p. 95), de Blainville (Man. d'actin. p. 204), Goldfuss (Petref. p. 154. pl. 47. f. 7), Agass. (*Micraster bufo.* l. c. p. 184), et considéré généralement comme un des fossiles les plus répandus dans le terrain de craie qu'il caractérise bien.]

20. Spatangue de Maestricht. *Spatangus radiatus.*

Sp. ovatus, elatus, anticè canaliferus, retusus; ambulacris quinis: quinto lacunali, obsoleto.

Spatangus striato-radiatus. Leske ap. Klein. p. 234. tab. 25.
Encycl. pl. 156. f. 9-10.
Echinus radiatus. Gmel. p. 3197.
Knorr. Petr. p. 11. pl. E IV. f. 1-2.
* *Spatangus radiatus.* Deslongch. Encycl. t. 2. p. 690.

* Defrance. Dict. sc. nat. t. 50. p. 94.
* Blainv. Man. d'actin. p. 204.
* Desmoul. Echin. p. 400.
* Parkinson. Organ. rem. t. 3. pl. 3. f. 4-5.
* *Echinocorys scutatus.* Schroet. Einl. t. 4. p. 41. pl. 1.
* *Hemipneustes radiatus.* Agass. l. c. p. 183. (1)
* Bronn. Lethæa. p. 621.

Habite... Fossile de la craie, des environs de Maestricht. Mon cabinet.

[M. Desmoulins pense avec raison que c'est le Nucleus de cette espèce fossile qui a servi à former l'espèce nommée *Echinocorytes quaterradiatus* par Leske (p. 182. pl. 54. f. 1), *Echinus quadriradiatus* par Gmelin (Syst. nat. Lin. p. 3186), et *Ananchites quadriradiatus.* Blainv. (Man. d'actin. p. 205).

† 21. Spatangue orné. *Spatangus ornatus.* Defrance. Dict. sc. nat. t. 50. p. 95.

Sp. convexo-depressus; canali explanato; margine obtuso; basi convexiuscula; tuberculis in dorso majoribus sub serialibus.

Al. Brongniart. Géol. env. Paris. p. 86 et 389. pl. 5. f. 6.
Deslongch. Encycl. méth. t. 2. p. 687.
Goldfuss. Petr. p. 152. pl. 47. f. 2.
Grateloup. Mém. oursins foss. p. 72. pl. 1. f. 12. et *Sp. suborbicularis.* p. 73. pl. 2. f. 5.
Blainv. Man. d'actin. p. 204.
Desmoul. Echin. p. 392.
Agass. Prodr. échin. p. 184.

Fossile de la craie et des terrains tertiaires, à moins qu'on n'ait confondu deux espèces, ce qui paraît fort probable.

† 22. Spatangue de Desmarest. *Spatangus Desmarestii.* Münster. Gold. Petref. p. 153. pl. 47. f. 4.

S. fornicatus, carinatus, canali lato, margine obtuso, basi convexoplana tuberculis majoribus flexuoso-seriatis.

---

(1) Le genre HEMIPNEUSTES Agassiz, établi sur cette seule espèce, *Spatangus radiatus*, est caractérisé par « son disque cordiforme ; son ambulacre antérieur formé de petits pores égaux ; « ses ambulacres pairs, formés chacun de deux rangées de doubles « pores différentes entre elles, la rangée portérieure étant beaucoup plus marquée que l'antérieure. »

Agass. Prodr. échin. (Mém. Neufch. p. 184.)
Spatangus purpureus. Desmoul. Echin. p. 396 (Voyez p. 324).
Fossile des terrains tertiaires.

† 23. Spatangue d'Hoffmann. *Spatangus Hoffmanni.* Goldf. l. c. p. 152. tab. 47. f. 3.

Sp. convexus, carinatus; sulco lato; margine acuto; basi subconcava; tuberculis in dorso antico magnis.
Grateloup. Mém. oursins foss. p. 73. pl. 1. f. 13.
Agass. l. c. p. 184.
Desmoul. Echin. p. 398.
Fossile des terrains tertiaires, Bordeaux, Biaritz, Westphalie.
[M. Agassiz indique, comme appartenant au genre Spatangue proprement dit, les *Sp. purpureus* (Lam. n° 3), *Sp. meridionalis.* Ris. (Voyez Lam. n° 3), *Sp. ovatus* (Lam. n° 4), *Sp. crux Andreæ* (Lam. n° 8), et *Sp. planulatus* (Lam. n° 10). Les autres espèces de Spatangue publiées par différens auteurs appartiennent aux genres *Holaster, Micraster,* etc.]

HOLASTER.

Le genre Holaster de M. Agassiz comprend des espèces de Spatangues « à disque cordiforme ; avec les ambulacres convergeant uniformément vers un point du sommet, et l'anus supérieur. » Ce sont:

1. *Holaster subglobosus.* — *Spatangus.* Lamk. n. 17.
2. *Holaster complanatus.* — *Spatangus retusus.* Lamk. n° 16.
3. *Holaster intermedius.* Agass. l. c.

S. depressiusculus, postice oblique truncatus, canali lato, profundo, ambitu obcordato-ovato vertice centrali, poris ambulacrorum disjunctis, ore et ano a margine remotis. Goldf.
Spatangus intermedius. Munster. Goldfuss. Petref. p. 149. pl. 46. f. 1.
Desmoul. Echin. p. 398.
Fossile du terrain jurassique, Wurtemberg, Lorraine.

4. *Holaster truncatus.* Agass. l. c.

H. fornicatus, carinatus, postice, valdè truncatus, canali lato subverticali, ambitu obcordato-ovato, verticibus approximatis, poris ambulacrorum disjunctis crebris, ore et ano a margine remotis.

Spatangus truncatus. Goldf. Petref. p. 152. pl. 47. f. 1.
Desmoul. Echin. p. 398.
Echinus minor. var. *c lævis.* Linn. Gmel. Syst. nat. p. 3186.
Echinocorytes minor. var. 3 *lævis.* Leske. n° 45. pl. 183. pl. 17.
Fossile de la craie de Maestricht.

5. *Holaster suborbicularis.* Agass. l. c.

H. fornicato-depressiusculus, subcarinatus, posticè retusus, canali lato, ambitu obcordato-ovato, vertice ante centrum, poris ambulacrorum anteriorum disjunctis, reliquorum conjugatis, ore et ano a margine remotis. Goldf.

Spatangus suborbicularis. Defr. Dict. sc. nat. t. 50. p. 95.
Deslongch. Encycl. méth. t. 2. p. 687.
Al. Brongn. Géol. env. Paris. p. 84 et 389. pl. 5. f. 5.
Blainv. Man. d'act. p. 204.
Desmoul. Echin. p. 400.
Goldf. Petref. n° 3. p. 148. pl. 45. f. 5 (non la 2e espèce du même nom, n° 15).
Fossile de la craie. Maestricht, Champagne, Normandie, Lyme-Regis (Angleterre).

6. *Holaster lævis.* Agass. l. c.

H. cordatus, depressus, supra turgidulus, postice truncatus; ambulacris quinis elongatis, antico vix impresso.

Spatangus lævis. Al. Brongn. Géol. env. Paris. p. 97 et 399. pl. 9. f. 12.
Deslongch. Encycl. méth. t. 2. p. 689.
Defrance. Dict. sc. nat. t. 50. p. 96.
Blainv. Man. d'actin. p. 204.
Desmoul. Echin. p. 406.
Fossile de la craie. Perte-du-Rhône, Lyme-Regis (Angleterre).
[C'est à tort que M. Marcel de Serres (Géogn. p. 158) indique cette espèce comme fossile des terrains tertiaires.]

7. *Holaster granulosus.* Agass. l. c.

S. fornicatus, postice retusus, canali lato profundo, ambitu obcordato late ovato, vertice centrali, poris ambulacrorum anterio-

rum disjunctis reliquorum conjugatis, ano et ore margini approximatis. Goldf.

Spatangus granulosus. Goldf. Petref. p, 148. pl. 45. f. 3.
Desmoul. Echinid. p. 410.
Fossile de la craie. Maestricht.

8. *Holaster nodulosus*. Agass. l. c.

S. fornicatus, carinatus, postice truncatus, canali late in dorso complanato, ambitu cordato ovato, vertice centrali, poris ambulacrorum anteriorum disjunctis, reliquorum conjugatis, ore et ano a margine subremotis. Goldf.

Spatangus nodulosus. Goldf. Petref. p. 149. Pl. 45. f. 6.
Desmoul. Echin. p. 410.
Fossile de la craie. Westphalie, Castellane (Basses-Alpes), Reposoir, près de Genève.

9. *Holaster planus*. Agass. l. c.

Spatangus planus. Fleming. Brit. anim. p. 481.
Mantell. Geol. Sussex. p. 192. pl. 17. f. 9-21.
Blainv. Man. d'actin. p. 204.
Desmoul. Echin. p. 410.
Fossile de la craie. Lewes (Angleterre).

10. *Holaster hemisphœricus*. Agass. l. c.

Spatangus hemisphœricus. Phillips. Geol. Yorkshire.
Desmoul. Echinid. p. 412.
Fossile.

---

† AMPHIDETUS.

Le genre Amphidetus Agassiz, est caractérisé ainsi: « Disque cordiforme; sillon bucco-dorsal assez pro- « fond dans lequel gît l'ambulacre impair qui est formé « de très petits pores et se prolonge entre les ambulacres « antérieurs. Les séries de doubles pores, qui forment les « quatres ambulacres pairs, sont éloignées l'une de l'autre « vers le sommet du disque et vont en se rapprochant en « forme d'étoile vers la périphérie. Les piquans sont fort « remarquables : les plus grands sont arqués et spatuli-

« formes à leur extrémité, les autres sont petits et ras. »

Ce genre correspond à la section A des Spatangues de M. de Blainville, comprenant « les espèces dont les ambulacres ne sont pas pétaloïdes et ne forment presque que deux lignes, un peu brisées ou coudées à leur côté interne, et qui ont un sillon antérieur assez profond, et la bouche assez peu en avant. » M. Agassiz y rapporte trois espèces : une fossile de la craie et deux vivantes que M. Desmoulins veut confondre toutes les trois avec le *Spatangus arcuarius* de Lamarck, ce sont :

1. *Amphidetus Goldfussii.* Agass. l. c. p. 184.

A. posticè elatus, gibbosus, truncatus, anticè depressus, canali lato in dorso subexplanato, ambitu obcordato-ovato, vertice pone centrum ore et ano a margine maxime remotis.

Spatangus arcuarius. Marcel de Serres. Géogn. terr. tert. p. 158. (non Lamarck).

Goldf. Petref. p. 154. pl. 48.

Desmoul. Echin. p. 390.

Fossile des terrains tertiaires du midi de la France et de la craie.

2. *Amphidetus Sebæ.* Ag. (*Echinocardium Sebæ.* Gray.) *Spatangus.* Lam. n. 13.

3. *Amphidetus pusillus.* Ag. (*Spatangus pusillus.* Leske.) Lam. ? n. 13.

— Le genre Brissus, adopté par M. Agassiz d'après Klein et M. Gray, correspond aux *Echinobrissus* de Breyn et à la section D. du genre Spatangue de M. de Blainville. Il a pour caractères l'absence d'un sillon bucco-dorsal, et la disposition des quatre ambulacres pairs qui sont déprimés et forment au sommet du disque une espèce de croix circonscrite par une ligne sinueuse sans tubercules ni piquans, tandis que l'ambulacre impair est à peine perceptible.

M. Agassiz comprend dans ce genre huit espèces qui sont : les *Spatangus pectoralis.* Lamk. no 1. — *S. carinatus.* Lamk. n° 5. — *S. ventricosus.* Lamk. n° 2. — *S. ovatus.* Lamk. n° 8. — *S. columbaris.* Lamk. n° 6. *S. compressus.* Lamk. n° 7. *S. sternalis.* Lamk. n° 9. et le *Brissus Scillæ*, espèce formée avec une variété du *S. ventricosus.*

Ce genre correspond à-peu-près à la section B. des Spatangues de M. Desmoulins, caractérisée par une impression dorsale extra-ambulacraire ou entourant la portion pétaloïde des ambulacres.

Le genre Micraster de M. Agassiz correspond aux *Brissoïdes*, de Klein, aux *Amygdala* et *Ovum* de Van Phelsum ; il comprend les espèces de *Spatangues* « à disque « cordiforme, qui ont la partie dorsale des ambulacres « très développée et sub-étoilée. » Ce sont :

1. *Micraster coranguinum.* — *Spatangus.* Lamk. n. 15.
2. *Micraster prunella* et *M. bufo.* — *Spatangus.* Lamk. n. 19.
3. *Micraster canaliferus.* — *Spatangus.* Lamk. n° 11.
4. *Micraster gibbus.* — *Spatangus.* Lamk. n. 18.
5. *Micraster amygdala.* — *Nucleolites.* Lamk. n. 4.
6. *Micraster bucardium.* — *Spatangus.* Goldf. n. 24. pl. 49. f. 1.

   Fossile de la craie, St-Paul-trois-Châteaux, Aix-la-Chapelle, Malte.

7. *Micraster cor testudinarium.* — *Spatangus.* Goldf. n. 22. pl. 48. f. 5.

   Fossile de la craie, Châlons, Saintonge, Périgord, Westphalie.

8. *Micraster Goldfussii.* — *Spatangus lacunosus.* Gold. n. 26. pl. 49. f. 3.

   Fossile de la craie, le Havre, Biaritz, Hartz, Juliers.

9. *Micraster acuminatus.* — *Spatangus.* Goldf. n. 25. pl. 49. f. 2.

   Fossile du terrain tertiaire, Bordeaux, Dusseldorf, Cassel.

10. *Micraster suborbicularis.* — *Spatangus.* Goldf. n. 15. pl. 47. f. 5.

    Fossile du terrain tertiaire, Bavière.

CASSIDULE. (Cassidulus.)

Corps irrégulier, elliptique, ovale ou subcordiforme, convexe ou renflé, garni de très petites épines.

Cinq ambulacres bornés et en étoile.

Bouche subcentrale; anus au-dessus du bord.

Corpus irregulare, ellipticum, ovatum aut subcordatum, convexum vel turgidum, spinis exiguis obsitum.

Ambulacra quinque, stellata, circumscripta.

Os inferum, subcentrale. Anus suprà marginem.

Observations. — Les *Cassidules* seraient des Clypéastres, si elles n'avaient l'anus évidemment au-dessus du bord, et par là véritablement dorsal. Ceux des Spatangues qui ont l'anus élevé dans le bord pourraient être considérés comme ayant l'anus au-dessus du bord. Cependant ce serait à tort; car, dans ces Spatangues, l'anus est situé dans le haut d'une *facette marginale*, mais n'est pas réellement au-dessus du bord.

C'est avec les Nucléolites que les Cassidules ont le plus de rapports, et peut-être devrait-on les réunir en un seul genre. Elles n'en diffèrent effectivement que par les ambulacres, lesquels sont bornés dans les Cassidules, tandis que dans les Nucléolites ils ne le sont pas. Mais sur les individus fossiles, il n'est pas toujours aisé de déterminer ce caractère des ambulacres.

Je ne connais encore qu'un petit nombre d'espèces de Cassidules; en voici la citation.

[Le genre Cassidule de Lamarck a été réuni aux Nucléolites par M. Goldfuss. Il a été conservé par M. de Blainville qui le déclare évidemment artificiel; puis il a été plus ou moins modifié par M. Desmoulins et par M. Agassiz. Ce dernier, le plaçant dans sa famille des *Clypéastres,* qui ont la bouche centrale ou subcentrale, lui donne les mêmes caractères que Lamarck, d'avoir « le disque ovale, les ambulacres pétaloïdes, et l'anus entre « le sommet et le bord postérieur. » Il n'y comprend cependant que des espèces fossiles de la craie et des terrains tertiaires.

M. Desmoulins le réduit encore davantage, en le caractérisant ainsi, d'après la considération des parties solides: « Bouche « centrale symétrique; des supports osseux; ambulacres bornés; « 4 pores génitaux; anus au-dessus du bord; aires presque « égales; bouche ronde non enfoncée. » Il n'y comprend que la dernière espèce de Lamarck, avec le *Cassidulus lenticulatus*. Defrance, le *C. porpita* qui est une *Scutella* pour M. Agassiz, et quatre autres espèces inédites, en reportant, comme M. Goldfuss, toutes les autres espèces au genre *Nucléolite*.]

F. D.

ESPECES.

1. Cassidule scutelle. *Cassidulus scutella.*

C. ellipticus, convexus, maximus; ambulacris quinis; ad latera transversim striatis; ano suprà marginem.

* Deslongch. Encycl. méth. t. 2. p. 174.
* Blainv. Man. d'actin. p. 210. — * Knorr. L. 2. tab. E III.
* Bourguet. Pétrif. pl. 51. f. 331. 332.
* *Echinanthites oblongus.* Van Phelsum. pl. 37.
* *Cassidulus veronensis.* Defr. Dict. sc. nat. t. 7. p. 226.
* *Clypeus scutella.* Agassiz. l. c. p. 186.
* *Nucleolites scutella.* Goldf. Petref. p. 144. pl. 43. f. 14.
* Desmoul. Echinid. p. 354.

Habite... Fossile du terrain tertiaire de l'Italie, dans le Véronais. Mon cabinet. Grande et belle espèce que l'on ne connaît que dans l'état fossile, et qui a la forme d'un Clypéastre.

2. Cassidule australe. *Cassidulus australis.*

C. obovatus, posticè latior, spinis minimis obsitus; vertice excentrico, prominulo, subcarinato; ano ovato transverso.

* Blainv. Man. d'actin. p. 210.
* Encycl. méth. pl. 143. f. 8-10.
* *Cassidulus Richardi.* Deslongch. Encycl. t. 2. p. 174.
* *Nucleolites Richardi.* Desmoul. Echin. p. 354.

Habite les mers de la Nouvelle-Hollande, baie des Chiens marins. Péron et Lesueur. Elle se trouve aussi dans l'océan des Antilles, près de Spanish-Town, où M. Richard l'a recueillie.

3. Cassidule pierre de crabe. *Cassidulus lapis-cancri.*

C. ovato-ellipticus, convexus; ambulacris quinis in stellam dorsalem radiantibus; ore quinquelobo.

Echinites lapis cancri. Leske ap. Klein. p. 256. t. 49. f. 10. 11. Encycl. pl. 143. f. 6. 7. *(Erreur, c'est le *C. complanatus.*)
Echinus lapis cancri. Gmel. p. 3201.
* Deslongch. Encycl. méth. t. 2. p. 174.
* Blainv. Man. d'actin. p. 210. — * Agassiz. l. c. p. 186.
* *Echinites stellatus.* Schlottheim. Petref. 1. p. 320.
* *Echinite.* Faujas. Mont. Saint-Pierre. pl. 30. f. 1.
* *Cassidulus belgicus.* Defr. Dict. sc. nat. t. 7, p. 227.
* *Cassidulus lapis-cancri.* Bronn. Lethæa. p. 611. tab. 29. f. 20.
* *Nucleolites lapis cancri.* Goldf. Petref. p. 143. pl. 43. f. 12.
* Desmoul. Echinid. p. 356.
Habite... Fossile de la montagne de Saint-Pierre, à Maestricht.

4. Cassidule aplatie. *Cassidulus complanatus.*

C. ellipticus, planulatus, assulato-maculosus; assulis seriatis è vertice quinqueporo radiantibus; ambulacris quinque breviusculis.
* Deslongch. Encycl. méth. t. 2. p. 175.
* Blainv. Man. d'act. p. 211.
* Agassiz. l. c. p. 186. — * Desmoul. Echinid. p. 244.
* *Echinus patellaris.* Lin. Gmel. p. 3201.
* *Echinites patellaris.* Leske. n° 93. p. 256. pl. 53.
* *Nucleolites patellaris.* Goldf. Petref. p. 139. pl. 43.
* *Cassidulus unguis.* Defr. Dict. sc. nat. t. 7. p. 226.
* *Cassidulus lapis cancri.* Encycl. méth. pl. 143. f. 3. 4.
Habite... Fossile de Grignon. Mon cabinet. Elle est elliptique, aplatie, à peine un peu convexe sur le dos, parquetée, et élégamment panachée de taches sériales et rayonnantes. Cette Echinide se rapproche beaucoup de l'*Echinus patellaris.*

† 5. Cassidule lenticulaire. *Cassidulus lenticulatus.* Defr. Dict. sc. nat. t. 7. p. 227. n° 3.

C. pumilus, marginibus lateralibus infernè striatim punctatis.
Deslongch. Encycl. t. 2. p. 175. — Blainv. Man. d'actin. p. 211.
Fossile du terrain tertiaire de Paris.

† 6. Cassidule porpite. *Cassidulus porpita.* Desmoulins. Echinid. p. 246.

Echinodisci spec. n° 4. Seba. Thes. t. 3. pl. 15. f. 21. 22.
Encycl. méth. pl. 152 (*Scutella porpita*).
Favannes. Conchyliol. pl. 58. f. B.
Scutella porpita. Agassiz. l. c. p. 188.
Fossile du terrain tertiaire de Bordeaux.

M. Desmoulins indique aussi comme appartenant à ce genre les espèces suivantes :

C. nummulinus. Desmoul. Foss. de Bordeaux et de Blaye.
C. fibularioides id. Foss. de Paris (Montmirail).
C. hayesianus id. Foss. de Paris (Grignon).
C. æquoreus. Morton. Synops. — Foss. des États-Unis.

NUCLÉOLITE. (Nucleolites.)

Corps ovale ou cordiforme, un peu irrégulier, convexe.
Ambulacres complets, rayonnant du sommet à la base.
Bouche subcentrale. Anus au-dessus du bord.

Corpus ovatum vel cordatum, convexum, subirregulare.
Ambulacra quinque, è vertice ad basim radiatim extensa, non interrupta.
Os inferum, subcentrale. Anus suprà marginem.

Observations. — Les *Nucléolites*, par la situation de l'anus, ressemblent beaucoup aux Cassidules ; mais celles-ci ont des ambulacres incomplets qui les distinguent, tandis que les ambulacres des Nucléolites rayonnent du sommet à la base.

Je n'en connais encore que peu d'espèces qui toutes se trouvent dans l'état fossile.

[Le genre *Nucleolites*, dont le nom est généralement adopté aujourd'hui, avait d'abord été nommé *Echinobrissus* par Breyn; il a éprouvé les plus grandes modifications de la part des différens auteurs, quant à sa circonscription. Confondu par les auteurs anglais dans le genre Clypeus; séparé ensuite des Cassidules par Lamarck, puis réuni à ce même genre par M. Goldfuss, qui a porté à 14 le nombre de ses espèces fossiles, il s'est trouvé enfin plus nettement limité par M. de Blainville, qui le caractérisa ainsi: « Corps ovale ou cordiforme, assez convexe en « dessus, concave en dessous, avec un large sillon en arrière; « le sommet subcentral, et cinq ambulacres subpétaloïdes, ou- « verts à l'extrémité, et prolongés par autant de sillons jus-

« qu'à la bouche, qui est subcentrale, antérieure, et non armée « de dents; l'anus supérieur et subcentral dans le sillon, et « quatre pores génitaux. »

M. Agassiz, qui conserve aussi le genre Cassidule, a réduit considérablement le genre Nucléolite, en formant à ses dépens les genres *Catopygus, Pygaster*, et *Clypeus* en partie. Il le place dans la famille des Clypéastres, et il lui assigne une forme ovale ou cordiforme, des ambulacres plus marqués au sommet qu'à la périphérie, ne formant cependant pas une étoile, comme dans le genre *Clypeus*.

M. Desmoulins, enfin, a de nouveau réuni aux *Nucleolites* beaucoup d'espèces de Cassidules, et avec elles, des Galérites de Lamarck, des *Clypeus* et des *Echinoclypeus* de divers auteurs, et beaucoup d'espèces nouvelles ou inédites, de manière à en porter le nombre total à trente-deux, et cependant il a reporté dans son genre *Collyrites* (1) les *Nucleolites amygdala* Lamk.,

---

(1) Le genre *Collyrites* de M. Desmoulins contient quinze espèces, dont douze appartiennent aux quatre genres *Micraster, Pygaster, Catopygus* et *Disaster*; mais c'est à ce dernier surtout, qui seul en renferme neuf, que le genre *Collyrite* doit correspondre. Comparé aux genres de Goldfuss, il contient cinq *Nucléolites* et trois *Spatangues* de cet auteur. Il est caractérisé de même que le genre *Nucléolite*, si ce n'est que « son vertex « est très excentrique ou divisé; sa bouche est ronde, et ses am- « bulacres sont complets. » Avec les espèces rapportées ci-dessus comme synonymes des genres de Lamarck et de M. Agassiz, ce genre comprend pour M. Desmoulins les espèces suivantes :

1. *Collyrites brissoides*. Desmoul. Echinid. p. 364.

Brissoides cranium. var. *b. elatum*. Klein. pl. 13. f. H.
Echinus oliva. Lin. Gmel. Syst. nat. p. 3201.

2. *Collyrites heteroclita*. l. c.

Nucleolites heteroclita. Defr. Dict. sc. nat. t. 35. p. 214.
Fossile de la craie. Beauvais.

3. *Collyrites trigonata*. l. c.

Nucleolites trigonatus. Catullo. Saggio di zool. foss.
Fossile du terrain jurassique.

N. granulosus, *N. excentricus*, *N. canaliculatus*, *N. depressus* et *N. semiglobus*. Goldf., et les *N. trigonatus*, *N. cordiformis*, *N. convexus*, *N. obesus* de Catullo, qui sont des espèces plus ou moins douteuses.

Voici les caractères assignés par M. Desmoulins à son genre Nucléolite : « Forme ovale plus ou moins irrégulière, à sommet « submédian ; bouche subcentrale, subsymétrique, pentagonale, « non labiée, presque toujours antérieure, et comprimée d'avant « en arrière, bordée de 5 protubérances interambulacraires ; « ambulacres interrompus ; anus supra-marginal ou dorsal ; « quatre pores génitaux. » F. D.

ESPECES.

1. Nucléolite écusson. *Nucleolites scutata.*

N. elliptica subquadrata, convexo-depressa, posticè latior; ambulacris quinis completis; ano dorsali.

Echinobrissus. Breyn. Echin. p. 63. tab. 6. f. 1-2.

Spatangus depressus. Leske ap. Klein. p. 238. tab. 51. f. 1-2.

Encycl. pl. 157. f. 5-6.

Echinites. Lang. lap. f. tab. 120. f. 1-2.

2. *Var. dorso elatiore, areis assulatis.*

An Breyn. Echin. tab. 6. f. 3.

* *Echinus depressus.* Schlotth. Petref. p. 313.

* *Nucleolites scutata.* Deslongch. Encycl. t. 2. p. 570.

* Defrance. Dict. sc. nat. t. 35. p. 213.

* *Nucleolites depressa.* Blainv. Man. d'actin. p. 206. pl. 16. f. 1.

* *Clypeus lobatus.* Fleming. Brit. anim. p. 479.

* *Nucleolites scutata.* Agass. Prod. Mém. soc. Neufch. p. 186.

* Grateloup. Mém. Oursins foss. p. 79.

* Desmoul. Echin. p. 356.

* *Nucleolites clunicularis.* Bronn. Lethæa. p. 282. (1)

Habite... Fossile. Mon cabinet. Espèce remarquable que l'on a confondue, ainsi que sa synonymie, avec le Spatangue écrasé, n° 16.

---

(1) M. Bronn, dans son *Lethæa geognostica*, p. 282, réunit en une seule espèce, sous le nom de *Nucleolites clunicularis*, 1° l'espèce ainsi nommée par les auteurs ; 2° le *Nucleolites scutata* de Lamarck ; et 3° le *Nucleolites planata* de Roemer.

* Du calcaire jurassique? d'Angleterre et de Boulogne, du terrain crayeux de Dax.

2. Nucléolite colombaire. *Nucleolites columbaria.*

N. obovata, turgida, posticè latior; lineis ambulacrorum denis biporosis, substriatis; ore pentagono.

* Deslongch. Encycl. méth. t. 2. p. 570.

* *Echinites pyriformis.* Parkins. Org. rem. t. 3. pl. 3. f. 6.

* *Nucleolites carinatus.* Goldf. Petr. p. 142. n° 14. pl. 43. f. 11.

* *Catopygus carinatus.* Agass. Prod. l. c. p. 185.

* Bronn. Lethæa. p. 613.

* *Nucleolites columbaria.* Desmoul. Echin. p. 356.

Habite.... Fossile des environs du Mans. *Ménard.*

* Du terrain crayeux de Westphalie et de Cyply.

3. Nucléolite ovule. *Nucleolites ovulum.*

N. ovata, pulvinata; tuberculis superficialibus sparsis et annulo impresso circumdatis; lineis ambulacrorum denis, subbiporosis.

* Deslongch. Encycl. méth. t. 2. p. 570.

* Defrance. Dict. sc. nat. t. 35. p. 213.

* Goldf. Petr. p. 138. pl. 43. f. 2.

* Desmoul. Echin. p. 356.

Habite... Fossile. Mon cabinet. Celle-ci est un plus petite que celle qui précède, et n'est pas plus large postérieurement qu'antérieurement. Elle a la forme d'un œuf de moineau.

* Du terrain crayeux.

4. Nucléolite amande. *Nucleolites amygdala.*

N. ovata, gibbosula; vertice prominente; ambulacris quinque perangustis; ano supra marginem; lobo prominulo obumbrante.

* Deslongch. Encycl. méth. t. 2. p. 570.

* Defrance. Dict. sc. nat. t. 35. p. 214.

* *Echinus amygdala.* Lin. Gmel. Syst. nat. p. 3201.

* *Echinus amygdalæformis.* Schlotth. Petref. p. 319.

* *Spatangus amygdala.* Goldf. Petr. p. 156. pl. 48. f. 3.

* Catulo. Saggio di zool. foss. Pad. 1827.

* *Brissoides amygdala.* Klein. § 109. pl. 13. f. I-K.

* *Micraster amygdala.* Agass. Prod. l. c. p. 184.

* *Collyrites amygdala.* Desmoul. Echin. p. 364.

Habite... Fossile des provinces du nord de la France. Mon cabinet.

* Du terrain crayeux.

† 5. Nucléolite de Grignon. *Nucleolites grignonensis.* Def. Dict. sc. nat. f. 35. p. 214.

Blainv. Man. d'actin. p. 207.
Agass. l. c. p. 186.
Desmoul. Echin. p. 358.
Fossile du terrain tertiaire, Grignon, Gisors, Valognes. — Long. 14 à 15 lignes, bouche très enfoncée.

† 6. Nucléolite scrobiculée. *Nucleolites scrobiculata.* Gold. Petref. p. 138. pl. 43. f. 3.

N. fornicata, ambitu ovato, basi concavo-plana, ambulacris linearibus, posterioribus rectis elongatis, tuberculis circulo amplo cinctis, ano dorsali margine prominulo.
Agass. l. c. 186.
Desmoul. Echin. p. 358.
Fossile de la craie, Maestricht.

† 7. Nucléolite cluniculaire. *Nucleolites clunicularis.*

Clypeus clunicularis. Phill. Géol. Yorksh. pl. 7. f. 2.
Nucleolites clunicularis. Blainv. Man. d'actin. p. 207.
Agass. l. c. p. 186.
Desmoul. Echin. p. 358.
Bronn. Lethæa. p. 282.
Fossile du terrain jurassique d'Angleterre.

† 8. Nucléolite lacuneuse. *Nucleolites lacunosa.* Goldf. Petr. p. 141. pl. 43. f. 8.

N. subconvexa, ambitu ovato, basi longitudinaliter excavata, ambulacris in dorso linearibus dimidiatis in areis ambitu subdivergentibus, ano intra lacunam dorsalem.
Favanne. pl. 67. f. G.
Bourguet. Petr. pl. 51. f. 331-132.
Agass. l. c. p. 186. — Foss. cret. Neufch. (Mém. Neufch. p. 132.)
Fossile de la craie, Touraine, Avignon, Antibes, Martigues, Royan, Cyply, Suisse, Westphalie.

† 9. Nucléolite cordiforme. *Nucleolites cordata.* Goldf. Petref. p. 142. pl. 43. f. 9.

N. depresiuscula, ambitu cordato, basi subexcavata, ambulacris in dorso lineari, lanceolatis rectis in oris ambitu subdivergentibus, ano intra sulcum dorsalem.

Agass. l. c. p. 186.

Desmoul. Echin. p. 360. n° 18.

Fossile du terrain crayeux de Westphalie.

† 10. Nucléolite heptagone. *Nucleolites heptagona*. Grateloup. Mém. oursins foss. p. 80. pl. 2. f. 20.

N. ovata, subconvexa, anticè depressiuscula; ambitu sub-heptagono; ambulacris quinis oblongis ad latera transversìm striatis; ano dorsali in sulcum excurrente.

Desmoul. Echin. p. 362. n° 24.

Fossile du terrain crayeux, Dax.

† 11. Nucléolite bipartite. *Nucleolites dimidiata*. Agassiz. l. c. p. 186.

Clypeus dimidiatus. Phill. Géol. Yorksh. p. 127. pl. 3. f. 16.

Nucleolites dimidiata. Desmoul. Echin. p. 362. n° 25.

Fossile de l'oolite d'Angleterre. — Elle diffère de l'espèce suivante par ses ambulacres plus étroits, ayant les pores non réunis par des sillons.

† 12. Nucléolite de Goldfuss. *Nucleolites Goldfussii*. Desmoul. l. c.

N. assulata, subconvexa, ambitu quadrangulari, basi excavata, ambulacris in dorso rectis lineari-lanceolatis, in oris ambitu lanceolatis, tuberculis æqualibus, ano magno dorsali in sulcum excurrente. Goldf.

Nucleolites scutatus. Goldf. Petr. n° 9. p. 140. pl. 43. f. 6. (non Lam.)

Bronn. Lethæa. p. 282. tab. 17. f. 6.

Fossile du terrain jurassique, de Suisse et de Lorraine.

† 13. Nucléolite aplatie. *Nucleolites planata*. Roemer. Versteiner. d. Oolith. p. 28. pl. 1. f. 19.

N. subdepressa, ambitu quadrangulari basi excavata, ore subquinque angulari, ambulacris in dorso rectis linearibus in margine et basi obsoletis, poris omnibus disjunctis, ano magno dorsali in sulcum profundum excurrente, tuberculis æqualibus.

Agass. l. c. p. 186.

Desmoul. l. c. p. 362. n° 31.

Fossile du terrain jurassique de l'Allemagne septentrionale.

† 14. Nucléolite d'Olfers. *Nucleolites Olfersii.* Agass. Foss. cret. Neufch. (Mém. Neufch. p. 133. pl. 14. f. 2-3).

Desmoul. Echin. p. 362. n° 32.

Fossile de la craie de Suisse, elle diffère de la précédente parce qu'elle est proportionnellement plus large, moins rétrécie en avant et qu'elle présente un ovale plus régulier. Les ambulacres sont plus larges.

M. Desmoulins rapporte aussi à ce genre les *Nucléolites Lamarkii*, et *N. lævis* de M. Defrance, le *Galerites speciosus.* Goldf. dont M. Agassiz fait un *Discoidea* (Voy. p. 314), et les *N. Marmini* Desmoul. et *N. asterostoma* Desmar., qui sont inédites.

Les *N. castanea* et *N. depressa* de M. Brongniart appartiennent au genre *Catopygus* Agassiz, ou *Pyrina* Desmoulins.

Les *Nucleolites excentricus*; *N. granulosus*, *N. canaliculatus* de Goldfuss, sont des *Disaster.* Agassiz; le *N. amygdala.* Goldfuss, est un *Micraster* Agass.; le *N. depressus* est un *Pygaster.* Agass.; le *N. semiglobus* est un *Catopygus.* Agassiz; toutes ces mêmes espèces de Goldfuss appartiennent au genre *Collyrites* de M. Desmoulins.

---

† CLYPEUS. Klein. (*Echinoclypeus.* Lesk. Blainv.)

Le genre *Clypeus* de Klein a été adopté par M. Agassiz, qui le place dans sa famille des *Clypéastres*, lui donne pour caractère d'avoir « le disque circulaire, plus ou « moins déprimé; les ambulacres convergeant vers le som- « met et vers la périphérie du disque; l'anus supérieur « et marginal. » Il ne comprend que des espèces fossiles du Jura, de la craie et des terrains tertiaires, et répond au genre *Echinoclypeus* de Leske et M. de Blainville qui lui assigne les caractères suivans :

« Corps déprimé ou conique, circulaire ou ovalaire, « assez excavé en dessus, à sommet subcentral avec un « sillon en arrière, test formé de plaques distinctes et cou- « vert de très petits tubercules égaux. Cinq ambulacres, « dorso-marginaux, subpétaloïdes; les doubles rangées « de pores réunies par un sillon transverse. Bouche sub- « centrale, un peu antérieure, pentagonale, avec cinq « sillons convergens, ambulacriformes. »

Ce genre nommé aussi *Echinosinus* par Van Phelsum, a été réuni aux *Galérites* par Lamarck, aux *Nucléolites* par MM. Defrance, Goldfuss et Desmoulins.

† 1. *Clypeus patella* (*Galerites patella*. Lamk. n. 14).

† 2. *Clypeus sinuatus*. Parkins. (*Galerites umbrella*. Lamk. n. 15).

3. *Clypeus conoideus*. Agass. (*Galerites semi-globus*. Lamk. n. 12).

† 4. *Clypeus scutella*. Agass. (*Cassidulus scutella*. Lamk. n. 1).

† 5. *Clypeus emarginatus*. Philipps geol. Yorkshire. pl. 3. f. 18.

Agass. l. c. p. 186.
Nucleolites emarginata. Desmoul. Echin. p. 362.
Fossile de l'oolite d'Angleterre (Malton, Scarborough.)

† 6. *Clypeus orbicularis*. Phill. l. c. pl. 7. f. 3.

Agass. l. c. p. 186.
Nucleolites orbicularis. Grateloup. Mém. oursins foss. p. 78. pl. 2. f. 21.
Desmoul. Echin. p. 362.
Fossile du terrain crayeux, Dax, Angleterre.

† 7. *Clypeus Sowerbii*. Agass. l. c. p. 186.

Nucleolites Sowerbii. Defr. Dict. sc. nat. t. 35. p. 213.
Desmoul. Echin. p. 358.

Echinoclypeus Sowerbii. Blainv. Man. d'actin. p. 208.

Fossile du terrain jurassique, Caen, les Vaches-Noires, Angleterre. — Larg. 1 pouce; face inférieure très concave, anus très rapproché du sommet.

† 8. *Clypeus testudinarius.* Agass. l. c.

C. fornicatus; ambitu ovato-pentagono; basi excavata; ambulacris linearibus; ano dorsali in sulcum excurrente; tuberculis miliariis approximatis.

Nucleolites testudinarius. Munst. — Goldf. Petr. p. 143. pl. 43. f. 13.

Grateloup. Mém. oursins foss. p. 78.

Nucleolites Munsteri. Desmoul. Echin. p. 360.

Fossile du terrain crayeux, Bayreuth? Ratisbonne, Biaritz?

M. Desmoulins veut conserver le nom de *Nucleolites testudinaria* à l'espèce décrite par M. Brongniart (Mém. sur les terr. du Vicentin. p. 83. pl. 5. f. 15) sous le nom de *Cassidulus testudinarius.* M. Agassiz inscrit également dans ce genre sous le nom de *Clypeus hemisphæricus,* d'après Leske, une espèce qui paraît être la même que l'*Ananchytes hemisphærica* (Voyez plus haut p. 320).

---

† DISASTER. Agassiz.

Le genre *Disaster* de M. Agassiz fait partie de la famille des Spatangues ayant le corps plus ou moins allongé et gibbeux, la bouche garnie de mâchoires et placée vers l'extrémité antérieure, et l'anus vers l'extrémité postérieure. Il est caractérisé par la convergence de l'ambulacre impair et de ceux de la paire antérieure en un point plus ou moins éloigné du point de réunion des deux ambulacres postérieurs. Il ne comprend que des espèces fossiles de la craie et du terrain jurassique rangées par d'autres auteurs dans les genres *Spatangus*, *Ananchytes* et *Nucleolites*; ce sont toutes des *Collyrites* pour M. Desmoulins.

1. *Disaster carinatus* (*Ananchytes*. Lamk. n. 6).

2. *Disaster ellipticus* et *D. excentricus*. Agass. l. c. p. 183 (*Ananchytes elliptica*. Lamk. n. 7).

3. *Disaster bicordatus* (*Ananchytes*. Lamk. n. 5).

4. *Disaster granulosus*. Agass. l. c.

D. fornicatus, postice obliquè truncatus, ambitu obovato, basi convexo-plana, ambulacris posterioribus obsoletis anterioribus linearibus rectis, elongatis, tuberculis minimis confertis majoribus.
Nucleolites granulosus. Munst. Goldf. Petr. p. 138. pl. 43. f. 4.
Collyrites granulosa. Desmoul. Echin. p. 364.
Fossile du terrain jurassique de Bavière, de Grasse, de Niort.

5. *Disaster canaliculatus*. Agass. l. c.

D. subdepressus, ambitu ovato-orbiculari, ambulacris linearibus e vertice duplici radiantibus, anticis rectis posticis subarcuatis, ano vertici posteriori approximato intra lacunam dorsalem.
Nucleolites canaliculatus. Goldf. Petref. p. 140. pl. 49. f. 8.
Collyrites? canaliculata. Desmoul. l. c. p. 366.
Nucleolites convexus. Catullo. Saggio di zool. foss. Pad.
Fossile du terrain jurassique. Bavière.

6. *Disaster capistratus*. Agass. l. c.

D. convexus, postice obtusus, canali explanato, ambitu obcordato-ovato, verticibus remotis, poris ambulacrorum disjunctis crebris, ore a margine remoto, ano marginali.
Spatangus capistratus. Goldf. l. c. p. 151. pl. 46. f. 5.
Collyrites capistrata. Desmoul. l. c. p. 366.
Fossile du terrain jurassique. Bayreuth, Lorraine.

M. Agassiz inscrit aussi dans ce genre trois espèces inédites, *D. ovalis*, *D. analis* et *D. ringens*, dont M. Desmoulins fait autant de *Collyrites*.

---

† CATOPYGUS. Agassiz.

Le genre *Catopygus* formé par M. Agassiz aux dépens du genre *Nucléolite*, comprend des espèces toutes fossiles du Jura, de la craie ou des terrains tertiaires, ayant « le

« disque ovale, les ambulacres convergeant uniformément « vers le sommet; l'anus à la face postérieure. » Ces mêmes espèces se trouvent réparties par M. Desmoulins dans les trois genres *Collyrites*, *Pyrina* (1) et *Nucleolites*; ce sont :

1. *Catopygus carinatus* (*Nucleolites columbaria.* Lamk. n. 2).
2. *Catopygus ovulum* (*Nucleolites ovulum.* Lamk. n. 3).
3. *Catopygus semiglobus.* Agass. l. c. p. 185.

C. hemisphærico-depressus, ambitu ovato-orbiculari, basi subexcavata, ambulacris linearibus rectis, ano marginali in sulco plano a basi excurrente. Gold.
Nucleolites semiglobus. Munster. Goldf. Petr. p. 139. pl. 49. f. 6.
Collyrites semiglobus. Desmoul. Echin. p. 368.
Fossile du terrain jurassique? Bavière.

4. *Catopygus castanea.* Agass. l. c. p. 185.

Nucleolites castanea. Al. Brongn. Géol. Paris. p. 100 et 399. pl. 9. f. 14.
Defr. Dict. sc. nat. t. 35. p. 214.
Blainv. Man. d'actin. p. 207.
Pyrina castanea. Desmoul. Echinid. p. 258.
Fossile du terrain crayeux. Les Fis, les Martigues. — Long. 18 lig. Corps ovale, plus large en avant qu'en arrière; ambulacres bien distincts et striés en travers; anus plus bas que dans les autres espèces.

5. *Catopygus pyriformis.* Agass. l. c.

C. fornicatus, postice subcarinatus, ambitu obovato, basi plana, tuberculis æqualibus minimis, ambulacris in dorso subrectis vix

---

(1) M. Desmoulins a formé son genre Pyrina avec la *Galerites rotula.* Al. Brongn., les *Nucleolites depressa* et *castanea* du même auteur, et quatre autres espèces inédites ou douteuses, qui sont ses *Pyrina petrocoriensis*, *P. dubia*, *P. cassidularis*, et *P. echinonea.* Il caractérise ainsi ce genre: « Bouche centrale « symétrique, ronde, peu ou point enfoncée; point de supports « osseux; ambulacres complets; 4 pores génitaux; anus supra- « marginal, non perpendiculairement opposé à la bouche. »

distinctis in oris ambitu elliptico-convergentibus, ano submarginali lobo prominulo imminente. Goldf.

Echinites amygdalæformis. Schlotth. Petr. p. 319.

Echinites pyriformis. Leske. n° 91. p. 255. pl. 44. f. 7. pl. 51. f. 5-6.

Echinus pyriformis. Lin. Gmel. Syst. nat. p. 3201.

Echinite. Faujas. Mont. Saint-Pierre. p. 172. pl. 30. f. 6 et 8.

Nucleolites Bomarii. Defr. Dict. sc. nat. t. 35. p. 214.

Blainv. Man. d'act. p. 207.

Nucleolites pyriformis. Goldf. Petr. n° 10. p. 141. pl. 43. f. 7.

Desmoul. Echin. p. 358.

Fossile du terrain crayeux, Maestricht.

6. *Catopygus depressus.* Agass. l. c.

Nucleolites depressa. Al. Brongn. Géol. Paris. p. 400. pl. 9. f. 17, (non Goldf.)

Galerites? depressus. Id. l. c. p. 100.

Pyrina depressa. Desmoul. Echin. p. 258.

Fossile du terrain crayeux, les Fis, Genève, Angleterre.

7. *Catopygus subcarinatus.* Agass. l. c. p. 185.

C. fornicatus, anticè depressus, postice subcarinatus, ambitu subhexagono; basi excavato, ambulacris in dorso linearibus rectis in oris ambitu clavato-convergentibus, tuberculis æqualibus, ano producto in sulcum excurrente.

Nucleolites subcarinata. Goldf. Petref. n° 13. p. 142. pl. 43. f. 19.

Desmoul. Echin. p. 360.

Fossile du terrain tertiaire de Westphalie.

8. *Catopygus obovatus.* Agass. Foss. du terrain crétacé. (Mém. soc. Neufch.) p. 136.

Fossile de la craie de Suisse, assez semblable au *C. ovulum*, il est beaucoup plus gros; son disque est ovale-arrondi, uniformément bombé en dessus, presque plane en dessous, à bords très arrondis.

---

† PYGASTER. Agassiz.

Le genre *Pygaster*, également formé aux dépens du genre *Nucléolite*, est caractérisé par sa forme circulaire;

par ses ambulacres convergeant uniformément vers le sommet; et par l'orifice de l'anus grand et situé à la face supérieure du disque. M. Agassiz y rapporte les deux espèces suivantes:

1. *Pygaster semisulcatus.* Agass. l. c. p. 185.

Clypeus semisulcatus. Phill. Géol. Yorksh. pl. 3. f. 17.
Nucleolites semisulcata. Desmoul. Echin. p. 362.
Fossile de l'oolite d'Angleterre (Malton, Scarborough.)

2. *Pygaster depressus.* Agass. l. c.

P. depresso-convexus, ambitu suborbiculari, basi subexcavata, ambulacris linearibus rectis, divergentibus, tuberculis æqualibus in dorso remotiusculis, ano magno dorsali.
Nucleolites depressus. Munst. Goldf. Petr. n° 1. p. 137. pl. 43. f. 1. (non Brongn.)
Collyrites depressa. Desmoul. Echin. p. 368.
Fossile de la craie, de Touraine, de Cyply, près de Mons.

OURSIN. (Echinus.)

Corps régulier, enflé, orbiculaire, globuleux ou ovale, hérissé; à peau interne solide, testacée, garnie de tubercules imperforés, sur lesquels s'articulent des épines mobiles, caduques.

Cinq ambulacres complets, bordés chacun de deux bandes multipores, divergentes, et qui s'étendent, en rayonnant, du sommet jusqu'à la bouche.

Bouche inférieure, centrale, armé de cinq pièces osseuses, surcomposées postérieurement. Anus supérieur, vertical.

Corpus regulare, inflatum, orbiculato-globosum aut ovale, echinatum; cute internâ solidâ, testaceâ, tuberculis imperforatis instructâ. Spinæ mobiles suprà tubercula articulatæ, deciduæ.

Ambulacra quina completa, è vertice ad os radiantia, singulis fasciis multiporis binis et divergentibus marginatis.

Os inferum, centrale, ossiculis quinque posticè supra compositis armatum. Anus superus, verticalis.

Observations. — Jusqu'à présent j'avais circonscrit le genre de l'*Oursin* par le caractère de l'anus vertical, et cette coupe assurément embrassait une série d'objets convenablement rapprochés, et très distincts des autres Echinides. Ayant cependant considéré depuis qu'un grand nombre de ces Oursins ne pouvaient mouvoir leurs épines qu'à l'aide de leur peau externe qui vient se fixer autour de leur base, les tubercules solides qui portent ces épines n'étant jamais perforés, tandis que beaucoup d'autres paraissent mouvoir leurs épines au moyen d'un cordon musculaire qui traverse les tubercules qui les soutiennent. J'ai cru devoir distinguer ces deux sortes d'Echinides, et en former deux genres particuliers. Il me semble que je suis d'autant plus autorisé à établir cette distinction, que chacun de ces genres est facile à reconnaître par le seul examen des tubercules du test, et que chaque genre offre d'ailleurs plusieurs particularités propres aux objets qu'il embrasse. Les ambulacres de nos Oursins actuels sont en effet bien moins réguliers que ceux de nos Cidarites; et la plupart des espèces ont toutes leurs épines subulées, sans troncature au bout, souvent même très fines et aiguës, ce dont je ne vois aucun exemple parmi celles des Cidarites.

La considération de l'anus vertical avait déjà été employée par *Breynius*, pour distinguer, sous le nom d'*Echinometra*, les Echinides qui ont l'anus ainsi disposé. Ce sont donc ces mêmes *Echinometra* que je divise d'après le caractère principal des tubercules qui soutiennent les épines.

Les *Oursins* constituent, avec les Cidarites, les Echinides les plus perfectionnées. Ils offrent un corps régulier, enflé, globuleux ou orbiculaire, quelquefois ovale, plus ou moins déprimé selon les espèces, mais rarement aplati en dessus. Leur peau interne est solide, testacée, et peut être plutôt considérée comme l'analogue de cet assemblage de pièces pierreuses qui affermit les rayons des Astéries, que comme une véritable peau. Cette fausse peau interne et solide semble en effet divisée comme par compartimens, et plusieurs naturalistes l'ont à tort regardée comme une coquille multivalve. Ce même corps testacé est chargé de tubercules nombreux, inégaux en grandeur, solides, immobiles, jamais perforés; et sur ces tubercules des épines mobiles, grandes ou petites, toujours simples, soit lisses, soit finement granuleuses, sont articulées, et hérissent de tous côtés le corps de l'animal. Ces épines ont à leur base un rétrécissement en gorge courte, surmonté d'un rebord auquel la véritable peau paraît se fixer.

Les pointes ou épines dont le corps de l'Oursin est hérissé donnent à beaucoup d'espèces l'aspect d'une châtaigne, ou du moins de l'enveloppe de ce fruit; ce qui a fait donner aux Oursins le nom de *Châtaignes de mer.* Ces pointes ou épines sont plus ou moins longues, grosses ou pointues selon les espèces. Sur le même test, il y en a quelquefois, non-seulement de tailles différentes, mais même de diverses formes. Ce n'est cependant que parmi les Oursins à test ovale qu'on observe cette particularité; aussi ces espèces singulières terminent-elles le genre, et annoncent-elles le voisinage des Cidarites.

Les Oursins ont une quantité prodigieuse de tentacules ou petites cornes tubuleuses, simples, terminées en suçoir, rétractiles, et qu'ils font sortir et rentrer à leur gré par les pores ou petits trous qu'on observe sur leur test. Ces trous sont disposés entre les piquans par rangées longitudinales, doubles ou triples, régulières ou irrégulières. Enfin ces rangées de trous vont depuis la facette de l'anus jusqu'à la bouche, en divergeant de tous côtés comme des rayons, forment des bandelettes régulières ou irrégulières, et ces bandelettes, toujours au nombre de 10 et disposées par paires, constituent entre elles des compartimens allongés qu'on a nommés *ambulacres,* en les comparant à des allées de jardin.

Plusieurs naturalistes ont confondu les bandelettes elles-mêmes avec les ambulacres, tandis qu'elles n'en sont que les bordures. Ainsi, dans les Oursins et les Cidarites, il y a constamment 10 bandelettes multipores et 5 ambulacres; mais dans les Oursins ils ne forment point d'allées régulières comme ceux des Cidarites. Ces ambulacres vont en s'élargissant, et ne se rétrécissent ensuite qu'en se rapprochant de la bouche.

Les tentacules qui sortent par les trous des bandelettes servent à l'animal à reconnaître ou sonder le terrain; ils lui servent aussi à se fixer contre les corps, et peut-être à se déplacer. (1)

Outre les trous qui forment les bandelettes longitudinales, on en observe cinq isolés qui bordent la facette de l'anus. Peut-être que ces cinq trous donnent passage à des tubes rétractiles qui aspirent l'eau pour l'introduire dans l'organe respiratoire intérieur; on croit néanmoins que ces trous sont les orifices des cinq ovaires. (2)

Les tentacules qui sortent par les trous des bandelettes peuvent s'allonger assez pour égaler ou même surpasser la longueur des épines, lorsque cette longueur n'est pas très grande; mais dans les Oursins qui ont de grandes épines, comme dans l'Oursin mamelonné et l'Oursin trigonaire, il n'y a que les tentacules de la partie inférieure de l'animal qui puissent servir à le fixer; car toujours les épines de sa partie inférieure sont courtes, quoique celles des côtés et quelquefois du dos puissent être très longues.

C'est en partie par le moyen de leurs épines, surtout des inférieures, que les Oursins marchent ou se déplacent dans la mer. L'animal les meut à son gré, en tous sens, sur leur articulation. Aussi le mouvement de ces animaux consiste-t-il à tourner sur eux-mêmes, en s'avançant néanmoins dans une direction quelconque; et, quoique ce moyen soit peu favorable à leur mouvement progressif, ce mouvement est encore assez prompt pour qu'il soit un peu difficile de les attraper.

---

(1) [Entre les épines de l'Oursin se voient aussi des tentacules fins non rétractiles, mais terminés par une sorte de tenaille à 3 ou 4 branches, qui lui servent également à se fixer aux plantes marines; on les a décrits comme des Polypes parasites, sous le nom de *Pedicellaires.*]

(2) On les nomme généralement aujourd'hui les pores génitaux.

La bouche des Oursins offre, sous la forme d'une lanterne en cône renversé, un appareil très composé pour une opération utile à la digestion. Elle est en effet armée de 5 osselets dentiformes et obliques, réunis en cercle à son entrée ; et ces osselets, se divisant chacun postérieurement en deux branches aplaties, forment un assemblage de 10 colonnes plates et osseuses qui, jointes 2 à 2, sont fortifiées par 15 autres pièces, et vont former, dans l'intérieur de l'animal, la base du cône que constitue cet assemblage de pièces solides.

Par le jeu de la membrane et des fibres musculaires qui environnent et enveloppent cet assemblage, les pièces dentiformes qui sont à l'entrée de la bouche s'écartent ou se rapprochent toutes ensemble au gré de l'animal, et servent à écraser les parties dures des corps dont il se nourrit.

La bouche inférieure et centrale des Oursins communique immédiatement avec un intestin qui serpente dans la cavité du corps de l'animal, offre divers élargissemens comme autant d'estomacs, et va se terminer à l'anus qui est vertical et opposé à la bouche.

Le pourtour de la bouche et celui de l'anus dans les Oursins, sont constitués par une peau molle susceptible de s'étendre et de se contracter ; et par là de resserrer ou d'agrandir l'ouverture. Ainsi, dans les individus desséchés qui ont perdu leurs parties molles et leurs épines, on voit à la place qu'occupait la bouche une ouverture orbiculaire, avec des lobes et des fissures : or, cette ouverture n'est point celle de la bouche, mais celle du lieu que la bouche et ses dépendances occupaient. On observe très souvent de même une ouverture au sommet du test, qu'on ne doit encore regarder que comme le lieu où l'anus se trouvait.

On voit dans l'intérieur des Oursins cinq grands lobes en massue, rouges, granifères, formant comme 5 grappes qui viennent se réunir à l'anus, et en divergent comme des rayons. Ces lobes ont une chair mollasse, et sont remplis d'une multitude innombrable de petits grains rouges, que l'on prend pour des œufs. Ces mêmes lobes sont des espèces d'ovaires, et ce sont ceux dont j'ai parlé ci-dessus. On sait que ces corps charnus sont très bons à manger lorsqu'ils sont cuits, et qu'ils ont un goût approchant de celui de l'Ecrevisse. (1)

Les Oursins sont communs sur les bords de la mer. Il y en a de noirs, de verdâtres, de rouges purpurins ou violets ; mais ces couleurs s'altèrent après la mort de l'animal.

On prétend que ces animaux présagent la tempête ; car alors ils s'éloignent des bords et gagnent le fond. Pendant l'orage, ils se tiennent constamment attachés sur différens corps au fond de l'eau, par le moyen de leurs tentacules.

Les espèces du genre de l'Oursin sont très nombreuses, mais fort difficiles à déterminer. Je regrette d'avoir été forcé de supprimer les notes descriptives de celles que je vais citer.

ESPÈCES.

Test orbiculaire dans son pourtour.

1. Oursin comestible. *Echinus esculentus.*

Ech. hemisphærico-globosus; fasciis porosis indivisis, obsoletè verrucosis; spinis brevibus.

Echinus esculentus. Lin. Gmel. p. 3168.

(a) *Ech. esculentus subglobosus, spinis violaceis.*

Leske apud Klein. p. 74. tab. 38. f. 1.

Encycl. pl. 132. f. 1.

Seba. Mus. 3. tab. 12. f. 8-9.

(b) *Idem, spinis albidis.*

(c) *Idem, globoso elongatus, subviolaceus.*

An Knorr. Delic. tab. D. f. 1.

* Deslongch. Encycl. méth. t. 2. p. 588.

* Desmoul. Echin. p. 278. * Agass. Prodr. l. c.

Habite la Méditerranée, l'Océan atlantique, les côtes de l'île-de-France, etc. Mon cabinet. C'est plus particulièrement cette espèce que l'on mange; et quoiqu'elle soit assez commune, ses variétés rendent difficile la détermination de ses limites.

---

(1) On les mange le plus souvent crus en Provence.

2. Oursin ventru. *Echinus ventricosus.*

Ech. hemisphærico-elatus, ventricosus, granulis serialibus scaber; fasciis porosis, seriebus, triplicibus, divisis, ad interstitia verrucosis; basi pulvinata.

Cidaris miliaris. Leske apud Klein. p. 11. tab. 1. f. A-B.

Encycl. pl. 132. f. 2-3.

Echinus esculentus. Rumph. Mus. tab. 13. f. B-C.

* *Cidaris esculenta.* Leske. n° 1. p. 74. pl. 1. f. A-B.

* *Echinus esculentus.* Lin. Gmel. p. 3168.

* *Echinus orientalis esculentus.* Seba. Mus. t. 3. pl. 11. f. 4. A-B.

* *Echinus ventricosus.* Deslongch. Encycl. t. 2. p. 588.

* Blainv. Dict. sc. nat. t. 37. p. 91.

* Agass. Prodr. l. c. p. 286.

* Desmoul. Echin. p. 286.

Habite l'Océan des Grandes-Indes. Mon cabinet. Cet Oursin devient grand, large, ventru, et est plutôt pulviné qu'aplati en dessous.

3. Oursin granulaire. *Echinus granularis.*

Ech. hemisphærico-depressus, granulis creberrimis, undique scaber; fasciis porosis, indivisis, verrucosis et irregularibus; basi planulata.

* Deslongch. Encycl. méth. t. 2. p. 588.

* *Echinus hemisphæricus.* Lin. Gmel. p. 3170.

* *Cidaris hemisphærica.* Leske. p. 90. pl. 2. f. E.

* *Echinus æquituberculatus.* Blainv. Dict. sc. nat. t. 37. p. 86.

* Desmoul. Echin. p. 280.

* *Echinus brevispinosus.* Risso. Hist. nat. Eur. mér. t. 5. p. 277.

Habite les côtes occidentales de France. Mon cabinet. Celui-ci semble avoisiner l'*Echinus esculentus*, mais il est hémisphérique, déprimé, plus éminemment granuleux, etc.

[Ce n'est qu'avec doute que M. Desmoulins rapporte les synonymes cités ici, à l'espèce de Lamarck.]

4. Oursin flammulé. *Echinus virgatus.*

E. hemisphærico-elatus, subventricosus, assulatus, violaceo-virgatus; arearum medio denudato; fasciis porosis, seriebus, triplicibus, divisis.

Echinus flammeus. Gmel. p. 3178.

* *Cidaris flammea.* Leske. n° 22. p. 148. pl. 10 f. A.

* Encycl. méth. pl. 141. f. 3 (*Echinus hura.* Expl. pl.).

* *Echinus virgatus.* Deslongch. Encycl. t. 2. p. 588.

* Desmoul. Echin. p. 286.
* *Echinus inflatus* (Var.) Blainv. Dict. sc. nat. t. 37. p. 91.
Habite.... Cet Oursin me paraît particulier; il tient de l'Oursin ventru par ses bandelettes poreuses, et de l'*Echinus sardicus* (Oursin enflé) par son parquetage.

5. Oursin globiforme. *Echinus globiformis.*

E. sphæroideus, assulatus, aurantius aut ruber, tuberculis albis oculatus; fasciis porosis, subquadriporis.
An Echinus sphæra? Gmel. p. 3169.
* *Echinometra.* Rondelet. De pisc. l. 18. c. 32. p. 581.
* *Echinus marinus.* Mart. Lister. Conch. Angl. p. 169. pl. 3. f. 18.
* *Echinus globiformis.* Deslongch. Encycl. t. 2. p. 588.
* Desmoul. Echin. p. 270.
Habite.... les mers d'Europe. Cette espèce, assez jolie par les couleurs de son test, semble tenir à l'Oursin comestible par ses rapports, et néanmoins en est bien distincte.

6. Oursin à bandes. *Echinus fasciatus.*

E. hemisphæricus, subglobosus; fasciis ambulacrorum quinqueporis indivisis; spinis tenuibus, albis, fasciatim dispositis.
* *Echinus fasciatus.* Deslongch. Encycl. t. 2. p. 588.
* Desmoul. Echinid. p. 288.
* *Echinus ventricosus* (var.) Blainv. Dict. sc. nat. t. 37. p. 92.
Habite sur les côtes de l'Ile-de-France. M. Mathieu.

7. Oursin calotte. *Echinus pileolus.*

E. orbicularis, convexus, subtus concavus, rubro et viridi albescente variegatus; fasciis sexporis; seriebus obliquatis; spinis brevibus.
Deslongch. Encycl. méth: t. 2. p. 589.
* Blainv. Dict. sc. nat. t. 37. p. 90.
* Agassiz. l. c. — Desmoul. l. c. p. 284.
Habite les côtes de l'Ile-de-France. M. Mathieu.

8. Oursin melon de mer. *Echinus melo.*

E. globoso-conicus, assulatus, ex luteo et rubro variegatus et fasciatus; fasciis porosis, angustis, flexuosis; pororum paribus transverse binis.
Echinometra. Gualt. Ind. tab. 107. f. E (non B).
An Knorr. Delic. tab. D II. f. 1. 2.
* Deslongch. Encycl. méth. t. 2. p. 589.

* Blainv. Man. d'actin. p. 226. pl. 20. f. 3.
* Risso. Hist. nat. Eur. mérid. t. 5. p. 276.
* Agassiz. Prodr. l. c. p. 190.
* Desmoulins. Echinid. p. 268.

Habite la Méditerranée. Mon cabinet. Cette espèce, qu'il paraît que l'on a confondue avec l'*Echinus sardicus*, est la plus grande de toutes celles que je connaisse, et l'une des plus remarquables.

9. Oursin enflé. *Echinus sardicus.*

E. orbicularis, ventricosus, conoideus, assulatus, luteo-purpurascens; fasciis porosis rectis : pororum paribus transversè ternis.

Cidaris sardica. Leske apud Klein. p. 146. tab. 9. f. A. B.
Encycl. n. 141. f. 1. 2.
Scill. Corp. mar. tab. 13. f. 1.
* Muller. Zool. Dan. Prodr. n° 2845.
* *Echinus inflatus.* Blainv. Dict. sc. nat. t. 37. p. 91.
* *Echinus sardicus.* Lin. Gmel. p. 3178.
* *Echinus sardicus.* Deslongch. Encycl. t. 2. p. 589.
* Risso. Hist. nat. Eur. mér. t. 5. p. 276.
* Agassiz. Prodr. l. c. p. 190.
* Desmoul. Echinid. p. 284.

Habite la Méditerranée. Cet Oursin ne vient jamais de la taille du précédent, s'en écarte par sa forme générale, et en diffère en outre par les 10 fascies poreuses de ses ambulacres.

10. Oursin pointu. *Echinus acutus.*

E. orbiculato-conicus, subpyramidatus, assulatus, ex albo et rubro radiatim fasciatus; vertice subacuto; areis bifariam verrucosis.

* Deslongch. Encycl. t. 2. p. 589.
* Blainv. Man. d'actin. p. 227.
* Desmoul. Echin. p. 270.

Habite... Cet Oursin me paraît très distinct de l'*Echinus melo* et de l'*Echinus sardicus*.

11. Oursin pentagone. *Echinus pentagonus.*

E. globoso-depressus, pentagonus, aurantio-fulvus ; fasciis porosis, seriebus, triplicibus, divisis, ad interstitia verrucosis; spinis exiguis albidis.

* *Cidaris angulosa.* Leske. n° 4. p. 92. pl. 2. f. F.
* *Echinus angulosus.* var. *a.* Lin. Gmel. p. 3170.
* Encycl. méth. p. 133. f. 7. (*Echinus obtusangulus.* Expl. pl.)
* *Echinus pentagonus.* Deslongch. Encycl. t. 2. p. 539.

* Blainv. Dict. sc. nat. t. 37. p. 93.
* Agassiz. Prodr. l. c. p. 190.
* Desmoul. Echinid. p. 288.

Habite * l'Océan indien, île Bourbon. — Belle et singulière espèce qui semble tenir aux précédentes par les rapports de sa forme.

12. Oursin obtusangle. *Echinus obtusangulus.*

E. hemisphæricus, subpentagonus, subtùs concavus; ambulacrorum fasciis trifariam porosis; areis supernè nudiusculis.

Cidaris angulosa. Leske ap. Klein. p. 92. tab. 2. f. F 13.
Encycl. pl. 133. f. 7.
2. *var. testâ pentagonâ, depressiore.*
Mus. n°
3. *var. minor, testâ orbiculari, multiradiatâ.*
* *Echinus obtusangulus.* Deslongch. Enc. t. 2. p. 589.
* *Echinus polyzonalis* (var.) Blainv. Dict. sc. nat. t. 37. p. 84.
* Desmoul. Echinid. p. 276.

Habite l'Océan des Grandes-Indes. Mon cabinet. Les variétés 2 et 3 furent rapportées par MM. Péron et Lesueur.

* M. de Blainville regarde cette espèce comme une simple variété de la suivante.

13. Oursin polyzonal. *Echinus polyzonalis.*

E. hemisphærico-depressus, subpentagonus, viridulus; zonis albidis, transversis, radios porosos et albidos decussantibus; paginâ inferiore concavâ.

Echinometra... Gualt. Ind. tab. 107. f. M.
D'Argenv. pl. 25. f. H.
* *Echinus* (*rubello-roseus*). Seba. Mus. t. 3. pl. 11. f. 6.
* *Cidaris esculenta.* var. n° 2. Leske. p. 81.
* *Echinus esculentus.* var. *b.* Lin. Gmel. p. 3169.
* *Echinus polyzonalis.* Deslongch. Enc. t. 2. p. 589.
* Desmoul. Echinid. p. 276.

Habite l'Océan indien. Espèce remarquable par sa forme et ses zones blanches sur un fond d'un vert jaunâtre.

14. Oursin maculé. *Echinus maculatus.*

E. hemisphæricus, albidus; maculis luteo-viridulis in zonas transversas dispositis; fasciis porosis, subverrucosis.

* Deslongch. Encycl. méth. t. 2. p. 590.
* Blainv. Dict. sc. nat. t. 37. p. 87.
* Desmoul. Echin. p. 280.

* *Echinus esculentus.* var. *c.* Lin. Gmel. p. 3169.
* Seba. Mus. t. 3. pl. 11. f. 7.
* *Cidaris esculenta.* var. n° 3. Leske. p. 81.
Habite.... l'Océan indien? Cette espèce tient évidemment de très près à l'Oursin polyzonal.

15. Oursin variolaire. *Echinus variolaris.*

E. globoso-depressus, fusco-virens, subtùs albido-rubellus; areis majoribus, verrucis, latis, bifariam ornatis.
* *Echinus chinensis e viridi flavus.* t. 3. pl. 11. f. 10.
* *Cidaris diadema* (Var. 1.) Leske. n° 6. p. 104.
* *Echinus variolaris.* Deslongch. Encycl. t. 3. p. 590.
* Blainv. Dict. sc. nat. t. 37. p. 90.
* Agass. Prodr. échin. l. c. p. 190.
* Desmoul. Echin. p. 284.
Habite les mers australes. Péron et Lesueur.

16. Oursin perlé. *Echinus margaritaceus.*

E. hemisphærico-depressus, assulatus, ruber, verrucis albis eleganter ornatus; arearum majorum verrucis transversìm fasciatis.
* Deslongch. Encycl. méth. t. 2. p. 589.
* Blainv. Man. d'actin. p. 227.
* Desmoul. Echin. p. 270.
* *Echinus violaceus.* Seba. Thes. t. 3. pl. 11. f. 8.
Habite.... les mers australes? La figure de l'*Echinus toreumaticus* (Klein et Leske. tab. 10. f. D–E.) rend assez bien notre espèce; mais la description ne lui convient pas.

17. Oursin sculpté. *Echinus sculptus.*

E. orbiculatus, conicus, cinereus; fasciis tessulisque impresso-sculptis; verrucis basi crenatis, circulo granuloso cinctis.
Echinus toreumaticus. Gmel. p. 3180.
* Encycl. méth. pl. 142. (*Echinus serialis* et *E. elegans.* Expl.)
* *Echinus sculptus.* Deslongch. Encycl. t. 2. p. 590.
* *Cidaris toreumatica.* Klein. Leske. p. 155. pl. 10. f. D–E.
* *Echinus toreumaticus.* Desmoul. Echin. p. 274.
Habite l'Océan indien? Comme cet Oursin est plutôt conoïde qu'hémisphérique, je doute que ce soit l'*Echinus toreumaticus.*

18. Oursin piqueté. *Echinus punctulatus.*

E. orbicularis, convexo-conoideus, assulatus, purpurascens; assulis punctulatis; fasciis pororum coloratis, nudis, biporis; verrucis dorsalibus perpaucis.

Echinus nodiformis. Seba. Mus. 3. tab. 10. f. 10. a-b.
An Rumph. Mus. tab. 14. f. A.
* *Echinus punctulatus.* Deslongch. Encycl. t. 2. p. 590.
* Blainv. Dict. sc. nat. t. 37. p. 75.
* *Arbacia punctulata.* Gray. Zool. soc. Lond. 1835.
* Agass. Prodr. l. c. p. 190.
* *Echinocidaris punctulata.* Desmoul. Echin. p. 306.

Habite l'Océan des Grandes-Indes. Espèce jolie et fort remarquable, à laquelle il faut peut-être rapporter la variété du *Cidaris pustulosa* de Leske, tab. XI, f. D. Son test est petit, orbiculaire, un peu conoïde, d'un cendré rougeâtre, à 5 paires de bandelettes biporeuses, étroites et purpurines, et à aires interstitiales, parquetées, finement piquetées, ayant de chaque côté une seule rangée de tubercules. Vers la base de ces aires, les tubercules forment 4 et à la fin 6 rangées. Larg. 3 centimètres.

19. Oursin œuf. *Echinus ovum.*

E. elatus, oviformis, fragilissimus, luteo-viridulus; assulis obsoletis; tuberculis rariusculis, minimis, punctiformibus.

* Deslongch. Encycl. t. 2. p. 590.
* Desmoul. Echin. p. 274.

Habite... les mers de la Nouvelle-Hollande? Péron et Lesueur.

20. Oursin pâle. *Echinus pallidus.*

E. globoso-depressus, cinereus, decem-radiatus; fasciis porosis sexporis pallidè fulvis; areis elongatissimè verrucosis : verrucis minimis.

* Deslongch. Encycl. t. 2. p. 591.
* Desmoul. Echin. p. 274.

Habite... Larg., 34 millimètres; hauteur, 23.

21. Oursin subanguleux. *Echinus subangulosus.*

E. hemisphærico-depressus, subangulosus, viridulus; fasciis porosis, indivisis, subverrucosis : pororum paribus alternè porrectis.

Cidaris angulosa, varietas minor. Leske apud Klein. p. 94. tab. 3. f. A-B.
Encycl. pl. 133. f. 5-6.
Knorr. Delic. tab. D. f. 4-5.
Echinus indicus. Seba. Mus. 3. t. 10. f. 20.
* *Echinus pentagonus minor.* Van Phelsum. p. 29. n° 28.
* *Echinus angulosus.* Var. *b.* Lin. Gmel. p. 3171.
* *Echinometra.* Gualt. pl. 108. f. A.

* *Echinus subangulosus*. Deslongch. Encycl. t. 2. p. 591.
* Blainv. Man. d'actin. p. 227.
* Desmoul. Echin. p. 270.
Habite... les mers des Indes orientales? Mon cabinet.

22. Oursin panaché. *Echinus variegatus.*

E. orbicularis hemisphærico-globosus, assulatus ex viridi et albo variegatus; pororum paribus ad latera fasciarum alternè porrectis; spinis viridibus.
Cidaris variegata. Leske apud Klein. p. 149. tab. 10. f. B-C.
Encycl. pl. 141. f. 4-5.
Knorr. Delic. tab. D I I. f. 3.
* *Echinus cœrulescens, flavo radiatus*. Seba. Mus. t. 3. pl. 10. f. 13.
* *Echinus variegatus*. Deslongch. Encycl. t. 2. p. 591.
* Agass. Prodr. échin. l. c. p. 190.
* Desmoul. Echin. p. 276.
2. *Idem valdè depressus; areis majoribus et minoribus linea flexuosa divisis (Echinus Blainvillii.* Desmoul.).
Echinometra compressa. Gualt. Ind. tab. 107. f. F.
* *Echinus variegatus*. Lin. Gmel. p. 3179.
* *Echinus excavatus*. Blainv. Man. d'actin. p. 227.
Habite les côtes de Saint-Domingue. Mon cabinet.
[M. Desmoulins, d'après M. de Blainville, fait une espèce distincte de la variété 2 de Lamarck; mais il change le nom spécifique *excavatus* qui appartenait déjà à une espèce fossile.]

23. Oursin bleuâtre. *Echinus subcœruleus.*

E. orbicularis, globoso depressus, assulatus, subcœruleus; fasciis porosis denis albis : pororum seriebus subtriplicibus.
* *Cidaris esculenta*. var. n° 4. Leske. p. 82.
* *Echinus esculentus*. var. *d*. Lin. Gmel. p. 3169.
* *Echinus subcœruleus*. Deslongch. Encycl. t. 2. p. 591.
* Blainv. Dict. sc. nat. t. 37. p. 92.
* Desmoul. Echinid. p. 288.
Habite * les côtes occidentales d'Afrique, les mers australes? Péron et Lesueur. Jolie espèce rapprochée de la précédente par ses rapports, mais qui en est bien distinguée par ses ambulacres et ses couleurs.

24. Oursin pustuleux. *Echinus pustulosus.*

E. hemisphæricus, assulatus, albido-rubellus; ambulacris angustis;

verrucarum seriebus transversis versùs marginem numero increscentibus.

Cidaris pustulosa. Leske apud Klein. p. 150. tab. XI. f. D.

* *Echinus pustulosus.* Lin. Gmel. p. 3179.

* Deslongch. Encycl. t. 2. p. 591.

* Blainv. Dict. sc. nat. t. 37. p. 75.

* *Echinocidaris pustulosa.* Desmoul. Echin. p. 304. (1)

* *Arbacia pustulosa.* Gray. Zool. soc. Lond. 1835.

* Agassiz. Prodr. l. c. p. 190.

Habite les côtes du Pérou. Les figures A. B. C. de la planche XI de Klein, appartiennent probablement aussi à l'espèce dont il s'agit ici; mais celle que je cite rend mieux l'individu que j'ai sous les yeux.

25. Oursin négligé. *Echinus neglectus.*

E. hemisphærico-depressus, albidus vel flaveolus; fasciis porosis, flexuosis, biporis, verrucosis; spinis albidis striatis.

An Cidaris hemisphærica. Leske apud Klein. p. 90. tab. 2. f. E.

Encycl. pl. 133. f. 3. a. b.

Klein et Leske. tab. 38. f. 2. a 2. a 3.

2. *Var. testâ flavo fulvâ.*

* *Echinus neglectus.* Deslongch. Encycl. t. 2. p. 591.

* *Echinus lividus.* Blainv. Dict. sc. nat. t. 37. p. 88. (2)

* Desmoul. Echinid. p. 282.

Habite l'Océan d'Europe, la Manche, près de Saint-Brieux. Mon

---

(1) Le genre Echinocidaris de M. Desmoulins est regardé par cet auteur lui-même comme synonyme du genre Arbacie, quoiqu'il ne contienne qu'une partie des mêmes espèces; il diffère des Oursins par « sa bouche énorme, pentagonale, à côtés régulièrement et obtusément sinueux, à angles non fissurés, et « par la largeur de ses aires ambulacraires qui est au moins triple « de celle des autres aires. « Avec les *Echinus pustulosus* et *punctulatus* de Lamarck, qui sont en effet des *Arbacia* de M. Agassiz, M. Desmoulins comprend seulement les *Echinus loculatus, E. stellatus, E. æquituberculatus* et *E. Dufresnii* de M. de Blainville. (Dict. sc. nat. t. 37, p. 75-76.)

(2) M. de Blainville, et après lui M. Desmoulins ont réuni cette espèce à l'Oursin livide n° 28.

cabinet. Cette espèce avoisine l'Oursin miliaire, et néanmoins en est distincte.

26. Oursin miliaire. *Echinus miliaris.*

E. parvulus, hemisphærico-depressus, assulatus, albo-rubroque fasciatus; fasciis porosis, flexuosis, verrucosis; spinis albido-rubellis.

Cidaris miliaris saxatilis. Leske apud Klein. p. 82. tab. 2. f. A. B. C. D. et tab. 38. f. 2. 3.

Encycl. tab. 133. f. 1. 2. a. b.

Seba. Mus. 3. t. 10. f. 1-4.

* *Echinus saxatilis.* Muller. Zool. dan. Prod. p. 235.

* *Echinus saxatilis, depressus* et *globosus.* Van Phelsum. p. 28. 29.

* *Echinometra.* Gualt. pl. 107. f. G. H. I. L. N.

* *Echinus miliaris.* Lin. Gmel. p. 3169.

* Deslongch. Encycl. t. 2. p. 592.

* Agassiz. Prodr. echin. l. c. p. 190.

* Desmoul. Echinid. p. 270.

Habite l'Océan d'Europe. Mon cabinet.

27. Oursin rotulaire. *Echinus rotularis.*

E. parvulus, hemisphærico-depressus; fasciis porosis, rectis, biporis; tuberculis arearum majorum irregularibus transversè elongatis.

Echinus rotularis. Lang. Lap. f. tab. 35.

* *Echinites toreumaticus.* Leske. n° 28. p. 156. pl. 44. f. 2.

* *Echinus sulcatus.* Goldf. Petref. p. 126. pl. 40. f. 18.

* *Echinus rotularis.* Deslongch. Enc. t. 2. p. 592.

* Defr. Dict. sc. nat. t. 37. p. 101.

* Desmoul. Echinid. p. 294.

* *Arbacia sulcata.* Agassiz. Prodr. l. c. p. 23.

Habite... * Fossile du terrain jurassique des environs de Vendôme, de Toul, Bayreuth, Westphalie.

28. Oursin livide. *Echinus lividus.*

E. hemisphærico-depressus; fasciis porosis, flexuosis, subverrucosis; spinis acicularibus, longiusculis, striatis livido-fulvis.

* *Echinus miliaris.* Var. *b. Basteri* et *Echinus saxatilis.* Lin. Gmel. p. 3170 et p 3171.

* *Cidaris saxatilis.* Var. 2. *Basteri.* Leske. p. 87-89. pl. 49.

* *Echinus lividus.* Deslongch. Encycl. t. 2. p. 592.

* Agass. Prodr. l. c. p. 190.

* *Echinus saxatilis.* Tiedemann. Anatom.
* Baster. Opusc. subsec. t. 3. p. 111. pl. 11. f. 1–8.
* *Carduus marinus.* Van Phelsum. p. 18. n° 16.
* *Echinus lividus* et *E. neglectus.* Blainv. Dict. sc. nat. t. 37. p. 88.
* Desmoul. Echin. p. 282.
Habite l'Océan et la Méditerranée, près de Marseille. (Lalande). — Cette espèce est fort commune, ne devient jamais aussi grande que l'Oursin comestible, et a des épines plus longues et aciculées. Son test est orbiculaire.

29. Oursin tuberculé. *Echinus tuberculatus.*

E. semi-globosus, basi planus; fasciis porosis, verrucosis, subsexporis; arearum lineâ mediâ, impressâ, flexuosâ; tuberculis mamillatis.
* Deslongch. Encycl. t. 1. p. 592.
* Blainv. Dict. sc. nat. t. 37. p. 90.
* Desmoul. Echin. p. 284.
* Habite les mers australes. Péron et Lesueur. Mon cabinet.

30. Oursin bigranulaire. *Echinus bigranularis.*

E. hemisphærico-depressus; fasciis porosis, subnudis, quadriporis; tuberculorum majorum seriebus undiquè binis.
* Deslongch. Encycl. méth. t. 2. p. 592.
* Desmoul. Echin. p. 290.
Habite... Fossile... Mon cabinet.

31. Oursin sablé. *Echinus arenatus.*

E. hemisphæricus; fasciis porosis, subquadriporis; tuberculis majoribus, perparvis : aliis arenulatis.
* Deslongch. Encycl. t, 2. p. 592.
* Desmoul. Echin. p. 292.
Habite... Fossile... Mon cabinet. Le test est hémisphérique, un peu pentagone. Largeur, 3 centimètres.

[2] *Test ovale ou elliptique*, (* *Echinometra*). (1)

32. Oursin forte-épine. *Echinus lucunter.* L.

E. hemisphærico-ovatus; basi pulvinatus; verrucarum majorum ad areas seriebus duplicatis; spinis conico-subulatis.

---

(1) Cette seconde section des Oursins de Lamarck répond au

Cidaris lucunter. Leske apud Klein. p. 109. tab. 4. f. c-e-d-f.
Encycl. pl. 134. f. 3-4-7.
Seba. Mus. 3. tab. 10. f. 16-18. et tab. XI. f. 11.
Breyn. Echin. tab. 1. f. 6.
An Sloan. Jam. 2. t. 244. f. 1.
Klein et Leske. tab. 30. f. A-B.
2. *Var. spinis albido-viridulis.*
* *Echinometra.* Gualt. pl. 107. f. C.
* *Echinus lucunter.* Var. *a. b.* Lin. Gmel. p. 3176.
* Deslongch. Encycl. t. 2. p. 592.
* Blainv. Dict. sc. nat. t. 37. p. 95.
* *Echinometra lucunter.* Gray. Soc. zool. Lond.
* Blainv. Man. d'actin. p. 225. (1)
* Agass. Prodr. l. c. p. 189.
* Desmoul. Echin. p. 260.
Habite les mers de l'Inde, les côtes de l'Ile-de-France. Mon cabinet.

33. Oursin artichaut. *Echinus atratus.*

E. hemisphærico-ovalis, depressus, violaceo-niger; spinis dorsalibus imbricatis, brevissimis, obtusissimis; ad periphæriam subspatulatis.

Echinus atratus. Lin. Gmel. p. 3177.

---

genre *Echinometra* de MM. Gray, de Blainville, Agassiz et Desmoulins, qui ne diffère véritablement des Oursins proprement dits que par la forme du test, ovale et un peu arquée en dessous, et par les piquans généralement de forme singulière. M. Agassiz n'y admet, d'après M. de Blainville, que des espèces vivantes. En outre des espèces de Lamarck, et des quatre espèces précédemment confondues avec l'*E. lucunter;* ce sont les *E. Leschenaultii, E. Maugei, E. Quoyii, E. pedifera,* et *E. carinata.* M. Desmoulins en compte encore plusieurs autres, la plupart inédites, et inscrit les *E. lucunter, E. atrata,* et *E. mamillata,* comme se trouvant aussi à l'état fossile.

(1) Suivant M. de Blainville, dont l'opinion est adoptée par MM. Agassiz et Desmoulins, on a confondu avec l'*Echinus lucunter* plusieurs espèces qui doivent être distinguées sous les noms de *Echinometra Mathæi, E. acufera, E. oblonga,* et *E. lobata.*

Cidaris violacea. Leske apud Klein. p. 117. tab. 47. f. 1–2.
Encycl. pl. 140. f. 1-4.
Cidaris fenestrata. Klein et Leske. p. 117. tab. 4. f. A–B.
D'Argenv. tab. 25. f. G.
* *Echinus niger*. Rumph. p. 31. n° 3.
* *Echinus atratus*. Deslongch. Encycl. t. 2. p. 592.
* Blainv. Dict. sc. nat. t. 37. p. 96.
* *Echinometra atra*. Blainv. Man. d'actin. p. 225. pl. 20. f. 1.
* Agass. Prodr. l. c. p. 189.
* Desmoul. Echin. p. 262.
* *Ech.* (*Colobocentrotus*) *Leskii*. Brandt. Prodr.
Habite l'Océan indien. Mon cabinet.

34. Oursin mamelonné. *Echinus mamillatus*.

E. hemisphærico-ovalis; fasciis porosis, flexuosis; areis verrucoso-mamillatis; spinis periphæriæ oblongis, crassis, subclavatis, apice subtrigonis.

Echinometra... Rumph. Mus. t. 13. f. 1–2.
Cidaris mamillato. Leske apud Klein. p. 121. tab. 6. tab. 34. (*Spinæ*) et tab. 39. f. 1.
Encycl. pl. 138.
Echinometra orientalis. Seba. Mus. 3. tab. 13. f. 1–2.
* *Echinus mamillatus*. (Var. *a. b. c.*) Lin. Gmel. p. 3175.
* Deslongch. Encycl. t. 2. p. 593.
* Blainv. Dict. sc. nat. t. 37. p. 97.
* *Echinometra ovalis*. Gualt. pl. 108. f. B.
* Breyn. Echin. p. 56. pl. 1. f. 5.
* *Echinometra rubra*. Van Phelsum. p. 30. n° 7-8.
* *Echinometra mamillata*. Blainv. Man. d'actin. p. 225.
* Agass. Prodr. l. c. p. 189.
* Desmoul. Echin. p. 264.
* *Ech.* (*Heterocentrotus*) *mamillatus*. Brandt. Prodr.
Habite l'Océan des Indes orientales, la mer Rouge, etc. Mon cabinet. Très belle espèce remarquable par ses baguettes digitiformes, et par les gros tubercules de son test.

35. Oursin trigonaire. *Echinus trigonarius*.

E. hemisphærico-ovalis; fasciis porosis, flexuosis; tuberculis mamillatis; spinis longis, trigonis, sensim attenuatis, obtusis.

Cidaris mamillata. Var. 4. Leske apud Klein. p. 124.
Seba. Mus. 3. tab. 13. f. 4.
Argenv. pl. 25. f. A.

Encycl. pl. 139. f. 2. *mala.*
* *Echinometra.* Gualter. pl. 108. f. 6.
* Van Phelsum. p. 30. no 12.
* *Echinus mamillatus.* Var. *e.* Lin. Gmel. p. 3176.
* *Echinus trigonarius.* Deslongch. t. 2. p. 593.
* Blainv. Dict. sc. nat. t. 37. p. 98.
* *Echinometra trigonaria.* Blainv. Man. d'actin. p. 225.
* Desmoul. Echin. p. 266.
* Agass. Prodr. l. c. p. 189.
* *Ech.* (*Heterocentrotus*) *trigonarius.* Brandt. Prodr.

2. *Idem? major; spinis pluribus longissimis, supernè attenuato-subulatis* (M. Desmoulins rapporte avec doute cette variété à son *Echinometra pugionifera.*)

Habite la mer du sud, la Méditerranée? Mon cabinet. Quelque rapport qu'ait cet Oursin avec le précédent, il en est constamment et facilement distinct.

† 36. Oursin excavé. *Echinus excavatus.* Leske. Klein. p. p. 95. tab. 44. f. 34.

E. hemisphærico-depressus, subpentagonus, areis alutaceis, omnibus bifariam verrucosis.

Goldf. Petr. p. 124. pl. 40. f. 12.
Linn. Gmel. Syst. nat. p. 3171.
Echinus Brongniarti. Def. Dict. sc. nat. t. 37. p. 102.
Fossile du terrain jurassique, Regensbourg, Souabe.

† 37. Oursin rayé. *Echinus lineatus.* Goldf. Petref. p. 124. pl. 40. f. 11.

E. hemisphærico-depressus, subassulatus, verrucis mamillaribus, arearum minorum bifariis majorum quadrifariis versus basim duplicatis, circulo granulorum cinctis.

Echinus lineatus. Agass. Prodr. l. c.
Desmoul. Echin. p. 292.
Fossile du terrain jurassique, Ardennes, Bavière. Suisse.

† 38. Oursin radié. *Echinus radiatus.* Hœningh. Goldfuss Petref. p. 124. pl. 40. f. 13.

E. hemisphæricus, assulatus, granulosus, areis omnibus bifariam verrucosis, ambulacris rectis.

Arbacia radiata. Agass. Prodr. l. c.
Fossile de la craie, Périgord, Cassis (Provence), Westphalie.

† 39. Oursin nain. *Echinus pusillus.* Münst. Goldf. Petref. p. 125. pl. 40. f. 14.

E. hemisphæricus, alutaceus, areis omnibus bifariam verrucosis, ambulacris subflexuosis.

Grateloup. Oursins foss. p. 83.

Arbacia pusilla. Agass. Prodr. l. c. p. 190.

Fossile du terrain tertiaire, Bordeaux, Dax, Westphalie.

† 40. Oursin chagriné. *Echinus alutaceus.* Goldf. Petref. p. 125. pl. 40. f. 15.

E. hemisphæricus, granulosus, granulis serialis quincuncialibus majoribus minoribusque alternis, ambulacris rectis.

Arbacia alutacea. Agass. Prodr. l. c.

Fossile de la craie de Westphalie. — M. Grateloup indique aussi cette espèce comme se trouvant dans le terrain tertiaire, à Dax.

† 41. Oursin granuleux. *Echinus granulosus.* Münst. Goldf. Petref. p. 125. tab. 49. f. 5.

E. hemisphæricus, granulosus, ambitu orbiculari, areis majoribus linea impressa divisis, granulis æqualibus transversim seriatis.

Arbacia granulosa. Agass. Prodr. l. c.. — Fossiles du terrain cretacé de Neufchâtel, l. c. p. 142.

Echinus granulosus. Grateloup. Oursins foss. p. 82.

Fossile de la craie, Dax, Bavière, Suisse.

† 42. Oursin noduleux. *Echinus nodulosus.* Münst. Goldf. Petref. p. 125 pl. 40. f. 16. *a. b.*

E. hemisphæricus, nodulosus, ambitu subpentagono; areis majoribus linea impressa divisis, nodulis æqualibus seriatis, baseos crassioribus.

Arbacia nodulosa. Agass. Prodr. l. c.

Fossile du terrain jurassique, Bayreuth, Stolberg.

† 43. Oursin hiéroglyphique. *Echinus hieroglyphicus.* Goldf. l. c. p. 126. pl. 40. f. 17.

E. hemisphærico-depressus, areis minoribus bifariam verrucosis, majoribus in dorso analypticis in margine et basi mamilliferis.

Bronn. Lethæa. p. 279. tab. 17. f. 4.

Bourguet. Petr. pl. 51. f. 377.

Knorr. Petr. pl. E. II. f. 3.

Arbacia hieroglyphica. Agass. Prodr. échin. l. c.

Echinus hieroglyphicus. Desmoul. Echin. p. 292.
Fossile du terrain jurassique, Lorraine, Champagne, Bavière.

† 44. Oursin de Miller. *Echinus Milleri.* Defr,

E. hemisphærico-depressus, verrucis arearum bifariis granulis in ambitu confertis, areis majoribus tuberculorum seriebus binis marginalibus abbreviatis.
Cidarites granulosus. Gold. Petref. p. 122. pl. 40. f. 7.
Echinus Milleri. Grateloup. Oursins foss. p. 82.
Desmoul. Echin. p. 294.
Diadema granulosum et *Echinus Milleri.* Agass. Prodr. l. c.
Fossile de la craie, Dax, Montolieu, Normandie, Saintonge, Périgord, Maestricht, Suisse, Westphalie, Oxford.

[M. Desmoulins rapporte comme synonyme de cette espèce : 1° le *Cidaris rupestris.* Var. Leske, n. 11, p. 125; 2° comme établie d'après un noyau spathique, le *Cidaris asterizans.* Klein. — Leske, n. 20, p. 141, pl. 8, f. E. — *Echinus asterizans.* Linn. Gmel. p. 3178.— *Cidarites stellulifera.* Encycl. méth., pl. 140 (Expl. pl.) — Agassiz. Prodr. l. c.; 3° comme établi d'après un noyau silicieux, le *Cidaris corollaris.* Klein. — Leske, n. 20, p. 141, pl. 8, f. D-E.—*Echinus coronalis.* Var. *d.* Lin. Gmel., p. 3178; 4° enfin d'après des individus plus jeunes, les *Discoides subuculus.* Var. *d.* et *Cidaris variolata.* Sp. 2 de Klein, et l'*Echinites ovarius.* Leske, n. 7, p. 105.]

†45. Oursin cerclé. *Echinus circinatus.* Lin. Gmel. p. 3174.

E. hemisphærico-depressus, verrucis in areis elevatis ambulacrorum biseriatis, arearum majorum quadriseriatis, horum ambitu granulis confertis cincto. Goldf. p. 123. pl. 40. f. 9. (*Cidarites variolaris*).
Echinus tuberculatus. Defr. Dict. sc. nat. t. 37. p. 102.
Cidarites circinatus. Leske. n° 17. p. 119. pl. 45. f. 10.
Echinus circinatus. Desmoul. Echin. p. 298.
Fossile de la craie, Périgord, Saintonge, Martigues, Westphalie, Oxfordshire, Russie.

† 46. Oursin de Buch. *Echinus Buchii.* Steininger. Mém. soc. géol. France. t. 1. p. 349. pl. 21. f. 2.

E. hemisphæricus; ambulacris elevatis; areis majoribus, linea im-

pressa, a vertice ad os radianti, medio divisis; tuberculis omnibus parvis æqualibus.

Fossile du terrain tertiaire? Eifel. — Larg., 5 lignes et demie.

† 47. Oursin collier. *Echinus monilis.* Defr. Dict. sc. nat. t. 37. p. 100.

Fossile des faluns de Touraine, Doué, Vedennes, Sicile.

[M. Desmoulins ajoute au genre Oursin plusieurs espèces inédites des terrains tertiaires de la Gironde, et d'après Faujas (pl. 30. f. 9 — 11) trois espèces de la craie de Maestricht.

Il cite aussi les deux espèces *E. fenestratus* et *E. Droebachiensis*, d'après Gmelin, et enfin, d'après MM. Defrance, Philips et autres, quelques espèces admises aussi par M. Agassiz.

Nous indiquons plus loin celles qui font partie du genre Salenia.

— M. Dujardin (Mém. soc. géol. t. 2. p. 220.) a décrit sous le nom d'*Echinus turonensis* une espèce bien distincte, de la craie de Touraine.

— M. Brandt, dans son Prodrome des animaux, observés par Mertens (Acad. Pétersb. 1835), a indiqué trois nouvelles espèces qu'il rapporte à autant de sous-genres établis par lui-même dans le genre Oursin, auquel il réunit les Echinomètres, savoir : 1° un genre *Strongylocentrotus*, caractérisé par ses piquans subulés, qui ne diffèrent entre eux que par la grandeur.

† 48. *Echinus chlorocentrotus.*

Supposé provenir de l'île Sitcha, large de 12 à 18 lignes, subglobuleux, déprimé, vert ou violacé, avec des épines courtes, vertes, dont la longueur varie d'une demi-ligne à 4 lignes.

2° Un sous-genre *Heterocentrotus*, qui a le corps transverse; les piquans entourant l'anus triangulaires, tronqués au sommet pour la plupart, les autres d'une forme différente, savoir : les latéraux plus grands, égalant en longueur le diamètre du corps; ceux qui entourent la bouche également grands, oblongs spatulés; enfin, des piquans très petits, souvent tronqués, entourent la base des grands.

† 49. *Echinus carinatus*. Brandt. — Lesson. — Blainville. Dict. sc. nat. t. 37. — *Echinometra carinata*. Blainv. Man. d'actinol.

Habite les côtes des îles Carolines.

† 50. *Echinus Postelsii*. Des îles Bonin.

Espèce établie seulement d'après un dessin.

M. Brandt rapporte à ce même sous-genre les *Echinus trigonarius* et *E. mamillatus* Lamk.

3° Un sous-genre *Colobocentrotus*, ayant les piquans de la région anale et des côtés du corps égaux, courts, amincis à la base, renflés, élargis au sommet, tronqués, anguleux et serrés, et les piquans du bord latéral oblongs ou spatulés, aplatis, presque deux fois plus longs que les autres, et portés par des tubercules plus grands.

† 51. *Echinus Mertensii*. Des îles Bonin.

M. Brandt rapporte également à ce sous-genre les *Echinus Leskii* (*E. atratus* Lamk.) — *Echinus Quoyi* (*Echinometra Quoyi* Blainville. Man. d'act.) — *Echinus pedifer* (*Echinometra pedifera*. Blain. Man. d'act.) F. D.

CIDARITE. (Cidarites.)

Corps régulier, sphéroïde ou orbiculaire-déprimé, très hérissé ; à peau interne solide, testacée ou crustacée, garnie de tubercules perforés au sommet, sur lesquels s'articulent des épines mobiles, caduques, dont les plus grandes sont bacilliformes.

Cinq ambulacres complets, qui s'étendent en rayonnant du sommet jusqu'à la bouche, et bordés chacun de deux bandes multipores, presque parallèles.

Bouche inférieure, centrale armée de cinq pièces osseuse, surcomposées postérieurement. Anus supérieur vertical.

Corpus regulare, sphæroideum aut orbiculato depressum, echinatissimum; cute internâ solidâ, testaceâ vel crustaceâ, tuberculis apice foratis instructâ. Spinæ mobiles, deciduæ, suprà tubercula articulatæ : majoribus baccilliformibus.

Ambulacra quina, completa, è vertice ad os radiantiâ : singulis fasciis multiporis binis subparallelis marginantibus.

Os inferum, centrale, ossiculis quinque postice suprà compositis armatum. Anus superus verticalis.

Observations. — Sans doute les *Cidarites* sont très voisines des Oursins par leurs rapports. Comme eux, elles ont l'anus vertical, cinq ambulacres complets et dix bandelettes multipores qui, deux à deux, bordent chaque ambulacre. Ces Echinides néanmoins sont très distinctes des Oursins, non-seulement par leur aspect particulier, les caractères de leurs ambulacres et de leurs épines; mais en outre par une particularité très remarquable de leur organisation.

Ici, en effet, la nature emploie un moyen particulier et nouveau pour mouvoir les épines, souvent fort longues, dont ces animaux sont hérissés. Elle a percé de part en part le test et les gros tubercules solides dont il est chargé, ce qu'elle n'a fait nulle part dans les autres Echinides; et, au moyen d'un cordonnet musculaire qui traverse le test et le tubercule qui y correspond, elle exécute, avec ou sans l'aide de la peau, les mouvemens dont ces épines doivent jouir.

Ainsi les tubercules du test des Cidarites, surtout les principaux, étant constammment perforés, ce que l'inspection de leur sommet montre facilement, offrent une distinction tranchée qui les sépare des Oursins et de toutes les autres Echinides.

Les Cidarites d'ailleurs se font toutes remarquer par leurs ambulacres plus étroits que ceux des Oursins, plus réguliers, plus semblables à des allées de jardin; les bandelettes poreuses qui les bordent étant plus rapprochées et moins divergentes. Elles se font aussi remarquer par plusieurs sortes d'épines: les unes grandes, soit bacillaires, tronquées au bout, soit en massue ou digitiformes; les autres fort petites, fort nombreuses, d'une forme différente de celle des bacillaires, et qui recouvrent les ambulacres, ou qui souvent entourent la base des grandes épines, leur formant une collerette courte et vaginiforme. Enfin, aucune Cidarite connue n'a toutes ses épines aciculaires, comme on le voit dans la plupart des Oursins et dans toutes les autres Echinides.

On distingue parmi les Cidarites deux groupes particuliers, qui semblent deux familles assez remarquables. Le premier embrasse les vrais *Turbans;* dans le second sont renfermés les *Diadèmes.* Les uns et les autres ont les tubercules du test perforés, et néanmoins fournissent dans le genre deux sections bien distinctes.

J'en vais citer les espèces qui me sont connues, et ailleurs j'en donnerai la description.

[Le caractère de la perforation des tubercules du test des Cidarites, quoique assez général, n'a point l'importance que lui donne Lamarck, et surtout il n'a point la signification que notre auteur lui attribue. En effet, bien loin de servir au passage d'un cordonnet musculaire, les trous des tubercules ne traversent pas entièrement le test, comme l'a bien remarqué M. de Blainville; et les piquans sont mus simplement par la peau qui revêt tout l'extérieur du test. La présence de plusieurs sortes de piquans est un caractère beaucoup plus important. Mais cependant on a dû diviser les Cidarites de Lamarck en plusieurs genres, et ses deux sections ont dû d'abord constituer deux genres distincts, le premier conservant le nom de *Cidarite,* et le second nommé *Diadème* par M. Gray qui, avec la seule espèce *C. radiata,* a formé en outre son genre ASTROPYGA. M. Agassiz, en adoptant d'abord les genres de M. Gray, a annoncé dernièrement l'établissement de quelques genres nouveaux aux dépens des Cidarites; mais il n'a point encore fait connaître leurs caractères. M. Goldfuss a conservé le genre de Lamarck tout entier, en l'augmentant même de plusieurs espèces qui doivent constituer le genre *Salenia*.

Voici comment M. Agassiz (Prodr. Echin.-Mem. soc. sc. nat. Neufch. 1836) caractérise les Cidarites proprement dits:

« Ambulacres étroits, couverts de petits piquans comprimés; « aires interambulacraires larges, chacune de leurs plaques « n'étant surmontée que d'un gros tubercule perforé portant un « grand piquant, et autour duquel il y en a plusieurs petits. »

M. Desmoulins, qui circonscrit ce genre de la même manière, le définit aussi à-peu-près de même, en ajoutant toutefois que l'anus est au moins aussi grand que la bouche, laquelle n'est jamais fissurée en son bord, comme celle des Diadèmes. On voit d'après cela que ces auteurs n'ont point tenu compte des caractères donnés par Lamarck à ses Turbans d'avoir les ambulacres ondés et le test subsphéroïde.] F. D.

ESPECES.

[1] *Test enflé, subsphéroïde, à ambulacres ondés. Les plus petites épines en languettes; les unes distiques, recouvrant les ambulacres, les autres entourant la base des grandes épines.*

[Les Turbans.]

1. Cidarite impériale. *Cidarites imperialis*. (1)

C. subglobosa, utrinque depressa; ambulacris spinisque minoribus purpureo-violaceis; spinis majoribus cylindraceis, subventricosis, apice striatis, albo annulatis.

---

(1) On a confondu avec l'espèce de Lamarck une autre espèce de la mer du Nord qui, comme le fait M. Desmoulins, doit être distinguée sous le nom de *Cidarites papillata* que lui avait donné

Echinometra altera digitata. Seba. Mus. 3. tab. 13. f. 3.
[2] *Varietas major?* Seba. Mus. 3. tab. 13. f. 12.
Cidaris papillata major. Leske ap. Klein, p. 126. t. 7. fig. A.
Encycl. pl. 136. f. 8.
Knorr. Delic. tab. D. f. 2. d'Argenv. pl. 25. fig. E.
* *Echinus cidaris*. Var. Lin. Syst. nat. p. 1108.
* *Cidarites imperialis*. Deslongch. Encycl. t. 2. p. 194.
* Blainv. Dict. sc. nat. t. 9. p. 199. — Man. d'actin. p. 23.
* Agass. Prodr. l. c. — Desmoul. Echinid. p. 318.
Mus. n°
Habite la mer Rouge, la Méditerranée. Cette belle Echinide a été confondue avec l'*Echinus mammillatus*, quoiqu'elle soit extrêmement différente, que son test soit orbiculaire, qu'elle soit de la division des vrais Turbans, et que conséquemment ses gros tubercules soient perforés. Son test, dépourvu d'épines, existe depuis long-temps dans les collections; mais un exemplaire complet, ayant toutes ses épines, se trouve dans celle du Muséum.

2. Cidarite pistillaire, *Cidarites pistillaris*.

C. subglobosa, utrinque depressa; spinis majoribus fusiformi-subulatis, granulato-asperis, collo-sulcatis: apice obtuso.
Encycl. p. 137.
Deslongch. Encycl. 2. p. 194.
Agass. Prodr. l. c. — Desmoul. Echinid. l. c.
Mus. n°.
Habite les côtes de l'Ile-de-France. M. Mathieu. Cette Cidarite, fort remarquable, montre combien l'on a eu tort de considérer tous les Turbans comme appartenant à une seule espèce. Les aspérités de ses grandes épines sont subsériales.

3. Cidarite porc-épic. *Cidarites hystrix*.

C. subglobosa, utrinque depressa; areis majoribus lineâ flexuosâ divisis; spinis majorum tuberculorum longissimis, striatis, ad series quinatis.
Echinometra. Gualt. Ind. tab. 108. fig. D.

Fleming (British anim. p. 477); c'est l'*Echinus cidaris* var. du Syst. nat. Lin. Gmelin, p. 3175, ou l'*Echinus cidaris* var. de Soverby (Brit. mus. pl. 44), *Cidaris papillata* var., Leske, pl. 7. f. *B*. Elle est représentée (pl. 136 f. 6-7) dans l'Encyclopédie méthodique.

Cidaris papillata. Var. 3. Leske apud Klein. p. 129. t. 7. fig. B.-C. Encycl. pl. 136. f. 6-7. Scilla Corp. mar. t. 22.
Bonan. Recr. 2. p. 92. f. 17-18. — Favan. Conch. pl. 56. f. CI.
An cidaris? Klein et Leske. t. 39. f. 2.
* *Cidaris papillata minor*. Van Phelsum. p. 29. pl. 3. f. 1-3.
* *Echinometra circinata*. Gualt. pl. 108. f. D.
* *Cidarites hystrix*. Deslongch. t. 2. p. 194.
* Blainv. Dict. sc. nat. t. 9. p. 199. — Man. d'actin. p. 231. pl. 20. f. 5.
* Risso. Eur. mér. t. 5. p. 278. n° 28.
* Agass. Prodr. l. c. — Desmoul. Echinid. p. 320.
Habite l'océan d'Europe, la Méditerranée. Mon cabinet. En général, le corps est petit proportionnellement à la longueur des grandes épines. Pour la figure de l'une d'elles, voyez Klein et Leske. t. 32. fig. L.

4. Cidarite bâtons-rudes. *Cidarites baculosa.*

C. subglobosa, utrinque depressa; spinis majoribus subteretibus; tuberculato-asperis, apice truncatis, collo guttatis: spinarum tuberculis inæqualissimis.
* Deslongch. Encycl. méth. t. 2. p. 195.
* Agass. Prodr. echin. l. c. — Desmoul. Echin. l. c.
Mus. n°
Habite les côtes de l'île Bourbon. Sonnerat. Le collet de ses grandes épines est tacheté de pourpre, et n'est point sillonné comme dans l'espèce n° 2.

5. Cidarite bec-de-grue. *Cidarites geranioides.*

C. globoso-depressa; spinis majoribus fusiformi-subulatis, multangulis, substriatis, ad series novenis.
Echinometra singularissima. Seba. Mus. 3. t. 23. f. 8.
Encycl. pl. 136. f. 1.
* Deslongch. Encycl. t. 2. p. 195.
* Agass. Prodr. l. c. — Desmoul. Echinid. l. c.
Habite les mers des Indes orientales. Mon cabinet. Les stries longitudinales de ses grandes épines sont lisses.

6. Cidarite tribuloïde. *Cidarite tribuloides.*

C. globoso-depressa; spinis majoribus tereti-attenuatis, apice subplicatis, obtusis, ad series octonis.
Echinometra. Rumph. Mus. t. 13. f. 3-4.
Cidaris pap. Var. Leske ap. Klein. t. 37. f. 3.

Knorr delic. t. D. 111. f. 5.
* *Echinus tribulus.* Van Phelsum. p. 137. n° 34.
* *Echinometra circinata* Gualt. pl. 108. f. E.
* *Echinometra minor* (*Amboinensis*). Seba. Mus. t. 3. pl. 13. f. 11.
* Encycl. méth. pl. 136. f. 4-5.
* *Cidarites tribuloides.* Deslongch. Encycl. t. 2. p. 195.
* Blainv. Dict. sc. nat. t. 9. p. 200.
* Agass. Prodr. échin. l. c.
* Desmoul. Echinid. p. 322.
[2] *Eadem? major; spinis aliquot brevibus, clavato-capitatis, circa verticem.*

Habite l'Océan indien. Le Muséum et mon cabinet. Elle n'est point rare dans les collections. Au Muséum, l'on voit un individu incomplet ayant sur le dos une épine courte, en massue ovale, qui tient encore. Les derniers tubercules correspondans sont à nu. Les autres épines sont comme dans l'espèce.

7. Cidarite porte-quille. *Cidarites metularia.*

C. globoso-depressa; spinis majoribus cylindricis, granulatis, subtruncatis : apice crenis coronato.

Echinometra muscosa amboinensis. Seba. Mus. 3. t. 13. f. 10.
Encycl. pl. 134. f. 8. — Klein et Leske. t. 39. f. 4.
* *Echinus saxatilis.* Var. *b.* Lin. Gmel. p. 3171.
* *Cidarites metularia.* Deslongch. Encycl. t. 2. p. 195.
* Blainv. Man. d'actin. p. 232.
* Agass. Prodr. echin. l. c. p. 189.
* Desmoul. Echinid. p. 324.
[2] *Eadem minor, spinis brevioribus.*
Seba. Mus. 3. t. 13. f. 11.

Habite l'océan des Grandes-Indes, les côtes de l'Ile-de-France, celles de Saint-Domingue. Mon cabinet. Elle est voisine de la précédente mais distincte.

8. Cidarite verticillée *Cidarites verticillata.*

C. globoso-depressa; spinis majoribus cylindraceis, truncatis, subgranulatis, nodosis : angulis compressis ad nodos verticillatis.

Encycl. pl. 136. f. 2-3. — Favann. pl. 80. f. L.
* Deslongch. Encycl. t. 2. p. 195.
* Blainv. Dict. sc. nat. t. 9. p. 200.
* Agass. Prodr. Echin. l. c. p. 189.
* Desmoul. Echinid. p. 324.

Habite... Cette Cidarite n'est pas une des moins singulières de son genre. Sa taille est médiocre. Ses grandes épines ne sont que des bâtonnets tri ou quadrinodulaires, longs de 3 centimètres, offrant huit ou dix angles à chaque nœud.

9. Cidarite porte-trompette. *Cidarites tubaria.*

C. subglobosa; spinis majoribus subviolaceis, tuberculato-asperis, apice truncatis: dorsalibus aliquot brevioribus, apice dilatatis, subpeltatis, tubæformibus.

* Deslongch. Encycl. t. 2. p. 196.

* Agassiz. Prodr. l. c. — Desmoul. l. c.

Habite les mers de la Nouvelle-Hollande. Péron et Lesueur. Je n'ai vu de cette espèce que le test et les épines séparées. Son test présente, entre les deux rangs de gros tubercules qui séparent les ambulacres, des enfoncemens singuliers et profonds.

10. Cidarite biépineuse. *Cidarites bispinosa.*

C. subglobosa; spinis majoribus albis, subulatis, trifariam aculeatis: dorsalibus aliquot apice subpeltatis; peltâ rubrâ, inæquali, margine serratâ.

* Deslongch. Encycl. t. 2. ,l. c.

* Agassiz. Prodr. l. c. — Desmoul. l. c.

Habite les mers de la Nouvelle-Hollande. Péron et Lesueur. Je n'ai vu de cette espèce que des épines séparées.

11. Cidarite annulifère. *Cidarites annulifera.*

C. subglobosa; spinis majoribus longis tereti-subulatis, asperulatis, albo purpureoque annulatis: dorsalibus aliquot brevioribus, apice truncatis.

* Deslongch. Encycl. t. 2. l. c.

* Agassiz. Prodr. l. c. — Desmoul. l. c.

Habite les mers de la Nouvelle-Hollande, près de l'île des Kanguroos. Péron et Lesueur. Je n'ai vu encore de celle-ci que les épines séparées. L'existence de ces trois dernières espèces n'en est pas moins certaine.

Nota. D'autres Cidarites, de la division des Turbans, ne m'étant connues que par des figures publiées, j'en supprime la citation.

— M. Brandt, dans son Prodrome des animaux observés par Mertens (Acad. Pétersb.), indique, d'après des dessins, une nouvelle espèce de Cidarite qu'il nomme, à la vérité, *Cidarites dubia*, et qu'il place dans son sous-genre *Phyllacanthus*, avec les *C. imperialis* Lamk. n. 1.

— *C. hystrix* L. n. 3. — *C. geranioides* L. n. 5. — Et *C. pistillaris* L. n. 2.

[2] *Test orbiculaire, déprimé. Ambulacres droits. Les épines la plupart ou le plus souvent fistuleuses.*

LES DIADÈMES.

12. Cidarite grand-hérison. *Cidarites spinosissima.*

C. grandis, sphæroideo-depressa, spinosa setiferaque; spinis numerosissimis prælongis, tereti-subulatis, fistulosis; longitudinaliter striatis, scabris, fusco-violaceis.

* Deslongch. Encycl. t. 2. p. 308.

* *Diadema spinosissimum.* Agassiz. Prodr. échin. l. c. p. 189.

* Desmoul. Echinid. p. 308.

Habite... Celle-ci tient aux deux suivantes par ses rapports; mais elle est beaucoup plus grande, unicolore, et horriblement hérissée de longues épines.

13. Cidarite porte-chaume. *Cidarites calamaria.*

C. sphæroideo-depressa, spinosa et setifera : spinis gracilibus teretibus, fistulosis, transversim striato-scabris, albo et viridi-fusco fasciatis.

Echinus calamarius. Pall. Spicil. zool. 10. p. 31. t. 2. f. 4-8.

Cidaris calamaris. Leske apud Klein. p. 115. t. 45. f. 1-4.

Encycl. pl. 134. f. 9. 11.

* *Echinus calamarius.* Lin. Gmel. p. 3173.

* *Cidarites calamaris.* Deslongch. Encycl. t. 2. p. 196.

* Blainv. Man. d'actin. p. 231.

* *Diadema calamarium.* Gray. — Agassiz. Prodr. l. c.

* Desmoul. Echinid. p. 308.

Habite les mers de l'Inde. Espèce remarquable et même élégante, par ses épines fistuleuses, tronquées et annelées. Elle a, comme les avoisinantes, des soies fines, fragiles et verdâtres entre ses épines.

14. Cidarite subulaire. *Cidarites subularis.*

C. sphæroideo-depressa, spinosa et setifera ; spinis gracilibus tereti-subulatis, fistulosis, longitudinaliter striato-scabris, albo et fusco annulatis.

* Deslongch. Encycl. t. 2. l. c.

* *Diadema subangulare*. Agassiz. Prodr. l. c.

* Desmoul. Echinid. p. 308.

Habite les côtes de l'Ile-de-France. M. Mathieu. Par son élégance et ses épines annelées, cette Cidarite semble tenir de très près à la précédente; mais elle en est très distincte. Ses épines non tronquées la rapprochent davantage de la Cidarite grand-hérisson, n° 12.

15. Cidarite diadème. *Cidarites diadema.*

C. hemisphærico-depressa : ambulacris quinis, angustis medio bifariam verrucosis ; spinis longis, setosis, subfistulosis, scabris.

Echinometra setosa. Leske apud Klein. p. 100. tab. 37. f. 1. 2.

Encycl. pl. 133. f. 10. Knorr. Delic. tab. D III. f. 1. 2.

Echinus diadema. Lin. Gmel. p. 3173. (except. la 4e var.)

* *Echinometra setosa* et *Diadema Turcarum.* Rumph. pl. 13. n° 5. et pl. 14. f. B.

* *Cidarites diadema.* Deslongch. t. 2. p. 197.

* Blainv. Dict. sc. nat. t. 9. p. 200. et Man. d'act. p. 231. pl. 20. f. 6.

* *Diadema Turcarum.* Desmoul. Echinid. p. 308.

Habite l'Océan des Grandes-Indes. Mon cabinet. Espèce distincte dont on n'a d'abord connu que le test dépourvu de ses épines.

16. Cidarite crénulaire. *Cidarites crenularis.*

C. subglobosa; tuberculis arearum majorum bifariis, magnis, circà papillam crenulatis.

Bourg. Pêtrif. t. 52. f. 344-347-348?

* *Echinites globulatus.* Schlotth. Petref. p. 314.

* Echinites. Mart. Lister. Lap. p. 221. pl. 7. f. 21.

* Parkins. Organ. rem. t. 3. pl. 1. f. 6.

* *Cidarites crenularis.* Deslongch. Enc. t. 2. p. 197.

* Defr. Dict. sc. nat. t. 9. p. 201.

* Goldf. Petref. p. 122. pl. 40. f. 6.

* Grateloup. Oursins foss. p. 85.

* Agassiz. Prodr. échinid. l. c. p. 189.

* Roemer. Verstein. p. 25.

* *Diadema crenulare.* Desmoul. Echin. p. 312.

Habite... Fossile de la Suisse. Mon cabinet et celui de M. Dufresne.

* Fossile du terrain jurassique d'Allemagne et du terrain crétacé de France (Dax) et d'Angleterre.

17. Cidarite faux-diadème. *Cidarites pseudo-diadema.*

C. hemisphærico-depressa; fasciis porosis, rectis, biporis; seriebus tuberculorum majorum in areis omnibus binis.

Habite... Fossile de... Mon cabinet.

[M. Desmoulins nomme *Diadema Lamarckii* une espèce qu'il soupçonne d'être l'analogue de celle-ci.]

18. Cidarite pulvinée. *Cidarites pulvinata.*

C. orbicularis, convexo-depressa; ambulacris quinque ad latera viridulis, stellam magnam simulantibus; fasciis porosis, flexuosis, biporis.

* Deslongch. Encycl. t. 2. p. 197.
* *Diadema pulvinatum.* Agassiz. Prodr. l. c. p. 189.
* Desmoul. Echinid. p. 312.

Habite... probablement les mers de l'Asie. Cette espèce paraît moyenne entre la précédente et celle qui suit. Largeur, un décimètre.

19. Cidarite rayonnée. *Cidarites radiata,*

C. orbicularis, latissima, complanata, crassiuscula; areis ambulacrorum elevato-costatis; fasciis porosis subquadriporis.

Cidaris radiata. Leske apud Klein. p. 116. tab. 44. f. 1.
Seba. Mus. 3. tab. 14. f. 1. 2.
Encycl. pl. 140. f. 5. 6.
* *Echinus radiatus.* Lin. Gmel. p. 3184.
* *Cometa magna.* Van Phelsum. p. 29. p. 36.
* *Cidarites radiata.* Deslongch. Encycl. t. 2. p. 197.
* Blainv. Dict. sc. nat. t. 9, p. 200. — Man. d'actin. p. 292, pl. 20. f. 7.
* *Astropyga radiata.* Gray. Zool. soc. Lond. 1835. (1)
* Agassiz. Prodr. l. c. p. 189.
* *Diadema radiatum.* Desmoul. Echin. p. 312.

Habite les côtes de l'Asie. Espèce rare, grande, et d'autant plus remarquable, qu'elle rappelle la figure des Astéries placentiformes. Son test est peu solide. Largeur, 13 à 14 centimètres

---

(1) Le genre ASTROPYGA de M. Gray et de M. Agassiz ne contient que cette seule espèce *A. radiata;* il est caractérisé par son « test déprimé, avec des ambulacres larges et convergeant uniformément vers le sommet des plaques oviducales « très longues, lancéolées, et plusieurs rangées verticales de piquans sur les aires interambulacraires. »

Espèces fossiles.

† 1. Cidarite très grande. *Cidarites maxima.* Münst. Goldf. Petref. p. 116. pl. 39. f. 1.

C. subglobosa, nodulis ambulacrorum biserialibus, verrucarum limbis approximatis ellipticis superficialibus, aculeis majoribus subcylindraceis rugosis muricatis; ambulacris subrectis, verrucis mamillaribus 8-10 in singulis seriebus, circulo glenoideo radiato.

Fossile du terrain jurassique, Bayreuth.

† 2. Ciradite royale. *Cidarites regalis.* Goldf. Petref. p. 116. pl. 39. f. 2.

C. subglobosa, ambulacris subnudis, verrucarum limbis approximatis orbicularibus, hemisphæricis; ambulacris rectis verrucis mamillaribus 8-9 insingulis seriebus, circulo glenoideo lævi.

Agass. Prodr. l. c.

Desmoul. Echin. p. 328.

Fossile de la craie, Maestricht.

† 3. Cidarite de Blumenbach. *Cidarites Blumenbachii.* Münst. Goldf. Petref. p. 117. pl. 39. f. 3.

C. depresso-globosa, nodulis ambulacrorum bis-biserialibus; verrucarum limbis ellipticis approximatis excavatis; aculeis majoribus subcylindraceis, granuloso vel muricato-costatis; ambulacris flexuosis; verrucis mamillaribus 6-7 in singulis seriebus; circulo glenoideo radiato.

Cidarites florigemma. Phill. Géol. York. p. 127. pl. 111. f. 12.

Cidaris elongata. Rœmer. Versteia. d. Oolith.

Cidaris Blumenbachii et *C. florigemma.* Agassiz. Prodr. l. c.

Fossile du lias Lyme Regs (Angleterre) du terrain jurassique, Verdun, Besançon, Suisse, Bavière.

† 4. Cidarite noble. *Cidarites nobilis.* Münst. Goldf. Petref. p. 117. pl. 39. f. 4.

C. depresso-globosa, nodulis ambulacrorum bis-triserialibus, verrucarum limbis suborbicularibus, superficialibus, remotis; aculeis majoribus longissimis, muricatis teretibus vel compressis, vel angulosis; ambulacris flexuosis, verrucis mamillaribus 5-6 in singulis seriebus, circulo glenoideo radiato.

Agass. Prodr. l. c.

Desmoul: Echin: l. c.

Cidarites imperialis: Catullo saggio di zool: foss. ?

Fossile du terrain jurassique, Bayreuth.

† 5. Cidarite élégante. *Cidarites elegans*. Münst. Goldf. Petref. p. 118. pl. 39. f. 5.

C. depresso-globosa, nodulis ambulacrorum biserialibus, limbis verrucarum orbicularibus superficialibus remotiusculis margine crenato cinctis, aculeis subclavatis subcostato-muricatis apice truncato-echinatis; ambulacris flexuosis, verrucis mamillaribus 5-6 *in singulis seriebus, circulo glenoideo radiato.*

Agassiz. Prodr. l. c.

Desmoul. Echin. p. 330.

Bronn. Lethæa. p. 278.

Fossile du terrain jurassique, Bayreuth.

† 6. Cidarite monilifère. *Cidarites monilifera*. Goldf. Petref. p. 118. pl. 39. f. 6.

C. depressa, nodulis ambulacrorum bis-triserialibus, verrucarum limbis ovato-orbicularibus subexcavatis granulorum corona cinctis; ambulacris flexuosis, verrucis mamillaribus 4-6 *in singulis seriebus, circulo glenoideo lævi.*

Knorr. Petr. t. 2. pl. E. II.

1re Espèce de *Cidarite* foss. Defr. Dict. sc. nat. t. 9.

Agass. Prodr. l. c.

Desmoul. Echin. l. c.

Fossile du terrain jurassique Besançon, Suisse, et du terrain crétacé Saintonge, Périgord, Champagne, Maestricht, Dantzick, Messine, Malte.

† 7. Cidarite bordée. *Cidarites marginata*. Goldf. Petref. p. 118. pl. 39. f. 7.

C. subglobosa, utrinque depressa, nodulis in ambulacrorum medio bis-triserialibus, verrucarum limbis orbicularibus approximatis margine elevato granuloso-cinctis, aculeis brevibus cylindraceis muricato-costatis, apice truncatis; ambulacris flexuosis, verrucis mamillaribus 4-6 *in singulis seriebus, circulo glenoideo lævi.*

Echinus cidaris. Var. *b*. Lin. Gmel. p. 3175.

Cidaris papillata. Var. Leske. n° 19. p. 133. pl. 41. f. 4.

Cidaris cretosa. Parkinson. Org. remains. t. 3. pl. 1. f. 11.

Agass. Prodr. l. c.

Desmoul. Echin. p. 330.
Fossile du terrain jurassique Bavière, Souabe, du terrain de craie Rouen, Oxford, Sussex.

† 8. Cidarite couronnée. *Cidarites coronata.* Goldf. Petref. p. 119. pl. 39.

C. depressa, nodulis ambulacrorum bis-biserialibus, verrucarum limbis orbicularibus approximatis granulorum corona cinctis, aculeis clavatis costatis, costis granulatis apice lævibus, pediculis longis lævibus; ambulacris flexuosis, verrucis mamillaribus 3–4 in singulis seriebus, circulo glenoideo majorum radiato, minorum lævi.
Echinus coronatus. Schotth. Petr. p. 313.
Echinus cidaris. Var. *c.* Lin. Gmel. p. 3175.
Cidaris mamillata. Sp. 2. (foss.) Klein. pl. 4. f. B.
Knorr. Petr. pl. E. n° 12. f. 4·5. — Pl. E. VI. n° 120.
Cidaris papillata. Var. Leske. n° 19. p. 133. pl. 7. f. D.
Bourguet. Petr. pl. 53. f. 351–353.
Parkinson. Org. rem. t. 3. pl. 1. f. 9.
Agass. Prodr. l. c.
Desmoul. Echin. l. c.
Fossile du terrain jurassique, Bavière, Wurtemberg, Suisse.

† 9. Cidarite alliée. *Cidarites propinqua.* Münst. Goldf. Petref. p. 119. pl. 40. f. 1.

C. depressa, nodulis ambulacrorum biserialibus, verrucarum limbis orbicularibus subcontiguis granulorum corona cinctis, aculeis clavatis tuberculatis, pediculis brevibus nodulosis. Ambulacris flexuosis, verrucis mamillaribus 3–4 in singulis seriebus, circulo glenoideo majorum radiato, minorum lævi.
Parkins. Org. rem. t. 3 p. 45.
Cidaris papillata. Var. *spinis claviculatis.* Leske. n° 19. p. 134. pl. 46. f. 2. 3.
Echinus cidaris. Var. *d.* Lin. Gmel. p. 3175.
Cidaris propinqua. Agass. l. c. — Desmoul. Echinid. l. c.
Fossile du terrain jurassique. Bayreuth.

† 10. Cidarite vésiculeuse. *Cidarites vesiculosa.* Goldf. Petref. p. 120. pl. 40. fig. 2.

C. ambulacrorum nodulis bis-triserialibus, verrucarum limbis orbicularibus remotis, interstitiis vesiculosis, circulo glenoideo lævi, aculeis elongatis fusiformibus costatis, apice perforatis.

Leske ap. Klein. tab. XXXIII f. L. M.
Parkins. Org. rem. III. pl. IV.
Stokes. Transact. géol. soc. 1828. II. 406. pl. 45. f. 16.
Agass. Prodr. echin. l. c. — Desmoul. Echinid. l. c.
Bronn. Lethæa. p. 607. tab. XXIX. f. 16.
Fossile de la craie. Touraine, Westphalie, Neufchâtel, Russie.

† 11. Cidarite glandifère. *Cidarites glandifera.* Goldf. Petref. p. 120. pl. 40. f. 3.

C. aculeis subovatis, costato granulosis, pediculis brevibus striatis
Favan. pl. 67. f. B. — Bourguet. Pétrif. pl. 54. f. 362-363.
Parkins. Organ. rem. t. 3. pl. 4. f. 11.
Scheuchz. Mus. diluv. n° 873. — Oryct. helvét. p. 320. f. 40.
Claviculæ glandariæ. Leske. De acul. p. 269. pl. 52. pl. 32.
Bronn. Lethæa. p. 278. tab. XVII. f. 5.
Agass. Prodr. l. c. — Desmoul. Echinid. p. 334.
Fossile du terrain jurassique. Angoulême, Besançon, Suisse, Bavière. Wurtemberg, Angleterre, Nice.
[Cette espèce n'est connue que par ses piquans qui sont très remarquables par leur forme en olive, couvertes de côtes granuleuses. On les nommait autrefois *Pierres judaïques.*]

† 12. Cidarite à pointes muriquées. *Cidarites muricata.* Rœmer. p. 26. tab. 1. f. 22.

C. aculeis elongatis cylindraceo-subulatis muricatis subtilissime granulosis, petiolis brevibus lævigatis.
Fossile du terrain jurassique de l'Allemagne septentrionale.

† 13. Cidarite à pointes ponctuées. *Cidarites punctata* Rœmer. f. c. p. 26. tab. 1. f. 15.

C. aculeis cylindraceo-subulatis longitudinaliter densè costulato-punctatis, petiolis elongatis lævibus.
Fossile du terrain jurassique de l'Allemagne septentrionale.

† 14. Cidarite à pointes épineuses. *Cidarites spinulosa.* Rœmer. l. c. tab. 1. f. 16.

C. aculeis elongatis cylindraceis spinulosis longitudinaliter rugosis, petiolis brevibus lævigatis.
Fossile du terrain jurassique de l'Allemagne septentrionale.

† 15. Cidarites à pointes allongées. *Cidarites elongata.* Rœmer. c. tab. 1 f. 14.

C. aculeis elongatis subcylindraceis costatis apice truncatis, costis granuloso-muricatis interstitiis subtilissime granulosis, petiolis brevibus lævibus.

Fossile du terrain jurassique de l'Allemagne septentrionale.

Les quatre espèces précédentes sont établies, ainsi que le *C. glandifère,* sur la connaissance seule des piquans.

† 16. Cidarite de Hoffmann. *Cidarites Hoffmanni.* Rœmer. Verstein. p. 25. tab. 1. f. 18.

C. subgloboso-depressa ambulacris flexuosis convexiusculis, nodulis ambulacrorum biserialibus basi granulis interpositis; limbis verrucarum orbicularium in areis majoribus approximatis longitudinaliter granulorum linea undulata divisis; ano scutis reticulatim convexis obvallato. Aculeis lævibus subulatis.

Salenia Hoffmanni. Agassiz. Prodr. l. c.

Hemicidaris. Agassiz. Monogr. Echinod.

Echinus Hoffmanni. Desmoul. Echinid. l. c.

Fossile du terrain jurassique de l'Allemagne septentrionale.

M. Agassiz, qui d'abord en avait fait une espèce de *Salenie*, annonce plus récemment devoir en former un nouveau genre sous le nom d'*Hemicidaris.*

† 17. Cidarite hémisphérique. *Cidarites hemisphœrica.* Rœmer. l. c. p. 25.

C. hemisphærico-depressa, ambulacris planis rectis, nodulis ambulacrorum biserialibus basi granulis interpositis, limbis verrucarum subovalium in areis majoribus approximatis longitudinaliter granulorum linea undulata divisis, ano scutis connexis obvallato.

Salenia hemisphœrica. Agass. Prodr. l. c. (non *Salenia.* Monogr.)

Echinus hemisphæricus. Desmoul. Echinid. l. c.

Fossile du terrain jurassique de l'Allemagne septentrionale.

M. Agassiz n'a point continué à regarder cette espèce comme une Salenie ; ce sera peut-être aussi un *Hemicidaris.*

Le genre DIADÈME de M. Gray, correspond à la 2e section des Cidarites de Lamarck, moins la dernière espèce dont cet auteur a fait son genre *Astropyga*. M. Agassiz qui adopte les genres de M. Gray, et qui rapporte même le *Diadema crenulare* avec les vrais Cidarites, caractérise ainsi les Diadèmes : « Test plus ou moins déprimé ; ambulacres larges, convergeant uniformément vers le sommet. Les piquans sont souvent tubuleux ; les tubercules des plaques ambulacraires, quoique également perforés, sont plus petits et plus nombreux que dans les Cidaris. »

M. Desmoulins qui conserve au contraire toute la 2e section de Lamarck dans son genre Diadème, le distingue des Cidarites proprement dits, par « ses aires ambulacraires lancéolées, tuberculeuses comme les anambulacraires ; et par son anus beaucoup plus grand que la bouche qui est ordinairement fissurée en son bord. »

Ce genre comprend surtout beaucoup d'espèces fossiles des terrains jurassique et crétacé.

Espèces fossiles.

† 1. Diadème subanguleux. *Diadema subangulare.*

D. hemisphærico-depressum tuberculis arearum omnium bifariam granulorum circulo cinctis, areis ambulacrorum elevato-costatis. Ambulacrorum areis lanceolatis verrucosis, poris oppositis sejunctis; fasciis porosis in medio biporis versus extremitates quadriporis. Goldf.

Cidarites subangularis. Goldf. Petr. p. 122. pl. 40. f. 8.

Diadema subangulare. Agassiz. Prodr. l. c. — Desmoulins. Echinid. p. 312.

Roemer. Verstein. Oolith. p. 26. tab. 1. f. 20.

Fossile du terrain jurassique. Lorraine, Wurtemberg, Bayreuth.

† 2. Diadème variolaire. *Diadema variolare.*

D. hemisphærico-depressum fasciis porosis rectis biporis verrucis in areis omnibus biseriatis.

Cidarites variolaris. Al. Brongn. Géol. env. Paris. pl. 5. f. 9.

Grateloup. Mém. oursins foss. p. 86.

Diadema variolare. Agass. l. c. — Desmoul. l. c.
Fossile de la craie. Dax, le Havre, Amiens, Tours, Lyme-Regis. Lewes (Angleterre).

† 3. Diadème orné. *Diadema ornatum*.

D. hemisphærico-depressum, verrucis in areis elevatis ambulacrorum biseriatis linea granulorum flexuosa interjecta; arearum majorum quinqueseriatis seriebus, ternis minoribus, granulis confertis cinctis; circulo glenoideo radiato.
Cidarites ornatus. Goldf. Petref. p. 123. pl. 40. f. 10.
Diadema ornatum. Agass. Foss. terr. cretacé. Neufch. l. c. p. 139. Desmoul. Echinid. p. 314.
Fossile de la craie. Westphalie, Neufchâtel (Suisse), et du terrain jurassique.

† 4. Diadème rotulaire. *Diadema rotulare*. Agassiz. Foss. terr. crétacé Neufch. l. c. p. 139. tab. 14. f. 10-12.

Bourguet. Petrif. p. 76. pl. 51. f. 336, 337, 339. et pl. 52. f. 340. 345. 346.
Fossile du terrain cretacé.
[M. Agassiz distingue principalement cette espèce de la précédente à laquelle elle ressemble beaucoup par ses aires ambulacraires de moitié plus étroites que les interambulacraires.]

† 5. Diadème mamelonné. *Diadema mamillatus*.

D. depressum tuberculis arearum omnibus bifariis subaequalibus numerosis granulorum linea divisis.
Agassiz. Prodr. échin. l. c. — Desmoul. Echinid. p. 316.
Cidaris mamillata. Roemer. Verstein. Oolith. p. 26. tab. II. f. 1.
Fossile du terrain jurassique de l'Allemagne septentrionale.

Au nombre des Diadèmes fossiles, M. Agassiz compte aussi le *Cidaris granulosa*. Goldf. (voyez *Echinus milleri* p 373.) Le *Cidaris Bechei* de Broderip, le *Cidaris vagans* de Phillips, et deux espèces inédites du terrain jurassique qu'il nomme *D. transversum* et *D. hemisphæricum*.

M. Desmoulins y ajoute le *Cidarites Kœnigii* de Brong. (*Echinus Konigii*, Mantell geol. suss. p. 189). — Le *D. Kleinii* (*Cidarites saxatilis* Brongn. — *Echinus saxatilis*, Parkins. Org. rem., t. 111, f. 4.). Le *Diadema Lamarckii*, qu'il croit être le même que le *Cidarites pseudodiadema* de Lamarck, et, enfin, quatre espèces non décrites.

M. Leymerie a figuré dans les mémoires de la société géologique de France, vol. III, pl. 24, f. 1-3-4, trois nouvelles espèces fossiles du terrain secondaire des environs de Lyon, qu'il nomme *Diadema seriale*, *D. globulus* et *D. minimum*.

SALENIE. (Salenia.)

Le genre *Salénie*, établi en 1835 (Proc. of the zool. soc. Lond.), par M. Gray, semble d'abord parfaitement caractérisé par les grandes plaques anguleuses et articulées entre elles qui entourent l'anus, et par la position un peu excentrique de l'anus, cependant on voit ce caractère diminuer peu-à-peu, dans des espèces qui se rapprochent de plus en plus des vrais Oursins et dont M. Agassiz a fini par former un genre distinct.

M. Desmoulins a laissé les Salénies dans une section particulière de son genre Oursin, tout en reconnaissant que le genre de M. Gray mériterait d'être adopté. M. Goldfuss les a laissées parmi ses Cidarites. M. Agassiz, adoptant d'abord le genre *Salénie* dans son Prodrome (mém. soc. sc. nat. Neufchâtel, p. 189) dit « qu'il ressemble au genre « *Cidaris*, par la disposition des plaques interambulaerai- « res, lesquelles ne portent qu'un gros mamelon, dont le « sommet n'est pas perforé ; mais qu'au lieu de petites pla- « ques mobiles autour de l'anus, il a de grands écussons » articulés par leurs bords et des plaques oviducales, éga- « lement très grandes. » Plus récemment M. Agassiz, en publiant la première livraison de ses Monographies d'Échinodermes, qui comprend seulement les *Salénies*, a divisé ce genre en quatre; savoir : 1° le genre SALENIA, proprement dit (*S. personata.* — *S. scripta.* — *S. petalifera.* — — *S. geometrica.* — *S. saxigera.* — *S. gibba.* — *S. trigonata.* — *S. stellulata.* — *S. areolata*). — 2° Le genre Goniopygus. (*G. peltatus.* — *G. intricatus.* — *G. Menardi.* — *G. heteropygus.* — *G. globosus.* — *G. major*). — 3° Le genre Peltastes. (*P. pulchellus.* — *P. marginalis*). — 4° Le genre Goniophorus. (*G. lunulatus.* — *G. apiculatus*).

Toutes les espèces sont fossiles du terrain de craie, elles se ressemblent beaucoup et ne diffèrent génériquement que par la forme des pièces oviducales, forme que nous ne pouvons croire, comme l'auteur, aussi invariable et d'une aussi grande importance.

1. Salenie scutigère. *Salenia scutigera.* Gray.

S. depressa; nodulis ambulacrorum biserialibus, limbis verrucarum in areis majoribus remotis granulis confertis cinctis. Ambulacrorum areis lanceolatis verrucosis, poris oppositis sejunctis fasciis biporosis.

Faujas. Mont. Saint-Pierre. pl. 172. pl. 30. f. 5.

Parkinson. Organ. rem. t. 3. pl. 1. f. 12. 13.

Echinus petaliferus. Desmarest. — Defr. Dict. sc. nat. t. 37. p. 101.

Blainv. Man. d'actin. p. 229.

Desmoul. Echinid. p. 302.

Cidarites scutiger. Munst. — Goldf. p. 121. pl. 49. f. 4.

Agassiz. Prodr. Echin. l. c.

Salenia areolata. Bronn. Lethæa. p. 609. tab. XXIX. f. 15.

Fossile de la craie. Touraine, Normandie, le Mans, Saintonge, Périgord, Martigues, Ciply, Bavière.

Troisième section.

LES FISTULIDES.

Peau molle, mobile et irritable.
Corps allongé, cylindracé, mollasse, très contractile.

Les animaux de cette section appartiennent encore à la classe des Radiaires, et terminent effectivement l'ordre des Radiaires échinodermes. Leur peau en général est opaque, le plus souvent coriace, irritable néanmoins; et dans plusieurs elle est hérissée de tubercules et de tubes rétractiles. Mais ces animaux doivent nécessairement se trouver près de la limite supérieure de la classe, puisque leur organisation est plus avancée en composition que celle des Radiaires mollasses, peut-être plus encore que celle des Echinides, et qu'ils s'éloignent des autres Radiaires par leur forme générale, beaucoup n'offrant plus dans leurs parties intérieures cette disposition rayonnante qui caractérise la grande généralité des Radiaires.

Les *Fistulides* ont le corps plus ou moins allongé, cylindracé, mou, fortement contractile, et semblent par cette forme générale, annoncer en quelque sorte une transition naturelle de la classe des Radiaires à celle des vers. Je ne crois pas néanmoins qu'il y ait une véritable nuance entre les animaux de ces deux classes; je pense, au contraire, que les Radiaires terminent une branche isolée, qui a commencé aux Infusoires, et que les vers en composent une autre.

Des Radiaires *fistulides* possèdent à-peu-près tous les progrès acquis jusqu'à elles dans la composition de l'organisation. Toutes ont différens organes intérieurs, très distincts, et en général flottans dans la cavité du corps; toutes aspirent l'eau pour leur respiration, soit par des pores, soit par des tubes souvent rétractiles; toutes encore offrent des fibres qui paraissent musculaires, enfin toutes présentent des organes particuliers pour la reproduction, quoique l'on ne puisse en trouver qui soient fécondateurs. Mais ces *Fistulides* n'ont, pas plus que les autres Radiaires, soit une tête, soit un cerveau et une moelle longitudinale, soit des yeux ou autres sens particuliers. Elles sont donc privées de même de la faculté de sentir, et ce sont toujours des animaux *apathiques*.

Tout indique, en outre, qu'elles ne se régénèrent point par la voie d'une fécondation sexuelle, mais que ce sont des gemmipares internes, dont les corpuscules reproductifs et oviformes, constituent des amas en forme de grappes, qui ressemblent à des ovaires.

Quoique les organes intérieurs des *Fistulides* puissent offrir un mode et une disposition qui leur soient particuliers, ces animaux ne sont peut-être pas si éloignés de nos *Tuniciers* qu'on pourrait le croire; car probablement, la distance par les rapports entre les *Holothuries* et les *Ascidies*, n'est pas aussi grande qu'on l'a pensé, et de part et d'autre, l'état d'avancement de l'organisation n'est pas extrêmement différent. Ces corps charnus, très contractiles et à peau coriacée, offrent sans doute entre eux des particularités dans la forme et la disposition des organes qui les distinguent; mais, selon moi, ne sont point sans rapports. Les *Tuniciers*, dont une partie avait été confondue avec les Polypes, peuvent donc être placés, sans inconvenance choquante, après la classe des Radiaires.

Toutes les *Fistulides* connues vivent dans la mer, près de ses bords. On n'en distingue encore qu'un très petit nombre de genres, qui semblent appartenir à trois coupes ou divisions particulières; et même les deux derniers de ces genres ne paraissent presque plus tenir par leurs caractères à la classe où on les rapporte : voici les genres qui composent la section des Fistulides.

Genres	Section
Actinie. — Holothurie. Fistulaire.	Fistulides tentaculées.
— Priapule. Siponcle.	Fistulides nues.

[Cette section des Fistulides est tout-à-fait artificielle et les genres qu'elle renferme ont dû être reportés par les naturalistes dans des classes différentes; ainsi tandis que les *Holothuries* et les *Fistulaires* qu'on eût pu laisser en un seul genre, sont de véritables Echinodermes, les Actinies sont des Polypes analogues à ceux, qui produisent les Polypiers lamellifères, et les Priapules et Siponcles pourraient être rapprochées des vers, proprement dits].

ACTINIE. (Actinia.)

Corps cylindracé, charnu, simple, très contractile, fixé par sa base, et ayant la faculté de se déplacer.

Bouche terminale, bordée d'un ou plusieurs rangs de tentacules en rayons, se fermant et disparaissant par la contraction, et ressemblant à une fleur dans son épanouissement.

Corpus cylindraceum, carnosum, simplex, contractile, basi spontè se affigens.

Os terminale, dilatabile et retractile, tentaculis numerosis uni vel pluriseriatis radiatim cinctum, in expansione florem referens.

Observations. — Les Actinies, que Linné avait rangées parmi les Mollusques, en sont fort éloignées par leur organisation, et sont plutôt des Radiaires. Elles semblent tenir aux Polypes, et surtout aux Hydres, par plusieurs considérations; et néanmoins, d'après ce qui a été observé sur leur organisation intérieure, il paraît que ce sont réellement des Radiaires d'une famille particulière qui avoisine celle des Holothuries.

Il suffit en effet de remarquer que leur corps n'est point gélatineux, et que leur intérieur offre des organes particuliers que l'on chercherait en vain dans les Hydres et même dans les autres Polypes, pour sentir que, malgré l'apparence, elles tiennent davantage aux *Radiaires fistulides* qu'à aucune autre famille d'animaux.

Quoique les Actinies soient fortement distinctes des Holothuries, elles ont néanmoins avec ces dernières des rapports réels, puisque le célèbre Pallas a rangé parmi les Actinies une Holothurie véritable (*Holothuria doliolum*).

Les Actinies sont fixées, par l'aplatissement de leur base, sur les rochers, sur le sable ou sur d'autres corps marins, presque à fleur d'eau; de manière que, par suite des oscillations de la surface des eaux, elles sont très souvent exposées au contact de l'air: mais comme elles peuvent se déplacer et aller se fixer ailleurs, ce sont véritablement des animaux libres.

Le corps de ces animaux est oblong, cylindracé, charnu, très contractile, s'allonge sous la forme d'un syphon ou d'un tube, et se raccourcit dans ses contractions, de manière à prendre la forme d'un bulbe globuleux ou ovale. L'extrémité supérieure de ce corps est terminée par un aplatissement orbiculaire, au centre duquel est la bouche de l'animal, et tout autour sont placés, sur un seul ou plusieurs rangs, des tentacules nombreux disposés en rayons. On dit que l'extrémité de ces tentacules est munie d'un pore qui agit comme une ventouse en saisissant une proie: on dit plus, on prétend que ces tentacules sont des prolongemens fistuleux, qui aspirent l'eau et la rejettent.

La partie supérieure des Actinies, ainsi ornée de tentacules, a, lorsqu'elle est épanouie, l'apparence d'une fleur; ce qui a fait donner à ces animaux le nom d'*Anemones de mer*. Les anciens les nommaient *Orties de mer fixes*, pour les distinguer des Méduses, qu'ils appelaient *Orties de mer vagabondes*.

La rosette de tentacules de ces animaux imite d'autant plus une fleur dont les pétales seraient ouverts, qu'elle est en général brillante de diverses couleurs, et le plus souvent colorée de rouge ou de pourpre, ou chargée de taches verdâtres sur un fond pourpré. Quelquefois cette rosette est partagée en lobes rayonnans et hérissés de petits tentacules.

L'intérieur des Actinies offre un sac alimentaire fort large dont l'ouverture est supérieure et terminale. Ce sac, dont l'estomac très ample occupe le fond, est tellement contractile, que quelquefois il sort presque en entier, en se renversant en dehors, ce qui a été aussi observé dans les Holothuries. Des muscles aplatis, longitudinaux et parallèles entourent le sac alimentaire. Plusieurs nodules ou ganglions nerveux d'où partent des filets, sont placés au-dessous de l'estomac, et ont été vus par M. Spix. Le même savant a pareillement remarqué quatre corps particuliers qu'il nomme des ovaires, et qui sont formés de tuyaux cohérens remplis de petits grains. Ces corps sont situés entre l'estomac et les muscles, ayant chacun un canal qui se dirige en bas, se courbe, se réunit à d'autres, et vient aboutir par une issue commune dans la base de l'estomac. Rien de semblable assurément n'a été observé dans aucun polype.

Les Actinies, non-seulement sont très contractiles, mais elles ont une faculté régénérative tout aussi grande que celle des Polypes. Si l'on coupe une Actinie en différens morceaux, l'on prétend que chaque pièce vit séparément, se développe et forme autant d'Actinies nouvelles. Est-il bien certain que le succès de ces expériences ne soit pas conditionnel, comme celui des rayons

que l'on coupe aux Astéries, et que l'on a vu vivre ensuite séparément et former une étoile entière?

Lorsque le temps est doux, calme, et qu'il fait du soleil, on voit dans les baies, les anses, les sinuosités des rochers, et particulièrement dans les lieux où l'eau a peu de profondeur, les Actinies s'épanouir comme des fleurs à la surface des eaux. Mais au moindre sujet de trouble ou de danger pour l'animal, ces fleurs disparaissent subitement; l'Actinie referme ses tentacules en les repliant sur sa bouche; tout son corps se contracte promptement, se raccourcit d'une manière remarquable, et l'extrémité supérieure rentre et s'enfonce dans la masse raccourcie du corps comme dans un fourreau. Ce mouvement s'exécute avec beaucoup de célérité, et s'observe tout-à-fait de même dans les Holothuries.

On sait que ces animaux sont sensibles aux impressions de la lumière, qu'ils en sont avantageusement affectés lorsqu'elle n'est pas trop forte, mais qu'ils en sont incommodés lorsqu'elle est trop vive. On a aussi remarqué, non seulement qu'ils sont encore sensibles au bruit, mais en outre qu'ils le sont à l'approche d'un corps qui ne les touche pas. Tous ces faits résultent de leur grande irritabilité, et ne sont nullement des preuves qu'ils éprouvent des sensations.

Les Actinies font leur nourriture ordinaire de Chevrettes, de petits Crabes, et de Méduses bien plus grosses qu'elles. Elle les saisissent avec leurs tentacules, les gardent dans leur estomac pendant dix ou douze heures, et rejettent ensuite par leur bouche les parties qu'elles n'ont pu digérer. Quelquefois les grandes Actinies avalent les petites, ou les individus d'une plus petite espèce; mais, après les avoir gardés quelque temps dans leur estomac, elles les rendent en vie, n'ayant pu les digérer ni même les altérer.

On peut se servir des Actinies, en quelque sorte comme d'un baromètre, lorsqu'on est à portée de les observer; car selon qu'elles sont plus ou moins épanouies ou contractées sans causes accidentelles, elles présagent un temps plus ou moins orageux, une mer plus ou moins agitée, ou bien un temps serein et une mer très calme. On a observé que les indications que fournissent à cet égard les Actinies étaient presque aussi sûres que celles du baromètre, et qu'elles les devançaient dans bien des cas.

Les Actinies ont, comme les Hydres, la faculté de détacher leur base, de changer de lieu, et d'aller se fixer ailleurs.

Les Actinies se multiplient par des gemmes internes qu'elles rejettent par leur bouche, comme autant de petits vivans. Elles se reproduisent en outre quelquefois par des gemmes qui percent latéralement le corps de leur mère, et d'autres fois par des déchiremens naturels d'une partie des ligamens de leur base, déchiremens qui s'opèrent par la contraction de ces parties. Dicquemare, qui a découvert cette faculté des Actinies, les multipliait à son gré, en coupant avec un bistouri la base de ces animaux, ou quelques parties de cette base.

D'après ces observations, on doit reconnaître que, dans les animaux très imparfaits, la nature emploie, comme elle l'a fait dans les végétaux, plusieurs moyens différens pour la reproduction et la multiplication de ces êtres. Mais dans les animaux plus parfaits, elle est réduite à l'emploi d'un seul moyen pour leur reproduction.

Les Actinies n'ont pas de mauvaises qualités : on en mange certaines espèces dans le Levant, dans l'Italie, et même sur les côtes de France qui bordent la Méditerranée. Leur chair est assez délicate, d'un goût et d'une odeur analogue à ceux des Crustacés. Elle peut offrir aux habitans des côtes une ressource dans des temps de disette.

[Une appréciation plus juste de leurs caractères a dû faire passer les Actinies de la classe des Echinodermes dans celle des Polypes, dont elles sont un des types les mieux connus. Leur histoire s'est enrichie de plusieurs faits importans; cependant, au lieu de les élever dans la série animale, on les a, au contraire, fait descendre beaucoup. En effet, tout en reconnaissant qu'elles ne sont formées que d'une peau charnue qui, après avoir formé le disque ou la base et la surface extérieure, se replie en dedans pour constituer une cavité digestive incomplète, on a reconnu aussi qu'elles sont tout-à-fait dépourvues du système nerveux que Spix avait voulu y reconnaître, et d'un système circulatoire.

La cavité digestive, qu'on pourrait également ou aussi peu nommer bouche ou estomac, est un sac sans fond, qui ne se trouve fermé par en bas qu'en vertu de la contraction des parois, et qui peut se retourner presque complètement en dehors.

Du disque servant de support à l'animal partent en rayonnant des cloisons membraneuses ou fibreuses qui se prolongent en montant à l'intérieur le long des parois de l'enveloppe extérieure, jusqu'au bord, qui est garni d'un ou de plusieurs rangs de tentacules. C'est entre ces cloisons et sur ces cloisons mêmes que se trouvent les ovaires, en forme de cordons minces intestiniformes, repliés et contournés un grand nombre de fois, et garnis de cils vibratiles qui déterminent un mouvement continuel dans la masse, ou un mouvement particulier de gyration dans les parties détachées.

Un mouvement de cils vibratiles a lieu aussi à la paroi intérieure des tentacules, et produit dans ces organes une circulation apparente. On peut supposer que c'est par le moyen de ces cils que s'effectue la respiration.

M. Wagner a annoncé récemment avoir trouvé entre les ovaires des testicules remplis de zoospermes chez les Actinies; mais on pourrait desirer quelques observations de plus sur ce sujet.

Le genre Actinie, augmenté d'un nombre considérable d'espèces nouvelles et même de formes tout-à-fait inattendues, par suite des derniers voyages de circumnavigation, a dû former une famille à laquelle on a réuni mal-à-propos, suivant nous, le genre Lucernaire. M. Leuckart, dans le Voyage de Rüppell en Afrique (1826), avait déjà créé les genres Thalassianthe et Discosome. M. Rapp, en 1829, dans un travail important sur les Polypes, et sur les Actinies en particulier, fit mieux connaître les rapports de ces animaux, dont il décrit 23 espèces. Cuvier, dans la dernière édition du Règne animal, les plaça dans le premier ordre de ses Polypes. M. de Blainville, dans l'article Zoophyte du Dictionnaire des sciences naturelles, 1830, lequel parut séparément en 1834, comme manuel d'actinologie, présenta le premier une classification plus complète de la famille des Actinies, dans laquelle il créa les genres nouveaux Actinolobe et Actinocère, en même temps qu'il admit les genres de M. Leuckart, le genre Moschate de M. Renieri, le genre Actinecte de M. Lesueur, les genres Actinodendre et Actinérie de

MM. Quoy et Gaimard, et le genre Métridie de M. Oken. Son genre Actinie, quoique beaucoup réduit par la séparation de ces genres, contient encore 57 espèces citées d'après différens auteurs, et cependant il ne connaissait point alors celles qu'ont publiées depuis MM. Ehrenberg, Lesson, Brandt, etc. Les deux premiers genres de M. de Blainville (Moschate et Actinecte) contiennent des espèces flottant librement dans les eaux, et diffèrent principalement par la forme, qui est très allongée pour les Moschates, et presque globuleuse pour les Actinectes. Son troisième genre, Discosome, est caractérisé par sa forme très déprimée et ses tentacules très courts et formés de petits tubercules. Les 4e, 5e, 6e et 7e genres, Actinodendre, Métridie, Thalassianthe et Actineria ont des tentacules ramifiés ou pinnés; mais ils se distinguent parce que ces tentacules sont très grands, peu nombreux, à rameaux alternes, en massue granuleuse chez les Actinodendres; ils sont plus nombreux, plus petits, ramifiés et pinnés chez les Thalassianthes; ils sont très fins et comme lanugineux, réunis en masses fusiformes chez l'Actinerie; enfin ils sont seulement en partie pinnés chez les Métridies. Les Actinolobes sont caractérisés par la forme lobée de leur disque supérieur qui est couvert de tentacules courts; les Actinocères ont le corps cylindrique, allongé, élargi aux deux extrémités, et un seul rang de tentacules. Les Actinies proprement dites, enfin, comprennent toutes les espèces qui ne rentrent point dans quelqu'un des autres genres, c'est-à-dire ayant le corps cylindrique assez court, et les tentacules simples, nombreux et sur plusieurs rangs.

— M. Ehrenberg (1834) a publié dans les Mémoires de l'académie de Berlin pour 1832 une classification des Polypes anthozoaires, dont la première famille est celle des Actinines, faisant partie des Zoocoraux polyactiniés ou à plus de 12 rayons, et caractérisée ainsi: « Corps entièrement mou, subcoriace, libre rampant et nageant, non adhérent au sol, solitaire, ovipare ou vipare, rarement gemmipare, ne se divisant jamais spontanément. »

Une première division ne présente pas de suçoirs sur le disque.

I. — S'il n'y a point non plus de pores latéraux, et si tous les tentacules sont simples (perforés?), oblongs ou filiformes, on a le genre ACTINIE, qui se partage en quatre sous-genres, suivant la grandeur relative des tentacules, savoir : 1° les *A. isacmaea*, dont tous les tentacules sont égaux, et qui forment eux-mêmes deux tribus : celles qui ont des tentacules très nombreux et très petits (répondant au genre *Discosoma* Leuckart); et celles dont les tentacules sont grands et moins nombreux (les *Urticina*); 2° les *A. entacmaea*, dont les tentacules les plus intérieurs sont les plus forts, et dont les extérieurs deviennent plus petits près du bord ; 3° les *A. mesacmaea*, dont les tentacules moyens sont les plus forts, les internes et les externes étant plus petits; mais suivant l'auteur, on ne connaît pas encore d'espèces de ce sous-genre; 4° les *A. ectacmaea*, dont les tentacules externes sont les plus forts.

II. — Si les tentacules sont tous ou en partie divisés ou palmés en même temps que les pores latéraux manquent, on a le genre METRIDIUM d'Oken, qui répond aux *Actineries* Quoy et Gaimard.

III. — Si tous les tentacules sont arborescens, les intérieurs étant les plus forts avec des pinnules en massue creusés d'une fossette au sommet, on a le genre MEGALACTIS, qui est également dépourvu de pores latéraux.

IV. — Si les tentacules moyens sont seuls arborescens et plus forts, tandis que les tentacules externes et internes sont simplement pectinés et plus petits, on a le genre THALASSIANTHE de Leuckart, admis avec doute par M. Ehrenberg.

V. — S'il y a des pores latéraux donnant accès et sortie à l'eau, les tentacules n'étant pas percés?, on a le genre CRIBRINA.

— Une deuxième division présente des suçoirs particuliers sur le disque.

VI. — Si les tentacules sont simples, portant latéralement des groupes de vésicules qui les font paraître rameux, on a le genre ACTINODENDRON.

VII. — Si les tentacules externes et internes sont composés, pectinés et plus petits, tandis que les tentacules moyens sont plus forts, surcomposés et chargés de vésicules ou suçoirs au sommet, on a le genre EPICLADIA.

VIII. —Enfin, si les tentacules en partie simples, en partie multifides, sont entremêlés de groupes distincts de suçoirs, on a le genre HETERODACTYLA.

— M. Brandt, dans le Prodrome des animaux observés par Mertens (Mém. acad. St.-Pétersbourg) a donné beaucoup plus d'extension au système de M. Ehrenberg, en considérant comme deux familles distinctes, sous les noms d'Actinines et de Cribrinacées d'une part les quatre premiers genres, et d'autre part le genre Cribrina, et en donnant des dénominations particulières aux genres qu'il établit d'après le nombre des rangées de tentacules, et qu'il subdivise ensuite, comme le fait M. Ehrenberg pour ses Actinies, d'après la grandeur relative des diverses rangées de tentacules. Il a aussi employé un autre caractère pour diviser les Cribrinacées, en distinguant celles qui ont les tentacules en séries rayonnantes.

—M. Lesson, dans la Zoologie du Voyage de la Coquille, divise les Actinies en huit tribus, dont les trois premières ont l'enveloppe extérieure dure et subcartilagineuse; ce sont:

1° Les *A. holothuriées*, comprenant les genres *Actinecte* ou *Minyas*, *Sarcophinanthe* (1), *Lucernaire*, *Moschate?* et *Actineria?*

2° Les *A. corticifères*.

3° Les *A. zoanthaires*.

Les cinq autres tribus ont l'enveloppe extérieure molle et charnue; ce sont:

4. Les *A. multifides*, comprenant les genres *Actinodendron*, *Metridium*, *Thalassianthus*.

---

(1) M. Lesson rapporte à son genre *Sarcophinanthus* deux espèces, dont la première *S. Sertum*, ayant en dehors des tentacules palmés et à l'intérieur des tentacules vésiculeux en massue pourrait, suivant M. Ehrenberg constituer un genre voisin des *Heterodactyles* et qui serait nommé *Europala*, tandis que l'autre, *S. papillosa*, paraît avoir été établie d'après une espèce de Cribrine.

5. Les *A. sarcodermes*, pour le seul genre *Actinia*, divisé en deux races : les vraies Actinies, et les Actinocères.

6. Les *A. discosomes*, pour le genre *Discosoma.*

7. Les *A. en ventouses*, pour le genre *Lagena.*

8. Les *A. euménides*, pour le genre *Eumenides* (*E. ophiscocoma.* — Voyage Coquille, *pl.* 1, *fig.* 1, pag. 81).

Nous pensons que les divisions basées sur le nombre et sur la grandeur relative des tentacules ne peuvent être solidement établies, puisque ces organes sont essentiellement variables aux diverses époques du développement des Actinies. Il n'en est pas de même de la présence des pores latéraux ou des suçoirs, qui ont pu servir à caractériser convenablement des genres. On a également trouvé de bons caractères dans les tentacules pinnés, ou pectinés et arborescens; mais la forme plus ou moins allongée, le contour plus ou moins lobé, sont aussi des caractères très variables. On sera donc réduit pendant long-temps encore à laisser dans le genre Actinie un grand nombre d'espèces en attendant que de nouveaux caractères aient été découverts. Quant à la perforation des tentacules, que M. Rapp admet formellement et que M. Ehrenberg admet avec doute pour les Actinies en la rejetant aussi avec doute pour les Cribrines, elle nous paraît également douteuse dans tous les cas.]

F. D.

ESPÈCES.

1. Actinie rousse. *Actinia rufa.*

A. semi-ovalis læviuscula; cirrhis pallidis.

Mull. Zool. dan. p. 75. t. 23. f. 1-5. — Gmel. p. 3131 (1).

Brug. n° 1. Encycl. pl. 71. f. 6 à 10.

* Rapp. Uber. die Polypen. p. 53.

Habite l'Océan européen et la Méditerranée.

L'espèce suivante, décrite par M. Gravenhorst (Tergestina), p. 127, se rapproche beaucoup de l'Actinie rousse.

(1) L'*Actinia equina* citée ici par Lamarck ne se rapporte pas à cette espèce; mais bien à l'Actinie rouge n° 12.

1. *a*. Actinie tachetée. *Actinia adspersa*.

A. ochracea; lineolis transversalibus, punctls maculisque parvis irregularibus, brunneis, tentaculis cinereis.

Habite la mer Adriatique.

2. Actinie cornes-épaisses. *Actinia crassicornis*.

A. substriata; cirrhis crassis, conico-elongatis.

Actinia felina. Lin. Brug. n° 4.

* *Actinia (isacmaea) crassicornis?* Ehr. Corall. d. Rothenmeeres.

Bast. subs. tab. 13. f. 1. act. — Stock. 1767. t. 4. f. 4-5.

Actinia. Gmel. n° 2.

Habite l'Océan européen et la Méditerranée.

3. Actinie plumeuse. *Actinia plumosa*.

A. tentaculis parvis, disco margine penicillis cirrhato.

Mull. Zool. dan. 3. p. 12. t. 88. f. 1-2.

* *Actinia plumosa.* Gmel. 3132. n° 3.

Act. nidros. 5. p. 425. t. 7. — *Actinia.* Brug. n° 2.

* *Metridium plumosum.* Oken. t. 1. p. 349.

* *Metridium plumosa.* Blainv. Man. act. p. 321.

* *Cribrina plumosa.* Ehr. Corall. d. Rothenmeeres. p. 41.

Habite les mers d'Europe.

4. Actinie écarlate. *Actinia coccinea*. Mull.

A. albo rubroque varia; tentaculis cylindricis annulatis. Brug. n° 5.

Mull. Zool. dan. tab. 63. f. 1 à 3. — Encycl. pl. 72. f. 1 à 3.

Habite l'océan de la Norwège.

5. Actinie œillet de mer. *Actinia judaica*. Lin.

A. cylindrica; lævis, truncata; præputio internè undulato lævi.

Urtica... Planc. Conch. tab. 43. f. 6.

Actinie. Brug. n° 6.

Habite la Méditerranée.

6. Actinie veuve. *Actinia viduata*. Mull.

A. grisea, strigis longitudinalibus cirrhisque albis. Mull. Zool. dan. t. 63. f. 6-7-8.

Encycl. pl. 72. f. 4-5.

Urtica cinerea Rond. Aldrov. Zooph. p. 565.

* *Act. (Isacmaea) viduata.* Ehr. Corall. p. 34.

Habite les mers d'Europe.

[Elle ne diffère presque de l'espèce suivante que par le nombre deux fois plus considérable de ses bandes brunes (24).]

7. Actinie anguleuse. *Actinia effœta*. (1)

A. subcylindrica; costis perpendicularibus angulatis. Brug. n° 8.
Bast. subs. 1. t. 14. f. 2.
Encycl. pl. 74. f. 1.
* *Actinia effœta*. Linné.
* *Actinia effœta*. Rapp. Ueber die Polypen. 1829. p. 54. tab. II. f. 2.
* *Actinia effœta*. Gravenhorst. Tergestina. p. 136.
* *Cribrina effœta*. Ehr. Die Corall. d. Rothenmeeres.
* *Actinie brune*. Cuvier. Règ. anim. 2e éd. t. 3. p. 292.
Habite l'Océan européen.

[Elle est gris-jaunâtre avec des bandes obscures; ses tentacules sont aussi tachetés de brun.]

[Cette espèce est une de celles qui en se contractant font jaillir de l'eau par les ventouses dont leur peau est garnie. — Elle se tient souvent fixée sur des coquilles.]

8. Actinie ridée. *Actinia senilis*. (Voy. *Cribrina*.

A. subcylindrica transversè rugosa.
Actinia senilis. L. Syst. nat. p. 1088.
Bast. subs. tab. 13. f. 2. (??) *.
Act. Soc. Linn. vol. 5. p. 9.
An. Mull. Zool. dan. tab. 88. f. 4?
* *Actinia digitata*. Mull. Zool. dan. CXXXIII.
* *Actinia holsatica*. Mull. Zool. dan. CXXXIX.
* *Actinia coriacea*. Spix. Ann. Mus. t. 13.
* *Actinie coriace*. Cuv. Règ. an. t. III. p. 291.
* *Actinia verrucosa*. Penn. Brit. Zool. 4. p. 49.
* *Actinia crassicornis*. Adams. Linn. Trans. 3. p. 252.
* *Actinia equina*. Sowerb. Brit. mis. tab. 4.
* *Cribrina coriacea*. Ehr. Corall. d. Rothenmeeres. p. 40.
* *Actinia coriacea*. Lesson. Illustr. zool. p. 54.
Habite les mers d'Europe.

---

(1) M. Gravenhorst doute de l'exactitude des synonymes de Baster et de Linné. Mais des différences dans la coloration et dans le nombre des bandes ne peuvent suffire pour distinguer des espèces d'Actinies.

9. Actinie onduleuse. *Actinia undata.* Mull.

A. conica, pallida; striis duplicatis, rugosis, fulvis. Mull. Zool. dan. tab. 63. f. 4. 5.

Encycl. pl. 72. f. 6.

Actinie. Brug. n° 9.

* *Actinia undata.* Rapp. Ueber die Polypen. p. 54.

Habite l'Océan de la Norwège.

[Cette espèce paraît bien devoir être réunie à l'*Actinia effœta*, n° 7.]

10. Actinie sillonnée. *Actinia sulcata.* Pen. (Voy. *Act.* verte. n° 13).

A. castanea, longitudinaliter sulcata; tentaculis longis filiformibus. Brug. n° 10.

Gærtn. Trans. phil. 1761. t. 1. f. 1. A. B.

Encycl. pl. 78. f. 1. 2.

Actinia cereus. Soland. et Ellis. n° 1.

* *Actinia cereus.* Turton. Brit. Faun. 131. (non Rapp.)

* *Hydra cereus.* Lin. Gmel. p. 3867.

* *Actinia (Entacmæa) cereus.* Ehr. d. Corall. d. Rothenm.

* *Actinocereus sulcatus.* Blainv. Man. d'actin. p. 327.

Habite sur les côtes de l'Angleterre.

[M. Gravenhorst réunit cette espèce et la suivante à l'*Actinia viridis*, n° 13.]

11. Actinie géant. *Actinia gigas.* (Voy. *Act. verte.* n° 13).

A. limbo plicato planiusculo, tentaculis virescentibus. Brug. n° 11.

Priapus giganteus. Forsk. Anim. descr. p. 100. n° 8.

* *Actinia gigas.* Bosc. Hist. nat. des vers. II. p. 219.

* *Actinia gigantea.* Rapp. l. c. p. 56.

* *Actinia (Isacmæa) gigantea.* Ehr. Corall. p. 32.

Habite la mer Rouge.

[M. Gravenhorst (Tergestina. p. 117) prétend que cette espèce doit être réunie, comme simple variété, à l'*Actinia viridis*, n° 13.]

12. Actinie rouge. *Actinia rubra.*

A. longitudinaliter striata; glandulis marginalibus albis; tentaculis corpore brevioribus. Brug. n° 12.

Priapus ruber. Forsk. Anim. Descr. p. 101. n° 10. et Icon. tab. 27. litt. A.

Encycl. pl. 72. f. 7.

* *Actinia equina.* Lin.
* *Hydra mesembryanthemum.* Gærtn. Phil. trans. vol. 52.
* *Actinie pourpre.* Cuv. Règne anim. t. 3. p. 292.
* *Actinia hemisphærica.* Pennant. Brit. zool. 4. 60.
* *Actinia mesembryantemum.* Ellis. Solander. — Turton. Brit. Faun. p. 131.
* *Actinia mesembryanthemum.* Rapp. Ueber die Polypen.
* *Actinia maculata.* Adams. Lin. trans. 5. p. 8.
* *Priapus ruber.* Baster. Op. subsec. tab. XIII. f. 1
* Forskal. Anim. descr. p. 101. et Icon. tab. 27.
* *Actinia senilis.* Fabricius. Voy. en Norwège.
* *Actinia crassicornis.* Muller.—Gmel.—Oken.
* *Actinia rubra.* Gravenhorst. Tergestina. 1831. p. 119.
* *Actinia (Entacmæa) mesembryanthemum.* Ehrenb. d. Corall. d. Rothenmeeres.

Habite dans la Méditerranée.

[Les tentacules sont quelquefois plus longs que le corps.]

13. Actinie verte. *Actinia viridis.*

A. lævis subcylindrica; glandulis marginalibus virentibus; tentaculis, corpore longioribus. Brug. n_0 13.

Priapus viridis. Forsk. Anim. descr. p. 102. n° 11. et Icon. t. 27. litt. B-b.

Encycl. pl. 72. f. 8. 9.
* *Actinia viridis.* Lin. Gmel. p. 3134. n_0 15.
* Gravenhorst. Tergestina. 1831. p. 119.
* Blainv. Man. d'actin. p. 325. pl. 47. f. 1-4.
* *Actinia cereus.* Rapp. Ueber die Polyp. p. 56. tab. 11. f. 3.
* *Anemonia edulis.* Risso. Hist. nat. Eur. mér. t. 5. p. 289.

Habite la Méditerranée. Cette espèce à corps très mou est bien mieux caractérisée par la phrase suivante : « *A. viridis aut olivacea, tentaculorum apicibus violaceis, corpore subtiliter sulcato, disco haud contractili.* » C'est celle que l'on mange en Provence sous le nom d'*Orties* ou *Artigues.*

14. Actinie tachetée. *Actinia maculata.*

A. cylindrica, basi dilatata; labiis tentaculis. Brug. n° 14.

Priapus polypus. Forsk. Anim. descript. p. 102. n° 12. et Icon. t. 27. f. C.

Encycl. pl. 72. f. 10.
* *Actinia priapus.* Gmel. p. 3134. n° 16.

* *Cribrina polypus.* Hempr. et Ehr. Corall. des Rothenmeeres. p. 40.
Habite dans la mer Rouge.

[M. Rapp, dans son ouvrage (*Ueber die Polypen*), cite à tort cette espèce comme synonyme de l'*Actinia effœta.*]

M. Ehrenberg dit avoir vu cette espèce changer de peau; il la caractérise de cette manière : « *C. semipollicaris, conico-cylindrica, contracta, membranacea orbicularis, dilutè violacea, lineis longitudinalibus rufis picta, tentaculis filiformibus, subulatis plurimis, pallide rufescentibus, obsolete annulatis; pororum alborum serie propè marginem pedis; oris area alba in pentagono rufo.* »

15. Actinie blanche. *Actinia alba.*

A. gelatinosa, hyalina; tentaculis parvis papilliformibus. Brug. n° 15.
Priapus albus. Forsk. Anim. descript. p. 101. n° 9.
Habite la mer Rouge.

16. Actinie cavernate. *Actinia cavernata.* B. (Voyez *Act. senilis.* n° 8).

A. oblonga, striata, pallida; tentaculis brevibus subæqualibus.
Actinia cavernata. Bosc. Hist. des vers. 2. p. 221. pl. 21. f. 2.
* Rapp. l. c. p. 60.
Habite les côtes de la Caroline, dans les cavités des pierres, etc.

17. Actinie réclinée. *Actinia reclinata.* B.

A. pallida; ore ad periphæriam violaceo; tentaculis inæqualibus; corpore longioribus, reclinatis.
Actinia reclinata. Bosc. Hist. des vers. 2. p. 221. pl. 21. f. 3.
* Rapp. l. c. p. 60.
Habite l'Océan atlantique, sur des fucus.

18. Actinie pédonculée. *Actinia pedunculata.* Pen.

A. cylindrica, rubra, verrucosa; tentaculis brevibus variegatis. Brug. n° 16.
Hydra calyciflora. Gærtn. Trans. phil. 1761. tab. 16. f. A. B. C.
Encycl. pl. 71. f. 4.
Actinia bellis. Soland. et Ellis. Cor. p. 2. n° 2.
* *Actinia bellis.* Rapp. Ueber die Polypen. p. 50. tab. 1. f. 1. 2.
* *Actinia bellis.* Gravenhorst. Tergestina. 1831. p. 130.
* *Cereus.* Oken.— *Cribrina.* Ehrenb. l. c. p. 41.
* *Actinocereus pedunculatus.* Blainv. Man. d'actin. p. 327.

Habite les côtes d'Angleterre et la Méditerranée.

M. Gravenhorst caractérise ainsi cette espèce : « *A. ochracea aut flava, vittis obscurioribus, disco externe verrucis albis guttato, tentaculis diversicoloribus.* » C'est une des espèces retenant à leur surface des petites pierres ou des coquilles au moyen des ventouses dont elles sont pourvues.

19. Actinie écailleuse. *Actinia squamosa.* B.

A. cylindrica, elongata, squamosa, lutea; maculis fusiformibus confertis. Brug. n° 17.

Habite sur les côtes de Madagascar, près de Foulepointe.

A. cylindrica, rubra, glandulosa; ore appendiculato, extrorsùm tentaculato. Brug. n° 18.

Hydra verrucosa. Gærtn. Trans. phil. 1961. t. 1. f. 4. litt. A. B. Encycl. pl. 70. f. 4.

A. gemmacea. Soland. et Ellis. pl. 3. n° 3.

* *Cribrina verrucosa.* Ehrenb. d. Corall. d. Rothenmeeres. p. 40.

Habite les côtes d'Angleterre.

20. Actinie glanduleuse. *Actinia verrucosa.* (Voyez *Cribrina.*)

21. Actinie quadrangulaire. *Actinia quadrangularis.*

A. tetragona, longitudinaliter sulcata; tentaculis pedicellatis. Brug. n° 19.

* Rapp. Ueber die Polypen. p. 59.

Habite les côtes de Madagascar.

[Elle est d'un rouge pâle, avec les tentacules d'un rouge vif.]

22. Actinie pentapétale. *Actinia pentapetala.* Pen.

A. disco quinquelobo; tentaculis seriatis, exiguis; osculo elevato, striato.

Actinia dianthus. Ellis. Trans. phil. 1775. t. 19. f. 8.

Act. pentapetala. Brug. n° 20.

* Baster. Opusc. subsec. p. 121. tab. XIII. f. 2.

* *Actinoloba dianthus.* Blainv. Man. d'actin. p. 322. pl. 49. f. 3. (1)

---

(1) Le genre *Actinolobe* a été établi par M. de Blainville pour des espèces qui devront probablement rester dans le genre Cribrine : il a pour type l'Actinie pentapétale (Lam. n. 22), et est caractérisé ainsi (Man. d'actinol. p. 322) : « Corps déprimé,

* *Actinia plumosa*, Rapp. Ueber die Polyp. p. 55. tab. III. f. I.
* *Cribrina.* Ehrenb. Corallenth. p. 41.
Habite sur les côtes d'Angleterre.
[La face supérieure sur laquelle sont fixés les tentacules a le bord sinueux et comme lobé; les tentacules sont très courts, extraordinairement nombreux, les plus intérieurs sont coniques; le corps est cylindrique, jaune brunâtre, lisse, mais percé de trous par lesquels jaillit l'eau contenue à l'intérieur.

23. Actinie astère. *Actinia aster.*

A. crassa, carnosa, subcylindrica, lævis, truncata, tentaculis radiata.
Actinia aster. Ellis. Trans. phil. 57. t. 19. f. 3.
Encycl. pl. 71. f. 3.
* *Hydra aster.* Lin. Gmel. p. 3868.
* Rapp. Ueber die Polyp. p. 60.
* *Actinocereus aster.* Blainv. Man. d'actin. p. 378.
Habite les mers de l'Amérique.

24. Actinie anémone. *Actinia anemone.*

A. carnosa complanata; disco subhexagono, tentaculis plurimis cincto.
Soland. et Ellis. Cor. p. 6. n° 7.
Actinia anemone. Ellis. Trans. phil. 57. t. 19. f. 4–5.
Encycl. pl. 70. f. 5–6.
* Rapp. Ueber die Polyp. p. 60.
Habite l'Océan américain.

25. Actinie hélianthe. *Actinia helianthus.*

A. carnosa, complanata, hypocrateriformis; disco rotundo tentaculis plurimis prædito.
Soland. et Ellis. Cor. p. 6. n° 8.
Act. helianthus. Ellis. Trans. phil. 57. t. 19. f. 6-7.
Encycl. pl. 71. f. 1–2.

---

très élargi à sa base et plus ou moins lobé à son disque buccal, couvert de tentacules très courts et presque tuberculeux. » M. de Blainville rapporte également à ce genre l'*Actinia nodosa* de Fabricius, Fauna Groenland. p. 350. — Lin. Gmel. page 3133, n° 11. F. D.

* Rapp. Ueber die Polyp. p. 60.
Habite l'Océan américain.

† 26. Actinie tapis. *Actinia* (*isacmaea*) *tapetum* H. et Ehrenb. Corallenth. p. 32.

A. disco tapetiformi, tentaculis brevissimis velutino, pede cylindrico et clavato, vario, flavicante carneo, subpellucido, tentaculis papilliformibus cinereis.

Priapus albus. Forskal ? — *Actinia.* Savigny. Egypt. tab. 1. f. 2.

Discosma numminiforme (1). Leuckart. Ruppell's Reise. tab. 1. f. a-b-c.

Blainv. Man. d'actin. p. 320. pl. 48. f. 3.

Habite la mer Rouge. — Larg., 2 pouces.

† 27. Actinie brevitentaculée. *Actinia* (*isacmaea*) *brevicirrhata.* Ehrenb. Corall. p. 32. (1)

A. tentaculis paulo longioribus, brevissimis, tenuissimis, minus frequentibus villosa, sesquipollicaris.

Habite la Méditerranée. — M. Ehrenberg citte avec doute comme synonyme de cette espèce l'*Actinia brevi-tentaculata*, Risso (Eur. mérid. t. v. p. 285.

† 28. Actinie érythrosome. *Actinia* (*isacmaea*) *erythrosoma.* H. et Ehrenb. Corallenth. p. 33.

A. depressior, tentaculis crassis, obtusis, brevioribus, non aperte

---

(1) Le genre *Discosome*, établi par M. Leuckart pour cette seule espèce, qu'il n'a vue que conservée dans l'alcool, et par conséquent contractée et déformée, a été adopté par M. de Blainville, qui propose, pour l'uniformité de la nomenclature, de le nommer *Actinodiscus*, et le caractérise ainsi : « Corps très déprimé, circulaire, très mince, élargi en disque à ses deux extrémités, et pourvu dans toute sa surface buccale d'une quantité de petits tubercules disposés en rayons, avec la bouche très petite et très mamelonnée au centre. » M. Ehrenberg, qui l'a observé vivant, prétend que c'est une Actinie proprement dite, à corps lageniforme et protéiforme, avec des tentacules très petits et très nombreux. F. D.

striatis, pallio lævi, corpore et disco rubris, ore albo, tentaculis viridibus, apice rubris.

Habite la mer Rouge. — Larg. 6 pouces.

† 29. Actinie papilleuse. *Actinia* (*isacmaea*) *papillosa.* Ehrenb. Corallenth. p. 33.

A. depressior, rubra, tentaculis crassis, brevioribus, pallio extus undique papilloso, papillis non perforatis.

Habite le mer de Norwège. — Larg. 3 pouces.

† 30. Actinie crystalline. *Actinia* (*isacmaea*) *crystallina* H. et Ehrenb. l. c.

A. elongata, cylindrica, 3-4 pollicaris, disco parvo, expanso, raro semi pollicari, hyalina, pellucida, lamellis et ovariis translucentibus substriata ore flavicante.

Habite la Méditerranée, entre Alexandrie et Rosette. Cette espèce se trouve rarement fixée, mais le plus souvent elle nage librement, dans ce dernier cas son pied au lieu d'être élargi, se contracte et forme une vessie. C'est cette observation qui a conduit M. Ehrenberg à supprimer le genre *Anemonia* de Risso (répondant en partie aux genres *Moschate* et *Actinecte*), comme établi sur un caractère non permanent.

31. Actinie de Cléopâtre. *Actinia* (*isacmaea*) *Cleopatræ.* H. et Ehrenb. l. c. p. 34.

A. pusilla, elongata, clavata, 9-linearis, disco 3-linearis; tentaculis paucis, parvis, filiformibus.

Habite la Méditerranée, avec la précédente.

† 32. Actinie euchlore. *Actinia* (*isacmaea*) *euchlora.* H. et Ehrenb. l. c.

A. subpollicaris, depressior, extus pallidè rubella, punctis læte viridibus varia, prope marginem tota viridis; margine crenato, albido; tentaculorum serie ferè quadruplici, viridium, filiformium, apice violaceorum.

Habite la mer Rouge.

33. Actinie adhérente. *Actinia* (*entacmaea*) *adhærens.* H. et Ehrenb. l. c. p. 34.

A. depressior, extus glabra, expansa sesquipedalis, contracta 6 pollicaris, tentaculis, raris, subacutis, longissimis (3 *p. longis*) *triplici aut quadruplici serie, crassitie 1 1/2-2 linearum, papillarum serie marginali nulla. Color pallii flavicans, tentaculorum glaucus, areæ disci sanguineus, aliis totus flavescens, areæ radiis et tentaculorum apice virentium, fasciis fuscis.*

Habite la mer Rouge.

† 34. Actinie hélianthe. *Actinia (entacmaea) helianthus.* H. et Ehrenb. l. c. p. 35.

A. depressior, extus glabra, expansa, semipedalis, tentaculorum breviorum, graciliorum (4 lin. lat.), obtusissimorum, serie triplici, pallium intense et pallide roseo-variegatum, tentaculis, albidis, fusco-annulatis, disco medio lævi brunneo, lineis latis, albis, radiatim variegato.

Habite la mer Rouge. Cette espèce est différente de l'*Actinie hélianthe* de Lamk. n° 25, et devrait porter un autre nom.

† 35. Actinie quadricolore. *Actinia quadricolor* Rüppell et Leuckart, N. Wirbellose Thiere des R. M. tab. 1. f. 3.

A. tentaculis brevioribus et in area sparsis, rufescentibus margine lato superiore pallii papilloso, papillis non perforatis, virescentibus, pede extus glabro, rubro.

Actinia (entacmaea) quadricolor. Ehr. Corall. p. 35.

Habite la mer Rouge, dans la partie méridionale.

† 36. Actinie crépue. *Actinia (entacmaea) crispa.* H. et Ehr. l. c. p. 36.

A. depressior, extus glabra, expansa pedalis, tentaculis in toto disco sparsis, internis longissimis, 3 lin. longis, in spiram, involutis, acutè conicis, externis sensim multo brevioribus, fascia sub margine papillosa, externa; flavido-carnea, disco fusco-radiato, tentaculis è cinereo fuscescentibus.

Habite la mer Rouge.

† 37. Actinie rosette. *Actinia (entacmaea) rosula.* Ehr. l. c. p. 37.

A. depressior, parva, expansa semipollicaris, tentaculorum crassorum, obtusiorum, serie 2-3 plici, papillis marginis nullis disco nudo, tota alba.

Habite la mer de Norwège. — Ce pourrait bien être le jeune âge d'une autre espèce.

† 38. Actinie érythrée. *Actinia (entacmaea) erythraea.* H. et Ehrenb. l. c. p. 37.

A. subpollicaris, unicolor, conica, subcylindrica, tentaculorum subacutorum serie triplici, interna validiore.

Habite la mer Rouge.

† 39. Actinie de Forskal. *Actinia (entacmaea) Forskalii.* H. et Ehr. l. c. p. 37.

A. cylindrica et subclavata, extensa bipollicaris, disco semi pollicari, tentaculorum brevium serie duplici; color sub tunica mucosa fuscescente nunc ochraceus, nunc læte cinnabarinus, disco rubro aut ochraceo, albo variegato, tentaculis obscurius fasciatis, corpori concoloribus.

Madrepora turbinata? Niebuhr ap. Forskal. tab. 27. f. F.

Actinia. Savign. Egypt. Polyp. tab. 1. f. 1?

Habite la Méditerranée, très commun à Alexandrie.

† 40. Actinie parée. *Actinia (entacmaea) decora.* H. et Ehr. l. c.

A. cylindrica, sesquipollicaris, sub tunica mucosa fusca color coccineus, disco aurantiaco, coccineo-adsperso, tentaculis parvis, appressis, coccineis, filiformibus, marginem vix superantibus.

Habite la mer Rouge.

† 41. Actinie olivâtre. *Actinia (entacmaea) olivacea.* H. et Ehr. l. c. p. 38.

A. semipollicaris, cylindrica olivacea, tentaculorum filiformium, acutorum, pallentium, seriebus tribus.

Habite la mer Rouge.

† 42. Actinie blanche. *Actinia (entacmaea) candida.* Muller. Zool. dan. tab. 115. — Linn. Gmel. p. 5155. Ehrenb. Corall. p. 38.

A. depressior, pollicaris, tentaculorum filiformium ordine exteriore simplici, ordine altero interno papilliformi, colore candido.

Habite la mer de Norwège.

† 43. Actinie globulifère. *Actinia (entacmaea) globulifera.* H. et Ehrenb. l. c. p. 39.

A. lateritia, corpore cylindrico, subpollicari, tentaculis brevibus, apice globuliferis, serie multiplici, externis majoribus.

Habite la mer Rouge, près de l'île de Ras-Kafil.

— Il est probable que plusieurs des espèces ci-dessus mentionnées d'après M. Ehrenberg, doivent former double emploi avec celles des autres auteurs ; il est beaucoup plus probable encore que les espèces qu'il a décrites sous le nom d'*A. simplex*, *A. stellula*, *A. subfusca* et *A. pulchella*, d'après de très petits échantillons, larges de quelques lignes et présentant seulement un seul rang de tentacules, doivent être considérées comme le jeune âge de quelques espèces plus grandes.

— L'*Actinia (entacmaea) gracilis*. H. et Ehr. l. c. p. 36. paraît bien être la même que l'*Actinia viridis* dont M. Ehrenberg indique le synonyme avec doute.

— M. Risso a indiqué (Eur. mérid. t. v. p. 285). comme vivant dans la Méditerranée près de Nice, treize espèces d'Actinies, qui sont les *A. effœta*, *A. rufa*, *A. glandulosa*, *l'Anemonia edulis* qui est l'*Actinia cereus*. Rapp. l'*A. brevicirrhata*, l'*A. corallina*, d'après Rondelet, laquelle est peut-être l'*A rubra*. Ehrenb., et sept espèces qu'il croit nouvelles et qu'il nomme *A. violacea*, *A. concentrica*, *A. picta*, *A. striata*, *A. alba* et *Anemonia vagans*. l. c. p. 288.

Assurément ces espèces n'ont point échappé aux recherches de M. Rapp et des autres observateurs ; elles doivent donc se rapporter à quelques autres espèces décrites d'Actinies ou de Cribrines, ou même être réunies plusieurs ensemble quand elles ne diffèrent que par la couleur, mais faute de figures, on ne peut en établir exactement la synonymie.

— M. Delle Chiaje (Mém. an. senza vert. t. 2 et t. 3) a de son côté observé à Naples huit espèces dont trois lui ont paru nouvelles, une quatrième déjà décrite, par Rondelet, appartient au genre *Cribrine*. Des trois nouvelles, l'une qu'il nomme *A. hyalina* est évidemment un très jeune individu de quelque autre espèce, n'ayant encore qu'un seul rang de tentacules, les deux autres sont :

† 44. Actinie orangée. *Actinia aurantiaca.* Delle Chiaje. t. 2. tab. xxx. f. 25. et t. 3. p. 73.

A. vittis longitudinalibus albis aurantiacis alternantibus, tentaculis læte virentibus multiseriatis confertis, extremitate rubris.

Habite le golfe de Naples où on la prend rarement dans les filets.

† 45. Actinie de Carus. *Actinia Cari.* Delle Chiaje. t. 2. p. 243. tab. xvii. f. 2.

A. lævissima, castanea, vittis orbicularibus, parallelis, fusci-coloris, æque ac tentaculis corpore brevioribus triseriatis subulatisque, tuberculis albis pedunculatis, circa interiorem disci superioris limbum positis (Delle-Chiaje).

— M. Lesueur, pendant son séjour en Amérique, a fait connaître dans les transactions de l'Académie des sciences naturelles de Philadelphie, beaucoup d'espèces d'Actinies observées par lui sur les côtes des Etats-Unis ou dans les Antilles, et qu'on peut croire nouvelles; plusieurs appartiennent au genre Cribrine; nous citons ici quelques-unes des vraies Actinies.

† 45. Actinie hyaline. *Actinia hyalina.* Lesueur. Trans. Acad. nat. sc. Philad. t. 1. 1817. p. 170.

A. hyalina, mollis, longitudinaliter lineata; tentacula corpore longioribus, rubris, annulatim verrucosis.

Habite l'Océan atlantique sur les fucus.

† 46. Actinie rave. *Actinia rapiformis.* Lesueur. l. c.

A. carnosa, contractione, admodum mutabilis, et sæpius napiformis; tentaculis brevibus cylindricis, æqualibus in quadruplici serie dispositis.

Habite sur les côtes des États-Unis. Enfoncée dans le sable.

† 47. Actinie bordée. *Actinia marginata.* Lesueur. l. c.

A. tentaculis brevibus æqualibus 8–9 seriebus, dispositis in disco plicato 10–12 lobato.

Habite la baie de Boston, dans les cavités des rochers, entre les fucus.

— La couleur du disque est celle de la terre de Sienne brûlée; le diamètre est d'un pouce et demi.

† 48. Actinie soleil. *Actinia solifera*. Lesueur. l. c. p. 173.

A. valde elongata, cylindrica, contractilis, mollis, longitudinaliter striata, rubescens; ore lato, plicato, fascia flava duplici ornato; tentacula longissima, inæqualia, acuta, versus marginem paulo minora, in 5 aut 6 seriebus disposita maculis albis semi-spiralibus ornata.

Habite les côtes de la Guadeloupe sur de vieilles coquilles. — Long. 4 pouces; larg., 9 à 10 lignes.

† 49. Actinie annelée. *Actinia annulata*. Lesueur l. c.

A. diaphana tubulosa, longa, è contractione polymorpha; tentaculis in 8-9 circulis dispositis, albis, 6-8 versus centrum longissimis cæteris versus marginem minoribus.

Habite les côtes des Barbades entre les Madrépores.— Long., 2 à 3 pouces; largeur, 2 à 3 lignes.

— MM. Quoy et Gaimard ont fait connaître dans le voyage de l'Astrolabe un grand nombre d'Actinies qu'on peut bien croire entièrement nouvelles en raison de la différence du lieu d'habitation; ce sont :

† 50. Actinie magnifique. *Actinia magnifica*. Quoy et Gaim. Voy. astrol. Zooph. p. 140. pl. 9. f. 1.

A. maxima, ovalis; margine, basique dilatatis; corpore splendidè rubro; tentaculis cylindricis, obtusis, apice rubicundis.

Habite près de l'île Vanikoro. — Larg., 7 à 8 pouces.

† 51. Actinie aurore. *Actinia aurora*. Quoy et Gaim. l. c. p. 141. pl. 12. f. 1-3.

A, cylindrica, basi aurantiaca, longitrorsum substriata; tentaculis nodosis, luteo-roseis, duodecim intus limbum dispersis; ore subflavo, radiato.

Var. *tentaculis virescentibus apice roseis; disco viridi lineato.*

Habite les côtes de la Nouvelle-Irlande. — Larg., 3 pouces.

† 52. Actinie violette. *Actinia amethystina*. Quoy et Gaim. l. c. p. 146. pl. 12. f. 5.

A. cylindrica, medio constricta; basi virescente, violaceo punctato; tentaculis numerossimis, brevibus, obtusis, violaceis; ore citrino.

Habite les côtes de la Nouvelle-Irlande. — Larg., 2 pouces.

† 53. Actinie à globules. *Actinia globulosa.* Quoy et Gaim. l. c. p. 143. p. 9. f. 4.

A. minima, hemisphærica, rosea, striata; tentaculis albis apice globosis; ore prominenti subrubro.

Habite les côtes de la Nouvelle-Hollande. — 2 à 3 lignes.

C'est probablement un jeune individu d'une autre espèce.

† 54. Actinie brun-rouge. *Actinia fusco-rubra.* Quoy et Gaim. l. c. 144. pl. 11. f. 7.

A. cylindrica, basi transversim striata, granulosa, rubro-fuscescente; tentaculis gracilibus roseis subrubro annulatis; disco striato, maculis albis senis notato; ore rubro, cæruleo circumdato.

Var. *corpore lutescente longitudinaliter sanguineo-lineato, basi punctato.*

Habite près d'Amboine. — Larg. 18 lignes, haut. 2 pouces.

† 55. Actinie piquetée. *Actinia punctulata.* Quoy et Gaim. p. 145. pl. 12. f. 8-9.

A. parva, cylindracea, fusco-violacea, striata, albo-punctata; tentaculis virescentibus, annulatis; ore viridi.

Habite sur les côtes de Van Diemen. — Haut. 2 pouces.

† 56. Actinie pélagienne. *Actinia pelagica.* Quoy et Gaim. l. c. p. 146. pl. 11. f. 10.

A. minima, cordiformi, subflava; tentaculis inæqualibus, longis, fusco punctatis; ore violaceo circumdato.

Habite l'Océan atlantique, sur des fucus. — Larg. 4 à 5 lig. étendu.

Les auteurs soupçonnent eux-mêmes que ce pourrait bien n'être que le jeune âge d'une autre Actinie.

† 57. Actinie vase. *Actinia vas.* Quoy. et Gaim. l. c. p. 147. pl. 12. f. 6.

A. cylindrica, ventricosa, longitrorsum transversimque fusco striata; disco basique aurantiacis; tentaculis minimis, obtusis fusco et viridi variegatis.

Habite près de Vanikoro. — Larg. 18 lignes.

† 58. Actinie rouge et blanche. *Actinia rubro alba.* Quoy et Gaim. l. c. p. 148. pl. 10 f. 5.

A. minima cylindrica, alba; tentaculis aurantiacis paululum longis, uniseriatis.

Habite au cap de Bonne-Espérance. — Larg. 4 à 5 lignes.

† 59. Actinie de Dorey. *Actinia doreensis.* Quoy et Gaim. l. c. p. 149. pl. 12. f. 7.

A. cylindrica, basi aurea, margine luteo punctato; tentaculis raris, corpore longioribus, crassis, subreclinatis, fuscis apice flavis ore albido.

Habite les côtes de la Nouvelle-Guinée. — Haut. plus de 2 pouces.

† 60. Actinie azur. *Actinia cærulea.* Quoy et Gaim. l. c. p. 157. pl. 9. f. 2.

A. maxima; basi cylindrica, limbo valde dilatata et undulata, gibbosa, tuberculata, fulva; tentaculis minimis, numerosis, apicè cæruleis; ore luteo.

Habite près de Vanikoro.—Larg. 7 à 8 pouces.

† 61. Actinie verdâtre. *Actinia virescens.* Quoy et Gaim. l. c. p. 158. pl. 9. f. 3.

A. parva, basi cylindrica, rosea; rubro striata; disco dilatato, undulato, desuper subrubro striato; tentaculis minimis, numerosis luteo-virescentibus.

Habite près de Vanikoro.

† 62. Actinie de Tonga. *Actinia Tungana.* Quoy et Gaim. l. c. p. 163.

A. parva, conica, alba, striata rubro et fusco maculata; tentaculis minimis subflavis; basi fuscis.

Habite près des îles des Amis.—Haut. 1 pouce.

† 63. Actinie striée. *Actinia striata.* Quoy et Gaim. l. c. p. 164.

A. parva, cylindrica, elongata, pallida, cæruleo, subrubro-striata; tentaculis numerosis, acutis, flavicantibus; oro lutescente.

Habite les côtes de la Nouvelle-Zélande.—Haut, 6 lignes.

† 64. Actinie mamillaire. *Actinia mamillaris.* Q. et G. l. c. p. 164.

A. parva rosea, tuberculis subaureis ordinatis tecta; basi subtus rosacea rubra radiata; tentaculis brevibus cinereis, apice rubentibus.

Habite près de l'île de l'Ascension. — Haut., 18 lig.

† 65. Actinie à petits tentacules. *Actinia parvitentaculata.* Quoy et Gaim. l. c. p. 165.

A. vasiformi, basi candida; disco patulo undulato, margine glanduloso; tentaculis numerosis, brevibus, truncatis, luteo-virescentibus; ore roseo-violaceo.

Actinia brevitentaculata. Blainv. Man. d'actin.

Habite les côtes de la Nouvelle-Irlande. — Larg., 2 pouces.

† 66. Actinie des Papous. *Actinia papuana.* Q. et G. l. c p. 165.

A. corbiformis, basi candida, flammis luteis ornata; disco, margine undulato, viridi, albo punctato; tentaculis brevibus acutis, basi crassis, luteo et violaceo variegatis; ore rubente, margine viridi.

Habite les côtes de la Nouvelle-Guinée. — Haut., plus de 2 pouces.

† 67. Actinie cannelée. *Actinia strigata.* Quoy et Gaim. l. c. p. 166.

A. cylindrica, virescente, longitudinaliter plicata; limbo denticulato tentaculis conicis, luteis, viridi maculatis; ore flavo viridique variegato.

Habite près de l'Ile-de-France. — Haut., 2 pouces.

— MM. Quoy et Gaimard ont aussi décrit deux très petites Actinies *A. clavus* de la Nouvelle-Hollande, et *A. gracilis* de l'île de France, qui sont au moins douteuses; la première est très probablement un jeune âge, l'autre épaisse seulement de 1/2 ligne et longue de 4 lignes, devrait peut-être former le type d'un nouveau genre.

— On en pourrait dire autant de l'espèce établie par M. Sars sous le nom d'*Actinia prolifera* pour un petit Zoophyte des côtes de Norwège, à corps allongé cylindrique, rougeâtre, prolifère à sa base, long de 1 1/2 ligne, épais de 1/2 ligne et pourvu de 16 tentacules filiformes non rétractiles de la longueur du corps (Beskrivelser. ov. Polyp. 1835. p. 11. tab. 2. f. 6).

— M. Lesson dans le voyage de la coquille a décrit et figuré les espèces suivantes : 1° *A. santæ Catherinæ* (l. c.

f. 3); 2° *A. peruviana* (p. 75. f. 3); 3° *A. novæ Hyberniæ* (p. 77. pl. 3. f. 1); 4° *A. bicolor* (p. 78. pl. 3. f. 3); 5° *A. vagans* (p. 80. pl. 3. f. 7); 6° *A. nivea* (p. 81. pl. 3. f. 8), rapportées par M. Ehrenberg à la tribu des *Isacmeæ*, les *A. Stæ-Helenæ* (p. 74. pl. 2. f. 1), et *Eumenides ophiseocoma* (p. 81. pl. 1. f. 1.), qui sont des *Entacmea*; l'*A. chilensis* (p. 76. pl. 2. f. 5), qui est une *Entacmea*; l'*Actinia picta* (p. 80. pl. 3. f. 6), qui, selon le même auteur, pourrait être le type d'un nouveau genre qu'on nommerait *Anactis*; et enfin les *A. capensis* (p. 76. pl. 2. f. 4), et *A. dubia* (p. 77. pl. 2. f. 6), et trois espèces appartenant au genre *Cribrine*.

---

† CRIBRINE. (Cribrina.)

Le genre *Cribrina*, établi par M. Ehrenberg, comprend les Actinies pourvues de pores latéraux par lesquels elles peuvent aspirer l'eau, ou faire jaillir au dehors l'eau dont elles sont remplies. Au moyen de ces mêmes ouvertures, elles peuvent aussi retenir à leur surface des fragmens de coquilles, des petites pierres et d'autres corps étrangers qui leur forment une sorte d'enveloppe protectrice. Les Cribrines peuvent être conservées long-temps vivantes dans l'eau de mer, mais à mesure que cette eau s'altère, on les voit changer de forme, s'allonger quelquefois d'une manière extraordinaire, et ressembler alors à ce que M. Renieri a décrit sous le nom de *Moschate* (1), ou bien

---

(1) Le genre *Moschate*, proposé par M. Renieri, a été adopté par M. de Blainville, qui le caractérise ainsi : « Corps cylindro-conique, allongé, atténué à l'extrémité non buccale, élargi en une sorte de disque à l'autre. Bouche assez petite, linéaire, transverse, au milieu de tentacules de deux sortes, le rang ex-

gonfler leur pied de manière à ressembler aux Actinectes ou Miniades.

M. Ehrenberg inscrit dans son genre *Cribrina* les espèces suivantes :

1. Cribrine verruqueuse. *Cribrina verrucosa* (*Actinia.* Lam. n 20.)

C. cylindrico-conica, luteola, basi, rubra, extus verrucarum porosarum seriebus longitudinalibus, crebris insignis, tentaculis albidis obscurius fasciatis. Ehr. Corall. p. 40.

Habite les côtes de l'Angleterre et la Méditerranée.

2. Cribrine coriace. *Cribrina coriacea* (*Actinia.* Lam. n° 8.)

C. cylindrico-conica, obscure rubra aut viridi varia, disco tentaculisque cærulescentibus, rubro variis, pallio poroso. Ehr. l. c.

3. Cribrine épuisée. *Cribrina effœta* (*Actinia.* Lam. n° 7.)

C. conico-cylindrica, cinerascens, fusco-adspersa aut tæniata, pororum fascia prope basin, tentaculis albicantibus, rubro subtilissime adspersis. Ehr. l. c.

4. Cribrine polype. *Cribrina polypus* (*Actinia.* Lam. n° 14).
5. Cribrine plumeuse. *Cribrina plumosa* (*Actinia.* n° 22).
6. Cribrine marguerite. *Cribrina bellis* (*Actinia.* Lam. n° 18).

---

terne bien plus long que l'interne. » Cet auteur (Man. d'actin.) a représenté pl. 48, fig. 1 l'espèce qui lui sert de type *Moschata rhododactyla* de la Méditerranée et de la mer Adriatique. Il ajoute aussi, pag. 318, que cet animal, presque vermiforme, ressemble un peu à une Holothurie, et vit flottant et libre dans la mer, et qu'il est couvert d'un grand nombre de corps adhérens. C'est ainsi du moins qu'il l'a vu conservé dans l'alcool à Turin. On ne peut s'empêcher d'après cela de penser que c'est l'Actinie pédonculée (*Cribrina bellis*), ou quelque espèce voisine qui a servi à l'établissement de ce genre. Telle est aussi l'opinion de M. Ehrenberg.

7. Cribrine filiforme. *Cribrina filiformis.*

C. tenella, densè viridis, supernè poris instructa ex quibus dissilit aqua; tentaculis longis, filiformibus, dilutè viridibus.

Actinia filiformis. Rapp. Ueber. die Polypen. p. 57. tab. III. f. 2. 3.

Habite les côtes de Norwège près de Bergen.

8. Cribrine diaphane. *Cribrina diaphana.*

C. flavo-rubescens subdiaphana, decussatim tenuiter striata; poris instructa ex quibus dissilit aqua; tentaculis brevibus, conicis flavescentibus. Rapp.

Actinia nudata. Martens. Voyage à Venise. II. p. 525.

Actinia diaphana. Rapp. l. c. p. 57.

Habite la mer Adriatique à Venise.

9. Cribrine mantelée. *Cribrina palliata.* Ehr. Corallenth. p. 41.

A. mollis, complanata alba, purpureo-maculata, aperturam testarum molluscorum univalvium, si a paguris habitantur, instar annuli plus minusve completi, cingens, disci irregularis margine elongato, tenuissimo, ubi testæ adglutinatur, molli, sed in parte libera, firmiore subcornea; ore infero, sub paguri abdomine sito, tentaculorum brevium seriebus quatuor instructo. (Otto.)

Medusa palliata. Bohadsch. Zooph. t. 11. f. 1.

Actinia carciniopados. Otto. Act. nat. cur. t. II. p. 288. tab. 40.

Actinia carciniopados. Rapp. Ueber die Polyp. p. 58.

Actinia picta. Risso. Eur. mérid. t. V. p. 286.

Actinia parasita. Dugès. Ann. sc. nat. t. VI. 1836. p. 93?

Habite la Méditerranée à Naples. — Elle est constamment fixée sur des coquilles habitées par des Pagures.

10. Cribrine glanduleuse. *Cribrina glandulosa.* Ehr. Corallenth. l. c.

A. parva, subcylindrica, disco orbiculari; sordide flavescens, glandulis multis rubris, seriebus longitudinalibus dispositis, obsita; tentaculis pluribus brevibus, crassis.

Actinia glandulosa. Otto. Act. nat. curios. t. II. p. 293.

Habite la Méditerranée près de Nice. — C'est peut-être une variété de l'Actinie ridée (nº 8), quoique l'auteur prétende s'être assuré du contraire.

M. Gravenhorst (*Tergestina.* p. 141) décrit, sous le nom d'Actinie changeante, une espèce qui a aussi les plus grands rapports avec l'Actinie ridée, n° 3, et avec les *Actinie veuve.* n° 6, *A. cavernate* n° 16 et *A. glanduleuse* n° 20; lesquelles doivent probablement être réunies en une seule espèce de Cribrine :

11. Cribrine changeante. *Cribrina mutabilis.*

A. brunnea aut picea, albo-punctata, punctis sæpius seriatim dispositis, rarius in lineas confluentibus; tentaculis violaceo alboque nebulosis, brunneo-punctatis.

Habite la mer Adriatique.

C'est aussi à ce genre que doivent être rapportées :

1° L'*Actinia papillosa.* Lesson. Voy. Coquille. p. 3. f. 2.

2° L'*Actinia macloviana.* Lesson. l. c. — p. 79. pl. 3. f. 4.

3° L'*Actinia ocellata.* Lesson. l. c. — p. 79. pl. 3. f. 5.

---

† **ACTINECTE.** (Actinecta.) — *Minyas.* Cuv.

Le genre *Actinecte* correspond au genre *Minyas* de Cuvier qui le plaçait dans ses Echinodermes sans pieds, à côté des Priapules, il a été établi par M. Lesueur et adopté par M. de Blainville qui le caractérise ainsi : « Actinies libres à corps court plus ou moins globuleux, côtelé, pourvu à une extrémité d'une sorte de cavité aérienne, et à l'autre d'un disque couvert d'un grand nombre de tentacules très courts, souvent lobé, et percé dans son centre par la bouche. » Cuvier, d'après l'examen des animaux conservés dans l'alcool, avait considéré comme un anus la cavité produite par la contraction, au centre du pied; mais M. Lesueur et plus récemment M. Quoy ont reconnu sur les animaux vivans, que les Actinectes ou Minyas sont de véritables Actinies pourvues d'une seule ouverture buccale et sans anus. M. de Blainville a confirmé ce rapport, et M. Ehrenberg a même prétendu qu'on devait laisser les espèces d'Actinectes dans les genres *Actinia* et *Cribrina*. Il est bien certain que beaucoup d'Actinies proprement dites, comme l'*Actinia viridis*, peuvent, surtout dans le jeune âge, être libres et flottantes, et que leur pied, alors gonflé, peut paraître un organe natateur; mais M. Lesueur a décrit le pied des Actinectes, comme formé de petits vaisseaux aérifères, réunis en un disque blanc nacré, et M. Quoy compare cette partie au disque des Porpites. Il paraît que plusieurs des espèces observées sont munies, comme les *Cribrina*, d'ouvertures latérales faisant les fonctions de suçoirs.

1. Actinecte olivâtre. *Actinecta olivacea*. Lesueur. Journ. acad. of nat. sc. Philadelph. t. 1. 1817. tab. 7. f. 1-3.

A. 22-costata; costis angulatim plicatis tuberculis suctoris instructis, tentaculis radiatim circa os dispositis, versus centrum minoribus simplicibus, versus marginem, trilobis et multilobis.

Blainv. Man. d'actin. p. 319. pl. 48. f. 2.

Habite les mers d'Amérique, près des Barbades.

2. Actinecte outre-mer. *Actinecta ultra-marina*. Lesueur. l. c. f. 4-7.

A. exquisitè cærulea, 20-costata; tuberculis longitudinaliter seriatis, quasi moniliformibus, instructa; tentaculis brevibus.

Minyas cyanea. Cuvier. Règne anim. 1re édit. t. IV. p. 24. — 2e édit. t. III. p. 241. pl. XV. f. 8.

Habite l'Océan atlantique. au 36e lat.

3. Actinecte jaune. *Actinecta flava*. Lesueur. l. c. f. 8-9.

A. cidariformis, flava, disco albo, conico, apice rubescente; sulcis numerosis et angustis extùs instructa, absque tuberculis suctoriis, tentaculis longiusculis, diaphanis apertis.

Habite l'Océan atlantique, au 34° lat. S.

4. Actinecte tuberculeuse. *Actinecta tuberculosa*. Quoy et Gaim. Astrolabe. p. 159. pl. 11. f. 3-6.

A. turriculata, mollis, subrubra, tuberculis ovalibus, striatis, ordinatis, ornata; tentaculis brevibus subluteis; ore rubenti.

Habite le détroit de Bass. — Diam. 2 à 6 pouces.

5. Actinecte verte. *Actinecta viridula.* Quoy et Gaim. Astrolabe. p. 161. pl. 13. f. 15-21.

A. discoidea aut elongata, viridi, costata; costis tuberculatis, tentaculatis; basi radiata, aerifera; ore plicato.

Habite le grand Océan, entre la Nouvelle-Zélande et les îles des Amis.

---

† ACTINERIE. (Actineria.)

Le genre *Actinerie* a été établi par MM. Quoy et Gaimard pour des Actiniaires à corps court cylindrique, pourvu dans tout son disque supérieur de tentacules très petits, villeux, lanugineux, ramifiés et réunis en petites masses fusiformes et radiaires. Il correspond au genre *Metridium* établi par M. Oken pour l'*Actinia plumosa* de Müller, qui cependant n'en a point les caractères et doit rester dans le genre *Cribrina*. M. de Blainville conserve les deux genres en même temps; M. Ehrenberg adopte le nom *Metridium* pour l'espèce de MM. Quoy et Gaimard, et pour une autre espèce que lui-même a observée avec M. Hemprich dans la mer Rouge, et cependant il en exclut celle qui a servi de type à M. Oken.

1. Actinérie rhodostome. *Actineria rhodostoma.*

A. 3-4 pollicaris, depressior, pallio cinerascente carneo, disco olivaceo, ore roseo, tentaculis flavo-brunneis, in disco sparsis palmatis, marginalibus simplicibus, brevibus (3 lin. longis). H. et Ehr.

Metridium rhodostomum. Ehrenb. Corallenthiere. p. 39.

Habite la mer Rouge, près de Tor. — Elle se contracte lentement.

2. Actinérie villeuse. *Actineria villosa.* Quoy et Gaimard. Voy. Astrol. Zooph. p. 156. pl. f. 1-2.

A. maxima, cylindrica, transversim plicata, griseo-violacea; tentaculis brevibus ovato-planis, desuper villosis infra tuberculatis.

Habite près de l'île de Tonga. — Larg. 4 à 5 pouces.

---

† ACTINODENDRE. (*Actinodendron.*)

Ce genre, bien distinct des autres Actiniaires, a été établi par MM. Quoy et Gaimard, qui lui donnent pour caractère d'avoir des tentacules arborescens disposés sur un ou sur deux rangs autour du disque buccal. Ces tentacules très longs présentent, sur toute leur longueur, des masses alternes de tubercules granuleux. M. Ehrenberg a fait connaître une nouvelle espèce d'Actinodendre beaucoup plus petite de la mer Rouge, et en même temps il a indiqué des caractères génériques un peu différens : suivant lui, les tentacules sont simples, mais munis de vésicules latérales fasciculées qui les font paraître rameux; peut-être devra-t-on diviser plus tard ce genre mieux connu.

1. Actinodendre arborescente. *Actinodendron arboreum.*

A. maximum; corpore subcylindrico, brevi margine undulato, virescenti, basi fusco maculato; disco lutescente, lunulis radiatis fuscis notato; tentaculis longissimis, crassis, ramosis, tuberculatis, longitrorsum striatis.

Blainville, Man. d'actin. p. 320.

Habite les côtes de la Nouvelle-Guinée.—Haut. plus d'un pied.

L'eau qu'elle absorbe acquiert la propriété de produire une sensation de brûlure sur la peau.

2. Actinodendre alcyonoïde. *Actinodendron alcyonoideum.* Quoy et Gaim. Astr. p. 154. pl. 10. f. 1-2.

A. maximum, cylindricum, basi longitrorsum rubescente striatum, disco viridi, punctis viridibus notato, tentaculis longis crassis, repandis, transversim striatis, ramulis lateralibus racemosis viridibus.

Habite près de l'île de Tonga.—Larg. plus d'un pied.

3. Actinodendre calmar. *Actinodendron loligo.* Hempricht et Ehrenberg (Mém. acad. Berlin. 1832).

A. sesquipollicare, depressius, pallio albido, tentaculis violaceis, simplicibus, serie duplici aut triplici, externa validiore, intus patellis suctoriis fasciculatim sparsis, flavis instructis.

Habite la mer Rouge.

---

† **THALASSIANTHE.** (Thalassianthus.)

Le genre *Thalassianthe*, admis par Cuvier (Règ. anim. t. III. p. 293) et par M. de Blainville (Man. d'actin. p. 321) d'après M. Leuckart qui l'a établi dans le voyage de Ruppell, a beaucoup de rapports avec les Actinodendres; cependant ses tentacules, au lieu d'avoir des rameaux renflés et tuberculeux, sont beaucoup plus courts et plus nombreux, et sont divisés en rameaux pinnés.

Thalassianthe astre. *Thalassianthus aster*. Leuckart. Ruppell's Reise. t. 1. f. 3.

Blainv. Man. d'actin. p. 321, pl. 49, fig. 1.

Habite la mer Rouge.

M. Ehrenberg admet ce genre avec restriction en soupçonnant qu'il aurait été établi sur un échantillon mal conservé de son genre Epicladia, lequel établi aussi sur une espèce de la mer Rouge, est caractérisé par les suçoirs dont son disque est pourvu et par ses tentacules composés, dont les internes et les externes sont plus petits, pectinés, et dont les intermédiaires plus forts sont surcomposés et portent en dehors des vésicules au sommet. Voici comment MM. Hempricht et Ehrenberg caractérisent l'espèce qui leur sert de type.

Epicladie à tentacules carrés. *Epicladia quadrangula.*

E. tripollicaris, depressior, cinerascens, disco violaceo, multiradiato, tentaculis minoribus et majorum ramulis violaceis, quadruplici tentaculorum serie, mediis duabus bicompositis externa et intima simplicibus, singulis his quadrangulis, quater pectinatis. Rami tentaculorum medii majores, dorso apice 8–11 vesicas ovatas faveolatas consociatas gerunt (Ehrenb. Coralenth. p. 42).

Habite la mer Rouge.

Les mêmes auteurs ont établi le genre Hétérodactyle avec une autre espèce de la mer Rouge que M. Ehrenberg (l. c.) dédie à M. Hempricht. Ce genre est caractérisé par des amas distincts de vésicules servant de suçoirs, entremêlées avec des tentacules de deux sortes, les uns simples, les autres multifides.

Hétérodactyle de Hempricht. *Heterodactyla Hemprichii.*

H. Pedalis, depressior, disco brevissime cirrhoso-tentaculato, pallio discoque flavo-carneis, punctis rubris, subtilissime adspersis, tentaculis læte flavis, albis aut brunneis, vesicularum purpurearum acervis marginalibus. Ehren. l. c. p. 39.

— C'est aussi dans le voisinage des *Thalassianthes* que doit être placé le genre Mégalactis des mêmes auteurs, caractérisé par ses tentacules tous arborescens, et dont les internes, sont plus forts avec leurs rameaux ou pinnules en massue et creusés d'une fossette à l'extrémité. La seule espèce observée vit dans la mer Rouge; elle est nommée par M. Ehrenberg (l. c. p. 39).

Mégalactis de Hempricht. *Megalactis Hemprichii.*

M. subpedalis, depressior, pallio albido, disco lateritio et cinereo nebuloso; tentaculis carneis, fruticulosis, validissimis 20, decem internis validioribus, ramulis clavatis apice foveolatis.

HOLOTHURIE (Holothuria.)

Corps libre, cylindrique, épais, mollasse, très contractile, à peau coriace, le plus souvent papilleuse.

Bouche terminale, entourée de tentacules divisés latéralement, subrameux ou pinnés. 5 dents calcaires à la bouche. Anus à l'extrémité postérieure.

Corpus liberum, cylindricum, crassum, molle, percontractile; cute coriaceâ, sæpius papillosâ.

Os terminale, tentaculis lateraliter incisis, subramosis,

aut pinnatis cinctum. Dentes 5 calcarii ad orem. Anus in extremitate posteriori.

Observations. — Les *Holothuries* sont des Radiaires libres, qu'on trouve communément sur les bords de la mer, parmi les ordures qu'elle rejette. Elles sont constituées par un corps cylindracé, épais, mollasse, ayant une peau un peu dure ou coriace, mobile, plus ou moins hérissée de tubercules ou papilles, que l'animal fait rentrer ou sortir comme à son gré.

Outre ces papilles, on observe dans certaines espèces des tubes rétractiles que l'Holothurie fait aussi sortir ou rentrer dans certaines circonstances, qui paraissent aspirer l'eau, et qui lui servent comme autant de suçoirs pour s'attacher aux corps marins, lorsque l'animal a besoin de se fixer momentanément. D'autres, qui manquent de ces tubes, ont des trous autour de la bouche qui y paraissent suppléer. Enfin, plusieurs espèces ont leurs papilles disposées par rangées longitudinales, et rappellent encore, par ce caractère, les ambulacres des Oursins.

Les Holothuries n'ont de parties rayonnantes que les tentacules qui sont autour de leur bouche; car les organes intérieurs de ces animaux ne paraissent nullement offrir cette disposition des parties qui caractérise les autres Radiaires. Sous ce rapport, elles sont plus près de la limite de la classe que les Actinies mêmes. Cependant, beaucoup parmi elles présentent sur leur peau des tubercules et des tubes contractiles, comme la plupart des Radiaires échinodermes.

Le corps de l'Holothurie est perforé aux deux bouts : il présente à son extrémité antérieure un aplatissement dont le centre est occupé par la bouche. Celle-ci, qui est armée de cinq dents calcaires, est entourée circulairement de tentacules divisés ou incisés latéralement, rameux, pinnés ou dentés, très variés selon les espèces.

L'ouverture postérieure du corps, non-seulement donne issue aux excrémens, mais en outre lance souvent l'eau qui se trouvait dans le corps, et qui en sort comme d'un siphon.

Les Holothuries sont très contractiles : elles font rentrer facilement et complètement tous leurs organes extérieurs, tels que leurs tentacules, leur bouche même, leurs papilles et leurs tubes aspiratoires. Ces animaux changent tellement de figure par ces contractions, qu'ils ne sont plus reconnaissables, et ne présentent que des masses informes.

Gemmipares internes, il paraît qu'ils rejettent des gemmules déjà en partie développés; ce qui ayant été observé, a fait dire que ces animaux étaient vivipares.

[La division établie par Lamarck dans le genre Holothurie de Linné, en Holothuries proprement dites et en Fistulaires, d'après la forme rameuse ou peltée des tentacules ne peut être conservée; mais cependant la nécessité de diviser un genre si nombreux s'est fait sentir depuis long-temps, et l'on a dû chercher pour ces animaux des caractères distinctifs qu'on a trouvés dans la présence et la disposition des pieds, dans les organes respiratoires, dans la forme générale du corps et dans le degré de consistance des tégumens, etc.

Déjà précédemment M. Oken avait séparé des Holothuries les genres *Thyone*, *Subunculus* et *Psolus*.

Cuvier, dans le Règne animal, proposa de diviser les Holothuries en six tribus, pour lesquels il ne proposa point de noms génériques; mais qui répondent aux genres *Psolus*, *Cuvieria*, *Holothuria*, *Cucumaria* et *Thyone*; ce sont : 1° Celles dont tous les pieds sont situés dans le milieu du dessous du corps qui forme un disque plus mou; 2° celles dont la face inférieure est tout-à-fait plate et molle, garnie d'une infinité de pieds, et la face supérieure bombée, soutenue même par des écailles osseuses; 3° celles dont le corps est cartilagineux, aplati horizontalement, tranchant aux bords; la bouche et les pieds à la face inférieure; 4° celles dont le corps est cylindrique, diversement hérissé en dessus et tout garni de pieds en dessous; 5° celles dont les pieds sont distribués en cinq series; 6° celles dont le corps est également garni de pieds tout autour.

—M. de Blainville, dans l'article Zoophytes du Dictionnaire des sciences naturelles, et dans son Manuel d'Actinologie, a adopté les cinq genres suivans :

1. *Cuvieria* à corps ap lati, avec suçoirs (pieds) en dessous.
2. *Holothuria* à corps subprismatique, à suçoirs inférieurs.
3. *Thyone* à corps fusiforme, à suçoirs épars.

4. *Fistularia* à corps vermiforme, à tentacules pinnés.
5. *Cucumaria* à corps subpentagonal, à suçoirs ambulacriformes.

— Eschscholtz avait créé deux nouveaux genres, *Chirodata* et *Synapta*, et M. Goldfuss avait changé en celui de *Pentacta* le nom de *Cucumaria*.

— M. G.F. Jaeger (1833), dans une dissertation sur les Holothuries, créa encore trois genres nouveaux : *Mulleria*, *Bohadschia* et *Trepang*, et divisa de la manière suivante la famille des Holothuries, à laquelle il réunit les *Minyas* que nous avons considérées comme des Actinies (Voy. pag. 427), et en donnant le nom de sous-genre aux divisions principales, et le nom de tribu aux genres.

1er sous-genre Cucumaria, présentant plus que les autres une forme radiaire.

1re tribu. *Minyas*.

2e tribu. *Pentacta*, à corps cylindrique ou ovale-allongé; pieds disposés en 5-6 rangées longitudinales; tentacules pinnés ou rameux.

IIe sous-genre Tiedemannia, sans organes respiratoires, et dont le corps cylindrique ne montre aucune différence entre le dos et le ventre.

1re tribu. *Synapta*, à corps vermiforme, avec une peau mince et des tentacules grands, le plus souvent pinnatifides.

2e tribu. *Chirodota*, à corps vermiforme, avec la peau un peu plus épaisse que celle des *Synapta*, pourvus de verrues ou de pieds très peu nombreux. Tentacules un peu allongés, digités à l'extrémité.

IIIe sous-genre. Holothuria, avec des organes respiratoires, un dos et un ventre distincts.

1e tribu. *Mülleria*, à dos convexe, ventre plane et peau coriace, avec 20 tentacules peltés, disposés en un double cercle, et l'anus armé de cinq dents servant à l'insertion des muscles longitudinaux.

2e tribu. *Bohadschia*, différant des Mülleria par la forme rayonnée de l'anus.

3e tribu. *Cuvieria*, ayant le corps plane en dessous, mou et muni de pieds innombrables, et le dos convexe et armé d'écailles osseuses.

4e tribu. *Psolus*, ayant le dos convexe, dur, le ventre plane, et des tentacules non peltés; et susceptible de relever en rampant les deux extrémités du corps.

5e tribu. *Holothuria*, à corps subcylindrique, arrondi aux extrémités, avec la bouche un peu inférieure et l'anus rond; vingt tentacules peltés, assez courts, alternes sur deux rangs. Des pieds tubuleux, rétractiles, terminés par un disque concave, très nombreux à la face inférieure et épars sur le dos.

6e tribu. *Trepang*, à corps subcylindrique, avec la bouche antérieure, entourée de 10–20 tentacules peltés.

M. Jaeger lui-même considère ce dernier genre comme douteux.

— M. Agassiz, dans son prodrome des Echinodermes (Mém. Neufchâtel, 1836, et Ann. des Sc. nat. 2e série, t. 7, p. 257), ajoute aux genres de M. Jaeger le genre *Thyone* de M. Oken, lequel, dit-il, ne diffère des *Chirodota* qu'en ce que tout le corps est couvert de papilles rétractiles. Voici l'ordre dans lequel il dispose ces genres : 1. *Synapta*, 2. *Chirodota*, 3. *Thyone*, 4. *Trepang*, 5. *Holothuria*, 6. *Mülleria*, 7. *Bohadschia*, 8. *Cuvieria*, 9. *Psolus*, 10. *Pentacta*, 11. *Minyas*.

— MM. Quoy et Gaimard, en décrivant un grand nombre d'Holothuries nouvelles dans le voyage de l'Astrolabe ont voulu rétablir le genre *Fistulaire*; mais ils lui ont donné une signification toute contraire de celle que lui donnait Lamarck.

—M. Brandt enfin, dans le *Prodromus descriptionis animalium A. Mertensis obs.* 1835, a présenté une nouvelle classification beaucoup plus détaillée que toutes les précédentes, et comprenant 17 genres, subdivisés pour la plupart en sous-genres, désignés les uns et les autres par des noms qu'on trouvera souvent bien difficiles à retenir.

D'après la présence ou l'absence des pieds, il forme d'abord deux divisions principales, les *Pédiculées* et les *Apodes*. Suivant que les pieds sont ou ne sont pas semblables, il divise ainsi les *Pédiculées*.

A. Les *Homoiopodes*, ayant tous les pieds égaux.

a) Les *Dendropneumones*, ayant des organes respiratoires arborescens, libres ou soudés.

* Celles qui ont les pieds disposés en cinq rangées longitudinales, le corps cylindrique, aminci aux deux extrémités (*Pentacta, Cucumaria*).

1er genre. CLADODACTYLA. Organes respiratoires libres, tentacules pinnés et rameux.

2e genre. DACTYLOTA. Organes respiratoires libres, tentacules digités ou pinnatifides, ou simplement pinnés.

3e genre. ASPIDOCHIR. Organes respiratoires fixés par un mésentère, tentacules peltés.

** Celles qui ont les pieds épars sans ordre sur tout le corps.

4e genre. SPORADIPUS. Corps cylindrique, égal, arrondi aux deux extrémités; 20 tentacules peltés.

*** Celles qui ont des pieds à la face inférieure seulement, laquelle est plane et présente trois rangées de ces pieds, les tentacules étant rameux.

5e genre. PSOLUS, à peau molle ridée.

6e genre. CUVIERIA. Peau recouverte en dessus d'écailles calcaires imbriquées.

b) Les *Apneumones*, sans organes respiratoires.

7e genre. ONCINOLABES. Corps très allongé, cylindrique, muni de crochets sur toute sa surface; pieds très développés, occupant cinq bandes parallèles, également écartées, tentacules oblongs linéaires.

B. Les *Heteropodes*, ayant deux sortes de pieds, les uns cylindriques, dilatés au sommet, sortant par des pores situés à la face inférieure seulement, les autres sur le dos en forme de tubes sortant du sommet d'autant de papilles coniques; organes respiratoires arborescens.

* Celles à pieds de la face ventrale en séries.

8e genre. STICHOPUS. Pieds de la face ventrale en trois rangées; disques terminaux des tentacules circulaires et également fendus au bord.

9e genre. DIPLOPERIDERIS. Pieds en cinq doubles rangées alternes à la partie antérieure et moyenne de la face ventrale, mais sans ordre à la partie postérieure.

** Celles dont tous les pieds sont épars; à tentacules peltés.

10ᵉ genre. Holothuria. Corps ou allongé ou cylindrique, ou à ventre plus ou moins plane; anus rond, inerme.

11ᵉ genre. Bohadschia. Même forme; anus inerme en étoile.

12ᵉ genre. Mulleria. Même forme; anus armé de cinq dents, servant à l'insertion des muscles longitudinaux.

13ᵉ genre. Trepang. Corps cylindrique; 6-8 tentacules peltés.

** Tentacules rameux.

14ᵉ genre. Cladolabes. Corps allongé, convexe, réticulé et verruqueux en dessus, plane en dessous; 20 tentacules.

II. Les Holothuries *apodes* ou sans pieds se partagent en deux sections, suivant la présence ou l'absence des organes respiratoires.

A. Les *Pneumophores*, ayant des organes respiratoires.

15ᵉ genre. Liosoma. Corps cylindrique, convexe, peu allongé; 12 tentacules peltés; organes respiratoires à cinq divisions subarborescentes.

16ᵉ genre. Chiridota. Corps glabre, cylindrique, vermiforme; 15-20 tentacules cylindriques à la base et terminés par un disque glabre pourvu de tentacules plus petits. Point d'organe respiratoire rameux; mais à sa place des corpuscules cylindriques ordinairement divisés au sommet, et fixés au mésentère.

B. Les *Apneumones*, sans organes respiratoires.

17ᵉ genre. Synapta. Corps allongé, vermiforme, pourvu à sa surface de petits hameçons pour se fixer. Tentacules simplement pinnés.

— M. Blainville, dans un supplément (1836) à son Manuel d'actinologie, profitant des travaux de M. Jaeger et de M. Brandt a perfectionné de la manière suivante sa classification des Holothuries, en continuant à donner aux pieds le nom de suçoirs.

A. Les *H. vermiformes* (*G. Fistularia*) dont le corps est allongé, mou, vermiforme, à suçoirs tentaculaires fort petits ou même nuls, comprenant comme sous-genres les *Synapta* et *Chirodota* Eschsch., et le *G. Oncinolabes* Brandt.

B. Les *H. ascidiformes* (*G. Psolus*) dont le corps est au contraire court, coriace, convexe en dessus, aplati en dessous, avec les orifices supérieurs plutôt que terminaux (*Cuvieria* — *Psolus*).

C. Les Holothuries ordinaires ou *Vcretilliformes* (*G. Holothu-*

ria), dont le corps est assez allongé, assez mou, subcylindrique, et couvert partout de suçoirs tentaculiformes, dont les inférieurs sont les plus longs (comprenant comme sous-genres les *Holothuria*, *Bohadschia*, *Mulleria*).

D. Les Holothuries, dont le corps est plus ou moins allongé, les suçoirs tentaculaires inférieurs plus longs que les supérieurs, et disposés par séries longitudinales en nombre déterminé (*Stichopus* Brandt. — *Diploperideris* Brandt).

E. Les *H. cucumiformes*, dont le corps est assez peu allongé, plus ou moins fusiforme, pentagonal, avec les suçoirs tentaculiformes formant cinq ambulacres, un sur chaque angle (*Liosoma* — *Cladodactylus* — *Dactylota* Brandt.)

F. Les *A. siponculiformes*, ayant le corps plus on moins brusquement atténué en arrière, de forme pentagonale assez peu prononcée, sans ambulacres ni suçoirs? et dont les tentacules sont simples, courts, cylindriques, comme dans les Actinies (*Molpadia* Cuvier). (1) F. D.

ESPÈCES.

1. Holothurie feuillée. *Holothuria frondosa*.

H. tentaculis frondosis, corpore lævi.
O. Fabric. Faun. Groenl. p. 353.
Gunner. Act. Stock. 1767. pl. IV. f. 1-2.
Encycl. pl. 85. f. 7-8.
* Linn. Gmel. Syst. nat. p. 3138. n° 1.
* *Pentacta.* Abildg. Zool. dan. CVIII. 1. 2. et CXXIV.
* Cuvier. Règ. anim. 2e éd. t. III. p. 240.
* Blainv. Man. d'actin. p. 192.

---

(1) Le genre *Molpadie* de Cuvier, à en juger d'après les échantillons conservés au cabinet d'anatomie comparée du Museum diffère peut-être encore moins des Holothuries que ne l'a dit M. Blainville, le premier, car nous avons peine à croire qu'il n'y ait pas des rangées de pieds, comme chez les *Pentacta*.

Outre l'espèce citée par Cuvier, *Molpadia holothurioides*, qui vit dans l'Océan atlantique, on en connaît une de la Méditerranée, *Molpadia musculus*. Risso. Eur. Mérid. t. v. p. 293, fig. F. D.

* *Pentacta frondosa.* Jaeger. De Holoth. p. 12.
Habite la mer du Nord. — Long. 1 pied.
[Cuvier donne à cette espèce cinq rangées de pieds ou papilles; M. de Blainville la place dans sa première division, ce qui ferait supposer qu'elle n'a de pieds qu'en dessous, mais il exprime lui-même un doute à ce sujet. M. Jaeger en fait une *Pentacta.*]

2. Holothurie phantape. *Holothuria phantapus.* (1)

H. tentaculis racemosis; corpore posteriùs attenuato, subtùs punctis scabro.
Mull. Zool. dan. t. 112-113.
Encycl. pl. 86. f. 1-3.
* Linn. Gmel. Syst. nat. p. 3138.
* *Ascidia eboracemis.* Pennant. Brit. zool. 4. p. 48. tab. 33. f. 5.
* *Cuvieria phantapus.* Fleming. Brit. anim. 483.
* *Holothuria phantapus.* Cuv. Règn. an. 2ᵉ éd. III. p. 239.
* Blainv. Man. d'actin. p. 191. pl. 13. f. 1.
* *Cuvieria phantapus.* Johnston. Mag. of nat. hist. 1836. p. 472. f. 86.
* *Psolus* Oken. — *Psolus pantapus.* Jaeger. l. c. p. 2.
* *Psolus pantapus.* Brandt. Prodr. l. c.
Habite la mer du Nord. — Les pieds de son disque ventral sont sur trois rangées. L'enveloppe est presque écailleuse.

2. *Psolus appendiculatus.* Jæger. l. c. p. 21.

Corpus ovatum, paululum depressum, cutis coriacea in ventre plano pedes tubulosi in tres dispositi lineas. Tentacula brevia, vix trifurcata, duodecim. Anus appendice tectus.
Holothuria appendiculata. Blainv. Dict. sc. nat. t. 21. p. 317.
Habite à l'Ile-de-France.

---

(1) Le genre *Psolus* d'Oken a été admis par M. Jaeger qui le place dans sa division (sous-genre) des Holothuries ayant un dos et un ventre distincts, et le caractérise ainsi: « Dos convexe dur; ventre plane; tentacules rameux ou simples, non peltés; bouche et anus un peu relevés pendant que l'animal rampe. » M. Brandt le distingue des *Cuvieria* par sa peau molle, rugueuse, et lui assigne également des pieds disposés en trois rangées à la face ventrale. Avec le *Psolus pantapus,* ce genre comprend aussi les espèces suivantes: F. D.

M. Jaeger place aussi dans ce genre l'*Holothuria timama* de Lesson (Cent. zool. pl. 43) de l'île Waigiou, qui n'a point les pieds disposés en rangées à la face ventrale.

3. Holothurie pentacte. *Holothuria pentacta.* (1)

H. tentaculis denis pinnatifidis; corpore quinquefariam verrucoso.
Mull. Zool. dan. t. 31. f. 8 et t. 108. f. 1-4.
Encycl. pl. 86. f. 5.
* Linn. Gmel. Syst. nat. p. 3139. n° 8.
* Blainv. Man. d'actin. p. 195.
* *Pentacta pentactes.* Jaeger de Holoth. p. 12.
* *Cladodactyla pentactes?* Brandt. Prodr. l. c.

---

(1) Le genre *Pentacta* (Goldfuss.) est caractérisé par la forme du corps cylindrique ou ovale-oblongue, avec des pieds disposés en 5 rangées longitudinales et des tentacules pinnés ou rameux. M. Jaeger, qui l'adopte, le partage en deux sections, suivant la forme pentagone ou cylindrique. M. Brandt en a formé les deux premiers genres de sa division des *Pentastichæ*, les *Cladodactyla* et *Dactylota*, qui ont des organes respiratoires arborescens libres, et diffèrent par la forme des tentacules très ramifiés dans le premier, digités, ou pinnatifides, ou simplement pinnés dans le second.

Aux 1. *Pentacta pentactes*, 2. *P. frondosa*, 3. *P. doliolum*, 4. *P. penicillus* et 5 *P. inhærens* qui sont les Holothuries n° 3 n° 1, n° 4, n° 10 et n° 6 de Lamarck, il faut ajouter :

A. *Espèces pentagones.*

6. *Pentacta crocea.* Jaeger — *Holothuria.* Lesson. cent. zool. p. 153. tab. 52. *Cladodactyla.* Brandt. l. c.

Habite aux îles Malouines.

7. *Pentacta Diquemarii* Jaeger. — *Holothuria* Cuv. — *La Fleurilarde* Dicquemare. Journ. phys. 1778. oct. pl. 1. f. 1 — *Cladodactyla?* Brandt.

Corpus subtetragonum, duplex tuberculorum series in angulis duobus inferioribus. Decem tentacula ramosa, quorum duo inferiora breviora sunt.

Habite la Manche.

B. *Espèces cylindriques.*

8. *Pentacta tentacula.* Jaeger. l. c. — Forster. — Blainv. Dict. sc. nat. t. 21. p. 318.
9. *Pentacta lævis.* Jaeger. — *Holothuria.* O. Fabr. Faun. Groen. n. 345. — *Dactylota.* Brandt.

   Habite la mer du Nord.
10. *Pentacta minuta.* Jaeger. — *Holothuria.* O. Fabr. l. c. n. 546. — *Dactylota* Brandt.
11. *Pentacta pellucida.* Jaeger. — *Holothuria.* Müller. Zool. Dan. pl. 135. f. 1. — *Dactylota.* Brandt.

   Corpus elongatum, in extremitatibus paululum attenuatum, hexagonum, album pellucidum tentacula parva, 12 denticulata.

   Habite la mer du Nord.
12. *P.* (*Cladodactyla*) *miniata.* Brandt. Prodr.

   Habite l'île Sitcha: — Long. 6 pouces.
13. *P.* (*Cladodactyla*) *nigricans.* Brandt. Prodr.

   Du même lieu. — Long. 3 pouces.
14. *P.* (*Cladodactyla*) *albida.* Brandt. Prodr.

   Du même lieu. — Long. 4. pouces.

On peut encore rapporter ici, comme plus ou moins douteuses, les espèces suivantes : — *Holothuria Gærtneri.* Blainv. Dict. sc. nat. t. 21. p. 318. — *Holothuria Montagui.* Fleming. Brit. anim. p. 482. n. 11. — *Holothuria Neillii* Fleming. l. c. p. 483. n. 12. — *Holothuria dissimilis.* Fleming. l. c. n. 13. — *Holothuria cucumis.* Risso. Eur. mérid. t. 5. p. 291. — Blainv. Faun. Franc. pl. 1. f. 2. Man. d'act. pl. 13. fig. 4.

M. Delle Chiaje, dans le 3e volume de ses Mémoires, décrit, sous le nom d'*Holothuria tetraquetra*, une espèce qui doit ap-

4. Holothurie Barillet. *Holothuria doliolum.*

H. tentaculis bipartitis villoso-granulatis ; corpore pentagono, quinquefariam papilloso.
Actinia doliolum. Pall. Misc. zool. t. 9. et t. 10.

---

partenir à cette même division des *Cucumaria;* mais le nombre des rangées de ses pieds et des tentacules qui les supportent, s'il n'est pas le résultat d'une monstruosité, devrait la distinguer de toutes ses congénères. Elle a dix tentacules ramifiés.

Le genre *Aspidochir* de M. Brandt, placé avec les *Pentacta* dans la division des *Pentastichæ* (H. à cinq rangées longitudinales de pieds) est caractérisé par ses organes respiratoires arborescens, à cinq divisions, fixés par un mésentère à la face interne des tégumens, et par des tentacules peltés. La seule espèce indiquée par M. Brandt est l'*Aspidochir Mertensii* de l'île Sitcha, ayant le corps allongé, vermiforme, long de 3 pouces, d'une couleur de chair grisâtre; il a douze tentacules.

C'est peut-être à ce genre qu'il faudrait rapporter l'espèce suivante des Antilles:

Holothuria fasciata. Lesueur. Acad. sc. nat. Ph. t. 6. p. 159. n. 4.

H. sub-fistulosa, mollis, fasciis quinque griseo-cærulescentibus lævibus, nec non quinque tuberculatis, ornata; tentaculis 21 brevibus, hyalinis, apice, umbella radiorum bis-bifurcatorum terminatis.
Habite Saint-Barthélemy (aux Antilles). — Long. 8 à 10 pouces.

Dans la même division des *Homoïopodes*, avec le *Pentacta*, M. Brandt place son genre *Sporadipus*, constituant seul une section caractérisée par des pieds nombreux, épars sans ordre sur tout le corps. Le *Sporadipus* a le corps cylindrique, égal, arrondi aux extrémités, avec 20 tentacules peltés. Il contient deux espèces: 1° *Sp. ualensis* de l'île d'Ualan, long de 6 pouces, ayant les tentacules engaînés à leur base, et 2° *Sp. maculatus* des îles Bonin, dont les tentacules ne sont point engaînés, et qui est long d'un pied, de couleur de chair, avec des taches pourpres inégales.

M. Brandt pense que l'*Holothurie péruvienne* de M. Lesson (Cent. zool. pl. 45) doit être rapportée à ce genre. F. D.

Encycl. pl. 86. f. 6-7-8.
* Delle Chiaje. Mem. sul. an. s. vert. 3. p. 71. tab. 35. f. 8.
* Blainv. Man. d'actin. p. 193.
* *Pentacta doliolum.* Jaeger. l. c. p. 12.
* *Cladodactyla?* Brandt. Prodr. l. c.
Habite la Méditerranée.
[M. de Blainville classe cette espèce avec celles dont Lamarck a fait son genre Fistulaire.]

5. Holothurie fuseau. *Holothuria fusus.*

H. tentaculis denis; corpore fusiformi tomentoso.
Mull. Zool. dan. p. 35. t. 10. f. 5-6.
Encycl. pl. 87. f. 5-6.
* Linn. Gmel. Syst. nat. p. 3141. n° 13.
* Blainv. Man. d'actin. p. 193.
* Delle Chiaje. Mem. sul. an. s. vert. 3. p. 71. tab. 35. f. 11.
Habite la mer du Nord, la Manche, la Méditerranée.
[Les tentacules sont rameux et le corps est hérissé de papilles et non cotonneux comme l'indique la phrase de Lamarck. M. Delle Chiaje a trouvé dans l'intérieur du corps de cette Holothurie un Helmiathe qu'il nomme *Tænia echinorhynca*, mais qui ne parait nullement appartenir au genre Tænia.] F. D.

6. Holothurie inhérente. *Holothuria inhærens.*

H. tentaculis duodenis; corpore papilloso sexfariam lineato.
Mull. Zool. dan. p. 35. t. 31. f. 1-7.
Encycl. pl. 87. f. 1-4.
* Linn. Gmel. Syst. nat. p. 3141. n° 14.
* Delle Chiaje. Mem. sul. an. s. vert. 3. p. 69.
* Blainv. Man. d'actin. p. 195.
* *Chirodota inhærens.* Eschscholtz. Zool. atlas.
* *Pentacta inhærens.* Jaeger. l. c. p. 13.
* *Dactylota inhærens.* Brandt. Prodr. l. c.
Habite l'Océan et la Méditerranée.

7. Holothurie glutineuse. *Holothuria glutinosa.* (1)

H. tentaculis duodenis, pinnato-dentatis; corpore papillis minimis, glutinosis undiquè tecto.

---

(1) Cette espèce et la suivante, par leur forme méritent bien le nom de *Fistularia* que leur donne M. de Blainville, beaucoup

Fistularia reciprocans. Forsk. Ægypt. p. 121. t. 38. fig. A.
Encycl. pl. 87. f. 7.
* *Holothuria reciprocans.* Blainv. Man. d'actin. p. 194.
* *Synapta reciprocans.* Jaeger. De Holothuriis. p. 15.

8. Holothurie à bandes. *Holothuria vittata.*

H. tentaculis duodenis, pinnato-dentatis; corpore molli laxo, vittis albis, fusco-punctatis vario.
Fistularia vittata. Forsk. Ægypt. p. 121. t. 37. fig. E-F.
Encycl. pl. 87. f. 8-9.
* Linn. Gmel. Syst. nat. p. 3142. n° 19.
* Blainv. Man. d'actin. p. 194. pl. 13. f. 3.
* *Synapta vittata.* Jaeger. De Holoth. p. 14.

9. Holothurie écailleuse. *Holothuria squamata.* (2)

H. tentaculis octonis subramosis; corpore suprà scabro, subtùs molli.
Mull. Zool. dan. t. 10. f. 1-3.
Encycl. pl. 87. f. 10-12.
Linn. Gmel. Syst. nat. p. 3141. n° 11.
* Cuvier. Règn. an. 2e éd. III. p. 239. — *Psolus* Oken.
* Blainv. Man. d'actin. p. 192.
* *Cuvieria squamata.* Jaeger. l. c. p. 20.
La face inférieure seule est garnie d'une infinité de pieds.

---

mieux que les espèces rangées sous ce nom par Lamarck; mais pour éviter les équivoques, nous adopterons le nom de *Synapte*, Voyez page. 438. F. D.

(2) Le genre *Cuvieria* créé par Péron, a été caractérisé ainsi par Cuvier (Règne animal, 2° édit. t. III. p. 239) « Face inférieure tout-à-fait plate et molle, garnie d'une infinité de pieds et ayant la face supérieure bombée, soutenue par des écailles osseuses, et percée sur l'avant d'un orifice étoilé qui est la bouche, et d'où sortent les tentacules; et sur l'arrière d'un trou rond qui est l'anus. » Ce genre contient, avec la *Cuvieria squamata,* une deuxième espèce qui n'est connue que par la figure qu'en a donnée Cuvier (Règn. anim. pl. 15, fig. 9); elle a été rapportée par Péron des mers australes, et se distingue par son enveloppe toute pierreuse. M. Brandt a fait connaître une nouvelle espèce de l'île Sitcha, dans son Prodrome.

10. Holothurie pinceau. *Holothuria penicillus.*

H. tentaculis racemosis octo; corpore osseo pentagono.
Mull. Zool. dan. 1. p. 36. n° 11. t. 10. f. 4.
Encycl. pl. 86. f. 4.
* Linn. Gmel. Syst. nat. p. 3141. n° 12.
* Delle Chiaje. Mém. an. s. vert. 3. p. 70. tab. 35-1-3.
* *Pentacta penicillus.* Jaeger. l. c. p. 13.
Habite la Méditerranée à Naples; la mer du Nord.
[M. de Blainville avait soupçonné, avec raison (Dict. sc. nat. 60), que l'espèce de Müller avait été établie sur l'appareil buccal d'une Holothurie. M. Delle Chiaje a confirmé cette opinion en observant l'animal entier duquel provenait cet appareil dentaire; conséquemment il a dû modifier la caractéristique de Lamarck de cette manière. « *H. tentaculis duodenis frondosis inæqualibus; corpore papillis tubulosis.* »]

FISTULAIRE (Fistularia). — * Suite du genre Holothurie.

Corps libre, cylindrique, mollasse, à peau coriace, très souvent rude, papilleuse.

Bouche terminale, entourée de tentacules dilatés en plateau au sommet : à plateau divisé ou denté. Anus à l'extrémité postérieure.

Corpus liberum, cylindricum, molle : cute coriaceâ, sæpius asperâ papillosâ.

Os terminale, tentaculis apice dilatato-peltatis cinctum : peltâ tentaculorum divisâ, inciso-dentatâ. Anus in extremitate posteriori.

Observations. — Les *Fistulaires*, quoique en général plus tuberculeuses ou papilleuses à l'extérieur que les Holothuries, paraissent néanmoins n'en différer que par la forme particulière des tentacules qui entourent leur bouche. Mais cette dif-

---

2. *Cuvieria sitchaensis.* Brandt.

Dorsum miniatum. Tentacula 10 purpurea. Abdomen albidum. — Long. 18 lignes. F. D.

férence est très remarquable, et m'a paru suffisante pour les distinguer comme constituant un genre à part ; les Holothuries connues étant déjà nombreuses.

[Le genre *Fistulaire* de Lamarck doit être entièrement refondu avec son genre *Holothurie*, pour être soumis au mode de division que nous avons indiqué; les espèces suivantes sont donc la suite du genre Holothurie.]

ESPÈCES.

1. Fistulaire [† Holothurie] élégante. *Fistularia* [† *Holothuria*] *elegans.*

F. tentaculis viginti apice peltato-divisis ; corpore papilloso.
Holothuria elegans. Mull. Zool. dan. t. 1. f. 1-3.
Encycl. pl. 86. f. 9-10.
* Lin. Gmel. Syst. nat. p. 3138. n° 10,
* *Holothuria tremula.* Gunner. N. mém. acad. Stockh. 1790. pl. IV. f. 3.
* *Holothuria elegans.* Blainv. Man. d'act. p. 192.
* *Holothuria elegans.* Jaeger. De holoth. p. 22.
* *Holothuria elegans* (S.-G. Thelenota). Brandt. Prodr. l. c.
Habite la mer du Nord.

2. Fistulaire [†Holothurie] tubuleuse. *Fistularia* [†*Holothuria*] *tubulosa.*

F. tentaculis viginti apice peltato-divisis ; corpore prælongo suprà papilloso, subtùs tubulis retractibilibus.
Holothuria tremula. L. Soland. et Ell. t. 8.
Encycl. p. 86. f. 12.
Forsk. Ægypt. t. 39. *fig.* A.
* Bohedsch. Anim. mar. p. 75. pl. 6-8.
* Lin. Gmel. Syst. nat. p. 3138. n° 3.
* Tiedeman. Anat. der Rohren-holoth. 1816.
* Cuvier. Règ. anim. 2e éd. t. 3. p. 239.
* *Holothuria tubulosa.* Blainv. Man. d'actin. p. 292. pl. 12.
* Gravenhorst. Tergestina. p. 105.
* *Holothuria tubulosa.* Jaeger. De holoth. p. 20.
* *Holothuria tubulosa* (S.-G. *Thelenota*). Brandt. Prodr. l. c.
Habite la Méditerranée.

3. Fistulaire [† Holothurie] impatiente. *Fistularia* [†*Holothuria*] *impatiens.*

F. tentaculis viginti apice peltá septemfidá denticulatis; corpore rigido vertrucoso.

Forsk. Ægypt. p. 121. t. 39. *fig.* B.

Encycl. pl. 86. f. 11.

* *Holothuria impatiens.* Linn. Gmel. Syst. nat. p. 3142. n° 21.

* Blainv. Man. d'actin. p. 193.

* *Trepang impatiens.* Jaeger. De holoth. p. 25.

* *Holothuria impatiens* (S.-G. *Thelenota*). Brandt. Prodr. l. c.

Habite la mer Rouge.

4. Fistulaire [† Holothurie] limace. *Fistularia* [†*Holothularia*] *maxima.*

F. tentaculis filiformibus apice peltato-laciniatis; corpore rigido, suprà convexo, subtùs plano marginato.

Forsk. Ægypt. p. 121. t. 38. *fig.* B—b.

* *Holothuria maxima.* Linn. Gmel. Syst. nat. p. 3142. n° 20.

* Blainv. Man. d'actin. p. 193.

* Jaeger. De holoth. p. 22.

Habite la mer Rouge.

5. Fistulaire digitée. *Fistularia digitata.*

F. tentaculis duodenis, apice dentato-digitatis; corpore nudiusculo cylindraceo; papillis minimis punctiformibus.

Holothuria digitata. Montagu. Act. Soc. Linn. vol. XI. p. 22. tab. 4. f. 6.

* *Mulleria digitata.* Flem. Hist. brit. anim. p. 484.

* *Holothuria digitata.* Blainv. Man. d'actin. p. 194.

An holothuria inhærens? Mull. Zool. dan. t. 31. f. 1-4.

Habite la mer du Nord.

[Les *Fistularia maxima*, *F. tubulosa* et *F. elegans* appartiennent au genre Holothurie proprement dit, qui formait la deuxième section des Holothuries de M. de Blainville, dans son Manuel d'actinologie, et qui, dans le supplément au même ouvrage (1836), fait partie de sa troisième section. Celles des *H. veretilliformes*, « ayant le corps assez allongé, assez mou, subcylindrique et couvert, portant des suçoirs tentaculiformes, dont les inférieurs sont les plus longs. » Dans la même section se trouvent les genres *Bohadschia* et *Mulleria* dont il ne diffère que par l'anus largement ouvert, tandis qu'il est plissé dans le premier de ces genres, et fermé par des dents chez l'autre. M. Jaeger, qui, le premier, a séparé d'après ce seul caractère, ces deux derniers genres des Holothuries, les place tous trois, ainsi que le genre *Trepang*, qui est fort douteux, dans son troisième groupe ou sous-genre (*Holothuria*), ayant des poumons et une face dorsale, distincte de la face centrale : les *Holothuries proprement dites*, suivant lui, sont subcylindriques, à dos convexe, quoique moins que chez les *Psolus*, à extrémités arrondies, avec la bouche ronde, un peu inférieure en avant, et l'anus également rond en arrière; vingt tentacules petits, assez courts, et une double série alterne; des pieds tubuleux, rétractiles, terminés en disques concaves, par tout le corps, mais beaucoup plus nombreux à la face ventrale, où ils sont disséminés sans ordre.

M. Brandt adopte le genre Holothurie, qu'il caractérise de même, et il y fait rentrer, en partie, le genre *Trepang*. Mais il les divise en deux sous-genres, savoir: 1° les *Thelenota*, ayant le dos mamelonné ou verruqueux, par suite du développement considérable des pieds dorsaux. Ce sous-genre lui-même formant deux sections, les *Camarosomes*, qui ont le corps très allongé, ordinairement cylindrique avec le dos convexe plus ou moins garni de mamelons bien développés, et plus rarement ronds, presque quadrangulaires par le développement des pointes dorsales, et les *Platysomes* qui ont le corps médiocrement allongé, dilaté. 2° Le second sous-genre *Microthele* a les pieds de la face dorsale peu développés, sortant plus rarement de mamelons peu distincts.

Aux Holothuries proprement dites (*Fistularia* de Lamarck], 1. *Holothuria elegans*, 2. *H. tubulosa*, 3. *H. maxima*, il faut ajouter les espèces suivantes :

† 4. Holothurie de Colomna. *Holothuria Columna*. Jaeger. p. 22.

H. depressa, subcartilaginea; margine subcarinato; acutis crenulato.

Pudendum regale. Fab. Column. XXVI. 1.

Holothuria regalis. Cuvier. Règne anim. IV. p. 239.

Habite la Méditerranée. —Long. plus d'un pied, larg. 3 à 4 pouces.

† 5. Holothurie quadrangulaire. *Holothuria quadrangularis*. Lesson. Cent. zool. p. 90. pl. 31. f. 1.

H. quadrilatera, subcartilaginea, lævissima, glauco-cœrulea, marginibus supernis spinosis; spinarum mucronibus fusco-rubris mollibus, paululum recurvatis; ventre molli, plano, innumeris, pedibus, brevibus, rubro-fuscis sparsis instructo; tentaculis globulosis ciliatis; ano absque sphinctere.

Holothuria (Thelenota camarosoma). Brandt. Prodr. l. c.

Habite près de la Nouvelle-Guinée. — Long. 1 pied.

† 6. Holothurie andouille. *Holothuria hilla*. Less. l. c. p. 226. pl. 79.

H. cylindrica postice rotundata, dorso rutilo-cinerea, subtùs albida, vittis circularibus intensim rutilo-cinereis circumdata; corio tenui membranoso valde extensibili, hamulis ornato papillosis, luteis, albo-circumcinctis, regulariter dispositis; tentaculis cinereo albidis.

Holothuria hilla. Jaeger. l. c.

Habite l'archipel des îles des Amis. — Long. 1 pied.

† 7. Holothurie impudique. *Holothuria monacaria*. Less. l. c. p. 225. pl. 78.

H. coriacea, solida, rubro-fusca, hamulis armata et papillis circulo albo circumdatis instructa; ventre lævi, molli, ferrugineo, duobus vittis longitudinalibus lucido-luteis ornato; pedibus brevibus, rubro-fuscis plurimis obsito; tentaculorum peltis rubris plicatis.

Holothuria monacaria. Jaeger. l. c. p. 24.

Holothuria? (Thelenota). Brandt. l. c.
Habite l'Océan pacifique. — Long. 7 pouces.

† 8. Holothurie ombrée. *Holothuria umbrina.* Leuckart. Rüppell's Reise. Atl. p. 10. tab. 2. f. 2.

H. tota flavescens fusca, dorso tuberos, touberculis nigro punctatis; oris apertura inferiore; tentaculis apice cærulescentibus, dilatato-peltatis.

Jaeger. De holoth. p. 23.
Holothuria (Thelenota camarosoma). Brandt. l. c.
Habi e la mer Rouge. — Long. 3 pouces.

† 9. Holothurie noirâtre. *Holothuria fusco-cinerea.* Jaeger. l. c.

H. coriacea, subcylindrica, posticè latior subinflata, utrinque rotundata, supernè fusco-nigra, subtus cinerea ad colorem lavandulæ accedens; pedibus opacis apice capitatis, luteo-fuscis, in toto corpore sed multo frequentius ad ventris latera, ex nigris corii perforationibus exsertis.

Holothuria (Microthele). Brandt. Prodr. l. c.
Habite l'île Célèbes. — Long. 5 à 6 pouces, épaiss. 1 pouce.

10. Holothurie noire. *Holothuria atra.* Jaeger. l. c. p. 22.

H. cylindrica, posticè rotundata subinflata, tota atra, decolorans; tota pedibus membranaceis, pellucidis, fusco-capitatis obsita; cutis extensibilis tenuis, sed coriacea.

Holothuria (Microthele). Brandt. Prodr. l. c.
Habite l'île Célèbes. — Long. 5 à 7 pouces.

† 11. Holothurie pointillée. *Holothuria punctata.* Jaeger. l. c.

H. subcylindrica, posticè subinflata, rotundata. Venter planiusculus, albidus, punctis minimis fuscis raris. Dorsum intensè fuscum, punctis innumeris minimis fuscis, in lineolas dispositis. Pedes in dorsi æque ac ventre conici membranacei.

Holothuria (Microthele). Brandt. Prodr. l. c.
Habite l'île Célèbes. — Long. 6 pouces.

† 12. Holothurie rude. *Holothuria scabra.* Jaeger. l. c. p. 28.

H. scabra subcylindrica, utrinquè rotundata, latere subemarginato; dorso albido cinereo cum sulcis et rugis frequentissimis pigmento nigro obductis; ventre albido nonnunquam rubescente; pedibus opacis capitulo scabro duro instructis, conicis.

Holothuria (*Microthele*). Brandt. Prodr. l. c.

Habite l'île Célèbes. — Long. 6 à 12 pouces. — Un repli crénelé de la peau entoure les tentacules.

† 13. Holothurie grande. *Holothuria* (*Thelenota*) *grandis* Brandt. Prodr. l. c.

H. superne fusco-ochraceo, paulisper olivascens, in medio et lateribus dorsi eminentiis biseriatis, papilliformibus pediferis fere pectinata, in laterum margine et anticè, eminentiis longioribus ferè dentata; subtus plana, ferruginea, pedibus sulphureis apice aurantiaceis, numerosissimis, sparsis, densis instructa; ore et tentaculis ferrugineis.

Habite l'archipel des îles Carolines. — Long. 1 à 2 pieds, larg. 4 pouces.

† 14. Holothurie maculée. *Holothuria* (*Microthele*) *maculata.* Brandt. l. c.

H. superne mamillis sparsis, parum distinctis obsessa, nigricans, sed maculis magnis albis marmorata, subtus fusca; tentaculis fuscis; pedibus numerosissimis fuscescentibus.

Habite à l'île Guahan (Océan pacifique). — Long. 1 pied, larg. 2 pouces.

† 15. Holothurie douteuse. *Holothuria* (*Microcthele*) *dubia.* Brandt. l. c.

H. supernè fusco-ochracea cum striis duabus longitudinalibus dentatis, albis parallelis; tentaculis e fuscescente albidis; in disco pallidè fuscescentibus.

Habite aux îles Bonin (Océan pacifique). — Long. 8 à 9 pouces.

† 16. Holothurie tigre. *Holothuria* (*Microthele*) *tigris.* Brandt. l. c.

H. oblonga supra convexa, luteo-ochracea striisque transversis nigris, tænias interruptas exhibentibus, punctisque minoribus fuscescentibus signata; subtus plana albida; pedibus nigricante-albidis disco lutescentibus; lateribus incisis; ore anoque fuscescentibus; tentaculis olivaceis.

Habite les îles Uleai dans l'archipel des Carolines. — Long. 15 pouces, larg. 4 pouces.

† 17. Holothurie sordide. *Holothuria* (*Microthele*) *sordida.* Brandt. l. c.

H. fusco-nigra in abdomine pallidior; lateribus 3-4 subsinuatis, in tegumentis valdè incrassatis; dorso pedibus parvis tentaculiformibus obsesso; pedibus nigricantibus, disco albo.

Habite à l'île Lugunor dans l'archipel des Carolines. — Long. 1 pied; larg. 3-4 pouces.

† 18. Holothurie éthiopienne. *Holothuria* (*Microthele*), *Æthiops.* Brand. l. c.

H. cylindrica utrinque parumper attenuata, tota nigro-fusca, excepto pedum disco albo. Pedes dorsales acuti, frequentissimi, papillis acuminatis similes.

Habite à l'île d'Ualan. — Long. 1 pied, larg. 2 à 3 pouces.

† 19. Holothurie alliée. *Holothuria* (*Microthele*) *affinis.* Brandt. l. c.

Habite l'île d'Ualan. — Long. 1 pied, larg. 1 à 2 pouces. — Cette espèce très voisine de la précédente en diffère par un certain reflet bleu violet; et par la forme de ses tentacules, dont les digitations extérieures sont plus longues que les intérieures.

† 20. Holothurie ananas. *Holothuria ananas.* Quoy et Gaimard. Astrolab. Zool. p. 110. pl. 6. f. 1-3.

H. corpore maximo, subparallelipedo, desuper foliaceo rufo, subtus rubro haustellis irrorato; tentaculis 20, crassis, nec apice ciliatis.

Habite à la Nouvelle-Irlande. — Long. 2 pieds.

— C'est à ce genre aussi que peuvent être rapportées avec plus ou moins de certitude les espèces suivantes.

† 21. Holothurie bandelette. *Holothuria fasciola.* Quoy et Gaim. Astrol. p. 130.

Habite à la Nouvelle-Irlande. — Long. 1 à 2 pieds.

† 22. Holothurie fauve. *Holothuria fulva.* Q. et G. l. c. p. 135.

Habite à la Nouvelle-Hollande. — Long. 1 pied.

† 23. Holothurie terre de Sienne. *Holothuria subrubra.* Q. et G. l. c. p. 136.

Habite à l'île de France. — Long. 12 à 15 pouces.

† 24. Holothurie de Radack. *Holothuria Radackensis.* Chamisso et Eysenh. N. act. nat. cur. t. x, pag. 352. tab. 26, que M. Brandt soupçonne être identique avec son *Holothuria affinis.*

† 25. Holothurie agglutinée. *Holothuria agglutinata.* Lesueur. Acad. sc. Philadelph. p. 157.

H. tubularis mollis, tuberculis distantibus contractilibus undique sparsis instructa, tentaculis 18 *æqualibus umbellatim infundibuliformibus, angustis.*

Habite Saint-Barthélemy (aux Antilles).— Long. 3 à 4 pouces. — Cette espèce s'enveloppe de débris de coquilles et de madrépores qu'elle agglutin par un mucus visqueux.

† 26. Holothurie obscure. *Holothuria obscura.* Lesueur. Acad. sc. nat. Philadelph. t. 6. p. 156. n. 1.

H. tubularis brunea, medio-subinflata; dorso tuberculis conicis instructo; parte inferiore numerosis papillis suctoriis instructâ; ore 21 *tentaculis cylindricis umbella ramosa terminatis ornato; ano papilloso.*

Habite Saint-Barthélemy (aux Antilles). — Long. 6 pouces, larg. 9 lignes.

† 27. Holothurie triquètre. *Holothuria triquetra.* Delle Chiaje. Mem. Sul. An. s. vert. 3. p. 71. tab. 35. f. 16.

H. tentaculis viginti, apice peltato-incisis; corpore triquetro, papillis suprà conicis, subtus tubulosis, posticc binis elongatis.

Habite la Méditerranée.

— Enfin, les six espèces prétendues nouvelles que M. Delle Chiaje a observées dans le golfe de Naples. † 26. *H. Forskali* (Mem. An. senza vertebr. 1. p. 79). † 27. *H. Poli* (l. c. p. 80. tab. 6. f. 1). † 28. *H. Sanctori* (l. c. p. 80. tab. 6. f. 2). † 29. *H. Cavolini.* (l. c. tab. 7. f. 1). † 30. *H. Petagnæ* (l. c. tab. 9. f. 4). † 31. *H. Stellati* (l. c. tab. 7. f. 3), et que l'on peut bien, comme M. de Blainville, regarder comme de simples variétés de l'*Holothurie tubuleuse.*

† MULLÉRIE (Mulleria).

Le genre *Mullérie*, établi par M. Jaeger et adopté par M. Brandt et par M. Agassiz, ne diffère des Holothuries proprement dites que par les cinq dents entourant son anus et servant à l'insertion des muscles longitudinaux : aussi ne doit-on le considérer que comme une division à établir dans un genre si nombreux en espèces. Il faut observer aussi que ce nom de Mullérie avait déjà été donné à un genre de Mollusques voisin des Ethéries par M. Férussac, et que M. Fleming l'avait même aussi donné à une autre division des Holothuries répondant au genre *Thyone*, et en partie au *Trepang* de M. Jaeger.

1. Mullérie échinite. *Mulleria echinites*. Jaeger. De Holoth. p. 17.

M. castaneo fusca, infra pallidior; in ventre dorso molliore, ubique ex atris corii perforationibus, prodeunt pedes, quorum capitula opaca disco concavo, cucurbitulæ simili instructa sunt; ano quinque dentibus pallidè fuscis, irregularibus, subscabris instructo.

Habite près de l'île Célèbes. — Long. 4 pouces.

2. Mullérie Lécanore. *Mulleria Lecanora*. Jaeger. De Holoth. p, 18. tab. 2. f. 2.

M. subcylindrica, antice paululum attenuata; dorso brunneo, obscure maculato ventre albido-cinereo, maculis et annulis imprimis pedum basin circumdantibus fusco-cinereis ornato; lineolis fusconigridis in lateribus quadratim dispositis.

Habite près de l'île Célèbes. — Long. 1 pied. — Les taches du dos ont l'aspect de certains lichens, et notamment de la *Lecanora geographica*.

3. Mullérie linéolée. *Mulleria lineolata*. Brandt. Prodr. l. c.

Holothuria. Quoy et Gaim. Astrol. p. 136.

Habite à l'île Tonga. — Long. 8 à 10 pouces.

4. Mullérie miliaire. *Mulleria miliaris*. Brandt. Prodr. l. c.

Holothuria. Q. et G. l. c. p. 137.

Habite à l'île de Vanikoro. — Long. 6 pouces.

5. Mullérie de Guam. *Mulleria Guamensis*. Brandt. l. c.

Holothuria. Q. et G. l. c. p. 137.
Habite à l'île de Guam. — Long. 7 pouces.

6. Mullérie de Maurice. *Mulleria Mauritiana*. Brandt. l. c.

Holothuria. Q. et G. l. c.
Habite à l'île de France. — Long. 6 à 7 pouces.

---

† **BOHADSCHIE** (Bohadschia).

Ce genre, établi comme le précédent par M. Jaeger, diffère aussi peu ou même encore moins des vraies Holothuries, car son seul caractère distinctif est dans la forme de l'anus radié ou en étoile à cinq branches, mais sans dents. Il est présumable qu'un nouvel examen, surtout d'après les animaux vivans, réduirait à un moindre nombre les cinq espèces décrites par M. Jaeger, d'après des objets conservés dans l'alcool et venant tous du même lieu.

1. Bohadschie marbrée. *Bohadschia marmorata*. Jaeger. De Holoth. p. 18.

Habite près de Célèbes. — Long. 4 à 6 pouces.

2. Bohadschie ocellée. *Bohadschia ocellata*. Jaeger. l. c.

Du même lieu. — Long. 1 pied, larg. 3 pouces.

3. Bohadschie argus. *Bohadschia argus*. Jaeger. l. c. p. 19. pl. 2. f. 1.

Du même lieu. — Long. 1 pied quand elle est étendue.

4. Bohadschie linéolée. *Bohadschia lineolata*. Jaeger. l. c. p. 19.

Du même lieu. — Long. 7 pouces.

5. Bohadschie tachée de blanc. *Bohadschia albi-guttata*. Jaeger. l. c.

Du même lieu. — Long. 6 pouces.

---

† TREPANG (Trepang).

Le genre *Trepang*, établi par M. Jaeger, est regardé comme douteux par cet auteur lui-même, qui le plaçant dans sa division des Holothuries, ne lui assigne que des caractères vagues et impropres à le distinguer des genres voisins; c'est, dit-il, d'avoir « le corps subcylindrique, la bouche antérieure, entourée de 10 à 20 tentacules peltés-capités. »

C'est à ce genre qu'appartiennent la plupart des espèces qui sont recherchées comme un mets exquis par les Chinois et les Malais, et dans les îles de l'Australasie. M. Jaeger en a pu déterminer une seule espèce qu'il nomme *Trepang ananas*, et qu'il croit bien n'être qu'une vraie Holothurie; il en a vu un grand nombre d'autres desséchées à la fumée pour être conservées comme aliment et apportées de Célèbes. Des trois autres espèces décrites par Forskal et par M. Lesson, il pense que les deux dernières pourraient se rapprocher des Synaptes.

M. Brandt adopte le genre *Trepang*, tout en déclarant qu'il est établi sur des caractères incertains, et il lui attribue un corps cylindrique; six ou huit tentacules peltés-capités, et des pieds épars à la face ventrale; mais il ne conserve dans ce genre que le *Trepang edulis*, et reporte les autres dans les genres *Holothuria* et *Sporadipus*.

1. Trepang comestible. *Trepang edulis*. Jaeger. De Holoth. p. 24.

T. cylindrica, subrugosa, consistens, subtus brevibus densis munita pedibus, supra intense fuliginoso-nigra, lateribus et infra rosacea nigro-punctata; ore ovato, 6-8 *fasciculis tentaculorum rotundatorum plumosorum cincto; ano terminali.*

Holothuria edulis. Lesson. Cent. zool. p. 125. pl. 46. f. 2.

Trepang edulis. Brandt. Prodr. l. c.

Habite les côtes des îles Moluques, Philippines et Carolines, et les côtes septentrionales de la Nouvelle-Hollande.—Long. 8 pouces.

2. Trepang ananas. *Trepang ananas*. Jaeger. l. c.

Holothuria ananas. Brandt. l. c.
Habite les côtes de Célèbes. — Long. 7 pouces, larg. 15 lignes.
C'est une des espèces que l'on sèche à la fumée.

3. Trepang impatiente. *Trepang impatiens*. Jaeger. l. c.

Fistularia impatiens. Lamarck.

4. Trepang péruvienne. *Trepang peruviana*. Jaeger. l. c.

Mulleria. Fleming.
Holothuria peruviana. Lesson. Cent. zool. p. 124. pl. 46. f. 1.
Sporadipus? Brandt. prodr. l. c.
Habite les côtes du Perou au 12° lat. S. — Long. 6 pouces.
Elle est molle, d'une couleur violette magnifique.

C'est à côté des Holothuries et des autres genres que nous venons de décrire, qu'il faut placer le genre *Cladolabes* de M. Brandt, qui s'en distingue par ses tentacules rameux, mais qui, comme eux, fait partie de la division des *Hétéropodes sporadipodes*, c'est-à-dire ayant des pieds de deux sortes épars sans ordre sur la surface du corps. Il est caractérisé ainsi : « Corps allongé, convexe en dessus, et présentant un réseau en creux entre des verrues déprimées d'où sortent les pieds; plane en dessous et couvert de pieds très nombreux, épars, excepté à l'extrémité postérieure qui est conique. Vingt tentacules. »

1. *Cladolabes limaconotos*. Brand. l. c.

C. e subolivascente ochraceus, dorso obscuriore ad brunneum vergente; pedibus sordide lutescentibus; ore nigricante.
Habite aux îles Bonin. — Long. 8 pouces, larg. 12 à 15 lig.

2. *Cladolabes spinosus*. Brandt. l. c. *Holothuria*. Quoy et Gaim. Astrol. p. 118. pl. 7. f. 1-10.

Cl. cucumiformis, coriaceus, subruber, lateribus spinosus apice acutus antice quinque partitus; tentaculis nonis ramosis, basi fusco-unipunctatis.
Habite à Sydney, port Jackson.

3. *Cladolabes aurea.* Brandt. l. c. *Holothuria.* Quoy et Gaim. Astrol. pl. 7. p. 120. f. 15-17.

Cl. mollis, cylindricus, vermiformis, granulosus, tentaculis duodenis, ramosis; tubulis retractilibus brevibus.

Habite près du Cap de Bonne-Espérance. — Long. 2-3 pouces.

---

† STICHOPUS. (Cribrina.)

Le genre *Stichopus* de M. Brandt, est le type de la section des *Stichopodes*, dans la division des *Hétéropodes* comprenant avec lui, un second genre *Diploperideris*, qui est également caractérisé par la disposition en séries longitudinales, des pieds de la face ventrale, mais qui a cinq de ces rangées, tandis que les *Stichopus* n'en ont que trois ; les uns et les autres ont les tentacules peltés et devraient sans doute être réunis en un seul genre. M. Brandt a fait connaître trois espèces de *Stichopus* et un *Diploperideris*, d'après les observations de Mertens. Il a ensuite reporté lui-même à son premier genre sept des Holothuries, décrites par MM. Quoy et Gaimard, dans le voyage de l'Astrolabe.

1. *Stichopus chloronotus.* Brandt, de l'île Lugunor.
2. *Stichopus cinerascens.* Br., des îles Bonin.
3. *Stichopus leucospilota.* Br., de l'île Ualan.
4. *Stichopus flammeus.* Br., *Holothuria.* Quoy et Gaimard, t. c. p. 117. pl. 6. f. 5-6.

S. corpore parallelipipedo, luteo, virescente; supra flammis nigris notato; subtus tubulis violaceis seriebus triplicatis; tentaculis 20, tenuiter apice racemosis.

Habite l'île de Vanikoro.

5. *Stichopus luteus.* Br. *Holothuria.* Q. et G. l. c. p. 130.
6. *Stichopus tuberculosus.* B. *Holothuria.* Q. et G. l. c. p. 131.

7. *Stichopus unituberculatus*. Br. *Holothuria*. Q. et G. l. c. p. 131.
8. *Stichopus albofasciatus*. Br. *Holothuria*. Q. et G. l. c. p. 132.
9. *Stichopus lucifugus*. Br. *Holothuria*. Q. et G. l. c. p. 134.
10. *Stichopus pentagonus*. Br. *Holothuria*. Q. et G. l. p. 135.

Dans le genre *Diploperideris*, les pieds ne sont en rangées régulières qu'à la partie antérieure, ils sont épars sans ordre à la partie postérieure. Les tentacules sont beaucoup plus divisée que ceux des *Stichopus*, entourés à leur base par des prolongemens particuliers. La seule espèce connue a été décrite par M. Brandt, sous le nom de *Diploperideris sitchænsis*.

---

† SYNAPTE. (Synapta.)

Le genre *Synapte* établi par Eschscholtz, a été adopté par M. Jaeger, qui en fait une tribu de son sous-genre *Tiedemannia*, qui comprend les espèces privées d'organes respiratoires et à corps cylindrique, sans distinction de dos et de ventre. Cette tribu est un véritable genre caractérisé par une forme très allongée, vermiforme, avec une peau délicate et des tentacules grands, ordinairement pinnatifides. Au lieu de pieds, les Synaptes ont leur surface couverte de petites pointes inorganiques, recourbées en hameçon. Aussi, Eschscholtz avait-il caractérisé ces animaux par leur singulière faculté d'adhérer aux corps étrangers, à la manière des têtes de Bardane. M. Brandt adopte également ce genre, mais il aperçoit dans la forme des tentacules, dans l'absence des éminences verticilliées à la surface de la peau, des motifs pour séparer plusieurs des espèces de M. Jaeger, dans des genres, ou au moins dans des sous-genres particuliers qu'il nommerait *Tiedemannia*, *Reynodia* et *Beselia;* il veut, en outre, rapporter à son genre *Oncinolabes* l'*Holothuria maculata* d'Eschscholtz, que cet auteur lui-même avait placée dans son genre *Synapta*. M. de Blainville comme M. Quoy laisse les Synaptes dans ses *Fistulaires :* M. Leuckart avait donné le nom de *Tiedemannia* à l'espèce de la mer Rouge.

1. Synapte océanienne. *Synapta oceanica*. Jaeger. De Holoth. p. 14.

S. intestiniformis, cuti tenuis pellucida; vittis sex membranosis longitudinalibus, inter quas jacent inflationes æquales, symetricæ, tuberculiformes. Ore in disco convexo; tentaculis longis; planis, pectinato-pinnatifidis. Ano rotundo nudo terminali.

Holothuria oceanica. Lesson. Cent. zool. p. 99. pl. 35.

Synapta oceanica. Brandt. Prodr. Acad. Pétersbourg. 1835.

Habite les côtes d'O-taïti. — La longueur de cet animal va jusqu'à 3 pieds, mais elle se réduit à 1 pied par la contraction. Sa couleur est gris-roussâtre, avec deux lignes blanches argentées, séparées par une ligne noire sur chacune des bandes membraneuses; ses petits hameçons jaunes dont sa peau est couverte, causent, en s'accrochant à la peau, une sensation intolérable de brûlure.

2. Synapte mamelonnée. *Synapta mamillosa*. Eschscholtz. Zool. Atlas. H. 11. tab. x. f. 1. p. 12.

S. cutis tenerrima, adhærens, tubulis retractilibus destituta. Decem pollicis longa, 6-8 lineas lata, corpore protuberantiis globosis verticillato, pallide fusco, vittis transversalibus intensius fuscis ornato. Nonnullæ conspiciuntur vittæ, quarum color lateritius nigris interruptus est quadratis.

Jaeger. De Holothuriis. p. 14.

Brandt. Prodr. l. c.

3. Synapte à bandes. *Synapta vittata*. Jaeger. l. c.

Corpus sæpe articulatum, una serie tuberum transversalium sequente vittas 5 longitudinales, albas, nigro-punctatas. Tentaculis 15 pectinato-pinnatifidis, medio fuscis, utrinque pallidis.

Fistularia vittata. Forsk. Faun. Ægypt. arab. p. 121. tab. 37.

Encycl. pl. 87. f. 8-9.

Holothuria vittata. Lamarck. n° 8.

Holothuria (*Fistularia*) *vittata*. Blainv. Man. d'actin. p. 194. pl. 13. f. 3.

Tiedemannia vittata. Leuckart. Rüppell's Reise. t. II. f. IV.

Habite la mer Rouge. — Long. 1 pied, diam. 6 lignes. — Elles s'attache aux doigts par le moyen de ses papilles glutineuses. M. Brandt pense que cette espèce et la suivante, en raison du manque de hameçons, doivent former un genre ou au moins un sous-genre distinct qui conserverait le nom de *Tiedemannia*.

4. Synapte glutineuse. *Synapta reciprocans*. Jaeger. l. c.

S. corpore molli vicissim hinc et indè inflato contractove ad fili tenuitatem. Tentaculis fuscis 12 *et pluribus, acutis lanceolatis, utrinque dentatis.*

Fistularia reciprocans. Forskal. Egypt. p. 121. tab. 38.

Holothuria glutinosa. Lamarck. n° 7.

Habite la mer Rouge, près de Suez. — Long. 1 pied. — Tentacules longs d'un pouce. Corps couvert de papilles glutineuses imperceptibles.

5. Synapte de Besel. *Synapta Beselii*. Jaeger. l. c. p. 15. tab. 1. f. 1.

S. intestiniformis, rubro-fusca, maculis atrofuscis obsita, vittas transversas irregulares simulantibus; circulis minimis paululum prominentibus, rutilo-albidis, ubique sparsis, in quibus sunt hamuli anchoriformes; tentaculis 15 *pinnatis.*

Habite près de l'île de Célèbes.

6. Synapte maculée. *Synapta maculata*. Jaeger. l. c.

S. vermiformis, pentagona, mollissima, cute tenui, cæruleo-maculata, maculis irregularibus; vittis longitudinalibus quinque, luteis, papillosis; tentaculis 15 *in una serie circa os dispositis, pinnatis; motus reptans, vermicularis.*

Holothuria maculata. Chamisso et Eysenh. Act. nat. curios. t. 10. p. 352. pl. 25.

Habite aux îles Radack. — Long. 3 pieds, épaiss. 1 pouce.

M. Brandt croit devoir rapporter cette espèce à son genre *Oncinolabes*.

7. Synapte radieuse. *Synapta radiosa*. Jaeger. l. c.

S. intestiniformis, hinc et indè modo distenta contractave; fuliginoso-viridis, zonis et maculis minus intense coloratis; lineis latis opa-

cioribus vittas membranaceas internas indicantibus; oris disco rotundo, cui circumdatur circulus fusco-maculatus, tentacula 16 (15 *forsan?*) *spathuliformes, ovato-oblonga, ciliata, lutea, albo-maculata gerens.*

Holothuria radiosa. Reynaud. Cent. zool. de Lesson. p. 58. pl. 15.

Habite la côte de Coromandel.— Long. 2 pieds.

Sa peau est couverte de petits hameçons susceptibles de s'accrocher fortement aux corps étrangers, mais ne produisant qu'une faible urtication sur la main.

M. Brandt propose d'en faire un genre ou sous-genre particulier, sous le nom de *Reynodia.*

8. Synapte de Dorey. *Synapta Doreyana (Fistularia).* Quoy et Gaim. Astrol. p. 124. pl. 7. f. 11-12.

S. longissima, mollis, translucida; dorso luteo-viridi bilineato; tuberculis quaternis seriebus rugosis; tentaculis quindenis longis et albis.

Synapta. Brandt. l. c.

Habite les côtes de la Nouvelle-Guinée.— Tentacules uniformément pinnés.

Elle a quelques rapports avec l'*H. oceanica.* Lesson.

9. Synapte piquetée. *Synapta punctulata (Fistularia).* Quoy et Gaim. Astrol. p. 125. pl. 7. f. 13-14.

Synapta corpore vermiformis, molli, papilloso, luteo-virescente, punctis nigris irrorato; tentaculis quindenis, fusco reticulatis.

Synapta. Brandt. l. c.

Habite les côtes de la Nouvelle-Guinée. — Long. 2 pieds. — Très fragile; tentacules pinnés.

—C'est bien encore au genre *Synapte* que paraissent devoir être rapportées les deux espèces suivantes :

† 10. Synapte hydriforme. *Synapta hydriformis (Holothuria).* Lesueur. Acad. sc. nat. Philadelphie. 6. p. 16. n. 7.

H. vermiformis, rubra albo-maculata; tentaculis 12 *flaccidis pinnatis, pinnularum paribus sex aut septem.*

Habite les côtes de la Guadeloupe. — Long. 2 pouces. — Elle est couverte de très petits tubercules faisant l'office de suçoirs pour la fixer aux divers corps marins.

† 11. Synapte verte. *Synapta viridis* (*Holothuria*). Lesueur. l. c. p. 162. n. 8.

H. vermiformis, viridis; tentaculis 12, è quibus octo integris longis, 6-7 pinnularum paribus munitis, quatuor vero absque pinnulis.

Habite Saint-Thomas, aux Antilles. — Long. 2 pouces. — Elle est couverte, suivant M. Lesueur, de petits tubercules, au moyen desquels elle s'attache aux corps marins; probablement qu'il y a des petites éminences en hameçons comme aux autres Synaptes.

---

† CHIRODOTE. (Chirodota.)

Le genre *Chirodote*, très voisin des *Synaptes*, et faisant partie comme eux des *Fistulaires* de M. Quoy et de M. de Blainville, a été établi par Eschscholtz et adopté par M. Jaeger et par M. Brandt. Il est caractérisé ainsi : «Corps cylindrique vermiforme, sans distinction de dos et de ventre; peau mince, quoique plus épaisse que celle des Synaptes, sans pieds; tentacules allongés, cylindriques à la base, peltés et digités à l'extrémité. Point d'organe respiratoire arborescent, mais à sa place, des corps cylindriques plus ou moins divisés au sommet et fixés au mésentère.

1. Chirodote pourpre. *Chirodota purpurea.* Jaeger. l. c.

C. eximiè purpurea, octodecim lineas longa, tenuis, cylindrica, lævissima, valdè contractilis; tentaculis 10 in duplici serie, externis longioribus, omnibus petaloideis, profundè sex laciniatis, pallide roseis.

Holothuria purpurea. Lesson. Cent. zool. p. 155. pl. 52. f. 2.
Chirodota purpurea. Brandt. Prodr. l. c.
Habite près des îles Malouines.

2. Chirodote lombric. *Chirodota lumbricus.* Eschscholtz. Zool. Atlas. H. II. t. X. f. 4.

C. pallidè carnea vermiformis, 7 poll. longa, 3 lin. crassa, lineis quinque punctisque sparsis albidis, ornata. Tentaculis 11 fissis, ramis subæqualibus.

Chirodota lumbricus. Jaeger. l. c. Brandt. l. c.
Habite près des îles Radack.

3. Chirodote verruqueuse. *Chirodota verrucosa.* Eschscholtz. Zool. Atl. H. II, t. x. f. 4.

C. tres pollices longa, vermiformis, cuti paulum pellucida, undique verrucis rubris adhærentibus obsita. In verrucarum intervallis puncta albida. Tentacula novemfida, ramo apicali cæteris longiore.

Chirodota verrucosa. Jaeger. l. c. Brandt. l. c.

Habite les côtes N.-O. d'Amérique, à l'île Sitcha.

4. Chirodote discolore. *Chirodota discolor.* Eschscholtz. l. c. f. 2.

C. quinque pollices longa, digiti minimi crassitie. Corpus pellucidum, roseum, quinque lineatum, nigro punctatum. Tentacula duodecim majora, tria minora, apice duodecimfida, laciniæ terminales cæteris longiores. Cutis non adhærens, diaphana, maculis 6 longitudinalibus roseis.

Chirodota discolor. Jaeger. l. c. Brandt. l. c.

Habite...

5. Chirodote roussâtre. *Chirodota rufescens.* Brandt. Prod. Acad. Pétersb. 1835. p. 259.

C. è fuscescente carnea, punctis minimis nigricantibus et striis transversis sat insignibus obsessa; tentaculis fucescentibus; maculis 5 longitudinalibus extrinsecus striarum formam præbentibus, inter quas impressiones plurimæ, eminentiæque subquadratæ formantur.

Habite l'Océan pacifique du Nord.

Tentacules pinnées seulement à l'extrémité, qui est élargie.

6. Chirodote brune. *Chirodota fusca* (*Fistularia*). Quoy et Gaim. Astrol. p. 126. pl. 8. f. 1-4.

C. corpore gracili, elongato, lævi, violaceo, fuscescente. Tentaculis sexdecim, palmatis, laciniatis rubris.

Habite les côtes de la Nouvelle-Irlande.—Long. 8 à 9 pouces.

7. Chirodote rougeâtre. *Chirodota rubeola* (*Fistularia*). Quoy et Gaim. p. 128. pl. 8. f. 5-6.

C. corpore crasso, papilloso, rubente; tentaculis 20, rubescentibus, apice palmatis, laciniosis.

Habite les côtes de la Nouvelle-Irlande.—Long. 3 pouces.

8. Chirodote déliée. *Chirodota tenuis* (*Fistularia*). Quoy et Gaim. p. 129. pl. 8. f. 7-9.

C. corpore gracili, cylindrico, rufescente valde papilloso; tentaculis 20 subflavis, basi puncto nigro notatis.

Habite les côtes de la Nouvelle-Irlande.—Long. 3 à 4 pouces.

† A côté du genre Chirodote, M. Brandt place le nouveau genre Liosoma, qui en diffère par sa forme beaucoup moins allongée, par le nombre (12) toujours moindre de ses tentacules, et par la présence d'organes respiratoires quinquefides presque arborescens, fixés par un mésentère aux intervalles séparant les muscles longitudinaux. Ses ovaires sont rameux et s'ouvrent dans un oviducte très court. La seule espèce connue est le

Liosoma sitchaense. Brandt. Prodr. l. c.

Corpus ferè pellucidum, pallidè fuscum, punctis parvis nigris, numerosis, sparsis obsessum.—Long. 18 lignes.

Habite à l'île Sitcha.

M. de Blainville place le genre Liosome dans sa cinquième section des Holothuries cucumiformes. F. D.]

PRIAPULE. (Priapulus.)

Corps allongé, cylindracé, nu, annelé transversalement, à extrémité antérieure glandiforme, presqu'en massue, striée longitudinalement, rétractile.

Bouche terminale, orbiculaire, munie de dents cornées à son orifice. Anus à l'extrémité postérieure. Un filament papillifère sortant près de l'anus.

Corpus elongatum, cylindraceum, nudum, transversim annulatum; anticâ parte glandiformi, subclavatâ, longitudinaliter striatâ, retractili.

Os terminale, orbiculatum, denticulis corneis orificio armatum. Anus posticè terminalis. Filamentum papilliferum propè anum prodiens.

Observations. — Le *Priapule* a été rapporté au genre de l'Holothurie; mais il n'en a point le caractère. Il n'y tient plus que par les petites dents qui sont à l'orifice de sa bouche.

C'est un corps oblong, cylindracé, mou, transparent, rétréci près de sa partie antérieure. Celle-ci ressemble à un gland un peu en massue, muni de stries longitudinales. Elle est terminée par une bouche orbiculaire, dépourvue de tentacules, et est rétractile.

Depuis le gland, le corps de l'animal est cylindrique, va en s'épaisissant postérieurement, et paraît annelé en travers. L'anus est à l'extrémité postérieure de ce corps, et tout auprès sort un long filament, hérissé de papilles oblongues qui, probablement, aspirent l'eau pour la respiration de l'animal.

[M. Sars, qui a observé récemment le Priapule sur la côte de Norwège, a reconnu combien cet animal est voisin des Siponcles; comme eux en effet il a une trompe munie de papilles disposées en quinconce. M. Sars est porté à considérer leur appendice caudiforme comme un organe respiratoire.]

ESPECES.

1. Priapule à queue. *Priapulus caudatus.*

Holothuria priapus. Lin. Mull. Zool. dan. 3. p. 27. t. 96. *fig. inf.*
Amœ. Acad. 4. p. 255.
Habite les fonds vaseux de l'Océan boréal. Il a 3 à 6 pouces de longueur. F. D.

SIPONCLE. (Sipunculus.)

Corps allongé, cylindracé, nu, se rétrécissant postérieurement avec un renflement terminal; et ayant antérieurement un col étroit, cylindrique, court et tronqué.

Bouche orbiculaire, terminant le col. Une trompe cylindrique, finement papilleuse à l'extérienr, rétractile, sortant de la bouche. Anus latéral, placé vers l'extrémité antérieure.

Corpus elongatum, cylindraceum, nudum, posticè sen-

sim attenuatum : extremitate tumescente ; anticè collo brevi, cylindrico, angusto truncatoque.

Os orbiculare, collum terminans. Proboscis cylindrica, extùs papillis tenuissimis obsita, retractilis, ex ore protrudit. Anus lateralis, versùs extremitatem anticam situs.

Observations. — Les *Siponcles* paraissent avoir encore quelques rapports avec les autres Fistulides, et particulièrement avec les Holothuries; mais ces rapports sont presque hypothétiques, et les animaux dont il s'agit n'offrent plus rien qui rappelle les Radiaires.

Il y a long-temps que les Siponcles ont été observés; car Rondelet en a décrit et figuré deux espèces.

On rencontre ces animaux sur les côtes, parmi les ordures amoncelées et rejetées par les eaux de la mer, ou dans le sable. On dit qu'ils vivent de terre mêlée de détritus d'animaux et de végétaux. Leur canal intestinal, parvenu à l'extrémité postérieure, revient sur lui-même, s'entortillant en tire-boure, et se termine à l'anus, qui est à la base de la trompe.

[Cuvier, dans son Règne animal, a donné les détails suivans sur l'organisation des Siponcles: « De nombreux vaisseaux paraissent unir l'intestin à l'enveloppe extérieure, et il y a de plus le long d'un des côtés, un filet qui pourrait être nerveux. Deux longues bourses, situées en avant, ont leurs orifices extérieurs un peu au-dessous de l'anus, et l'on voit quelquefois intérieurement, près de ce dernier orifice, un paquet de vaisseaux branchus qui pourrait appartenir à la respiration. » M. Delle Chiaje (Mém. an. s. vert.) prend les deux longues bourses pour des organes respiratoires, il indique des œufs disséminés à la surface de l'intestin, des masses analogues à des foies, adhérentes à l'intestin, et des filets qu'il croit nerveux; il décrit particulièrement avec soin l'appareil circulatoire. Plus récemment (Müller's Archiv. 1837), M. Grube a donné une anatomie plus complète du Siponcle.

M. Brandt prend le Siponcle pour type de sa famille des Siponculacées répondant en partie à l'ordre des Echinodermes sans pieds de Cuvier, et devant comprendre les genres Priapule et Bonellie. M. de Blainville reporte ces animaux avec les vers.]

ESPECES.

1. Siponcle nu. *Sipunculus nudus.*

S. epiderme striatâ. Gmel. p. 3094.
Syrinx. Bohadsch. Anim. mar. p. 93. t. 7. f. 6-7.
* *Syrinx tessellatus.* Rafinesque. Précis. p. 32.
* *Sipunculus balanaphorus.* Delle Chiaje. Mem. anim. s. vert. t. 1. 2e part. p. 22. pl. 1.
Habite les mers d'Europe, sur les côtes. — Long. 6 à 8 pouces.

2. Siponcle tuniqué. *Sipunculus saccatus.*

S. epiderme laxâ. Gmel. p. 3095.
Nereis sacculo induta. L. Amœn. Acad. 4. p. 454. t. 3. f. 5.
(2) *Var. lumbricus palloides.* Pall. Spicil. zool. 10. p. 12. t. 1. f. 8.
Habite les mers de l'Inde et celles de l'Amérique.
[Cuvier dit que cette espèce est établie sur un individu de Siponcle nu où l'épiderme s'est détaché. M. Delle Chiaje adopte entièrement cette opinion.]

3. Siponcle comestible. *Sipunculus edulis.*

S. albido-carneus, cylindricus, subæqualis; extremitate posticâ subclavatâ; anticâ dilatatâ, papillosâ.
Lumbricus edulis. Pallas. Spicil. Zool. 10. p. 10. t. 1. f. 7.
Habite l'océan des Grandes-Indes, dans le sable des côtes. On le mange.
[Cuvier déclare n'avoir pu voir en quoi cette espèce diffère du Siponcle nu de nos côtes; de sorte que, suivant lui, les trois espèces de Lamarck se réduiraient à une seule; mais en même temps il indique deux petites espèces, *Sipunculus lævis* et *Sipunculus verrucosus*, qui percent les pierres et se logent dans leurs cavités. Il parle aussi dans une note d'une espèce à épiderme velu, et d'une autre à peau toute coriace, qui ne sont pas citées dans les auteurs, et il ajoute que la mer des Indes en produit une de 2 pieds de long. M. Delle Chiaje, dans ses Mémoires sur les animaux sans vertèbres de la Méditerranée, décrit l'espèce suivante qu'il croit bien différente du *S. verrucosus* de Cuvier.] F. D.

† 4. Siponcle échinorhynque. *Sipunculus echinorhynchus.* Delle Chiaje. t. 1. p. 133. tab. 10. fig. 8-11.

S. proboscide mamillari, zonis parallelis tenuiter fimbriatis, rigidis-

que exornata; ore tentaculis cartilagineis, uncinatis, in orbem digestis; cauda subglobosa, apertura bilabiata prædita. —Long. 5 pouces.

†M. Brandt, dans son Prodrome des animaux observés par Mertens (Acad. Pétersb. 1835), a fait connaître, d'après ce naturaliste, les deux espèces suivantes, et en indique une troisième comme douteuse sous le nom de *Sipunculus ambiguus.*

† 5. Siponcle de Norfolk. *Sipunculus norfolcensis.* Brandt.

Corpus elongatum, e nigricante fuscum, circiter quadri-pollicare, verrucis satis parvis, sparsis, in toto corpore æqualibus obsessum.
Des côtes sablonneuses de l'île de Norfolk.

† 6. Siponcle à bandelettes. *Sipunculus fasciolatus.* Brandt.

Corpus elongatum, circiter 2 lin. 1/2 longum, anticè fuscescens et in dorso fasciis nonnullis transversis, è nigricante fuscis notatum, postice e nigricante fuscum, verrucis subreticulatìm positis, in anteriore corporis parte minoribus tectum.
Habite à l'île d'Ualan dans l'archipel des Carolines.

---

† BONELLIE. (Bonellia.)

Le genre *Bonellie* a été établi par M. Rolando pour un animal très mou et vivant dans la vase ou le sable au fond de la mer. Cuvier l'a caractérisé plus exactement en lui attribuant un corps ovale terminé par l'anus, et une trompe formée par une lame repliée, susceptible d'un extrême allongement et fourchue à son extrémité. L'intestin est très long, plusieurs fois replié; près de l'anus sont deux organes ramifiés servant peut-être à la respiration. Les œufs sont contenus dans un sac oblong, flottant à l'intérieur et s'ouvrant près de la base de la trompe. M. Rolando, qui avait pris la trompe pour une queue et l'anus pour une bouche, a décrit aussi un système vasculaire composé d'un grand nombre de vaisseaux très fins et de trois troncs longitudinaux, l'un fixé sur l'intestin dans sa moitié antérieure, les deux autres parallèles entre eux et situés très près de l'autre, à la face interne de l'enveloppe musculaire.

Ce genre doit naturellement être placé à côté des Siponcles.

1. Bonellie verte. *Bonellia viridis.* Rolando. Mém. Acad. Turin. t. XXVI. p. 551. tab. XIV. XV.

B. viridis, corpore æquali, lævi; proboscide longa complanata laciniis membranaceis margine interno obscuriori, undulato, lobato.

Habite la Méditerranée, sur les côtes de Sardaigne, à Gênes, à Toulon.

Nous avons vu retirer, par un pêcheur de coquillages, dans la rade de Toulon, avec des souches de Zostère, d'une profondeur de deux brasses, un animal que nous supposons être la Bonellie verte. Sa longueur totale, avec la trompe, était presque de deux pieds.

2. Bonellie brunâtre. *Bonellia fuliginosa.* Rolando. l. c. p. 552. tab. XV. f. 4.

B. corpore fusiformi tuberculato; proboscide et laciniis teretibus apicibus subglobosis.

Habite les côtes de Sardaigne. — Long. 5 à 6 pouces.

Pour compléter l'énumération des Echinodermes sans pieds, il faut dire quelques mots des divers genres admis par Cuvier dans cet ordre. Nous avons déjà vu plus haut que les *Myniades* sont de véritables Actinies (pag. 427); nous avons placé, d'après M. de Blainville, les *Molpadies* avec les Holothuries. Nous devons dire qu'il n'existe aucune trace du genre *Lithoderme*, ni dans la collection d'anatomie comparée du Muséum, ni ailleurs, à moins que ce ne soit quelque Siponcle enveloppé d'un étui de sable agglutiné. Les genres *Thalassème*, *Echiure* et *Sternaspis* reportés par M. de Blainville avec les Annelides ou Chétopodes, forment, pour M. Brandt, une 2° famille à côté des Siponculacées; Cuvier, d'ailleurs, dans la dernière édition du Règne animal, dit avoir reconnu, d'après un nouvel examen, que c'est avec les Echinodermes qu'ils doivent être classés.

Les *Thalassèmes* ont le corps ovale ou oblong, et la trompe en forme de lame repliée ou de cuilleron, mais non fourchue; leur canal intestinal est semblable à celui de la Bonellie; ils ont deux crochets placés très en avant. On en compte deux espèces que Cuvier croit devoir être réunies : 1° *Thalassema Neptuni.* Gærtner (*Lumbricus thalassema.* Pallas, Spicil. zool. fasc. x, tab. 1. f. 6). 2° *Thalassema mutatorium.* Montagu. Transact. linn. XI, v. 26.

Les *Echiures* ne diffèrent des Thalassèmes que par deux rangées de soies raides qu'ils ont en outre à l'extrémité postérieure. Pallas (Miscell. zool. XI, 1-6) en a fait connaître une espèce (*Lumbricus echiurus*), assez commune sur nos côtes où les pêcheurs l'emploient comme appât.

M. Brandt a fait connaître, d'après Mertens, une nouvelle espèce d'Echiure qu'il caractérise ainsi :

2. *Echiurus sitchaensis.* Brandt. Prodr. (Acad. Pétersb. 1835. p. 262.)

Corpus circiter tripollicare oblongum, e subbrunneo olivaceum, obscurius punctatum et transversim striatum. Proboscis latiuscula, carnea, transversim purpureo striata, apice emarginata. Unguiculi anterioris corporis partis et spinulæ posterioris lutea.

Habite les côtes de l'île Sitcha.

Le genre *Sternaspis*, très voisin des Echiures, est caractérisé par un disque un peu corné, entouré de cils qu'on voit sous la partie antérieure. Il a été établi par M. Otto (Act. nat. cur. t. x. p. 619. pl. 50) sur un ver de la Méditerranée déjà indiqué par Ranzani sous le nom de *Thalassema scutatum.*

Le *Sternaspis thalassemoides* est long de 2 pouces, gros comme le petit doigt ; obtus aux deux extrémités, assez consistant, transversalement strié, ayant les tégumens épais et solides comme ceux des Siponcles et des Thalassèmes. F. D.

CLASSE QUATRIÈME.

LES TUNICIENS. (Tunicata.)

Animaux gélatineux ou coriaces, biforés, bituniqués, quelquefois isolés ou rassemblés en groupes, plus souvent réunis plusieurs ensemble et formant un masse commune.

Le corps oblong, irrégulier, comme divisé intérieurement en plusieurs cavités, point de tête; point de sens distincts; point de parties paires semblables au-dehors. Quelques tubercules et filets internes présumés nerveux; des fibres musculaires; des vaisseaux apparens ; le tube alimentaire ouvert aux 2 bouts; des amas de gemmules enveloppés et intérieurs, soit solitaires, soit géminés, ressemblant à des ovaires.

Animalia gelatinosa vel coriacea, biforata, bitunicata, interdùm distincta vel subaggregata, sæpius pluribus conjunctìm coalita, massamque communem sistentia.

Sub tunicâ externâ, corpus oblongum, irregulare, cavitatibus pluribus intus subdivisum. Caput nullum; sensus speciales nulli distincti; partes similes per paria extùs nullæ.

Tubercula filamentaque aliquot internâ, pro nervis desumpta. Fibrillæ musculares; vàscula conspicua; tubus alimentarius utrâque extremitate foratus. Gemmularum internarum acervi solitarii vel geminati, membranâ vesiculosâ vestiti, ovaria simulantes.

Observations. — D'après les observations et les découvertes récentes des zoologistes, je me vois obligé d'établir dans la classification des animaux une nouvelle coupe, dont le rang, dans la série unique et simple que nous sommes forcés d'employer, ne me paraît pas pouvoir être assigné sans rompre des rapports importans, c'est-à-dire, sans écarter les animaux qui constituent cette coupe, de ceux dont ils paraissent se rapprocher davantage par leurs rapports. J'ai donné la raison de cette difficulté dans le supplément (p. 400) qui termine le premier volume de cet ouvrage. La nature, en effet, paraît avoir formé au moins deux séries distinctes dans sa production des animaux ; et, pour nos expositions, nous ne pouvons faire usage que d'une série unique, très simple et générale, qui ne saurait conserver à tous les animaux leurs rapports avec les avoisinans. Ainsi, la coupe dont il est maintenant question, peut être ici bien placée, quant au degré de composition de l'organisation qui est propre aux animaux qu'elle embrasse; mais elle ne saurait l'être quant aux rapports des animaux de cette coupe, soit avec ceux qui précèdent, soit avec ceux qui suivent.

Les animaux dont il s'agit et auxquels je donne le nom classique de *Tuniciers,* sont ceux que l'on a récemment reconnus avoir des rapports avec les Ascidies et les Biphores par leur organisation intérieure. Or, ayant déjà considéré ces derniers comme appartenant à la classe des Mollusques, ceux que l'on vient de découvrir et qui y tiennent par le plan de leur organisation, quoique moins développé, ont été jugés devoir être pareillement des Mollusques. On doit donc être maintenant fort étonné de voir que des animaux que l'on avait considérés comme des *Polypes,* se trouvent actuellement liés par des rapports à certains autres que l'on a jusqu'à présent rangés parmi les *Mollusques.*

C'est toujours par trop de précipitation dans nos jugemens

que nous nous exposons à l'erreur : et, en effet, il me semble que l'on s'est trop hâté de ranger les Ascidies et les Biphores parmi les Mollusques, puisqu'on l'a fait long-temps avant d'avoir étudié l'organisation intérieure de ces animaux, et que ce que l'on en sait maintenant est très postérieur à cette détermination.

Si, comme je le pense, il est possible de contester ce rang aux *Tuniciers* les plus perfectionnés, tels que ceux que je viens de citer, on sera autorisé bien plus encore à le contester pour les autres Tuniciers, ceux-ci étant des animaux en général très petits, frêles, réunis en corps commun, et paraissant en quelque sorte former des animaux composés. Les uns et les autres d'ailleurs ont un mode d'organisation si particulier, qu'on ne saurait convenablement les rapporter à aucune des classes déjà établies dans le règne auquel ils appartiennent.

On sait qu'à mesure que l'on examine attentivement l'organisation intérieure de ceux des animaux qui n'avaient pas encore été étudiés sous ce rapport, on en découvre quelquefois dont le rang, d'après des apparences externes, avait été mal assigné dans nos distributions générales. Parmi plusieurs autres, je citerai les *Annelides*, que l'on confondait avec les vers, comme en offrant un exemple remarquable. Or, les *Tuniciers réunis* sont aussi dans ce cas des Annelides. Ces animaux que l'on prenait pour des Polypes, parce qu'ils sont réunis et qu'ils sont en général gélatineux et très petits, offrent dans leur organisation intérieure, maintenant mieux connue, des rapports évidens avec celle des Ascidies, et néanmoins en sont très distincts et même assez éloignés sous des considérations importantes.

MM. Lesueur et Desmarest, pour les Pyrosomes, et ensuite M. Savigny, pour les prétendus Alcyons appartenant à mes Botryllides, nous ont fait connaître tout ce qui s'aperçoit dans l'organisation intérieure de ces singuliers animaux, et ils leur ont attribué de grands rapports avec les Biphores et Ascidies. Il résulte au moins des observations de ces naturalistes, que les Botryllides ne sont point des Polypes, et que les Pyrosomes ne peuvent être des Radiaires. Or, les rapports de ces différens animaux avec les Ascidies et les Biphores, conjointement à ce que l'on sait de l'organisation de ces derniers, autorisent très fort à penser, selon moi, qu'aucun de ces animaux n'appartient à la classe des Mollusques.

Sans doute ce qui a été aperçu, relativement au nombre, à la forme et à l'état des parties intérieures des animaux dont il s'agit, présente des faits positifs, qui enrichissent la science; mais la détermination des fonctions que l'on attribue aux parties observées de ces animaux, me paraît devoir attendre du temps la confirmation dont elle peut être susceptible. A cet égard, je crois que l'étude de la nature, partout comparée dans ses produits, et que la considération de ce qu'elle peut faire dans chaque cas particulier, pourront seules nous aider à prononcer sans erreur sur la validité de ces déterminations.

Ce qui me semble dès à présent certain, comme je l'ai dit, c'est que mes *Botryllides* et quelques autres Alcyons gélatineux, ne sont point des Polypes ; qu'ils en diffèrent par une organisation plus avancée ; que ces animaux sont biforés, c'est-à-dire qu'ils ont le tube alimentaire ouvert aux deux bouts, qu'ils offrent quelques parties comme des vaisseaux, quelques tubercules et filets, probablement nerveux, qui peuvent donner le mouvement à des fibres musculaires, et que vraisemblablement ils possèdent des organes respiratoires. Mais ce que, dans plusieurs de ces animaux, M. Savigny nomme leur Polypier, ne me paraît pas en offrir le caractère.

En effet, j'ai montré dans mes leçons, d'après l'exposition des pièces, que le vrai Polypier des Polypes qui en sont munis, est un corps parfaitement inorganique, dont l'étendue s'augmente par des appositions externes de matières excrétées propre à sa formation, et que ce corps est tout-à-fait étranger aux animaux qu'il renferme. Or, d'après les observations mêmes de M. Savigny, ceux des prétendus Alcyons qu'il a observés, et qui par leur réunion forment un corps commun, souvent avec une pulpe interposée ou enveloppante, n'offrent point dans cette pulpe un corps réellement inorganique, non vivant et étranger aux animaux. Ce corps n'a donc du Polypier qu'une fausse apparence.

On a dit que les animaux gélatineux dont il s'agit étaient très voisins des Ascidies par leurs rapports, et par suite qu'ils étaient des Mollusques. Qu'ils aient effectivement des rapports avec les Ascidies, cela me paraît aussi très probable, et de là j'ai cru devoir les réunir tous dans la même coupe : mais qu'ils soient des Mollusques, je ne saurais l'admettre ; je doute même que les Ascidies et les Biphores en soient réellement, surtout depuis que je crois apercevoir des rapports entre ces animaux, les Botryllides et les Pyrosomes.

Si je refuse d'admettre que ces animaux, même les Ascidies et les Biphores, soient des Mollusques, voici les motifs sur lesquels je me fonde.

Je ne regarde pas comme Mollusques les animaux dont il s'agit :

1° Parce que leur manière d'être, l'état fixé de la plupart, celui de leurs parties intérieures, en un mot, leur forme singulière, me paraissent fort étrangers à ce que l'on observe dans les vrais Mollusques ; aucun d'eux n'offrant de parties essentiellement paires et symétriques ;

2° Parce que leur détermination de Mollusques porte sur des attributions de fonctions à des parties souvent difficiles à distinguer, et que l'on ne juge qu'hypothétiquement ; attributions dont le fondement ne pourrait être prouvé ;

3° Parce qu'en considérant quelques dilatations successives et irrégulières du corps et du tube alimentaire de ces animaux, dilatations qui forment des cavités particulières superposées, dont l'antérieure, supposée branchiale, a pour orifice au dehors celui qui sert d'entrée aux alimens, tandis que la bouche véritable se trouve, dit-on, située au fond de cette cavité antérieure ; on voit dans ces objets, une disposition de parties dont on ne trouve pas un seul exemple dans les vrais Mollusques, même dans les Acéphales, ceux-ci d'ailleurs ayant leurs branchies autrement disposées et conformées ;

4° Parce qu'il est inusité, dans les plans suivis par la nature, de placer des branchies dans le canal alimentaire même, et que d'ailleurs un treillis de nervures qui se croisent à angles droits, formant des mailles quadrangulaires, pourrait être plutôt le résultat de fibres musculaires propres à contracter, dans sa longueur et sa largeur, la cavité prétendue branchiale, que celui de vaisseaux véritablement respiratoires; tout vaisseau ne quittant une direction droite que par une courbure (1);

5° Parce que de véritables branchies ne s'observent clairement que parmi celles des organisations animales où la circulation est établie; que dans les animaux dont il s'agit, rien n'y est moins prouvé que l'existence d'une véritable circulation, quoiqu'il y ait des vaisseaux nombreux; qu'enfin l'admettre dans les animacules des Botrylles, des Pyrosomes, etc., serait réellement ridicule (2);

6° Parce qu'enfin l'on ne peut y montrer positivement l'existence d'un cerveau, d'un cœur, d'un foie, d'organes fécondateurs, et qu'à ces égards, on est réduit à des conjectures, à des suppositions tout-à-fait arbitraires.

Il se pourrait que les *Ascidies* et les *Biphores*, qu'à tort, selon moi, l'on a placés dans la classe des Mollusques, fussent assez écartés des Botrylles et des Pyrosomes, par une organisation plus développée, quoique formée presque sur le même plan. On trouve assurément la même chose dans les autres classes d'animaux les plus généralement reconnues; et cependant chacune de ces classes offre dans la composition de l'organisation des animaux qu'elle embrasse, des limites qu'on ne saurait contester. Dans tous les insectes, les sexes sont non-seulement déterminables, mais bien déterminés; néanmoins ils ne jouissent pas encore d'une véritable circulation. Or, comment donner aux *Tuniciers*, en qui des sexes ne sont nullement connus ni probables, pas même l'hermaphroditisme (3), un rang supérieur aux insectes?

---

(1) L'opinion que Lamarck combat ici ne peut plus être contestée aujourd'hui.

(2) Les observations encore inédites de M. Milne Edwards prouvent que les Botrylles, de même que les autres Ascidies, ont une véritable circulation.

(3) M. Milne Edwards vient de constater l'existence d'un organe mâle situé auprès de l'ovaire, chez plusieurs Ascidies composées.

Quelque différence qu'il y ait, soit dans la forme, soit dans la disposition des organes, entre les Ascidies, qui sont les Tuniciers les plus développés, et les Holothuries, qui sont des Radiaires fistulides, peut-on dire que l'organisation des premières soit de beaucoup supérieure en composition à celle des secondes? Pour faire une pareille assertion, il faut employer nécessairement des attributions arbitraires qu'on ne saurait prouver.

Outre que la complication des organes intérieurs de l'Ascidie n'est guère plus grande que celle des organes de l'Holothurie, quel contraste peut-on trouver entre la peau coriace, souvent tuberculeuse et très contractile de l'un et de l'autre de ces animaux, sinon que, dans l'Ascidie, la tunique est double, et l'extérieure séparée de l'intérieure; tandis que, dans l'Holothurie, l'on n'observe qu'une seule tunique, résultant peut-être de la réunion des deux.

Si l'Holothurie a des tentacules rayonnans autour de la bouche, M. Cuvier n'en a-t-il pas observé d'analogues dans les Ascidies, quoique presque toujours cachés dans l'orifice par lequel l'eau et les alimens pénètrent.

« Quoi qu'il en soit, dit ce savant, cette cavité branchiale a un col ou un tube d'introduction, plus étroit qu'elle-même, et dans lequel le tissu respiratoire ne s'étend point. Il est garni d'une rangée de filamens charnus, ou de tentacules très fins, qui servent sans doute à l'animal pour l'avertir des objets nuisibles qui pourraient se présenter et qu'il doit repousser. Il n'est pas impossible qu'en certaines occasions les Ascidies renversent assez cet orifice de leurs branchies, pour que ces tentacules paraissent au dehors... Il y en a même qui en ont deux rangées. » *Mémoires du Muséum*, vol. 2, p. 19. Les Biphores ont aussi des tentacules courts, rayonnans et très fins, cachés dans l'orifice de leur véritable bouche.

Sans poursuivre plus loin ces analogies frappantes, je dirai seulement que ce qui me paraît le plus clair dans tout ceci, c'est que les Ascidies, les Biphores, les Botryllides et les Pyrosomes, appartiennent à une coupe particulière que je crois devoir être classique, parce que le plan singulier d'organisation des animaux que cette coupe embrasse, est, quoique plus ou moins varié selon les genres et les races, fort différent des autres plans d'organisation qui caractérisent les animaux des autres classes d'invertébrés.

Cette coupe classique, qui comprend mes *Tuniciers*, me paraît inférieure à celle des insectes, relativement au degré de perfectionnement de l'organisation des animaux qu'elle embrasse. Et, comme nous sommes forcés de lui assigner un rang dans la distribution générale et simple des animaux que nous employons, elle avoisinera nécessairement, soit avant, soit après, celle des vers, avec laquelle cependant elle ne paraît se lier par aucun rapport.

Si, dans sa production des animaux, la nature a formé plusieurs séries différentes, comme j'en suis persuadé, il est évident que, de quelque manière que nous nous y prenions, jamais nous ne parviendrons à conserver la liaison des rapports entre les animaux de toutes les classes dont la série générale et simple dont nous devons faire usage. Nous pourrons, seulement, ayant égard au degré de complication et de perfectionnement de chaque organisation considérée dans l'ensemble de ses parties, former une série de masses en rapport avec les perfectionnemens.

Je partage les Tuniciers en deux ordres, savoir: en Tuniciers réunis et en Tuniciers libres. Le premier de ces ordres comprend les Botryllaires ou les Ascidiens les plus imparfaits; tandis que le second, peut-être fort écarté du premier par l'organisation plus développée des races, doit dans notre marche venir après. Je remarque ensuite que les Tuniciers réunis paraissent tirer leur origine des Polypes, en provenir directement, et continuer la série des animaux articulés; tandis que les Tuniciers libres ou Ascidiens francs, probablement originaires des premiers, semblent conduire aux Acéphales ou Conchifères par certains rapports, comme ces derniers se rapprochent des vrais Mollusques, quoique les uns et les autres soient éminemment distincts entre eux par des caractères importans de leur organisation.

Ainsi se montre la série des animaux inarticulés, commençant par les Infusoires, se continuant par les Polypes, les Tuniciers, les Acéphales, et se terminant avec les Mollusques, dont les derniers ordres sont les Céphalopodes et les Hétéropodes.

Mais cette série de formation ne saurait être conservée sans mélange dans notre distribution en série simple des animaux; car, après les Polypes, nous sommes obligés de placer les Radiaires qui, quoique formant un rameau latéral, en proviennent évidemment.

Ayant fait voir que, quoique la nature, dans sa production des animaux, n'ait pu tendre qu'à la formation d'une seule série, les circonstances dans lesquelles elle a eu à opérer, l'ont réellement forcée à en produire au moins deux; il ne me reste plus qu'une considération importante à exposer relativement aux Tuniciers réunis ou Botryllaires; la voici :

Par leur petitesse et leur réunion en une masse commune, ces êtres semblent former des animaux véritablement composés, comme beaucoup de Polypes; mais ils offrent une différence très grande, qui change la nature de cette composition. En effet, malgré leur réunion en une masse commune, malgré les systèmes particuliers que composent entre eux dans la même masse, les individus de certaines races par leur position; chaque individu étant muni d'une bouche et d'un anus, ce qu'il digère lui profite suffisamment pour rendre sa vie indépendante. C'est donc un animal particulier, qui ne participent point essentiellement à une vie commune à tous les autres, et qui ne tient à d'autres que par une simple adhérence; les individus ne communiquant ensemble que par une cavité centrale dont l'usage paraît être étranger à leur nutrition.

En attendant de nouvelles lumières relativement aux animaux singuliers dont il est ici question, voici l'analyse des 14 genres qui paraissent pouvoir se rapporter à cette coupe ou classe particulière.

DIVISION DES TUNICIERS.

ORDRE PREMIER.

TUNICIERS RÉUNIS OU ROTRYLIAIRES.

Animaux agglomérés, toujours réunis, constituant une masse commune par leur réunion, paraissant communiquer entre eux.

(1) *Animaux fixés sur les corps marins.*

* Point de systèmes particuliers, formés par la disposition des animaux, dans la masse commune qu'ils habitent.

(a) *Un seul oscule (la bouche ou l'anus) apparent au-dehors pour chaque animal.*

Aplidium.
Eucœlium.
Synoicum.

(b) *Deux oscules (la bouche et l'anus) appasens au-dehors pour chaque animal.*

Sigillina.
Distomus.

** Animaux formant des systèmes particuliers séparés, par leur disposition dans la masse commune qu'ils habitent:

(a) *Animaux disposés en plusieurs cercles concentriques, occupant la masse commune.*

Diazoma.

(b) *Animaux formant des systèmes particuliers épars, et disposés dans chaque système autour d'une cavité centrale.*

Polyclinum.

Polycyclus.
Botryllus.

(2) *Animaux flottant avec leur masse commune dans le sein des eaux.*

Pyrosoma.

ORDRE SECOND.

TUNICIERS LIBRES OU ASCIDIENS.

Animaux désunis, soit isolés, soit rassemblés en groupes, sans communication interne, et ne formant pas essentiellement une masse commune.

Scalpa.
Ascidia.
Bipapillaria.
Mammaria.

[Les Mémoires de M. Savigny, que Lamarck avait connus manuscrits lors de la publication de son ouvrage, et qui lui avaient fourni l'occasion d'adopter plusieurs genres nouveaux, ont paru depuis 1816 et ont fait connaître en détail la classification proposée par cet auteur pour la classe des Tuniciers qu'il veut nommer classe des Ascidies, et qu'il caractérise par la présence d'une double enveloppe, un test organisé, mou, plus ou moins coriace portant deux ouvertures et un manteau formant une tunique intérieure dans laquelle se trouve incluse une cavité membraneuse tapissée en tout ou en partie par les branchies.

M. Savigny partage cette classe en deux ordres :

1° Les Téthydes, dont la tunique (manteau) n'adhère au test que par les deux orifices, et dont les branchies égales et larges occupent les deux parois latérales de la cavité respiratoire. Elles ont en outre l'orifice branchial arni en dedans d'un anneau membraneux et dentelé, ou un cercle de filets.

2° Les Thalides, dont la tunique adhère de toutes parts à l'enveloppe, et dont les branchies inégales, étroites, consistent en deux feuillets attachés à la paroi antérieure et à la paroi postérieure de la cavité respiratoire. Leur orifice branchial est garni à son entrée d'une valvule.

L'ordre des *Téthydes* se compose de deux familles :

1° Les Téthydes, qui ont le corps fixé, les orifices non opposés, ne communiquant point entre eux par la cavité des branchies ; la cavité branchiale ouverte à la seule extrémité supérieure, dont l'entrée est garnie de filets tentaculaires, et les branchies réunies d'un côté.

A. *Les Téthyes simples.*

a. — Orifices à quatre rayons.

1. Genre *Boltenia.* Corps pédiculé.
2. G. *Cynthia.* Corps sessile.

b. Orifices à plus de quatre rayons ou sans rayons distincts.

3. G. *Phallusia.* Corps sessile.
4. G. *Clavellina.* Corps pédiculé.

B. *Les Téthyes composées ou agrégées.*

c. — Orifices ayant tous deux six rayons réguliers.

5. G. *Diazona.* Corps sessile, orbiculaire ; animaux formant un seul groupe ou système.
6. G. *Distoma.* Corps sessile, polymorphe ; plusieurs systèmes.
7. G. *Sigillina.* Corps pédiculé, conique, vertical un seul système.

d. — Orifice branchial ayant seul six rayons réguliers.

8. G. *Synoicum.* Corps pédiculé, cylindrique, vertical ; un seul système.

9. G. *Aplidium*. Corps sessile, polymorphe; systèmes sans cavités centrales.

10. G. *Polyclinum*. Corps sessile, polymorphe; systèmes avec cavités centrales.

11. G. *Didemnum*. Corps sessile, fongueux, incrustant; systèmes sans cavités centrales.

e. — Orifices dépourvus tous deux de rayons.

12. G. *Eucœlium*. Corps incrustant; systèmes sans cavités centrales.

13. *Botryllus*. Corps incrustant; systèmes pourvus de cavités centrales.

2° Famille, les Lucies, qui ont le corps flottant; les orifices diamétralement opposés, et communiquant ensemble par la cavité des branchies; la cavité branchiale ouverte aux deux extrémités; l'entrée supérieure dépourvue de filets tentaculaires, mais précédée par un anneau dentelé; les branchies séparées.

A. Les Lucies simples (non observées).

B. Les Lucies composées.

14. G. *Pyrosoma*. Corps en tube fermé par un bout, un seul système.

M. Macleay, dans un mémoire sur les Ascidies (*Linnean, Transact.* t. 14. p. 560), a adopté les genres de M. Savigny, et en a ajouté deux autres, savoir : le G. *Cystingia*, très voisin du G. *Boltenia*, et le G. *Lendrodon*, qui est plutôt un sous-genre des *Cynthia* ou *Ascidies propres*.

M. Lister (*Philosoph. Transact.* 1834. p. 378) a fait connaître aussi, sous le nom de *Perophora*, un nouveau genre d'Ascidies intermédiaire entre les Ascidies simples et les Ascidies composées.

M. de Bainville, dans son *Manuel de Malacologie*, place les *Tuniciers* dans son type des Malacozoaires ou Mollusques, et en forme le quatrième ordre (les *Heterobranches*) de sa troisième classe (les Acéphalophores).

Cet ordre se divise ensuite en deux familles, les *Ascidiens* et les *Salpiens*, et comprend tous les genres des auteurs précédens et, de plus, le genre *Pynta* de Molina.

Cuvier, de même, avait placé antérieurement les *Tuniciers* dans la quatrième classe de sa grande division des Mollusques, et en avait fait le deuxième ordre de cette classe, les nommant Acéphales sans coquilles; il les divise en deux familles, les *Simples*, comprenant les genres Biphore et Ascidie, et les *agrégés*, comprenant les genres *Botrylle*, *Pyrosome*, et *Polyclinum*. Rejetant ainsi tous les genres établis par M. Savigny et par M. Macleay, comme fondés sur des caractères en partie anatomiques, il paraît bien certain, pourtant, que de tels animaux ne peuvent être distingués que par des caractères pris de leur structure intérieure; et, d'un autre côté, les observations les plus récentes tendent à les éloigner réellement du type des Mollusques. Mais, dans l'état actuel de la science, et en attendant de nouveaux travaux, il n'est guère possible de rapporter avec certitude la plupart des espèces aux genres proposés. F. D.

ORDRE PREMIER.

TUNICIERS RÉUNIS OU BOTRYLLAIRES.

Animaux agglomérés, toujours réunis, constituant une masse commune, paraissant quelquefois communiquer entre eux.

Ces animaux, sans contredit, sont les plus imparfaits, les moins avancés en développemens d'organes, les plus petits et les plus frêles des Tuniciers; et ce n'est guère que par leur masse commune que l'on s'en est fait d'abord une idée vague. Aussi a-t-il fallu la patience et la finesse d'observation de MM. *Savigny*, *Lseueur* et *Desmarest*, pour apercevoir dans ces animacules, les parties qu'ils ont su y découvrir. Les rapports qu'ils leur ont assignés avec les Ascidiens, ne sauraient être probablement contestés; mais le degré de ces rapports est, selon nous, encore vague et arbitraire. Plusieurs de ces animaux paraissent communiquer entre eux par l'intérieur.

Quels que soient les rapports des *Tuniciers réunis* avec les Ascidiens ou Tuniciers libres, ces animaux ne ressemblent guère à des Mollusques; et si *Linné* n'eût connu que les premiers, même au point où nous les connaissons actuellement, certes, il n'eût pas introduit la prévention d'attribuer aux animaux de différentes coquilles bivalves, une analogie avec nos Tuniciers botryllaires. Il n'y a guère entre les animaux des Myes, des Solens, des Pholades, et les Ascidies, que des rapports éloignés.

Laissant à l'observation des zoologistes et au temps à décider jusqu'à quel point s'étendent ces rapports, nous allons exposer les différens genres connus qui appartiennent à ce premier ordre.

[Les *Tuniciers réunis* ou *Botryllaires* de Lamarck correspondent à la famille des *Aggrégés* de Cuvier. Ce sont des animaux très petits, dont l'organisation très semblable à celle des Ascidies simples, a été bien exposée d'abord par M. Savigny et par MM. Desmarest et Lesueur dans le même temps; mais qui, après avoir été enrichie de faits nouveaux très importans par MM. Audouin et Milne Edwards, par M. Sars et par M. Lister, va se trouver presque complètement connu par suite des nouvelles découvertes encore inédites de M. Milne Edwards.

MM. Audouin et Edwards avaient annoncé, en 1828, que les jeunes Ascidies composées sont d'abord libres dans les eaux de la mer et nagent au moyen d'une longue queue; ce fait paraissait contredire les observations de M. Savigny, qui décrit et représente les jeunes Botrylles comme réunis plusieurs ensemble dans l'œuf; mais des observations plus récentes de M. Sars (*Beskrivelser ov. Polyp.* etc. Bergen 1835) ont expliqué cette contradiction apparente. Les jeunes *Botrylles* nagent en effet librement dans les eaux au moyen d'une longue queue, mais ce ne sont pas des animalcules isolés qui nagent ainsi, ce sont des groupes de plusieurs individus déjà assujettis à une vie commune et enfermés dans une enveloppe extérieure qui n'est point contractile par elle-même. F. D.

PULMONELLE. (Aplidium).

Animaux biforés, agrégés, fort petits, vivant dans un corps commun, convexe, charnu, fixé et n'offrant point par leur disposition plusieurs systèmes particuliers.

Six tentacules à la bouche. Anus non apparent au dehors.

Animalia biforata, aggregata, perparva, corpus commune, convexum, carnosum fixumque habitantia; systematibus pluribus specialibus eorum dispositione nullis.

Os tentaculis sex; anus externè inconspicuus.

Observations. — Le genre *Aplidium*, établi par M. Savigny, et auquel j'ai donné en français le nom de Pulmonelle, porte sur l'observation d'une espèce que l'on avait rangée parmi les Alcyons.

Les petits animaux qui constituent ce genre habitent dans une masse charnue, demi-cartilagineuse, convexe, fixée sur les corps marins, et dont la superficie est chargée de très petits mamelons épars. Le sommet de chaque mamelon présente une ouverture dont les bords sont fendus en six dents disposées en étoile.

Dans l'épaisseur de cette masse commune, les petits animaux dont il s'agit sont allongés, disposés parallèlement les uns à côté des autres, et séparés par des cloisons minces. La bouche de chaque animalcule est munie de six tentacules, et aboutit à l'ouverture du mamelon. Leur corps subit deux renflemens inégaux, qui le divisent en deux cavités distinctes, dont l'antérieure a été nommée thoracique, et l'inférieure abdominale. Le tube alimentaire, après avoir percé le fond de cette dernière, se courbe, remonte, et vient se terminer par un anus, avant d'avoir atteint la surface du corps commun.

Une seule vessie gemmifère termine inférieurement le corps de l'animalcule.

[M. Savigny attribue aux *Aplidium*, un corps commun, sessile gélatineux ou cartilagineux, composé de systèmes très nombreux, peu saillans, annulaires subelliptiques, qui n'ont point de cavité centrale; mais qui ont une circonscription visible. Les animaux sont placés sur un seul rang, au nombre de 3 à 25, à des distances égales de leur centre ou axe commun. L'orifice branchial seul est divisé en six rayons; l'abdomen inférieur et sessile est de la grandeur du thorax, et un seul ovaire sessile est attaché sous le fond de la cavité abdominale et se prolonge en dessous perpendiculairement.

Ce genre est divisé en deux tribus: la première, dont les animaux, simplemens oblongs, ont l'ovaire plus court que le corps *A. lobatum.* — *A. ficus.* — *A. tremulum*); la deuxième, dont les animaux filiformes ont l'ovaire beaucoup plus long que le corps (*A. effusum.* — *A. gibbulosum.* — *A. canaliculatum*)]

Le nom de Pulmonelle en français n'a point été adopté, et l'on doit nommer ces animaux *Aplides.*] F. D.

ESPÈCE.

1. Pulmonelle sublobée (*Aplide figue). *Aplidium sublobatum* (**A. ficus*).

Alcyonium pulmonaria. Mém. du mus. vol. 1. p 16. n° 3.
Alcyonium pulmonaria. Soland. et Ellis, p. 175. n° 2.
Alcyonium ficus. Lin. Ellis, coral. t. 17. *fig. b. B-D.*
Aplidium ficus. Savigny. (*Mém. p. 183. pl. III. f. 4.)

Habite l'Océan européen, la Manche.

* Cette espèce, qui doit conserver le nom d'*A. figue de mer*, est en masses arrondies d'un vert d'olive foncé, dans lesquelles les petits animaux se montrent comme des grains jaunâtres.

†2. Aplide lobé. *Aplidium lobatum*. Savigny, Mém. p. 4. et 182. pl. III. f. 4. et pl. XVI. f. 1.

Delle Chiaje. Mem. t. 3. 90-97. tab. 36. f. 20.
Risso. Eur. mér. t. 4. p. 378.
Habite la Méditerranée et le golfe de Suez. Elle est en masses horizontales épaisses, d'un gris cendré relevé de gibbosités ou de lobes saillans inégaux. Les orifices sont jaunâtres; les animalcules de cette couleur sont longs de 1 1|2 lig., ovaire compris.

†3. Aplide tremblant. *Aplidium tremulum*. Savigny. Mém. p. 184. pl. XVI. f. 2.

Habite le golfe de Suez. Elle forme une masse large de 1 à 2 pouces un peu convexe, non lobée, molle, demi transparente, blanchâtre, dans laquelle se voient les animaux d'un jaune ferrugineux.

†4. Aplide étalé. *Aplidium effusum*. Savigny. l. c. p. 185. pl. XVI. f. 3.

Habite la mer Rouge. Elle forme une masse irrégulière large de 4 à 8 pouces, lisse, demi transparente, avec une teinte de brun, sur laquelle les animaux, longs de 1|2 ligne sans l'ovaire, et jaunâtres, présentent des oscules d'un violet foncé.

† 5. Aplide bosselé. *Aplidium gibbosulum*. Savig. p. 185. pl. XVII. f. 1.

Habite la Méditerranée. Elle forme une masse de 2 à 3 pouces irrégulièrement arrondie, bosselée, d'une transparence mousseuse, avec une légère nuance vert d'eau changeant en jaunâtre. Les animaux, formant des systèmes un peu groupés, sont longs de 1 1|2 ligne avec l'ovaire.

†6. Aplide caliculé. *Aplidium caliculatum*. Savig. p. 186. pl. IV. f. 1. et pl. XVII. f. 2.

Habite les mers d'Europe, en masse demi cartilagineuse, verticale conique, obtuse au sommet, lisse, demi transparente, de couleur jaunâtre changeant en vert d'eau.

† 7. Aplide cérébriforme. *Aplidium cerebriforme.* Quoy et Gaim. Astrol. zool. 3. p. 625. pl. 72. f. 16-17.

A. membranaceum, rectum, crassum, sicut cerebrum convolutum, viridi-violaceum; osculis in seriebus lateralibus positis.

Habite les côtes australes de la Nouvelle-Hollande.

† 8. Aplide pédonculé. *Aplidium pedunculatum.* Quoy et Gaim. p. 626. pl. 92. f. 18-19.

A. ovatum, griseo-violaceum, longe pediculatum; osculis numerosissimis, luteis, lineatis.

Habite les côtes australes de la Nouvelle-Hollande.

†9. Aplide orange. *Aplidium areolatum.* Delle Chiaje. Mém. t. 3. p. 91-97. tab. 32: fig. 14-16.

A. corpore gelatinoso orbiculari rubro, punctis roseo-fuscis biseriatis areolato.

Habite la Méditerranée.

[M. Johnston a décrit comme nouvelles, dans le *Magazine of nat. history*, 1834, p. 15-16. fig. 4-5, deux espèces de Pulmonelles qu'il nomme *Aplidum fallax* et *Aplidium nutans.* La première forme des masses subglobuleuses, gélatineuses, d'un jaune de miel clair, marquées à la surface de petites taches blanches et brunes; l'autre forme de petites masses pyriformes, partant d'une base commune et longue de 10 lignes environ, lisses, gélatineuses, translucides, d'un jaune-paille teinté de brun, avec des petites taches allongées blanchâtres. F. D.]

EUCÈLE. (Eucœlium.)

Animaux biforés, agrégés, vivant dans une masse commune étendue en croûte, fongueuse ou subgélatineuse, parsemée de mamelons à sa surface, et n'offrant point par leur disposition plusieurs systèmes particuliers.

Une seule ouverture apparente au dehors. Vessie gemmifère unique latérale.

Animalia biforata, aggregata, corpus commune fungosum vel subgelatinosum, in crustam extensum, superficie mamillis adspersum habitantia: systematibus pluribus eorum dispositione nullis.

Foramen unicum externè plus minusve perspicuum. Vesica gemmifera lateralis unica.

Je réunis sous le nom d'*Eucèle*, l'*Eucœlium* et le *Didemnum* de M. Savigny, quoique les animaux qui en sont le sujet puissent être distingués par quelques particularités de leur disposition dans le corps commun qu'ils habitent.

Dans les Eucèles, le corps commun s'étend comme une croûte sur les corps marins. Cette croûte, dont la surface est blanche, présente de petits mamelons soit épars, soit disposés presque en quinconce. Leur sommet est percé par une ouverture tantôt bien apparente et dont les bords sont fendus à six rayons, et tantôt à peine apparente.

Les animalcules des Eucèles ont aussi le corps divisé en deux renflemens inégaux, qui forment deux cavités distinctes. La partie postérieure de leur tube alimentaire remonte après sa sortie du renflement inférieur, et va se terminer à l'anus, soit à côté du premier renflement, sans paraître au dehors, soit en atteignant la surface du corps commun. La vessie gemmifère de ces animalcules est latérale.

[On peut avec raison réunir les genres *Eucœlium* et *Didemnum* de M. Savigny, dont la seule différence est dans la présence des rayons ou dentelures aux oscules des *Didemnes* seulement. Les animaux dans ces deux genres sont disposés en systèmes nombreux, très pressés, qui n'ont ni cavité centrale ni circonscription apparentes. L'abdomen est pédiculé, inférieur et plus grand que le thorax chez les Didemnum; il est sessile, demi latéral et de la grandeur du thorax chez les Eucèles. Chez l'un et l'autre l'ovaire est unique, sessile, placé sur le côté de la cavité abdominale.]

ESPÈCES.

1. Eucèle subgélatineux. *Eucœlium subgelatinosum.*

E. animalculis horizontalibus, collo elongato instructis; osculo mamillarum non stellato.

Eucœlium. Savigny, mss.

* Delle Chiaje. Mem. t. 3. p. 98. tab. 36. f. 23-25.

Habite les mers d'Europe.

2. Eucèle fongueux. *Eucœlium fungosum.*

E. animalculis verticalibus; osculo mamillarum dentibus sex stellato.

Didemnum. Savigny, mss.

Habite... probablement les mers d'Europe.

† 3. Eucèle rosé. *Eucœlium roseum.*

E. osculis 4-6, denticulis præditis in superficie roseæ crustæ patulis.

Didemnum roseum. Delle Chiaje. t. 3. p. 97. tab. 36. f. 21.

Habite la Méditerranée.

† 4. Eucèle blanc. *Eucœlium candidum.*

E. osculis dentatis; crusta albescente; orificiis luteis.

Didemnum candidum. Savigny. Mém. p. 194. pl. 4. f. 3.

Delle Chiaje. Mem. t. 3. p. 97. tab. 36. f. 26.

Habite la Méditerranée. — Les animaux sont longs de 1/2 ligne.

† 5. Eucèle visqueux. *Eucœlium viscosum.* — *Didemnum viscosum.* Savign. Mém. p. 195.

Habite le golfe de Suez. Il ne diffère du précédent que par l'extrême petitesse de ses animaux qui n'ont pas 1/4 de ligne.

† 6. Eucèle hospitalier. *Eucœlium hospitalium.* Savigny. Mém. pl. 4. f. 4. pl. 20. f. 2.

E. animalculis ore margine exerto, non dentato.

Delle Chiaje. Mém. t. 3. pl. 98.

Habite la Méditerranée.

* Delle Chiaje indique sous le nom d'*Eucœlium roseum*, une sixième espèce du golfe de Naples, ayant les animalcules véricuIeux à oscule non denté.

† 7. MM. Quoy et Gaimard (Astrol. zool. 3. p. 634. pl. 62. f. 14-15) ont décrit sous le nom d'*Eucœlium ro-*

seum, une espèce du Cap de Bonne-Espérance qu'ils ne sont pas bien sûrs de pouvoir rapporter à ce genre, ils le caractérisent ainsi :

E. membranaceum, irregulare, elevatum; animalculis mamillaribus, roseis, stellatis.

SYNOIQUE. (Synoicum.)

Animaux biforés? agrégés, vivant dans des jets charnus, cylindriques, obtus au sommet, et qui s'élèvent d'une base fixée.

Six à 9 oscules disposés en rond, terminant l'extrémité des jets.

Animalia biforata? aggregata, in surculis carnosis, cylindricis, apice obtusis, è basi affixâ erectis habitantia.

Osculi sex ad novem, in orbem dispositi, surculorum apicem terminantes.

Observations. — Partageant le sentiment de MM. Lesueur, Desmarest et de Blainville, sur le *Synoicum* du voyageur Phipps, je dois mentionner ici le genre Synoïque parce qu'il paraît appartenir réellement à la coupe des *Tuniciers réunis*. Quoique nous n'ayons pas encore suffisamment de détails sur les animaux qui en sont l'objet, ce que Phipps en a publié ne laisse aucun doute sur les rapports de ces animaux avec ceux de cette division.

Probablement les animaux du Synoïque sont biforés, et la bouche seule aboutit à un des oscules paraît ne servir qu'à un seul animal; ainsi, dans chaque jet il n'y en aurait qu'une seule rangée, qui se composerait d'autant d'animaux que d'oscules.

Des trois corps animalifères que je vais citer, on ne peut compter, comme appartenant à ce genre, que sur la première espèce.

[M. Savigny, qui a pu étudier en détail la seule espèce bien authentique de Synoïque, caractérise ainsi ce genre: « Corps commun pédiculé, demi cartilagineux, formé d'un seul système qui s'élève en un cylindre solide, vertical, isolé ou associé par son pédicule à d'autres cylindres semblables.

Animaux parallèles, et disposés sur un seul rang circulaire. Orifice branchial fendu en six rayons égaux; l'anal, en six rayons très inégaux, dont les trois plus grands concourent à former le bord extérieur d'une étoile concave, situé au centre ou au sommet du système. —Thorax oblong; mailles du tissu respiratoire dépourvues de papilles. —Abdomen inférieur, sessile, de la grandeur du thorax. —Ovaire unique, sessile; attaché exactement sous le fond de l'abdomen, descendant perpendiculairement. F. D.

ESPÈCES.

1. Synoïque simple. *Synoicum turgens.*

S. stirpibus pluribus simplicibus, cylindricis, carnoso-stuposis; osculis ad apicem orbiculatim dispositis.

Synoicum turgens. Phipps. Voyage. p. 202. tab. 12. f. 3.

Lesueur et Desmarest. Nouv. bull. des sc. (*Soc. philom. 1815.)

Alcyonium synoicum. Gmel. p. 3816.

* Savigny. Mém. p. 43 et 180. pl. III. f. 3. et pl. XV.

Habite sur les côtes du Spitzberg. — Grandeur totale, 12 à 15 lig. Individuelle, 8 à 9 lignes.

2. Synoïque? orangé. *Synoicum? aurantiacum.*

S. stirpibus ramosis, cylindricis, carnoso-stuposis; osculis solitariis terminalibus.

Telesto. Lamouroux. Nouv. bull. des sc. p. 185. (*Soc. philomat. 1812. et Hist. des polypiers flexibles, p. 232, pl. VII, fig, 6).

Lam. Extr. du cours, etc. p. 24.

Habite les côtes de la Nouvelle-Hollande. Péron et Lesueur. Ses rameaux offrent à l'extrémité des plis longitudinaux à-peu-près comme dans l'espèce précédente.

3. Synoïque? pélagique. *Synoicum? pelagicum.*

S. stirpibus ramosissimis, cylindricis, substriatis, viridulis.

Alcyonium pelagicum. Bosc. Hist. des vers. 3. p. 131. pl. 30. f. 6-7.

Habite l'Océan atlantique, sur des fucus.

SIGILLINE. (Sigillina.)

Animaux biforés, formant par leur réunion un corps commun, gélatineux, allongé-conique, subpédiculé, parsemé de tubercules. Plusieurs de ces cônes souvent rapprochés et groupés. Point de systèmes particuliers distincts entre eux, formés par la disposition des animaux. Les tubercules de la surface munis de 2 pores : l'un pour la bouche, l'autre pour l'anus.

Six tentacules à la bouche ; six dents à l'anus ; un seul paquet de gemmes pédicellé, inférieur.

Animalia biforata, corpus commune gelatinosum, elongato-conicum, subpediculatum, tuberculis adspersum sistentia. Coni plures sæpe conferti, subaggregati. Animalium dispositione systemata specialia nulla. Tubercula bipora ori anoque inservientia.

Os tentaculis sex; anus sexdentatus; gemmarum acervus unicus, pedicellatus, inferus.

Observations. —La *Sigilline*, qui ne nous est connue que par un mémoire de M. Savigny, paraît consister en des cônes allongés, gélatineux, transparens, supportés et fixés par des Pédicules, enfin souvent rapprochés et groupés plusieurs ensemble. Leur surface est parsemée de tubercules ou mamelons ovales, colorés par les animaux qu'on aperçoit à travers, et pourvus chacun de deux oscules fendus en six parties. L'oscule inférieur ou le plus éloigné du sommet du cône, est le plus grand, et sert pour la bouche ; l'autre fournit une issue pour l'anus. Le corps et le tube alimentaire forment, par leurs dilatations plusieurs cavités distinctes. Après ses divers renflemens, le tube intestinal se courbe, remonte obliquement et va se terminer à l'anus. On ne connaît encore de ce genre que l'espèce suivante.

ESPÈCES.

Sigilline australe. *Sigillina australis.*

Sigillina. Savigny, (*mém. p. 40, 61 et 179 pl. III. f. 2 et pl. XIV.)

Habite sur la côte sud-ouest de la Nouvelle-Hollande ; à vingt brasses de profondeur dans la mer. — (Long. totale 4 à 8 pouces, long. des animaux 3 lig., non compris l'ovaire.)

DISTOME. (Distomus.)

Animaux biforés, séparés, vivant dans une masse subcoriace, étendue en croûte, et chargée de verrues éparses.

Deux oscules sur chaque verrue, bordés de 6 dents.

Animalia biforata, segregata, massam crustaceam, subcoriaceam, superficie verrucis adspersam habitantia.

Verrucæ biforatæ; foraminibus margine sexdentatis.

Observations. — Quoique les animaux du *Distome* ne soient pas encore connus, je me crois obligé de mentionner ici ce genre établi par Gœrtner, ne doutant point qu'il n'appartienne à la coupe des Botryllides.

Les verrues dont est parsemée la masse crustacée du Distome, ayant chacune deux ouvertures, je suppose que l'une de ces ouvertures est pour la bouche et l'autre pour l'anus. Dans ce cas, chaque verrue ne contiendra donc qu'un animal, et ce genre sera très distinct de tous les autres.

La croûte du Distome a une légère épaisseur; elle est d'un orangé blanchâtre, et teinte d'écarlate aux oscules de ses verrues.

[M. Savigny a donné ainsi les caractères du genre Distome, d'après le Distome rouge qu'il a pu étudier avec soin : « Corps commun, sessile, demi cartilagineux, polymorphe, composé de plusieurs systèmes généralement circulaires. Animaux disposés sur un ou sur deux rangs, à des distances inégales de leur centre commun. Orifice branchial s'ouvrant en six rayons réguliers et égaux; l'anal de même. — Thorax petit, cylindrique; mailles du tissu respiratoire pourvues de papilles? Abdomen inférieur, longuement pédiculé, plus grand que le thorax. Foie nul. — Ovaire unique, sessile, latéral, occupant tout un côté de l'abdomen.]

ESPECES.

1. Distome variolé. *Distomus variolosus.*

** Crustaceus, papillis sparsis biosculatis rubris.*

Distomus variolosus. Gœrtn. apud Pallas, Spicil-zool. 10. p. 40, n° 3. tab. 4. f. 7. *a. A.*

Alcyonium ascidioides. Gmel. p. 3816.

* Bruguière. Encycl. méth. vers. p. 23 n. 9.

* Savigny. Mém. p. 177. pl. 3. fig. 1 et pl. 13?

* Risso. Eur. mér. t. IV, p. 278.

* Delle Chiaje. Mem. t. 3. p. 86. 94.

Habite les côtes d'Angleterre, sur le *Fucus palmatus*, la Méditerranée.

† 2. Distome rouge. *Distomus ruber.* Savigny. Mém. p. 38. 62. 177. pl. III. f. 1. et pl. XIII.

D. pulposus, irregulariter conicus compressus rubro-violaceus, papillis prominulis, ovalibus lutescentibus, in utrâque paginâ 3-12 *aggregatis; orificiis purpurascentibus.*

Alcyonium. Planc. Conch. ed. 2. p. 113. tab. 10. B. d.

Habite les mers d'Europe. — Long. 4 à 5 pouces, grandeur individuelle 2 lig.

† 3. Distome violet. *Distomus violaceus.* Quoi et Gaim. Astrol. zool. 3. p. 622. pl. 92. f. 9-10.

D. irregularis, subcoriaceus, planus, violaceus; stellis radiantibus, ovalibus albo-luteis; aperturis denticulatis.

Habite les côtes australes de la Nouvelle-Hollande.

† 4. Distome élégant. *Distomus elegans.* Quoy et Gaim. l. c. p. 623. pl. 92. f. 11-13.

D. carnosus, crassus, plurimilobatus, foliaceus, violacescens; stellis sparis, ovatis, flavis; aperturis aurantiacis, denticulatis.

Habite près du cap de Bonne-Espérance.

DIAZONE (Diazona.

Animaux agrégés, biforés, formant par leur réunion un commun fixé, demi gélatineux, orbiculaire, presque en soucoupe, multi-cellulaire; à cellules saillantes, comprimées, pourvues chacune de 2 oscules, et disposées sur plusieurs cercles concentriques.

Six tentacules lancéolés à la bouche. Un seul paquet de gemmes latéral.

Animalia aggregata, biforata, folliculo vestita, corpus commune fixum, semi-gelatinosum, orbiculatum, subcyatiforme, celluliferumque sistentia; cellulis prominentibus, compressis, biporis, in circulos concentricos dispositis.

Os tentaculis sex lanceolatis: gemmorum acervus unicus lateralis.

Observations. — Rien ne ressemble plus à un polypier que le corps commun dans lequel les animaux de la *Diazone* sont contenus. Ce corps celluleux est orbiculaire, évasé en soucoupe, demi gélatineux, transparent, d'un violet léger, plus foncé au sommet des cellules. Celles-ci, disposées sur plusieurs cercles concentriques, contiennent des animaux d'un gris cendré, qu'on aperçoit à travers leur épaisseur. Ces cellules sont grandes, saillantes, comprimées, inclinées et dirigées du centre du corps commun vers sa circonférence; leurs diverses rangées circulaires et concentriques semblent former autant de systèmes distincts.

Chaque cellule a deux pores ou oscules tubuleux, pourprés, marqués de six plis, et lorsque l'animal s'épanouit, il en sort six tentacules lancéolés. L'oscule le plus grand et le plus saillant correspond à la bouche: il est le plus éloigné du centre. L'autre, plus petit et plus rapproché du centre, aboutit à l'extrémité du rectum. Les animaux de la seule espèce que nous a fait connaître M. Savigny n'ont pas moins de 35 millimètres de longueur.

ESPECES.

1. Diazone méditerranéenne. *Diazona mediterranea.*

Diazoma. Savigny. Mém. p. 35. 61 et pl. 2. fig. 3. et pl. 12.
Habite la Méditerranée où elle fut découverte, dans le port d'Yviça par feu M. de la Roche.

† 2. Diazone cylindrique, *Diazona cylindrica.*

D. axi elongato, carnoso, cylindrico; animalibus separatis, oblongo-cylindraceis pediculatis, subverticillatis, cæruleo violaceis.

Habite les côtes australes de la Nouvelle-Hollande. — Des individus longs de 5 à 6 lignes sont groupés en tout sens sur un arc charnu de la grosseur du doigt et long quelquefois d'un pied.

ASTROLE. (*Polyclinum.*) (1)

Animaux agrégés, biforés, enfoncés dans une masse gélatineuse, aplatie, horizontale, hérissée de petits mamelons, la plupart offrant plusieurs systèmes stelliformes épars, et, dans chaque système, disposés en rayons autour d'une ouverture centrale un peu grande.

Bouche à six tentacules, aboutissant à l'oscule de chaque mamelon; anus non apparent au dehors, s'ouvrant au-dessous de la surface de la masse commune. Une seule vessie gemmifère, pendante sous l'animal, terminée par un filet.

Animalia aggregata, biforata, in massam gelatinosam, planulatam immersa; pleraque systemata plura stelliformia, sparsa, sistentia; et in quaque systemate circa foramen majusculum centrale radiantia.

Os tentaculis sex ad cujusque mamillæ osculum. Anus externè inconspicuus, infrà massæ communis superficiem apertus. Vesica gemmifera unica, subtùs dependens, filamento terminata.

Observations. —L'Astrole, dont M. Savigny nous a procuré la connaissance, et qu'il a nommé en latin *Polyclinum*, parce que chaque animal semble habiter trois cellules superposées, est un genre qui commence à se rapprocher du Botrylle, et qui paraît surtout très voisin du *Polycycle*, genre que j'ai présenté d'après un ouvrage de M. Renier.

(1) Le nom français d'*Astrole* n'a point été adopté. F. D.

Le corps commun qui constitue l'Astrole forme au bord de la mer, soit sur le sable, soit sur les rochers, des masses horizontales, aplaties, molles, demi transparentes, violettes, comme irisées, hérissées d'un nombre prodigieux de petits mamelons, la plupart groupés en cercle ou en ellipse, autour d'une ouverture centrale qui semble faire les fonctions d'aspirer et d'agiter l'eau (1). Ces cercles de mamelons sont inégaux, irréguliers, et forment les systèmes particuliers auxquels la plupart des animaux de l'Astrole donnent lieu par leur disposition autour de la cavité centrale.

En examinant ces cercles de plus près, on voit que de chaque ouverture centrale partent, en divergeant, des lignes jaunâtres, qui bientôt se bifurquent ou se subdivisent en ramifications grêles qui vont aboutir chacune à un des mamelons. On voit de plus que tous ces mamelons sont ouverts à leur sommet, et qu'ils donnent passage à autant de petites étoiles saillantes et mobiles, constituées par les six tentacules qui environnent la bouche de l'animalcule. Ainsi l'oscule qui termine chaque mamelon est l'orifice d'une cellule, et tous les mamelons d'un système, ainsi que les linéoles jaunes et rayonnantes qui y aboutissent, sont les indices d'autant d'animaux qui appartiennent à ce système.

Dans les intervalles qui séparent ces divers systèmes, on trouve néanmoins d'autres animaux isolés, et qui, malgré leur tendance à se réunir en système, n'ont pu y parvenir.

Les deux renflemens du corps et la vessie gemmifère qui pend au-dessous ont exigé que la cellule qui contient chaque animalcule soit figurée en trois loges superposées qui communiquent ensemble par deux petits trous. Il n'y a donc réellement qu'une seule cellule pour chaque animal.

Les animaux de l'Astrole ressemblent d'ailleurs aux autres Botryllides par les points essentiels de leur organisation. La deuxième moitié du tube alimentaire, après sa sortie du second renflement, dit abdominal, se courbe, remonte, et vient se ter-

---

(1) Ces ouvertures que M. Milne Edwards appelle des cloaques communs, servent au contraire à la sortie de l'eau qui a traversé l'appareil respiratoire.

miner à l'anus qui s'ouvre contre la partie supérieure du renflement appelé thoracique, sous l'appendice allongé qu'il fournit.

Le long filet qui termine la vessie des gemmes paraît tubuleux, c'est probablement un conduit pour la sortie des gemmules.

On ne connaît encore de ce genre que l'espèce suivante :

ESPÈCE.

1. Astrole violet. *Polyclinum violaceum.*

Polichinum. Savigny, mss. *fig.*

Habite... probablement les mers d'Europe.

[Comme on ne peut savoir de laquelle des espèces de M. Savigny Lamarck a voulu parler, nous passons à l'énumération des espèces connues sans tenir compte du *Polyclinum violaceum.*

† 1. Polycline constellée. *Polyclinum constellatum.* Sav. Mém. p. 189. pl. IV f. 2. pl. XVIII f. 1.

P. gelatinosum, molle, hemisphæricum, læve, purpureo-fuscum animalibus 10–45 aggregatis lutescentibus; osculis flavis, cavitatibus communibus rufo-marginatis.

Habite les côtes de l'île de France. — Diamètre total un pouce et demi; long. individuelle, l'ovaire compris 2 lignes.

† 2. Polycline saturnienne. *Polyclinum saturninum.* Sav. l. c. p. 9. 61. 190. pl. XIX. f. 1.

P. subcartilagineum, rude, horizontaliter expansum, brunneum-violacescens; animalibus numerosissimis radiantibus lutescentibus; osculis fulvis.

Risso. Delle Chiaje. Mem. t. 3. p. 87-95. tab. 32. f 14.

Habite le golfe de Suez.—Diamètre total 3-5 pouces; grandeur individuelle, l'ovaire compris, un trois-quarts de ligne.

3. Polycline cythéréenne. *Polyclinum cythereum.* Sav. p. 191. pl. XIX. f. 3.

Habite le golfe de Suez sur les rochers.— Elle forme, comme la précédente, une masse horizontale, et se compose d'animaux aussi de la même grandeur, mais elle est lisse, gélatineuse, d'un violet clair, à systèmes peu multipliés ; pourvus de cavités peu ouvertes, d'un violet foncé, composés d'animaux très nombreux, d'une couleur fauve claire.

† 4. Polycline isiaque. *Polyclinum isiacum.* Sav. p. 191. pl. XIX. f. 4.

Habite le golfe de Suez. — Elle forme une masse horizontale, peu convexe, d'un violet clair, demi transparente, à systèmes peu distincts, présentant au centre une réunion de sommités particulières, arrondies à la circonférence, d'autres sommités éparses, jaunâtres, marquées d'un trait brun. — Long. individuelle une ligne un quart.

† 5. Polycline hespérienne. *Polyclinum hesperium.* Sav. l. c.

Habite le même lieu.—Formant une masse orbiculaire, peu convexe cartilagineuse, d'un brun léger, teint de violet, à systèmes confondus dans leur circonscription, pourvus d'hiatus fort petits, et composés d'un grand nombre d'animaux jaunâtres ; longs de une ligne et demie.

† 6. Polycline uranienne. *Polyclinum uranium.* Savigny. l. c.

Du même lieu. — Formant une masse cartilagineuse, orbiculaire, d'un violet foncé composé d'un seul système d'animaux fauves ; longs de deux lign. et demie, à orifices jaunes.

† 7. Polycline cloisonnée. *Polyclinum septosum.* Delle Chiaje. Mem. t. 3. p. 87-95. tab. 32. f. 13.

Corpore gelatinoso purpurascente areolis subpentagonis animalculis foro centrali circumdantibus.

Habite la Méditerranée.

M. Delle Chiaje rapporte aussi au genre *Polichinum*, la *Spongia nodosa*, l'*Alcyonum stellatum.* Linn. Gmel. ; et une espèce nouvelle qu'il nomme *P. vesiculosum*, et qui paraît être également une Lobulaire. F. D.]

POLYCYCLE (Polycyclus).

Animaux biforés, en une masse commune, gélatineuse,

épaisse, convexe, fixée ; à superficie parsemée d'orbes multifores, ayant au centre une cavité plus grande.

Dix ou douze trous séparés, disposés en cercle autour de la cavité centrale, composant chaque orbe, et constituant les individus.

Des tubes intérieurs et en siphon établissant des communications entre les trous de chaque orbe et l'ouverture centrale.

Animalia biforata, in massam communem; gelatinosam, crassam, convexam, fixamque aggregata ; superficie orbibus multiforis, sparsis : centro cavitate majore forato.

Foramina 10 *S* 12 *distincta, orbiculatim digesta, aperturam centralem ambientia, individua sistunt, et singularem orbem componuntur.*

Observations. — Avant la découverte de l'organisation des Ascidiens botryllaires par M. Savigny, j'avais senti la nécessité d'indiquer, comme un genre particulier, le *Botryllus* décrit et publié par le docteur Renier de Chioza. J'instituai ce genre sous le nom de Polycycle dans les Mémoires du Muséum (vol. 1 p. 338), et alors je le considérais comme un polypier empâté, voisin du Botryllus. Maintenant je ne saurais douter qu'il ne fasse partie des *Tucifères réunis.*

[M. Savigny n'adopte pas ce genre et range parmi les Botrylles l'espèce d'après laquelle Lamarck l'avait établi.]

ESPECES.

1. Polycycle de Renier. *Polycyclus Renierii.*

P. elongatus, convexus, utrinque attenuatus, luteolus; orbulis azureis sparsis.

Polycyclus. Mém. du mus. vol. 1. p. 340.

Lettre de M. E.-A. Renier à M. J. Oliv. p. 1. tab. 1. f. 1-12.

Rondelet? Grappe de mer, Adriat. 2. p. 130.

* *Botryllus polycyclus.* Savigny. Mém. p. 47. 84. 202. pl. v. fig. 5.

* *Botryllus stellatus.* Lesueur et Desmarest Bull. soc. philom. 1815. pl. 74. pl. 1. fig. 14, 19.

* Delle Chiaje. Mem. t. 3. p. 84. o3. tab. f. 10.
Habite la mer adriatique. — La Méditerranée.

†2. Polycycle oblong. *Polycyclus elongatus*. Delle Chiaje. Mem. t. 3. p. 93. tab. 36. f. 11.

Animalculis elongatis rima lutea longitudinali.
Habite la Méditerranée.

BOTRYLLE. (Botryllus.)

Animaux agrégés biforés, adnés à la surface d'une croûte mince, gélatineuse, transparente, offrant plusieurs systèmes orbiculés, stelliformes, épars, et disposés en rayons, dans chaque système, autour d'une ouverture centrale, un peu élevée.

Individus ovoïdes, rétrécis inférieurement, plus épais et arrondis au sommet, perforés en dessus vers chaque extrémité.

Bouche près de la circonférence du système, à huit tentacules, dont quatre plus grands. Anus près du centre. Deux vessies gemmifères latérales.

Animalia aggregata, biforata, crustæ tenuis gelatinosæ pellucidæque ad superficiem adnata; systemata plura orbiculata, stelliformia, sparsa sistentia; et in quoque systemate circà foramen centrale subprominuli radiantia.

Individua obovata, infernè attenuata, apice rotundata crassioraque versùs utramque extremitatem supernè forata.

Os propè periphæriam systematis: tentaculis octo; quatuor majoribus. Anus versùs centrum. Vesicæ duæ gemmiferæ laterales.

Observations.—Le genre *Botrylle*, observé d'abord par Gærtner, établi ensuite par Pallas, long-temps imparfaitement connu, et maintenant convenablement caractérisé, d'après les observations de MM. Lesueur, Desmarest et Savigny, se présente comme une croûte mince, gélatineuse et transparente, fixée sur des corps marins. Des animalcules oblongs, ovoïdes, agréablement tachetés de pourpre et de bleu, et disposés en rayons autour d'une cavité centrale, forment à la surface de cette croûte différens systèmes orbiculaires et stelliformes, plus ou moins contigus les uns aux autres.

Dans chaque système, les animaux varient en nombre, comme de 3 à 12, ou quelquefois davantage. Quoiqu'on eût remarqué que chaque rayon d'un système offrait deux ouvertures bien séparées, la bouche et l'anus, on considéra le système comme un seul animal, et ses rayons comme ses tentacules. Ellis seul a regardé les étoiles des Botrylles comme formées d'autant d'animaux différens qu'on y comptait de rayons; ce dont actuellement il n'est plus possible de douter.

L'ouverture centrale de chaque système a son bord circulaire un peu élevé et contractile. En s'allongeant et se raccourcissant, il semble favoriser l'entrée et la sortie de l'eau. C'est dans cette cavité centrale qu'aboutit l'oscule anale de chaque animalcule.

Les animaux des *Botrylles*, quoique légèrement enfoncés à la surface de la croûte qui forme leur base, présentent des étoiles saillantes à cette surface, et sont véritablement plus extérieurs que ceux des autres genres de cette famille.

Les espèces de ce genre sont probablement nombreuses; mais, comme on s'est peu occupé de leur recherche, je ne puis citer que les deux suivantes.

ESPÈCES.

1. Botrylle étoilé. *Botryllus stellatus.*

B. animalculorum stellis simplicibus, pluribus sparsis.
Botryllus stellatus. Pall. Spicileg. zool. 10. p. 37. tab. 4. f. 1-5.
Alcyonium Schlosseri. Pall. zooph. p. 355. Gmell.
Botryllus stellatus. Brug. Encycl. méth. n° 1.
Borlas. Cornub. p. 254. t. 25. f. 1—4.
* *Botryllus Schlosseri.* Savigny. Mém. p. 200 et pl. 20.
* Delle Chiaje. Mem. t. 3. p. 94. tab. 36. f. 12.

Habite la Manche, les côtes d'Angleterre, sur des corps marins. — Il forme une croûte gélatineuse demi transparente, teinte de glauque et de cendré clair, et garnie de tubes marginaux d'un jaune ferrugineux. Les animaux groupés par 10-20 sont variés de jaune et de roux et ont l'orifice branchial blanc entouré d'un cercle de larges taches ferrugineuses; la ligne radiale est bordée de cette même couleur.

2. Botrylle congloméré. *Botryllus conglomeratus.*

B. animalculorum stellis compositis, solitariis.

Botryllus conglomeratus. Pall. Spicileg. zool. 10. p. 39. t. 4. f. 6. a—A.

Alcyonium conglomeratum. Gmel. p. 3816.

* Bruguière. Encycl. mét. n° 2.

* Savigny. Mém. p. 204.

Habite l'océan des côtes d'Angleterre : il diffère beaucoup du précédent, n'offre qu'une étoile sur chaque base, et cette étoile se compose de plusieurs rangées d'animalcules divergens.

† 3. Botrylle doré. *Botryllus gemmeus.* Savigny. Mém. p. 198. pl. xx. f. 3.

Animalculis ovatis aureo colore infectis, pinnatis, ano stelliformi.

Delle Chiaje. Mem. t. 3. p. 93. tab. 36. f. 5.

Habite la Méditerranée et la Manche. — Il forme une croûte gélatineuse mince, un peu cendrée à tubes marginaux jaunâtres; les individus longs d'un tiers de ligne, sont d'un gris fauve ou doré, avec les orifices et la ligne radiale bordé de taches blanchâtres.

† 4. Botrylle rosacé. *Botryllus rosaceus.* Savigny. Mém. p. 198. pl. xx. f. 3.

Animalculorum utriculis rosaceis sine ordine digestis osculo rufescente.

Delle Chiaje. Mem. t. 3. pl. 93. tab. 36. f. 8.

Habite la Méditerranée, le golfe de Suez. — Il forme une croûte mince demi cartilagineuse, hyaline, fournie de tubes vasculaires roux, renflés et très pressés; les animaux longs d'une demi-ligne et groupés par 7-8, sont d'un brun vineux sans tache, avec l'orifice branchial roussâtre.

† 5. Botrylle de Leach. *Botryllus Leachi.* Savigny. Mém. p. 199. pl. iv. f. 6. pl. xx. f. 4.

Animalculis ovatis concentricè dispositis, nigro-rubellis, ore anoque marginatis.

Habite la Méditerranée. — Il forme une croûte gélatineuse un peu épaisse, hyaline, avec une teinte de rouge violet, garnie d'une infinité de tubes vasculaires de couleur fauve. Les animaux longs de trois quarts de ligne et réunis par 10-12-25, ont les sommités claviformes, variées de fauve et de blanc. L'orifice branchial blanc, entouré d'un collier fauve, cerclé de blanc, et ligne radiale aussi bordée de blanc.

† 6. Botrylle cilié. *Botryllus ciliatus*. Delle Chiaje. Mem. t. 3. p. 94. tab. 36. f. 17.

Utriculis rubris aliis minoribus circumdatis.

Delle Chiaje. Mem. t. 3. p. 94. tab. 36. f. 14. 15. 16.

Habite la Méditerranée.

† 7. Botrylle neigeux. *Botryllus niveus*. Delle Chiaje. Mem. t. 3. p. 94. tab. 36. f. 18.

Animalculorum utriculis ovatis ore amplo præditis ac massa gelatinosa albescentibus.

Habite la Méditerranée.

† 8. Botrylle nain. *Botryllus minutus*. Savigny. Mém. p. 204.

B. incrustâ tenuissimâ gelatinosâ expansus, fusco-cinereus animalculis 3-5 coalitis, fuliginosis, rubiginosisve; osculis lineaque radiali albis.

Habite les mers d'Europe. — Diamètre total 4 à 6 lignes, grandeur individuelle 1/6 ligne.

† 9. Botrylle en grappe. *Botryllus ramosus*. Quoy et Gaim. Astrol. Zool. t. 3. p. 620. pl. 92. f. 7. 8.

B. ovatus, pediculatus, carnosus, ruber; racemis plurimis simul; animalibus radiantibus.

Habite les côtes de la Nouvelle-Zélande.

PYROSOME. (Pyrosoma.)

Animaux biforés, agrégés, formant par leur réunion une masse commune libre, flottante, gélatineuse, cylindrique, creuse, fermée à une extrémité, ouverte et tronquée à l'autre, et extérieurement chargée de tubercules.

Ouvertures orales des animaux à l'extérieur de la masse commune; les anus s'ouvrant à la paroi interne de la cavité de cette masse. Deux vessies gemmifères opposés et latérales.

Animalia biforata, aggregata, massam communem liberam natantem, gelatinosam, cylindricam, cavem, unâ extremitate clausam, alterâ truncatam, et hiantem, extùs tuberculis obsitam sistentia.

Animalium aperturæ orales externæ. Ani ad parietem internam cavitatis communis aperientes. Vesicæ duæ internæ laterales, oppositæ, gemmiferæ.

Observations. — Qui se serait douté que le *Pyrosome*, observé d'abord par MM. Péron et Lesueur dans la mer atlantique, fût un assemblage de petits animaux agrégés! on le prit donc alors pour un seul animal. Et en effet, sa forme générale, le rapprochant jusqu'à un certain point de celle des Béroés, je pensai de même et le plaçai dans la classe des *Radiaires*.

Ce fut M. Lesueur qui, le premier, découvrit l'erreur, et qui reconnut que chacun des tubercules qui hérissent la surface extérieure du *Pyrosome*, appartenait à un animal particulier.

Ensuite, les observations de M. Savigny sur différens animaux que l'on rangeait parmi les Alcyons et sur le *Pyrosome* même, nous apprirent que tous ces animaux étaient du même ordre : ils appartiennent tous effectivement à nos *Botryllides*.

Maintenant, il n'est plus question que de décider, d'après des motifs non arbitraires, si l'organisation réelle de ces animaux exige leur réunion avec les Mollusques, comme le pensent MM. Cuvier, Savigny, Lesueur et Desmarest. On a vu que je ne partage nullement cette opinion.

Ainsi, les *Pyrosomes* offrent chacun un assemblage de petits animaux très singuliers, sous la forme d'un cylindre creux, fermé à une extrémité, tronqué et ouvert à l'autre, et hérissé en dehors par une multitude de tubercules tantôt disposés par anneaux, et tantôt irrégulièrement.

Quoique leur masse commune soit gélatineuse et transparente, les tubercules de sa surface extérieure sont plus fermes que le reste de sa substance. Néanmoins, ils sont diaphanes, brillans et polis. Au sommet de chaque tubercule se trouve l'oscule où aboutit la bouche de l'animalcule, et quelquefois cet oscule offre d'un côté une pièce lancéolée qui le dépasse.

Disposés horizontalement dans la mer, les *Pyrosomes* y paraissent exécuter de légers mouvemens qui les déplacent. On les y rencontre souvent par bandes composées d'une innombrable quantité d'individus.

Par leur grande phosphorescence, ils font la nuit paraître la mer comme embrasée dans les espaces qu'ils occupent. Et en effet, rien n'est plus remarquable que l'éclat lumineux et les couleurs brillantes qu'offrent alors ces masses flottantes. Mais leurs couleurs varient instantanément, et passent rapidement d'un rouge vif à l'aurore, à l'orangé, au verdâtre et au bleu d'azur, d'une manière vraiment admirable.

ESPECES.

1. Pyrosome atlantique. *Pyrosoma atlantica.*

P. tuberculu irregularibus, confertis, apice muticis.
Pyrosoma. Péron et Lesueur. Voyage. p. 488. t. 30. f. 1.
Annales du mus. v. 4. p. 440.
* Savigny. Mém. p. 209.
Habite la mer Atlantique équatoriale.

1. Pyrosome élégant. *Pyrosoma elegans.*

P. subconica, granulata; fasciis tuberculosis, transversis; tuberculis nudis annulatis.
Pyrosoma elegans. Lesueur. Nouv. bull. des sc. vol. 3. p. 283.
* Savigny. Mém. p. 206.
Habite dans la Méditerranée. Espèce plus petite que les deux autres. — Long. 15 lignes.

3. Pyrosome géant. *Pyrosoma gigantea.*

P. grandis, subcylindrica; tuberculis inæqualibus, confertis, inordinatis, apice lanceolatis.
Pyrosoma gigantea. Lesueur. ibid. et Voyage. pl. pénultième.
* Savigny. Mém. p. 52. 207. pl. IV. f. 7. et pl. XXII. XXIII.

Habite la Méditerranée. Les animalcules sont déprimés; leur oscule extérieur se trouve à la base de la pièce lancéolée qui surmonte le tubercule.

[M. de Blainville ajoute aux genres précédens d'Ascidies agrégées le genre Pyure (*Pyura*) qu'il caractérise ainsi, d'après Molina.

« Corps pyriforme, avec deux petites petites trompes courtes, contenu dans une loge particulière formée par son enveloppe extérieure, et constituant, par sa réunion avec dix ou douze individus semblables, une espèce de ruche coriace diversiforme (sans aucune ouverture extérieure). Ce genre ne comprend qu'une seule espèce : Pyure de Molina, *Pyura Molinæ* (Manuel de malacologie, p. 585.) F. D.

Troisième section.

TUNICIERS LIBRES OU ASCIDIENS.

Animaux désunis, soit isolés, soit rassemblés en groupes, sans communication interne, et ne formant point essentiellement une masse commune.

Il s'agit ici des *vrais Ascidiens*, c'est-à-dire, d'animaux non essentiellement réunis en une masse commune, comme dans les Tuniciers botryllaires; d'animaux qui offrent une tunique externe et sacciforme, laquelle contient le corps de l'animal, et qui a deux ouvertures, dont l'une sert à l'entrée de l'eau pour l'organe respiratoire et les alimens, tandis que l'autre sert pour l'anus.

C'est sans doute par la comparaison de cette tunique externe des *Ascidiens* avec les deux lobes réunis en devant du manteau des Myes, des Solens et des Pholades qu'on a trouvé de l'analogie entre ces Mollusques acéphales et les *Ascidiens*, quoique l'organisation intérieure de ces derniers soit fort différente de celle des premiers. En effet, la division intérieure du corps, la forme et la situation du système respiratoire, enfin le caractère du système nerveux, ne sont point du tout les mêmes dans les *Ascidiens*, que dans les Mollusques acéphales cités. D'ailleurs, dans l'orifice de la bouche des Acéphales, il n'y a jamais de tentacules en rayons.

On ne saurait douter, comme je l'ai dit, qu'il n'y ait des rapports entre les Ascidiens botryllaires et les Ascidiens francs; mais ces rapports ne peuvent être qu'éloignés : on en sent assez la raison. Et, s'il est déjà très difficile, peut-être même impossible de constater qu'il y ait une véritable *circulation* dans les vrais Ascidiens, il l'est bien davantage de le faire à l'égard des Botryllaires (1). Je dis plus, les Bifores que l'on réunit dans le même groupe avec les Ascidies, ne sauraient y tenir par des rapports si prochains, car leur organe respiratoire et la disposition intérieure de leurs parties sont fort différens.

Persuadé que le système des sensations n'a pas encore lieu dans ces animaux, et qu'il en est de même à l'égard de celui de la fécondation sexuelle, je les laisse dans le rang qui leur est ici provisoirement assigné, et je me hâte de passer à l'exposition de leurs genres.

BIPHORE. (Salpa.)

Corps libre, nageant, oblong, un peu aplati sur les côtés, gélatineux, transparent, traversé intérieurement par une cavité longitudinale ouverte aux deux extrémités.

---

(1) Voyez la note à la page 478.

L'une, des ouvertures extérieures plus grandes, rétuse, sub-bilabiée, munie d'une valvule; l'autre un peu saillante, arrondie, nue.

La bouche s'ouvrant dans la cavité intérieure près d'une de ces ouvertures; l'anus aboutissant dans la même cavité près de l'ouverture opposée.

Corpus liberum, natans, oblongum, ad latera planulatum, gelatinosum, pellucidum, intùs cavitate longitudinali utrâque extremitate apertâ percursum.

Aperturarum externarum una major, retusa, sub-bilabiata, valvulifera; altera prominula, rotundata, nuda.

Os in cavitate internâ versùs unam extremitatem aperiens; anus propè alteram in eadem cavitate.

Observations. — Les *Biphores* ont sans doute des rapports avec les *Ascidies*, mais ces rapports me paraissent bien moins prochains qu'on le pense. En effet, indépendamment de leur état libre, gélatineux et transparent, la membrane qui entoure la cavité intérieure qui traverse leur corps d'une extrémité à l'autre, me paraît à peine pouvoir être considérée comme une tunique intérieure; puisque le canal intestinal et autres viscères sont situés hors de cette cavité, dans l'espace qui sépare cette membrane de la peau ou tunique externe.

Quant à cette cavité longitudinale intérieure, elle ne contient, dit-on, que l'organe respiratoire qui est, selon M. Cuvier, une branchie allongée, assez étroite, qui traverse obliquement le grand vide interne que constitue cette cavité.

La branchie dont il est question est formée d'une double membrane, par un repli de la tunique intérieure, et son bord supérieur est garni d'une infinité de petits vaisseaux transverses et parallèles. Ainsi, la forme et la disposition de l'organe respiratoire des Biphores auraient très peu d'analogie avec ce que l'on regarde comme organe de la respiration dans les Ascidies.

Le corps des Biphores présente une ouverture à chacune de ses extrémités, ce sont celles qui terminent sa cavité intérieure. L'une, plus grande, rétuse et comme bilabiée, est munie d'une valvule semilunaire ; il paraît que c'est celle qui aspire l'eau. M. Cuvier la regarde comme l'ouverture postérieure, et c'est près d'elle que s'ouvre, dans la cavité intérieure, l'anus assez large qui termine l'intestin. L'autre ouverture, plus régulière, arrondie, un peu saillante, sans valvule, est, dit-on, celle par où l'eau jaillit lorsque l'animal se contracte. M. Cuvier la considère comme l'antérieure, et c'est près d'elle qu'aboutit dans la cavité interne, l'ouverture ronde à bords plissés, que ce savant regarde comme la véritable bouche de l'animal. Il s'ensuivrait que c'est par l'ouverture postérieure, voisine de l'anus, que s'introduit l'eau qui apporte les alimens et fournit à la respiration, et que c'est par l'antérieure que sort cette eau, de manière que la résistance que lui oppose le liquide qu'habite le Biphore, le forcerait de ne pouvoir se déplacer qu'en reculant.

Je préfère l'opinion de ceux qui ont regardé l'ouverture bilabiée comme l'antérieure : dès-lors, l'ouverture interne qui l'avoisine, sera la bouche, entrée d'un tube intestinal assez simple qui va en grossissant, arrive près de l'autre extrémité à un anus à bord plissé, et près duquel un appendice en cul-de-sac que M. Cuvier prend pour l'estomac, sera un *cæcum*. M. Péron ayant eu connaissance, peu de temps avant sa mort, du Mémoire de M. Cuvier sur les Biphores (Annales du Muséum, vol. 4, p. 360), m'assura que ce savant s'était trompé sur la véritable bouche de ces animaux.

Selon, M. Cuvier, le cœur du Biphore est mince, en forme de fuseau, et situé au coté gauche. Il est enveloppé dans son péricarde, et si transparent qu'on a beaucoup de peine à l'apercevoir.

Deux paquets allongés, intérieurs et contenant de petits grains, paraissent être deux ovaires.

Je supprime la citation de bien d'autres particularités; je dirai seulement que je vois dans une des planches du voyage de M. le capitaine Krusenstern, parmi quelques détails sur des Biphores, des tentacules rayonnans représentés, qui n'indiquent point que ce soient des Mollusques.

Les Biphores nagent librement dans la mer; mais par de petits suçoirs latéraux, ils ont la faculté de s'attacher quelquefois à des corps solides, et plus souvent les uns à côté des autres, nageant alors un grand nombre ensemble, en formant, par leur réunion, des guirlandes, etc. On les trouve sur les côtes de France, d'Espagne, d'Italie, et dans les mers des pays chauds. La plupart répandent la nuit une lumière phosphorique, comme beaucoup de Radiaires.

[M. de Chamisso, dans son mémoire sur les *Salpa* (1819), a pris, comme Lamarck, l'ouverture bilabiée pour celle qui correspond à la bouche; mais Cuvier, dans la dernière édition de son *Règne animal* (1830), p. 163, persiste dans son opinion sur l'organisation de ces animaux, qui, dit-il, se meuvent en faisant entrer l'eau par l'ouverture postérieure, et la faisant sortir par l'extrémité antérieure, par conséquent en reculant, et qui d'ailleurs nagent toujours le dos en bas.

Quant à l'association des Biphores, que Lamarck supposait opérée par de petits suçoirs latéraux, on n'est point d'accord sur la manière dont elle se produit et sur sa signification. M. de Chamisso prétend que des Biphores, sortis de leur mère en longues chaînes, produisent des individus isolés peu nombreux et d'une forme assez différente, lesquels, à leur tour, ne peuvent produire que des générations d'individus agrégés en longues chaînes, de telle sorte qu'il y aurait une succession alternative de générations dissemblables, les unes de Biphores solitaires, les autres de Biphores agrégés. Cuvier, sans adopter entièrement cette opinion, reconnaît comme certain que l'on observe, dans quelques espèces, de petits individus adhérens dans l'intérieur des grands par une sorte de petit suçoir particulier et d'une forme différente de ceux qui les contiennent.

Les viscères principaux et le foie, qui est fortement coloré, forment près de la bouche une masse pelotonnée que l'on désigne par le nom de *nucleus*. La circulaton, observée d'abord par Kull et Vanhasselt, puis par MM. Quoy et Gaimard, est tres singulière; le courant change périodiquement de direction. Du reste il paraîtrait, d'après les recherches encore inédites de M. Milne Edwards, qu'il en est de même chez tous les Tuniciers. F. D.

ESPÈCES.

1. Biphore birostré. *Salpa maxima.*

S. corpore utroque apice appendiculo, rostrato.
Salpa maxima. Forsk. Ægypt. p. 112. n° 30. et Ic. t. 35. A. a.
Encycl. pl. 74. f. 1-5.
Shaw. Miscell. vol. 7. tab. 232.
* Chamisso de Salpa. 1819. p. 18.
Habite la Méditerranée et la mer atlantique.

2. Biphore pinné. *Salpa pinnata.*

S. corpore oblongo subtriquetro, lineis aliquot coloratis notato; cristá dorsalitri quetro-pyramidata.
Salpa pinnata. Forsk. Ægypt. p. 113. n° 31. et Ic. t. 35. fig. B. b. 1-2. Encycl. pl. 74. f. 6-8.
* Delle Chiaje. Mem. t. 4. tab. 65. f. 7-8.
* Chamisso. De Salpa. 1819. p. 8. fig. 1.
* Quoy et Gaim. Voy. Astrolabe. Zool. moll. p. 580. pl. 88. f. 12.
Habite la Méditerranée. Le corps offre deux lignes dorsales, l'une jaune et l'autre blanche, et de chaque côté, sur le ventre, une ligne violette. Il en existe une variété à lignes latérales interrompues (Encycl. f. 7).

3. Biphore démocratique. *Salpa democratica.*

S. punctata, fasciata; aculeis pone octo.
Salpa democratica. Forsk. Ægypt. p. 113. et Ic. tab. 36. fig. G. Encycl. pl. 74. f. 9.
* Delle Chiaje. Mem. s. an. s. vert. 3. p. 63. tab. 47. f. 14-15.
Habite la Méditerranée, près de l'île Maiorque (*et à Naples.) Deux soies à la queue.

4. Biphore mucroné. *Salpa mucronata.*

S. ore laterali; mucrone hyalino interno, ad frontem dextro, ad anum sinistro; nucleo cœruleo oblongo.
Salpa mucronata. Forsk. Ægypt. p. 114. et Ic. t. 36. fig. D.

Encycl. p. 74. f. 10.
Habite la Méditerranée, près d'Yviça.

5. Biphore ponctué. *Salpa punctata.*

S. ore subterminali; dorso rubro-punctato, pone mucronato; ano porrecto.
Salpa punctata. Forsk. Ægypt. p. 114. et Ic. t. 35. fig. C.
Encycl. pl. 75. f. 1.
Habite la Méditerranée.

6. Biphore confédéré. *Salpa confœderata.*

S. ore terminali; dorso gibboso.
Salpa confœderata. Forsk. Ægypt. p. 115. et Ic. t. 36. fig. A.—a.
Encycl. p. 75. f. 2–4.
* *Salpa octofera?* Cuv. Mém. f. 7.
* Savigny. Mém. tab. 24. f. 1.
* *Salpa ferruginea.* Chamisso. De salpa. p. 23. f. 10.
* *Salpa confœderata.* Quoy. et Gaim. Astrol. p. 584. pl. 88. f. 6.
Habite la Méditerranée et les côtes de la Nouvelle-Hollande.

7. Biphore fascié. *Salpa fasciata.*

S. ovato-oblonga; ore terminali; abdomine fasciato; intestino filiformi incurvo suprà nucleum.
Salpa fasciata. Forsk. Ægypt. p. 115. et Ic. t. 36. fig. B.
Encycl. p. 75. f. 6.
Habite la Méditerranée, à l'entrée de l'Archipel.

8. Biphore africain. *Salpa africana.*

S. subtriquetra, transversè decem-striata; ore terminali; gibbo ad basim aucto nucleis tribus.
Salpa africana. Forsk. Ægypt. p. 116. et Ic. t. 86. fig. C.
Encycl. pl. 75. f. 7.
Habite vers les côtes de Tunis.

9. Biphore social. *Salpa polycratica.*

S. ore infrà apicem; fronte caudâque truncatis.
Salpa polycratica. Forsk. Ægypt. p. 116. et Ic. t. 36. fig. F.
Encycl. pl. 75. f. 5.
Habite la Méditerranée. En se réunissant, les individus forment de longs cordons.

10. Biphore zonaire. *Salpa zonaria.*

S. oblongo depressa, vagina incarnata, socco ex albido hyalino, zonis quinque luteis vario.

Holothuria zonaria. Pallas. Spicil. zool. 10. p. 26. *t.* 1. f. 17. a, b, c.
Salpa. Encycl. pl. 75. f. 8-10.
* Linn. Gmel. p. 3142.
* Chamisso. De Salpa. p. 12. f. 3.
Habite l'Océan, près de l'île Antigoa.

11. Biphore à crête. *Salpa cristata.*

S. corpore lateribus depressiusculo; crista dorsali brevi subquadrata.

Salpa cristata. Cuv. Annal. du mus. 4. p. 366. pl. 68. f. 1-2.
* *Dagysa.* Home. Lect. on comp. anat. II. 63.
Habite... Du voyage de MM. Péron et Lesueur. M. Cuvier pense que c'est le même animal que le troisième *thalia* de Brown (*Holothuria denudata.* Gmel.).

12. Biphore subépineux. *Salpa Tilesii* (Voy. n.33).

S. corpore oblongo, spinulis cartilagineis instructo: unâ extremitate subtruncatâ.

Salpa Tilesii. Cuv. Annal. 4. p. 375. pl. 68. f. 3-6.
Habite... Les spinules sont placées sous le ventre et sur la protubérance dorsale. Ce Biphore répand la nuit une lueur phosphorique, ainsi que la plupart des autres espèces.

13. Biphore scutigère. *Salpa scutigera.*

S. corpore mutico, extremitatibus subattenuato; prominentia dorsali cartilaginea, submediana.

Salpa scutigera. Cuv. Annal. 4. p. 377. pl. 68. f. 4-5.
Habite... Du voyage de Péron et Lesueur. Plusieurs de ses bandelettes musculaires sont disposées en croix.
* Cuvier suppose que c'est la même que Bosc (Hist. nat. vers. II, XX. 5) a nommée *Salpa gibba.*

14. Biphore octofore. *Salpa octofora.*

S. corpore obovato; prominentiis octo exiguis perforatis; prominentia cartilaginea, magna, hemisphærica terminalis.

Salpa octofora. Cuv. Annales, 4. p. 379. tab. 68. f. 7.
Habite... Du voyage de Péron et Lesueur.

15. Biphore cylindrique. *Salpa cylindrica.*

S. corpore subæquali, extremitatibus retuso, ad latera depressiusculo.

Salpa cylindrica. Cuv. Annales 4. p. pl. 68. f. 8—9.

Habite... Voyage de Péron et Lesueur. La plupart des bandelettes musculaires sont transversales.

16. Biphore fusiforme. *Salpa fusiformis.*

S. minor, corpore fusiformi; ore anoque ad superficiem infimam.
Salpa fusiformis. Cuv. Annales 4. p. 382. pl. 68. f. 11.
Habite... Du voyage de Péron et Lesueur.

17. Biphore thalide. *Salpa thalia.*

S. corpore oblongo; crista dorsali compressa, subquadrata; lineis lateralibus integris.
Thalia n° 1. Brown. Jam. p. 384. t. 43. f. 3.
Encycl. pl. 88. f. 1. *Holothuria thalia.* Gmel.
Habite l'Océan d'Amérique.

18. Biphore à queue. *Salpa caudata.*

S. corpore oblongo, caudato; crista compressa; lineis lateribus interruptis.
Thalia n° 2. Brown. Jam. 384. t. 43. f. 4.
Encycl. pl. 88. f. 2. *Holothuria caudata.* Gmel.
Habite l'Océan d'Amérique.

† 19. Biphore alliée. *Salpa affinis.* Chamisso. De Salpa. p. 11. f. 2.

S. (solitaria) *gelatinosa, tractu intestinali branchiæ supertenso; lineis violaceis nullis.* — (gregata) *Gelatinosa, tractu intestinali laxe complicato, processu cuneiformi longitudinali infero antico in circulum aggregata.*
Salpa pinnata? (var.) Quoy et Gaim. l. c. pl. 88. f. 14. 15.
Habite l'Océan pacifique, près des îles Sandwich. — Long. 2 1/2 pouces.

† 20. Biphore rude. *Salpa aspera.* Chamisso. l. c. p. 14. f. IV.

S. (solitaria) *cartilaginoso-gelatinosa, spinescenti-aspera, nucleata, ostiis terminalibus.* — (gregata) *Ostiis superis, appendicibus cucullatis terminalibus, cartilagine nucleum muniente dextra a latere spinescenti aspera.*
Habite l'Océan pacifique du nord, près des îles Kuriles.

† 21. Biphore raboteux. *Salpa ruminata.* Chamisso. l. c. p. 16. f. V.

S. (solitaria) *suprà gelatinosa, subtùs cartilaginea septem carinata carinis postice in spinis brevibus desinentibus, media eminentiori ante nucleum emarginata et bifurcata.* — (gregata) *Gelatinosa, nucleata, ostiis superis appendicibus cucullatis terminalibus corpus subæquantibus, postico dextro.*

Quoy et Gaim. Voy. Astrol. Zool. 3. p. 573. pl. 87. f, 1-5.

Habite l'Océan atlantique, près des Açores.

† 22. Biphore engaînée. *Salpa vaginata*. Chamisso. l. c. p. 19. f. 7.

S. (solitaria) *mollis, vagina cartilaginea induta e cartilaginibus constante longitudinalibus tribus tela gelatinosa connexis, superis lateralibus duabus, tertia infera nucleum muniente.*

Habite le détroit de la Sonde. — Long. 2 pouces.

† 23. Biphore bicorne. *Salpa bicornis*. Chamisso. l. c. p. 20. f. 8.

S. (gregata) *gelatinosa, utriculiformis, nucleata, appendicibus duobus a supera facie posticis corniculatis, ostiis terminalibus.*

Habite les mêmes lieux que la précédente, dont elle pourrait bien n'être que l'état d'agrégation.

† 24. Biphore bleuâtre. *Salpa cærulescens*. Cham. l. c. p. 22. l. IX.

S. (solitaria) *mollis vagina subtùs cartilaginea induta, cartilagine nasiformi nucleum muniente ano sursum retrorsum spectante.*

Habite l'Océan atlantique équatorial. — M. de Chamisso conjecture que cette espèce, dans l'état d'agrégation, pourrait être la même que le Biphore démocratique.

† 25. Biphore épineuse. *Salpa spinosa*. Otto. Act. nat. curios. t. XI. p. 303. tab. 42.

S. subcompressa, ovalis, anticè coarctata, truncata, posticè spinosa seu cornuta et in aciem transversam depressa; spinis binis longioribus rectis, aliis exterioribus, oblique positis minoribus; quinta et sexta denique inferioribus recurvis, sub ipso nucleo lutescente, spinæ sex et margines spinulis minimis asperæ.

Habite la Méditerranée. — Long. 2 lignes.

† 26. Biphore azurée. *Salpo cyanea*. Delle Chiaje. Mém. Sul. an. s. vert. 3. p. 63. f. 12.

S. ore bilabiato personatoque, corpore cylindrico hyaliho-cyaneo, posticè attenuato : apertura circulari, lateribus acetabulorum duplici serie; nucleo hepatico et ovario in appendicem dextrorsum positis.

† 27. Biphore à trompe. *Salpa proboscialis.* Reyn. Less. Cent. Zool. p. 95. pl. 33. f. 2.

Habite l'Océan atlantique. — Long. 1 pouce. Il est caractérisé par la présence d'un long tentacule charnu au moyen duquel les individus se tiennent unis deux à deux.

† 28. Biphore à côtes. *Salpa costata.* Quoy et Gaim. Voy. de l'Uranie. p. 504. pl. 73. f. 2. — Astrol. p. 570. pl. 86. f. 1-5.

S. maxima, anticè rotundata, postice bicaudata, infra canaliculata, gibbosa, paululum echinata, alba-viridi, maculata; vasculis in seriebus quadratis distinctis; oribus terminalibus.

Lesson. Voy. Coquille zool. p. 269. pl. 6. f. 1.

Habite près de la Nouvelle-Zélande.

† 29. Biphore tonneau. *Salpa dolium.* Quoy et Gaim. l. c. p. 575. pl. 90. f. 1-8.

S. cylindrica, lævi, medio inflata, hyalina, infra subrubro unilineata; nucleo fusco; oribus terminalibus; vasculis ramosis.

Habite l'Océan atlantique au 3° lat. S. — Les auteurs pensent que c'est peut-être la même espèce nommée par Cuvier, *Salpa scutigera*, quoiqu'elle n'ait pas la plaque cartilagineuse qui a valu son nom à cette dernière. — Long. 2 pouces.

† 30. Biphore fémoral. *Salpa femoralis.* Quoy et G. l. c. p. 577. pl. 88. f. 1-5.

S. maxima, cylindrica, obtusa, posticè bituberosa; ore posteriori tubuloso; spiraculis quaternis.

Habite l'Océan atlantique au 23° lat. N. — Long. 6 à 7 pouces.

31. Biphore cordiforme. *Salpa cordiformis.* Quoy et G. l. c. p. 579. pl. 88. f. 7-11.

S. cylindracea elongata, anticè truncata, postice cordiformi, tricuspidata; ore anteriori terminali, posteriore arcuato, vasculis transversis simplicibus.

Blainv. Dict. sc. nat. t. 47. p. 120.

Habite la Méditerranée et les côtes de la Nouvelle-Hollande. — Long. 3 à 4 pouces.

† 32. Biphore bicaudé. *Salpa bicaudata.* Q. et G. Astrol. p. 585. Bull. soc. philom. août 1826. f. A. 1.

S. cylindracea, hyalina aut rubra, antice truncata, postice bicaudata; appendicibus longis, crassis; ore anteriore terminalis; vagina nuclei rotunda, spiraculis octonis.

Salpa nephodea. Lesson. Voy. Coq. pl. 5. f. 1.

Habite au détroit de Gibraltar. — Long. 4 pouces. — MM. Quoy et Gaimard soupçonnent que leur Biphore tonneau († n° 29), à génération multipare, pourrait bien tirer son origine de cette espèce.

† 33. Biphore infundibuliforme. *Salpa infundibuliformis.* Q. et G. l. c. p. 587. pl. 89. f. 6-7. — Voy. Uranie. p. 508. pl. 74. f. 13.

S. antice crassa cartilaginea, postice infernè gibbosa; oribus terminalibus, posteriori tubuloso vasculis cincto.

Habite l'Océan pacifique entre la Nouvelle-Zélande et les îles des Amis.

† 34. Biphore tronqué. *Salpa truncata.* Quoy et G. l. c. p. 588. pl. 89. f. 8.

S. parva, cylindracea, utrinque truncata; infrà punctis 12 cæruleis notata; oribus terminalibus.

Habite la rade d'Amboine. — Long. 2 pouces.

† 35. Biphore à ligne bleue. *Salpa cæculia.* Q. et G. l. c. p. 589. pl. 89. f. 20-24.

S. minima utrinque rostrata, cæruleo bi-lineata; vasculis fasciatis; oribus non terminalibus.

Habite l'Océan atlantique au 30° lat. S. — Long. 8 lignes. Ces animaux sont réunis en série simple par leurs rostres.

† 36. Biphore à facette. *Salpa munotoma.* Q. et G. l. c. p. 591. pl. 89. f. 11-14.

S. subquadrata, prismatica, runcinata; antice unilatusculata, posticè scutata, nucleo minimo et aurantiaco. Q. et G.

Habite les côtes de la Nouvelle-Guinée. — Long. 12 à 18 lignes.

† 37. Biphore pyramidal. *Salpa pyramidalis.* Q. et G. l. c. p. 593. pl. 89. f. 15-18.

S. minima, ovata, utroque apice prismatica, postice pyramidali, acuta, cærulescente; spiraculis octonis.

Habite près du cap de Bonne-Espérance. — Long. 4 à 5 lignes.

† 38. Biphore multitentaculé. *Salpa multitentaculata.* Q. et G. p. 596. pl. 89. f. 19.

S. parva, cylindrica, posticè longissime bicaudata, anticè capillata; appendicibus gracilibus apice tuberculosis; oribus terminalibus.

Habite les mers de la Nouvelle-Irlande. — Long. du corps, 1 pouce. Cette espèce est très remarquable à cause des six filamens qu'elle porte en avant et de ses deux filamens postérieurs longs de 3 à 4 pouces.

† Biphore nucléal. *Salpa nucleata.* Q. et G. l. c. p. 597. pl. 89. f. 9-10.

S. parva, ovato-cylindrica, anticè obtusa, posticè subtruncata; nucleo elongato desuper saliente; oribus oppositis, postico terminali.

Habite la rade d'Amboine. — Long. 1 pouce.

---

† BARILLET. (Doliolum.)

MM. Quoy et Gaimard ont établi, dans la Zoologie de l'Astrolabe (t. 3. p. 599), pour des animaux voisins des Biphores, le genre *Doliolum*, dont les caractères sont d'avoir la forme d'un petit tonneau ouvert aux deux extrémités, l'antérieure un peu saillante; des cercles en relief à l'extérieur; une branchie interne divisée en deux branches, ayant le cœur près de leur réunion et un vaisseau dorsal.

Le même nom avait été donné par M. Otto à un genre mal-à-propos établi sur un Biphore mutilé, par un crustacé du genre Phronyme, qui en fait son habitation.

1. Barillet denticule. *Doliolum denticulatum.* Q. et G. l. c. pl. 89. f. 25-28.

D. corpore minimo, hyalino, cylindrico-ovato subtruncato, in utroque apice perforato, antice crenulato; circulis octonis salientibus.

Habite la rade d'Amboine, les côtes de Vanikoro. — Longueur, 2 lignes.

2. Barillet? à queue. *Doliolum? caudatum*. Q. et G. l. c. p. 89. f. 29-30.

D. corpore cylindrico, elongato, octonis circulis cincto, postice caudato; oribus terminalibus.

Habite la rade d'Amboine. — Long. 8 à 10 lign. — C'est avec doute qu'il est rapporté à ce genre.

ASCIDIE (Ascidia).

Corps bituniqué, fixé par sa base sur les corps marins.

Tunique extérieure subcoriace, formant un sac irrégulier, ovale ou cylindracé, terminé par deux ouvertures inégales, dont une est moins élevée que l'autre.

Tunique intérieure ou propre, contenant les parties du corps, ne remplissant point la cavité entière du sac, et n'adhérant à ce sac que par deux extrémités tubuleuses qui viennent s'unir aux bords de ses deux ouvertures.

Corpus bitunicatum, corporibus marinis basi affixum.

Tunica exterior subcoriacea, sacculum irregularem ovatum vel cylindraceum, supernè foraminibus duobus inæqualibus apertum efformans : foramine altero humiliore.

Tunica interior vel propria, corporis partes recondens, cavitatem integram sacculi non implens, ad margines foraminum sacculi extremitatibus duobus tubulosis tantùm adhærens.

Observations. — Les *Ascidies* sont des animaux singuliers, subcoriaces, fixés par leur base sur les corps marins, ordinairement rassemblés en groupes plus ou moins considérables. Elles ont peu de régularité dans leur forme, et offrent deux ouvertures arrondies, nues, inégales, situées dans leur partie supérieure, et dont une est presque toujours un peu moins élevée que l'autre.

Linné leur trouva de l'analogie avec les animaux des coquilles bivalves, et depuis, tous les zoologistes les ont considérées comme des Mollusques. Il a bien fallu dès-lors s'efforcer de leur trouver un cœur, des vaisseaux artériels et veineux, en un mot, une véritable circulation; il a fallu de même leur trouver un cerveau, un foie, etc.

D'après les observations anatomiques faites récemment par M. Cuvier sur les *Ascidies*, observations dont l'extrait se trouve inséré dans le Bulletin des sciences (année 1815, p. 10), je vois dans l'organisation de ces animaux si peu d'analogie avec celle des Mollusques à coquille bivalve, et même si peu de preuves qu'ils soient réellement des Mollusques, que je doute très fort du rang qu'on leur a assigné dans l'échelle générale.

Des deux ouvertures du sac de l'*Ascidie*, la plus élevée, en général, offrant l'orifice externe d'un tube qui aboutit à une cavité antérieure treillissée, que l'on dit être branchiale, et n'étant point la bouche de l'animal, quoique l'eau qui y entre apporte les alimens dont cet animal se nourrit; enfin la véritable bouche se trouvant située au fond même de cette cavité antérieure; quel rapport peut-il se trouver entre un pareil mode d'organisation, et celui d'un Mollusque à coquille bivalve, dont les branchies, hors du trajet de l'eau qui apporte les alimens, sont placées entre le manteau et le corps.

M. Cuvier, pour confirmer l'analogie indiquée par Linné, compare l'enveloppe ou la tunique de l'*Ascidie*, à la coquille d'un Mollusque acéphale. Or, quel rapport peut-il apercevoir entre cette tunique, véritable produit de l'organisation, qu'il voit même vasculeuse en sa face interne, et une coquille quelconque, corps parfaitement inorganique, uniquement formé de matières exudées du corps de l'animal?

Quoique fort différentes des *Holothuries*, les *Ascidies* néanmoins me paraissent en être bien plus rapprochées, sous différens rapports, que des Mollusques; je me fortifiai dans cette opinion, lorsque j'eus connaissance des belles observations de MM. Savigny, Lesueur et Desmarest, sur les rapports des Botryllides et des Pyrosomes avec les *Ascidies*, et surtout lorsque M. Cuvier nous eût appris que dans l'orifice étroit, qui sert d'entrée à la cavité dite branchiale des Ascidies, il y avait une ou deux rangées de tentacules très fins et en rayons.

Le sac ou la tunique externe de l'*Ascidie* doit être musculeux, puisqu'en en effet il se dilate et se contracte comme au gré de l'animal. Sa cavité intérieure, plus vaste que ne l'exige le corps qui y est contenu, se remplit d'eau dans l'intervalle vide, et cette eau est évacuée, à ce qu'on prétend, par les contractions que l'animal fait subir au sac qui l'enveloppe; on dit même qu'elle sort à-la-fois par les deux ouvertures de ce sac. Néanmoins, M. Cuvier ne croit pas que cette eau puisse sortir par ces ouvertures.

Selon les déterminations du savant que je viens de citer, l'estomac et le canal intestinal se trouvent enveloppés par la masse de foie.

Les *Ascidies* vivent dans la mer. On les trouve ordinairement à peu de distance des côtes, fixées soit sur des rochers, soit sur des coquillages ou des plantes marines. On en connaît plus de trente espèces, parmi lesquelles je citerai les suivantes, que je divise en trois sections.

ESPÈCES.

* *Corps sessile, court ou peu allongé.*

1. Ascidie cannelée. *Ascidia phusca.*

A. ovalis, læviuscula; sacculo tenui semi-pellucido, subcartilagineo; mamillis osculorum striatis.

Ascidia phusca. Cuv. Mém. du mus. 2. p. 29. pl. 1. f. 7-9 et pl. 2 f.

An alcyonium phusca? Forsk. Ægyt. p. 129. n° 82 et Ic. t. 27. fig. D. (*Ces figures représentent une autre espèce).

* Müller. Zool. dan. tab. xv. f. 1-5.

* *Cinthia rustica.* Risso. Eur. mér. t. iv. p. 274.

* *Ascidia phusca.* Delle Chiaje. t. 3. p. 197. pl. 46. f. 2.

* *Phallusia sulcata.* Savigny. Mém. p. 102. 114. 162. pl. 9. f. 2. (1)

---

(1) Le genre *Phallusia* de M. Savigny est caractérisé ainsi : « Corps sessile, à enveloppe gélatineuse ou cartilagineuse, orifice branchial, s'ouvrant d'ordinaire en huit à neuf rayons; l'anal en six. — Sac branchial non plissé, parvenant au fond ou presque au fond de la tunique, surmonté d'un cercle de fi-

Habite la mer Rouge, la Méditerranée. L'Ascidie que Forskal prit pour un Alcyon, habite la Méditerranée, près de Constantinople et de Smyrne : elle est rouge et se mange dans ces pays.

2. Ascidie mamillaire. *Ascidia mamillaris.*

A. sessilis, brevis, albida; corpore difformi subparallelipipedo, setis molibus adsperso; aperturarum papillis hemisphæricis.
Ascidia mamillaris. Pall. spicil. zool. 10. p. 24. t. 1. f. 15.
Encycl. pl. 62. f. 1. Brug. Dict. n° 1.
* Lin. Gmel. Syst. nat. p. 3127.
Habite les côtes d'Angleterre.

---

lets tentaculaires toujours simples; les mailles du tissu respiratoire pourvues à chaque angle de bourses en forme de pupilles. Abdomen plus ou moins latéral. Foie nul. Une côte cylindrique s'étendant du pylore à l'anus. Ovaire unique situé dans l'abdomen. »

Ce genre auquel il serait difficile de rapporter avec certitude les espèces décrites par les auteurs, et qui d'ailleurs renferme des types assez différens, forme trois tribus; savoir :

I. Les *Ph. Pyrènes*, qui ont la tunique droite, le sac branchial droit de la longueur de la tunique ne dépassant que peu ou point les viscères de l'abdomen; l'estomac non retourné et non appliqué à l'intestin.

1. *Phallusia sulcata* (*Ascidia.* Lamk. n. 1).
2. *Phallusia nigra.* Savig. Mém. p. 102. 163. pl. II. f. 2. pl. IX. f. 1.

De la mer Rouge. — Long. 2 à 3 pouces.

3. *Phallusia arabica.* Sav. l. c. p. 102. 164.

De la mer Rouge. — Long. 10 à 12 lig.

4. *Phallusia turcica.* Sav. l. c. p. 102. 165. pl. X. f. 1.

De la mer Rouge. — Long. 2 pouces.

II. Les *Ph. simples* qui ont la tunique retroussée à sa base et retenue par ce repli à une arête intérieure de l'enveloppe, le sac branchial de la longueur de la tunique, se recourbant pour pénétrer dans le repli de cette tunique, et dépassant sensible-

3. Ascidie rustique. *Ascidia rustica*. L.

A. scabra, ferruginea; aperturis incarnatis. Lin,
An ascidia rustica? Mull. zool. dan. 1. p. 14. t. 15. f. 1-5.
Encycl. pl. 62. f. 7-9.
Tethya. Rondel. pisc. 2 p. 87.
B. *ascidia scabra?* Mull. Zool. dan. tab. 65. f. 3.
C. *ascidia adspersa?* Mull. Zool. dan. tab. 65. f. 2.
D. *ascidia patula?* Mull. Zool. dan. tab. 65. f. 1.
Habite les mers d'Europe. Toutes ces Ascidies ne me paraissent que des variétés les unes des autres.

4. Ascidie coquillière. *Ascidia conchilega*.

A. compressa, frustulis testarum vestita; sacculo albo in cæruleum transeunte.
Mull. Zool. dan. p. 42. tab. 34. f. 4-6.
Encycl. pl. 62. f. 11-13.
B. *ascidia conchilega*. Brug. Dict. n° 8.
Habite les côtes de la Norwège, et la var. B, celles du cap de Bonne-Espérance.

5. Ascidie piquante. *Ascidia echinata*.

A. hemisphærica, hispida; osculis coccineis hiantibus.
Mull. Zool. dan. prodr. n° 2722.
Ascidia. n° 7. Brug. Dict.
Habite l'Océan septentrional.

6. Ascidie ampoule. *Ascidia ampulla*.

A. ovata, tomentosa; orificiis tubulosis, margine punctatis.
Ascidium. Bast. Opusc. subs. p. 84. t. 10. f. 5, a, b, c, d.

---

ment les viscères de l'abdomen; l'estomac retourné et appliqué sur la masse des intestins.

5. *Phallusia monachus* (*Ascidia*. Lamk. n. 11).
6. *Phallusia mamillata* (*Ascidia*. Lamk. n. 12).

III. Les *Ph. Ciones* ayant la tunique droite, le sac branchial droit, plus court que la tunique, et dépassé par les viscères de l'abdomen.

7. *Phallusia intestinalis* (*Ascidia*. Lamk. n. 16).
8. *Phallusia canina* (*Ascidia*. Lamk. n. 16).

Ascidia ampulla. Brug. Dict. 10. Encycl. pl. 63. f. 1-3.
Habite les mers d'Europe.

7. Ascidie prune. *Ascidia prunum.*

A. ovata, lævis, hyalina; sacculo albo; aperturarum altera laterali. Mull. Zool. dan. 1. p. 42. tab. 34. f. 1–3.
Encycl. pl. 66. f. 1-3. Brug. Dict. n° 32.
* Delle Chiaje. Mem. t. 3. p. 197. tab. 45. f. 13.
Habite les mers de la Norwège et la mer Glaciale. Ses ouvertures offrent huit stries rayonnantes.

8. Ascidie parallélogramme. *Ascidia parallelogramma.*

A. candida, convexa, hyalina; sacculo reticulato-lutescente; aperturarum laterali. Mull. Zool. dan. 2. p. 11. t. 49. f. 1–3.
Encycl. pl. 64. f. 8-10. Brug. n° 24.
Habite les mers du Danemark, de la Suède.

9. Ascidie petit-monde. *Ascidia microscomus.*

A. subovata, irregularis; sacculo valdè coriaceo, extùs rugoso; osculis mamillatis, limbo radiatim striatis.
Ascidia microscomus. Cuv. Mém. du mus. t. 2. p. 24. pl. 1. f. 1–26.
* *Ascidia microcosmus.* Carus. Act. nat. cur. t. 10. pl. 36-37.
* *Ascidia microscomus.* Gravenhorst. Tergestina. p. 39.
* *Cynthia microscomus.* Savigny. Mém. p. 90–77-144. pl. 2. f. 1. pl. VI (1).
Microcosmus redi. Opusc. 3. pl. 22.
Mentula marina informis. Planc. Conch. p. 109. app. tab. 7.
Ascidia sulcata. Coqueb. Bull. des sc. 1 avril 1797.
Habite la Méditerranée, l'Océan d'Europe. — Long. 3 à 4 pouces. Elle est couverte de corps étrangers adhérens à son enveloppe.

---

(1) Le genre *Cynthia* de M. Savigny a été adopté par M. Mac Leay, qui considère les quatre tribus de M. Savigny comme des sous-genres, et y ajoute un cinquième sous-genre *Dendrodoa.* Voici les caractères du genre : « Corps sessile, test coriace avec deux orifices quadrifides, ou au moins très rarement, l'orifice anal transversal; sac branchial divisé par des plis longitudinaux, surmonté par un cercle de tentacules composés ou simples; mailles du sac branchial sans papilles. Abdomen latéral. »

Les Cynthies sont ainsi divisées :

D. glandiformis, tunica glabra subopaca.
Habite les mers polaires.

A. *Cynthies normales* ayant plus de huit plis au sac branchial des tentacules composés et un foie distinct.

I. Cynthia. — Ayant des réticulations continues au sac branchial.

1. *Cynthia momus.* Sav. Mém. p. 90. 143. pl. I. f. 2. pl. VI. f. I.

Habite le golfe de Suez. — Long. 1 à 2 pouces.

2. *Cynthia microcosmus.* —(*Ascidia* Lamk. n. 9.)
3. *Cynthia pantex.* Sav. l. c. p. 90. 146. pl. VI. f. 3.

Habite la mer Rouge. — Long. 1 à 2 pouces.

4. *Cynthia gangelion.* Sav. l. c. p. 90. 147.

Habite le golfe de Suez. — Long. 18 lignes.

5. *Cynthia papillata.* —(*Ascidia* Lam. n. 3.)
6. *Cynthia claudicans.* Sav. p. 90. 150. pl. II. f. I.

Habite les côtes de France. — Très commune sur les huîtres. — Long. 6 à 12 lignes; son enveloppe assez épaisse et opaque est d'un roux grisâtre, couverte d'un poil ras.

7. *Cynthia pupa.* Sav. p. 90. 151. pl. V. f. 2.

Habite le golfe de Suez. — Long. 6 lignes.

II. Coesira. Sav. Ayant les réticulations du sac branchial interrompues.

8. *Cynthia Dione.* Sav. p. 93. 153. pl. VII. f. I.

Ascidia quadridentala. Forsk. Icon rec. nat. t. 27. f. E.
Habite la mer Rouge. — Long. 12 à 15 lig.

B. *Cynthies anormales*, ayant seulement huit plis au sac branchial, des tentacules simples, et n'ayant pas de foie.

III. Stycla. Ayant les réticulations continues, une côte cylindrique étendue du pylore à l'anus, et plusieurs ovaires, un au moins de chaqué côté du corps.

9. *Cynthia canopus.* Sav. pl. 95. 154. pl. VIII. f. I.

Habite le golfe de Suez. — Long. 18 lignes.

10. Ascidie pomme-d'orange. *Ascidia aurantium.*

A. subglobosa; sacculo coccineo, punctis duriusculis scabro; papilli. terminalibus, cylindraceis, rugosis.

Pallas. Nov. act. petrop. 2. p. 246. t. 7. f. 38.

Schaw. Miscel. vol. 13. tab. 532. .

Habite l'Océan Asiatique. Très belle espèce, de la grosseur et de la couleur d'une orange.

---

10. *Cynthia pomaria.* Sav. p. 95. 156. pl. II. f. 1. pl. VII. f. 2.

Habite les côtes de France, attachée à la *Cynthia microcosmus.* — Elle est large de 7 à 8 lignes irrégulièrement ridée, d'un gris brun, un peu livide.

11. *Cynthia polycarpa.* Sav. p. 95. 157.

Habite la mer Rouge. — Long. 18 lignes.

IV. Pandocia. Ayant les réticulations continues, une côte cylindrique étendue du pylore à l'anus, et un ovaire unique compris dans l'anse intestinal.

12. *Cynthia mytiligera.* Sav. pl. 98. 158. pl. VIII. f. 2.

Ascidia conchilega? Brug. Encycl. mét. n° 8.

Habite la mer Rouge. — Long. 1-3 pouces.

13. *Cynthia solearis.* Sav. p. 98. 159.

Habite le golfe de Suez. — Elle est ordinairement fixée sur le sable, son corps long de 3 pouces 1/2, et large de plus de 2 pouces n'a pas, après la mort, 4 lignes d'épaisseur.

14. *Cynthia cinerea.* Sav. p. 98. 160.

Habite le golfe de Suez. — Long. 1 pouce. — Elle est fixée sur les coquillages.

V. Dendrodoa. Mac Leay. Ayant un ovaire unique du côté gauche, ramifié et situé entre le sac branchial et le manteau.

15. *Cynthia* (*Dendrodoa*) *glandaria.* Mac-Leay. Linn. Trans. p. 4. pl. 20. p. 547.

*** *Corps sessile et allongé.*

11. Ascidie mentule. *Ascidia mentula.*

A. ovata, compressa, pilosa, fuscata; sacculo crasso.
Ascidia mentula. Mull. Zol.dan. 1. p. 6. tab. 10.
Encycl. pl. 62. f. 2—4.
Ascidia monachus. Cuv. Mém. du Mus. 2. p. 32.
Reclus. marin. Diequem. journal de phys. 1777. mai. 356. t. 2. f. 1—3.
* Gravenhorst. Tergestina. p. 40.
* *Phallusia monachus.* Savigny. Mém. p. 102. 167. pl. 10. f. 2.
Habite l'Océan européen boréal (*la Méditerranée.) — Long. 2 à 3 pouces.

12. Ascidie bosselée. *Ascidia mamillata.*

A. oblonga, erecta, ochroleuca, eminentiis rotundatis inæqualibus mamillata; sacculo crasso.
Ascidia mamillata. Cuv. Mém. du Mus. 2. p. 30. pl. 3. f. 1—7.
* *Phallusia mamillata.* Savigny. Mém. p. 168.
Pudendum alterum. Rondel. Pisc. 2. 129. éd. gall. 2. p. 89.
Habite l'Océan et la Méditerranée. Elle a été confondue avec l'espèce n° 9, sous le nom d'*Ascidia mentula*. Il n'en est pas fait mention dans la treizième édition de Linné, imprimée à Vienne. — Long. 4 à 6 pouces.

13. Ascidie papilleuse. *Ascidia papillosa.*

A. ovalis erecta scabra; sacculo coriaceo, extùs papillis exiguis asperato.
Ascidia papillosa. Cuv. Mém. du Mus. 2. p. 28. pl. 2. f. 1—3.
Tethyum coriaceum. Bohadsch. p. 130. tab. 10. f. 1.
Encycl. p. 62. f. 10.
Ascidia papillosa. Brug. n° 6.
* Linn. Gmel. p. 3123.
* *Cynthia papillosa.* Savigny. Mém. p. 90. 148. tab. VI. f. 4.
* *Ascidia papillosa.* Risso. Eur. mérid. t. IV. p. 274.
* Delle Chiaje. Mem. t. 3. p. 187. pl. 46. f. 1.
Habite les côtes de la mer Adriatique, la Méditerranée.

14. Ascidie veinée. *Ascidia venosa.*

A. elongata, subcompressa, rubra; sacculo concolore.
Mull. Zool. dan. 1. p. 25. tab. 25.

Encycl. pl. 65. f. 4—6. Brug. n° 26.
Habite la mer de Norwège.

15. Ascidie gélatineuse. *Ascidia gelatinosa.*

A. lævis, coccinea, subdiaphana erecta ; apice retuso ; aperturis ad apicem.
Tethyum gelatinosum. Bohadsch. 131. tab. 10. f. 3.
Encycl. pl. 65. f. 2. Brug. n° 29.
Habite la mer Méditerranée.

16. Ascidie intestinale. *Ascidia intestinalis.*

A. elongata, teres, flaccida ; aperturis ad apicem approximatis.
Ascidia intestinalis. Lin. Cuv. Mém. du Mus. 2. p. 32. pl. 2. f. 4—7.
Ascidia canina. Mull. Zool. dan. 2. t. 55. f. 4—6.
Encycl. pl. 64. f. 1—3. Brug. n° 20.
Mentula marina. Redi. Opusc. 3. t. 21. f. 6.
Tethyum. Bohadsch. tab. 10. f. 4. Encycl. pl. 65. f. 3.
Brug. Dict. n° 27.
* *Ascidia virescens.* Brug. Encycl. n° 21. pl. 64. f. 4—6.
* *Phallusia (ciona) intestinalis.* Savigny. Mém. p. 107. 115. 169. pl. 11. f. 1.
* *Ascidia intestinalis.* Risso. Eur. mér. t. 4. p. 275.
* Delle Chiaje. Mem. t. 3. p. 186. tab. 45. f. 15.
Habite les mers d'Europe. Elle offre diverses variétés : les unes des mers du nord, d'autres de la Manche, et d'autres de la Méditerranée.
[M. Savigny ne cite que l'*Ascidia virescens* de Bruguière pour synonyme de cette espèce, et regarde l'*Ascidia canina* de Muller et de Bruguière comme une espèce distincte.]

17. Ascidie ridée. *Ascidia corrugata.* (* *A. intestinalis*).

A. elongata, glabra ; sacculo cinereo ; fasciis albis.
Mull. Zool. dan. 2. tab. 79. f. 3—4.
Encycl. pl. 63. f. 7—8. Brug. n° 16.
Habite les côtes de la Norwège.
[Cuvier et M. Savigny réunissent cette espèce à la précédente.]

*** *Corps pédiculé ou rétréci en pédicule inférieurement.*

18. Ascidie lépadiforme. *Ascidia lepadiformis.*

A. clavata, hyalina ; apice subquadrangulari ; stipite undulato.
Brug. Dict. n° 19.

Ascidia lepadiformis. Mull. Zool. dan. 2. tab. 79. f. 5.
Encycl. p. 63. f. 10.
* *Clavelina lepadiformis.* Savigny. Mém. p. 110—174. (1)
Habite les côtes de la Norwège.

19. Ascidie massue. *Ascidia clavata.*

A. elongata, infernè stipitata, in clavam oblongam supernè incrassata; aperturis ad apicem approximatis.
Ascidia clavata. Pall. Spicil. zool. 10. p. 25. t. 1. f. 16.
Encycl. pl. 63. f. 11. Brug. n° 18.
Cuv. Mém. du Mus. 2. p. 33. pl. 2. f. 9. 10.
* *Clavelina borealis.* Savigny. Mém. p. 109. 116. 172. pl. 1. f. 3.
Habite les mers du nord.
[L'Ascidie décrite par Pallas est plus renflée au sommet et amincie plus insensiblement vers le bas. Sa couleur est rouge vif, tandis que l'autre est d'un blanc teint de vert bleuâtre.]

20. Ascidie pédonculée. *Ascidia pedunculata* (voyez Boltenie, p. 538).

A. pedunculo longo, variè curvo; corpore ovato-elongato; aperturis lateralibus remotis.
Ascidia clavata. Shaw. Miscel. vol. 5. tab. 154.
* *Vorticella Bolteni.* Lin. Mant. pl. p. 552.
* *Boltenia fusiformis.* Savigny. p. 89. 141.
* *Boltenia fusiformis.* Mac-Leay. Linn. Trans. 14. p. 553.
Habite l'Océan boréal. Cette espèce est très différente de celle qui précède, et même de la suivante dont néanmoins elle se rapproche davantage.

---

(1) Le genre *Claveline* établi par M. Savigny pour cette espèce et la suivante, est caractérisé ainsi : « Corps pédiculé par la base, à enveloppe gélatineuse ou cartilagineuse. Orifice branchial dépourvu de rayons; l'anal de même. Sac branchial non plissé, très court, et n'arrivant pas au milieu de la tunique, surmonté de filets tentaculaires simples; les mailles du tissu respiratoire dépourvus de papilles. — Abdomen totalement inférieur. Foie nul ou peu distinct des parois de l'intestin, point de côte s'étendant du pylore à l'anus. — Ovaire unique compris dans l'intestin. »

21. Ascidie globifère. *Ascidia globifera* (v. Boltenie, p. 538).

A. pedunculo longo, variè curvo, scabro; corpore subgloboso; aperturis distantibus quadrifidis.
Animal plante. Edwards. Av. tab. 356.
Ascidia pedunculata. Shaw. Miscel. 7. t. 239.
Vorticella ovifera. Lin. Syst. nat. ed. 12. p. 1319.
Encycl. pl. 63. f. 12-14.
Ascidia pedunculata. Brug. Dict. n°12. *non Gmelini.*
* *Boltenia ovifera.* Savigny. Mém. p. 140. pl. 1. f.
* Mac-Leay. Lin. Trans. t. 14. p. 535.
Habite l'Océan américain et boréal.

22. Ascidie globulaire. *Ascidia globularis.*

A. ovali-sphærica, semipellucida; aperturis ad superum verticem binis distantibus; pedunculo brevissimo.
Ascidia globularis. Pallas. It. 3. p. 709. n° 57.
Nov. act. Petrop. 2. p. 247. t. 7. f. 39. 40.
Habite les côtes sablonneuses et vaseuses de l'Océan glacial.

† 23. Ascidie dorée. *Ascidia aurata.* Quoy et Gaim. Astrol. zool. t. 3. p. 604. pl. 91. f. 3.

A. ovato-oblonga, compressa, lævis aurata, violaceo trilineata; apertura branchiali terminali; altera media quadrituberculosa.
Habite le port Dorey (Nouvelle-Guinée). — Larg. 2 1/2 pouces; hauteur, 19 lig.

† 24. Ascidie aurore. *Ascidia aurora.* Quoy et Gaim. l. c. p. 605. pl. 91. f. 12-13.

A. globosa, rubescens violaceo-vittata; aperturis elongatis, quaternis foliis clausis.
Habite les côtes australes de la Nouvelle-Hollande. — Grosseur d'un petit œuf.

† 25. Ascidie réticulée. *Ascidia reticulata.* Quoy et G. l. c. p. 606. pl. 91. f. 17-18.

A. minima, globulosa, diaphana, alba rubro delicatissimè reticulata, aperturis salientibus quadratis rubro marginatis, punctatisque.
Habite le port du Roi-Georges, à la Nouvelle-Hollande. — Grosseur d'une balle.

† 26. Ascidie tuyaux. *Ascidia tubulus.* Q. et G. l. c. p. 607. pl. 91. f. 14-16.

Habite au port Western (Nouvelle-Hollande). — Elle est de la grosseur d'une balle et n'est point fixée; ses orifices sont prolongés en tuyau rétractile.

† 27. Ascidie teinturière. *Ascidia tinctor.* Q. et G. l. c. p. 608. pl. 91. f. 1-2.

Habite les côtes de la Nouvelle-Hollande. — Long. 2 pouces. Elle est également libre et colore fortement la peau en jaune.

† 28. Ascidie bouche-rose. *Ascidia erythrostoma.* Q. et G. l. c. p. 609. pl. 91. f. 4-5.

Habite les côtes de la Nouvelle-Zélande. — Elle est grosse comme le poing.

† 29. Ascidie bouche violette. *Ascidia janthinostoma.* Q. et G. l. c. p. 610. pl. 91. f. 6-7.

Du même lieu. — Long. 2 pouces.

† 30. Ascidie bleue. *Ascidia cœrulea.* Q. et G. l. c. p. 611. pl. 91. f. 8-9.

Du même lieu. — Long. 18 à 24 lig.

† 61. Ascidie diaphane. *Ascidia diaphanea.* Q. et G. l. c. p. 612. pl. 91. f. 10-11.

Habite les côtes de Van-Diemen. — Long. 1 pouce.

† 32. Ascidie sablonneuse. *Ascidia sabulosa.* Q. et G. l. c. p. 613. pl. 91. f. 19-22.

Habite le port Western (Nouvelle-Hollande). — Grosseur d'un petit œuf de poule.

† 33. Ascidie marron d'Inde. *Ascidia spinosa.* Q. et G. l. c. p. 615. pl. 92. f. 1.

Habite le port du Roi-Georges (Nouvelle-Hollande). — Long. 2 pouces.

† 34. Ascidie (Cynthie) verruqueuse. *Ascidia (Cynthia) verruscosa.* Less. Cent. zool. p. 151. pl. 53. f. 2.

Habite aux îles Malouines. — Elle est large de 10 lignes, arrondie, globuleuse, d'un blanc rosé satiné, et couverte de mamelons coniques, serrés et cristallins.

35. Ascidie (Cynthie) sociale. *Ascidia (Cynthia) gregaria.* Lesson. Cent. zool. p. 157. pl. 53. f. 3.

Habite aux îles Malouines. — Elle est ovoïde, de la grosseur d'un œuf; son enveloppe est consistante, diaphane, d'un blanc lacté, laissant voir par transparence les intestins; les oscules sont fendus en croix, colorés en jaune et entourés de quatre mamelons. Elle vit en groupes souvent très nombreux.

† 36. Ascidie? clavigère. *Ascidia? clavigera.* Otto. Act. nat. curios. t. x. p. 282. tab. 38.

Animalculum ascidioides, osculis binis; corpus globosum, hyalinum albidum, supernè magis duriusculum, coriaceum, rugosum, subfuscum, in processus duos exiens, quorum superior brevis, crassus, papillæformis; ore e latere perforatus; alter e latere emissus, longus, clavatus, ano terminali instructus; tuberculum parvum ad basin processus clavati.

Habite la Méditerranée. — De la grosseur d'un pois.

M. Otto, en rapportant avec doute cette espèce au genre Ascidie, émet l'opinion qu'elle pourrait peut-être former un nouveau genre à côté des genres Mammaire et Bipapillaire, qui sont également douteux.

---

† CYSTINGIE. (Cystingia.)

Test coriace fixé par le sommet à un très court pédoncule, qui est situé dans la même ligne que les deux orifices qui sont à peine saillans; orifice branchial quadrifide et latéral, orifice anal irrégulier et terminal; sac branchial membraneux, indistinctement réticulé et divisé par des plis longitudinaux. Tentacules composés à l'orifice branchial. Canal intestinal latéral. Estomac très large, s'étendant dans presque toute la longueur du corps. Deux ovaires composés d'œufs globulaires disposés en grappes libres de chaque côté du corps.

Ce genre, établi par M. Mac Leay, est très voisin des

Boltenies, et peut-être devrait-on y rapporter la Boltenie gousse de M. Lesson, qui a le pédoncule court comme l'espèce suivante qui sert de type :

Cystingie de Griffith. *Cystingia Griffitii.* Mac-Leay. Linnean. Trans. 14. p. 642. pl. XIX.

C. ovato globosa cineracea glabra semi-pellucida, pedunculo vix longitudine corporis.

Habite les mers polaires.

---

† **BOLTENIE.** (Boltenia.)

Corps pédiculé par le sommet, à test coriace; orifice branchial fendu en quatre rayons; l'intestinal de même.

Sac branchial plissé longitudinalement, surmonté d'un cercle de filets tentaculaires composés; mailles du tissu respiratoire dépourvues de bourses ou de papilles; abdomen latéral; foie nul; ovaire multiple.

C'est ainsi que M. Savigny a caractérisé le genre *Boltenie* crée par lui et admis depuis par M. Mac-Leay et par M. Lesson, mais laissé avec les Ascidies par Cuvier. Ce genre comprend deux espèces nouvelles avec les Ascidies n. 20 et 21 de Lamarck, qui sont caractérisées plus exactement ainsi :

1. Boltenie ovifère. *Boltenia ovifera.* Savigny. Mém. p. 88. 140. pl. 1. f. 1 (*Ascidia.* Lamk. n. 2).

B. murina scabra vel potius hirsuta, corpore ovato, orificiis vix prominentibus, pedunculo sublaterali.

2. Boltenie fusiforme. *Boltenia fusiformis.* Savigny. l. c. p. 89. 141 (*Ascidia.* n. 20. Lamk.).

B. obscure rufa vix scabra, corpore elongato ovato, orificiis prominentibus, pedunculo terminali.

3. Boltenie réniforme. *Boltenia reniformis.* Mac-Leay. Linn. Trans. t. 14. p. 536. pl. XVIII.

B. obscura scabriuscula, corpore subreniformis, orificiis subprominentibus, pedunculo terminali.

Ascidia globifera. Cap. Sabine. App. to Parry's voyage. n° x.

Ascidia clavata. Fabr. Faun. Groenl. n° 323. — Mull. Zool. dan. Prodr. 2740.

Habite les mers de l'Amérique septentrionale.

4. Boltenie gousse. *Boltenia legumen.* Less. Cent. zool. p. 149. pl. 53. f. 1.

Habite aux îles Malouines. — Elle a la forme d'une gousse d'*Hymenæa courbaril;* le test est dur, coriace, très résistant, coloré en rouge terne, et souvent recouvert de petits fucus; le pédicule est court, dilaté à l'extrémité.

5. Boltenie australe. *Boltenia australis.*

B. ovata, tuberosa subplicata, aurantiaca ; aperturis prominentibus plicatis.

Ascidia australis. Quoy et Gaim. Astrol. Zool. 3. p. 616. pl. 92 f. 2-3.

Habite les côtes de la Nouvelle-Hollande. — Long. du corps, 18 lignes; du pédoncule 2 à 3 pouces.

6. Boltenie épineuse. *Boltenia spinifera.*

B. ovato-globosa, echinata, rubescens; aperturis proximis.

Ascidia spinosa. Quoy et Gaim. l. c. p. 617. pl. 92. f. 4.

Du même lieu. — Elle est deux fois plus petite.

BIPAPILLAIRE. (Bipapillaria.)

Corps libre, nu, ovale-globuleux, terminé en queue postérieurement, ayant à son extrémité supérieure deux papilles coniques, égales, perforées et tentaculifères. Troi tentacules à chaque oscule.

Corpus liberum, nudum, ovato globosum, posticè caudatum : extremitate superiore bipapilloso. Papillæ conicæ æquales, apice foratæ, tentaculiferæ. Tentácula tria utroque osculo.

Observations. — Nous avons trouvé dans les notes manuscrites que nous a communiquées Péron, la description et la figure de l'animal dont il s'agit ici. Ne l'ayant point nommé, nous lui assignons le nom de *Bipupillaire*, à cause des deux papilles coniques qui terminent son extrémité antérieure ou supérieure. Chaque papille est terminée par un oscule, d'où l'animal fait sortir, comme à son gré, trois tentacules sétacés, raides, un peu courts, dont il se sert pour saisir sa proie et la sucer. Son corps est membraneux, un peu dur et résistant au tact. Il se termine postérieurement en queue de rat, tendineuse et contractile.

Les deux oscules de la *Bipapillaire* nous paraissent analogues aux deux ouvertures des Ascidies; mais ils sont tentaculés, et l'animal paraît libre. Qu'ils se réunissent en un seul oscule terminal, dépourvu de tentacules, alors on aura un corps analogue aux Mammaires.

ESPECE.

1. Bipapillaire australe. *Bipapillaria australis.*

B. corpore albide-roseo glabro; caudâ murinâ tendinosâ.

...Péron. Mss.

Habite la côte occidentale de la Nouvelle-Hollande, près de la baie du Géographe.

MAMMAIRE. (Mammaria.)

Corps libre, nu, ovale ou subglobuleux, terminé au sommet par une seule ouverture. Point de tentacule à l'oscule.

Corpus liberum, nudum, ovale aut subglobosum; aperturâ unicâ ad apicem. Tentacula nulla.

Observations. — L'organisation des *Mammaires* n'est pas encore bien connue; en sorte que, ne pouvant les classer que provisoirement, on crut pouvoir les ranger dans le voisinage des

Ascidies. Si leur corps a une double enveloppe, peut-être que les deux ouvertures que l'on supposerait à l'intérieure, viennent aboutir à l'oscule unique qui termine supérieurement l'extérieure. Sans doute des observations ultérieures sont nécessaires pour nous éclairer à cet égard; mais quelle que soit l'organisation de ces animaux, il est déjà plus que probable qu'elle est très inférieure à celle des vrais Mollusques.

Les *Mammaires* paraissent libres et se déplacent vaguement dans les eaux sans pouvoir nager véritablement dans leur sein. On en désigne trois espèces.

ESPÈCES.

1. Mammaire blanche. *Mammaria mamilla.*

M. conico-ventricoso, alba. Mull. Zool. dan. Prodr. 2718. Gmel. p. 3135.

Habite la mer de Norwège.

2. Mammaire bigarrée. *Mammaria varia.*

M. ovata, albo et purpureo varia. Mull. Zool. dan. Prodr. 2719.

Olufs. It. Isl. 900. Gmel. n° 2.

Habite l'Océan septentrional.

3. Mammaire globule. *Mammaria globulus.*

M. globosa, cinerea, libera. O. Fabric. Fauna Groenl. p. 329. n° 315.

Gmel. p. 3136.

Habite les côtes du Groenland. Elle est gélatineuse, globuleuse, lisse, d'une ligne et demie de diamètre. Pour ce genre, voyez Encycl. pl. 66. f. 4.

CLASSE CINQUIÈME.

LES VERS. (Vermes.)

Animaux à corps mou, allongé, nu dans presque tous, sans tête, sans yeux, et sans pattes.

Bouche constituée par un ou plusieurs suçoirs: point de tentacules.

Organisation : un tube ou sac alimentaire; des pores extérieurs respirant l'eau; génération gemmipare dans les uns, subovipare dans les autres. Dans tous, point de cerveau, point de moelle longitudinale noueuse, point de sens particuliers, point de vaisseaux pour la circulation.

Animalia mollia, elongata, in plurimis nuda, acephala, cœca, apoda.

Os suctorio unico aut multiplici; tentaculis nullis.

Organisatio : tubus aut saccus alimentarius; pori externi aquam spirantes; generatio in aliis gemmipara, in alteris

---

(1) Le plan de la nouvelle publication du présent ouvrage exigeant la réimpression littérale du texte de Lamarck, nous avons à chaque pas rencontré des difficultés qui ont entravé le libre développement des observations faites de nos jours sur cette classe des animaux, dont Lamarck ne s'est pas occupé spécialement. En conséquence, nous nous sommes borné à donner d'abord les citations de la nouvelle littérature de l'Helminthologie, science cultivée avec tant de succès à l'étranger, et à diriger en passant l'attention de nos lecteurs sur les découvertes les plus importantes relatives à cette branche de l'histoire naturelle.

NORDMANN.

subovipara. In nulli encephalum, medulla longitudinalis nodosa, sensus speciales, vasa circulationis. (1)

Observations. —La classe des Vers présente un groupe d'animaux singuliers, nombreux, très simples dans leur forme générale, fort différens de ceux que nous ont offert les classes précédentes, et qui ne paraissent nullement se lier avec eux par de véritables rapports. Ainsi, c'est sans conséquence que nous plaçons cette classe au 5ᵉ rang dans notre distribution générale des animaux; car ce rang n'est point le sien dans l'ordre de la nature. Mais notre distribution étant nécessairement unique et simple, et en cela, contraire à l'ordre que la nature a été forcée de suivre dans ses productions, il ne nous a pas été possible d'assigner aux Vers un rang plus convenable: on en verra dans l'instant la raison.

Ici, les animaux ont le corps allongé, peu contractile quoique fort mou, quelquefois un peu raide ou élastique, très simple en général dans sa forme, et presque sans parties extérieures. Leur bouche, uniquement suçante, ne se borne plus à laisser entrer les alimens; mais elle exerce une action particulière qui les y force.

Comme les Vers ne se nourrissent que d'alimens liquides, leur bouche n'a aucune proie à saisir. Or, dans toutes les races, cette bouche constitue un ou plusieurs suçoirs dont les dilatations et les contractions alternatives obligent les particules du liquide

---

(1) La classification et la diagnose des *Vers*, telle que Lamarck l'établit ici, est insuffisante, et n'a point été adopté par les naturalistes, cet auteur ayant compris dans sa classe des Vers des animaux par trop hétérogènes, observation qui a déjà été faite par Rudolphi (*Entozoorum Synopsis*, p. 605). Ainsi dernièrement on a séparé des Vers les *Epizoires*, qui sont des Crustacés. Mais quelles que soient les restrictions que nous portons sur le nombre des êtres si diversement organisés, qui peuvent être compris dans le groupe des Vers intestinaux, il est démontré par des recherches récemment faites, que leur organisation est loin d'être aussi simple que Lamarck se l'était figurée. N.

étranger et pressé à s'introduire successivement dans l'organe digestif de l'animal. Aussi la bouche des vers consiste en un ou plusieurs suçoirs simples, tantôt courts et sans saillie, tantôt allongés en trompe plus ou moins rétractile, et cette bouche est constamment nue, c'est-à-dire non environnée de tentacules; car quelquefois elle est accompagnée de crochets. (1)

Après avoir parcouru les Infusoires, les Polypes, les Radiaires et les Tuniciers, on rencontre dans notre distribution générale des animaux un *hiatus* évident, un défaut de liaison dans la série des rapports qui doivent exister au moins entre les masses; en sorte que les Vers qui viennent ensuite paraissent hors de rang, et s'y trouvent effectivement.

Les Vers n'ont point une organisation univoque, c'est-à-dire formée sur un plan particulier déterminable; conséquemment, leur organisation n'est point particulière aux animaux de leur classe, et ne saurait être caractérisée d'une manière générale. Bien différens en cela des animaux de chacune des autres classes, ils offrent entre les uns et les autres une différence considérable dans le plan, l'état et la composition de leur organisation. Néanmoins ceux d'entre eux qui ont l'organisation la plus avancée ont cette organisation bien moins composée ou perfectionnée que celle des animaux des classes suivantes. Ainsi, quoiqu'il y ait une différence très considérable entre le plan et l'état de l'organisation des Hydatides, comparativement à l'organisation des Cucullans, des Strongles, etc., ces derniers cependant sont des animaux plus imparfaits que les insectes et que tous les animaux des classes qui viennent ensuite.

Il résulte de cette considération que, quoique les vers dont l'organisation est la plus avancée dans sa composition soient à cet égard fort inférieurs aux insectes; néanmoins les différences

(1) En parlant dans cet article, d'une bouche composée de suçoirs, Lamarck a eu en vue les organes appelés par d'autres *ventouses*; mais qui n'étant pas perforés à leur fond, ne peuvent point servir à la préhension des alimens. C'est la supposition erronée que nous signalons, qui a donné origine aux dénominations si peu convenables de *Polystoma*, *Pentastoma*, *Distoma*, *Amphistoma*, etc. N.

dans l'état et la composition de l'organisation des différens Vers sont si grandes qu'il y a lieu de croire que les plus imparfaits d'entre eux sont réellement le produit de générations spontanées. Dans ce cas, la classe des Vers commencerait une série particulière, comme celle des Infusoires en commence une autre ; et de part et d'autre la nature formerait des générations directes à l'entrée de ces séries.

Il y aurait donc pour la formation des animaux deux séries distinctes, dont l'une, commençant par les Infusoires, amenerait les Polypes, les Radiaires, les Tuniciers, les Acéphales, les Mollusques ; tandis que l'autre, commençant par les Vers, amenerait les Epizoaires, les Insectes et autres animaux articulés, et se terminerait par les Cirrhipèdes.

Ainsi, les Vers dont il s'agit maintenant commencent, selon nous, la série qui doit amener les animaux articulés, et nous avons dû les placer au 5e rang, afin de ne point interrompre cette série naturelle jusqu'à son terme. (1)

La nature ne nous présente dans les Vers aucun exemple de cette disposition rayonnante des parties soit internes, soit externes, qu'elle a si éminemment employée dans les Radiaires. Ce ne sont plus des animaux rayonnés, et désormais nous n'en rencontrerons nulle part.

Bientôt nous allons trouver le mode de parties paires symétriques qui est essentiel à la forme des animaux les plus parfaits, et que la nature n'a pu commencer qu'en établissant celui des articulations.

Enfin, dans quelques Vers, la nature semble avoir préparé des moyens pour former une tête à l'animal ; mais nous allons voir

---

(1) Sur les rapports qui existent entre les Vers intestinaux et les autres classes des animaux voyez: *Rudolphi*, Entozoor. hist. natur. vol. 1, cap. 3, p. 189.

Blainville, Dict. des sciences naturelles, t. LVII, pag. 529.

Leuckart, Versuch einer Eintheilung der Helminthen. Heidelberg, 1827.

S. Muller, Eloge historique de Rudolphi. Mémoires de l'Académie de Berlin, 1837, p. 25. N.

qu'il n'y a encore ici aucune partie qui mérite véritablement ce nom.

La tête, dans tout animal qui en est pourvu, est une partie du corps essentiellement destinée à être le siège de quelque sens particulier; à renfermer le cerveau et le foyer du sentiment; elle n'est nullement caractérisée par la seule présence d'un renflement quelconque d'une partie du corps animal.

L'organisation de l'homme, qui est la plus perfectionnée, et d'après laquelle on doit se régler pour juger toutes les autres, montre que la tête est l'unique siège des sens particuliers, et qu'elle contient constamment le foyer où se rapportent les sensations.

Ainsi, tout animal qui n'a point de centre de rapport pour les sensations, et qui n'offre aucun sens particulier ou isolé, n'a point de tête.

Dans les insectes, en qui la tête est déjà parfaitement reconnaissable, on remarque au moins un sens particulier qui est celui de la vue; et le nœud médullaire ou le ganglion bilobé qui termine antérieurement la moelle longitudinale de ces animaux offre l'ébauche d'un cerveau, quoique fort imparfait encore, et contient par conséquent le centre particulier où se rapportent les sensations.

Mais dans les vers, où aucun sens isolé n'existe, et où aucun vestige de cerveau n'est reconnaissable, il n'y a véritablement point de tête. (1)

Si, dans les Tænia, l'extrémité antérieure du corps offre un petit renflement, ce sont les ouvertures des quatre suçoirs qui

---

(1) Des traces d'yeux se trouvent dans le *Gyrodactylus auriculatus*, Nordm., dans plusieurs Cercaires; dans le *Polystoma integerrimum;* dans les jeunes de plusieurs Distomes, Monostomes et Amphistomes; dans le *Scolex polymorphus;* enfin des yeux d'une couleur très éclatante sont visibles chez le *Phanoglene*, Nordm. et l'*Enchelidium,* Ehrenb. Il est démontré que des nerfs existent dans plusieurs genres; et qu'un grand nombre d'espèces de Trematodes, d'Acanthocéphales, de Nématoïdes et de Cestoides possèdent des vaisseaux pour la circulation.

Parmi les vers intestinaux dont le système nerveux a été

y donnent lieu; ce renflement terminal ne peut donc être considéré comme une tête, puisqu'il n'est le siège d'aucun sens particulier, ni le foyer du sentiment.

C'est un abus très nuisible aux progrès de nos connaissances physiologiques, que d'attribuer aux parties des corps vivans, dont on n'a point suffisamment examiné la nature, des noms qui désignent des fonctions qu'elles n'exécutent point. N'a-t-on pas, dans les végétaux, donné le nom de *trachées* à des parties qui ne sont nullement des organes respiratoires!

Les Vers, ainsi que les autres animaux, doivent être caractérisés classiquement d'après la nature de leur organisation, et non par la considération des lieux qu'ils habitent. Ainsi leur caractère classique doit embrasser, soit ceux qui habitent ailleurs, si de part et d'autre l'état d'organisation l'exige. Nous les caractériserons donc comme étant des animaux à corps mou, allongé, nu, sans tête, sans pattes, ne possédant à l'intérieur ni cerveau, ni moelle longitudinale, ni système de circulation.

On avait d'abord confondu les Vers avec les Annelides dans la même classe, par suite d'une apparence d'analogie trouvée dans la forme générale de ces animaux. Mais lorsque l'énorme différence qui existe dans l'organisation des uns comparée à

---

soumis à un examen réitéré, nous citerons avant tout le genre *Linguatata* ou *Pentastoma*. Comparez à ce sujet :

Cuvier. Règne animal, vol. III. p. 254.

Nordmann. Mikrograph. Beytr., II. p. 141.

Miram. Rec. sur l'anat. du *Tentastoma tænioïdes*, Mém. des Curieux de la nat. de Bonn., t. XVII, 2e partie et Annales des sciences naturelles, 2e série, t. VI. p. 135.

Diesing. Monographie du genre *Pentastoma*. Annales du Musée de Vienne, vol. I, sect. I. p. 13.

Mehlis a observé et décrit des nerfs dans le *Distoma hepaticum* et *lanceolatum*; Diesing, dans l'*Amphistoma giganteum*; Bojanus, dans l'*Amphistoma subtriquetrum*; Laurer, dans l'*Amphistoma conicum*; Nordmann, dans le *Diplozoon paradoxum*; Otto, dans le *Strongulus*; Cloquet, dans l'*Ascaris lumbricoides* et l'*Ehinorhynchus gigas*; Burow, dans l'*Echinorhynchus strumosus*; Ehrenberg, dans l'*Ascaris* et l'*Enchelidium marinum*. N.

celle des autres fut reconnue, on fut obligé de les séparer, et même d'éloigner assez considérablement l'une de l'autre les deux classes qu'ils durent constituer.

Bien plus imparfaits et plus simples en organisation que les Annelides, puisqu'ils n'ont ni artères, ni veines, et par conséquent point de système de circulation, les Vers sont encore plus imparfaits que les insectes mêmes; car non-seulement ils ne subissent point de métamorphose, mais en outre ils n'ont jamais de tête, d'yeux, ni de pattes quelconques. Il y en a même qui paraissent former des animaux véritablement composés. (5)

---

(1) Des recherches faites depuis un petit nombre d'années, nous ont appris que beaucoup d'Entozoaires sont sujets à une métamorphose si particulière, qu'il est difficile de mettre ce phénomène en harmonie avec l'ensemble de l'histoire du développement des autres êtres organisés. Nous citons, comme exemple, les singulières métamorphoses des Circaires, du *Distoma duplicatum*, du *Bucephalus polymorphus*, et du *Leucochloridium paradoxum*, observés par :

Bojanus, Isis, 1818, p. 729.

Nitzsch. Matériaux pour la connaissance des animaux infusoires, ou descriptions des Circaires et des Bacillaires, en allemand. Halle, 1817.

Baër. Nova acta Acad. Leop. nat. cur. tom. XIII, p. 625.

Siebold. Développement des Entozoaires dans le *Traité de physiologie*, par Burdach, trad. de l'allemand, par Jourdan, Paris, 1838, tom. III. p. 32.

Carus. Sur le *Leucochloridium paradoxum*. Nova acta Acad. Leopold, tom. XVIII. part. I.

Nous savons ensuite que les jeunes du plusieurs Distomes, Monostomes et Amphistomes, au sortir de l'œuf, n'ont aucune ressemblance avec la mère; que par le moyen des cils dont leur corps est garni, ils nagent avec une grande vitesse; que plusieurs possèdent des yeux, et qu'ils ont à subir plusieurs métamorphoses avant de prendre une forme analogue à celle des vieux.

Comparez à ce sujet :

N'ayant ni cerveau, ni moelle longitudinale noueuse, il est probable qu'ils ne jouissent point de la faculté de sentir, qu'ils ne sont qu'irritables dans leurs parties, et que si parmi eux quelques-uns possèdent des filets nerveux, ces nerfs ne servent qu'à l'excitation d'un système musculaire ébauché. (1)

Ils paraissent respirer par des espèces de stigmates; mais s'ils ont des trachées, elles ne peuvent être qu'aquifères, car ils vivent continuellement soit dans l'eau, soit dans l'humidité. Aussi, après leur extraction des lieux qu'ils habitent, ne peut-on les conserver quelque temps vivans que dans l'eau. (2)

Très distingués des *Insectes* et des *Annelides* par une organisation beaucoup moins avancée dans sa composition, on ne peut, par aucun motif raisonnable, les confondre avec les *Radiaires*, et encore moins les *Polypes;* car ils ne se lient par aucun rapport, ni avec les uns ni avec les autres. Leur forme générale, leur bouche toujours en suçoir, leur défaut de tentacules, les deux issues du canal alimentaire de la plupart, enfin la nécessité où ils sont tous de ne prendre que des ali-

---

Nordmann Mikrograph. Beytr. tom. II, p. 139.

Siebold. Helminthologische Beytr. dans les *Archiv. de Wiegmann*, 1835, p. 45.

M. Ehrenberg a observé la mue chez l'*Anguillula recticauda* (*Symbolæ physicæ*, *evertebrata*), et nous avons nous-même suivi ce phénomène dans plusieurs Nématoïdes.

Mehlis nous a appris que le corps des Distomes perd les crochets dont il était d'abord garni (*voy.* Isis, 1831, p. 187). Les genres *Boctinocephalus, Tænia, Echinorhynchus, Schistocephalus*, etc., subissent, à différens âges, de grands changemens dans la forme du corps. Mais de tous les phénomènes que nous ayons suivis, les plus curieux et les plus bizarres sont ceux que présente le développement du Tetrarhynchus. N.

(1) Comp. la note 1, p. 545.

(2) Les Nématoïdes qui vivent dans les insectes ou dans leurs larves, et qui peuvent subsister des mois entiers en dehors des animaux qui leur avaient servi de demeure, font exception à cette règle. N.

mens liquides, tout indique qu'ils constituent un groupe que l'on devra peut-être diviser, mais qu'il faut isoler, parce qu'il tire son origine d'une source tout-à-fait particulière. (1)

La connaissance des Vers est encore très peu avancée, et l'on n'a guère de certain sur ceux qui ont été observés, que quelques détails sur leur forme particulière et extérieure. Ce n'est pas cependant que l'étude de cette partie de l'histoire naturelle soit plus dépourvue d'intérêt et offre moins de considérations utiles que celles des autres parties : mais la difficulté de bien observer ces animaux, le peu d'instans que l'on a pour les examiner dans l'état vivant, la rareté des occasions que l'on a de revoir les espèces observées et de les comparer entre elles, l'imperfection de nos collections à leur égard, enfin le petit nombre d'ouvrages vraiment instructifs sur cette partie de la zoologie, sont, comme le remarque Bruguière, les causes principales qui retardent nos connaissances de ces animaux.

Que l'on ajoute à ces causes, cette prévention si générale qui réduit l'intérêt de l'étude des animaux imparfaits, à la stérile connaissance de leur existence, de leur grand nombre, de leurs caractères extérieurs, et de leur nomenclature; alors on sentira pourquoi nos connaissances des Vers sont si peu avancées.

Si l'on a eu tort de n'attacher à l'étude des vers qu'un intérêt médiocre, ce tort devient plus grand encore lorsque l'on considère que le plus grand nombre des vers observés sont ceux qui vivent dans l'intérieur des autres animaux, dans le corps même de l'homme, et qu'ils y causent souvent des désordres et des maux que nous pourrions diminuer ou prévenir si nous connaissions mieux ces animaux parasites.

Ainsi, outre que l'on connaît quelques Vers externes vivant dans les eaux ou dans la terre humide, il y a des Vers, et en

---

(1) Je connais comme existant dans les larves de quelques Nevroptères des Entozoaires (le genre Phanoglene) avec un point rouge en forme d'un œil et avec des prolongemens semblables à des antennes. M. Diesing a, en outre, décrit plusieurs genres dont les têtes sont également pourvues de prolongemens à formes variées (*Ancyracanthus*, *Heterocheilus*). N.

très grand nombre, qui naissent et vivent constamment, les uns dans le corps de l'homme, les autres dans celui de différens animaux, et que l'on ne trouve jamais hors d'eux. On a donné à ces vers parasites internes le nom de *Vers intestins.*

Comme l'étude de ces Vers intestins est non-seulement curieuse, mais même fort importante, je vais présenter quelques-unes des considérations qui les concernent, et ce qu'il y a de mieux connu à leur égard.

DES VERS INTESTINS.

On sait que l'on trouve dans le corps de différens animaux, des vers de diverses sortes, qui y naissent, s'y développent, s'y multiplient, et que l'on ne rencontre jamais ailleurs. Ces vers sont extrêmement nombreux dans la nature, et l'on a remarqué qu'il n'est presque aucun animal qui n'en nourrisse une ou plusieurs espèces.

Il y en a non-seulement dans le canal alimentaire des animaux, mais encore dans le tissu cellulaire, dans le parenchyme des viscères les mieux revêtus, et jusque dans les vaisseaux. (1)

On est fort embarrassé lorsqu'on cherche à se rendre compte de la véritable origine de ces animaux.

Se sont-ils introduits du dehors dans le corps des animaux où ils vivent? Si cela était, on en rencontrerait quelquefois hors du corps de ces animaux. Cependant les observations des naturalistes s'accordent assez sur ce point, savoir que presque tous les vers dont il s'agit ne se rencontrent jamais hors du corps des animaux.

En effet, depuis tant de siècles que l'on observe, on n'a pu découvrir nulle part ailleurs dans le corps des animaux

---

(1) Une foule de vers intestinaux qui ne vivent que dans les humeurs intérieures des yeux, d'autres animaux, et jusque dans la substance du cristallin, sont indiqués et décrits dans *Mikrograph. Beytraye*, par A. Nordmann, Berlin, 1832, et Annales des Sciences naturelles, t. xxx.) N.

les espèces de Vers intestins bien constatées. Ni la terre, ni les eaux, ni l'intérieur des plantes ne nous offrent leurs véritables analogues. Personne n'a jamais rencontré ailleurs que dans un corps animal, soit un *Tœnia*, soit une *Ascaride*, etc.

Ces considérations ont porté à croire que les *Vers*, ou du moins que certains d'entre eux, sont innés dans les animaux qui en sont munis.

Ces vers innés, ou dus à des générations spontanées, se sont diversifiés avec le temps, en se répandant dans différens lieux du corps de l'animal qu'ils habitent, et les individus de leurs espèces continuent de s'y reproduire à l'aide de gemmules oviformes que des fluides de l'animal habité transportent dans les lieux où ils peuvent se développer, et même qu'ils transmettent aux nouveaux individus produits par la génération. Voilà ce qu'on est maintenant autorisé à croire, et ce que pensent effectivement les observateurs les plus éclairés.

Ce qui semble étayer ce sentiment, ce n'est pas seulement la pullulation singulière des vers intestins dans certains animaux, tandis que d'autres de la même espèce en paraissent tout-à-fait exempts; mais c'est qu'on a trouvé de ces vers dans des enfans nouvellement nés, et même dans des fœtus. D'où viennent donc ces vers, s'ils ne sont pas le produit, les uns d'une génération spontanée, les autres de gemmules transmises par la voie de la fécondation et par la communication entre les animaux habités, dans les nouveaux individus qu'ils reproduisent.

Tous les Vers intestins ne sont point le résultat d'une génération spontanée ; car ceux que la nature a su produire immédiatement, ont reçu d'elle avec la vie, la faculté de se reproduire eux-mêmes par un mode de génération approprié à leur état. En effet, parmi ceux-là, les uns se multiplient par des gemmules internes que l'on prend pour des œufs, et les autres, plus avancés en organisation, paraissent se multiplier par une génération réellement sexuelle.

Si les observations de Rudolphi sont fondées, comme il y a apparence, ce serait effectivement dans les Vers que la nature aurait commencé l'établissement de la génération sexuelle, celle des ovipares. Mais, ce qui est évident pour moi, c'est que cette génération ne s'étend point et ne saurait s'étendre à tous les Vers. Les différences dans l'état de l'organisation des animaux de cette classe comparés entre eux, sont trop grandes pour que l'on puisse leur attribuer à tous les organes propres à une pareille génération. Aussi ce n'est guère que dans les Vers du second ordre de la classe (dans les *Vers rigidules*) que l'on a pu trouver des organes qui permettent la supposition d'un système de fécondation établi dans ces animaux. Encore n'est-on pas assuré qu'il n'y ait pas ici un mode particulier et moyen, entre la génération des gemmipares internes et celles des vrais ovipares.

Au reste, si les corpuscules que l'on prend pour des œufs dans certains Vers en sont réellement, ils doivent renfermer un embryon qui n'en peut sortir qu'après qu'ils se seront ouverts ou déchirés; une fécondation sexuelle leur aura été nécessaire pour mettre leur embryon en état de recevoir la vie; enfin, si cette fécondation a eu lieu, l'observation pourra constater si ces prétendus œufs se déchirent ou s'entr'ouvrent pour laisser sortir de leur intérieur un embryon vivant. Tout œuf, en effet, soit animal, soit végétal (comme les véritables graines) est assujéti à cette nécessité; tandis que les gemmules oviformes ne font que s'étendre et prendre peu-à-peu la forme du nouvel individu. (1)

Il ne faut pas prendre pour des *Vers intestins* les larves de certains insectes, telles que celles des *Oëstres*, qui vivent dans le corps de quelques animaux pendant un temps limité, et qui n'y sont nées que parce que les insectes parfaits de ces espèces y avaient introduit leurs œufs. On ne doit pas non plus confondre avec les Vers intestins, d'autres petits animaux réellement externes, et qu'on pourrait rencontrer dans l'intérieur d'animaux plus grands, dans lesquels ils auraient été introduits soit par la voie des alimens, soit d'une autre manière.

Ce qu'il y a de très positif, c'est qu'il existe dans l'intérieur

---

(1) Comparez : *Rudolphi*, Entozoorum synopsis, sectio *anatomico-physiologica*, p. 570. N.

d'un grand nombre d'animaux différens, et dans l'homme même, des Vers intestins qui, les uns s'y forment, les autres y naissent, et tous y vivent, s'y multipliant plus ou moins, sans qu'aucun de ces vers se montre et puisse vivre ailleurs.

On sait que les *Vers intestins* incommodent et souvent affectent cruellement les animaux dans lesquels ils vivent; qu'ils irritent et quelquefois même altèrent leurs organes intérieurs; qu'ils les affaiblissent et les font continuellement dépérir, en consumant leur substance, et les sucs les plus utiles de leur corps; enfin qu'ils leur occasionnent des maladies d'autant plus dangereuses, que très souvent la cause de ces maladies est méconnue.

Les uns et les autres tourmentent plus ou moins les animaux, chacun à leur manière, selon qu'ils sont plus ou moins multipliés, et surtout suivant les lieux plus ou moins sensibles qu'ils occupent, qu'ils irritent, qu'ils altèrent.

Par les affections qu'ils causent, ces vers parasites produisent en général des coliques, des convulsions, des assoupissemens, le vertige, la tristesse, le dépérissement, divers autres accidens ou maladies dangereuses, enfin la consomption et la mort.

Ce n'est, comme je l'ai déjà dit, qu'en étudiant bien le caractère et les habitudes de ces Vers, les lieux particuliers qu'ils habitent, les affections et les maux qu'ils occasionnent, enfin les signes indicateurs des maladies qu'ils produisent, qu'on pourra trouver le moyen d'empêcher leur trop grande multiplication, et parvenir à les détruire, au moins en grande partie. Cette vue intéresse notre propre conservation, ainsi que celle des animaux qui nous sont utiles.

Quoique les Vers intestins habitent, selon leur genre et leurs espèces, dans différentes parties du corps des animaux plus parfaits qu'eux, c'est plus particulièrement dans le canal intestinal qu'on en trouve le plus: parce qu'ils y vivent des substances alimentaires qui y séjournent. Ils s'y multiplieraient infiniment, si l'écoulement de la bile n'en faisait continuellement périr; car les substances amères leur sont nuisibles. D'ailleurs une grande partie de ces Vers se trouve souvent entraînée au dehors par les évacuations naturelles.

Je remarquerai en passant que si des Arachnides, telles que

les Mittes de la gale (*Acarus scabiæi*), pullulent et se multiplient avec tant de facilité dans les pustules purulentes de la gale, qu'elles semblent être la cause même qui propage la maladie, qui nous assure que plusieurs autres maladies, surtout les contagieuses, ne sont pas dues à des Vers intestins extrêmement petits, qu'un état particulier du corps des animaux qu'ils habitent fait développer et multiplier en abondance?

On a soutenu et combattu cette idée dans différens ouvrages, mais sans moyens suffisans, de part et d'autre, pour fixer solidement l'opinion à cet égard.

En attendant de nouvelles lumières sur cet objet, occupons-nous de l'étude des Vers dont l'existence n'est point équivoque; déterminons leurs caractères, ceux de leurs genres, de leurs familles; enfin, recherchons par l'observation les lieux qu'ils habitent, les affections qu'ils causent, et les signes des maladies qu'ils occasionnent.

L'intérêt qu'inspire réellement l'étude des Vers intestins, et qui a porté les zoologistes à les considérer séparément, m'a entraîné à partager d'abord la classe des Vers, d'après la considération des lieux qu'ils habitent; ce qui m'a fourni deux ordres; celui des Vers intestins, et celui des Vers externes.

Cependant, ce moyen de distinction est à-peu-près sans valeur, surtout lorsqu'il est isolé, c'est-à-dire lorsqu'il n'est point accompagné de quelque caractère emprunté de l'animal même, car on ne peut disconvenir que l'état d'organisation qui constitue le caractère classique d'un Ver ne puisse se rencontrer aussi bien dans des Vers extérieurs que dans ceux qui ne vivent que dans l'intérieur du corps des autres animaux. Je crois donc devoir faire disparaître ce défaut qui choque le principe, dans le choix des caractères à employer; et je vois que je le puis sans déranger ma distribution générale des Vers, et sans changer le rang que j'ai trouvé convenable d'assigner aux différens genres de ces animaux.

Les occasions de voir et d'examiner moi-même beaucoup de Vers m'ayant manqué, j'ai peu de choses nouvelles à présenter à leur égard, et je ne puis qu'essayer de disposer, dans un ordre convenable, les Vers qui paraissent avoir été les mieux observés, ainsi que les principaux de leurs genres.

En conséquence, je divise la classe de vers en trois ordres; savoir :

1° Les Vers mollasses; } Corps nu.
2° Les Vers rigidules; }
3° Les Vers hispides, Corps hérissé ou subcilié.

DIVISION DES VERS.

ORDRE PREMIER.

VERS MOLASSES.

Ils sont nus, d'une consistance molle, sans raideur apparente, diversiformes, et la plupart irréguliers.

Ire SECTION. — LES VÉSICULAIRES.

Leur corps est vésiculaire, ou se termine postérieurement par une vessie, ou adhère à la vessie qui le contient.

Bicorne.

Hydatide. Cénure.
Hydatigère. Échinocoque.

IIe SECTION. — LES PANULAIRES.

Leur corps est toujours aplati.

Tænia. Linguatule.
Botryocéphale. Polystome.
Tricuspidaire. Fasciole.
Ligule.

IIIe SECTION. — LES HÉTÉROMORPHES.

Leur corps est tantôt aplati, tantôt cylindracé et souvent difforme.

Monostome.
Amphistome.
Géroflé.
Tétragule.
Massette.
Tentaculaire.
Sagittule.

ORDRE DEUXIÈME.

VERS RIGIDULES.

Ils ont un peu de raideur qui les rend presque élastiques, et sont nus, cylindracés, filiformes, la plupart réguliers.

Porocéphale.
Echinorynque.
Strongle.
Cucullan.
Fissule.
Oxyure.
Trichure.
Ascaride.
Hamulaire.
Liorinque.
Filaire.
Dragoneau, *etc.*

ORDRE TROISIÈME.

VERS HISPIDES.

Ils ont le corps garni de soies latérales ou de spinules.

Naïde.
Stylaire.
Tubifex.

[Cette classification des vers proposée par Lamarck doit être entièrement rejetée, non-seulement parce que, comme nous l'avons dit plus haut, sa classe renferme des animaux hétérogènes et jusqu'à des corps inanimés, mais encore parce qu'il a tantôt jeté dans des sections et des ordres différens des genres qui se touchent de très près, tantôt énuméré deux à trois fois les mêmes genres sous des noms différens, comme nous allons le voir à l'énumération des groupes.

Une autre classification a été tentée par MM. Cuvier (1), Oken (2), Olfers (3), Blainville (4), Leuckart (5), Nitysch (6), et tout récemment par M. Burmeister; mais nous croyons devoir préférer à toutes les autres, du moins provisoirement, et en y apportant quelques modifications, le principe de classification proposé par Zecler et Goeze, qui, les premiers, introduisirent dans leurs écrits les cinq ordres : *Vermes teretes*, *V. uncinati*, *V. suctorii*, *V. tæniæformes* et *V. vesiculares*.

Les dénominations latines furent changées plus tard par M. Rudolphi en noms grecs : *Nematidea*, *Acantocephala*, *Trematoda*, *Cestoidea* et *Cystica*.

Au reste, on sait que Rudolphi n'a compris dans cette classification que les Entozoaires proprement dits, groupe qu'il considère lui-même plutôt comme une faune que comme une classe bien circonscrite. N.

---

(1) Règne animal, t. III.

(2) Lehrbuch der Naturgeschichte, 1815.

(3) De vegetativis et animatis corporibus in corporibus animatis reperiundis, Berol., 1816.

(4) Dictionnaire des Sciences naturelles, t. LVII, article Vers, 1828.

(5) Leuckart, Versuch einer Eintheilung der Helminthen. Heidelberg, 1827.

(6) Nitzsch, dans ses cours d'histoire naturelle faits à l'Université de Halle.

ORDRE PREMIER.

VERS MOLASSES.

Ils sont nus, d'une consistance molle, sans raideur apparente, dversiforme s, et la plupart irréguliers.

Les *Vers* offrent très peu de parties différentes à l'extérieur; en sorte que les coupes que l'on doit former pour diviser primairement leur classe, ne peuvent être que médiocrement caractérisées. Ceux en effet de cet ordre sont sans doute diversifiés dans leurs espèces et dans leurs genres; mais l'ordre qui les embrasse ne se distingue guère que par une réunion de considérations qui semble les lier tous ensemble.

Les *Vers molasses* sont effectivement d'une consistance molle, sans raideur distincte, et ont cela de particulier, qu'ils varient plus dans leur forme générale que les vers rigidules ou du second ordre, et qu'ils sont en général irréguliers. Les uns et les autres sont nus à l'extérieur.

C'est dans cet ordre que l'on trouve les Vers les plus imparfaits, ceux dont l'organisation paraît moins avancée, moins composée que dans beaucoup de Radiaires.

Je divise les Vers de cet ordre en trois sections; savoir:

Ire Section. — Les Vers vésiculaires.
IIe Section. — Les Vers planulaires.
IIIe Section. — Les Vers hétéromorphes.

Première section.

VERS VÉSICULAIRES.

Leur corps est vésiculaire, ou se termine postérieurement par une vessie, ou adhère à une vessie kisteuse qui le renferme.

Les *Vers vésiculaires* sont probablement les plus imparfaits de tous les Vers, c'est-à-dire, ceux dont l'organisation est la plus simple, la moins avancée dans sa composition et son perfectionnement. On n'a pu encore distinguer en eux aucun organe intérieur, et on ne leur connaît qu'une ou plusieurs ouvertures au moyen desquelles ils pompent les matières dont ils se nourrissent; mais sans anus. Et, comme leur corps n'offre point d'intestin perceptible, il semble qu'il ne soit lui-même qu'un sac intestinal vivant isolément. Il n'est pas même certain que tous ces Vers aient réellement une bouche.

Ces Vers sont vaisemblablement gemmipares internes. C'est sans doute par cette raison que les Cénures et les Echinocoque de M. Rudolphi ont offert aux observateurs plusieurs Vers renfermés dans une vessie commune. Il paraît même qu'il y en a qui sont contenus presque indéfiniment les uns dans les autres.

On n'a encore établi qu'un petit nombre de genres parmi ces Vers, et il y a lieu de croire qu'on n'en connaît que les plus grands et les moins imparfaits.

[La première section, celle des *Vers vésiculaires* de Lamarck, correspond exactement à l'ordre des *Cystica*, Rud., à cela près que ce dernier savant y ajoute encore le genre *Anthocephalus* (*Floriceps* Cuv.), et n'admet pas la séparation entre les *Hydatidères* et les *Cysticerques*. M. de Blainville au contraire suit l'opinion de Lamarck.

Les Vers vésiculaires, qui pourraient fort bien être réunis dans un seul et même ordre avec les Cestoïdes, sont des Vers intestinaux dont l'organisation se trouve dans un degré de développement très bas, car, jusqu'à présent, aucun organe intérieur ne leur a été reconnu avec certitude. Il est vrai que M. Tschudi pense avoir trouvé des œufs dans le *Cysticercus fasciolaris*, mais nous ne pouvons pas admettre cette opinion, rejetée également par M. Siebold. De semblables corps transparens, ronds ou oblongs, se trouvent dans beaucoup de Cestoïdes et de Trématodes, qui sont dépourvus de parties sexuelles. Nous citons comme exemple quelques espèces de *Tetrarhynchus*, de *Cryptostomum* et le genre *Diplostomum*, que nous avons examinés de nouveau. Quant à la propagation des Vers vésiculaires, qui a lieu par le moyen de gemmes, nous ne connaissons jusqu'à présent que ce que M. Siebold a publié dernièrement sur le *Cœnurus cerebralis*, l'*Echinococcus hominis* et l'*E. veterinorum*. Il résulte de ces observations, que la séparation des Hydatides vides, appelées aussi *Acephalocystes* d'avec les Echinocoques, proposée par M. Tschudi, ne peut point être approuvée, les premières n'étant, à ce qu'il paraît, qu'un degré moins apparent du développement des derniers.

Voyez, pour les Vers vésiculaies :

Siebold, *Développement des Entozoaires. Physiologie* de M. Burdach. III. p. 32.

Tschudi, *Die Blasenwuermer. Ein monographischer. Versuch*, Fribourg. 1837, avec pl.

Pour l'*Echinococcus hominis*, voyez : Joh. Müller, *Archiv. fuer Anatomie*, etc. 1836. p. 107, et les *Mémoires de la Société des naturalistes de Berlin*. 1836. p. 17. N.]

BICORNE. (Ditrachyceros.)

Corps ovale, comprimé, contenu dans une tunique transparente, ayant à son extrémité antérieure deux cornes longues, hérissées de filamens.

Corpus ovatum, compressum, tunica hyalina vestitum; parte anteriore cornibus duobus longis filisque asperis instructâ.

OBSERVATIONS. — Ch. Sultzer, professeur de Strasbourg, a publié la description du *Bicorne* dans une dissertation dont ce Ver est l'objet. Ce même Ver a été obtenu, à la suite de l'état maladif et d'une douleur fixe, vers l'hypocondre gauche, d'une femme qui rendit, après de forts purgatifs, un nombre prodigieux de ces animalcules.

La longueur de ce Ver, y comprenant les deux cornes, est d'environ six millimètres : le corps seul n'a pas la moitié de cette longueur.

Comme la bouche de cet animal n'a point été observée, on peut présumer que ses deux cornes sont deux suçoirs.

ESPÈCES.

1. Bicorne hérissé. *Ditrachyceros rudis.* Sultz.

Diceras rudis. Rudolph. Entoz. hist. 3. 9. 253.

* *Ditrachyceros.* Lænnec. Mém. sur les Vers vésiculaires. p. 89. pl. 4. f. 3–10.

* Blainv. Dict. des sc. nat. pl. 45. f. 4.

Habite les intestins de l'homme. Les languettes filamenteuses, dont ses cornes sont hérissées, lui servent à se fixer entre les replis de la membrane villeuse des intestins, et dans la mucosité dont ils sont enduits.

* Ce corps, qui ne présente nulle trace d'organisation et qui n'a pas été soigneusement examiné, doit être rayé du catalogue des vers intestinaux. *Voy.* Rudolph. *Synopsis Entozoorum*, p. 184. N.]

HYDATIDE. (Hydatis.)

Vessie externe et kysteuse, contenant un Ver libre, presque toujours solitaire.

Corps vésiculeux, ampullacé, plein d'eau, se rétrécissant antérieurement en un cou grêle, ayant à son sommet 4 suçoirs et une couronne de crochets.

Vesica externa, kystosa, ferè semper vermem solitarium fovens.

Corpus vesiculosum, ampullaceum, aquâ refertum, in collum gracilem anticè attenuatum; apice osculis 4 suctoriis, et coronâ terminali uncinosâ.

Observations. — Les *Hydatides*, ainsi que les autres Vers plus ou moins vésiculeux qui ont quatre suçoirs, ont été confondues avec les *Tænias* par Linnæus. Ces différens Vers ont en effet des rapports avec les Tænia; mais, outre qu'ils en sont distingués par leur forme, ils le sont aussi par les lieux particuliers de leur habitation: car ils vivent dans le parenchyme même des viscères ou dans l'épaisseur des membranes, y étant plus ou moins enfoncés, et non dans le canal intestinal, comme les *Tænia*. On en trouve dans le foie, dans le cerveau, et dans les autres viscères des hommes et des animaux. Ils sont renfermés dans un kyste vésiculeux auquel ils ont donné lieu par leur présence, et la plupart présentent des vessies qui font partie de leur corps, et qui sont pleines d'une liqueur limpide. On les a long-temps considérés comme de simples dépôts lymphatiques, et non comme des Vers.

Parmi ces différentes sortes de Vers à kyste vésiculeux, les *Hydatides* constituent un genre particulier, remarquable par la forme du Ver lui-même. Le corps du Vers est très vésiculeux, renflé, presque globuleux, plein d'eau, et se rétrécit antérieurement en un cou grêle, rétractile. Ce cou se termine par un petit renflement muni de quatre suçoirs et couronné de crochets.

Le trop grande abondance des *Hydatides* dans les animaux,

leur cause souvent des maladies graves. Dans l'homme, elles sont peu communes. En général, elles sont superficielles, et médiocrement engagées dans les viscères qui en contiennent.

Nota. Je conserve le nom que j'ai donné à ce genre, parce que j'ai, le premier, séparé des *Tænia*, sous ce nom, tous les Vers à kyste vésiculeux, et qui ont quatre suçoirs. Depuis, on a divisé ce genre en plusieurs autres.

ESPÈCES.

1. Hydatide globuleuse. *Hydatis globosa.*

H. subglobosa; collo tenui teretiusculo, rugoso, retractili, corpore breviore.

Tenia hydatigena. Pallas. El. zooph. p. 413. Miscell. zool. fasc. 13. p. 57. tab. 12. f. 1—11.

Encycl. pl. 39. f. 1-5. ex Goez.

Cysticercus tenuicollis. Rudolph. Entoz. 3. p. 220.

* Synopsis. Rud. p. 180.

* Bremser. *Icon.* édit. lat. tab. 17. fig. 10 et 11.

* Delonch. Encyclop. méthod. Vers. p. 240.

* *Cysticercus lineatus.* Lænnec. Mém. sur les Vers vésiculaires. in-4. Paris. 1804. pl. 1 et 2.

Habite dans le péritoine et dans la plèvre des ruminans, du porc; etc. Son corps vésiculeux, blanc et transparent, acquiert la grosseur d'une noix ou d'une pomme médiocre.

2. Hydatide pisiforme. *Hydatis pisiformis.*

H. subglobosa; collo tereti, rugoso, corporis longitudine.

Hydatigena pisiformis. Goez. Nat. t. 18. A. f. 1-3. Encycl. p. 39. f. 6-8.

Cysticercus pisiformis. Rudolph. Entoz. 3. p. 224.

* Synops. p. 181.

* Delonch. Op. cit. p. 241.

* Blainv. Dict. des sc. nat. t. 57. p. 601.

Habite dans le foie du lièvre, du lapin, quelquefois de la souris. Elle est beaucoup moins grosse que la précédente.

Nota. On a observé dans l'intérieur de ce ver quantité de petits déjà formés, ayant chacun leur vessie propre, et dans ces petits on en a aperçu d'autres. Ainsi voilà des individus contenus les uns dans les autres, sans terme connu!

HYDATIGÈRE. (Hydatigera.)

Vessie externe et kysteuse, contenant un Ver libre, presque toujours solitaire.

Corps allongé, aplati, ridé transversalement, ayant postérieurement une vessie caudale, pleine d'eau, plus courte que le reste du corps, et se terminant antérieurement par un renflement muni de 4 suçoirs et d'une couronne de crochets.

Vesica externa, kystosa ferè semper vermem solitarium fovens.

Corpus elongatum, depressum, transversim rugosum, in vesicam caudalem, aquâ refertam et corpore breviorem, posticè terminatum : apice osculis 4 suctoriis, coronaque terminali uncinosâ armato.

Observations. — Sans doute les *Hydatigères* dont il s'agit ici pourraient être réunies dans le même genre avec les Hyadatides, comme l'a fait Rudolphi dans ses *Cysticercus*. Mais les *Hydatigères* se rapprochent beaucoup plus des *Tænia*; leur corps allongé, aplati, très ridé transversalement, et la petitesse de leur vessie caudale, offrent des différences si considérables comparativement à la forme particulière des Hydatides, que je crois nécessaire de les en séparer.

ESPECES.

1. Hydatigère tæniacée. *Hydatigera fasciolaris.*

H. corpore elongato depresso, vesicâ caudali exiguâ subglobosâ.

Tænia vesicularis fasciolata. Goez. Nat. 1. 18. B. f. 10-14. tab. 19. f. 1-14. Encycl. pl. 39. f. 11-17.

Crysticercus fasciolaris. Rudolph. 3. p. 218. t. XI. f. 1.

* Rud. Synops. p. 179.

* Brems. Icon. tab. 17. f. 3-9.

* Deslonch. Encycl. Vers. p. 239.

* Blainv. Dict. des sc. nat. t. 57. p. 600. pl. 44. f. 4.
Habite dans le foie des rongeurs, du rat, de la souris, etc. Elle est blanche et a jusqu'à sept pouces de longueur.

2. Hydatigère chalumeau. *Hydatigera fistularis.*

H. corpore elongato, cylindraceo, retrorsùm increscente, anticè tantùm rugoso; vesicâ caudali nullâ.
Crysticercus fistularis. Rudolph. Entoz. 4. p. 218. t. XI. f. 2.
* Rud. Synops. p. 180.
* Deslonch. loc. cit.
Habite dans le péritoine du cheval.

3. Hydatigère lancéolée. *Hydatigera cellulosæ.*

H. corpore cylindrico, rugoso; antrorsùm decrescente; vesicâ caudali, ellipticâ transversâ.
Crysticercus cellulosæ. Rudolph. Entoz. 3. p. 226.
* Rud. Synops. p. 179.
Tænia cellulosæ. Gmel. p. 3059.
* *Cysticercus finnus.* Lænnec. op. cit. p. 46. pl. 2. f. 8-15.
Habite dans la membrane celluleuse des muscles dans l'homme, le singe, etc.
* Ajoutez :

† 4. *Cysticercus longicollis.* R. Synops. p. 180. Bremser. Icon. tab. 17. fig. 12-17.

† 5. *Cysticercus crispus.* R. Synops. p. 180. Brem. Icon. tab. 17. fig. 18-21.

† 6. *Cysticercus cordatus.* Tschudi. Die Blasenwuermer. 1837. p. 59. pl. Habite le Mustela putorius.

[M. Lesauvage a établi, sous le nom d'Acrostome, un nouveau genre de Vers vésiculaires dont le corps est aussi terminé par une vessie caudale et dont l'extrémité antérieure ne présente aucun renflement et se termine par une ouverture transversale. Voyez *Annales des sciences naturelles*, t. 18. p. 333.] N.

CÉNURE. (Cœnurus.)

Vessie externe, mince, kysteuse, remplie d'eau, contenant plusieurs Vers groupés, adhérens.

Corps allongé, déprimé, un peu ridé, terminé antérieurement par un renflement muni de 4 suçoirs et d'une couronne de crochets.

Vesica externa, tenuis, kystosa, aquâ referta, vermiculos plurimos acervatos et adhærentes fovens.

Corpus elongatum, depressiusculum, subrugosum, apice nodulo suctoriis 4 et coronâ uncinosâ instructo terminatum.

Observations. — Les *Cénures* n'offrent point des Vers libres et solitaires dans la vessie kysteuse qui les contient, comme ceux des Hydatides et des Hydatigères. Elles présentent au contraire des Vers sociaux, plus ou moins nombreux, et qui semblent adhérer les uns aux autres, et à leur vessie commune.

Ces vers sont dans le même cas que les *Echinocoques*, et, comme l'a fait Zeder, on pourrait les réunir dans le même genre. Mais les *Cénures* sont des Vers allongés, tandis que les *Echinocoques* sont des Vers subglobuleux ou turbinés, extrêmement petits, subgraniformes.

Les *Cénures* se trouvent fréquemment dans le cerveau des moutons, leur causent une maladie connue sous le nom de *tournis*, et qui en enlève un grand nombre chaque année.

ESPÈCES.

1. Cénure cérébrale. *Cœnurus cerebralis*. Q.

C. corpore subtereti, tenuissimè granulato, retracto rugante, vesicâ communi posticè adhærente.

Tænia vesicularis. Goez. Naturg. t. 20. f. 1-8.

Encycl. pl. 40. f. 1-8.

Cœnurus cerebralis. Rudolph. 3. p. 243. tab. XI. f. 3. A-E.

* Brem. Icon. Tab. 18. f. 1-2.

* Deloncb. Encycl. méth. Vers. p. 186.

* Blainv. op. cit. p. 603. pl. 44. f. 7.

Tœnia cerebralis. Gmel.

* *Polycephalus cerebralis*. Lænnec. op. cit. p. 81.

Habite dans le cerveau des moutons. Les vers étendus ont jusqu'à 2 lignes de longueur. Ils adhèrent au fond d'une vessie kysteuse de la grosseur d'un œuf de pigeon ou un peu plus.

ÉCHINOCOQUE. (Echinococcus.)

Vessie externe, kysteuse, pleine d'eau, contenant des Vers très petits; arénulacés, adhérens à sa surface interne.

Corps subglobuleux ou turbiné, lisse, à sommet muni de 4 suçoirs et couronné de crochets.

Vesica externa, kystosa, aquâ repleta, continens vermes minimos, arenulaceos, superficiei internæ adhærentes.

Corpus subglobosum aut turbinatum, læve; apice suctoriis 4, et coronâ uncinosâ instructo.

Observations. — Les *Echinocoques* sont, comme les *Cénures*, des Vers sociaux, et composent ensemble le genre polycéphale de Zeder. Néanmoins, outre que les *Echinocoques* sont extrêmement petits, leur corps renflé, plus large supérieurement que vers sa base, les distingué tellement des *Cénures*, que Rudolphi a cru devoir les en séparer.

Ces Vers, qu'on n'a peut-être observés qu'avant leur développement complet, adhèrent à la surface interne de la vessie qui les contient, et s'y montrent comme de très petits grains de sable.

Les *Echinocoques* se trouvent, dit-on, dans l'homme (probablement dans son foie), dans les viscères abdominaux du singe, dans les poumons des moutons et des veaux.

ESPÈCES.

1. Echinocoque de l'homme. *Echinococcus hominis*. R.

Ech. corpore pyriformi; uncorum coronâ simplici.

Polycephalus humanus. Zeder. Naturg. p. 431. t. 4. f. 7—8.

Echinococcus hominis. Rudolph. Entoz. 3. p. 247.
* Delonch. Encycl. p. 293.
* Blainv. Dict. des sc. nat. pl. 45. f. 1-2.
Habite dans le cerveau de l'homme.

2. Echinocoque du singe. *Echinococcus simiæ.* R.

Ech. corpore punctiformi vario.
Echinococcus simiæ. Rodolph. Entoz. 3. p. 250.
* Delongch. loc. cit.
Habite dans les viscères du singe Macaque ; on l'a aussi trouvé dans le Magot.

3. Echinocoque des vétérinaires. *Echinococcus veterinorum.* R.

Ech. corpore subturbinato.
Echinococcus veterinorum. Rudolph. Entoz. 3. p. 251. t. 11. f. 5—7.
* Brem. Icon. Tab. 18. fig. 3—13.
Tænia socialis granulosa. Goez. Naturg. t. 20. f. 9—14.
Encycl. pl. 40. f. 9—14.
* *Ech. veterinorum.* Delonch. loc. cit.
* Blainv. Dict. des sc. nat. t. 57. p. 604.
Habite dans les viscères des moutons, des veaux, du dromadaire; du porc, etc.

Deuxième Section

VERS PLANULAIRES.

Corps mou aplati.

Après les Vers vésiculaires, les *Vers planulaires* paraissent être les plus imparfaits de la classe. Leur organisation est encore peu avancée dans sa composition; et il est probable que tous sont encore des gemmipares internes. Il y en a parmi eux qui paraissent être des *animaux com-*

posés, adhérens les uns aux autres, et vivant en commun : ce sont ceux qui sont articulés.

Ces vers sont généralement aplatis, plus ou moins allongés, à corps mou, quelquefois éminemment contractiles. Dans quelques-uns de ceux qui sont inarticulés, l'anus est déterminable.

TÆNIA. (Tænia.)

Corps mou, très long, aplati, articulé. terminé antérieurement par un petit renflement céphaloïde.

Renflement terminal muni de 4 oscules ou suçoirs latéraux.

Corpus molle longissimum, depressum, articulatum, anticè nodulo cephaloideo terminatum.

Nodulus terminalis; osculis quatuor suctoriis et lateralibus.

Observations. — Parmi les différens Vers qui vivent dans l'intérieur des animaux, les *Tænia* sont des plus remarquables, des plus nombreux en espèces, et peut-être des plus nuisibles aux animaux dans lesquels ils habitent.

Tout le monde connaît, au moins de nom, les Vers solitaires qui vivent dans le corps de l'homme ; ce sont des *Tænia*, vers très singuliers par leur conformation, et souvent par leur énorme longueur. Leur forme approche de celle d'un ruban mince, étroit, fort long, blanchâtre, et distingué par des lignes transverses qui indiquent leurs nombreuses articulations. Ces articulations, plus ou moins grandes selon les espèces, rendent les deux bords de ce Ver comme dentelés. Ce ne sont pas les vers les plus larges qui ont les articulations les plus longues ; c'est ordinairement le contraire.

On a considéré d'abord les articulations des Tænia comme autant d'animaux particuliers que l'on croyait enchâssés les uns dans les autres et à la file, parce qu'ayant observé que chaque articulation avait ses organes particuliers, on a pensé qu'elle pouvait vivre séparément. Mais Bonnet ayant le premier fait connaître le petit renflement qui termine l'extrémité antérieure de ces Vers, on a cru que chaque ruban n'était réellement qu'un seul animal dont le corps aplati est articulé. Il se pourrait cependant que les Tænia fussent véritablement des animaux composés, mais d'une nouvelle sorte.

Chaque articulation a ordinairement sur un de ses bords un petit trou, et quelquefois une petit bouton ou un mamelon perforé. Elle a aussi ses masses particulières de gemmules internes que l'on prend pour des ovaires, et l'on peut, à l'aide d'une légère pression, faire sortir chaque gemme oviforme par l'un des pores latéraux de l'articulation qui les contient : leur quantité est prodigieuse. Ces petites masses de corpuscules reproductifs présentent la forme de grappes lobées, rameuses, quelquefois dendritiformes.

La partie antérieure des *Tænia* va, en général, en s'amincissant, devient presque aussi menue ou déliée qu'un fil, et se termine par un petit renflement souvent subglobuleux, que l'on a considéré comme une tête, et qui présente quatre petites bouches sublatérales. Ces bouches, bien distinctes, bien séparées les unes des autres, sont les ouvertures d'autant de suçoirs par lequel l'animal pompe sa nourriture. Souvent, en outre, l'animal possède une trompe rétractile, qui sort, entre les quatre bouches, à l'extrémité du renflement.

En général, de chacune des quatre bouches, part un canal alimentaire, et ces quatre canaux se réunissent en un seul qui traverse toutes les articulations du corps de l'animal.

La grosseur du renflement capituliforme de ces Vers suit assez les dimensions de ce qu'on nomme leur *cou:* plus ce cou est grêle et allongé, plus le renflement qui porte les suçoirs est petit, et réciproquement. Les *Tænia* très larges ont ordinairement un cou fort court, et un assez gros renflement terminal.

L'homme n'est pas le seul être vivant qui soit attaqué par des *Tænia;* un grand nombre d'animaux divers y sont aussi très sujets. Ce n'est guère néamoins que dans les animaux vertébrés que l'on en trouve.

Les *Tænia* ne vivent que dans les intestins, et jamais au milieu des chairs, ni des viscères, ni sous les tégumens. Ils se nourrissent des sucs gastriques pancréatiques, et autres qui coulent perpétuellement dans l'estomac et les intestins des animaux.

Pour le petit nombre d'espèces que je dois citer, je suivrai les divisions et les caractères de *Rudolphi*, les empruntant de son ouvrage, intitulé : *Entozoorum historia*.

[Rudolphi a employé comme principe de classification l'existence ou le manque de crochets autour du renflement céphalique, sans savoir alors que dans un grand nombre d'espèces ces crochets se perdent avec l'âge. Mehlis a démontré que les espèces suivantes ne sont armées que dans la jeunesse : *Tænia solium* de l'homme, *T. serrata* du chien, *T. bacillaris*, Gmel. de la taupe, *Tænia* du renard, *T. candela bravia*, Gmel. du hibou, *T. serpentulus*, des espèces de corbeaux, *T. angulata* du Turdus pilaris, *T. crateriformis* des Pies, *T. amphitricha*, Rud., de Tringa variabilis, *T. filum* des Bécasses, *T. inflata* de Fuliva atra, *T. prorosa* des Mouettes, *T. multistriata* des espèces de Podiceps, et *T. sinuosa* du canard. Voyez Mehlis. Isis. 1831. p. 195.

Les connaissances que nous avons aujourd'hui sur la structure intérieure des organes et sur le développement des Tænia, ainsi que des Cestoïdes en général, sont aussi plus exactes que celles qu'on avait du temps de Lamarck. C'est principalement à MM. Mehlis, Nitzsch et Siebold qu'appartient le mérite d'avoir éclairci ces points.

L'appareil de la nutrition se compose, dans la plupart des Tænia, de deux à quatre canaux principaux qui parcourent toutes les articulations du corps et qui, au-dessous du renflement céphalique, sont liés entre eux par une grande quantité d'anastomoses lesquelles forment comme les mailles d'un filet. Ce qu'il y a de remarquable, c'est que jusqu'à présent on n'a pas réussi à démontrer une liaison directe entre ces canaux et la trompe. Chez tous les Tænia, les *Bothriocephales*, les *Schistocephalus* et dans le *Triænophorus*, les appareils de la génération mâles et femelles sont multipliés, tandis que dans *Caryophyrhyllanes* ils sont simples. Les orifices de ces parties sont toujours séparés, à ce qu'il paraît. Dans une espèce de Tetrarhynchus, *T. epistocotyle*, Le Blond, que j'examinai, je ne trouvai aucune trace de parties sexuelles, et les quatre trompes, hérissées de crochets et qui peuvent être retirées et renversées en dehors, conduisent par quatre canaux à autant de réservoirs oblongs, transparens et musculeux, qui pourraient, à la rigueur, être considérés comme des estomacs? Dans la partie postérieure du corps de ces animaux, j'aperçus un système de vaisseaux composé de plusieurs canaux longitudinaux et ramifié par des anastomoses; mais aucun mouvement ne pouvait être aperçu dans ces canaux. Au bord postérieur du corps on observe une garniture de cils épaisse et facile à détacher.

Selon M. Siebold, les œufs très diversiformes des Cestoïdes possèdent, dans quelques espèces, une seule enveloppe, dans d'autres ils en ont jusqu'à trois. Enfin les œufs du *Tænia stylosa* des intestins de *Corvus glandarius* sont construits d'une manière toute spéciale : ils possèdent même quatre enveloppes, dont les deux extérieures sont rondes et l'interne ovale, tandis que la troisième, ou celle qui se trouve entre la seconde et la quatrième, est fort étroite et tirée en travers, en même temps qu'elle offre deux diverticules très longs et contournés.

Le *Tænia cucumerina* mérite également d'être signalé ici, car ses œufs arrondis sont toujours logés, au nombre de dix à vingt, dans une enveloppe commune.

La vésicule de Purkinje paraît manquer aux œufs des Cestoïdes.

A la formation de l'embryon, on distingue tout d'abord six crochets, et cela aussi bien aux embryons des espèces qui sont armées dans leur état adulte, qu'à ceux dont les adultes sont inermes.

Les exemples que M. Siebold cite sont : le *Bothriocephalus proboscideus,* le *B. macrocephalus,* et le *B. infundibuliformis,* le *Tænia candelabraria,* le *T. crassicolis,* le *T. cyathiformis,* le *T. inflata,* le *T. lanceola,* le *T. infundibuliformis,* le *T. macrorhyncha*, le *T. literata,* le *T. ocellata*, le *T. pectinata*, le *T. porosa,* le *T. scolicina,* le *T. stylosa,* le *T. angulata* et autres.

Les articulations du corps commencent à se former quelque temps après que l'embryon a quitté l'enveloppe de l'œuf, tandis que les premières traces des ventouses qui entourent le rostre se dessinent plus tôt. Il se pourrait bien que le petit vers décrit sous le nom de *Gryporhynchus pusillus* (Nordmann Mikr. Beytr. I.

p. 101. pl. VIII. fig. 6-10) des intestins de la tanche, ne fût autre chose que le jeune d'un Cestoïde, peut-être d'un Tænia.

Pour les Cestoïdes voyez : Delle Chiaje *Sulla Tænia umana armata. Mem. sulla storia e notonia degli animali senza vertebre di Napoli.* t. 1. p. 139 (Naples, 1823).

Schmalz, *Tabulæ anatomiam Entozoorum illustrantes.* Dresdæ, 1831.

Mehlis *dans l'Isis*, 1831.

R. Owen, *Description of a new species of Tape-worm*, Tænia lamelligera. *Transactions of the Zoolog. society.* 1835. v. 1. p. 315.

Pour le développement surtout : Siebold *dans la Physiologie de Burdach.* p. 51. seq.] N.

ESPÈCES.

§. *Renflement capituliforme dépourvu de crochets.*

(A) Point de trompe rétractile.

* *Alyselminthus.* Zeder. Blainv. *ex parte.*

1. Tænia des moutons. *Tænia expansa* R.

T. capite obtuso, collo nullo, articulis anticis brevissimis ; reliquis subquadratis, foraminibus marginalibus oppositis. Rudolph. Entoz. vol. 3. p. 77.

Tænia ovina. Gmel. Encycl. pl. 45. f. 1-12.

* *Tænia expansa.* Delonch. Encycl. méth. p. 714.

* *Alyselminthus expansus.* Blainv.

Habite dans les intestins des moutons et surtout des agneaux.

2. Tænia dentelé. *Tænia denticulata* R.

T. capite tetragono, collo nullo, articulis brevissimis, foraminibus marginalibus oppositis, lemniscis, dentiformibus. Rudolph. Entoz. vol. 3. p. 79.

* Delonch. loc. cit.

* *Tænia ovina bovis.* Carlisle. Trans. lin. soc. vol. 2. pl. 25. f. 15-16.

Habite dans les bœufs, les vaches, les veaux. C'est la var. 2. du *Tænia ovina* de Gmel.

3. Tænia pectiné. *Tænia pectinata.* G.

T. capite obtuso, collo articulisque brevissimis, foraminibus marginalibus, papillosis, oppositis. Rudolph. Entoz. vol. 3. p. 82.

Tænia pectinata. Goezii. Encycl. pl. 44. f. 7-11. Gmel. p. 3075.
* Delonch. loc. cit.
* Brems. Icon. tab. 14. f. 5-6.
* *Alyselminthus pectinatus.* Blainv.
Habite dans les lièvres, les lapins, etc.

4. Tænia lancéolé. *Tœnia lanceolata.* G.

T. capite subgloboso, collo articulisque brevissimis, posticorum angulis nodosis. Rudolph. Entoz. vol. 3. p. 84.
Tænia lanceolata. Goez. Naturg. t. 29. f. 3-12. Encycl. pl. 45. f. 15-24. Gmel. p. 3075.
* Rud. Synops. p. 145-488.
* Delonch. loc. cit.
Habite dans les intestins des oies.

5. Tænia plissé. *Tœnia plicata.* R.

T. capite tetragono, corpori utrinque incumbente, collo articulisque brevissimis, horum angulis lateralibus acutis. Rudolph. Entoz. p. 87.
* Brems. Icon. tab. 15. f. 1.
* Delonch. op. cit. p. 715.
* Blainv. Dict. des sc. nat. pl. 44. f. 1.
Tænia equina. Gmel. Pall. et Chab. Encycl. pl. 43. f. 13-14.
Habite dans l'estomac et les intestins grêles des chevaux.

6. Tænia perfolié. *Tœnia perfoliata.* G.

T. capite tetragono, postice utrinque bilobo; collo nullo; articulis perfoliatis. Rudolph. Entoz. 3. p. 89.
Tænia perfoliata. Goez. Naturg. p. 353. tab. 25. f. 11-13.
* Brems. Icon. tab. 15. f. 2-4.
Pallas. n. nord. Beytr. I. 1. p. 71. tab. 3. f. 21-24. *Sub tænia equina.*
Encycl. pl. 43. f. 6-12.
* Delonch. loc. cit.
Habite dans le cœcum et le colon du cheval.

7. Tænia du phoque. *Tœnia anthocephala.* R.

T. capite subtetragono, lobis angularibus antrorsùm eminentibus acuto, collo articulisque brevissimis. Rudolph. Entoz. 3. p. 91.
* Rud. Synops. p. 146.
* Delonch. loc. cit.

Tænia phocæ. Gmel. p. 3073.
Habite dans le rectum du phoque barbu.

8. Tænia perlé. *Tænia perlata*. G.

T. capite tetragono, collo longiusculo, articulis subcuneatis, posticis medio nodosis. Rudolph. Entoz. 3. p. 95.
Tænia perlata. Goez. Naturg. p. 103. tab. 32. B. f. 17-21.
Encycl. pl. 48. f. 5-11.
* Deloncb. op. cit. p. 716.
* Voyez Creplin, Novæ observationes de Entozois. p. 133.
Habite dans les intestins de la buse.

9. Tænia crénelé. *Tænia crenata*. G.

T. capite hemisphœrico antice nodulo aucto; collo longissimo; articulis transversis obtusis. Rudolph. Entoz. 3. p. 97.
Tænia crenata. Goez. Naturg. p. 395. tab. 31. B. f. 14-15.
* Rud. Synops. p. 146-492.
Encycl. pl. 47. f. 3-4.
* Delonch. loc. cit.
Habite dans les intestins de la pie.

10. Tænia du chien. *Tænia cucumerina*. Bl.

T. capite antrorsùm attenuato, obtuso; collo brevi continuo; articulorum ellipticorum foraminibus marginalibus oppositis. Rudolph. Entoz. 3. p. 100.
Tænia canina. Lin. Wagl. apud Goez. Naturg. p. 324. tab. 23. f. D. E. Encycl. pl. 41. f. 21-22.
Tænia cucumerina. Bloch. Abh. p. 17. tab. 5. f. 6-7.
* Rud. Synops. p. 147.
* Delonch. op. cit. p. 717.
Habite les intestins grêles du chien. On le rencontre quelquefois avec le Tænia denté.
Etc.

(B) Une trompe rétractile.

* *Halysis*. Blainv.

11. Tænia calycinaire. *Tænia calycina*. R.

T. osculis rotellisque apice concavis, collo nullo, articulis anticis brevissimis, reliquis, subquadratis, depressis; majorum margine pellucido crenulato. Rudolph. Entoz. vol. 3. p. 115.
Habite les intestins d'un silure.

12. Tænia petites-bouches. *Tænia osculata*. G.

T. osculis rostellisque apice concavis; parte anticâ capillari, articulis quadratis planis, margine majorum integerrimo. Rudolph. Entoz. vol. 3. page 116.

Tænia osculata. Goez. Naturg. t. 33. f. 9-10. Encycl. pl. 49. f. 4: et 5.

* Delonch. p. 720.

Tænia alternans. Goez. *ibid.* t. 33. f. 11-14. Encycl. pl. 49. f. 6 à 9.

Habite dans...

13. Tænia sphérophore. *Tænia sphærophora*. R.

T. capite obcordato, rostello maximo, apice subgloboso, collo longo capillari; articulis anticis brevissimis, insequentibus subquadratis, posticis elongatis. Rudolph. Entoz. p. 119.

* Rud. Synops. p. 151-498.

* Delonch. loc. cit.

Habite les intestins de... * *Numenius arquata.*

14. Tænia variable. *Tænia variabilis*. R.

T. capite subrotundo, rostello exiguo obtuso, collo brevissimo, articulis variis moniliformibus, infundibuliformibus, cyathiformibus et oblongis. Rudolph. Entoz. p. 120.

* Rud. Synops. p. 151-498.

* Delonch. loc. cit.

Habite les intestins grêles de... * *Vanellus cristatus, Scolopax, Triga et Glareola.*

15. Tænia de l'hirondelle. *Tænia cyathiformis*. F.

T. capite subcordato, æquali, rostello obtuso; collo brevissimo; articulis anticis brevissimis, reliquis cyathiformibus. Rudolph. Entoz. vol. 3. p. 122.

Tænia cyathiformis. Froelich. Naturg. 25. p. 55. t. 3. f. 1-3.

* Rud. Synops. p. 152-502-692.

* Delonch. p. 721.

Tænia hirundinis. Gmel. p. 3072.

Habite les intestins de l'hirondelle.

16. Tænia infundibuliforme. *Tænia infundibuliformis*. G.

T. capite subrotundo, rostello cylindrico obtuso, collo brevissimo, articulis prioribus brevissimis, reliquis infundibuliformibus. Rudolph. Entoz. p. 123.

Tænia infundibuliformibus. Goez. Naturg. p. 386. t. 31. A. f. 1-6.

* Rud. Synops. p. 152-503-701.
Encycl. pl. 46. f. 4-9.
* Delonch. loc. cit.
Habite les intestins du faisan, de l'outarde, du canard, etc.

17. Tænia de l'outarde. *Tænia villosa*. Bl.

T. capite subrotundo, rostello oblongo, collo brevissimo, articulis prioribus brevissimis, insequentibus longiusculis, reliquis infundibuliformibus; marginis posterioris angulo altero protracto. Rudolph. Entoz. 3. p. 126.
Tænia villosa. Bloch. Abh. p. 12. t. 2. f. 5-9.
Encycl. pl. 44. f. 2-6.
* Brems. Icon. tab. 15. f. 9-13.
* Delonch. p. 722.
* Blainv. Dict. des sc. nat. pl. 44. f. 2.
* *Halysis villosa*. Blainv. Dict. de sc. nat. vers. p. 598.
Tænia tardæ. Gmel. 3077.
Habite les intestins de l'outarde.
Etc.

§§. *Renflement capituliforme armé de crochets.*

* *Tænia*. Blainv.

18. Tænia cucurbitain. *Tænia solium*. L.

T. capite subhemisphærico, discreto; rostello obtuso, collo antrorsùm increscente; articulis anticis brevissimis, insequentibus subquadratis, reliquis oblongis, omnibus obtusiusculis; foraminibus marginalibus vagè alternis. Rudolph. Entoz. p. 160.
Tænia solium. Lin. Gmel. p. 3064.
* *Tænia solium*. Rud. Synops. p. 162-522.
* Delonch. op. cit. p. 730.
* Blainv. Dict. des sc. nat. t. 57. p. 598. pl. 43. f. 1.
* Delle Chiaje. An. sans vertèb. t. 1. pl. XI et XII.
Tænia cucurbitina. Pall. Elench. zooph. et n. nord. Beytr. I. 1. p. 46. t. 2. f. 4-9. Encycl. pl. 40. f. 15-22. et pl. 41. f. 1-4.
Vulg. le ver solitaire.
Habite les intestins de l'homme. Sa longueur ordinaire est de quatre à dix pieds, et on en a vu quelquefois de beaucoup plus longs. On le dit plus commun en Hollande et en Saxe qu'ailleurs. Il est blanc, presque cartilagineux, à articles oblongs, carrés, engaînés les uns

dans les autres, et qui, séparés par quelque rupture, ressemblent en quelque sorte à des semences de courge.

Ce ver cause des maux cruels et quelquefois la mort ; il est très difficile à expulser. On emploie pour cet objet la poudre de la racine du *polypodium filix-mas*, et deux heures après l'on donne un purgatif un peu fort.

19. Tænia bordé. *Tænia marginata*. Batsch.

T. capite subrotundo, discreto; rostello obtuso; collo plano æquali, articulisque anticis brevissimis, insequentibus subquadratis, posticis oblongis, angulis obtusis; foraminibus marginalibus vagè alternis. Rudolph. Entoz. p. 165.

Tænia cateniformis. Goez. Naturg. tab. 22. f. 1-5. Encycl. pl. 41. f. 10-14. Gmel. p. 3066.

* *Tænia marginata.* Rud. Synops. p. 163-523.

* Delonch. p. 731.

Habite les intestins du loup.

20. Tænia de la marte. *Tænia intermedia*. R.

T. capite subhemisphærico; rostello crassissimo; collo plano æquali articulisque anticis brevissimis, mediis subcuneatis, posticè acutis, reliquis oblongis; foraminibus marginalibus vagè alternis. Rudol. Entoz. 3. p. 168.

Tænia mustelæ. Gmel. p. 3068.

* *Tænia intermedia.* Rud. Synops. p. 163.

* Delonch. loc. cit.

Habite les intestins de la marte.

21. Tænia denté. *Tænia serrata*. G.

T. capite subhemisphærico; rostello obtuso; collo æquali plano, articulisque anticis brevissimis, reliquis subcuneatis, posticè utrinque acutis; foraminibus marginalibus vagè alternis. Rudolph. Entoz. 3. p. 169.

Tænia serrata. Goez. Naturg. p. 337. tab. 25. B. f. A-D.

* Rud. Synops. p. 163.

* Delonch. loc. cit.

Habite dans les intestins grêles du chien. Il a deux à quatre pieds de long.

22. Tænia large tête. *Tænia crassiceps*. R.

T. capite subcuneiformi; rostello obtuso; collo subattenuato, articulisque anticis brevissimis, reliquis subquadratis obtusis; foraminibus marginalibus vagè alternis. Rudolph. Entoz. 3. p. 172.

* Rud. Synops. p. 163.
Halysis crassiceps Zeder. Naturg. p. 364. n° 51.
Habite les intestins grêles du loup.
Etc.

Voyez dans l'*Entozoorum historia naturalis* de Rudolphi la suite des espèces décrites, et celles que pour abréger j'ai omises, n'ayant point d'observations nouvelles à présenter sur ces animaux.

[Rudolphi pense que le genre *Fimbriaria*, établi par Frœlich et admis par M. de Blainville, ne repose que sur une monstruosité. Il faut placer ici :

Le *Fimbriaria* (Tænia) *mitrata*. Frœlich Naturforscher v. 29. p. 13. tab. 1, fig. 4-6,

Et le *Fimbriaria* (Tænia) *malleus*. Bremser. Icon. tab. 15: fig. 17-1.

Le genre *Halysis* de Zeder et M. de Blainville, que ce dernier savant compose des espèces de Tænia dont la tête est pourvue d'une trompe rétractile et inerme, ne peut point être adopté, par la raison, mentionnée plus haut, que ces crochets se trouvent dans les jeunes individus, mais que les adultes les perdent.] N.

BOTRYOCÉPHALE. (Botryocephalus.)

Corps mou, allongé, aplati, articulé. Renflement céphaloïde subtétragone, obtus, muni de deux fossettes opposées et latérales.

Fossettes nues ou armées de suçoirs saillans et par paires.

Corpus molle, elongatum, depressum, articulatum. Nodulus cephaloideus subtetragonus, obtusus; foveis duabus ad latera oppositis.

Foveæ nudæ, vel suctoriis in fila porrectis et geminatis armatæ.

Observations. — Les *Botryocéphales*, que Zeder avait déjà distingués sous le nom de *Rhytis*, ressemblent beaucoup aux Tænia, avec lesquels plusieurs naturalistes les confondaient; mais, au lieu d'avoir quatre ouvertures latérales au renflement de leur extrémité antérieure, ils n'en offrent que deux, ou deux fossettes, qui sont opposées l'une à l'autre.

Tantôt ces deux ouvertures ou fossettes opposées sont nues, et tantôt il en naît des suçoirs filiformes, saillans et par paires, et qui sont quelquefois hérissés de crochets.

C'est ordinairement dans les poissons que l'on trouve les Botryocéphales; mais une espèce vit dans le corps de l'homme, et a été confondue parmi les Tænia. (Observation de M. Bremser).

ESPÈCE.

§. *Fossettes nues ou inermes.*

* *Dibothrii*. Rud.

1. Botryocéphale de l'homme. *Botryocephalus hominis.*

B. capite obtuso, collo nullo; articulis anticis brevissimis, reliquis subquadratis; osculo in latere plano singuli segmenti, mediano.

Tænia lata. Rudolph. Entoz. vol. 3. p. 70.

Tænia vulgaris, Tænia lata, et Tænia tenella. Gmel. ex Rudolph.

* *Bothryocephalus latus.* Brem. R.

* Leuckart. Mongr. p. 48.

* Delonch. Encycl. p. 143.

* Blainv. Dict. des sc. nat. pl. 47. f. 1.

Habite dans les intestins de l'homme. Il acquiert une grande longueur, et a jusqu'à dix et même vingt pieds ou davantage. Dans sa partie large, il a trois à six lignes de largeur. On prétend qu'il est plus commun en Russie et en Suisse qu'ailleurs. On réussit à l'expulser avec de l'huile de ricin.

* Des notices relatives à la distribution géographique de cette espèce se trouvent dans Medizinische Zeitung, 1837, n° 32. p. 158.

2. Botryocéphale de l'anguille. *Botryocephalus claviceps*. R.

B. capite oblongo, foveis marginalibus; collo nullo; articulis anterioribus brevissimis, mediis oblongis, reliquis subquadratis; margine postico tumido. Rudolph. Entoz. 3. p. 37.
Tænia anguillæ. Gmel. p. 3078.
Goez. Naturg. p. 414. tab. 33. f. 6-8.
Encycl. pl. 49. f. 1-3. *Rhytis claviceps*. Zed. Naturg. p. 293.
* *Botryocephalus claviceps*. Leuck. Monogr. p. 49. t. 11. f. 28.
* Delonch. op. cit. p. 145.
Habite les intestins de l'anguille.

3. Botryocéphale du saumon. *Botryocephalus proboscideus*.

B. capite foveisque marginalibus oblongis; collo nullo; corpore depresso, medio sulcato, articulis brevissimis, antrorsùm attenuatis. Rudolph. Entoz. 3. p. 39.
Tænia salmonis. Gmel. p. 3080.
Goez. Naturg. tab. 34. f. 1-2. Encycl. pl. 49. f. 10-11.
* *Botrynocephalus proboscideus*. Leuck. Monogr. p. 38. tab. 1. f. 14.
* Delonch. p. 145.
Habite les intestins du saumon.

4. Botryocéphale ridé. *Botryocephalus rugosus*. R.

B. capita subsagittato, foveis lateralibus oblongis; collo nullo; corpore depresso, medio sulcato, articulis brevissimis, inæqualibus. Rudolph. Entoz. 3. p. 42.
Tænia rugosa. Gmel. p. 3078.
Goez. Naturg. 33. f. 1-5. Encycl. pl. 48. f. 20-28.
* *Botryocephalus rugosus*. Delonch. op. cit. p. 146.
Habite les appendices du pylore du *Gadus lotæ et du G. mustelæ*.
Etc.

* Ajoutez :

* *B. plicatus*. Rud. Synops. p. 136. Brems. Icon. tab. 13. fig. 1-2.

Habite les intestins de *Xiphias gladius*. * *B. truncatus*. Leuck. Monog. p. 37. t. 1. f. 13.

* *B. rectangulus*. R. Synops. p. 138. Brems. Icon. tab. 13. fig. 3-8 Leuck. Monogr. p. 44. t. 2. fig. 22-25.

Habite les intestins de *Cyprinus barbus*.

§§. *Fossettes armées de suçoirs saillans.*

† *Rhynchobothrii.* Rud.

5. Botryocéphale à suçoirs hérissés. *Botryocephalus corollatus.* R.

B. capite depresso, foveis marginalibus, rostris quatuor tetragonis aculeatis; corporis plani-oblongis, foraminibus alternis.

Rudolph. Entoz. 3. p. 63. tab. IX. f. 12.

Halysis corollata. Zed. Naturg. p. 330.

* *Botryocephalus corollatus.* Delonch. op. cit. p. 151.

* *Rhynchobothrium corollatum.* Blainv. Dict. des sc. nat. t. 57. p. 595. pl. 4-8. f. 2.

* Voyez Leblond, Annales des sc. nat., 1836, 2e série, t. 6, p. 289

Habite entre les valvules intestinales de la raie.

6. Botryocéphale du squale. *Botryocephalns paleaceus.* R.

B. capite oblongo, foveis marginalibus, basi apiceque incisis, rostris quatuor, articulis corporis plani-oblongis, foraminibus unilateralibus.

Rudolph. Entoz. 3. p. 65.

* Delonch. p. 152.

* *Rhynchobothrium placœum.* Blainv. loc. cit.

Tœnia squali. Fabric. in dansk. Selsk. Skr. III. 2. p. 41. t. 4. f 7-12.

Habite dans le grand intestin du squale.

[Les Botryocéphales, de formes si variées, ont été traités en même temps par M. Rudolphi dans son *Synopsis*, et par M. Leuckart dans ses fragmens zoologiques; plus tard, M. de Blainville, dans le Dictionnaire des sciences naturelles, les distribua en plusieurs groupes et genres. Le genre *Bothryocephalus*, très circonscrit chez Rudolphi, a, au contraire, une grande étendue chez Leuckart, qui comprend dans ce même genre plusieurs groupes formant chez Rudolphi des genres distincts. Voici le résumé comparatif de la division, telle qu'elle est établie par chacun de ces trois auteurs.

BOTHRYOCEPHALUS. R.

Inermes (Gymnobothrii).

a. *Dibothryi* (*Bothryocephalus.* Blainv.)

Les espèces de ce groupe correspondent exactement à celles de la première division de Lamarck et de la division *Capite simplici* de Leuckart. Il faut cependant en rejeter les *Bothryocephalus solidus* et *B. nodosus*.

b. *Tetrabothrii* (*Tetrabothrium.* Blainv.).

Cette division répond à la division *capite anthoideo inermi* de Leuckart. Lamarck n'en a point énuméré.

On y range les espèces suivantes :

1. *Bothriocephalus macrocephalus.* Rud. Synops. Mantissa. p. 878. Bremser. Icon. Tab. 13. fig. 12-13. Leuckart. Monographie. p. 65.
2. *Bothryocephalus cylindraceus.* Rud. Synops. p. 146, 478.
3. *Bothryocephalus auriculatus.* Rud. Synops. p. 141, 479. Bremser. Icon. tab. 13. f. 14-19.
4. *Bothryocephalus tumidulus.* Rud. Synops. p. 141, 480. Bremser. Icon. l. cit. fig. 20-21.—Blainv. Dict. des sc. nat. pl. 46. f. 3.

B. *Armati (omnes Tetrabothrii).*

a. *Uncinati, Onchobothrii*

Correspondent à la division *capite anthoideo armato*, *non tentaculato* de Leuckart. Lamarck n'en a point cité.

Il faut placer ici :

1. *Bothryocephalus coronatus.* Rud. Synops. p. 141, 481. Bremser. Icon. tab. 14. fig. 1-2.—Blainv. Dict. des sc. nat. pl. 48. f. 1.

2. *Bothryocephalus uncinatus*. Rud. Synops. p. 142, 483.
3. *Bothryocephalus verticillatus*. Rud. Synops. p. 142, 484 ; etc.

M. de Blainville a fait de ce groupe le genre *Onchobothrium*, qu'il place avec les genres *Triænophorus*, *Halysis*, *Fimbriaria* et avec les vers vésiculaires, dans sa seconde famille *Monorhynca* du troisième ordre nommé *Bothryocephala*.

b. Proboscidei, Rhynchobotrii.

Lamarck en a énuméré deux espèces (n. 5 et 6). Il faut placer ici encore le *Bothryocephalus bicolor*. Nord. Mikrog. Beytr. I, p. 99. pl. 7. fig. 6-10.

M. de Blainville a fait de ce groupe aussi, un genre à part, celui de *Rynchobothrium*, qu'il place conjointement avec les genres *Anthocephalus* Rud. (Floriceps. Cuv. *Tetrarynchus* Rud. (Tentacularia. Bosc.), *Gymnorhynchus* Rud., et *Dibothryorynchus* Blainv., dans sa première famille *Polyoryncha* du troisième ordre des *Bothryocephala*.

A côté du genre *Tetrabothrium*, il faut ranger le :

† Genre **BOTHRIDIE**. *Bothridium*. Blainv.

Corps mou, très allongé, très déprimé, ténioide, composé d'un très grand nombre d'articles enchaînés, transverses, réguliers, sans pores latéraux ni cirrhes.

Renflement céphalique bien distinct, composé de deux cellules latérales, ouvertes en avant par un orifice arrondi.

Ouverture des ovaires unique pour chaque article, et percée au milieu d'une des faces aplaties.

Bothridium pithonis. Blainv. Append. au Traité des vers intest. de l'homme, par Bremser. pl. 2. f. 15. et Diction. des sc. natur. article vers. t. 57. p. 609. pl. 46. f. 4.

Identique à cet animal est :

Prodicoelia ditrema. Leblond.
Botrynocephalus pythonis. Retzuis. Isis. 1831. p. 1347. pl. 9.
Bothridium pythonis. Duvernoy. l'Institut. 1835. p. 298.

On doit encore placer à la suite du genre *Rhynchobothrium* les trois genres suivans :

† Genre **DIBOTHRIORHYNQUE.** *Dibothryorynchus.* Bl.

Corps assez court, sacciforme, comprimé, continu ou non articulé, terminé en arrière par un petit tubercule érectile perforé, et en avant par un renflement céphalique considérable, cunéiforme, pourvu d'une fossette considérable sur les deux faces les plus larges, et d'une trompe arrondie, hérissée de crochets à l'extrémité de chacune.

ESPÈCES.

Dibothryorynchus Lepidopteri. Blainv. Bremser. Vers de l'homme. Append. pl. 2. fig. 8. Dictionn. l. cit. p. 589.

† Genre **ANTHOCÉPHALE.** *Anthocephalus* Rud. (Floriceps. Cuv.).

Corps mou, un peu allongé, déprimé, partagé en trois parties.

Un renflement céphalidien pourvu de quatre longs tentacules rétractiles, garnis de crochets et de deux larges fossettes auriculiformes.

Une sorte de thorax ou d'abdomen cylindrique, plus ou moins allongé, et enfin un renflement cystoïde terminal, dans lequel les deux autres peuvent rentrer.

Contenu, sans adhérence, dans un kyste vésiculaire.

C'est ainsi que M. de Blainville caractérise ce genre, que Rudolphi a eu le tort de ranger parmi les Cystiques.

ESPÈCES.

1. *Anthocephalus elongatus.* Rud. Synops. p. 177, 537, 709. — *Bothr. patulus.* Leuck. Monogr. p. 50. — *Floriceps elongatus.* Blainv. Dict. des sc. nat. t. 57. p. 593.
2. *Anthocephalus gracilis.* Rud. Synops. p. 178. 540. — *Floriceps gracilis.* Blainv. loc. cit.
3. *Anthocephalus macrourus.* Rud. Synops. p. 178. 542. 714. Brems. Icon. tab. 17. fig. 1-2.

† Genre **GYMNORHYNQUE.** *Gymnorynchus.* Rud.

Corps déprimé, continu ou sans traces d'articulations, composé de trois parties : une moyenne, subglobuleuse, prolongée en arrière par une sorte de queue très longue, et en avant par une partie en forme de col ridé. Renflement céphalique pourvu de deux fossettes latérales, bipartites et de quatre tentacules papilleux.

ESPÈCES.

Gymnorynchus reptans. Rud. Synops. p. 129. 444. 688.

Bremser. Icon. tab. 11. f. 11-13.
Blainv. Dict. des sc. nat. t. 57. p. 590.
Scolex gigas. Cuv. Règne animal.

C'est ici qu'il faudrait insérer le genre *Tetrarhynchus*, mais comme Lamarck l'a placé dans la troisième section, celle des vers hétéromorphes, nous reviendrons plus tard sur ce sujet.] N.

TRICUSPIDAIRE. (Tricuspidaria.)

Corps mou, allongé, aplati, subarticulé postérieurement. Bouche subterminale, bilabiée, armée de chaque côté de deux aiguillons tricuspides.

Corpus molle, elongatum, depressum, posticè subarticulatum.

Os subterminale, bilabiatum, utrinque aculeis binis tricuspidatis armatum.

Observations. — Les *Tricuspidaires* paraissent éminemment distinguées des Tænia par leur bouche unique, subterminale et à deux lèvres, et particulièrement par les quatre aiguillons tricuspides qui l'accompagnent. Elles ont d'ailleurs leur corps presque sans articulations, mais seulement ridé dans sa partie postérieure.

Ces vers vivent dans les poissons; ils paraissent rares: on n'en connaît encore qu'une espèce.

ESPÈCES.

1. Tricuspidaire noduleuse. *Tricupisdaria nodulosa.* R.

T. corpore postice latiore planiore subarticulato; capite antice truncato.

Tricuspidaria. Rudolph. Entoz. tab. IX. f. 6-11. et vol. 3. p. 32.
Tænia nodulosa. Gmel. p. 3072.
Tænia nodulosa. Goez. Naturg. p. 418. t. 34. f. 3-6.
Encycl. pl. 49. f. 12-15.
* *Triænophorus nodulosus.* R. Synops. p. 135. Mantiss. p. 467.
* Bremser. Icon. tab. 12. f. 4-16.
* Blainv. Dict. des sc. nat. t. 57. p. 596.
* *Botryocephalus tricuspis.* Leuck. Monogr. p. 55.
* Voyez Creplin. Observationes. p. 79. et Mehlis dans l'Isis. 1831. p. 190.
Habite dans la perche, etc.

[Dans le voisinage des genres précédens et avant le genre *Ligula*, doit être classé le genre *Schistocephalus* de Creplin: ce sont le *Bothryocephalus solidus* et *B. nodosus* qui y trouvent place; le dernier, provenant des intestins des oiseaux piscivores, n'est qu'un degré supérieur dans le développement du *B. solidus*.

Voyez à ce sujet : Creplin. Novæ observationes de Entozois, et Mehlis, dans l'Isis, 1831, p. 192.

Un semblable mode de développement graduel a lieu aussi chez le genre *Ligula.*] N.

LIGULE. (Ligula.)

Corps allongé, aplati, linéaire, inarticulé, quelquefois traversé longitudinalement par un sillon, un peu obtus aux extrémités.

Corpus elongatum, depressum, lineare, continuum, interdùm sulco longitudinali extùs exaratum, utrinque subobtusum.

Os anusque non distincta.

Observations. — La seule *Ligule* que je connaisse est la première espèce ici citée. Elle ressemble à un Tænia sans articulations et sans renflement ni bouche apparens. Son corps linéaire, aplati et égal comme un petit ruban, offre de chaque côté un sillon qui le traverse dans toute sa longueur.

On en connaît néanmoins d'autres espèces qui manquent de ce sillon, et qui, malgré les particularités qu'elles offrent, paraissent pouvoir être rapportées au même genre.

Ce qu'il y a de singulier à l'égard de certains de ces vers, qu'on a trouvés dans les poissons, c'est 1° leur grosseur assez considérable relativement à celle du poisson; 2° leur situation, le Ver étant hors du canal intestinal, et occupant l'étendue du poisson depuis la tête jusqu'à la queue, en traversant toutes ses parties.

On prétend que les Ligules des poissons ne s'y trouvent qu'en automne et en hiver, qu'elles les quittent en perçant leur dos et leur ventre, et qu'elles périssent dès qu'elles sont dehors.

Il y a aussi des Ligules qui vivent dans les oiseaux.

ESPECES.

[DANS LES POISSONS.]

1. Ligule perforante. *Ligula contortrix.* R.

L. plana, linearis, anticè rotundata, posticè attenuata, sulco utriusque lateris medio longitudinali, marginibus hinc indè crenatis. Rudol. Entoz. 3. p. 18.

Ligula piscium. Bloch. Abh. p. 2.

Fasciola abdominalis. Goez. Naturg. p. 189. tab. 16. 7-9.

Ligula abdominalis. Zed. Naturg. p. 265. Gmel. p. 3043.

* *Ligula simplicissima.* Rud. Synops. p. 134.

* Bremser. Icon. tab. 12. f. 1-3.

* Blainv. Dict. des sc. nat. t. 57. p. 611. pl. 46. f. 5.

Habite la cavité abdominale de divers cyprins, perçant les intestins et autres parties intérieures des poissons qui en sont attaqués. On la trouve dans le *Cyprinus vangero* du lac de Genève.

2. Ligule bandelette. *Ligula cingulum.* R.

L. plana, depressa, transversim rugosa, antice emarginata, apice postico rotundato, sulco longitudinali medio, antè caudam evanescente. Rudolph. Entoz. 3. p. 20.

Fasciola inestinalis. Lin.

Fasciola abdominalis. Goez. Naturg. p. 187. t. 16. f. 4-6.

Ligula bramæ. Zed. Naturg. p. 263.

Habite la cavité abdominale de la brême. On l'a regardée comme une variété de la précédente.

3. Ligule gladiée. *Ligula constringens.* R.

L. depressa, anceps, anticè rotundata, posticè attenuata, lineis longitudinalibus utrinque pluribus, irregularibus. Rudolph. Entoz. 3. p. 22.

Ligula carassii. Zed. Naturg. p. 262.

Habite la cavité abdominale de...

4. Ligule acuminée. *Ligula acuminata.* R. (1)

L. linearis, utrinque acuminata; acumine altero longiore, obtuso. Rudolph. Entoz. 3. p. 24.

---

(1) [Les quatre espèces énumérées ci-dessus ne sont que

Ligula petromyzontis. Zed. Naturg. p. 264.
Habite la cavité abdominale de la Lamproie.

5. Ligule de la truite. *Ligula nodulosa.* R.

L. linearis, lineâ totius corporis punctis exaratâ, appendicis caudalis apice noduloso. Rudolph. Entoz. 3. p. 17.
Ligula truttæ. Zed. Naturg. p. 264.
* *Ligula nodosa.* Rud. Synops. p. 138.
Habite la cavité abdominale de la truite saumonée.

[DANS LES OISEAUX.]

6. Ligule du faucon. *Ligula uniserialis.* R. tab. IX. f. 1.

L. parte antica rugosa, crassiuscula, corpore reliquo retrorsùm attenuato; ovariorum serie solitario regulari. Rudolph. Entoz. 3. p. 12.
* Bremser. Icon. tab. 11. f. 20-21.
Habite les intestins d'un faucon fauve.

7. Ligule de le mouette. *Ligula alternans.* R. tab. IX. f. 2-3.

L. parte antica rugosa, crassiuscula reliqua retrorsùm attenuata, ovariorum serie duplici alternante. Rudolph. Entoz. 3. p. 13.
Habite le *larus tridactylus.*

8. Ligule lisse. *Ligula interrupta.* R. tab. IX. f. 4.

L. antice crassiuscula, postice attenuata, utrinque lævis et obtusiuscula; ovariis oppositis interruptis. Rudolph. Entoz. 3. p. 15.
Ligula avium. Bloch. Abh. p. 4.
Habite les intestins du *Colymbus auritus.*

9. Ligule de la cicogne. *Ligula sparsa.* R.

L. parte antica compressa, crassiuscula, corpore depresso subæquali lævi, cauda apice tenuissima; ovariorum serie duplici irregulari. Rudolph. Entoz. 3. p. 16.
Habite les intestins de cigogne.
Etc.

[L'être énigmatique que M. Diesing a décrit sous le nom

---

des synonymes de la première; il est très probable que le nombre des espèces suivantes doive également être réduit. N.]

de *Thysanosoma actinoides*, et pour lequel il propose d'établir un ordre à part, placé entre les Trématodes et les Cestoïdes, nous semble provisoirement pouvoir être comparé au *Leucochloridium paradoxum* de M. Carus; c'est là aussi l'opinion de M. Wiegmann. Quant au nom de cet ordre, *Crespadosomata*, il a déjà été employé pour un genre de Myriapodes.

Le *Thysanosoma actinoides* fut trouvé par M. Diesing dans le rectum d'un *Cervus dichotomus* (*Voy.* Mediz. Jahrbücher von Stifft. vol. VII. p. 105). N.

LINGUATULE. (Linguatula.)

* *Pentastoma.* Rud. *ex parte.*

Corps mou, allongé, aplati, rétréci postérieurement. Bouche: 4 à 6 ouvertures simples, en dessous, près de l'extrémité antérieure. Anus....

Corpus molle, elongatum, depressum, posticè angustatum.

Os multiplex: aperturæ 4 ad 6, simplices, subtùs et anticæ. Anus...

Observations —Les *Linguatules*, quoique fort rapprochées du Polystome par leurs rapports, en doivent être distinguées, car ce sont des vers intestins, et leurs suçoirs ou ventouses qui constituent leur bouche multiple, sont simples et non biloculaires et biperforés comme dans le Polystome.

Ces vers sont mous, allongés, aplatis, rétrécis postérieurement, et ont, un peu au-dessous de leur extrémité antérieure, quatre à six ouvertures ou suçoirs, quelquefois rétractiles.

On les trouve dans les viscères et dans d'autres parties des mammifères, des oiseaux et même de l'homme.

Zeder (p. 230), et ensuite Rudolphi (2. p. 441), ont changé leur nom en celui de *Polystoma;* mais nous croyons devoir leur conserver celui de Linguatule, M. Delaroche ayant établi, sous le nom de Polystome, un genre de Vers extérieurs qui doit en en être distingué.

[Ce que Lamarck dit de la bouche multiple de Linguatula, a été, comme l'on sait, rectifié depuis long-temps; il en est de même des prétendus six bouches du *Polystoma.* Lamarck, ainsi que plusieurs anciens naturalistes, a constamment regardé l'extrémité postérieure de l'animal comme l'antérieure, et *vice versa.*

M. Diesing a publié tout récemment une Monographie du genre *Linguatula* (nom préférable à celui de *Pentastoma.* Rud.), dans laquelle il décrit onze espèces, en ajoutant quelques détails relatifs à l'anatomie de la *Linguatula proboscidea* et *tænioides.* Le fait que les sexes de ce genre sont séparés a induit M. Cuvier à l'éloigner des Trématodes et à le ranger parmi les Nématoïdes. Mais M. Diesing a jugé convenable, à cause de la grande différence que présente la structure tant extérieure qu'intérieure de ce genre, d'en former un groupe séparé, auquel il a donné le nom d'*Acanthotheca,* et qu'il considère comme un ordre placé entre les Nématoïdes et les Trématodes.

C'est M. Valentin qui a observé dans les œufs de *Linguatula tænioides* la vésicule proligère et la tache proligère.

Consultez sur le genre *Linguatula:*

Cuvier, Règne animal, vol. III, p. 254.

Nordmann, Mikrogr. Beytraige, II, p. 141.

Diesing. Monographie du genre *Pentastoma.* Annales du Musée de Vienne, 1835. vol. I, sect. I, p. 13, pl. I-IV.

R. Oven. On the anatomy of *Linguatula tænioïdes.* Transact. of the zool. soc. 1835. I, p. 235.

Valentin, Repertorium, 1837, II, I, p. 135.] N.

ESPECES.

1. Linguatule dentelée. *Linguatula serrata.* Fr.

L. plana, elliptico-spatulata, postice decrescens, subserrulata; poris quinque subapice lunatim positis.

Linguatula serrata. Froelich. Naturforch. 24. p. 148. tab. 4. f. 14-15.

Polystoma serratum. Zed. Naturg. p. 230. Rudolph. Entoz. 2. p. 449.
* *Pentastoma serratum*. R. Syn.
* Diesing. Monogr. tab. 3. f. 14-15.
* *Linguatula serrata*. Blainv. Dict. des sc. nat. t. 57. p. 532.
Habite dans les poumons du lièvre.

2. Linguatule denticulée. *Linguatula denticulata*. Rud. Hod.

L. oblonga, depressa, postice decrescens, transversim dense denticulata; poris quinque lunatim positis. Rudolph. Entoz. 2. p. 447. *sub polystoma denticulatum*. tab. XII. f. 7.
Tœnia caprina. Gmel. p. 3069.
Halysis caprina. Zed. Naturg. p. 372.
* *Pantastoma denticulatum*. Rud. Syn.
* Diesing. Monogr. tab. 3. f. 9-13.
* *Linguatula denticulata*. Blainv. loc. cit.
* *Tetragulus caviæ*. Bosc. et Lam.
Habite dans la chèvre, à la surface du foie.

3. Linguatule de la grenouille. *Linguatula integerrima*. Fr.

L. depressa, oblonga, postice obtusa; poris sex anticis aggregatis, uncinis duobus intermediis. Rudolph. Entoz. 2. p. 451. *Sub polystoma integerrimum*. tab. VI. f. 1-6.
Linguatula integerrima. Frœlich. Naturf. 25. p. 103.
Fasciola uncinulata. Gmel. p. 3056.
Habite dans la vessie urinaire de la grenouille.

4. Linguatule des ovaires. *Linguatula pinguicola*.

L. depressa, oblonga, antice truncata, postice acuminata; poris sex anticis lunatim positis. Rudolph. Entoz. 2. p. 455. *Sub polystoma pinguicola*.
Polystoma pinguicola. Zed. Naturg. p. 230.
Habite dans la graisse de l'ovaire humain.

5. Linguatule des veines. *Linguatula venarum*.

L. depressa, lanceolata, poris anticis sex. Rudolph. Entoz. 2. p. 456. *Sub polystoma venarum*.
Habite dans la veine tibiale antérieure de l'homme. M. Rudolphi pense que c'est une Planaire; ce serait plutôt, selon moi, une Fasciole, si on ne lui attribuait six oscules. Ainsi son genre exige de nouvelles observations.

[* *Remarque :* Les trois dernières espèces ne sont pas ici à leur place, elles appartiennent au genre *Polystoma*.]

6. Linguatule tænioide. *Linguatula tænioides.*

L. depressa, oblonga, posticè angustata, transversè plicata, margine crenata; poris quinque lunatim positis.
Polystoma tænioidea. Rudolph. Ent. 2., p. 441. tab. 12. f. 8-12.
Tænia lanceole. Chabert. Malad. verm. p. 39-41.
* *Pentastoma tænioides.* R. Syn.
* Diesing. Monogr. p. 16. tab. III. f. 1-5.
* *Linguatula lanceolata.* Blainv. Dict. des sc. nat. t. 57. p. 532.
Habite dans les sinus frontaux du cheval et du chien.
* Ajoutez :

† 4. *Linguatula subtriquetra. Pentastoma subtriquetrum.* Diesing. Monograph. p. 17. tab. 3. fig. 6-8.

Habite la gueule de *Champsa sclerops.* Wagler.

† 5. *Linguatula oxycephala. Pent. oxycephalum.* Diesing. *Pent. oxycephalum.* Rud. Synops. append. p. 687. Diesing. Monogr. p. 20. tab. 3. fig. 16-23.

Habite dans les poumons de *Crocodilus acutus*, etc.

† 6. *Linguatula subcylindrica. Pent. subcylindricum.* Desing. Monogr. tab. 3. fig. 24-36.

† 7. *Linguatula proboscidea. Pentast. proboscideum.* Rud. Diesing. Monogr. p. 21. tab. 3. fig. 37-41. tab. 4. fig. 1-10. Est le *Porocephalus crotali* de M. de Humboldt.

† 8. *Linguatula moniliformis. Pent. moniliforme.* Diesing. Monogr. tab. 4. fig. 11-13.

† 9. *Linguatula megastoma. Pent. megastomum.* Diesing. l. c. fig. 14-18.

† 10. *Linguatula gracilis. Pent. gracile.* Diesing. l. c. fig. 19-23.

Habite les intestins de divers poissons en Amérique méridionale.

† 11. *Linguatula furcocerca. Pent. furcocercum.* Diesing. l. c. fig. 24-32.

POLYSTOME. (Polystoma.)

Corps allongé, aplati, mou, sans articulations; un étranglement au-dessous de l'extrémité antérieure; la postérieure terminée en pointe.

Bouche : six fossettes biloculaires et biperforées, disposées en une rangée transverse sous l'extrémité antérieure. Anus près de l'extrémité postérieure et en dessous.

Corpus elongatum, depressum, infrà extremitatem anteriorem coarctatum, posticè acutum, molle absque articulationibus.

Os : acetabula suctoria sex, biloculares, biperforata, infrà extremitatem anteriorem posita. Anus subtùs, versùs extremitatem posteriorem.

Observations. — Le genre *Polystome*, découvert et publié par M. Delaroche, appartient probablement à la classe des Vers, et paraît devoir être placé entre les Linguatules et les Fascioles. Il prouve, dans ce cas, que la classe des Vers ne doit pas se borner à ne comprendre que les vers intestins, mais qu'elle doit aussi embrasser ceux qui, par l'imperfection de leur organisation, peuvent se ranger sous le caractère de cette classe, quoiqu'ils soient extérieurs.

La bouche du Polystome paraît multiple comme celle de la Linguatule; elle se compose de six ventouses divisées chacune en deux cavités par une cloison, et le fond de chaque cavité offre une ouverture que l'on peut regarder comme une bouche. Ainsi le Polystome a douze bouches qui s'ouvrent dans le fond de six fossettes ou ventouses. Il s'allonge et se contracte à la manière des Sangsues et des Fascioles.

[Les vers dont la conformation présente plus ou moins d'analogie avec celle des Polystomes font aussi partie de l'ordre des *Trematoda* de Rudolphi, et constituent une foule d'espèces d'une configuration très remarquable, que MM. de Blainville et Burmeister ont déjà réunies en une famille séparée des autres Trématodes. C'est la famille: *Polycotyla* Blainv. et *Plectobothrii* Burm.

La plupart de ces êtres séjournent de préférence à l'extérieur des animaux, notamment à la surface des branchies de différens poissons; pour pouvoir s'y accrocher, ils ont la partie postérieure du corps armée d'organes préhenseurs d'une espèce particulière, valvuliformes, d'apparence très variée et d'une structure compliquée; ces organes ne ressemblent qu'en partie à des ventouses.

Toutes les espèces connues jusqu'à ce jour sont hermaphrodites. Les orifices des organes de la génération se trouvent chez la plupart dans la partie antérieure du corps, non loin de la bouche (1). Nous trouvons à la plupart de ces espèces, sinon à toutes, aux deux côtés de la bouche, une ventouse ronde ou oblongue; dans la cavité de l'œsophage on distingue un corps d'une forme particulière ressemblant à une langue; le canal digestif est très ramifié, dépourvu d'anus, et tout le corps est parcouru par un double filet vasculaire, dans lequel a lieu une circulation de sang bien visible, double et accompagnée d'un mouvement vibratile.

Quelques espèces ont des traces d'yeux, et la surface du corps parsemée de taches bigarrées, ou bien teinte d'une couleur intense. Il en est qui ne semblent se nourrir que de sang.

Leurs œufs sont diversiformes: ceux de l'*Hexacotyle elegans* sont oblongs, pointus aux extrémités, et se terminent en deux fils longs et tortillés; d'autres ont à la place de ces filets de courts diverticules.] N.

On ne connait encore qu'une espèce, qui est la suivante:

ESPECES.

1. Polystome du thon. *Polystoma thynni.*

De Laroche. Nouv. bullet. des sc. vol. 2. n° 44. p. 271. pl. 2. f. 3. a. b. c.

* *Hexacotyle thynni*. Blainv. Dict. des sc. nat. t. 57. p. 571. pl. 27. f. 1.

---

(1) Je suis induit par l'analogie à croire aujourd'hui que le *Diplozoon paradoxum* ne fait probablement pas exception à cette règle, comme cela m'a paru il y a sept ans. N.

* *Polystoma duplicatum.* Rud. Syn. p. 125-436.
* Delonch. Encycl. p. 650.
Il vit sur les branchies du thon, auxquelles il se fixe à l'aide de ses ventouses. Il est de couleur grise et de la longueur de deux centimètres. Ce ver est mou, n'a ni articulations ni tentacules. Son extrémité antérieure est arrondie, et dans le milieu son corps est élargi, presqu'en fuseau.

[Ici doivent prendre place les genres suivans :

† Le genre **HETERACANTHUS**. Diesing.

Corpus compressum, elongatum, antice attenuatum apice emarginatum; ore granuloso. Bothria duo antica in utroque corporis latere. Limbus caudalis hamulis dimorphis stipatus.

C'est ainsi que M. Diesing caractérise ce genre, qui a déjà été signalé, quoique imparfaitement, par Abildgaard et que nous n'avons pas eu occasion d'examiner nous-même. Au reste, nous mettons en doute qu'il existe une différence spécifique entre les deux espèces ici énumérées.

ESPECES.

1. *Heteracanthus pedatus.* D.

H. corpore lanceolato flexuoso, postice pedato, pede antice attenuato, retro calcarato obtuso; bothriis orbicularibus parallelis, longitudinaliter fissis.
Diesing. Acta. acad. Léopold. nat. cur. vol. XVIII. p. 310. pl. 17. f. 1-2.
Axine bellones. Abild. Skrivter af natu. hist. Selskabet. B. 2. h. 2. p. 59. pl. 6. f. 3. — Oken. Lehrbuch. tab. 10.
Habite sur les branchies d'*Esox belone.*

2. *Heteracanthus sagittatus.* D.

H. corpore lanceolato, postice sagittato; bothriis orbicularibus parellelis longitudinaliter fissis.

Diesing. op. cit. p. 313. pl. 17. f. 10-12.
Habite *ibid.*

---

† Le genre **DIPLOZOON**. Nordm.

Corps en forme de croix, au bord des extrémités postérieures de chaque côté, deux lames dont chacune supporte quatre organes préhenseurs.

Esp. *Diplozoon paradoxum*. Nordm.

Nordm. Mikrogr. Beytrag. Berlin. 1832. 1. p. 56. pl. 5-6. et Ann. des sc. nat. t. 30. pl. 20.

Ce ver est le seul animal double connu jusqu'à ce jour, il est pourvu de deux têtes et de deux extrémités postérieures, qui se lient au milieu. Découvert sur les branchies des *Cyprinus*, *Brama*, *Blieca* et *Nasus*.

---

† Le genre **OCTOBOTHRIUM**. Leuckart.

Pourvu, à la partie postérieure et élargie du corps, de huit organes préhenseurs en forme de valvules.

1. *Octobothrium lanceolatum*. Leuck.

Leuckart. *Breves animalium quorundam descriptiones*. Heidelberg. 1828.
Mazocraes alosæ. Hermann. Naturfoscher. v. 17. 1782.
Octostoma alosæ. Kuhn. Mém. du Mus. d'hist. nat. Paris. 1830.
Habite sur les branchies de differ. clupées.

2. *Octobothrium scombri*. *Octostoma scombri*. Kuhn. l. c.

Nordm. l. cit. p. 77.

3. *Octobothrium Merlangi*. *Octostoma merlangi*. Kuhn. l. c.

Nord. l. cit. p. 78. pl. 7.
Cette figure est incomplète; elle ne montre pas les deux ventouses qui se trouvent près de la bouche; l'orifice sexuel, situé dans la partie supérieure du cou, est entouré d'une couronne de petits crochets.

4. *Octobothrium Belones. Cyclocotyla Bellones.* Otto.

Acta. Acad. Léopold. nat. cur. XI. pars. 2. pl. XLI. f. 2.

---

† Le genre **HEXACOTYLE**. Delaroche.

La partie postérieure du corps est pourvue de six organes préhenseurs, qui consistent en valvules armées à l'intérieur de crochets opposés.

1. *Hexacotyle elegans.* Nordm.

Partie antérieure du corps étroite, allongée; partie postérieure en forme de rosette, composée de sept lobes ou pédoncules, dont six supportent chacun un organe préhenseur. Le septième pédoncule, celui du milieu, armé de deux grands et de deux petits crochets.

Se trouve mentionné dans les *Wiener Annalen.* I. p. 82, sous le nom de *Diklibothrium crassicaudatum.*

Habite les branchies d'*Acipenser stellatus.*

2. *Hexacotyle Thynni.* Delaroche. Bullet. de la soc. philom.

Polystoma thynni. Rud. Syn. 125 et 436.
Cité déjà par Lamarck. p. 597.

3. *Hexacotyle ocellatum. Polyst. ocellatum.* Rud.

Habite le palais de *Testudo orbiculata.* Peut-être faut-il placer ici le *Polystoma midas.* Kuhl et Van Hasselt. Bullet. des sc. natur. de Férussac. 1824. t. 2. p. 310.

4. *Hexacotyle lapridis.* Sars.

Habite les branchies de *Lampris gullatus.*

---

† Le genre **HEXABOTHRIUM**. Nordm.

Pourvu, à la partie postérieure du corps, de six ventouses, dont chacune est armée d'un crochet simple.

Hexabothrium appendiculatum. Polystoma appendiculatum. Kuh.

Nordm. l. cit. pl. v. f. 6-7.
Habite sur les branchies du *Squalus catulus.*

Je suis incertain s'il faut placer ici le *Polystoma integerrimum.* M. Blainville a crée pour cette espèce et pour le *Polystoma pinguicola* le genre Hexathiridium (Dict. des sc. nat. t. 57. p. 571).

---

† Le genre **HECTOCOTYLE.** Cuv.

La face inférieure du corps est toute garnie de suçoirs rangés par paires et en nombre de soixante ou de cent.

1. *Hectocotyle octopodis.* Cuv. à cent quatre ventouses.

Cuvier. Annal. des sc. nat. t. XVIII. pl. XI.

2. *Hectocotyle argonautus.* Cuv., à soixante-dix ventouses.

Trichocephalus acibularis. Delle Chiaje. Mem. part. II. pl. 16. f. 1-2.

---

† Le genre **ASPIDOCOTYLUS.** Diesing.

Corpore elongato, depresso, antice attenuato, nudo, postice peltato aut suborbiculari limbo reflexili, acetabulis suctoriis numerosis obsesso; ore orbiculari terminali, cirrho simplici conico, in antica et ventrali corporis parte prominente.

Aspidocotylus mutabilis. Diesing. Ann. du Mus. de Vienne. vol. 2. sect. 2. p. 234. tab. 15. fig. 20-23.

Habite les intestins d'une nouvelle espèce de *Cataphractus* dans l'Amérique méridionale.

---

† Le genre **NOTOCOTYLUS.** Diesing.

Corpore oblongo-ovato depressiusculo, antice parum attenuato, postice rotundato, ore terminali orbiculari, aceta-

bulis suctoriis dorsalibus numerosis, serie triplici longitudinali; cirrho longo spirali ventrali.

Nocotylus triserialis. Diesing. op. cit. p. 234. tab. 15. fig. 23-25.

Fasciola verrucosa. Frœlich. Naturf. 24. p. 112. tab. 4. f. 5-7.
Fasciola anseris. Gmel. Syst. natur.
Monostoma verrucosum. Zed. Rud. Syn. p. 84 et 344.
Habite dans les intestins des *Anser*, *Anat*, *Rallus*, *Fulica*, etc.

---

† Le genre CAPSALA. Bosc.

Leur corps est un disque large et plat; à sa face inférieure, en arrière, se trouve une grande ventouse cartilagineuse et pédonculée. De chaque côté de la bouche est une ventouse latérale.

1. *Capsala sanguinea. Tristoma coccineum*. Cuv. Rud. Syn. p. 123. Brems. Icon. tab. 10. fig. 12-13.

Diesing. Monogr. du genre *Tristoma*. Nova acta. Acad. Léopold. XVIII. pl.
Habite les branchies de *Xiphias*, etc.

2. *Capsala maculata. Tristoma maculatum*. Rud. Syn. p. 123. tab. 1. fig. 9-10.

Diesing. op. cit.

3. *Capsala elongata. Tristoma elongatum*. Nitsch.

Nitschia elegans. Baer. Nov. act. acad. Léopold. vol. XIII. pars II. pl. 32. f. 1-5.— Diesing. op. cit.

4. *Capsala tubipora. Tristoma tubiporum*. Diesing. op. cit.
5. *Capsala papillosa. Tristoma papillosum*. Diesing. acta Acad. Leop. vol. XVIII. pars 1. p. 313. tab. 17. fig. 13-16.

L'extrémité antérieure du corps a deux lobes saillans, telles que nous en voyons aussi chez le *Diplostomum* et quelques Holostomes.

Habite les branchies de *Xiphias gladius*.

† Le genre **ASPIDOGASTER.** Baer.

Forme un groupe à part ; ce sont de petits vers qui ont sous le ventre une grande lame creusée de plusieurs rangées de fossettes.

1. *Aspidogaster conchicola.* Baer. Acad. Leopold. Natur. cur. XIII. pars II. pl. XXVIII.

Parasite sur plusieurs espèces de moules.

2. *Aspidogaster limacoides.* Diesing.

Nous tenons à mettre ici le diagnose de cette espèce, dont M. Diesing a donné une description, mais dans un ouvrage où peu de lecteurs iront la chercher.

Vermis sub quiete 1/3—2''' longus, 1/4—1/3''' latus, hic convexus, illinc planus; collo cylindrico, brevissimo, quintam corporis partem æquante; ore orbiculari patente; cirrho conico; laminæ ellipticæ clathris inæqualibus, marginalibus subrotundis, mediis fere duplo latioribus.

Consultez : Medicinische Tahrbucher des K. K. Octerr. Staates. vol. VII. p. 420. Archiv. de Wiegmann. 1835. I. livr. 3. p. 335.

† Le genre **GYRODACTYLUS.** Nordm.

La partie postérieure du corps pourvue d'une grande capsule formée par une membrane très mince, dont la marge est soutenue par deux crochets et par une couronne simple ou double de spicules mobiles.

Les deux espèces sont très petites, longues d'un neuvième de ligne.

1. *Gyrodactylus elegans.* Nordm. Mikrogr. Beytr. I. p. 106. pl. 10. fig. 1-3. et Ann. des sc. nat. t. 30. pl. 19. fig. 7.

La tête fourchue, dépourvue d'yeux.

2. *Gyrodactylus auriculatus.* Nordm. op. cit. p. 108. pl. 10. fig. 11-9. et Ann. des sc. nat. t. 30. pl. 19. fig. 8.

La tête porte quatre lobes saillans, la nuque quatre petits yeux.

L'une et l'autre espèce vivent sur les branchies de certaines espèces de *Cyprinus* et *Abramis*?

Voyez la continuation des Trématodes à la suite des Planaires. N.

PLANAIRE. (Planaria.)

Corps oblong, un peu aplati, gélatineux, contractile, nu; rarement divisé ou lobé.

Deux ouvertures sous le ventre (la bouche et l'anus).

Corpus oblongum, planiusculum, gelatinosum, nudum, contractile, rarò divisum aut lobatum.

Pori duo ventrales (os et anus).

Observations. —Je ne crois pas que les *Planaires* soient des Annelides, quoiqu'elles paraissent avoir des rapports avec les sangsues. Elles en ont de plus grands avec les Fascioles, et probablement leur organisation n'est pas plus composée que celle des Vers les plus perfectionnés.

Cependant on prétend que plusieurs espèces sont munies d'yeux: on leur a observé du moins des points noirs en nombre et distribution variables, et ces points ont été regardés comme des yeux. Sans doute on leur suppose en même temps des nerfs optiques, aboutissant à un cerveau, condition exigée pour que ces points soient des yeux. Ces attributions de fonctions à des parties très peu connues, ne me paraissent point former une objection contre l'opinion de placer les *Planaires* dans la classe des Vers.

On ne distingue ordinairement les Planaires des Fascioles que parce que les premières sont des Vers extérieurs, vivant librement dans les eaux; néanmoins leur bouche, non terminale, les caractérise jusqu'à un certain point.

Les Planaires n'ont point le corps véritablement annelé; il est gélatineux, contractile, presque toujours simple, rarement divisé ou muni de lobes, et en général dépourvu d'organes particuliers, saillans à l'extérieur.

La bouche, quoique placée quelquefois très près du bord antérieur, n'est point véritablement terminale; elle est, ainsi que l'anus, sous le ventre de l'animal, variant dans sa position selon les espèces. (1)

Les intestins des Planaires ne consistent qu'en un canal plus ou moins long, des côtés duquel partent souvent des rameaux quelquefois très nombreux.

Si, comme cela est probable, les Planaires n'ont pas un système de cirulation (2), elles n'ont point de branchies (3). Il paraît même qu'on ne leur connaît point de sexe (4); les amas de corpuscules oviformes qu'on voit en elles ne seraient donc que des gemmes amoncelés qui servent à les multiplier.

Les Planaires habitent dans les étangs, les fossés aquatiques, les ruisseaux et même dans la mer, se tenant dans les sinuosités des rives. On en connaît un grand nombre d'espèces, dont nous allons citer quelques-unes.

---

(1) Chez la plupart des Planariées il n'existe qu'un seul orifice digestif, servant à-la-fois de bouche et d'anus, et situé à la face inférieure du corps; cette ouverture donne passage à une sorte de trompe ou suçoir, et communique avec le tube intestinal, qui est ordinairement garni de cœcums ramifiés très nombreux. Quelquefois il existe une bouche et un anus distincts et terminaux (Voyez à ce sujet les recherches de Dugès, insérées dans les Annales des sciences naturelles, t. 15, p. 239).

(2) On a constaté, chez un grand nombre de Planariées l'existence d'un appareil vasculaire très analogue à celui de certaines Hirudinées (Voyez au sujet de la circulation chez ces animaux, Dugès. Ann. des sc. nat. t. xv. — Ehrenberg. *Symbolæ physicæ*, etc.)

(3) Le corps de ces animaux est garni de cils vibratiles qui déterminent des courans dans l'eau ambiante, et qui paraissent servir à la respiration (Voyez Dugès, *loc. cit.*, etc.)

(4) Les Planaires sont androgynes; mais quoique pourvus des organes de l'un et de l'autre sexe, un individu ne peut se féconder lui-même (Voyez sur ce sujet et sur la reproduction de ces animaux, Dugès. Annal. des sc. nat. t. xv, et t. xxi, p. 86. — Desmoulins. Actes de la Société linnéenne de Bordeaux, juin 1830. — Ehrenberg, loc. cit., etc.).

ESPÈCES.

§. *Points oculiformes nuls.*

1. Planaire des étangs. *Planaria stagnalis.*

Pl. ovata, fusca, anterius pallida.
Fasciola stagnalis. Mull. Verm. 2. p. 53. n° 178.
Habite les étangs.

2. Planaire noire. *Planaria nigra.*

Pl. oblonga nigra, anteriùs truncata.
Fasciola nigra. Mull. Verm. 2. p. 54.
Planaria nigra. Mull. Zool. dan. 3. p. 48. t. 109. f. 3-4.
* Dugès. Ann. des sc. nat. t. xv. p. 143. etc.
* *Polysiclis nigra?* Ehrenberg. Symbolæ physicæ.
Habite les ruisseaux, les étangs.

3. Planaire mollasse. *Planaria flaccida.*

Pl. elongata, brunnea : linea laterali transversisque albis.
Fasciola flaccida. Mull. Hist. verm. 2. p. 57.
Planaria flaccida. Mull. Zool. dan. p. 31. tab. 64. f. 3-4.
Habite les anses des côtes de la Norwège, parmi les coquillages. Etc.

§§. *Un seul point oculiforme.*

4. Planaire glauque. *Planaria glauca.*

Pl. subelongata, cinerea, iride alba.
Fasciola glauca. Mull. Hist. verm. 2. p. 60.
Habite dans les eaux.

5. Planaire rayée. *Planaria lineata.*

Pl. elongata, anticè attenuata, suprà convexa : linea longitudinali pallida.
Fasciola lineata. Mull. Hist. verm. 2. p. 60.
Habite les bords de la mer Baltique.

6. Planaire ignée. *Planaria rutilans.*

Pl. linearis, antrorsum acute attenuata; oculo nigro.
Planaria rutilans. Mull. Zool. dan. 3. p. 49. t. 109. f. 10-11.
* *Monocelis rutilans.* Ehrenberg. Symb. phys.
Habite la mer Baltique entre les fucus. Corps rouge et brillant.

§§§. *Deux points oculiformes.*

7. Planaire brune. *Planaria fusca.*

Pl. fusca nigro-venosa oblongo-lanceolata, anterius truncata, posterius acuta.
Fasciola fusca. Pall. Spicil. zool. 10. p. 21. tab. 1. f. 13. a. b.
Habite les eaux stagnantes de l'Europe, parmi les plantes aquatiques.

8. Planaire lactée. *Planaria lactea.*

Pl. depressa, oblonga, alba, anterius truncata.
Mull. Zool. dan. 3. p. 47. tab. 109. f. 1-2.
* Dugès. op. cit. p. 144.
* Blainv. Dict. des sc. nat. t. 57. p. 578.
Habite les eaux des marais.

9. Planaire hideuse. *Planaria torva.*

Pl. depressa, oblonga, cinerea vel nigra, subtus albida; iride alba.
Mull. Zool. dan. 3. p. 48. tab. 109. f. 5-6.
Habite les étangs, les ruisseaux d'Europe.
Etc.
* Dugès a constaté que cette Planaire ne diffère pas spécifiquement de la *Planaria fusca.* Voyez Ann. des sc. nat. t. 21. p. 81.

§§§§. *Trois points oculiformes ou davantage.*

10. Planaire verte. *Planaria gesserensis.*

Pl. elongata, viridis ponè caput rufa.
Mull. Zool. dan. 2. tab. 64. f. 5-8.
* *Tricelis gesserensis?* Ehrenberg. Symb. phys.
Habite les côtes de la mer du nord.

11. Planaire bleuâtre. *Planuria marmorata.*

Pl. oblonga, pallida.
Mull. Zool. dan. 3. p. 43. tab. 106. f. 2.
* *Tetracelis marmorata.* Ehrenberg. op. cit.
Habite les fossés aquatiques. Rare.

12. Planaire tronquée. *Planariata truncata.*

Pl. pallidè rubens, antrorsum late truncata, posterius acutiuscula.
Mull. Zool. dan. 3. p. 43, tab. 106. f. 1.

* *Vortex truncata.* Ehrenb. Symb. phys.
Habite...

13. Planaire trémellée. *Planaria tremellaris.*

Pl. plana, membranacea, lutea; margine sinuato.
Mull. Hist. verm. 2. p. 72. et Zool. dan. 1. tab. 32. f. 1-2.
* Dugès. Ann. des sc. nat. t. 15. p. 144.
Habite la mer Baltique.

14. Planaire rubannée. *Planaria vitata.*

Pl. elliptica, planulata dorso vittata; marginibus undato-lobatis.
Act. Soc. Linn. vol. XI. p. 25. tab. 5. f. 3.
Habite... les côtes d'Angleterre.

[Les Planaires ont été dans ces dernières années le sujet de recherches nombreuses; leur structure intérieure a été étudiée par Baer (Beitraege zur Kenntniss der Niedern-thiere. Nova acta phys. med. acad. cas. Leop. Cur., natur. curiosum. t. 13, p. 690), et surtout par Dugès (Ann. des sc. nat. t 15 et 21); on en connaît maintenant de formes très variées et on a été conduit ainsi à les subdiviser en plusieurs genres. M. Ehrenberg, qui s'est occupé d'une manière spéciale de la classification de ces animaux dans son grand ouvrage intitulé : *Symbolæ physicæ*, a proposé de séparer les Planaires, les Nais et plusieurs autres animaux vermiformes de la division des Vers, et d'en former une classe particulière sous le nom de TURBELLARIA.

Voici les caractères qu'il assigne à ce groupe :

Animalia evertebrata apoda, rarius caudata, repentia, natandi aut parum aut non perita, nuda aut setosa, sæpe setis retractilibus vibrantia; systemate nerveo, ubi observatio non deficit, aperte nodoso, insertorum nervis æmulo; ocellorum vestigiis creberrimis, pigmento sæpius nigricante; tubo intestinali distincto, aut simplici cum aperturâ duplici, aut ramoso apertura simplici; mandibulæ nullis; ex-cordia vasis discretis, humorum pellucidorum motu distincto sine vasorum undulatione, rarius vase dorsali et ab-

dominali monilibus, flavicantibus; branchiis nullis, seu respirationis organis specialibus nunquam instructa; distincte androgyna aut sexu discreta; ovipara et sponte dividua, mucum copiose excernentia.

Cette classe est divisée en deux ordres, neuf familles et trente-et-un genres de la manière suivante :

Ordo I. DENDROCŒLA.

Tubus cibarius, ramosus, arbusculiformis; oris apertura unica, apertura analis discreta nulla.

Familia I. PLANARIEA.

a. *Ocellis nullis.*

a* *Ecornia.*

Gen. TYPHLOPLANA. Ehr. (*Planaria grisea, fulva, viridata.* Muller.)

a** *Cornuta.*

Gen. PLANOCEROS. *P. Gaimardi?*

b. *Ocellata.*

b* *Ocellis sessilibus.*

† *Ocello unico.*

Gen. MONOCELIS. Ehr. (*Planaria rutilans.* Muller.)

†† *Ocellis duobus.*

Gen. PLANARIA. (*P. lactea! torva! tentaculata.* Muller.)

††† *Ocellis tribus.*

Gen. TRICELIS. Eh. (*P. glesserensis.* Muller.)

†††† *Ocellis quatuor.*

Gen. TETRACELIS. Eh. (*Pl. marmorata.* Muller.)

††††† *Ocellorum plurimorum serie frontali.*

Gen. POLYCELIS. Eh. (*Pl. nigra* et *Pl. brunnea.* Muller.)

b** *Ocellis tentaculis suffultis.*

Gen. STYLOCHUS. Eh. (*St. suesensis.* Ehr. Symb. *Phytozoa.* tab. v. fig. 5.)

Ordo II. RHABDOCŒLA.

Intestino simplici cylindrico aut conico, apertura oris hinc, aut illinc terminato.

Sectio I. AMPHISTEREA.

Nec oris nec ani apertura terminali, sed utraque aut infera aut supera.

Familia II. VORTICINA.

(*Corpore ciliis vibrante, ut plurimum tereti.*)

a. *Ocellis duobus.*

Gen. TURBELLA. Eh. (*Derostoma platurus.* Dugès. Ann. des sc. nat. t. 15. p. 142. pl. 4. fig. 7.)

b. *Ocellis quatuor.*

Gen. VORTEX. Ehr. (*Planaria truncata.* Muller.)

Familia III. LEPTOPLANEA.

(*Corpore planariarum membranaceo, tubo cibario simplici.*)

a. *Ocellorum acervo unico dorsali antico.*

Gen. EURYLEPTA. Eh. (*E. prætexta.* Ehr. *E. flavo-marginata.* Ehr.)

b. *Ocellorum plurimorum acervis quatuor.*

Gen. LEPTOPLANA. Ehr. (*L. hyalina.* Ehr. op. cit. pl. 5. fig. 6.)

Sectio II. MONOSTEREA.

Oris anive apertura terminali.

a. *Setis uncinisque denudata.*
a* *Ore terminali, ano infero.*
† *Corpore tereti filiformi elastico.*

Familia IV. GORDIEA.

(Cœca.)

Gen. Gordius.

†† *Corpore proteo, molli, teretiusculo.*

Familia V. Micruræa.

* *Ocellis sex, utrinque ternis.*

Gen. Disorus. Ehr. (*D. viridis.* Ehr. op. cit. tab. v. fig. 4.)

** *Ocellis decem, utrinque quinis.*

Gen. Micrura. Ehr. (*M. fasciolata.* Ehr. op. cit. tab. iv. fig. 4.)

*** *Ocellorum multorum serie reflexa, longitudinali, duplici.*

Gen. Polystemma. Ehr. (*P. adriaticum.* Ehr. op. cit. tab. iv. fig. 1.)

a* a* *Ano terminali, ore infero.*

Familia VI. Chilophorina.

(*corpore teretiusculo, cæco.*)

Gen. Derostoma. Dugès. (*D. leucops.* Dug. Ann. des sc. nat. t. 15. f. 141. pl. 4. fig. 4.)

aa. *Setosa (barbata) aut uncinosa.*

Familia VII. Naidina.

Ore infero, ano terminali.

(*Corpore articulato, setis uncinisve barbato, vasorum motu distincto, sponte dividuo.*)

† *Cæca.*

†* *Labio superiore, parumper producto, parum variabili, nec dilatato.*

Gen. Chælogaster. Baer.

†** *Labio superiore longius producto, dilatato, ocreo (corpore vesiculis rubris variegato).*

Gen. ÆOLOSOMA. Ehr. (*Æ. Hemprichii.* Ehr. op. cit. tab. v. fig. 2.)

†*** *Labio superiore in proboscidem stiliformem longissime producto et angustato, molli (barbato).*

Gen. PRISTINA. Eh. (*Pr. longiseta.* Eh. *P. inæqualis.* Eh.)

†† *Ocellis duobus instructa.*

* *Proboscide frontali augustata, valde producta, molli (nec barbata).*

Gen. STYLARIA. (*S. proboscidea.*)

** *Labio superiore producto, brevi, crasso, proboscide nulla.*

Gen. NAIS. (*N. elinguis.* Muller.)

Sectio III. AMPHIPORINA.

Ore anoque oppositis, terminalibus.

a. *Apertura genitati discreta nulla (aut nondum observata).*

Familia VIII. GYRATRICINA.

(*Corpore tereti.*)

† *Cæca.*

Gen. ORTHOSTOMA. Ehr. (*O. pellucidum.* Eh. op. cit. tab. v. fig. 1.)

†† *Ocellis duobus.*

Gen. GYRATRIX. Ehr.

††† *Ocellis quatuor.*

Gen. TETRASTEMMA. Ehr. (*T. flavidum.* Ehr. op. cit. tab. v. fig. 3.)

†††† *Ocellis sex (bisternis).*

Gen. PROSTOMA. Dugès. (*P. clepsinoides.* Dug. Ann. des sc. nat. t. 15. p. 140. pl. 4. fig. 1.)

††††† *Ocellorum multorum serie transversa semicirculari frontali.*

Gen. HEMICYCLIA. Ehr. (*H. albicans.* Ehr.)

†††††† *Ocellorum plurimorum fasciis frontalibus ac longitudinalibus duabus.*

Gen. Ommatoplea Eh. (*O. tæniata.* Ehr. op. cit. tab. iv. fig. 3.)

††††††† *Ocellorum plurimorum fasciis frontalibus ac longitudinalibus quatuor (antice convergentibus).*

Gen. Amphiporus. Eh. (*A. albicans.* Ehr. op. cit. tab. iv. fig. 2.)

aa. *Apertura genitali discreta antica.*

Familia IX. Nemertina.

(*Corpus filiforme sæpe depressum molle, nec proteum.*)

* *Cæca.*

Gen. Nemertes. Cuvier. (*N. Hemprichii.* Ehr. *N. nigro-fuscus.* Eh.)

** *Ocellorum subvicenorum, serie frontali transversa curva simplice.*

Gen. Notogymnus. (*Notospermus drepanensis.* Huschke. Isis. 1830 p. 681.) N.

FASCIOLE. (Fasciola.)

[*Distoma. Zeder*, p. 209. Rudolph. 2. p. 352.]

Corps mou, oblong, aplati, quelquefois cylindracé, muni de deux pores écartés : l'un antérieur, subterminal; l'autre ventral, situé en dessous ou sur le côté.

Bouche : pore antérieur. Anus : pore ventral.

Corpus molle, oblongum, depressum, interdùm teretiusculum; poris duobus remotis : altero antico subterminali; altero ventrali, laterali aut infero.

Os : porus anticus. Anus : porus ventralis.

Observations. — Les *Fascioles* ont de si grands rapports avec les Planaires, qu'on ne saurait douter que les unes et les autres n'appartiennent réellement à la même classe. Quoique l'on aperçoive des vaisseaux à l'intérieur des Fascioles, un système de circulation n'y est nullement constaté ni plus probable dans ces animaux que dans les Amphistomes, les Monostomes, etc., etc.

Cependant toutes les Fascioles, ainsi que les Vers que je viens de citer, ne vivent que dans l'intérieur des animaux; tandis que les Planaires, que leurs rapports ne permettent pas d'écarter des Fascioles, des Amphistomes, etc., n'habitent que dans les eaux. Cette différence d'habitation n'en entraîne donc pas nécessairement une assez grande dans l'organisation pour devenir classique. Elle amène seulement des particularités propres à caractériser les genres.

Des observations ultérieures à l'égard de l'organisation de ces mêmes animaux nous apprendront positivement s'il faut les rapporter tous à la classe des Annelides, ce qui ne paraît pas vraisemblable; ou s'il faut les placer parmi les Vers, comme je le fais maintenant.

Il me paraît inconvenable de changer le nom de *Fasciola* déjà donné par Linné à ces animaux, pour leur donner celui de *Distoma*, parce qu'ils offrent deux ouvertures ou pores à l'extérieur; comme si les Planaires, les Amphistomes et d'autres n'étaient pas dans le même cas. Il est évident qu'ils n'ont point deux bouches, et que leur pore ventral ne peut être que l'anus.

Ces Vers sont très contractiles, s'allongent, s'amincissent et se raccourcissent facilement. Sous ce rapport seul, ils tiennent aux sangsues; mais ils paraissent en différer beaucoup par leur organisation.

On en connaît un grand nombre d'espèces.

[La famille suivante de *Trématodes*, dont M. de Blainville forme un ordre séparé, celui des *Porocéphalés*, et dont Lamarck détache fort mal-à-propos les genres *Monostoma* et *Amphistoma*, pour les transporter dans sa troisième section, *Vers hétéromorphes*, comprend une infinité d'animalcules, tantôt d'une organisation extrêmement simple, tantôt d'une structure très compliquée, mais qui, malgré cette diversité, et à travers toutes les modifications de leur structure intérieure, conservent un caractère commun à tous, c'est-à-dire des ventouses plus ou moins développées, au nombre d'*une* à *trois*. C'est d'après le nombre, la forme et la position de ces organes, qu'on a essayé de subdiviser cette famille en groupes et en genres.

Dans les formes les plus développées et les plus compliquées, l'appareil de la digestion se compose d'une bouche, d'une dilatation de tube alimentaire, l'œsophage ou pharynx, et du canal intestinal fourchu et parfois ramifié, sans anus proprement dit.

Autrefois on attribuait à la ventouse postérieure ou inférieure (pore ventral et postérieur, chez Lamarck) les fonctions des l'anus. Cette opinion, reçue encore par Lamarck, n'a guère besoin aujourd'hui d'une réfutation.

Dans plusieurs genres de Trématodes, le canal digestif est en rapport avec un *double système de vaisseaux*, dont l'un est *fermé* et dont l'autre, pourvu d'un réservoir plus ou moins élargi et appelé par quelques helminthologistes *Cisterna chyli*, communique avec le dehors par le moyen du *foramen caudale* ou *dorsale*, par lequel a lieu une sécrétion. (1)

Quant à l'appareil de la génération, les espèces les plus

---

(1) Les opinions diffèrent sur la fonction de ce système vasculaire, qui a été décrit et discuté par:

Menzier. Transactions of the Linn. Soc. vol. p. 187.

Rudolphi. Entoz. Hist. nat. II, p. 387. Synopsis, p. 339, 371, 426.

Froelich. Naturforscher, St. 29, p. 56.

Creplin. Observationes de Entozois, Gryphiæ. 1825, p. 56.

Nardo. Dans Zeitschrift für die organ. Physik par Heusinger, Eisenach, 1827, I, p. 68.

Baër. Acta Acad. Leopold. nat. cur. vol. XIII, p. 536, 561, 611.

Mehlis. Observationes de Distom. hepatico et lanceolato. Goetting, 1825.

Creplin. Novæ observationes de Entozois. Gryphiæ; 1831, p. 62-64.

développées sont toutes hermaphrodites, et les organes mâles et femelles souvent très compliqués, sont si intimément liés qu'il faut admettre comme indubitable, du moins dans un certain nombre d'espèces, la fécondation propre.

Dans plusieurs espèces, les ovules sont déjà fécondés dans l'utérus, par le contact de la liqueur spermatique. On prétend que, dans quelques espèces, l'oviducte et le pénis n'ont qu'un seul et même orifice ; mais il est certain que, dans la plupart des espèces, ces orifices sont séparés. C'est ce qu'on a constaté dans les *Distoma hepaticum, D. lanceolatum*, *D. clavigerum*, *D. lima, D. ovatum, D. globiporum*, *D. cirrhigerum, D. amphistoma, D. subtriquetrum*, et le *Monostoma mutabile*. M. Nitzsch (1) croit avoir trouvé l'*Holostomum serpens*, dans l'acte d'un accouplement réciproque et M. Miescher (2) cite une observation non moins positive, faite sur le *Monostoma bijugum*

La plupart des Vers, appartenant à cette famille, pondent leurs œufs, de forme très différente, avant que l'embryon soit complètement formé. Des exceptions ont lieu

---

Baer. Zeitschrift fuer die organ. Phys. par Husinger, I, p. 68, et II, p. 197, seq.

Mehlis. dans l'Isis, 1831, p. 179. (Très amplement traité.)

Laurer. Disquisitiones anatomicæ de Amphistomo conico. Gryphiæ, 1831. p. 4, 11-12.

Nordmann. Mikrogr. Beitr. I, p. 36-39, 46, 69, 98. II, p. 75.

Siebold. dans l'Archiv. de Wiegmann. I, p. 56, 59.

R. Oven. Anatomy of Distoma clavatum. Transactions of the zoolog. Society. 1835, p. 383.

Siebold. op. cit. 1837. Livr. 6, p. 262. Op. cit. 1838, livr. 6, p. 300.

(1) *Nitzsch*. dans l'Encyclopédie de Ersch et Gruber, III, 1819, p. 399 et 401.

(2) *Miescher*. Beschreibung des *Monostomum bijugum*, Basel 1838, p. 17, *seq*.

chez plusieurs espèces; ainsi l'embryon se développe déjà dans l'utérus chez les *Distoma nodulosum*, *D. cylindraceum*, *D. sygnoides*, *D. hians*, *D. rosaceum*, *D. tereticolle*, *D. perlatum*, ainsi que chez les *Monostoma flavum* et *M. mutabile*, dont le dernier est même vivipare. Quand l'embryon est mûr, la partie supérieure de la coque de l'œuf crève et s'ouvre comme un opercule, donnant passage à l'embryon qui, à l'aide des cils dont il est couvert, nage avec vivacité dans le liquide ambiant (1). Les jeunes du *Monostoma flavum*, du *M. mutabile*, du *Distoma hepaticum* et du *D. nodulosum* portent à la partie antérieure du corps une tache très distincte, en forme d'un œil, dont la couleur est, chez la dernière espèce, d'un bleu intense. On ignore encore le nombre et la nature des métamorphoses que doit subir le jeune animal, avant d'arriver à la forme des vieux. Des jeunes du *Monostoma mutabile*, observé par M. Siebold, contenaient tous un Ver d'une forme particulière, n'ayant aucun rapport avec la forme de l'animal mère, mais ressemblant au kyste de quelques Cercaires. Nous croyons pouvoir inférer par analogie, que ce Ver renfermé dans les jeunes, se transforme effectivement en un kyste, duquel, sous les conditions favorables, se développe, à la fin le Monostoma.

Cette famille de Trématodes embrasse, d'un autre côté, des formes dont l'organisation est beaucoup plus simple, et auxquelles on ne trouve point d'organes sexuels. M. de Siebold compte, parmi ces Trématodes agames, les genres *Diplostomum*, *Histrionella*, *Cercaria*, le *Distoma duplicatum* et *Bucephalus polymorphus* de M. Baer; il faut y comprendre également le *Holostomum*

(1) Voyez Nordmann. Mikrogr. Berlin, 1832, Beitr. II, p. 239. Mehlis dans l'Isis, 1831, p. 174, 190.

Siebold, dans les Archiv. de Wiegmann, 1835, p 67, seq. — Burdach, *Traité de physiologie*, t. 3, p. 58.

Dujardin. Ann. des sciences natur. 2e série, tome 8, p. 303.

cuticola et *brevicaudatum*, Nordm.; enfin, une quantité de parasites de certains insectes, qui ont encore besoin d'être mieux examinés.] N.

ESPÈCES.

§ *Celles qui sont inermes, sans papilles et sans piquans.*

(A) Corps aplati.

1. Fasciole hépatique. *Fasciola hepatica*. L.

F. obovata, plana; collo subconico, brevissimo; poris orbicularibus, ventrali majore,

Fasciola hepatica. Lin.

Distoma hepaticum. Rud. Entoz. 2. p. 352.

Encycl. pl. 79. f. 1-11.

* Voyez Mehlis : Observat. anatom. de *Distomate hepatico et lanceolato*. Goetting. 1825. in-fol:

* Delonch. Encycl. p. 258.

* *Fasciola hepatica*. Blainv. Dict. des sc. nat. t. 57. p. 585. pl. 41. f. 2.

Habite dans la vésicule du fiel de l'homme, dans le foie des moutons et autres herbivores, et leur cause l'hydropisie ascite. En s'amincissant, elle pénètre dans les canaux biliaires et même dans des vaisseaux fort étroits.

2. Fasciole de l'anguille. *Fasciola anguillæ*.

F. depressiuscula, subovata, crenata, posticè emarginata; pori antici margine tumido, ventralis majoris recto. Rudolph. *sub dist. polym.*

Distoma polymorphum. Rud. Entoz. 2. p. 363.

* Rud. Synops. p. 369.

Distoma anguillæ. Zeder. Naturg. p. 222.

Fasciola anguillæ. Gmel. p. 3056.

Habite dans les intestins de l'anguille.

3. Fasciole globifère. *Fasciola globifera*.

F. depressiuscula, oblonga; collo hinc excavato; poris orbicularibus, ventrali majore. Rud. *sub distoma.*

Distoma globiferum. Rud. Entoz. 2. p. 364.

* *Distoma globiporum*. Rud. Syn. p. 96.

* Delonch. op. cit. p. 261.

* Voyez *Burmeister* dans les Archiv. de Wiegmann. 1835. p. 187. et les Observations de Seibold. loc. cit. 1836. p. 217.

* Comparez Ehrenberg : Mémoires de l'Académie de Berlin. 1837. p. 167.

Fasciola bramæ. Mull. Zool. dan. t. 30. f. 6.

Encycl. pl. 79. f. 19. Gmel. p. 3058. n° 38.

Habite dans les carpes, la perche fluviatile, etc.

4. Fasciole de l'églefin. *Fasciola æglefini*. M.

F. depressiuscula, linearis; collo conico continuo; poris orbicularibus ventrali majore. Rud. *sub distoma*.

Distoma simplex. Rud. Entoz. 2. p. 370.

* Rud. Synops. p. 97.

Fasciola æglefini. Mull. Zool. dan. tab. 30. f. 4.

Encycl. pl. 79. f. 15. Gmel. p. 3056.

Habite les intestins du gade églefin.

5. Fasciole de la blenne. *Fasciola blennii*.

F. oblonga, plana; collo conico divergente; poris globosis, ventrali majore. Rud. *sub distoma*.

Distoma divergens. Rud. Entoz. 2. p. 371.

* Rud. Syn. p. 97-372.

Fasciola blennii. Mull. Zool. dan. t. 30. f. 5.

Encycl. pl. 79. f. 16-18.

Fasciola blennii. Gmel. p. 3057.

Habite les intestins de la blenne.

6. Fasciole long-cou. *Fasciola longicollis*.

F. depressa, linearis, subcrenata; collo tereti; poris globosis, antico majore. Rud. *sub dist*.

Distoma tereticolle. Rud. Entoz. 2. p. 379.

* Brems. Icon. tab. 9. f. 5-6.

* Rud. Syn. p. 102.

* Blainv. op. cit. p. 585.

* Delonch. op. cit. p. 268.

Fasciola lucii. Mull. Zool. dan. tab. 30. f. 7. et tab. 78. f. 6-8. Encycl. pl. 79. f. 20-23.

Fasciola longicollis. Bloch. Abh. p. 6.

Habite l'estomac du brochet, etc.

7. Fasciole de l'ériox. *Fasciola eriocis*.

F. depressa, oblonga, utrinque obtusa; poris mediocribus æqualibus. Rud. *sub dist*.

Distoma hyalinum. Rud. Entoz. 2. p. 389.
* Rud. Syn. p. 105.
* Delonch. op. cit. p. 271.
Fasciola eriocis. Mull. Zool. dan. tab. 72. f. 4-7.
Encycl. pl. 80. f. 3-4.
Habite les intestins de la salmone ériox.
* Ajoutez :
* *Distomum rosaceum*. Nordm. Mikrogr. Beitr. 1. p. 32. pl. 8. f. 1-5 et 11. et Ann. des Sc. nat. t. 30. pl. 18. fig. 5.
* *Distomum perlatum*. Nordm. ibid. p. 88. pl. 9. et Ann. des Sc. nat. t. 30. pl. 18. fig. 6.

(B) Corps cylindracé.

8. Fasciole cylindracée. *Fasciola cylindracea.*

F. teres, collo conico crassiore, poris orbicularibus, ventrali majore. Rud. *sub. dist.*
Distoma cylindraceum. Rud. Entoz. 2. p. 393.
* Rud. Syn. p. 106.
* Delonch. op. ci . p. 272.
Zed. Nachtr. p. 188. t. 4. f. 4-6. et Naturg. p. 217.
Habite les poumons de la grenouille.

9. Fasciole du cottus. *Fasciola scorpii.*

F. teres, utrinque decrescens; poris globosis, ventrali majore. Rud. *sub dist.*
Distoma granulum. Rud. Entoz. 2. p. 394.
* Rud. Syn. p. 106.
Fasciola scorpii. Mull. Zool. dan. t. 30. f. 1.
Encycl. pl. 79. f. 12.
Habite les intestins du *Cottus scorpius*.

10. Fasciole du saumon. *Fasciola varica.*

F. teres, collo corpori æquali divergente, ante apicem perforato poris globosis, ventrali majore. Rud. *sub dist.*
Distoma varicum. Rud. Entoz. 2. p. 396.
* Rud. Syn. p. 106.
Fasciola varica. Mull. Zool. dan. t. 72. f. 98-11.
Encycl. pl. 80. f. 5-8.
Habite l'estomac du saumon.
Etc.

§§. *Espèces armées soit de papilles, soit de piquans.*

11. Fasciole noduleuse. *Fasciola nodulosa*. Fr.

F. teres, ovata; collo tenuiore brevioreque; poro antico nodulis sex cincto. Rud. *sub dist.*
Distoma nodulosum. Rud. Entoz. 2. p. 410.
* Brems. Icon. tab. x. f. 1-3.
* Delonch. op. cit. p. 278.
* Nordmann. Mikrogr. Beytr. 11. p. 139.
* Creplin. Nov. observationes. p. 54-76.
Fasciola percæ cernuæ. Mull. Zool. dan. t. 30. f. 2.
Encycl. pl. 79. f. 13.
Fasciola luciopercæ. Gmel. p. 3057.
Habite dans différentes perches.

12. Fasciole de la truite. *Fasciola laureata.*

F. oblonga depressiuscula; poro antico lobis sex æqualibus cincto. Rud. *sub dist.*
Distoma laureatum. Rud. Entoz. 2. p. 413.
* Rud. Syn. p. 113-413.
* Delonch. op. cit. p. 278.
* Blainv. Dict. des Sc. nat. pl. 41. fig. 5.
Fasciola farionis. Mull. Zool. dan. t. 72. f. 1-3.
Encycl. p. 80. f. 1-2.
Habite les intestins de la truite, de...

13. Fasciole trigonocéphale. *Fasciola trigonocephala.*

F. depressiuscula, oblonga; collo antrorsum attenuato; capite trigono echinis cincto, posticeque vage obsito. Rud. *sub dist.*
Distoma trigonocephalum. Rud. Entoz. 2. p. 415.
* Rud. Syn. p. 114.
* Delonch. op. cit. p. 279.
Planaria putorii. Goetz. Naturg. p. 175. tab. 14. f. 7-8. et *Planaria melis.* tab. 14. f. 9-10.
Habite les intestins du putois et du blaireau.
Etc.
* Ajoutez :
* *Fasciola echinata. Distoma echinatum.* Zeder. *Echinostoma echinatum.* Rud. Syn. p. 115. Brems. Icon. tab. x. f. 4-5.

Voyez Creplin et Mehlis *De distomorum aculeis deciduis*, dans l'Isis. 1831. p. 187.

* *Fasciola ferox. Echinostoma ferox*. Rud. Syn. p. 116. Brems. Icon. ibid. f. 6-11.

Troisième Section.

VERS HÉTÉROMORPHES.

Leur corps est tantôt aplati, tantôt cylindracé, souvent irrégulier ou difforme.

Les *Vers hétéromorphes* forment à peine une coupe distincte de celle des Vers planulaires. Cependant, ils sont en général moins allongés, plus irréguliers, plus difformes ; en sorte que l'inconstance et l'irrégularité, dans leur forme générale, constituent les seuls caractères distinctifs de la section qui les embrasse. Ces Vers, encore peu avancés dans la composition de leur organisation, sont mollasses, les uns aplatis, les autres cylindracés ; il y en a qui sont renflés en quelque partie de leur longueur, et on en trouve qui sont munis d'appendices singuliers et divers, plus ou moins saillans.

Je rapporte à cette troisième section les sept genres qui suivent.

MONOSTOME. (Monostoma.)

[Zeder, p. 188. Rudolph. 2. p. 325.]

Corps mou, allongé, polymorphe, aplati ou cylindracé. Une seule ouverture terminale ou subterminale, constituant la bouche. Point d'anus.

Corpus molle, elongatum, polymorphum, depressum vel teretiusculum.

Porus unicus, terminalis aut subinferus, orem referens ; ano nullo.

Observations. —Les Monostomes sont des Vers très voisins des Fascioles par leurs rapports; mais leur corps ne présente qu'une seule ouverture, et intérieurement on n'aperçoit dans plusieurs aucune sorte d'intestins.

Ces Vers singuliers ont le corps allongé, mou, polymorphe; en sorte que les uns sont aplatis, les autres sont cylindracés, et il y en a qui ont la bouche latérale, placée un peu au-dessous de l'extrémité antérieure, tandis que d'autres ont leur bouche tout-à-fait terminale. Plusieurs ont à l'extrémité antérieure un renflement céphaloïde.

Les Monostomes vivent dans le ventre et dans les intestins de la taupe, de plusieurs oiseaux et de différens poissons.

Rudolphi en a déterminé quinze espèces, parmi lesquelles je citerai les suivantes:

ESPÈCES.

§. *Bouche subinférieure.*

* *Hypostoma.* R.

1. Monostome du gastérote. *Monostoma caryophyllinum.*

M. capite obtuso, ore amplissimo rhomboidali, corporis depressi apice postico acutiusculo. Rud. Ent. 2. p. 325. tab. 9. f. 5.
Monostoma caryophyllinum. Zed. Naturg. p. 189. n° 5.
* Rud. Syn. p. 32.
* Brems. Icon. tab. 8. f. 1-2.
* Delonch. Encyclop. p. 551.
* Blainv. Dict. des Sc. nat. pl. 41. fig. 4.
* *Hypostoma caryophill.* Ejusdem op. cit. t. 57. p. 581.
Habite dans le gastéroste épineux.

2. Monostome grêle. *Monostoma gracile.*

M. capite obtusiusculo; ore ovali, corporis depressi apice postico acuto. Rud. Ent. 2. p. 326.

* Rud. Syn. p. 82.
* Delonch. loc. cit.
Acharius in vet. ac. Nya handl. 1780. tab. 2. f. 8-9.
Habite dans l'abdomen de l'éperlan.

3. Monostome du cyprin. *Monostoma cochleariforme.*

M. capite obtuso, discreto; ore ovali; corpore teretiusculo. Rud. Ent. 2. p. 326.
* Rud. Syn. p. 82.
* Delonch. op. cit. p. 532.
Festucaria cyprinacea. Schrank. Naturhist. aufs. p. 334. tab. 5. f. 18-20.
Habite dans les intestins du cyprin barbu.

§§. *Bouche terminale.*

* *Monostoma.* R.

4. Monostome crénulé. *Monostoma crenulatum.*

M. ore crenulato, corpore teretiusculo, antrorsùm gracilescente, posticè obtuso. Rud. Ent. 2. p. 328.
* Delonch. loc. cit.
Habite dans le *Motacilla phœnicurus,* le rossignol de muraille.

5. Monostome de la taupe. *Monostoma ocreatum.*

M. ore orbiculari; corpore teretiusculo longissimo; cauda divaricata. Rud. Ent. 2. p. 329.
* Rud. Syn. p. 88.
* Brems. Icon. tab. 8. f. 10-11.
* Delonch. op. cit. p. 558.
Fasciola ocreata. Goetze. Naturg. p. 182. tab. 15. f. 6-7.
Cucullanus ocreatus. Gmel. p. 3051.
Habite les intestins de la taupe.

6. Monostome de l'oie. *Monostoma verrucosum.*

M. ore orbiculari; corpore oblongo-ovato, depressiusculo, subtus verrucoso. Rud. Ent. 2. p. 331.
* Rud. Syn. p. 84 et 344.
* Delonch. loc. cit.
* Blainv. Dict. des Sc. nat. t. 57. p. 582.
Fasciola verrucosa. Froelich. Naturf. 24. p. 112. tab. 4. f. 5-7.
Habite dans l'oie domestique.
Etc.

* Ajoutez :

† 7. *Monostoma foliaceum.* Rud. Syn. 83. Bremser. Icon. Tab. 8. f. 3—7.

† 8. *Monostoma lineare.* Rud. Syn. 83. Bremser. Icon. ibidem. f. 8. 9.

† 9. *Monostoma ellipticum.* Rud. Synops. p. 84. Bremser. Icon. ibid. f. 12—14.

† 10. *Monostoma faba.* Brems. Schmalz. Tabulæ anatom. Entozoorum illustr. Dresd. et Lips. 1831. Synonym. *M. bijugum*, par M. Miescher, Basel. 1838. Voyez Creplin, sur le même sujet, dans les Archiv. de Wiegmann. 1839. p. 1. Tab. 1. f. 1. 2.

AMPHISTOME. (Amphistoma.)

[Zeder, p. 198. Rudolph. 2. p. 340.]

Corps mou, cylindracé, un peu irrégulier.

Deux ouvertures solitaires et terminales : l'une antérieure, pour la bouche; l'autre postérieure, pour l'anus.

Corpus molle, cylindraceum, subirregulare.

Porus anticus et posticus, solitarii, terminales, orem et anum referentes.

Observations. — Les *Amphistomes* sont encore des Vers très rapprochés des Fascioles par leurs rapports; mais ils ont le corps cylindracé, au lieu de l'avoir aplati, l'anus à l'extrémité postérieure, et ils sont en général plus irréguliers. Plusieurs ont à l'extrémité antérieure un renflement céphaloïde, quelquefois difforme.

On les trouve dans les intestins de plusieurs Mammifères et de différens Oiseaux. On en connaît onze espèces.

ESPECES.

§. *Renflement céphaloïde séparé par un étranglement.*

* *Holostomum.* Nitzsch.

1. Amphistome grosse-tête. *Amphistoma macrocephalum.*

A. poro capitis subglobosi magno, labio lobato; caudali exiguo crenato; corpore teretiusculo incurvo. Rud. Ent. 2. p. 340.
Fasciola... Goetze. Naturg. p. 174. tab. 14. f. 4-6.
Fasciola strigis. Gmel. p. 3055.
* Rud. Syn. p. 88-354.
* Brems. Icon. tab. 8. f. 17-23.
* *Holostomum variabile.* Nitzsch. Dans Allgemeine. Encycl. von Ersch et Gruber. III. p. 397.
Habite les intestins des hibous, etc.

2. Amphistome strié. *Amphistoma striatum.*

A. poro capitis subglobosi bilobo; corpore depressiusculo; caudæ apice truncato striato. Rud. Ent. p. 343.
* *Amphistoma macrocephalum.* Rud. Syn. p. 88.
Habite l'intestin grêle du milan.

3. Amphistome cornu. *Amphistoma cornutum.*

A. poro capitis hemisphærici multilobato; corpore crenato, hinc convexo, posticè truncato. Rud. Ent. p. 343. tab. 5. f. 4-7.
* Rud. Syn. p. 90.
Habite dans l'intestin moyen du pluvier doré.

4. Amphistome erratique. *Amphistoma erraticum.*

A. poro capitis maximi campaniformis sublobato; corpore hinc convexo, illinc concavo, apice postico exciso. Rud.
* Rud. Syn. p. 89-356.
Habite l'abdomen et les intestins d'une mouette du Nord.

§§. *Renflement céphaloïde non séparé du corps.*

5. Amphistome du héron. *Amphistoma cornu.*

A. corpore tereti, antrorsum incrassato; poro antico maximo subintegerrimo, postici margine lobato. Rud. Ent. p. 346.
* Rud. Syn. p. 89-357.

Distoma cornu. Zeder. Naturg. p. 218. n° 30. Goetze apud Zederum in hujus nachtr. p. 181. tab. 11. f. 1-3.
Habite dans les intestins du héron.

6. Amphistome des grenouilles. *Amphistoma subclavatum*.

A. corpore obconico; poro antico amplissimo, postico exiguo, utroque integerrimo. Rud. Ent. p. 348.
Planaria subclavata. Goetze. Naturg. tab. 15. f. 2-3.
Amphist. subclavata. Zeder. Naturg. p. 198. tab. 3. f. 3.
* Bremser. Icon. tab. 8. f. 30-31.
Fasciolaria ranæ. Gmel. p. 3055.
* *Diplodiscus subclavatus*. Diesing. Monogr. p. 253. pl. 24. f. 19-24.
Habite dans différentes grenouilles.

7. Amphistome conique. *Amphistoma conicum*.

A. corpore tereti, antrorsùm incressente; poro antico majore, postico minimo; utroque integerrimo. Rud. Ent. 2. p. 349.
* Rud. Syn. p. 91-360.
Fasciola elaphi. Gmel. p. 3054.
Monost. conicum. Zeder. Naturg. p. 188.
* *Amphistomum conicum*. Nitzsch. Encycl. de Ersch. et Gruber. 111. p. 398. Halle. 1819.
* Voyez la Monographie excellente de M. Laurer, de *Amphistomo conico* avec Pl. Gryph. 1830, etc.
* Diesing. Monographie des genres Amphistome et Diplodisque. Ann. de Vienne. vol. 1. p. 246. pl. 23. f. 1-4.
Habite dans l'estomac du bœuf, du cerf.
Etc.

[Le genre *Amphistoma*, tel que Lamarck l'a établi, se divise actuellement, comme nous l'avons indiqué dans la liste des synonymes, en trois genres différens, savoir :

† Le genre **HOLOSTOMUM**, Nitzsch.

Qui comprend la première subdivision des *Amphistomes* et plusieurs Fascioles ou Distomes, dont la partie antérieure du corps est très concave, de façon à servir, plus ou moins tout entière, de ventouse, suivant les différences dans la forme de la bouche et de la partie antérieure et creuse du corps. M. Nitzsch divise les espèces de ce genre en *Holostomum* proprement dit, et en *Cryptostomum*.

Le genre Holostomum en général, comprend, outre les espèces d'*Amphistomes* déjà cités, les suivantes :

1. *Holostomum spatula*. Mehlis. Isis 1831, p. 175.
2. *Holostomum alatum*. Distoma alatum. Rud. Synops, p. 112. 412.
3. *Holostomum excavatum*. Distoma excavatum. Rud. Synops. 109. 402.
4. *Holostomum spathaceum*. Distoma spathaceum. Rud. Syn. 403.
5. *Holostomnm spatulatum*. Dist. spatulatum. Rud. Syn. p. 403. Bremser. Icon. tab. 9. fig. 15-16.
6. *Holostomum serpens*. Amphistoma serpens. Rud. Syn. p. 353. figuré par Schmalz. tab. anat. Entoz. illustr. (1)
7. *Holostomum cuticola*. Nordm. Microgr. Beitr. 1. p. 49. pl 4. fig. 14. Fait partie de la subdivision *Cryptostomum*, etc.

† Le genre **AMPHISTOMA**. Diesing.

M. Diesing a publié dernièrement une monographie, dans laquelle, outre les quatre espèces connues, il a décrit et figuré quatorze espèces nouvelles; des observations anatomiques détaillées ajoutent à la valeur de son ouvrage.

ESPÈCES.

1. *Amphistoma giganteum*. Diesing. Annales du muséum de Vienne. vol. 1. sect. 2. pl. 23. fig. 5-6.
2. *Amphistoma hirudo*. Dies. op. cit. fig. 10-12.
3. *Amphistoma cylindricum*. op. cit. fig. 13-15.

---

(1) Voyez Nitzsch. Encycl. par MM. Ersch et Gruber, article *Amphistomum*.

4. *Amphistoma ferrum equinum*. op. cit. fig. 16-18.
5. *Amphistoma megacotyle*. Diesing. op. cit. f. 19. 20.
6. *Amphistoma lunatum*. D. op. cit. f. 21. 22.
7. *Amphistoma oxycephalum*. D. op. cit. pl. XXIV. f. 1-8.
8. *Amphistoma attenuatum*. D. op. cit. f. 9-12.
9. *Amphistoma asperum*. D. op. cit. livrais. 2. p. 236. pl. XX. f. 14-16.
10. *Amphistoma pyriforme*. D. op. cit. f. 17. 18.
11. *Amphistoma fabaceum*. D. op. cit. f. 19-23.
12. *Amphistoma grande*. D. op. cit. f. 24-26.
13. *Amphistoma emarginatum*. D. op. cit. p. 237.

Toutes ces espèces ont été découvertes, par M. Natterer, dans les intestins de différens Mammifères, Oiseaux, Reptiles et Poissons de l'Amérique du Sud.

† DIPLODISCUS. Diesing.

Corpus molle teretiusculum vel compressum. Os terminale. Acetabulum suctorium terminale aut laterale, vaginans (?) aperturam genitalem disciformem, protractilem.

M. Diesing place ici deux espèces comprises autrefois dans le genre *Amphistoma*, savoir :

1. le *Diplodiscus subclavatus*, déjà cité, n° 6. et
2. le *Diplodiscus unguiculatus*. Diesing. op. cit. pl. XXV. f. 25-27.

Habite les intestins du *Triton lacustris*.

Il faut encore placer ici

† Le genre DIPLOSTOMUM. Nordm.

Quelques-uns ont le corps plat, d'autres l'ont cylindrique; ils sont pourvus d'une bouche, de deux ventouses attachées à la partie inférieure du corps, et d'un appendice en forme de bourse à la partie postérieure.

Ces Vers sont tous petits, mais très agiles ; ils furent

découverts dans les différentes parties intérieures des yeux de plusieurs espèces de poissons. (1)

ESPÈCES.

1. *Diplostomum volvens*. Nordm. Mikrog. Beitr. I. p. 28. pl. 1. f. 1-3. pl. 2 et 3. f. 1-4. pl. 4. f. 6. et Ann. des Sc. nat. t. 30. pl. 18. f. 1. et pl. 19. f. 1.
2. *Diplostomum clavatum*. Nordm. op. cit. pl. 3. f. 5-8. 10. pl. 4. f. 5. et Ann. des Sc. nat. t. 30. pl. 18. f. 3.

Il faut encore compter au nombre des Trématodes dépourvues d'organes de la génération, le *Distoma duplicatum* et le *Bucephalus polymorphus*, que M. de Baër a très soigneusement examinés, et enfin

† Le genre **CERCARIA**. Nitzsch.

La partie antérieure comme dans un petit Distome, pourvu à la marge antérieure d'une ventouse buccale, derrière laquelle se trouve une autre petite ventouse; au bord postérieur du corps, un appendice en forme de queue qui se détache aisément. La chute de cette queue paraît être un acte vital. Outre ces organes, on observe encore un petit œsophage, qui conduit dans un canal intestinal fourchu et terminé en cul-de-sac; enfin, un vaisseau fourchu qui, à l'extrémité opposée à la bouche, communique avec une ouverture d'où a lieu une sécrétion. Nous avons déjà fait mention de l'existence d'un pareil vaisseau dans le reste des Trématodes.

---

(1) M. Gescheidt a donné, dans *Zeitschrift für ophthalmologie* de M. Ammon. *Dresde*, 1833. t. 3, p. 405, une énumération complète des Entozoaires trouvés jusqu'à présent dans les yeux des animaux vivans.

Voyez : les Notices de M. Froriep. vol. 39, p. 53, et les Archiv. de M. Viegmann, 1, livr. 3. p. 339.

Nous empruntons l'histoire du développement des Cercaires aux travaux de MM. Bojanus, Nitzsch, Baër et Siebold.

Les Cercaires naissent et se développent de spores dont la formation a lieu dans des sporocystes toutes spéciales. Ces sporocystes possèdent quelquefois une espèce de vie indépendante; il en est même qui ont une bouche et un canal intestinal; leur forme varie suivant l'espèce de Cercaires qu'ils renferment. Dès que les Cercaires sont sorties des sporocystes, elles s'empressent de se débarrasser de leurs queues et d'entourer leur corps d'une enveloppe; quelques espèces exsudent de leur intérieur la masse nécessaire pour former cette enveloppe; d'autres, telles que la *Cercaria armata*, la produisent par une mue. Nous ne savons pas ce que deviennent ensuite les Cercaires transformées ainsi en chrysalides.

Des phénomènes analogues, non moins remarquables, ont lieu chez le *Distoma duplicatum* et le *Bucephalus polymorphus*, auxquels il faut encore joindre le *Leucochloridium paradoxum* de M. Carus. Ce singulier parasite, si remarquable par la bigarrure de ses couleurs, et dans lequel se développent des Distomes, naît, suivant M. Carus, de la substance du *Succinea amphibia*.

Nous connaissons jusqu'à présent plusieurs espèces de Cercaires. M. Ehrenberg en a séparé quelques-unes avec trois points oculiformes, pour en former le genre *Histrionella* (1). C'est le cas de la *Cercaria ephemera*. Parmi les autres espèces, nous ne citons que les *Cercaria armata*, *furcata* et *echinata*.

Tous ces animaux, ainsi que le *Distoma duplicatum* et le *Bucephalus polymorphus*, sont des parasites de différentes espèces de Mollusques, et se trouvent le plus fré-

(1) Symbolæ physicæ. *Animalia evertebrata.*

quemment dans la substance des reins et du foie de plusieurs *Planorbis*, *Lymnæus* et *Paludina*.

Les Cercaires nous conduisent graduellement aux *Cephalozoa* (1) Ehrenb., division des Zoospermes, que nous ne croyons pas devoir réunir aux Vers intestinaux.

Nous ne sommes pas bien fixé sur la place que doit occuper dans la classe des Entozoaires le genre *Gregarina*, de l'estomac et des intestins de différens Coléoptères et Orthoptères, et que M. Léon Dufour a décrits. Toutefois nous serions disposé, avec cet auteur, de les ranger parmi les Trématodes.

Le corps de ces petits parasites est, dans les individus adultes, séparé par un faible étranglement, en une partie antérieure et une postérieure, et semble être dépourvu d'intestins et d'ouverture buccale et anale. Il est vrai que M. Léon Dufour leur attribue une sorte de museau rétractile pourvu d'une ouverture buccale; mais M. de Siebold prétend qu'il n'y existe rien de semblable.

M. Léon Dufour a indiqué six espèces et en a donné la diagnose, savoir :

1. *Gregarina sphærulosa*. Dufour. Annales des sciences naturelles, seconde série, t. 7. p. 10. pl. 1. f. 4.

   Habite dans les intestins du taupe-grillon.

2. *Gregarina soror*. l. c. f. 5.

   Habite dans les intestins du *Phymata crassipes*.

3. *Gregarina ovata*. l. c. f. 6.

   Vit dans le ventricule du *Gryllus campestris*, etc.

4. *Gregarina conica*. l. c. f. 7.

   Habite dans les intestins de différens Coléoptères.

5. *Gregarina hyalocephala*. l. c. f. 8.

   Habite le *Tridactylus variegatus*.

---

(1) Opus citatum et Die infusionsthierchen, p. 461.

6. *Gregarina oblonga.* l. c. f. 9.

Habite l'*OEdipoda migratina* et le *Gryllus campestris.*

Il paraît que la fameuse *Needhamia expulsoria*, de la vésicule spermatique des Sepia, décrite avec soin, mais dans l'état mort, par M. Carus, ne peut être rangée provisoirement dans aucun des ordres existans d'Entozoaires.] N.

GÉROFLÉ. (Caryophyllæus.)

Corps mou, aplati, allongé, rétréci postérieurement, à son extrémité antérieure dilatée, frangée, pétaliforme, contractile.

Bouche labiée, peu apparente. Anus postérieur, terminal.

Corpus molle, depressum, elongatum, posticè attenuatum; anticâ extremitate dilatatâ, fimbriatâ contractili.

Os labiatum, rarò conspicuum. Anus terminalis, posticus.

Observations. — L'extrémité antérieure du *Géroflé* est remarquable par les formes variées qu'elle prend dans ses mouvemens. Elle est ordinairement dilatée en spatule, et aussi crispée que le pétale d'un œillet. C'est par cette extrémité que l'animal s'attache aux parois des intestins des poissons en qui il habite; et la bouche qui s'y trouve ne devient apparente que lorsque le Ver contracte sa frange antérieure.

On ne connaît encore qu'une espèce de ce genre, savoir:

ESPÈCE.

1. Géroflé des poissons. *Caryophyllæus piscium.*

Fasciola fimbriata. Goetze. Naturg. tab. 15. f. 4-5.
Tænia laticeps. Pall. N. nord. Beytr. p. 106. n° 16. tab. 3. f. 33.
Caryophyllæus cyprinorum. Zeder. Naturg. p. 252. tab. 3. f. 5-6.

Caryophyllæus mutabilis. Rud. Ent. 3. p. 9.
* Rud. Syn. p. 127-441.
* Nordmann. Mikr. Beyt. 11. p. 75. *Nota.*
* Brems. Icon. tab. xi. f. 1-8.
* Blainville. Dict. des Sc. nat. t. 57. p. 553. pl. 41. fig. 11.
Caryophyllæus piscium. Gmel. p. 3052.
Habite dans les intestins des poissons d'eau douce, des cyprins, de la carpe, de la tanche, etc. Sa vie est fort tenace.

[G. Cuvier range le genre *Caryophyllæus* parmi les Trématodes; M. de Blainville en fait une famille séparée, les *Protéocéphalés* de son troisième ordre *Proboscéphalés*, et Rudolphi commence par ce genre *Caryophyllæus* l'ordre des *Cestoïdes*. Quant à sa structure intérieure, ce groupe se distingue essentiellement des autres Cestoïdes, en ce que les organes de la génération ne sont pas multiples. Lamarck a tort de lui attribuer un anus.] N.

TENTACULAIRE. (Tetrarhynchus.)

Corps sacciforme, oblong, un peu en massue, obtus antérieurement, rétréci ou atténué dans sa partie postérieure.

Quatre suçoirs proboscidiformes et rétractiles à l'extrémité antérieure. Anus postérieur, terminal.

Corpus sacciforme, oblongum, subclavatum, anticè obtusum, posticè attenuatum.

Suctoria quatuor, proboscidiformes retractilesque in extremitate anticâ. Anus posticus, terminalis.

Observations. — Quelques naturalistes ont confondu les Vers de ce genre avec les Echinorynques, parce que leurs suçoirs proboscidiformes sont quelquefois hérissés de crochets. Bosc, qui en a observé une espèce, en a constitué un genre particulier, sous le nom de *Tentaculaire*, les suçoirs dans leur saillie imitant des tentacules; et le docteur Rudolph en a développé les caractères dans son genre *Tetrarhynchus.*

Les tentaculaires ont le corps oblong, subcylindrique, en massue ondée, très contractile. Ces Vers sont en général forts petits, se trouvent dans l'estomac, les intestins et le foie des poissons.

[Le genre *Tetrarhynchus*, auquel Lamarck attribue à tort un anus, fait également partie des Cestoides de Rudolphi, comme nous l'avons dit plus haut, et se rattache immédiatement aux genres *Anthocephalus* et *Rhynchobothrium*. Chez M. Leuckart, ce genre correspond à la subdivision de *Bothriocephalus* « *corpore inarticulato, capite armato tentaculato* ». Bremser est d'avis que les espèces de *Tetrarhynchus* sont des Bothriocéphales non développés. Je crois cette opinion fondée, du moins par rapport à quelques-unes de ces espèces. Un faible commencement d'articulation est visible dans *Tetrarhynchus macrobothrius*. C'est de cette espèce que Bosc a fait le genre *Tentacularia*, qui ne peut pas être adopté.] N.

ESPÈCES.

1. Tentaculaire appendiculée. *Tetrarhynchus appendiculatus*.

T. proboscidibus simplicibus; corpore clavato posticè truncato, appendiculato. Rud. Ent. 2. p. 318. tab. 7. f. 10-12.

* Rud. Syn. p. 131-454.

Echinorhynchus quadrirostris. Goetze. Naturg. tab. 13. f. 3-5.

Encycl. pl. 38. f. 23. A-B-C.

Habite dans le foie du saumon.

2. Tentaculaire de Bosc. *Tetrarhynchus papillosus*.

T. proboscidibus papilla terminatis; corpore oblongo, posticè obtuso, Rud. Ent. 2. p. 320.

Tentacularia. Bosc. Bullet. des sc. phil. n° 2. tab. 2. f. 1. et Hist. nat. Vers. 2. p. 11-13. pl. XI. f. 2-3.

* Brems. Icon. tab. XI. f. 16-19.

* *Tentacularia coryphenæ*. Blainville. Dict. des Sc. nat. t. 57. p. 591.

* *Tentacularia papillosus*. Ejusd. op. cit. pl. 46. fig. 2.

* *Tetrarhynchus macrobothrius*. Rud. Syn. p. 131-453-689.

Habite sur le foie de la dorade. Son corps est ondé, strié longitudinalement. Ses suçoirs ne sont pas hérissés de crochets. Zeder en a fait un Echinorynque.

Ajoutez :

† 3. *Tetrarhynchus discophorus.* Rud. Brems. Icon. XI. f. 14, 15.

MASSETTE. (Scolex.)

Corps gélatineux, allongé, un peu déprimé, en massue antérieurement, pointu à l'extrémité postérieure, contractile.

Bouche terminale, orbiculée, entourée de 4 oreillettes plicatiles, polymorphes, subperforées.

Corpus gelatinosum, elongatum, subdepressum, anticè clavatum, posticè acuminatum, contractile.

Os terminale, orbiculatum, auriculis quatuor plicatilibus, polymorphis, subperforatis cinctum.

Observations. — Les *Massettes* sont des Vers extrêmement petits, gélatineux, très contractiles, et que l'on doit distinguer des Tentaculaires ou Tétrarhynques, si, comme on l'a dit, ils ont une bouche terminale, distincte des quatre oreillettes qui l'entourent. Ces oreillettes, qui paraissent des suçoirs particuliers, communiquant avec l'intérieur de la bouche, sont plicatiles, polymorphes, tantôt allongées et rabattues, et tantôt relevées et raccourcies. Lorsque le Ver est allongé, son corps est lisse, presque linéaire, et toujours en massue antérieurement; mais lorsqu'il est contracté, il offre des rides transverses. Sa partie postérieure est toujours atténuée en pointe. Il n'y a dans les Massettes ni suçoirs ni trompe armés de crochets, comme dans les Echinorynques; néanmoins on doute maintenant de l'existence de ce genre, et l'on présume qu'il n'est dû qu'à l'observation d'individus très jeunes, probablement du genre de l'Echinorynque.

[G. Cuvier a rangé le genre *Scolex* dans la troisième famille, Ténioides, de ses Intestinaux parenchymateux. M. Blainville le place dans la troisième famille, Anarhynques, de son deuxième ordre Porocéphales. Rudolphi, enfin, le figure entre les genres

Caryophyllæus et *Gymnorhynchus*, dans l'ordre des *Cestoidea*. Personne ne croit plus aujourd'hui que le *Scolex* n'est qu'une forme imparfaitement développée d'Echinorynque. Il y a plus de probabilité que ces petits Vers problématiques se métamorphosent en Bothriocéphales. Mais cette conjecture a besoin d'être appuyée par des observations directes qui restent encore à faire. Les points rouges en forme d'yeux ne se trouvent pas à tous les individus, et dans l'intérieur du corps on peut distinguer cinq à six canaux longitudinaux, dont les deux latéraux sont tortueux.] N.

ESPÈCE.

1. Massette microscopique. *Scolex pleuronectis.*

Sc. opaca; *capite auriculis quaternis.* Mull. Zool. dan. p. 24. tab. 58.
Encycl. pl. 38. f. 24.
Scolex pleuronectis. Gmel. p. 3042.
* *Scolex polymorphus.* Rud. Syn. p. 123-442.
* Brems. Icon. tab. XI. f. 9-10.
* Blainville. Dict. des Sc. nat. pl. 46. fig. 1.
* *Scolex auriculatus.* Mull. Zool. dan. t. 2. p. 24. tab. 58. f. 1-21.
* Blainville. op. cit. t. 7. p. 606.
Habite les intestins de divers poissons, surtout des Pleuronectes.

TÉTRAGULE. (Tetragulus.)

Corps allongé, claviforme, un peu aplati, annelé transversalement; à anneaux étroits, bordés inférieurement d'épines courtes.

Bouche inférieure, située un peu au-dessous de l'extrémité la plus large, et accompagnée de chaque côté de deux crochets mobiles. Anus terminal, postérieur.

Corpus elongatum, claviforme, subdepressum, transversìm annulatum; annulis angustis, margine inferiore spinis brevibus ciliatis.

Os subtùs et infrà latiorem extremitatem, utroque latere hamulis duobus mobilibus armatum. Anus terminalis, posticus.

Observations. — Le *Tétragule*, publié par Bosc, est un nouveau genre de Vers qui paraît se rapprocher un peu des Massettes et des Echinorynques, quoiqu'il en soit très distinct. Son corps est allongé, assez épais, élargi en massue antérieurement, va en se rétrécissant vers sa partie postérieure, et a environ trois millimètres de longueur. Il est mou, blanc, et divisé transversalement par environ quatre-vingts anneaux étroits, dont le bord inférieur est cilié par des épines courtes.

Sa bouche, située inférieurement au-dessous de l'extrémité la plus large, est ronde, grande et accompagnée de chaque côté de deux crochets cornés, transparens, mobiles de haut en bas.

Il n'y a encore qu'une espèce connue, qui est la suivante:

ESPÈCES.

1. Tétragule du cavia. *Tetragulus caviæ.*

Bosc. Nouv. bullet. des sc. nat. n° 44. f. 1. a-b-c-d.
* *Pentastoma denticulatum.* Rud.
* *Tetragule de Bosc.* Blainville. Dict. des Sc. nat. pl. 27. fig. 6.
Il vit dans le poumon du cochon d'Inde (*cavia porcellus*).

[Il faut entièrement supprimer le genre *Tetragulus*, qui est identique au *Linguatula* Froel., *Pentastoma* Rud., et qui se trouve déjà énuméré plus haut, dans la 2e section, *Vers planulaires*, sous le nom de *Linguatula denticulata*, page 594. n° 2.]

SAGITTULE. (Sagittula.)

Corps mou, oblong, un peu déprimé, terminé antérieurement par un renflement pyramidal, hérissé en dessus de pointes dirigées en arrière. Deux appendices opposés et cruciformes à la partie postérieure du corps.

Un suçoir en trompe rétractile, inséré en dessus sous le sommet du renflement pyramidal.

Corpus molle, oblongum, subdepressum; capitulo terminali pyramidato, supernè retrorsùm aculeato; parte corporis posteriore appendicibus duabus oppositis cruriformibus.

Proboscis retractilis unica, sub apice capituli pyramidati supernè inserta.

Observations. — Il paraît que ce n'est encore que d'après une seule observation que l'on a l'idée de cette singulière sorte de Vers; et c'est du corps humain que M. Bastiani l'a obtenue, à l'aide d'une évacuation par les selles, dans une cardialgie vermineuse.

On peut voir dans les actes de l'Académie de Sienne (tome VI, p. 241), l'histoire de la Sagittule, que M. Bastiani nomme animal bipède. Ce Ver semble avoisiner par quelques rapports les Echinorynques.

ESPÈCE.

1. Sagittule de l'homme. *Sagittula hominis.*

Bastiani. Acad. seniens. act. 6. p. 241. pl. 6. f. 3-4.

Habite dans le canal intestinal de l'homme.

[Doit être supprimé, n'étant pas un ver intestinal, mais un fragment d'une arête de poisson. Voyez Rudolphi, *Entozoorum Hist. Nat.* 1. p. 169. Lamarck devait au moins citer ce passage.]

ORDRE SECOND.

VERS RIGIDULES.

Leur corps a un peu de raideur qui le rend presque élastique; ils sont nus, cylindriques, filiformes, la plupart réguliers.

Les Vers *rigidules*, dont le docteur Rudolphi compose

son premier ordre (*Entozoa nematoidea*, vol. 2. p. 55), sont cylindriques, filiformes, nus, et en général moins imparfaits en organisation que ceux de l'ordre précédent. Leur forme cylindrique et assez égale ou régulière eût pu servir seule à caractériser l'ordre qui les comprend, si, parmi les *Hétéromorphes*, qui font partie des Vers mollasses, l'on ne trouvait des espèces à corps subcylindrique. L'espèce de raideur qui rend leur corps presque élastique doit donc être employée, concurremment avec la considération de leur forme générale, à caractériser le second ordre dont il s'agit ici.

Le canal intestinal de ces Vers est complet, c'est-à-dire, ouvert aux deux extrémités, quoique, dans les espèces à corps très grèle, l'anus, la bouche même, soient quelquefois difficiles à apercevoir, à cause de la transparence des parties et de la petitesse de ces ouvertures.

C'est parmi les Vers de cet ordre que l'on croit avoir trouvé des organes véritablement sexuels, en attribuant à certaines parties singulières, des fonctions qui paraissent vraisemblables. Si l'on ne s'est point fait illusion à cet égard, ce serait ici que la nature aurait commencé l'établissement d'un nouveau système de génération, celui qui, pour opérer la production d'un nouvel individu, exige le concours de deux sortes d'organes, les uns fécondateurs et les autres propres à former des corpuscules que la fécondation seule peut rendre capables de vivre.

Parmi les Vers *rigidules*, comme parmi les mollasses, les uns ne se trouvent jamais que dans l'intérieur du corps des autres animaux; mais d'autres se rencontrent ailleurs, et sont des Vers externes, que l'état de leur organisation force de rapporter à cette classe.

Voici les genres qui appartiennent à cet ordre.

ÉCHINORYNQUE. (Echinorhyncus.)

Corps allongé, subcylindrique, sacciforme. Trompe terminale, solitaire, rétractile, hérissée de crochets recourbés.

Corpus elongatum, cylindraceum, sacciforme. Proboscis terminalis, solitaria, retractilis, aculeis aduncis echinata.

Observations. — Les *Echinorynques* constituent un genre fort remarquable par le caractère singulier de leur trompe. Elle est terminale, solitaire, rétractile, et hérissée de crochets recourbés, soit disposés par rangées nombreuses, soit placés sur un seul rang. Le corps de ces Vers est allongé, cylindracé, sacciforme, quelquefois un peu déprimé, et légèrement atténué dans sa partie postérieure. On le voit tantôt lisse, tantôt muni de rides transverses, plus ou moins apparentes. L'anus n'est pas connu.

On trouve les Echinorynques dans les intestins et les autres viscères de beaucoup d'animaux vertébrés; mais jusqu'à présent on n'en a pas encore observé dans le corps de l'homme.

Ces Vers implantent leur trompe dans les membranes ou la substance des viscères, s'y fixent par leurs piquans crochus, et y demeurent fortement attachés, souvent pendant toute leur vie.

[Le genre *Echinorhynchus*, si riche en espèces, forme à lui seul l'ordre des *Acanthocephala* de Rudolphi.

M. Mehlis a cru, et M. Duvernoy a répété tout récemment que dans ces Vers il se trouve à la pointe de la trompe une ouverture qui leur sert de bouche; cette opinion a besoin d'être confirmée. Les sexes sont toujours séparés, et les parties sexuelles très compliquées; les ovaires ne sont point attachés et flottent librement dans la cavité du corps. Un changement de forme très considérable, suivant l'âge de l'individu, a lieu dans plusieurs espèces.

Le genre *Hœruca*, Gmel., adopté par Cuvier, a besoin d'être soumis à des recherches ultérieures. Touchant les Acanthocéphales, voyez :

Westrumb. *De Acanthocephalis.*

Nitzsch. *Encyclop. par MM. Ersch et Gruber*, article *Acantocephala.*

Cloquet. *Anatomie des Vers intestinaux*, 1824 (*Echinorhynchus gigas*).

Creplin et Mehlis. *Observationes de Acanthocephalis.* Isis, 1831 p. 166. *sqq.*

Siebold. *Traité de Physiologie, par Burdach*, Paris, 1838, t. 3, p. 45.

Burow. *Echinorhynchi strumosi Anat.* Regiomont, 1836.

Siebold. *Archiv. de Wiegmann.* 1837, livr. 6, p. 258, *sqq.*]

ESPECES.

§ *Le cou et le corps inermes (sans piquans).*

1. Echinorynque du cochon. *Echinorhynchus gigas.*

Ech. proboscide subglobosâ; collo brevi vaginato; corpore longissimo, cylindrico, posticè decrescente. Rud. Ent. 2. p. 251. t. 3. f. 15.
Echinorhynchus gigas. Bloch. Abhandl. p. 26. t. 7. f. 1-8.
* Brems. Icon. tab. 6. f. 1-4.
* Rud. Syn. p. 63. 310.
* Cloquet. Anatomie de l'Echinorynque géant. tab. 5-8.
* Blainv. Dict. des sc. nat. t. 57. p. 551.
* Deslonchamps. Encycl. Vers. p. 302.
Goetze. Naturg. p. 143-150. tab. 10. f. 1-6.
Encycl. pl. 37. f. 2-7.
Habite les intestins des cochons, surtout de ceux que l'on tient enfermés pour les engraisser.

2. Echinorynque du cyprin. *Echinorhynchus tuberosus.*

Ech. proboscide subglobosâ, apice aculeis rectis reflexisque coronata; collo vaginato brevissimo; corpore oblongo.
Echinorhyncus rutili. Mull. Zool. dan. 11. p. 27. tab. 61. f. 1-8. Gmel. p. 3050. n° 45.
Ech. tuberosus. Zed. Naturg. p. 163. Rud. Ent. 2. p. 257.
* Delongch. op. cit. p. 303.
Habite les intestins du *Cyprinus rutilus.* Il n'a qu'une rangée de piquans.

3. Echinorynque du cobite. *Echinorhynchus claviceps.*

Ech. proboscide subglobosa; collo subnullo; corpore cylindrico, an-

trorsum decrescente. Rud. Ent. 2. p. 258.
Echin. cobitis barbatulæ. Goetze. Naturg. p. 158. t. XII. f. 7-9.
Echin. cobitidis. Gmel. p. 3048. n° 32.
* Deloncb. op. cit. p. 304.
Habite les intestins du cobite barbu.

4. Echinorynque de l'anguille. *Echinorhynchus globulosus*.

Ech. proboscide ovali, breviore collo vaginato; corpore oblongo. Rud. Ent. 2. p. 259.
* Rud. Syn. p. 65. 313.
* Brems. Icon. tab. 6. f. 5-6.
* Delonch. loc. cit.
Ech. anguillæ. Mull. Zool. dan. 11. p. 33. tab. 69. f. 4-6.
Encycl. pl. 38. f. 16-18.
Habite les intestins de l'anguille.

5. Echinorynque strié. *Echinorhynchus striatus*. G.

Ech. proboscide conicâ; collo brevissimo; corpore longitudinaliter striato, passim constricto. Rud. Ent. 2. p. 263.
Echin. striatus. Goetze. Naturg. p. 152. tab. 11. f. 6-7.
* Rud. Syn. p. 74. 329.
Encycl. pl. 37. f. 13-14.
Echinorhyncus ardeæ. Gmel. 3046.
Habite dans la grue cendrée.

6. Echinorynque de l'ésoce. *Echinorhynchus angustatus*.

Ech. proboscide cylindricâ truncatâ; collo brevissimo; corpore antrorsum angustato. Rud. Ent. 2. p. 266.
* Rud. Syn. p. 68, 318.
Echinorynchus lucii. Mull. Zool. dan. tab. 37. f. 4-6.
Encycl. pl. 38. f. 3-5.
Habite les intestins de l'ésoce.

§§. *Le cou ou le corps armé de piquans.*

7. Echinorynque de la macreuse. *Echinorhynchus minutus*.

Ech. proboscide cylindricâ; collo tereti nudo; vaginâ striatâ; corporis parte anticâ subovatâ aculeatâ, posticè ovali inermi. Rud. Ent. 2. p. 295.
* *Echinorynchus versicolor*. Rud. Syn. p. 74.

Echin. minutus coccineus. Goetze. Naturg. p. 164. tab. 13. f. Encycl. pl. 38. f. 1. A-B.
Echin. anatis. Gmel. p. 3045. et *Echin. merulæ.* p. 3046.
Habite les intestins du canard brun (de la macreuse), etc.

8. Echinorynque du phoque. *Echinorhynchus strumosus.*

Ech. proboscide cylindrica transversa; collo nullo; corporis parte antica subglobosa aculeata, postica tereti inermi. Rud. Ent. 2. p. 293. tab. 4. f. 3.
Echin. strumosus. Zeder. Naturg. p. 158. n° 28.
* Rud. Syn. p. 73.
* Voyez Burow, *Echinorynchi strumosi anatome.* Regiom. 1837.
Habite les intestins du phoque.

9. Echinorynque du canard. *Echinorhynchus constrictus.*

Ech. proboscide subclavata; collo conico nudo; corpore ablongo, bis obiter constricto, antice aculeato. Rud. Ent. 2. p. 296.
Echin. anatis boschadis domest. Goetze. Naturg. p. 163. tab. 13. f. 6-7.
Echin. boschadis. Gmel. p. 3045.
* *Echin. versicolor.* Rud. Syn. p. 74.
Habite les intestins du canard sauvage.
Etc.

POROCÉPHALE. (Porocephalus.)

Corps cylindrique, inarticulé, presque en massue; à extrémité antérieure variant irrégulièrement par ses contractions.

Trompe terminale, contractile. Cinq crochets rétractiles, cachés sous la trompe dans des fossettes.

Corpus teres, inarticulatum, subclavatum; anticâ extremitate contractionibus variè deformatâ.

Proboscis terminalis, contractilis. Aculei quinque, adunci, retractiles, in foveis sub proboscide latentes.

Observations. — Le *Porocéphale* est un nouveau genre de Ver établi par M. de Humboldt, dans le *Recueil de ses Observations de Zoologie*, d'après l'espèce qu'il a trouvée dans un serpent d'Amérique. Par ses rapports, ce Ver semble se rapprocher des Echinorynques; mais les caractères de sa trompe et les crochets contractiles qui sont au-dessous, le distinguent éminemment.

ESPÈCE.

1. Porocéphale du crotale. *Porocephalus crotali.*

P. subclavatus, flavescens; proboscide lacteâ præmorsâ; aculeis quinque fuscescentibus. Humboldt. Obs. de zool. pl. 26.

* *Porocephalus crotali.* Humboldt. Rec. d'obs. de zool. fasc. 5 et 6. nº XIII. p. 298–304. tab. 24.

* *Echinorhynchus crotali.* Humboldt. Ans. d. nat. 1. auf. p. 162.

* *Distoma crotali.* Humboldt. l. cit. p. 227.

* *Polystoma proboscideum.* Rud. Mag. naturf. Freunde. VI. p. 106.

* *Pentastoma proboscideum.* Rud. Syn. p. 124–434.

* Brems. Icon. tab. x. f. 22-24.

* Diesing. Monogr. p. 21. tab. 3. f. 37-41. tab. IV. f. 1-10.

Habite dans un serpent d'Amérique.

[Le genre *Porocephalus* doit être supprimé, et il est à noter que l'espèce type se trouve déjà mentionnée plus haut sous le nom de *Linguatula proboscidea.*]

LIORHYNQUE. (Liorhynchus.)

Corps allongé, cylindrique, rigidule.

Bouche terminale, obtuse, donnant issue à un suçoir tubuleux, simple et rétractile.

Corpus elongatum, teres, rigidiusculum.

Os terminale: obtusum, haustellum tubulosum evalvem et retractilem emittens.

Observations. — Les *Liorhynques* ressemblent un peu aux Ascarides par leur aspect; néanmoins, par leur trompe terminale, ils paraissent se rapprocher des Echinorynques et du Porocéphale. Ce sont des Vers cylindriques, grêles, atténués tantôt antérieurement, tantôt postérieurement, à queue ordinairement pointue. Leur bouche consiste en un petit tube proboscidiforme, mutique, que l'animal fait sortir de son extrémité antérieure, ou y rentrer comme à son gré.

On n'en connaît encore que trois espèces, qui se trouvent dans deux Mammifères et dans un Poisson.

ESPÈCES.

1. Liorhynque du blaireau. *Liorhynchus truncatus.*

L. tubulo elabiato; corpore utrinque subattenuato, lævi; cauda acutissimâ. Rud. Ent. 2. p. 247.
* Rud. Syn. p. 62.
* Delonch. Encycl. Vers. p. 496.
* Blainv. Dict. sc. nat. t. 57. p. 548.
Habite les intestins du blaireau.

2. Liorhynque du phoque. *Liorhynchus gracilescens.*

L. tubulo elabiato; corpore retrorsum attenuato, lævi; caudâ acutâ. Rud. Ent. 2. p. 248.
* Rud. Syn. p. 62.
Ascaris tubifera. Mull. Zool. dan. 11. p. 46. tab. 74. f. 2.
Encycl. p. 32. f. 8.
Echinorhynchus tubifer. Gmel. p. 3044.
Habite dans l'estomac du phoque barbu.

3. Liorhynque de l'anguille. *Liorhynchus denticulatus.*

L. tubulo labiato; corpore antrorsùm attenuato, collo crenato (seriatim denticulato. Rud. Ent. 2. p. 249. tab. XII. f. 1-2.
* Rud. Syn. p. 62-307.
* Brems. Icon. tab. 5. f. 19-22.
* Blainv. op. cit. pl. 30. f. 9.
Cochlus inermis. Zed. Naturg. p. 50. tab. 1. f. 6.
Habite dans l'estomac et le cœur de l'anguille.

[Ici nous commençons enfin l'ordre des Nématoïdes, Rud., par le genre *Liorhynchus,* auquel se rattachent les genres suivans, décrits dernièrement, et pour la première fois, par M. Diesing. N'ayant pas observé nous-même ces nouveaux genres, nous en empruntons la caractéristique à M. Diesing.

† Genre **CHEIRACANTHUS**. Diesing.

Corpus teres, elasticum, postice attenuatum; spinulis palmatis 2-5 dentatis in antica corporis parte armatum, simplicibus et mox evanescentibus in media. Caput subglobosum, depressiusculum, spinulis simplicibus obsessum. Os terminale, bivalve, nudum. Cauda maris spiralis, apice excavata, utroque latere processibus tribus brevissimis obtusis costata. Spiculum conicum, elongatum simplex.

1. *Cheiracanthus robustus*. Diesing. Ann. du Musée de Vienne. 1839. vol. 2. part. 2. p. 22. pl. 14. f. 1-7.

? *Gnathostoma spinigerum*. Owen. the London and Edinburgh philosoph. Mag. third series. n° 65. 1887. Suppl. p. 129.
Habite l'estomac de plusieurs espèces de felis.

2. *Cheiracanthus gracilis*. Diesing. l. c. pl. 14. f. 8-11.

Vit dans le canal intestinal du *Sudis gigas*.

Ce genre, ainsi que les suivans, présente dans son organisation plusieurs rapports avec l'Echinorynque; ce sont principalement les quatre corps oblongs, creux, attachés à la partie céphalique et terminés en cul-de-sac, qui méritent de fixer notre attention. M. Owen considère les quatre corps analogues de *Gnathostoma* comme un appareil salivaire; mais on peut aussi, suivant M. Diesing, les comparer aux Lemnisques des Acanthocéphalés, et aux appendices ou vésicules ovales dont M. Tiedemann a démontré l'existence dans les Holothuries.

† Genre **LECANOCEPHALUS**. Diesing.

Corpus teres, elasticum, utrâque extremitate incrassatum, antice obtusatum, postice acuminatum, spinulis simplicibus annulatim corpus cingentibus. Caput obtuse subtriquetrum, discretum, patellæforme, ore trilabiato. Maris cauda inflexa, uncinata, spiculo duplici, feminæ recta, subulata.

Lecanocephalus spinulosus. Diesing. l. c. pl. 14. f. 12-20.

Habite dans l'estomac du *Sudis gigas*.

† Genre **ANCYRACANTHUS**. Diesing.

Corpus teres elasticum, utraque extremitate attenuatum. Os terminale, orbiculare, armatum spinulis pinnatifidis quatuor, cruciatim dispositis. Cauda maris inflexa, spiculum duplex. Feminæ cauda recta, apice acuminata.

Ancyracanthus pinnatifidus. Diesing. l. c. p. 227. pl. 14. f. 21-27.

Vit dans les intestins du *Podocnemis expansa*. Wagler.

C'est un genre bien remarquable et dont l'organisation diffère sur plusieurs points de celle des autres Nématoïdes.

† Genre **HETEROCHEILUS**. Diesing.

Corpus teres, elasticum, utrâque extremitate attenuatum, capite subtriquetro, acuminato, trilabiato, labiis diversiformibus, duobus oppositis concavis, æqualibus, apice truncatis, tertio laterali latiore longioreque convexiusculo, limbo rotundato. Collum breve, tunica tectum novemplicata, tribus plicis longioribus validioribus antice latioribus, reliquis intermediis binis brevioribus, limbo undulato. Cauda maris rubrecta, acuminata, spiculo duplici, utroque margine membranaceo (hinc alato). Cauda feminæ subulata, recta.

Heterocheilus tunicatus. Diesing. l. c. pl. 15. f. 1-8.

Se rapproche le plus du genre *Cucullanus*. Vit dans l'estomac d'une nouvelle espèce de *Manatus* (*Manatus exunguis*. Natterer), dans l'Amérique du sud. N.

STRONGLE. (Strongylus.)

Corps allongé, cylindrique, atténué postérieurement;

à queue terminée par une bourse substylifère dans les mâles, très simple dans les femelles.

Bouche orbiculaire, grande, subciliée ou papilleuse, terminant l'extrémité antérieure.

Corpus elongatum, teres, posticè attenuatum; caudâ bursam substyliferam in maribus terminatâ; in femineis simplicissimâ.

Os orbiculare, magnum, ciliis aut papillis cinctum, extremitatem anticam terminans.

Observations. — Les *Strongles* sont des Vers très singuliers en ce qu'ils paraissent posséder des sexes distincts, sur des individus différens. Dans les autres genres avoisinans, tels que les Cucullans, les Ascarides, etc., les sexes semblent se montrer encore, mais sont plus hypothétiques. Les Strongles seraient donc les Vers connus les plus perfectionnés, c'est-à-dire les plus avancés en organisation.

Ces Vers sont, en général, lisses, blanchâtres ou un peu rougeâtres, presque point atténués vers leur extrémité antérieure, et assez transparens pour laisser voir leurs organes intérieurs à travers leur peau. La bourse qui termine la queue des mâles est plus ou moins fissile, substylifère, souvent oblique.

On trouve des Strongles dans l'homme, plusieurs Mammifères et quelques Oiseaux. Ils vivent dans l'œsophage, les intestins, et dans les reins.

ESPECES.

§ *Bouche ciliée ou dentée.*

1. Strongle des chevaux. *Strongylus armatus.*

S. capite globoso truncato, ore aculeis rectis densis armato; bursâ maris trilobâ, caudâ feminœ obtusiusculâ. Rud. Ent. 2. p. 204.

* Rud. Syn. p. 30.

* Brems. Icon. tab. 3. f. 10-15.

* Blainv. Dict. sc. nat. Vers. pl. 29. f. 15.

* Delonch. Encycl. Vers. p. 700.

* Leblond. Quelques matériaux pour servir à l'histoire des Filaires et des Strongles, in-8, Paris, 1836. p. 31. pl. 4. f. 1.

Strongylus equinus. Mull. Zool. dan. 11. p. 2. tab. 42. f. 1-12. Encycl. pl. 36. f. 7-15.

Strongylus equinus. Gmel. p. 3043.

Habite dans l'estomac et les gros intestins des chevaux.

2. Strongle des porcs. *Strongylus dentatus*.

S. capite obtuso, dentibus anticis recurvis obsito; corpore alato; bursa maris triloba; cauda feminæ subulata. Rud. Ent. 2. p. 209.

* Rud. Syn. p. 31.

* *Sclerostoma dentatum*. Blainv. Dict. des sc. nat. t. 57. p. 545.

Habite dans le colon et le cœcum des cochons.

Ajoutez :

† *Strongylus hypostomus*. Rud. Synops. p. 33. Bremser. Icon. tab. 4. f. 1-4. Mehlis, dans l'Isis. 1831. p. 78. tab. 2. f. 5-9.

§§. *Bouche entourée de papilles.*

3. Strongle des reins. *Strongylus gigas*.

S. capite obtuso, ore papillis planiusculis sex cincto; bursa, maris truncata integra; cauda feminæ rotundata. Rud. Ent. 2. p. 210.

* Rud. Syn. p. 31-260.

* Blainv. op. cit. pl. 29. f. 18.

Ascaris renalis, Ascaris visceralis et sub ascaride lumbricoide, in Gmelino. p. 3030-3032.

Encycl. pl. 30. f. 4.

Habite dans les reins de l'homme et de plusieurs mammifères, rarement dans les autres viscères et le tube intestinal. Cette espèce est fort grande et a été confondue avec l'Ascaride lombrical.

4. Strongle papilleux. *Strongylus papillosus*.

S. capite obtuso, papillis sex conicis cincto; ore orbiculari amplissimo; corpore crenato; bursa maris integra obliqua, cauda feminæ obtusa. Rud. Ent. 2. p. 214. tab. 3. f. 11-12.

* Rud. Synops. p. 31-261.

Strongylus papillosus. Zed. Naturg. p. 92.

Habite dans l'œsophage de différens oiseaux. Ses papilles sont coniques, mobiles, presque tentaculiformes.

Etc.

† Genre **STEPHANURUS**. Diesing.

Corpus teres, elasticum, anticè magis attenuatum. Aper-

tura oris ampla, suborbicularis, obsoletè sexdentata, dentibus duobus oppositis validioribus. Cauda maris recta, laciniis quinque coronata, membrana junctis. Spiculum terminale simplex, conulis tribus interceptum, prominulum. Feminæ cauda inflexa, obtusa, apice rostrata, utroque latere processubus obtusis notata.

Stephanurus dentatus, Diesing. Annales du Musée de Vienne. 1839. II. p. 232. pl. 15. fig. 9-19.

Trouvé par M. Natterer dans une variété du *sus scrofa*.

CUCULLAN. (Cucullanus.)

Corps allongé, cylindrique, obtus à son extrémité antérieure, atténué postérieurement.

Bouche terminale, située sous un capuchon strié.

Corpus elongatum, teres, anticè obtusum, posticè attenuatum.

Os terminale, cucullo striato obtectum.

Observations. — Les *Cucullans*, que le docteur Rudolph écarte des Strongles, en paraissent voisins par leurs rapports; aussi paraît-il que Bruguière a voulu les réunir dans le même genre. Néanmoins, leur bouche, située sous un capuchon membraneux, les en distingue éminemment. S'ils ont des sexes véritables, ce qui me paraît encore hypothétique, les mâles n'ont point de bourse à leur extrémité postérieure, comme dans les Strongles.

Les Cucullans paraissent vivre particulièrement dans l'estomac et les intestins des poissons. On n'en connaît encore qu'un petit nombre d'espèces. (1)

[Nous savons depuis long-temps que les sexes des *Cucullanus* sont séparés, et que les femelles sont vivipares. N.]

---

(1) Les Strongles sont souvent surpris dans l'acte de l'accouplement, et c'est d'un pareil couple que M. Siebold avait

ESPÈCES.

1. Cucullan de la perche. *Cucullanus elegans.*

C. capite obtuso, cucullo globoso, posticè uncinato; caudâ maris utrinque alatâ. Rud. Ent. 2. p. 102. tab. 3. f. 1-3. et f. 5-7.
* Rud. Synops. p. 19-230.
* Brems. Icon. tab. 2. f. 10-14.
Cucullanus percæ. Goetze. tab. IX. B. f. A-B. 4-9.
* Blainv. Dict. sc. nat. Vers. pl. 30. f. 13.
Encycl. pl. 36. f. 6.
Cucullanus lacustris, percæ, lucioperca, cernuæ. Gmel. p. 3051.
Habite dans les perches.

2. Cucullan des gades. *Cucullanus foveolatus.*

C. capite obtuso, subtùs foveolato; cucullo globoso mutico. Rud. Ent. 2. p. 109.
* Rud. Synops. p. 21-233.
Cucullanus marinus. Mull. Zool. dan. 1. p. 50. tab. 38. f. 1-11. Encycl. pl. 35. f. 10-15.
Cucullanus marinus, cirratus, muticus. Gmel. p. 3052.
Habite les intestins des gades ou morues. Muller représente un individu comme vivipare, offrant de jeunes vers encore adhérens comme des bourgeons développés et cirrheux.

3. Cucullan de la truite. *Cucullanus globosus.*

C. filiformis, infrà caput globosum posticè tuberculatus; collo gracili longiusculo. Rud. Ent. 2. p. 111.
* Rud. Synops. p. 20.
Goetze. Naturg. p. 133.
Cucullanus lacustris, farionis. Gmel. p. 3051. n° 6.
Cucullanus truttæ. Fabric. in dansk. Selsk. Skrivt. III. p. 30. tab. 3. f. 9-12.
Habite dans la truite.

---

cru pouvoir faire un nouvel animal double, qu'il appela *Syngamus trachealis.* Mais cette erreur ne tarda pas à être découverte et rectifiée par M. Nathusius, et M. Siebold en convint; de sorte que le *Diplozoon paradoxum* reste toujours le seul animal double qu'on connaisse. Voyez les Archiv. de M. Wiegmann. 1837, 1, p. 60. N.

4. Cucullan de l'anguille. *Cucullanus coronatus.*

C. capite obtuso aculeis tribus brevissimis anticis, cucullo globoso. Rud. Ent. 2. p. 113.
* *Cucullanus elegans.* Rud.
Cucullanus. Goetze. Naturg. p. 130. tab. IX. A. f. 1-2.
Encycl. pl. 36. f. 3-4.
Cucullanus lacustris, et *C. anguillæ.* Gmel. p. 3051.
Habite les intestins de l'anguille.
Etc.

ASCARIDE. (Ascaris.)

Corps allongé, cylindrique, très souvent atténué aux deux bouts, ayant trois valvules à l'extrémité antérieure.

Bouche terminale, petite, recouverte par les valvules.

Corpus elongatum, teres, utrinque sæpius attenuatum; extremitate anticâ trivalvi.

Os terminale, exiguum, valvulis rotundatis obtectum.

Observations. — Les *Ascarides*, que l'on doit réduire aux espèces qui offrent à leur extrémité antérieure trois valvules en trèfle qui cachent la bouche, sont des Vers très nombreux en espèces, quelquefois en individus, et souvent fort nuisibles.

Ces Vers sont cylindriques, en général atténués aux deux bouts, quelquefois fort grands, d'autres fois grêles et très petits. Les trois tubercules ou valvules arrondies qui se trouvent à leur extrémité antérieure, paraissent leur servir comme de lèvres pour les aider à se fixer et à pomper leur nourriture. Ils vivent ordinairement en grand nombre et comme par troupes, dans les intestins et l'estomac des animaux vertébrés, et même de l'homme. On peut dire que, après les Tænia, ce sont les plus communs et les plus nuisibles.

On prétend que ces Vers sont munis d'organes sexuels et qu'ils ont les sexes séparés sur des individus différens.

Je n'en citerai que peu d'espèces; parmi lesquelles je n'en indiquerai qu'une seule comme se trouvant dans l'homme, l'*Ascaris vermicularis* devant être rapporté au genre Oxyure, selon l'observation de M. Bremser.

[Le genre *Ascaris* est un des genres les plus difficiles, surtout pour la détermination de ses nombreuses espèces. Mehlis, ayant bien compris cela, a essayé de le subdiviser en plusieurs groupes naturels. Comparez Mehlis dans l'Isis, 1831, p. 91. N.]

ESPECES.

§. *Corps atténué aux deux extrémités.*

1. Ascaride lombricoïde. *Ascaris lumbricoides.* L.

A. corpore utrinque sulcato; caudâ obtusiusculâ. Rud. Ent. 2. p. 124.
* Rud. Synops. p. 37-267.
* Brems. Icon. tab. 7. f. 10-11.
* Cloquet. Anatomie des vers intestinaux. p. 1-61. pl. 1-IV.
* Delonchamps. Encyclop. vers p. 87.
* Blainville. Dict. des sc. nat. t. 57. 541. pl. 37. fig. 17.
Ascaris lubr. Bloch. tab. 8. f. 4-6 (*equi*).
Ascaris gigas. Goetze. Naturg. p. 62-72. tab. 1. f. 1-3 (*equi*).
Ascaris gigas. a. *equi.* b. *hominis.* c. *suis.* d. *vituli*
Habite les intestins grêles de l'homme, du bœuf, du cheval, de l'âne, du cochon. Elle est longue de six pouces à un pied, d'une couleur blanchâtre ou d'un rouge pâle et paraît lisse. On la chasse avec des purgatifs et l'huile empyreumatique de Chabert.

2. Ascaride des poules. *Ascaris vesicularis.*

A. linea corporis laterali tenuissima; caudâ utriusque sexus reflexâ, in maribus utrinque membranâ basi connivente alatâ. Rud. Ent. 2. p. 129.
* Rud. Synops. p. 38-268.
* Delonch. op. cit. p. 88.
Ascaris papillosa. Bloch. Abhandl. p. 32. tab. 9. f. 1-6. Encycl. pl. 32. f. 24-29.
Ascaris papillosa. Gmel. p. 3034. n° 40 et n°s 41. 42. 43. 44.
Habite les intestins des poules, de l'outarde, du faisan.

3. Ascaride acuminée. *Ascaris acuminata.*

A. membrana laterali tenui; cauda acuminata. Rud. Ent. 2. p. 136.
* Rud. Syn. p. 46.
* Delonch. op. cit. p. 92.
Ascaris subulata. Goetze. Naturg. p. 100. tab. 4. f. 4-9.
Ascaris ranæ. Gmel. p. 3035.
Habite les intestins des grenouilles.

4. Ascaride du chien. *Ascaris marginata.*

A. membrana capitis utrinque semi-lanceolata, cauda vix conspicua. Rud. Ent. 2. p. 138.
* Rud. Syn. p. 41.
* Brems. Icon. tab. 4. f. 21.
* Delonch. op. cit. p. 93.
Ascaris. Bloch. tab. 8. f. 1-3.
Encycl. pl. 30. f. 7-9.
Ascaris canis. Gmel. p. 3030.
Habite les intestins grêles du chien.

5. Ascaride du chat. *Ascaris mystax.*

A. membrana capitis utrinque semiovata, cauda lineari. Rud. Ent. 2. p. 140.
* Rud. Syn. p. 42-276.
* Brems. Icon. tab. 4. f. 23.
* Delonch. op. cit. p. 94.
Ascaris felis. Goetze. Naturg. p. 79. tab. 1. f. 5. et f. 9-13.
Encycl. pl. 31. f. 7-12.
Ascaris felis. Gmel. p. 3031.
Habite les intestins grêles du chat.

6. Ascaride aiguille. *Ascaris acus.*

A. membrana laterali capitis caudæque subtùs planiusculorum lineari, corporis tenuissima. Rud. Ent. p. 149.
* Rud. Syn. p. 43.
* Delonch. op. cit. p. 97.
Ascaris acus. Bloch. Eingew. et Naturf. IV. p. 544.
Ascaris acus. Gmel. p. 3037.
Fusaria acus. Zeder. Naturg. p. 104. tab. 11. f. 1-3.
Habite les intestins des ésoces.

§§. *Corps plus épais à une de ses extrémités.*

7. Ascaride du pigeon. *Ascaris maculosa.*

A. membrana laterali capitis utrinque semi-elliptica, corporis evanida; cauda obtusa cum acumine. Rudolph. Ent. 2. p. 158. tab. 1. f. 14-16.
* Rud. Syn. p. 45.
* Brems. Icon. tab. 4. f. 25-28.
Ascaris. Goetze. Naturg. p. 84. tab. 1. f. 6.
Encycl. pl. 30. f. 10. *Asc. columbæ.*

Ascaris columbæ. Gmel. p. 3034.
Habite les intestins du pigeon grosse-gorge.

8. Ascaride du lagopède. *Ascaris compar.*

A. capitis valvulis latiusculis; caudâ maris obliquè truncatâ, alatâ, feminæ rectâ obtusiusculâ. Rud. Ent. 2. p. 161.
* Rud. Syn. p. 46-282.
* Delonch. op. cit. p. 100.
Ascaris compar. Schrank. Bayers. p. 90-94.
Ascaris tetraonis. Gmel. 3034.
Fusaria compar et *Fusaria tetraonis.* Zeder. Naturg. p. 110 et 120.
Habite le gros intestin de la gélinote.

9. Ascaride de la taupe. *Ascaris incisa.*

A. capite obtuso, corpore crenato, caudæ acumine brevi conico. Rud. Ent. 2. p. 163.
* Rud. Syn. p. 46.
* Delonch. op. cit. p. 101.
Cucullanus talpæ. Goetze. Naturg. p. 130. tab. 6. f. 7-8.
Encycl. pl. 36. f. 1-2.
Habite dans la taupe.

10. Ascaride du gade. *Ascaris clavata.*

A. capitis tenuioris membrana lineari, corpore toto retrorsùm incrassato, cauda obtusa mucronata. Rud. Ent. 2. p. 183.
* Rud. Syn. p. 51-293.
Ascaris gadi. Mull. Zool. dan. prodr. n° 2595. et Zool. dan. 11. p. 47. tab. 74. f. 6.
Encycl. pl. 32. f. 15-16.
Habite l'estomac du *Gadus barbatus.*
Etc.

FISSULE. (Fissula.)

Corps allongé, cylindrique, atténué postérieurement, à extrémité antérieure bifide.

Bouche terminale, bilabiée. Anus près de l'extrémité de la queue.

Corpus elongatum, teres, posticè attenuatum; anticâ extremitate bifidâ.

Os terminale, bilabiatum. Anus propè apicem caudæ.

Observations. — Je crois être le premier qui ait senti la nécessité de séparer des Ascarides, le Ver que *Muller* a nommé *Ascaris bifida.* J'en ai formé un genre particulier dans mes leçons, sous le nom de Fissule. Ce genre fut ensuite reconnu, mais diversement nommé par les auteurs. En effet, quelques années après, M. *Fischer* l'établit sous la dénomination de *Cystidicola*, d'après une nouvelle espèce qu'il fit connaître; enfin, le docteur *Rudolphi*, reconnaissant aussi le même genre, lui assigna le nom d'*Ophiostoma.*

Les *Fissules* n'ont point à l'extrémité antérieure, comme les Ascarides, trois valvules qui cachent la bouche; mais, à cette extrémité qui est bifide, elles offrent deux espèces de lèvres, souvent inégales, plutôt latérales que verticales. Leur corps est allongé, cylindrique, atténué postérieurement, transparent, et quelquefois comme crénelé et irrégulier près de la queue, qui est simple et pointue.

On n'en connaît encore qu'un petit nombre d'espèces.

ESPÈCES.

1. Fissule des chauve-souris. *Fissula mucronata.*

F. antica extremitate obtusa; labiis æqualibus; cauda (feminæ) obtusa, mucronata.

Ophiostoma mucronatum. Rud. Ent. 2. p. 117. tab. 3. f. 13-14.

* Rud. Syn. p. 61.

* Delonchamps. Encyclop. vers p. 578.

* Blainville. Dict. des sc. nat. t. 57. p. 540. pl. 30. fig. 8.

Habite les intestins de la chauve-souris oreillard.

2. Fissule du phoque. *Fissula phocæ.*

F. antica extremitate obtusa; labiis inæqualibus; cauda feminæ obtusa, maris mucronata.

Ophiostoma dispar. Rud. Ent. 2. p. 119.

* Rud. Syn. p. 61.

Ascaris bifida. Mull. Zool. dan. 11. p. 47. tab. 74. f. 3. *mas.* et f. 1. *femina.*

Encycl. pl. 32. f. 9 et 10. *mas.*

Habite les intestins des phoques.

3. Fissule cystidicole. *Fissula cystidicola.*

F. labiis æqualibus acutiusculis; cauda latiuscula depressa.

Cystidicola. Fischer. Bibl. n° 265. *cum ic.*
Fissula cystidicola. Syst. des anim. sans vert. p. 339.
Fissula cystidicola. Bosc. Hist. nat. des vers. 2. p. 37.
Ophiostoma cystidicola. Rudolph. Entoz. 2. p. 122.
* *Ophiostoma lepturum*. Rud. Synops. p. 61.
Habite la vessie aérienne des truites.

† 4. *Ophiostoma sphærocephalum*. Rud. Synops. p. 61.
Bremser. Icon. tab. 5. f. 15-18.

TRICHURE. (Trichocephalus.)

Corps allongé, cylindrique, plus épais et presque en massue postérieurement; à partie antérieure graduellement atténuée et presque capillaire.

Bouche terminale, orbiculaire, très petite, à peine visible.

Corpus elongatum, teres; posticè crassiore subclavato; parte anticâ sensim attenuatâ, subcapillari.

Os terminale, orbiculare, exiguum, vix distinctum.

Observations. — Les *Trichures* sont des Vers allongés, cylindriques, souvent contournés postérieurement, surtout dans les mâles, épaissis vers leur extrémité postérieure qui est obtuse; et singulièrement remarquables en ce que leur partie antérieure va en s'amincissant et ressemble à un fil ou à une trompe capillaire. Leur bouche, en général, est extrêmement petite.

Ces Vers vivent le plus souvent par troupes, et habitent les intestins de l'homme, des Mammifères et de quelques Reptiles. On en connaît huit ou neuf espèces.

ESPÈCES.

§ *Extrémité antérieure nue et mutique.*

1. Trichure de l'homme. *Trichocephalus hominis*

T. parte capillari longissima, capite acuto indistincto; corpore maris spiraliter involuto, feminæ subrecto. R.
* Rud. Synops. p. 16.

* Brems. Vers de l'homme. Edit. franç. pl. 1. f. 1-2.
Trichocephalus dispar. Rudolph. Entoz. 2. p. 88.
* Delonch. Encyclop. vers. p. 744.
Trichocephalus hominis. Goetze. Naturg. p. 112-116. tab. VI. f. 1-5. Encycl. pl. 33. f. 1-4.
Trich. hominis. Gmel. p. 3038.
Mastigoides. Zeder. Naturg. p. 69.
Habite les intestins de l'homme, rarement dans les grêles, plus fréquemment dans le cœcum et le colon. Il a jusqu'à 2 pouces de longueur. Il produit une espèce de dysenterie qu'on a nommée *morbus mucosus.* On le trouve aussi dans quelques singes.

2. Trichure des agneaux. *Trichocephalus affinis.*

T. parte capillari longissima, ore orbiculari, corpore maris subspirali, feminæ rectiusculo. Rudolphi, Entoz. 2. p. 92. t. 1. f. 7-10.
* Rud. Synops. p. 16-225.
Habite le cœcum des agneaux et des veaux. Il ressemble beaucoup au précédent.

3. Trichure du lièvre. *Trichocephalus unguiculatus.*

T. parte capillari longissimâ, capite unguiculato, corpore maris spirali, feminæ rectiusculo. Rudolph. Entoz. 2. p. 93. tab. 1. f. 11.
Mastigoides leporis. Zeder. Naturg. p. 71. tab. 1. f. 3-5.
Habite les gros intestins du lièvre.

4. Trichure des souris. *Trichocephalus nodosus.*

T. capite trinodi; parte capillari longiore corpore maris spirali, feminæ incurvo. Rudolph. Entoz. 2. p. 96.
* Rud. Synops. p. 17-227.
Trichocephalus muris. Goetze. Naturg. p. 119-121. tab. 7. A. f. 1-5. Encycl. pl. 33. f. 6-10.
Habite les intestins de la souris.
* Ajoutez :

Trichocephalus depressiusculus. Rud. Syn. p. 17.
* Brems. Icon. tab. 1. f. 16-19.

§§. *Extrémité antérieure armée de piquans.*

5. Trichure hérissé. *Trichocephalus echinatus.*

T. capite echinato; parte capillari corpore spir breviore. Rudolph. Entoz. 2. p. 8.

* Rud. Synops. p. 18.
* Brems. Icon. tab. 1. f. 20-22.
* Blainv. Dict. des sc. nat. pl. 29. fig. 14.
* *Sclerothricum echinatum*. Rud. Syn. p. 223.
Pallas. Nov. comm. petrop. 19. t. 10. f. 6. *Tænia spirillum*.
Trichoceph. Goetze. Naturg. p. 123. t. 7. A. f. 6-7.
Encycl. pl. 33. f. 11-12.
Trichocephalus lacertæ. Gmel. p. 3039.
Habite les intestins du *Lacerta apus*.
[Nous croyons que le *Trichocephalus echinatus* pourrait être séparé des autres espèces à cause de sa structure si différente, et que l'on pourrait adopter le nom *Sclerotrichum*, proposé par Rudolphi.]

[A côté de *Trichocephalus* on doit placer :

† Le genre **TRICHOSOMA**. Rud. (*Capillaria*. Zed.)

Corps rigidule, arrondi, médiocrement allongé, très grèle dans une partie de sa longueur, s'accroissant insensiblement en arrière.

Bouche terminale, ponctiforme. Anus terminal. L'organe mâle contenu dans une gaîne basilaire.

1. *Trichosoma inflexum*. Rud. Synops. p. 13.— Bremser. Icon. tab. 1. f. 12-15. — Delonchamps. Encycl. vers. p. 751. — Blainville. Dict. des sc. nat. t. 57. p. 538.
   Habite les intestins du merle bleu.
2. *Trichosoma obtusiusculum*. Rud. Synops. p. 13. 220. Mehlis, dans l'Isis. 1831. p. 73.

† Le genre **PHYSALOPTERA**. Rud.

Corps rigidule, élastique, rond, atténué également aux deux extrémités.

Bouche orbiculaire, simple ou papilleuse. Organes de la génération mâles avec une spicule simple, sortant d'un tubercule au milieu d'un renflement vésiculiforme de la queue.

1. *Physaloptera clausa*. Rud. Syn. p. 29. Bremser. Icon.

tab. 3. f. 1-7; Delonchamps. Encyclop. vers. p. 621. — Blainv. Dict. des sc. nat. t. 57. p. 545. pl. 30. fig. 10.

Habite le ventricule du hérisson.

2. *Physaloptera alata.* Rud. Syn. l. c. Bremser. Icon. l. c. f. 8-9. — Deloncl. op. cit.

Habite les intestins des faucons.

Suivant l'observation de Mehlis, les ailes attachées à la marge de la la tête ne deviennent visibles que par l'influence de l'esprit de vin, ou par la macération dans l'eau. Comparez Mehlis. op. cit. p. 75. Segg.

† Le genre **SPIROPTERA**. Rud. (*Acuaria.* Brems.)

Corps élastique, rigidule, arrondi, atténué aux deux extrémités.

Bouche orbiculaire, simple ou papilleuse. Organes de la génération mâles formés par un spicule simple (double), sortant entre les ailes latérales de la queue et enroulé.

(A) *Bouche simple.*

1. *Spiroptera strongylina.* Rud. Synops. p. 23. Bremser. Icon. tab. 2. f. 15-18.— Delonchamps. Encyclop. vers. p. 692. — Blainville. op. cit. p. 546.

Habite les intestins du sanglier.

(B) *Bouche papilleuse.*

2 *Spiroptera obtusa.* Rud. Syn. p. 27. Brems. Icon. l. c. f. 19-24. — Deloncl. op. cit. p. 695.

Habite les intestins de la souris.

[Il est certain que dans quelques espèces le spicule du mâle et l'utérus de la femelle sont doubles.] N.

OXYURE. (Oxyurus.)

Corps allongé, cylindrique, atténué et subulé postérieurement.

Bouche orbiculaire, nue, terminale.

Corpus elongatum, teres; parte posticâ attenuatâ, subulatâ.

Os terminale, nudum, orbiculatum.

Observations. — La seule espèce d'*Oxyure* que l'on connut d'abord, fut confondue avec les Trichures, parce que l'on prenait la partie postérieure de ce Ver pour sa partie antérieure. Cette espèce se trouve assez communément dans les chevaux, et l'on sait actuellement que ce n'est point un Trichure.

Depuis, l'on a découvert que l'*Ascaris vermicularis* n'avait point au-dessus de la bouche les trois valvules des Ascarides, et qu'il devait être rapporté au même genre que l'espèce dont je viens de parler.

Ainsi, le genre *Oxyure* se compose maintenant de deux espèces distinctes, très connues, et qui paraissent se multiplier en abondance dans les lieux qu'elles habitent.

La partie antérieure des *Oxyures* est la plus épaisse, cylindrique, assez égale; mais leur partie postérieure va en s'amincissant, devient très menue et finit en pointe aiguë. Ces Vers paraissent plus simples en organisation que les précédens, et à sexes moins distincts.

ESPECES.

1. Oxyure vermiculaire. *Oxyurus vermicularis.*

O. capitis obtusi membrana laterali utrinque vesiculari; caudâ subulatâ.

Ascaris vermicularis. Rudolph. Entoz. 2. p. 152.

Ascaris vermicularis. Goetze. Naturg. p. 102-106. tab. 5. f. 1-5.

* Rud. Synops. p. 44-279.

* Brems. Vers int. de l'homme. pl. 1. f. 3. pl. 2. f. 1.

* *Oxyuris vermicularis.* Delonch. Encycl. vers. 598.

Encycl. pl. 30. f. 25-29.

Gmel. p. 3029. n° 1.

Habite les gros intestins de l'homme non adulte, c'est-à-dire des enfans. Il les tourmente par des chatouillemens presque continuels. Ce Ver se multiplie quelquefois en peu de temps d'une manière étonnante. Sa longueur est de 5 à 6 lignes. On emploie pour l'expulser des infusions d'*helmintocorton*, des lavemens de quelque infusion amère.

2. Oxyure des chevaux. *Oxyurus curvula.*

O. capitis obtusi lateribus nudis.
Oxyurus curvula. Rudolph. Entoz. 2. p. 100. tab. 1. f. 3–6.
* Rud. Synops. p. 18-229.
* Brem. Icon. tab. 2. f. 1–3.
* Deloncl. op. cit.
Trichocephalus equi. Goetze. Naturg. p. 117. tab. 6. f. 8.
Encycl. pl. 33. f. 5.
Gmel. p. 3038. n° 18.
Habite le cœcum des chevaux.
* Ajoutez :

† 3. *Oxyuris alata.* Rud. Synops. pag. 19. 229. Brem. Icon. tab. 2. fig. 4-5.

† 4. *Oxyuris ambigua.* p. 19. 229. Brem. l. cit. fig. 6-9.

[Aux Ascaris et Oxyures se rattachent immédiatement, à cause de leur organisation analogue, plusieurs vers observés en partie dans l'eau, en partie dans les larves des insectes aquatiques, et qui se trouvent mentionnés par les auteurs, tantôt comme des *Oxyuris*, tantôt comme des *Vibrio*.

† Le genre **AMBLYURA**. Ehrenb.

Corpus filiforme, teres, natans. Caput corpori continuum. Os orbiculare, truncatum, cirrhatum. Cauda subulata, ob papillam suctoriam terminalem subclavata. Penis marium simplex, retractilis, nec vaginatus.

1. *Amblyura serpentulus.* *Vibrio serpentulus.* Müller.

2. *Amblyura gordius.* *Vibrio gordius.* Müller.

† Le genre **ANGUILLULA**. Ehrenb.

Corpus filiforme, teres, elasticum, natans. Caput corpori continuum. Os orbiculare, truncatum, nudum. Cauda acuta vel obtusa, papilla terminali nulla. Penis maris simplex, retractilis, nec vaginatus.

1. *Anguillula fluvialis. Vibrio anguillula fluviatilis.* Müller. Ehrenberg Symbolæ physicæ, *Phytozoa.* pl. 2. fig. 8.
2. *Aguillula inflexa.* Ehrenb. l. cit. pl. 1. fig. 12.
3. *Anguillula coluber.* Ehrenb. *Vibrio coluber.*
4. *Anguillula recticauda.* Ehrenb. 5. *Anguillula Dongolana.* Phytoz. pl. 1. fig. 13.

† Le genre **PHANOGLENE.** Nordm.

Corpus filiforme, teres, postice acuminatum. Os truncatum, bilabiatum, cirrhatum. Cervix oculis ruberrimis notata. Penis maris simplex.

1. *Phanoglene micans.* Nordm. Os cirrhis duobus; oculis coalitis.

   Trouvé dans une larve d'un Nevroptère.

2. *Phanoglene barbiger.* Nordm. Oculis duobus discretis; os cirrhis quatuor.

   Trouvé dans l'eau stagnante, près de Berlin.

Le genre Enchilidium, Ehrenberg a aussi un œil rouge; mais cet œil étant de la même épaisseur que le corps de l'animal, ce genre se distingue par là suffisamment du genre Phanoglene. Voyez: Die Acalephen des rothen Meeres. Berlin. 1837. p. 218.

Très voisin d'Oxyuris est le *Vibrio tritici.* Voyez:

Bauer. Ann. des sc. nat., première série. t. 2. 154.

Dugès. Recherches sur l'organisation de quelques espèces d'Oxyures et de Vibrions. Ann. d. sciences natur. novembre 1826.

HAMULAIRE. (Hamularia.)

Corps allongé, cylindracé, presque égal, rigidule.

Bouche au-dessous de l'extrémité antérieure, d'où sortent deux suçoirs filiformes et tentaculaires.

Corpus elongatum, cylindraceum, subæquale, rigidulum. Os infrà apicem anticam, undè haustella duo filiformia tentaculiformiaque prominent.

Observations. — Le genre des *Hamulaires*, établi nouvellement par *Rudolphi*, me paraît être le même que celui que j'ai nommé *Crinon* dans mon *Système des animaux sans vertèbres*, d'après les observations de *Chabert*; mais les deux suçoirs filiformes et probablement rétractiles des *Hamulaires*, ne furent point observés dans les Crinons.

Ce qui fait ici une difficulté à cet égard, c'est que les deux suçoirs des Hamulaires sont rapprochés à leur base, et semblent partir du même point ou de la même ouverture. Au reste, les *Hamulaires* ressemblent tellement aux Filaires par leur forme, qu'on est tenté de douter de leur genre.

On ne connaît encore que deux ou trois espèces d'Hamulaires : on en a trouvé dans l'homme et dans quelques oiseaux.

[Le genre *Hamularia*, tel qu'il est ici caractérisé, doit être supprimé. Les deux premières espèces sont douteuses, et la troisième appartient augenre *Trichosoma*, Rud.] N.

ESPECES.

1. Hamulaire de l'homme. *Hamularia subcompressa.*

H. subcompressa, antice attenuata. Rudolph. Entoz. 2. p. 82.

* *Filaria spec. dubia.* Rud. Syn. p. 7.

Hamularia lymphatica. Treutler. Obs. path. anat. p. 10. tab. H. f. 3-7.

* *Filaria hominis bronchialis, spec. dubia.* Rud. Syn. Mant. p. 215.

Tentacularia subcompressa. Zeder. Naturg. p. 45.

An crino truncatus? Syst. des anim. sans vert. p. 340.

Habite l'homme.

2. Hamulaire du collurion. *Hamularia cylindrica.*

H. teres, æqualis, utrinque obtusa, Rudolph. Entoz. 2. p. 83. t. 12. f. 6.

Linguatula bilinguis. Schrank. Samml. p. 231. tab. 11. A-B.

Tentacularia cylindrica. Zeder. Naturg. p. 45. tab. 1. f. 2.

* *Filaria collurionis pulmonalis, spec. dubia.* Rud. Synops. Mant. p. 217.

Habite dans l'écorcheur ou le *Lanius collurio.*

3. Hamulaire de la poule. *Hamularia nodulosa.*

H. subtus plana; ore papilloso. Rudolph. Entoz. 2. p. 84.

Gordius gallinæ. Goetze. Naturg. p. 126. tab. 7. B. f. 8-10.

* *Trichosoma longicolle.* Rud. Syn. p. 14.

Encycl. pl. 29. f. 4-6.

Filaria gallinæ. Gmel. p. 3040.

Habite les intestins de la poule.

FILAIRE. (Filaria.)

Corps cylindrique, filiforme, égal, lisse, souvent fort long, rigidule.

Bouche terminale, orbiculaire, très petite.

Corpus teres, filiforme, subæquale, lævigatum, sæpè longissimum, rigidiusculum.

Os terminale, orbiculare, minimum.

Observations. — Les *Filaires* sont les Vers les plus simples à l'extérieur ; et en effet, ce sont ceux qui sont les plus difficiles à caractériser dans leurs espèces. On pourrait les confondre avec les Dragonneaux auxquels ils ressemblent beaucoup ; mais comme on ne les trouve jamais ailleurs que dans le corps des animaux, cette différence a paru suffire pour les en distinguer.

Dans quelques espèces, le corps est légèrement atténué à l'une ou à l'autre de ses extrémités ; mais en général il est assez égal d'un bout à l'autre.

Ces Vers se tiennent plutôt dans le tissu cellulaire et les membranes, que dans le canal intestinal. On en trouve dans l'homme, les Mammifères, les Oiseaux, les Poissons, les Insectes, etc.

[Sur le développement des Filaires et des Nématoïdes en général, voyez le mémoire souvent cité de. Siebold. La vésicule de Purkinje avec la tache proligère paraît se retrouver dans tous les œufs des Nématoïdes. Une autre découverte non moins intéressante, faite par Th. de Siebold et que nous avons constatée, est celle des sillons dans la masse vitelline des œufs de plusieurs Nématoïdes. Comparez Burdach, Traité de physiologie considérée comme science d'observation. Paris 1838, III. p. 62.)

ESPECES.

1. Filaire de Médine. *Filaria medinensis.*

F. longissima, margine oris tumido, caudæ acumine inflexo. Rudol. Entoz. 2. p. 55.

Gordius medinensis. Gmel. Encycl. pl. 29. f. 3.

Filaria medinensis. Gmel. p. 3059.

* Rud. Synops. p. 3-205.

* Voyez Jacobson. Nouv. ann. du Mus. t. 3. p. 80, et Ann. des sc. nat. 2e série. t. 1. p. 320.

Habite dans le tissu cellulaire subcutané de l'homme, principalement dans les jambes, les pieds, etc., et ne se trouve ainsi que dans les pays chauds de l'Asie, de l'Afrique et de l'Amérique. Ce Ver est-il né où on l'observe, ou s'y est-il introduit? cela paraît encore douteux; aussi a-t-on varié sur son genre. On en a vu qui avaient deux pieds ou davantage de longueur.

2. Filaire du singe. *Filaria gracilis.*

F. longissima, utrinque subattenuata; capite obtuso; caudæ apice acuto reflexo. Rudolph. Entoz. 2. p. 57. tab. 1. f. 1.

* Rud. Syn. p. 3-208.

* Brems. Icon. tab. 1. f. 1-5.

Habite dans la cavité abdominale du singe capucin.

3. Filaire de la corneille. *Filaria attenuata.*

F. utrinque obtusa, posticè attenuata. Rudolph. Entoz. 2. p. 58.

* Rud. Syn. p. 4-208.

* Brems. Icon. l. cit. f. 6-7.

Filaria cornicis. Gmel. p. 3040.

Habite dans l'abdomen et les poumons de la corneille mantelée.

4. Filaire du gobion. *Filaria ovata.*

F. corpore antrorsum attenuato, capite ovato, caudâ rotundatâ. Rud. Entoz. 2. p. 60.
* Rud. Syn. p. 6.
Gordius piscium. Goetze. Naturg. p. 126. tab. 8. f. 1-3.
Encycl. pl. 29. f. 7-9.
Ascaris gobionis. Gmel. p. 3037.
Habite autour du foie du cyprin gobion.

5. Filaire du hareng. *Filaria capsularia.*

F. ore orbiculari marginato, caudâ obtusâ cum acumine. Rudolph. Entoz. 2. p. 61.
* Rud. Synops. p. 5-213.
Gordius marinus. Lin.
Gordius harengum. Bloch. Abhandl. p. 33. t. 8. f. 7-10.
Capsularia halecis. Zed. Nachtr. tab. 4. f. 1-6. et Naturg. tab. 1. f. 7.
Habite l'abdomen du hareng, entre les viscères.

6. Filaire du cheval. *Filaria papillosa.*

F. ore orbiculari colloque papillosis; caudâ incurvatâ. Rudolph. Entoz. 2. p. 62.
* Rud. Synops. p. 6-213.
* Brems. Icon. tab. 1. f. 8-11.
* Nordm. Mikrog. Beytr. 1. p. 11.
Gordius equinus. Abilgaard in zool. dan. 3. p. 49. t. 109. f. 12. a-c.
Habite dans l'abdomen du cheval et quelquefois dans sa poitrine [et dans les yeux.]

7. Filaire du rollier. *Filaria coronata.*

F. capite nodulis tribus coronato; corpore subæquali utrinque obtuso. Rudolph. Entoz. 2. p. 65.
* Rud. Synops. p. 6.
Ascaris... Goetze. Naturg. p. 90. tab. 2. f. 5.
Encycl. pl. 30. f. 12-14.
Ascaris coraciæ. Gmel. p. 3033.
Habite dans le rollier, entre les muscles du cou.

8. Filaire acuminée. *Filaria acuminata.*

F. capite quadrinodi; caudâ obtusâ cum acumine recto. Rudolph. Ent. 2. p. 66.
* Rud. Synops. p. 6.

Gordius larvarum. Goetze. Naturg. tab. 8. f. 4-6.
Encycl. pl. 29. f. 10-12.
Filaria lepidopterorum. Gmel. p. 3041 γ..
Habite la larve de la noctuelle fiancée.

9. Filaire du faucheur. *Filaria phalangii.*

F. corpore filiforme subæquali; ore inconspicuo.
Habite dans le *Phalangium cornutum.* Trouvée par M. Latreille qui, sur le vivant, n'a pu voir sa bouche. Ce Ver a environ cinq pouces de longueur.
Etc.

† Genre **TROPISURUS.** Diesing.

Corpus teres elasticum, utraque extremitate attenuatum. Os orbiculare, nudum. Genitale masculum simplex, supra aperturam caudæ carinatæ protusum.

T. paradoxus. Diesing. Medecin. Jahrbucher des OEster. St. p. 83. Archiv. de Wiegmann. 1835. livr. 3. p. 337.

Vit dans la chair du *Cathartes urubu.*
Ce qu'il y a de remarquable dans ce genre, c'est la grande différence des sexes, et le haut degré de développement des muscles cutanés de la femelle.

† Genre **ODONTOBIUS.** Roussel de Vauzème.

Odontobius ceti. Ann. des sc. nat. zool. 1. p. 326.

Vit parasite entre les fanons des baleines. Ces Vers ont une longueur de deux lignes, le bout de la queue pointue est roulé en spirale, et la bouche entourée de plusieurs piquans de substance cornée.

[Un accord, du moins en ce qui concerne la structure des parties sexuelles de la femelle, a lieu entre les *Filaria*, et le genre remarquable et vivipare.]

† **SPHAERULARIA.**

Décrit par M. Léon Dufour. An. des sciences natur. 2e série, vol. 7. 1837. pl. 2. pl. 1. A. fig. 8.

Sphærularia Bombi. Toute la surface du corps couverte de granulations sphéroïdales.

On compte encore parmi les Nématoïdes plusieurs petits Vers qui sont entièrement dépourvus d'organes sexuels.

Agame paraît être la

† **TRICHINA SPIRALIS**, Owen.

Découverte récemment dans l'intérieur des muscles de l'homme. Voyez : Description of a microscopic Entozoon infesting the muscles of the human body, by Richard Owen. *Transactions of the Zoolog. Soc.* 1835. vol. 1. p. 315. Thomas Hodgkin, *Lectures on the morbid anat. of the serous and mucous membranes.* Lond. 1836. Les notices de Froriep. n° 1035. p. 5. fig. 4-7.

Un animal semblable à la Trichina spiralis, dépourvu des organes de la génération, se trouve décrit par M. Siebold. Archiv. de Wiegmann. 1838. livr. 4. p. 312. Ce Ver est toujours renfermé dans un kyste et demeure sous le péritoine de divers Mammifères et Oiseaux, et du Lacerta agilis. N.

DRAGONNEAU. (Gordius.)

Corps cylindrique, filiforme, égal, lisse.
Bouche..... Anus....

Corpus teres, filiforme, æquale, læve.
Os.... Anus....

Observations. — Probablement les *Dragonneaux* ne sont que des Filaires ; car des différences d'habitation n'équivalent pas à celles de l'organisation, et ne sauraient offrir un caractère véritablement générique. Ce n'est donc que pour me conformer à l'usage que je sépare les *Dragonneaux* des Filaires, et pour faire sentir que le caractère même de la classe des Vers ne doit rien emprunter des lieux d'habitation de ces animaux.

Les *Dragonneaux* ont le corps filiforme, grêle, nu, glabre ou lisse, presque égal dans toute sa longueur, et en général transparent. La plupart n'offrent nulle apparence de bouche ni d'anus, sans doute à cause de la petitesse de ces ouvertures qui, d'ailleurs, sont dans un état de contraction lorsqu'on observe ces animaux.

On trouve les *Dragonneaux* dans les eaux vives, dans la vase ou le sable humide. Ces Vers se contournent ou se replient dans l'eau comme de petits serpens. Je n'en citerai que deux espèces.

ESPÈCES.

1. Dragonneau des sources. *Gordius aquaticus.*

G. filiformis, longissimus, pallidus; unâ extremitate subbifidâ.

* Voyez les observations sur l'Anatomie de *Gordius aquaticus*, par Siebold, dans les Archiv. de Wiegmann. 1838. livr. 4. p. 302.

Gordius aquaticus. Lin. Gmel. p. 3082.

Encycl. pl. 29. f. 1.

Habite dans les sources, les fontaines, les ruisseaux. Je l'ai vu ayant une de ses extrémités comme bifide. Cela est-il constant ?

2. Dragonneau à bande. *Gordius cinctus.*

G. albus, dorso cinguloque antico griseis.

Oth. fabr. *Fauna Groenl.* p. 270. f. 3.

Encycl. pl. 29. f. 2.

Habite la mer du Groenland, enfoncé dans le sable. Long. 4 lignes.

* Ajoutez :

* *Dragonneau de Claix*, et *D. de Risset.* Charvet. Nouvelles Annales du Museum. t. 3. p. 38.

ORDRE TROISIÈME.

VERS HISPIDES.

Ils ont le corps garni des soies latérales ou de spinules.

Sous cette coupe, je réunis des animaux vermiformes, dont l'organisation me paraît trop peu composée pour que l'on puisse les rapporter à la classe des Annelides. Il est plus que probable que ces animaux ne possèdent point un système de circulation (1) ; qu'ils n'out point de véritables branchies, point de sens réels ; et qu'ils ne sont pas même ovipares, mais seulement gemmipares internes.

Les *Vers hispides* connus ne sont pas encore nombreux, et aucun d'eux ne vit dans l'intérieur des autres animaux. Les cils ou les spinules latérales de leur corps présentent une particularité assez étrange, relativement au corps nu de tous les autres Vers, pour que l'on ne puisse douter de la convenance du rang que j'assigne à ces animaux. Cependant, d'après ce que l'on a pu savoir de l'état de leur intérieur, je crois que ce rang devra être conservé.

Voici les trois genres que je rapporte à cet ordre.

[Ces animaux ne peuvent rester dans la classe de Helmintes ou Vers intestinaux et doivent être rangées à la suite des Annelides. M. Ehrenberg en place la plupart dans sa division des *Turbellaria* à côté des Planaires, comme nous l'avons déjà dit.]

(1) Voyez sur la circulation dans ces animaux le mémoire déjà cité de Dugès, inséré dans les Ann. des sc. nat. t. 15.

NAIDE. (Nais.)

Corps rampant, long, linéaire, transparent, aplati ; ayant le plus souvent sur les côtés des soies rares, simples ou par faisceaux.

Bouche terminale. Point de tentacules.

Corpus repens, longum, lineare, pellucidum, depressum ; setis raris simplicibus aut fasciculatis ad latera sæpius hispidum.

Os terminale; tentaculis nullis.

Observations. — Il me paraît impossible que les *Naïdes* puissent avoir l'organisation assez composée pour appartenir à la classe des *Annelides* ; d'autant plus qu'on en peut multiplier les individus en les coupant transversalement.

Ainsi, ce sont des *Vers* dont le corps est fort allongé, linéaire aplati, transparent ou demi transparent, et en général garni de cils latéraux, rares, soit simples, soit fasciculés.

Les *Naïdes* vivent la plupart dans les eaux douces, sur les bords des ruisseaux, dans les fontaines, les étangs, etc. Elles se tiennent sous les pierres, dans la vase, dans des trous, quelquefois accrochées aux plantes aquatiques.

La transparence de leur corps laisse facilement apercevoir l'intestin de l'animal dans toute sa longueur. Ces Vers vivent des infusoires qui sont fort abondans dans les eaux douces.

On prétend qu'il y en a qui ont des yeux : on a pu se faire illusion à cet égard, en prenant des points particuliers pour l'organe de la vue, avant d'avoir constaté l'existence d'un système nerveux capable d'y donner lieu.

La bouche de ces animaux n'est tantôt qu'une simple fente, tantôt qu'un trou accompagné de deux lèvres. Ceux qui ont une trompe doivent être distingués et sont d'un autre genre.

[La structure intérieure des Nais a été étudiée avec soin par A. Dugès (*Ann. des sciences nat.* t. 15) ; voyez aussi à ce sujet les observations de Gruithuisen.

Les limites de ce genre ont été tracées par M. Ehrenberg de la manière déjà indiquée p. 612.] N.

Craignant les mauvaises associations, je ne citerai que trois espèces parmi les plus connues.

ESPÈCES.

1. Naïde vermiculaire. *Nais vermicularis.*

N. setis lateralibus fasciculatis, ore hinc barbato.
Nais vermicularis. Gmel. p. 3120.
Roes. Ins. 3. p. 578. tab. 93. f. 1-7.
Encycl. pl. 52. f. 1-7.
* Blainv. Dict. des sc. nat. t. 57. p. 498.
Habite sous le *Lemma* ou la lentille, dans les étangs, etc.

2. Naïde serpentine. *Nais serpentina.*

N. setis lateralibus nullis, collari triplici nigro. Mull.
Nais serpentina. Gmel. p. 3121.
Roes. Ins. 3. p. 567. tab. 92.
Encycl. pl. 53. f. 1-2.
* Blainv. loc. cit.
Habite les étangs d'Europe, s'entortillant autour des racines de la lenticule.

3. Naïde littorale. *Nais littoralis.*

N. setis lateralibus nullis, solitariis, geminatis, fasciculatis, varia. Mull. Zool. dan. 2. tab. 80. f. 1-8.
Encycl. p. 54. f. 4-10.
* Blainv. loc. cit. pl. 23. f. 1.
Habite les rivages sablonneux que l'eau de mer recouvre.
Etc.

STYLAIRE. (Stylaria.)

Corps rampant, linéaire, transparent, muni de soies latérales.

Extrémité antérieure bifide, offrant une trompe styliforme, saillante. Anus terminal.

Corpus repens, lineare, pellucidum, setis lateralibus hispidum.

Extremitas anterior bifida; proboscide porrectâ, styliformi. Anus terminalis.

Observations. — Il me semble convenable de séparer des Naïdes, le Ver qui constitue le type de ce genre ; sa bouche offrant une trompe styliforme, qui lui donne un caractère particulier remarquable. On en découvrira probablement quelques autres qui confirmeront la convenance de cette séparation.

[Ce genre a été adopté par M. Ehrenberg (voy. p. 612), mais ne l'a pas été par la plupart des zoologistes.]

ESPECES.

1. Stylaire des étangs. *Stylaria paludosa.*

S. setis lateralibus solitariis.
Nereis lacustris. Lin. Syst. nat. ed. 13. 2. p. 1085.
Nais proboscidea. Gmel. p. 3121. Mull. Zool. dan. prodr. 2649.
Encycl. pl. 53. f. 5-8. Roes. ins. 3. t. 78. f. 16-17 et t. 79. f. 1.
* Blainv. Dict. des sc. nat. t. 57. p. 498. pl. 23. f. 3.
* Ehrenb. Symb. phys.
Habite dans les eaux stagnantes des marais, des étangs.

TUBIFEX. (Tubifex.)

Corps filiforme, transparent, annelé ou subarticulé, muni de spinules latérales, vivant dans un tube.

Bouche et anus aux extrémités.

Corpus filiforme, pellucidum, annulatum vel subarticulatum spinulis lateralibus.

Os anusque ad extremitates.

Observations. — Je réunis ici des animaux que l'on a rapporté au genre des Lombrics, probablement parce qu'ils ont des spinules latérales. Mais ce que l'on sait de leur organisation intérieure, indique que ce sont réellement des Vers, et non des Annelides. Il paraît que c'est avec les Naïdes qu'ils ont le plus de rapports.

Les *Tubifex* vivent dans des tubes, les uns en partie enfoncés dans la vase au fond des ruisseaux, des étangs, etc., les autres enfoncés dans le sable sous les eaux marines.

ESPECES.

1. Tubifex des ruisseaux. *Tubifex rivulorum.*

T. rufescens, bifariam aculeatus; tubulis verticalibus.

Lambricus tubifex. Mull. Zool. dan. 3. p. 4. tab. 84. f. 1-3. Encycl. pl. 34. f. 4.

Bonnet. Vers d'eau douce. t. 3. f. 9-10.

Trembley. Hist. des Polyp. t. 7. f. 2.

* *Tubifex rivulorum.* Blainv. Dict. des sc. nat. t. 57. p. 497. pl. 24. f. 5.

Habite le fond des ruisseaux, des étangs, etc. Ses spinules latérales sont rétractiles.

2. Tubifex marin. *Tubifex marinus.*

T. albus, maculâ segmentorum dorsali rubrâ; articulis distantibus.

Lumbricus tubicola. Mull. Zool. dan. 2. tab. 75.

Encycl. pl. 35. f. 1-2.

* Blainv. loc. cit. pl. 24. f. 2.

Habite le fond sablonneux de la mer, aux sinuosités des rivages. Les deux spinules de chaque articulation sont très petites.

LES ÉPIZOAIRES. (Epizoariæ.)

Animaux à corps mou ou subcrustacé, diversiforme; à tête indécise, comme ébauchée; à forme symétrique commençante; et ayant souvent des appendices divers, inarticulés, tenant lieu de pattes.

Bouche en suçoir, souvent armée de crochets ou accompagnée de tentacules.

Système nerveux, organe respiratoire et sexes inconnus.

Corpus molle vel subcrustaceum, diversiforme; capite obsoleto seu dubio. Pedes nulli; sæpè tamen appendices varii, inarticulati. Forma symetrica partibus parilibus inchoata.

Os suctorians, subtentaculatum, vel uncinis armatum. Organa sensibilitatis, respirationis, fæcundationisque ignota.

Observations. — Sous la dénomination d'*Epizoaires*, je réunis quelques genres d'animaux connus dont le rang parmi les autres n'a pas encore été positivement assigné, et qui, par leurs rapports, semblent avoisiner les *Vers* et les *Insectes*, sans pouvoir faire partie soit des uns, soit des autres.

Ces animaux, joints à beaucoup d'autres qui sont encore à découvrir et qui existent probablement, indiquent l'existence d'une série particulière dont, un jour peut-être, on pourra former une nouvelle classe, et qui vraisemblablement remplira le vide assez grand qui se trouve entre les Vers et les Insectes.

Des observations ultérieures décideront à cet égard. En attendant, je me borne à instituer provisoirement cette coupe avec le petit nombre de genres que je vais citer.

De même que ceux des Vers qui vivent constamment dans l'intérieur des autres animaux sont des parasites internes; de même aussi les *Epizoaires* dont il est ici question, sont des parasites externes; car les uns et les autres sont des suceurs qui vivent aux dépens des autres animaux. La plupart de ceux dont il s'agit ici s'attachent aux ouïes des poissons, et en sucent le sang.

Les *Epizoaires* sont les premiers animaux qui offrent cette *symétrie* du corps par des parties paires opposées et semblables dont les animaux des classes suivantes nous montrent un si grand emploi; symétrie, en effet, qui est complètement exécutée dans les Insectes, les Arachnides, les Crustacés, qui se retrouve même dans les Annelides, malgré la forme défavorable de leur corps, et qui est générale pour tous les animaux vertébrés ; symétrie enfin qui, dans la série des animaux inarticulés, ne commence à paraître que dans les Acéphales.

Quoique l'organisation des *Epizoaires* ne soit pas encore bien connue, on ne saurait douter, d'après ce que l'on en sait déjà, qu'elle ne soit un peu plus avancée que celle des Vers ; car plusieurs ont des appendices extérieurs, des parties paires, des tentacules, des étranglemens ou de faux segmens du corps analogues à ceux des Insectes. Cependant il est vraisemblable qu'ils sont inférieurs en organisation aux Insectes, puisqu'on ne leur connaît ni pattes articulées, ni trachées, ni branchies, etc.

Je ne fais de cette petite coupe provisoire qu'une simple indication ; car elle ne mérite pas encore d'être énumérée parmi les autres classes d'animaux. Voici, quant à présent, les genres qui me paraissent la fonder.

[On sait aujourd'hui d'une manière bien positive que les Epizoaires de Lamarck, au lieu d'appartenir à la classe des Vers sont de véritables Crustacés, qui dans leur jeune âge ne diffèrent pas des Cyclops nouveau-nés, mais qui, lorsqu'ils deviennent parasites se déforment en grandissant, et n'acquièrent pas tous les appendices dont les Crustacés ordinaires sont pourvus. (Voyez à ce sujet Desmarest, *Consid. sur les Crustacés*, p. 343 ; M. Nordmann, *Mikrographische Beytrage*, T. 2. etc.) L'anatomie de ces animaux a été étudiée aussi par M. Nordmann (*op. cit.*) et par Grant. (*Edinb. journ. of science*, vol. 7, p. 147). Enfin la classification des Lernéens a occupé successivement M. de Blainville (*Dict. des sc. nat.*, t. 26. p. 112) ; M. Nordmann (*op. cit.*) ; M. Burmeister (*Beschreibung einiger neuen oder weiniger beschannten schmarolzerkrebze ;* acta acad. Cæs. Leop. Carol. nat. cur. vol. 17, p. 271). M. Kroyer, etc. *Naturhistorisk Tidsfkrif*, t. 1. 1836), et quelques autres naturalistes.

M. Burmeister place les Lernéens dans l'ordre des Crustacés Siphonostomes de Latreille et les répartit en deux familles, savoir :

1° Les Penellines (*Penellina*), qui manquent en même temps de tentacules et de membres articulés.

2° Les Lernéens (*Lernœoda*), qui sont pourvus de deux

pinces ou appendices préhenseurs situés derrière le bec, et qui manquent de pattes natatoires, lesquelles sont quelquefois représentées par de simples prolongemens cutanés.

La famille des *Penellines* se subdivise à son tour en trois genres de la manière suivante :

a. Corps plus ou moins contourné d'une manière anguleuse, inégalement épais et pourvu antérieurement de bras bifurqués.

*a** Trois longs bras principaux garnis de substance cornée, et placés autour de la bouche ; les deux antérieurs ou même tous les trois ayant la forme d'une fourchette ; sac ovifère en forme de cordon tourné en spirale.

Genre Lerné. Oken. Cuv. *Lernœocera*. Blainv. Nordm.

(Esp. *D. branchialis*. Auct. — *L. cyclopterina*. Mul. — *L. surrirensis*. Blainv.)

*a*** Quatre appendices principaux mous et charnus situés autour de la bouche ; les antérieures fourchus ; sac ovifère cylindrique.

Genre Lerneocère. Blainv. Nordm.

(Esp. *L. cyprinacea*. Lin.—*L. esocina*. Burm.)

aa. Corps droit et d'épaisseur égale ; quatre paires d'éminences cutanées vers la partie antérieure qui est allongée en forme de col.

*aa** Sans bras ni queue penniforme.

Genre Penniculе. Nordm.

(Esp. P. *fistulata*. Nordm.)

*aa*** Ayant des bras et une queue penniforme.

Genre Penelle. Oken. Cuv. Nordm. *Lernœopenna*. Bl.

(Esp. P. *filosa*. Cuv.—P. *sagittata*. Lin.—P. *diodontis*. Cham. et Eisenh.)

La famille des Lerneens se divise en huit genres caractérisés de la manière suivante :

B. Appareil de fixation simple situé au point de réunion du tronc et du cou.

Genre ANCHORELLE. Nordm.

(Esp. *Lern. uncinata*. Lamk. n. 6.)

BB. Appareil de fixation allongé et composé d'appendices qui ont la forme de bras et qui se réunissent vers leur extrémité.

b. Céphalothorax allongé en forme de cou.

*b** Pinces à crochets placées à la partie inférieure du cou entre les bras.

Genre TRACHELIASTE. Nordm. *Lernántoma*. Blainv.

(Esp. *T. polycolpus*. Nordm.)

*b*** Pinces à crochets situées à la partie supérieure du cou presque derrière la tête.

Genre BRANCHIELLE. Cuv. Nordm. *Lernantoma*. Blainv.

(Esp. *Br. thynni*. Cuv.—*Br. impudica*. Nordm.—*Br. bispinosa*. Nordm.

bb. Céphalothorax court, arrondi ou cordiforme; des pinces à crochets situés immédiatement en avant des bras.

*bb** Bras très longs et minces.

* Abdomen allongé et non articulé.

Genre LERNEOPODE. Blainv. Nordm.

Esp. *L. elongáta* Nordm. *L. Dalmannii*. Retzius, Nordm. *L. Brongniarti*. Blainv.

** Abdomen circulaire et articulé.

Genre ACHTHERE. Nordm.

Esp. *A. Percarum*. Nordm.

*bb*** Bras courts et épais; abdomen non articulé et garni d'éminences verruqueuses.

Genre BASANISTE. Nordm.

Esp. *Lernea huconis*. Lam. n° 4.

BBB. Point d'organes de fixation en forme de bras.

bbb. Des tentacules de deux ou trois articles point formées de pattes articulées armées de crochets; une paire de mâchoires et deux palpes.

Genre Chondracanthe. Cuv. Nordm. — *Anops*. Oken. — *Entomode*. Lamarck. — *Lernentoma*. Blainv.

Esp. *Ch. Triglæ*. Nordm. *Ch. cornutus*. Nordm. *Ch. Tuberculata*. Nordm. *Chondracanthus zei*. Lamarck. n° 1.

*bbb*** Des tentacules à six articles; un œil sur le sommet de la tête; trois paires de pinces articulées derrière la bouche, qui est conique.

Genre Lernanthrope. Blainv. *Epacthes*. Nordm.

Esp. *L. Musia*. Blainv. *L. Pupa*. Blainv. *E. Paradoxus*. Nordm.] N.

CHONDRACANTHE. (Chondracanthus.)

Corps ovale, inarticulé, rétréci antérieurement, couvert en dessus d'épines cartilagineuses. Point d'yeux.

Bouche en suçoir, située au-dessous de l'extrémité antérieure, armée de deux crochets en pince et accompagnée de deux tentacules courts.

Deux ovaires saillans en dehors, cachés entre les épines postérieures.

Corpus ovatum, inarticulatum, anticè angustatum, suprà spinis cartilagineis obtectum. Oculi nulli.

Os infrà extremitatem anticam, suctorians, uncinis duobus forficatis tentaculisque duobus brevibus armatum.

Ovaria duo externa, inter spinas posteriores recondita.

Observations.— Le genre *Chondracanthe* a été découvert et publié par M. *Delaroche*, d'après une espèce qu'il a observée sur les branchies du poisson Saint-Pierre (*Zeus faber* L.). Il le distingue des Lernées, dont il est très voisin par ses rapports, par ses tentacules non en forme de bras, par son corps court, ovale, chargé d'épines cartilagineuses.

ESPECES.

1. Chondracanthe épineux. *Chondracanthus zei.*

Delaroche. Nouv. bull. des sc. t. 2. n° 44. p. 270. pl. 2. f. 2. a-b.
* Guérin. Icon. zooph. pl. 9. f. 9.
* Burmeister. op. cit. p. 325.
Lernacantha delarochiana. Blainv. Dict. des sc. nat. t. 26. p. 126.
Habite dans la Méditerranée. Ses épines antérieures sont courtes et crochues; les postérieures sont droites, longues et rameuses.
* Ajoutez :
* *Chondracanthus triglæ.* Nordm. op. cit. p. 116.
* *Lernentoma triglæ.* Blainv. Dict. des sc. nat. t. 26. p. 125.
* *Chondracanthus tuberculatus.* Nordm. op. cit. p. 118.
* *Chondracanthus crassicornis.* Kroyer. loc. cit. p. 203. pl. 11. f. 10.
Etc.

LERNÉE. (Lernæa.)

Corps mou, oblong, cylindracé, quelquefois renflé et irrégulier, dépourvu de bras.

Bouche en suçoir, rétractile, située sous le sommet de l'extrémité antérieure. Deux ou trois tentacules simples ou rameux, quelquefois aucun. Deux sacs externes, pendans à l'extrémité postérieure. Anus terminal.

Corpus molle, oblongum, teretiusculum, quandoque inflatum et irregulare, brachiis destitutum.

Os suctorians, retractile, sub apice anticali. Tentacula duo seu tres, simplicia aut ramosa, quandoque nulla.

Sacculi duo posticales, externi, penduli. Anus terminalis.

Observations. — Parmi les animaux divers qui sont parasites extérieurs des poissons et suceurs comme les Vers, les *Lernées*, ainsi que les Entomodes, sont singulièrement remarquables par la forme bizarre de leur corps; aussi les a-t-on réunis dans le même genre : ces animaux se rapprochant effectivement par de grands rapports. J'ai cru néanmoins devoir les distinguer, et ici je ne donne le nom de *Lernée* qu'à ceux de ces mêmes animaux qui manquent entièrement de bras.

Ainsi les *Lernées* sont des animaux suceurs, à corps mollasse, oblong, subcylindrique, quelquefois renflé, ayant des tentacules ou des espèces de cornes pour s'accrocher, et manquant latéralement de bras inarticulés, symétriques, ou de fausses pattes. Ils ont tous postérieurement deux sacs pendans, qui ressemblent à des ovaires et contiennent des gemmules oviformes.

Ces animaux s'attachent soit aux branchies, soit aux lèvres, soit à la base des nageoires des poissons, et y vivent en suçant leur sang. Ils y restent suspendus et immobiles.

ESPECES.

1. Lernée branchiale. *Lernæa branchialis.*

L. corpore fusiformi-cylindrico, flexuoso; tentaculis tribus ramosis.
Mull. Zool. dan. 3. tab. 118. f. 4. Gmel. p. 3144.
Encycl. pl. 78. f. 2.
* *Lernæocera branchialis.* Blainv. Dict. des sc. nat. t. 26. p. 116.
* Nordm. op. cit. p. 130.
Lernea branchialis. Burmeister. op. cit. p. 319.
Habite les mers du Nord, et se trouve sur les branchies des morues. Les habitans du Groenland la mangent. Mus. n°

2. Lernée cyprinace. *Lernæa cyprinacea.*

L. corpore obclavato; thorace cylindrico bifurco; tentaculis apice lunatis.
Lin. fauna. suec. tab. f. 2100. Gmel. p. 3144.
Encycl. pl. 78. f. 6.
* *Lernæocera cyprinacea.* Blainv. op. cit. p. 118.
* Burmeister. loc. cit. pl. 14. f. 1-2-3.
Habite dans le Nord, sur le corps de la carpe carissin, qu'elle rend tacheté de rouge par ses morsures.

3. Lernée aselline. *Lernæa asellina.*

L. corpore lunato; thorace cordato. L. fu. suec. 2101.
Iter Wgoth. 171. t. 3. f. 4. Gmel. p. 3145.

An Encycl. pl. 78. f. 11.

* *Lernentoma asellina*. Blainv. Dict. des sc. nat. t. 26. p. 125.

Habite sur les branchies du gade de la mer du Nord.

4. Lernée de l'hucon. *Lernæa huconis.*

L. corpore nodoso; tentaculis duobus; ovario duplici posterius adnato. Schrank. it. bavar. p. 99. t. 2. f. A-D.

* *Basanistes huconis*. Nordm. op. cit. p. 87.

* Burmeister. op. cit. p. 325.

Habite sur les branchies de la Salmone hucon.

5. Lernée clavulée. *Lernæa clavata.*

L. corpore cylindrico, subsinuato, triplicato infrà apicem rostri.

Mull. Zool. dan. 1. p. 38. t. 33. f. 1.

Encycl. pl. 78. f. 3-4.

Habite sur les branchies et les nageoires de la perche de Norwège.

6. Lernée uncinée. *Lernæa uncinata.*

L. corpore subcordato, rostro simplici curvo; ore terminali.

Mull. Zool. dan. 1. p. 38. tab. 33. f. 2.

Encycl. pl. 78. f. 7.

* *Anchorella uncinata*. Cuv. Nordm. op. cit. p. 102. pl. 8. f. 8-12. et pl. 10. f. 1-5.

* Burmeister. op. cit. p. 324.

* *Clavella uncinata*. Oken.

* *Lernæomyzon uncinata*. Blainv. Dict. des sc. nat. t. 26. p. 122.

Habite sur les branchies et les nageoires des gades de la mer voisine du Groenland.

7. Lernée noueuse. *Lernæa nodosa.*

L. corpore quadrato, tuberculis seriatis ad margines serrato; serrulæ dentibus anterioribus brachia brevissima simulantibus.

Lernæ nodosa. Mull. Zool. dan. 1. p. 40. t. 33. f. 5.

Encycl. pl. 78. f. 10.

* *Lernentoma nodosa*. Blainv. op. cit. p. 125.

Habite sur l'entrée de la bouche de la perche de Norwège. Elle a, outre les dents marginales du corps, une rangée de tubercules sur le dos.

8. Lernée pectorale. *Lernæa pectoralis.*

L. capite orbiculato, hemisphærico; abdominis obcordati papillâ terminali truncatâ. Mull. Zool. dan. 1. p. 41. t. 33. f. 7.

Encycl. pl. 78. f. 12.

* *Lepeophteirus pectoralis.* Nordm.
Habite sur les nageoires pectorales des pleuronectes et de l'églefin.
Etc.

ENTOMODE. (Entomoda.)

Corps mou ou un peu dur, oblong, subdéprimé, ayant latéralement des bras symétriques, inarticulés.

Bouche en suçoir, située sous le sommet de l'extrémité antérieure. Point de tentacules; quelquefois deux cornes anticales.

Deux sacs externes, pendans à l'extrémité postérieure. Anus terminal.

Corpus molle vel duriusculum, oblongum, subdepressum; brachiis lateralibus symetricis, inarticulatis.

Os suctorians, sub apice extremitatis anterioris. Tentacula nulla; interdùm cornicula anticalia duo.

Sacculi duo externi, ad extremitatem posticam penduli. Anus terminalis.

Observations. — Les *Entomodes* tiennent sans doute de très près aux Lernées par leurs rapports; néanmoins, j'ai pensé qu'il était convenable de les distinguer et d'en former un genre particulier, parce qu'offrant déjà sur les côtés des bras symétriques, ou de fausses pattes, ils paraissaient plus avancés en organisation. En effet, quoique leurs bras ne soient point encore articulés, ils semblent déjà annoncer le voisinage des Insectes: on en observe un à trois paires.

Le corps des *Entomodes* est un peu dur, et souvent diversement déprimé; il paraît divisé, et offrir, mieux encore que celui des Lernées, un corselet distinct de l'abdomen. L'on voit aussi à son extrémité postérieure deux petits sacs externes, allongés, pendans, que l'on prend pour des ovaires, et qui paraissent contenir des corps reproductifs. (1)

---

(1) [Ce sont des sacs ovifères.] E.

ESPECES.

1. Entomode du saumon. *Entomoda salmonea.*

E. corpore obovato, thorace obcordato; brachiis duobus linearibus approximatis.

Lernæa salmonea, L. fau. suec. 2102. Gmel. p. 3144.
Mull. Zool. dan. prodr. 2744.
Grisl. Act. Stock. 1751. tab. 6. f. 1—5. *pediculus salmonis.*
Encycl. pl. 78. f. 13—17?
* *Lerneopoda salmonea.* Blainv. op. cit. p. 127.
Habite sur les branchies des saumons.

2. Entomode cornu. *Entomoda cornuta.*

E. corpore oblongo; brachiis quatuor rectis emarginatis; capite subovato.

Lernæa cornuta. Mull. Zool. dan. 1. p. 40. t. 33. f. 6.
* *Chondracanthus cornutus.* Cuv.
* Nordm. op. cit. p. 111.
* *Anops cornutus.* Oken.
* *Lernentoma cornuta.* Blainv. op. cit. p. 126.
Encycl. pl. 78. f. 1.
Habite sur les pleuronectes *platessa* et *linguatula.*

3. Entomode du gobion. *Entomoda gobina.*

E. corpore rhomboidali; brachiis duobus anterioribus totidemque posterioribus nodosis; cornubus duobus arietinis.

Lernæa gobina. Mull. Zool. dan. 1. p. 39. t. 33. f. 3.
Encycl. pl. 78. f. 8.
Habite sur les branchies du *cottus gobio.*

4. Entomode rayonné. *Entomoda radiata.*

E. corpore quadrato depresso; brachiis utrinque tribus; cornubus quatuor rectis.

Lernæa radiata. Mull. Zool. dan. 1. p. 39. t. 33. f. 4.
Encycl. pl. 78. f. 9.
Habite sur les angles de la bouche du *coryphæna rupestris.*
Etc.

Ici se terminent les Animaux apathiques, *c'est-à-dire, cette première partie des animaux sans vertèbres qui embrasse les animaux encore dépourvus du sentiment, et qui n'ont aucun sens particulier.*

DEUXIÈME PARTIE.

ANIMAUX SENSIBLES.

Forme symétrique par des parties paires et opposées, qui sont bisériales lorsqu'elles se répètent. Les organes du mouvement attachés sous la peau. Un cerveau, et le plus souvent une masse médullaire allongée en cordon noueux, et qui y communique. Quelques sens distincts.

Ces animaux sentent, mais n'obtiennent de leurs sensations que de simples perceptions des objets, dont quelques-unes, très répétées, deviennent conservables.

Observations. — Par la dénomination d'*animaux sensibles*, je n'entends pas caractériser ces animaux d'une manière propre à les faire reconnaître, et à les distinguer facilement de ceux qui composent les quatre premières classes du règne animal; je veux seulement indiquer en eux la possession d'une faculté éminente que les animaux compris dans la première partie ne sauraient posséder ; ce que je crois avoir suffisamment établi dans l'Introduction de cet ouvrage.

Mais, sous le nom général que j'assigne aux animaux de cette seconde partie, j'expose les caractères essentiels et très apparens qui les distinguent ; dès-lors tout embarras cesse, les difficultés se trouvent éclaircies, et les *animaux sensibles* sont nettement distingués des *animaux apathiques* (vol I. p. 333).

En effet, ici commence, à l'égard des animaux, un ordre de choses très différent de celui qu'on a vu dans ceux des quatre classes précédentes. L'organisation a fait de grands progrès dans sa composition, et le système nerveux, éminemment accru et dorénavant parfaitement déterminable dans ses parties, est déjà suffisamment composé pour constituer cet appareil d'organes essentiel à la production du *sentiment*. Aussi nous allons trouver quelques sens distincts, surtout des yeux; et désormais nous devons en trouver dans tous les animaux des classes qui vont suivre : en sorte que si quelqu'un des sens déjà formés vient à manquer dans certains animaux de ces classes, nous pourrons regarder ce défaut comme le résultat d'un avortement; car les causes en seront effectivement déterminables.

Ici encore, cette forme symétrique par des parties paires et opposées se montre d'une manière remarquable, et l'on sait que cette même forme entre dans le plan des animaux les plus parfaits.

Ici enfin, la *génération sexuelle* est évidemment et définitivement établie. La reproduction ne s'opère plus par des gemmes externes ou internes qui peuvent se passer de fécondation; mais par des corps qui contiennent un *embryon*, que la fécondation seule peut rendre propre à posséder la vie. (1)

Quoique tous les animaux de cette deuxième partie jouissent de la faculté de *sentir*, et possèdent ce *sentiment intérieur* dont les émotions peuvent faire agir, l'appareil nerveux qui leur donne cette faculté n'est pas encore assez composé pour leur donner celle d'exécuter des opérations entre des idées, d'en obtenir des idées complexes, en un mot, d'exécuter des actes d'intelligence qui leur permettent de varier leurs actions. Ainsi, les animaux dont il est ici question sont à la vérité *sensibles*, mais ne sont intelligens dans aucun degré. (2)

---

(1) [Une exception à cette règle est offerte par les pucerons pendant la plus grande partie de la saison chaude, car les femelles produisent alors des petits sans le concours du mâle; mais, même chez ces animaux la fécondation est nécessaire à la conservation de la race, car elle est indispensable pour les œufs qui sont pondus en automne et qui sont destinés à donner naissance à des jeunes, l'année suivante, lorsque tous ceux des générations précédentes auront été détruits par le froid. Les Daphnies, les Cypris et les Apus peuvent aussi se reproduire pendant plusieurs générations sans le concours du mâle.] E.

(2) [Cette conclusion ne nous paraît pas en accord avec di-

Tout animal qui jouit de la faculté de sentir, possède dès-lors ce *sentiment intérieur* qui lui donne la conscience de son existence et de toutes ses perceptions, et en acquiert aussitôt une tendance à sa conservation, qui l'expose à ressentir différens besoins. Comme le sentiment intérieur qu'il possède résulte d'une correspondance générale de toutes les parties de son système nerveux et du fluide subtil contenu dans ces parties, aucun mouvement ne peut être excité dans la moindre portion de ce fluide, sans que la masse entière du même fluide ne participe à cette agitation. De là se forme la sensation, par les voies que j'ai exposées ailleurs. (1)

Mais le *sentiment intérieur* dont il s'agit ici n'est point une sensation ; c'est un sentiment très obscur, un ensemble infiniment excitable de parties divisées qui communiquent ensemble, que tout besoin ressenti peut émouvoir, qui agit dès-lors immédiatement, et qui a la puissance, dans l'instant même, de faire agir l'individu, si cela est nécessaire.

Ainsi, le *sentiment intérieur* résidant dans l'ensemble du système organique des sensations, et toutes les parties de ce système se réunissant à un foyer commun; c'est dans ce foyer que se produit l'*émotion* que le sentiment en question peut éprouver; et c'est là aussi que réside sa puissance de faire agir. Il suffit pour cela que le *sentiment intérieur* soit ému par un besoin quelconque; alors il met en action, dans l'instant, les parties qui doivent se mouvoir pour satisfaire à ce besoin, et cela s'exécute, sans que ces déterminations que nous nommons *actes de volonté*, y soient nécessaires.

On a donné le nom d'*instinct* à cette cause qui fait agir immédiatement les animaux que des besoins émeuvent, sans en concevoir la nature. On l'a considérée comme un flambeau qui

---

vers faits observés chez les Insectes. En effet plusieurs de ces animaux semblent, dans quelques cas, se diriger d'après le résultat d'un véritable raisonnement; et une fourmi par exemple paraît douée de facultés qui ressemblent bien plus à l'intelligence que tout ce qu'on voit chez un grand nombre d'animaux vertébrés, tels que les poissons.] E.

(1) *Philosophie zoologique*, Paris, 1830, t. 2, p. 276.

avait la faculté de les éclairer sur les actions à exécuter, et l'on a remarqué qu'elle ne les trompait jamais. Il n'y a cependant là ni lumières, ni nécessité d'en avoir : car cette cause, uniquement mécanique, se trouvant, comme les autres, parfaitement en rapport avec les effets produits, l'action amenée par elle-même n'est jamais fausse : le besoin ressenti émeut le *sentiment intérieur*; ce sentiment ému amène l'action; et jamais il n'y a d'erreur.

Il n'en est pas de même des actions qui résultent d'*actes de volonté*; car ces actes sont les suites d'un jugement. Or, comme tout jugement est une détermination par la pensée, et succède presque toujours à une comparaison, il est souvent exposé à l'erreur. L'action alors peut donc se trouver fausse, ce qui a été aussi remarqué.

Tous les animaux qui ne sont que *sensibles* n'agissent que par les émotions de leur *sentiment intérieur*; tandis que les animaux à-la-fois *sensibles* et *intelligens*, agissent tantôt par les émotions du même sentiment, et tantôt par de véritables *actes de volonté*. Les premiers n'exécutent donc leurs actions que par ce qu'on nomme *instinct*; tandis que les seconds exécutent les leurs tantôt par instinct, et tantôt par volonté, selon des circonstances que j'ai déjà assignées.

Il suffit d'observer les *animaux sensibles*, c'est-à-dire, qui ne sont que tels, pour s'assurer qu'ils n'obtiennent de leurs sensations que la perception des objets. Mais cette perception souvent répétée forme en eux une impression durable, se fixe ou se grave dans leur organe, et leur donne une sorte d'idées simples dont ils ne disposent nullement pour en former d'autres. On reconnaît effectivement que ces animaux ont une espèce de *mémoire*, non celle de se rappeler des idées par la pensée, mais celle de reconnaître les objets qui ont souvent affecté leurs sens.

Comme l'*intelligence* peut seule fournir les moyens de varier les actions dans les besoins, on est certain, en les suivant attentivement, qu'ils n'en possèdent point la faculté; car, dans chaque race, tous les individus font toujours de même, et il leur est absolument impossible de faire autrement. La chenille qu'on nomme *livrée* fait toujours la même coque pour envelopper sa chrysalide, et le myrméléon-fourmilion construit toujours dans le sable un entonnoir semblable pour saisir sa proie. L'organisation de ces animaux appropriée aux manœuvres qu'ils doivent exécuter, rend leurs actions nécessairement uniformes dans les individus des mêmes races, et transmet par la génération la même nécessité à ceux qui en proviennent.

Si l'on eût approfondi ce fait très connu, on n'eût point taxé d'*industrie* les manœuvres, quelque singulières qu'elles soient, d'un assez grand nombre de ces animaux. Je reviendrai sur ce sujet lorsque je m'occuperai des Insectes.

Tous les animaux sensibles ont les organes du mouvement (les muscles) attachés sous la peau; mais les uns sont des animaux munis de pattes articulées, ou au moins dont le corps ou certaines de ses parties sont divisés en segmens ou articulations, tandis que les autres n'offrent aucune articulation dans leurs parties : en voici la raison :

En attendant que la nature ait pu, dans les animaux de la IIIe partie (les Vertébrés), former un squelette intérieur, pour donner des points d'appui plus énergiques au système musculaire, elle a généralement transporté ces points d'appui sous la peau des animaux dont il est maintenant question. Mais dans les uns, elle a eu besoin de pourvoir à la facilité et souvent même à la vivacité des mouvemens, et elle y est parvenue en solidifiant plus ou moins cette peau, et la brisant d'espace en espace, ce qui a donné lieu aux articulations soit des pattes de ceux qui en sont munis, soit du corps seulement, dans ceux qui sont sans pattes ou qui n'ont que des tubercules courts et sétifères; tandis que, dans les autres, n'ayant point de semblables besoins, elle a conservé à la peau sa mollesse naturelle, et n'a point formé d'articulations.

Au reste, j'ai découvert depuis peu, que dans sa production des animaux, la nature avait formé deux séries très particulières, savoir :

Celle des animaux inarticulés;
Celle des animaux articulés.

Comme ces deux séries sont évidentes et très distinctes à l'égard des animaux sans vertèbres, qu'elles commencent l'une et l'autre par des animaux à organisation très simple, et qu'à l'entrée de chacune d'elles la nature forme sans cesse des générations spontanées, il ne s'agit plus que de savoir à laquelle de ces deux sources les animaux vertébrés ont puisé leur origine. Voyez le supplément qui termine le premier volume de cet ouvrage.

Les cinq premières classes des animaux sans vertèbres comprenant les *animaux apathiques*, dont jusqu'ici nous avons fait l'exposition, les sept autres classes qui nous restent pour terminer les animaux sans vertèbres, embrassent les *animaux sensibles*, c'est-à-dire ceux qui jouissent de la faculté de sentir, sans posséder l'intelligence dans aucun degré.

Des sept classes établies parmi les animaux sensibles, les cinq premières appartiennent à la série des animaux articulés, et les deux dernières à celle des animaux inarticulés. Voici le tableau de ces sept classes :

Animaux articulés. — Ils offrent des segmens ou des articulations dans toutes leurs parties ou dans certaines d'entre elles.

(1) Ceux dont le corps est divisé en segmens, et qui ont des pattes articulées, coudées aux articulations.

Les Insectes.
Les Arachnides.
Les Crustacés.

(2) Ceux dont le corps est divisé en segmens, et qui n'ont point de pattes articulées.

Les Annelides.

(3) Ceux dont le corps n'est point divisé en segmens, mais qui ont des bras tentaculaires articulés, non coudés aux articulations.

Les Cirrhipèdes.

Animaux inarticulés. — Ils n'offrent ni segmens, ni articulations dans aucune de leurs parties.

Les Conchifères.
Les Mollusques.

Cet ordre de classes est aussi naturel que puisse le permettre la distribution générale nécessaire à notre usage, distribution qui ne peut être qu'une série simple. Mais on a vu (vol. 1. p. 320) que, dans la série des animaux articulés, les Annelides forment un rameau latéral qui paraît tirer son origine des Vers. Il en résulte que, dans l'ordre naturel des animaux articulés, les Cirrhipèdes suivent alors les Crustacés, auxquels ils tiennent par de grands rapports.

Examinons maintenant chacune de ces classes, en suivant l'ordre qui vient de leur être assigné, et passons d'abord à celle des Insectes.

CLASSE SIXIÈME.

LES INSECTES. (Insecta.) (1)

Animaux articulés, subissant des métamorphoses ou acquérant de nouvelles sortes de parties, et ayant, dans l'état parfait, six pattes, deux antennes, deux yeux à réseau, et la peau cornée. La plupart peuvent acquérir des ailes. (2)

---

(1) [Ainsi que nous l'avons déjà dit dans l'avertissement placé en tête de cet ouvrage, le tableau de la classe des Insectes tracé par Lamarck est trop incomplet pour qu'il soit possible de le porter au niveau de l'état actuel de l'entomologie sans noyer le texte de cet auteur sous une multitude innombrable de notes et d'additions; nous avons préféré par conséquent le laisser tel que Lamarck l'avait écrit, et nous nous sommes bornés à indiquer les principaux travaux sur l'anatomie et la physiologie des Insectes, dont la science s'est enrichie depuis la publication de ce livre.] E.

(2) [La plupart des zoologistes n'adoptent pas ces limites

Respiration par des stigmates, et deux cordons vasculaires opposés, divisés par des plexus, constituant des trachées aérifères qui s'étendent partout. Un petit cerveau à l'extrémité antérieure d'une moelle longitudinale noueuse, et des nerfs. Point de système de circulation; point de glandes conglomérées.

Génération ovipare : deux sexes distincts; un seul accouplement dans le cours de la vie.

Animalia articulata, metamorphoses varias subeuntia vel partes novas obtentia; in ultimâ ætate, antennis duabus, oculis duobus reticulatis, pedibus sex, pelle corneâ. Pleraque alas obtinere possunt.

Respiratio stigmatibus et trachæis aeriferis, ubiquè extensis, è funiculis duobus oppositis, cavis, plexis pluribus divisis. Medulla longitudinalis gangliis nodosa, encephalo parvulo anticè terminata, è gangliis nervos emittens.

Organa circulationis nulla. Glandulæ conglomeratæ nullæ. Generatio ovipara; sexubus duobus distinctis. Copulatio unica.

Observations. — Nous voici parvenus à la sixième classe du règne animal, et là, comme je l'ai dit, nous trouvons dans les animaux que cette classe comprend un ordre de choses fort différent de celui que nous avons rencontré dans les animaux des cinq classes antérieures.

En effet, au lieu d'une nuance dans les progrès de la composition de l'organisation animale, on observe, en arrivant aux Insectes, une espèce de saut assez considérable, en un mot, un

---

pour la grande classe des Insectes, et rangent dans ce groupe tous les animaux dont la tête est distincte du thorax et garnie de deux antennes, et dont les pattes sont au nombre de trois paires seulement; ils y comprennent par conséquent quelques animaux qui ne subissent pas de métamorphoses et qui sont consignés par Lamarck dans la classe des Arachnides. Voyez. tom. v, p. 1.] E.

avancement remarquable dans la composition et le perfectionnement de l'organisation, et l'on est autorisé à supposer qu'il existe des animaux inconnus qui remplissent le vide que nous rencontrons.

C'est effectivement pour remplir ce vide que nous avons déjà établi les Epizoaires avec quelques genres connus qui paraissent devoir occuper le rang que nous leur assignons, et être réellement, par leurs rapports intermédiaires entre les Vers et les Insectes. Ces Epizoaires indiquent donc l'existence probable d'une classe d'animaux qui nous manquent.

Quant aux Insectes dont il s'agit actuellement, ces animaux, considérés dans leur extérieur, sont les premiers qui nous offrent une véritable tête bien distincte; des yeux très remarquables, quoique encore fort imparfaits; des pattes articulées, disposées sur deux rangs; et partout cette forme symétrique de parties paires et en opposition, que la nature emploiera désormais dans les animaux jusqu'aux plus parfaits, et même jusque dans l'homme. Rien de tout cela ne s'observe dans les animaux des cinq classes précédentes.

En pénétrant à l'intérieur des Insectes, nous voyons aussi pour la première fois un *système nerveux* complet pour le sentiment, consistant en une *moelle longitudinale* noueuse, qui s'étend dans toute la longueur du corps, fournit des nerfs aux parties pour l'excitation musculaire, et se termine antérieurement par un petit *cerveau*, centre de rapport des sensations. Enfin, nous y voyons des organes respiratoires qui ne sont plus douteux, et des sexes distincts pour une génération sexuelle, mais qui sont encore tellement imparfaits qu'ils ne peuvent fournir qu'à une seule fécondation. Jamais ils ne sont doubles dans le même individu.

A la vérité, la nature a peut-être déjà ébauché et commencé la génération sexuelle dans le dernier ordre des Vers; mais à cet égard tout y est encore fort obscur. Dans les Insectes, au contraire, plus d'obscurité: non-seulement les organes fécondateurs sont connus, mais les accouplemens ont été bien observés.

Désormais la génération sexuelle continuera de se montrer très distinctement dans les animaux de toutes les classes suivantes; alors les organes qui y sont affectés deviendront susceptibles d'opérer plusieurs fécondations, et dans les animaux de cette dernière classe (les Mammifères), cette génération, ayant atteint son plus grand perfectionnement, donnera lieu aux vrais Vivipares.

Cependant, les Insectes étant peu avancés dans l'échelle animale, puisque leur classe n'est que la sixième de la distribution générale, ne nous offrent point encore de système particulier pour la *circulation*, c'est-à-dire pour l'accélération du mouvement de leurs fluides. Conséquemment ils n'ont point de cœur, point d'artères, point de veines; mais seulement un long vaisseau dorsal qui ne se ramifie point, et qui n'est qu'une préparation que la nature saura employer pour arriver par la suite à la formation d'un cœur, et à l'établissement d'une circulation.(1)

Malgré la réduction qu'il a été nécessaire de faire subir à la classe des Insectes, en n'y comprenant plus les Crustacés et les Arachnides que Linné y associait, cette classe néanmoins est encore la plus étendue et la plus nombreuse de toutes les classes du règne animal. Elle est presque égale en étendue au règne végétal entier, et nous verrons qu'elle est en même temps l'une des plus curieuses et des plus intéressantes par les caractères particuliers des animaux qu'elle comprend, par les faits d'orga-

---

(1) [Les observations de Carus, de Vagner, de Behn, de Dugès, et de plusieurs autres naturalistes, ont prouvé qu'il existe une espèce de circulation chez les Insectes; seulement le sang n'est pas renfermé dans un système de canaux semblables aux artères et aux veines des animaux plus élevés en organisation, et circule dans les lacunes que les organes laissent entre eux. Les contractions du vaisseau dorsal mettent ce liquide en mouvement et le dirigent vers la tête; il revient vers l'extrémité postérieure du corps par les parties ventrales et latérales du corps, et rentre dans le vaisseau dorsal par des ouvertures garnies de valvules dont la disposition a été étudiée avec beaucoup de soin par M. Strauss-Durkheim (voyez son *Anatomie comparée des animaux articulés*). Quelquefois le mouvement circulatoire est aidé par les battemens d'un organe musculeux particulier situé à la base des pattes (Behn. *Ann. des sc. nat.*, 2e série, t. IV, p. 5).] E.

nisation que présentent ces animaux, et par les habitudes très singulières de la plupart de leurs races.

Parmi les nombreux objets que je dois ici présenter, un de ceux qui doivent le plus fortement fixer notre attention, est assurément la définition des Insectes. Celle dont je vais faire l'exposition est le résultat d'un long examen de tout ce qui s'y rapporte essentiellement, et particulièrement de la nécessité sentie de saisir dans la série des animaux les principaux systèmes d'organisation que la nature elle-même nous présente pour tracer les lignes de séparation qui doivent former les classes.

De toutes les classes que l'on a établies dans le règne animal, l'une de celles qui sont les mieux caractérisées et les mieux circonscrites est certainement celle des Insectes, réduite dans les limites que je lui ai assignées par ma définition.

J'ajoute que si le système d'organisation qui donne lieu aux mutations singulières qui caractérisent les Insectes ne lui était pas particulier, et permettait que l'on puisse encore y associer d'autres animaux, ce serait un tort de le faire; parce que cette classe est extrêmement étendue, et qu'en l'augmentant on ne fait qu'ajouter aux difficultés d'étudier les objets très nombreux qu'elle comprend.

Pénétré de cette vérité, j'ai long-temps examiné quel était le moyen le plus convenable, d'après l'état de nos connaissances, de fixer les limites de cette classe d'animaux intéressans, et surtout d'éviter, dans la détermination de ces limites, de confondre parmi les Insectes des animaux que la nature elle-même en a évidemment distingués.

Pour établir ces limites, je n'ai pas dû m'arrêter à la considération isolée et trop générale d'avoir des pattes articulées. J'aurais alors associé nécessairement aux Insectes des animaux qui ont un système d'organisation fort différent du leur; des animaux qui ont des artères et des veines pour le mouvement de leurs fluides, et qui toute leur vie ne respirent que par des branchies, et non par des trachées aériennes, telles qu'elles existent dans tous les Insectes parvenus à l'état parfait.

Je n'ai pas dû de même m'en tenir à la considération isolée d'avoir des *antennes* à la tête; car, en associant par là les Crustacés aux Insectes, je n'aurais pu y joindre la plupart des Arachnides qui, quoique formant un rameau latéral, sont encore plus voisines des Insectes que les Crustacés, et qui, sans que ce soit l'effet d'aucun avortement, n'ont jamais d'antennes.

Il m'a donc fallu considérer cette particularité admirable des véritables Insectes, de subir des *métamorphoses* éminentes, c'est-à-dire de grandes transformations, ou d'acquérir de nouvelles sortes de parties, et conséquemment de ne pas naître, soit dans l'état qu'ils doivent conserver toute leur vie, soit avec toutes les sortes de parties qu'ils doivent avoir.

Cette faculté de ne pas naître avec toutes les parties qu'ils doivent acquérir, générale pour tous les Insectes, n'est bien éminente que chez eux, et n'offre ailleurs que quelques exemples analogues et isolés (les Daphnies dans les Crustacés (1), les Grenouilles dans les Reptiles, etc.). Elle dépend, comme nous le verrons, du nouveau mode que la génération commence en eux et d'une particularité qui affecte leur organisation au moment où la nature prépare les nouveaux organes qu'exige ce mode. Il en résulte que les Insectes parviennent dans le cours de leur vie à un état particulier très prononcé, qu'on nomme leur *état parfait*, et dans lequel seul ils peuvent se reproduire, à moins qu'une cause d'avortement de parties n'interrompe cet ordre de choses dans quelques-uns d'entre eux.

Maintenant, si, au caractère de subir des métamorphoses ou d'acquérir de nouvelles sortes de parties, l'on réunit la considération du défaut de système particulier pour la circulation dans ces animaux, on aura dans cette réunion un caractère distinctif et exclusif pour les Insectes, caractère qui ne rencontre aucune véritable exception, qui n'offre aucun exemple dans les autres animaux, et qui, circonscrivant nettement la classe des

---

(1) [Les Crustacés suceurs, et principalement les Lernées, subissent des métamorphoses très grandes après la naissance. Il en est de même des Cirrhipèdes. Voyez à ce sujet les observations de MM. Thompson, Nordmann, Burmeister, Martin St-Ange (*Mémoire sur l'organisation des Cirrhipèdes*, Paris, 1835, in-4° fig.), etc. Quelques Arachnides acquièrent aussi par les progrès de l'âge une nouvelle paire de pattes.] E.

Insectes, montre que, malgré leur diversité, le système généra de leur organisation leur est tout-à-fait particulier.

Qu'il y ait des transitions des Insectes à des animaux des classes avoisinantes, par la considération de certaines parties qui se transforment les unes dans les autres, ou dont le nombre des unes augmente aux dépens de celui des autres, ou enfin dont certaines de ces parties sont supprimées par des avortemens constans; ces faits sont intéressans à remarquer, parce qu'ils nous éclairent sur les moyens qu'emploie la nature en variant ses opérations suivant les circonstances; mais ils n'affaiblissent nullement les caractères distinctifs que je viens d'exposer, et qui circonscrivent éminemment les Insectes.

Le fait suivant prouve incontestablement le fondement de ce que je viens d'avancer.

Les Insectes, dans l'état de larve, c'est-à-dire dans leur état imparfait, offrent entre eux une si grande diversité, souvent même si peu de rapports, qu'alors les uns n'ont point de pattes, d'autres en ont six, d'autres en ont huit, d'autres douze, d'autres seize, d'autres enfin en ont vingt deux. Les uns alors ont des antennes et des yeux; les autres en sont totalement dépourvus.

Cependant, parvenus à leur état parfait, tous les Insectes, sans exception, ont des caractères communs, invariables et qui leur sont propres; ils ont tous :

Six pattes articulées (ni plus ni moins);
Deux antennes et deux yeux à la tête.

Or, si tous les Insectes généralement ont dans leur état parfait des caractères communs et invariables; si, après avoir offert dans leur état de larve, de si grandes différences dans le nombre de leurs pattes, dans la présence ou l'absence des yeux et des antennes, tous se trouvent avoir en dernier lieu six pattes articulées, et à la tête deux yeux et deux antennes, c'est une preuve évidente qu'ils constituent un groupe naturel, et conséquemment une classe qui est tellement particulière, qu'en y réunissant d'autres animaux, comme les Arachnides et les Crustacés, l'on détruit aussitôt le caractère général et naturel qui les distinguait.

Parmi les animaux sans vertèbres, ce n'est effectivement qu'après les Insectes que le nombre des pattes peut être porté au-delà de six, devenir même indéfini, et que celui des antennes peut être doublé.

Ainsi les Insectes sont les seuls animaux articulés qui, manquant de circulation (1), ne naissent point sous la forme, ou avec toutes les sortes de parties qu'ils ont dans l'état parfait: voilà leur définition. (2)

Cette détermination des caractères essentiels des *Insectes*, et des limites qui distinguent cette classe d'animaux des autres classes qui en sont voisines, me paraît à l'épreuve du temps et des lumières, parce qu'elle est indiquée par la nature même qui, par un système particulier d'organisation, a en quelque sorte détaché de la série des animaux articulés, cette classe d'animaux singuliers.

J'ai dû présenter cette discussion à l'attention des naturalistes, parce qu'il importe de fixer nos idées sur les vrais caractères des *Insectes ;* parce qu'il est nécessaire que l'on sache que la définition que j'ai exposée a été long-temps examinée et soumise aux conséquences des lumières acquises sur les Insectes et sur les autres animaux sans vertèbres; et qu'elle est fondée sur des motifs que tout naturaliste sera toujours forcé de considérer.

Maintenant que nous connaissons ce que c'est qu'un *Insecte*, que nous avons déterminé les limites de la classe nombreuse que composent ces animaux singuliers, et que nous savons que les Insectes sont des animaux articulés qui ne naissent point avec toutes les parties qu'ils doivent avoir; qu'ils en acquièrent de nouvelles sortes; que parvenus à leur état parfait, ils ont tous six pattes articulées, deux antennes et deux yeux à la tête;

---

(1) [Les Arachnides qui respirent au moyen de trachées, tels que les Faucheurs, manquent aussi d'un appareil circulatoire; mais ne subissent pas de métamorphoses, et sont pourvus de quatre paires de pattes.] E.

(2) [Ainsi que nous l'avons déjà dit, la division naturelle des Insectes n'est pas aussi nettement limitée que le voudrait notre auteur, et il n'est guère possible d'en exclure certains hexapodes qui ne subissent pas de métamorphoses.] E.

qu'enfin ils respirent tous par des stigmates et des trachées, et que dans leurs différens états ils n'ont ni cœur, ni artères, ni veines (1) ; nous allons nous occuper particulièrement de ce qu'il y a de plus intéressant à considérer à leur égard.

Aux yeux de la plupart des hommes, les *Insectes* (dit *Olivier*) ne sont que des êtres vils, remarquables seulement par leur multiplicité, et le plus souvent par leur importunité, leurs dégâts, leur petitesse, et pour lesquels on conçoit en général du mépris et quelquefois du dégoût.

Ce sont, au contraire, pour ceux qui en font une étude particulière, des êtres très intéressans, qu'on ne saurait trop observer; parce que, sous un volume plus petit que celui de beaucoup d'autres animaux, ils présentent, soit par les particularités de leur organisation et de leurs métamorphoses, soit par leurs mœurs, leurs habitudes et les manœuvres admirables de la plupart d'entre eux, des faits singuliers, propres à exciter en nous le desir de les connaître.

Relativement à leurs habitudes, les uns marchent comme les quadrupèdes ; d'autres volent comme les oiseaux ; quelques-uns nagent et vivent dans les eaux comme les poissons; enfin, il en est qui sautent ou se traînent comme les reptiles.

Supériorité des mouvemens dans les Insectes, sur ceux de presque tous les autres animaux.

Ce qui est bien digne de remarque, c'est que les *Insectes* doivent à leur système de *mouvement* toute la supériorité d'action qu'on leur connaît, et qui les rend si intéressans à observer; supériorité qui leur donne sur les autres animaux sans vertèbres, de grands avantages dont ceux-ci ne sauraient jouir.

Leur système de *sensibilité* est encore fort imparfait, comme je le montrerai tout-à-l'heure ; mais leur système de *mouvement*

(1) [Il est exact de dire que les Insectes n'ont ni artères ni veines; mais il paraît indubitable que leur vaisseau dorsal n'est autre chose qu'une espèce de cœur tubiforme. La structure de cet organe, chez le hanneton, a été étudié avec soin par M. Strauss (Voyez son *Anatomie comparée des animaux articulés*).]

a toute la perfection qui peut être obtenue sans le secours d'un squelette intérieur.

En effet, leur peau cornée les prive sans doute du sens général du toucher, en sorte que la nature fut obligée de particulariser ce sens en eux, en le réduisant aux extrémités antérieures des antennes et des palpes; extrémités qui offrent dans cette partie de la peau, des points tellement amincis et délicats, qu'ils y obtiennent un tact très fin, en un mot, la sensation des objets touchés. Mais cette peau cornée ayant juste la solidité qui donne aux muscles de bons points d'appui, et étant rompue de distance en distance en articulations assez nombreuses, donne un haut degré de perfection à leur système de mouvement, et facilite la célérité et la diversité des actions, selon la modification que ce système a reçue dans chaque race.

Si l'on examine la forme générale des Insectes, la première considération qui nous frappe, c'est sans doute celle que tout ici est articulé; savoir : les pattes, les antennes, les palpes, le corps même de l'animal; et l'on ne peut qu'être surpris de trouver tout-à-coup un mode si nouveau, et en même temps si employé, puisqu'il s'étend non-seulement à tous les Insectes, mais aussi aux Arachnides et aux Crustacés. Ce mode ensuite se retrouve encore dans les Annelides et les Cirrhipèdes, mais en s'y anéantissant graduellement ou par parties.

Si, dans les Insectes, la supériorité et surtout la vivacité des mouvemens sont dues, d'une part, à la solidité de la peau qui fournit aux muscles des points d'appui suffisans, et de l'autre part, aux parties rompues en articulations mobiles, pourquoi, demandera-t-on, ce mode étant pareillement employé dans les Crustacés, ne donne-t-il pas à ces derniers une égale vivacité de mouvement?

A cela je réponds que, dans les Crustacés, qui en général vivent habituellement dans l'eau, la célérité des mouvemens était moins nécessaire que leur force, et qu'elle eût d'ailleurs été gênée par la densité du fluide environnant (1). Aussi, dans ces

(1) [La force développée par un Insecte qui vole dans un milieu aussi rare que l'air, doit être au contraire beaucoup plus considérable que celle dont un animal de même volume, un

nouvelles circonstances, la nature a considérablement épaissi et solidifié la peau de tous ceux des Crustacés qui avaient plus besoin d'un grand emploi de forces que d'une célérité de mouvemens.

Mais les Insectes qui vivent presque généralement dans l'air, et à qui la légèreté du corps et la vivacité des mouvemens pouvaient être avantageuses, nous présentent, à raison des habitudes de leurs races, l'emploi plus ou moins complet des moyens qui peuvent faciliter leur légèreté et leurs mouvemens. Ceux, en effet, qui sont les plus vifs et les plus alertes, n'ont précisément dans l'épaisseur et la solidité de leur peau, que le degré suffisant pour l'affermissement des attaches musculaires, et qui nuit le moins à la légèreté de leur corps.

Ainsi, les besoins, à raison des habitudes que les circonstances ont fait prendre à chaque race d'Insectes, ont décidé l'épaisseur et la solidité de la peau, ainsi que le nombre plus ou moins grand des articulations des parties de ces animaux.

Jetons maintenant un coup-d'œil rapide sur les principaux traits de l'organisation intérieure des Insectes, et sur les transformations singulières que la plupart de ces animaux subissent.

Traits principaux de l'organisation intérieure des Insectes.

Sans doute, on ne connaît pas encore parfaitement toutes les particularités qui concernent l'organisation intérieure des *Insectes*; mais, outre ce que nous avaient déjà appris à cet égard les recherches des *Swammerdam*, des *Malpighi*, des *Lyonnet* (1), etc., l'anatomie comparée a fait depuis trente ans des progrès si remarquables, que ce que l'on sait maintenant d'une manière positive sur l'organisation des Insectes, est plus que suffisant pour confirmer les caractères essentiels de cette organisation et le rang que j'ai assigné à ces animaux. (2)

Crustacé par exemple, aurait besoin pour se soutenir et se mouvoir dans l'eau dont la pesanteur spécifique ne s'éloigne que de peu de celle de son corps.] E.

(1) *Recherches sur l'anatomie et les métamorphoses de différentes espèces d'Insectes,* Paris, 1832, 2 vol. in-4° fig.

(2) *Voyez*, relativement aux différens traits de l'organisa-

Ne devant pas exposer ici les détails de tout ce qui est maintenant bien connu à l'égard de l'organisation des Insectes, mais renvoyer aux sources mêmes dans lesquelles on peut puiser ces détails, je me bornerai à citer quelques-uns des traits principaux qui caractérisent l'organisation des animaux dont il s'agit.

Organes du mouvement des Insectes.

On sait que ce qui affermit le corps des Insectes n'est dû qu'à la consistance plus ou moins dure ou coriace des tégumens de

---

tion des Insectes, ce qu'en a exposé *G. Cuvier* dans son Anatomie comparée.

Depuis la publication de cet ouvrage la science s'est enrichie d'un grand nombre de travaux importans sur l'anatomie des Insectes. Les organes de la digestion et de la génération ont été étudiés par Rhamdhor, et d'une manière bien plus générale encore par M. Léon Dufour (*Recherches anatomiques et physiologiques sur les Hémiptères*, Paris, 1833, in-4°, avec 19 pl.), et dans divers mémoires insérés dans les *Annales des sciences naturelles ;* le système tégumentaire de ces animaux a été le sujet de recherches étendues de la part de MM. Audouin et Mac-Leay. (Voyez *Annales des sciences naturelles*) ; la circulation du sang a été découverte chez plusieurs Insectes par Carus, et a fourni à M. Behn l'occasion de faire quelques observations intéressantes.

La structure des yeux des Insectes a été étudiée avec soin par M. J. Muller (*Zur vergleichender physiologie des Gesichtssinnes*, Leipzig, 1826, et *Ann. des sc. nat.*; 1re série t. 17 et 18). MM. Herold et Newport ont fait des travaux considérables sur le développement de ces animaux.

Enfin, on doit à M. Strauss une anatomie admirable du Hanneton, considéré comme type de la classe des Insectes. Un grand nombre d'autres travaux mériteraient aussi d'être cités avec éloge, et on trouve dans un ouvrage récent de M. Lacordaire un tableau très bien fait de l'état actuel de nos connaissances sur l'organisation et les fonctions des Insectes en géné-

ces animaux, qu'à la nature cornée de ces tégumens (1); or, c'est à ces mêmes tégumens que sont attachés intérieurement les muscles qui font mouvoir leurs parties.

Ces muscles sont des paquets de fibres parallèles, molles, transparentes et blanchâtres. Ils sont d'une épaisseur et d'une largeur à-peu-près égales partout, et s'attachent à la peau par leurs extrémités. Ceux qui servent au mouvement des pattes sont placés dans l'intérieur des articles. *Cuv.*

Les muscles des Insectes sont extrêmement nombreux, très irritables, et il y en a qui sont d'une petitesse extraordinaire : on en a compté plus de 4000 dans la chenille.

Respiration des Insectes.

C'est par la bouche ou par les narines que le fluide respiratoire pénètre pour opérer la respiration dans tous les *animaux vertébrés.* Ce fluide entre et sort par ces issues dans ceux de trois de leurs classes, et c'est alors l'air en nature; mais dans les poissons, le fluide respiratoire n'est plus que l'eau; il entre aussi par la bouche et sort ensuite par d'autres voies.

Il n'en est pas de même des *animaux sans vertèbres;* car, dans la plupart de ceux qui respirent, le fluide respiré, soit l'air, soit l'eau, ne pénètre point dans l'organe de la respiration, ou n'arrive point à cet organe par la voie de la bouche de l'animal.

Ainsi les Insectes, comme principalement tous les animaux qui ont des nerfs, respirent nécessairement; car on a des preuves que si la respiration, par une cause quelconque, cessait de

---

ral (Voyez son *Introduction à l'entomologie*, 2 volumes in-8, Paris, 1834 et 1838).] E.

(1) [Les recherches de M. Odier ont fait voir que les tégumens des Insectes ne sont pas composés d'une matière semblable à la corne, mais doivent principalement leur dureté à une substance particulière à laquelle cet auteur a donné le nom de *Chitine* (Voyez *Mém. de la soc. d'hist. nat. de Paris*, t. 1. p. 29).] E.

pouvoir s'opérer dans ces animaux, ils ne pourraient conserver leur existence. (1)

1° Si on plonge des *Insectes*, surtout lorsqu'ils sont parvenus à leur état parfait, au-dessous de la surface de l'eau, il se forme sur les côtés de leur corps, à certaines parties dont nous allons parler et par lesquelles ils respirent, des globules plus légers que l'eau et qui viennent gagner sa surface; mais ces globules diminuent en nombre et en volume à mesure que l'immersion se prolonge, et les Insectes finissent par être noyés;

2° Si on enduit d'*huile* les parties dont je viens de parler, les Insectes périssent inévitablement; mais si on ne les en couvre pas toutes, ou si l'on en découvre promptement quelqu'une, les Insectes soumis à cette expérience continuent de vivre ou sont rendus à la vie. Dans les premiers cas, la mort de ces Insectes ne peut être attribué qu'à l'interruption de l'air, que l'huile empêche de s'introduire dans l'organe respiratoire de ces animaux. Dans les deux autres cas, la continuité de la vie et le retour à la vie ne sont évidemment dus qu'à la continuité du cours de l'air et qu'à son rétablissement.

Le long du corps, de chaque côté, sont placées de petites ouvertures que leur forme a fait comparer à des boutonnières, et que les entomologistes ont nommés des *stigmates*.

Ces ouvertures forment l'entrée des canaux qui reçoivent l'air et par lesquels il paraît qu'il ressort. Leur nombre varie dans les différentes espèces, mais il est à-peu-près double de celui des anneaux du corps dans les individus qui ont ces ouvertures disposées comme je viens de le dire, car il y a alors un stigmate de chaque côté sur chaque anneau. Cependant il y a souvent quelques anneaux sur lesquels il n'y a pas de stigmates, et il y a quelquefois des endroits où les stigmates sont doubles. Cela arrive souvent, par exemple, sur le corselet, qu'on peut envisager comme un anneau ou un double anneau.

Dans plusieurs larves de l'ordre des *Diptères*, et dans quelques autres larves aquatiques, les stigmates ne sont point disposés

(1) Voyez les expériences de Spallanzani et de Vauquelin sur les altérations de l'air produites par la respiration des Insectes.

de chaque côté le long du corps comme dans les autres, mais ils sont placés vers l'extrémité postérieure de ces larves, et quelquefois uniquement à cette extrémité : ces stigmates ne sont point figurés en boutonnières. Ils se présentent sous diverses formes, et souvent ce sont de petits tuyaux respiratoires formant des parties saillantes et variées (1)

Les *stigmates* s'ouvrent chacun à l'entrée d'un canal fort court, formé d'anneaux cartilagineux. On donne le nom de *bronches* à ces petits canaux, par comparaison avec les *bronches* des poumons. Ils aboutissent à deux vaisseaux cartilagineux qui s'étendent, un de chaque côté du corps, d'une extrémité à l'autre. Ces vaisseaux présentent des faisceaux nombreux, d'où naissent des expansions vasculaires qui se dirigent et se portent à toutes les parties du corps, et qui, par leur quantité, forment une portion considérable de la substance des Insectes. On a donné à ces vaisseaux et à leurs expansions le nom de *trachées*. A chaque côté d'un anneau, à l'endroit où s'ouvrent les bronches, les *trachées* forment un *plexus* plus marqué qu'ailleurs. Ce *plexus* résulte d'un enlacement plus considérable de vaisseaux aériens dans ces endroits que dans les intervalles des anneaux. Des naturalistes ont considéré les deux séries de *plexus* comme deux séries de poumons qui occupent la longueur du corps de ces animaux. (2)

Les trachées qui servent à la respiration des Insectes, et les canaux qui donnent entrée à l'air et par lesquels il sort, étant des vaisseaux cartilagineux, on a cru trouver dans cet organe respiratoire une analogie réelle avec le poumon. Sans doute il y a entre ces deux organes de la respiration quelque analogie, puisque l'un et l'autre ne sauraient respirer que l'air. Malgré cela, l'organe respiratoire des Insectes n'est certainement pas un *poumon;* il en diffère par une multitude de caractères qu'il n'est pas nécessaire de détailler; je dirai seulement que les *trachées*

(1) Les larves des Hydrophiles, des Ditiques, etc.

(2) [Voyez pour plus de détails sur la structure de l'appareil respiratoire des Insectes, Marcel de Serres, Strauss; Léon Dufour, *Recherches anatomiques et physiologiques sur les Hémiptères*, Paris, 1833, in-4° avec 19 pl.] E.

des Insectes, en général, n'ont pas de limites dans le corps de ces animaux; qu'elles s'étendent dans toutes les parties jusqu'au bout des extrémités et de tous leurs appendices quels qu'ils soient. Aussi la masse totale des trachées est à celle des autres parties du corps des Insectes bien au-dessus de ce que la masse du poumon est à celle des autres parties du corps des animaux qui ont un pareil organe, ce qui est vrai, même à l'égard des oiseaux. Les Insectes admettent donc proportionnellement plus d'air dans leur intérieur que tous les autres animaux qui le respirent.

Nous voyons, d'après ce qui vient d'être dit: 1° que les Insectes respirent, quoique sans doute avec lenteur, et qu'il respirent l'air en nature; 2° qu'ils ne respirent point par la bouche, mais par des ouvertures latérales, placées sur les anneaux de chaque côté; 3° que les organes respiratoires des Insectes ne sont point circonscrits et bornés à aucune partie, mais qu'ils s'étendent à toutes les parties sans exception; 4° qu'à chaque anneau où aboutit le petit canal qui lui transmet l'air, les trachées forment un *plexus* qui, à cause de son volume et de l'enlacement des vaisseaux aérifères, a été regardé comme un poumon particulier, quoiqu'il communique, par la suite des trachées, avec les autres *plexus* placés tous, deux à deux, sur chaque anneau.

Système nerveux des Insectes.

Le *système nerveux* n'est qu'ébauché dans certaines Radiaires, ainsi que dans quelques Vers, et n'y paraît propre qu'à l'excitation des muscles; car il n'y présente encore aucun foyer pour les sensations, et il n'y donne lieu à aucun sens distinct; mais, dans les Insectes, ce système est assez avancé dans sa composition pour produire en eux le *sentiment*, puisqu'il présente un ensemble de parties qui communiquent entre elles, et un foyer commun où aboutissent les nerfs qui servent aux sensations.

Il offre effectivement dans ces animaux, une masse médullaire longitudinale qui se termine antérieurement par un petit *cerveau*. Cette masse médullaire forme un cordon noueux qui s'étend dans toute la longueur du corps de l'animal, et présente autant de nœuds ou de ganglions que ce corps a d'articulations (1). Chaque ganglion fournit des filets nerveux qui vont se rendre aux parties qui en sont voisines, et qui servent aux mouvemens et à la vie de ces parties. Ces mêmes nerfs forment des *plexus* à l'entrée des stigmates, et peut-être s'en trouve-t-il parmi eux qui remontent jusqu'au foyer commun, et servent aux sensations.

Quant au petit *cerveau* qui termine antérieurement la moelle longitudinale noueuse, il diffère des autres ganglions, constitue un centre de rapport pour le système sensitif, et donne en effet naissance aux nerfs optiques, que nous trouvons ici pour la première fois. Aussi déjà le sens de la vue est positivement reconnu dans les Insectes; et probablement celui de l'odorat s'y trouve pareillement, soit à l'extrémité des palpes, soit dans les stigmates antérieurs.

La nature étant parvenu à composer le système nerveux d'un ensemble de parties qui communiquent entre elles, au moyen d'une moelle longitudinale noueuse qui se termine antérieurement par un cerveau, emploie ce mode, non-seulement dans les *Insectes*, mais encore dans les Arachnides, les Crustacés, les Annelides et les Cirrhipèdes; et elle ne le change que dans les Conchifères et les Mollusques, où elle se prépare au nouveau plan d'organisation des animaux vertébrés. Dans ceux-ci, à la

---

(1) [Le nombre de ganglions dont se forme la chaîne médullaire étendue le long de la ligne médiane centrale varie beaucoup chez les derniers Insectes, mais ce qui varie encore davantage c'est le degré d'écartement ou de fusion de ces petites masses nerveuses, ainsi que des cordons interganglionnaires (voyez à ce sujet l'ouvrage de M. Strauss; l'*Anatomie comparé du système nerveux,* par M. Serres. t. 2; les recherches de M. Newport insérées dans les *Transactions philosophiques* pour 1832 et 1834; l'*Anatomie comparée du système nerveux*, par F. Leuret, Paris, 1839, t. 1er, p. 65; et plusieurs *Mémoires* de M. Léon Dufour). Il existe aussi chez les Insectes un système nerveux situé au-dessus du canal intestinal et donnant des branches aux organes de nutrition (voyez J. Muller, *Mémoires des curieux de la nature*, Bonn. t. 14; Brandt, *Annales des Sciences naturelles*, 2 Série. t. 5).] E.

place d'un cordon médullaire noueux et subventral, terminé par un petit cerveau simple, elle établit une moelle épinière dorsale, terminée antérieurement par un cerveau muni de deux hémisphères surajoutés, qui accroissent son volume en raison de leurs développemens, et qui servent à l'exécution des actes d'intelligence; ainsi, il n'y a, de part et d'autre, qu'un cerveau qui termine antérieurement, soit une moelle longitudinale noueuse, soit une moelle épiniere. (1)

Il ne faut donc pas, comme on l'a fait il y a environ un siècle, considérer les nœuds ou ganglions du cordon médullaire des *Insectes*, comme autant de cerveaux particuliers, et leur ensemble, comme une série de cerveaux; car le cerveau est nécessairement unique, et constitue un organe isolé, étant spécialement destiné à contenir le foyer des sensations, et à produire les nerfs des sens. (2)

Dans les animaux à vertèbres des derniers rangs, il faut distinguer le cerveau du cervelet et des deux hémisphères réunis qui le recouvrent. Alors on reconnaîtra que, dans ces animaux, le cerveau proprement dit a peu d'étendue, qu'il contient le foyer des sensations, et que lui seul donne naissance aux nerfs des sens particuliers; que le cervelet ne paraît avoir d'autres fonctions à exécuter que celles d'animer les viscères et les organes de la génération; que les deux hémisphères, qui recouvrent le cerveau et forment la principale masse de l'encéphale,

---

(1) [C'est peut-être à tort que l'on considère généralement les ganglions céphaliques des animaux articulés comme étant les analogues du cerveau chez les animaux vertébrés et la comparaison entre la chaîne ganglionaire sous-intestinale des premiers et la moelle épinière des seconds est tout-à-fait inexacte (voyez à ce sujet les ouvrages déjà cités de M. Serres, et de M. Leuret.).] E.

(2) [L'indépendance des divers centres nerveux est au contraire portée très loin chez plusieurs Insectes comme on peut le voir par les expériences de Treviranus, de M. Wallkenaer, de Burmeister, etc., dont on trouve le résumé dans l'ouvrage de M. Lacordaire (t. II, p. 280).] E.

constituent l'organe spécial de la pensée, celui qui sert à l'exécution des actes de l'intelligence : en sorte que ces deux hémisphères ne sont qu'un double appendice, en un mot, qu'une partie paire surajoutée au cerveau ; partie qui n'existe réellement que dans les animaux vertébrés, quoique le petit cerveau des Insectes soit partagé par un sillon, et comme bilobé.

Quant à la moelle épinière des vertébrés, on doit la regarder comme la partie du système destinée à mettre les muscles en action, et vivifier les parties ; ce qu'exécute aussi la moelle longitudinale noueuse des *Insectes*, etc.

Facultés que donne aux Insectes leur système nerveux.

Si l'on considère que les *Insectes* jouissent d'une supériorité de mouvement que ne possèdent point les autres animaux sans vertèbres, et qu'en même temps ils sont doués d'un *sentiment intérieur* que chaque besoin peut émouvoir, et qui les fait agir immédiatement ; on sentira que ces animaux possèdent, en cela, les moyens d'exécuter les manœuvres admirables qu'on observe dans un grand nombre de leurs races, sans qu'il soit nécessaire de leur attribuer aucune industrie, aucune combinaison d'idées.

Sans doute les *Insectes* ont, dans leur système nerveux, un appareil d'organes qui leur donne la faculté de *sentir*, puisque cet appareil offre un petit cerveau qui fournit déjà le sens de la vue, quelques sens particuliers pour le tact, et probablement celui de l'odorat. Mais il paraît qu'ils n'éprouvent, dans leurs sensations externes, que de simples perceptions des objets qui les affectent ; qu'ils n'exécutent aucune opération entre des idées, et qu'ils sont seulement entraînés dans toutes leurs actions par les émotions de leur sentiment intérieur, puisqu'ils ne peuvent point varier leurs manœuvres. (1)

Cela ne pouvait être autrement, étant les premiers animaux en qui le système nerveux commence à pouvoir produire le

---

(1) [On connaît beaucoup de faits qui ne s'accordent nullement avec l'opinion de Lamarck sur ce point, et qui semblent indiquer chez plusieurs Insectes un travail intellectuel analogue au raisonnement.] E.

sentiment. Aussi ce système ne peut avoir encore le perfectionnement, c'est-à-dire la complication nécessaire pour leur donner la faculté d'employer des idées.

D'ailleurs les *Insectes* ne sauraient éprouver que des sensations très obscures; car la plupart voient mal avec leurs yeux; la peau cornée de leur corps émousse en eux le sens général du toucher, et ils ne peuvent que palper, à l'aide de leurs antennes et de leurs palpes, les objets qu'ils touchent. Ils s'aperçoivent de la présence des corps voisins, mais ils ne sauraient juger de leur forme; ils distinguent le côté d'où vient la lumière, et même les différentes couleurs, mais ils ne voient que très obscurément les objets qui les environnent et qu'ils ne palpent point; conséquemment ils n'ont que des perceptions, la plupart confuses.

Seulement, l'observation constate que celles de leurs perceptions qui sont souvent répétées, forment en eux des impressions durables, et leur donnent des idées simples qui se fixent dans leur organe; en sorte qu'ils en obtiennent cette espèce de *mémoire* qui consiste à reconnaître facilement les objets qui les ont souvent affectés.

Avec ces moyens et leur grande facilité de se mouvoir, les *Insectes* possèdent tout ce qui leur est nécessaire pour exécuter leurs manœuvres et pourvoir à leurs besoins. Chacun de ces besoins ressentis produit une émotion dans leur *sentiment intérieur*, qui les avertit et les met en action, sans qu'aucune pensée, aucun jugement ait été nécessaire. Enfin, ces émotions de leur *sentiment intérieur* les mettant en action, leur font surmonter les obstacles qu'ils rencontrent, en les faisant se détourner de tout ce qui s'oppose à leur tendance, fuir ce qui leur nuit, et rechercher ce qui leur est avantageux. Elles les dirigent donc sans choix dans leurs actions, ainsi que dans les habitudes auxquelles les individus de chaque race se trouvent depuis long-temps assujétis. Telles sont les causes qui produisent tout ce que nous admirons en eux.

Personne n'ayant fait attention que le *sentiment intérieur*, dans les animaux qui en jouissent, constitue une puissance que les émotions de ce sentiment font agir; et personne encore ne s'étant aperçu que les émotions dont je parle, sont immédiatement excitées par chaque besoin, sans la nécessité de ces détermina-tions que nous nommons actes de *volonté*, et qui le sont d'intelligence, puisqu'elles sont toujours la suite d'un jugement; ce que je présente actuellement sur ces objets, d'après mes observations, est si nouveau et doit paraître si extraordinaire, que probablement l'on sera encore long-temps avant de le concevoir.

Ainsi, je n'entreprendrai pas de montrer en détail la source des actions diverses des *Insectes*, actions toujours les mêmes dans les individus de chaque race; je ne rappellerai pas tout ce que l'on a dit relativement aux habitudes de ces animaux, soit dans leur manière de vivre, soit dans celle de se défendre ou de se mettre à l'abri de leurs ennemis, soit enfin dans la manière de pourvoir à la conservation de leurs espèces. On a présenté les plus singulières de ces habitudes comme étant des actes d'*industrie*, et par conséquent de la pensée et de l'intelligence des *Insectes*; et, en cela, l'on a vu des merveilles auxquelles, a-t-on dit, l'intelligence humaine ne saurait rien comprendre.

La nature sans doute est partout également admirable, et assurément elle ne l'est pas plus ici qu'ailleurs. Si les facultés qu'elle tient de son suprême auteur méritent notre admiration et notre étude, elle n'offre nulle part rien d'extraordinaire, rien qui ne soit le résultat de la puissance et de l'harmonie de ses lois. Lorsque certains des faits qu'elle nous présente excitent notre surprise ou nous étonnent fortement, c'est une preuve que nous ignorons les lois qui régissent ou qui dirigent ses opérations.

Cependant, on a senti que les actions des *êtres sentans*, c'est-à-dire que celles, non-seulement des Insectes, mais en outre d'un grand nombre d'animaux, prenaient leur source dans les actes d'une puissance productrice de ces actions, autre que celle qui donne lieu à la plupart des actions humaines. Or, ne connaissant pas cette autre puissance, on a imaginé un mot particulier pour la désigner; et ce mot, auquel on n'attache aucune idée claire dont chacun interprète le sens à sa manière, ou se contente sans y réfléchir, est celui d'*instinct*.

Néanmoins, quelques physiologistes philosophes (*Cabanis* entre autres) ont fait des efforts pour attacher au mot *instinct*, des idées qui pussent s'accorder avec les faits; mais aucun n'a réussi.

La distinction des actions produites immédiatement par le *sentiment intérieur* ému, de celles qui s'exécutent à la suite d'un acte de *volonté*, lequel suit toujours un jugement, donne seule la solution de cet intéressant problème.

Quant aux produits singulièrement remarquables des *habitudes*, et à la nécessité qu'ils entraînent, pour les animaux, de répéter toujours les mêmes sortes d'actions, dans chaque race, pour en concevoir la cause essentielle, voici ce qu'il est nécessaire de considérer.

L'*habitude* d'exercer tel organe ou telle partie du corps, pour satisfaire à des besoins qui renaissent les mêmes, fait que le *sentiment intérieur*, donne au fluide subtil, qu'il déplace lorsque sa puissance s'exerce, une telle facilité à se diriger vers l'organe ou vers la partie où il a été déjà si souvent employé, et où il s'est tracé des routes libres, que cette habitude se change, pour l'animal, en un penchant qui bientôt le domine, et qui ensuite devient inhérent à sa nature.

Or, comme les besoins pour les animaux, sont pour chacun;

1° De prendre telle sorte de nourriture, selon l'habitude contractée, lorsqu'ils en éprouvent le besoin;

2° D'exécuter l'acte de la fécondation, lorsque leur organisation les y sollicite;

3° De fuir la douleur ou le danger qui les émeut;

4° De surmonter les obstacles qui les arrêtent;

5° Enfin de rechercher, à la suite des émotions qui les en avertissent, ce qui leur est avantageux ou agréable.

Ils contractent donc, pour satisfaire à ces besoins, diverses sortes d'habitudes qui se transforment en eux en autant de penchans auxquels ils ne peuvent résister.

De là, l'origine de leurs actions habituelles et de leurs inclinations particulières, et dont certaines, remarquables par leur singularité, ont été qualifiées d'*industries*, quoique aucun acte de pensée et de jugement n'y ait eu part.

Comme les penchans qu'ont acquis les animaux par les habitudes qu'ils ont été forcés de contracter, ont modifié peu-à-peu leur organisation intérieure, ce qui en a rendu l'exercice très facile, les modifications acquises dans l'organisation de chaque race, se propagent alors dans celle des nouveaux individus par la génération. En effet, on sait que cette dernière transporte dans ces nouveaux individus, l'état où se trouvait l'organisation de ceux qui les ont produits. Il en résulte que ces mêmes penchans existent déjà dans les nouveaux individus de chaque race, avant même qu'ils aient exercés : en sorte que leurs actions ne sauraient s'exécuter que dans ce seul sens.

C'est ainsi que les mêmes habitudes et les mêmes penchans se perpétuent de générations en générations dans les différens individus des mêmes races d'animaux, et que cet ordre de choses, dans les animaux qui ne sont que *sensibles*, ne saurait offrir de variations notables, tant qu'il ne survient pas de mutation dans les circonstances essentielles à leur manière de vivre, et qui soit capable de les forcer peu-à-peu à changer quelques-unes de leurs actions.

Revenons à l'objet particulier qui nous occupe, à la citation des principaux traits de l'organisation des Insectes.

Du fluide principal des Insectes.

Si l'on devait toujours nommer *sang* ce fluide principal d'un corps vivant, qui fournit aux développemens et aux sécrétions de ce corps, il s'ensuivrait que les *Insectes* auraient un véritable sang, que les *Vers*, les *Radiaires*, les *Polypes* et les *Infusoires* en auraient pareillement, enfin que les végétaux mêmes en seraient munis; car dans ces différens corps, il existe un fluide principal qui fournit à leurs développemens, à leur nutrition et à leurs diverses sécrétions.

Mais, je pense qu'on ne devrait donner le nom de *sang* qu'au fluide principal des vertébrés, ou au moins qu'à celui qui, contenu dans des *artères* et des *veines*, subit une véritable *circulation*. Il est ordinairement coloré en rouge, comme on le voit dans tous les animaux à vertèbres; dans les Mollusques et les Crustacés, il n'a plus qu'une couleur blanchâtre. Cependant, comme dans ce dernier cas, il circule encore dans un système d'artères et de veines, il est convenable de lui donner encore le nom de *sang*.

Quant aux *Insectes*, ils n'ont aucun fluide propre qui soit réellement dans le cas de porter le nom de *sang* (1). En effet, le fluide des sécrétions chez eux est une sanie blanchâtre qui ne circule point dans des artères et des veines, mais qui est tenue en mouvement par d'autres voies que par celles d'une circulation régulière.

Vaisseau dorsal des Insectes.

Un long canal ou vaisseau transparent, subissant des dilatations et des contractions ondulatoires et locales qui le partagent instantanément en segmens divers par des étranglemens, s'étend immédiatement sous la peau du dos, depuis la tête jusqu'à l'extrémité postérieure du corps de l'animal. Ce vaisseau serait le *cœur* de l'Insecte, s'il se ramifiait à ses extrémités, et s'il y donnait naissance à des vaisseaux artériels et veineux, propres à entretenir une véritable *circulation.*

Mais, quelque soin qu'on ait pris pour l'observer, on ne remarque rien de semblable à son égard. Ses extrémités sont fermées, et se terminent simplement, sans communiquer par aucun vaisseau distinct avec les autres parties du corps de l'Insecte.

---

(1) [Le liquide nourricier des Insectes, qui mérite à tous égards le nom de sang, n'est pas en repos comme on le croyait généralement, mais circule dans un système de lacunes. La découverte de cette circulation est due à Carus, et a été faite sur des larves de Névroptères; le vaisseau dorsal paraît en être le principal agent moteur; mais quelquefois il existe aussi des organes accessoires destinés à des usages analogues. Ainsi, M. Behn a découvert, dans la base des pattes de Notonectes, un appareil valvulaire dont les battemens contribuent à imprimer au sang le mouvement dont il est animé (Voyez à ce sujet C. Carus *Entdeckung eines einfachen vom Herzen aus beschleunigten Blutkreislaufes in den Larven netzflüglicher Insecten*, Leipzig, 1827, in-4° fig.— *Mém. de l'Acad. des cur. de la nat.* Bonn, t. 15. — Wagner. *Isis* 1832. — Burmeister. *Handbuch der Entomologie*, t. 1. — Behn, *Ann. des sc. nat.*, 2ᵉ série, t. 4).] E.

Le vaisseau, dont il s'agit, est situé au-dessous du tégument dorsal qui couvre le corps de l'animal, sous l'amas de graisse qu'on découvre sous ce tégument, et il s'étend le long du dos, au-dessus des viscères.

Les étranglemens qui le rétrécissent d'espace en espace, sont ouverts, et établissent un conduit ou passage intérieur de segmens en segmens (1). Ces segmens se dilatent et se contractent alternativement les uns après les autres; et l'on remarque, en général, que le mouvement successif des segmens, commence du côté de la tête, se propage le long du corps, se termine à son extrémité, et recommence aussitôt vers la tête pour continuer sans interruption de la même manière. Quelquefois néanmoins on voit des variations dans les mouvemens du fluide contenu dans ce vaisseau dorsal, et on observe qu'il s'écoule dans un sens opposé.

Le vaisseau dorsal dont je viens de parler, et qu'il est facile d'observer sur la larve du ver à soie, a été regardé par Malpighi, Swammerdam, Valisneri, Réaumur, et en général par les plus habiles naturalistes, comme une suite de cœurs qui communiquent les uns avec les autres.

Ce n'est cependant ni un cœur, ni une suite de cœurs, puis-

---

(1) [La structure du vaisseau dorsal a été étudiée avec soin par M. Strauss dans le Hanneton, par M. Newport dans le *Sphinx ligustri* et par quelques autres anatomistes. Les ouvertures latérales qu'on y remarque sont garnies de valvules semi-lunaires, disposées de façon à permettre l'entrée du sang, mais à s'opposer à sa sortie; d'autres valvules se trouvent entre les diverses loges, dont la portion postérieure de ce vaisseau se compose, et elles s'opposent au passage du liquide d'avant en arrière. Le sang reçu dans l'intérieur du vaisseau dorsal est, par conséquent, poussé vers la tête par les contractions de cet organe. L'extrémité antérieure du vaisseau dorsal est très grèle et quelquefois se divise en deux, en trois ou même en un plus grand nombre de branches qui sont ouvertes au bout et qui laissent échapper le sang dans les lacunes, situées entre les viscères, les muscles et les tégumens.] E.

qu'aucun vaisseau ne part d'aucune de ses extrémités; mais c'est un réservoir élaborateur du fluide principal de l'Insecte, qui paraît se remplir et se vider par absorption et par exsudation, et c'est à-la-fois un moyen préparé par la nature pour former un véritable cœur.

Organes sécrétoires des Insectes.

Il n'y a point dans les Insectes de glandes conglomérées pour les sécrétions, comme dans les animaux à vertèbres, c'est-à-dire, qu'on ne trouve point de ces masses particulières, plus ou moins considérables et compactes, dont le tissu soit composé de vaisseaux artériels et veineux, de nerfs, de vaisseaux lymphatiques, et de *vaisseaux propres* qui conduisent le fluide séparé. Mais, en place de ces glandes, on observe des vaisseaux sécrétoires de diverses sortes, qui ne sont que des filamens tubuleux, déliés, simples, et plus ou moins repliés sur eux-mêmes, dont plusieurs se rendent à l'intestin.

Ces vaisseaux sécrétoires servent, les uns à la digestion, en versant leur liqueur dans le canal intestinal; les autres à la génération ou à la fécondation sexuelle; enfin, les autres sont employés à rassembler certaines liqueurs, soit utiles, soit excrémentielles.

Toutes ces matières sécrétoires se forment dans le fluide principal de l'animal, c'est-à-dire, dans celui qui résulte de son chyle, qui est essentiel à sa nutrition et à la conservation de sa vie, en un mot, dans son *sang* ou dans ce qui en tient lieu, et elles en sont extraites par les organes sécrétoires.

Canal intestinal. Je ne dirai rien de cet organe essentiel des Insectes, parce qu'il n'offre que des particularités relatives aux ordres, et surtout aux différens états par lesquels passent ces animaux avant de devenir Insectes parfaits. Je ferai seulement remarquer que, même dans ceux qui subissent les plus grandes transformations, ce canal, étant nécessaire à la nutrition de l'animal, n'est jamais détruit pour être remplacé par un nouveau; mais qu'il ne fait que subir dans sa forme, sa longueur, ses renflemens et ses étranglemens particuliers, des modifications appropriées à chaque état de l'Insecte. M. Dutrochet prétend que dans certaines larves, telles que celles des abeilles, des guêpes, du myrméléon, etc., ce canal n'est point terminé par un anus, et qu'il ne l'est que lorsque l'animal est devenu insecte parfait. (1)

Sexe des Insectes.

On ne connaît, parmi presque tous les Insectes, que des mâles et des femelles ; mais parmi quelques-uns d'entre eux qui vivent en société, tels que les *abeilles*, les *mutiles*, les *fourmis*, les *termites*, etc., il y a non-seulement des mâles et des femelles, mais encore des mulets ou des neutres, c'est-à-dire, des individus qui ne jouissent d'aucun sexe, et qui ne peuvent s'accoupler et se reproduire, et qui prennent cependant le plus grand soin des œufs et des petits.

Il paraît, d'après les observations de *Huber* et *Latreille*, que ces individus qui n'ont aucun sexe, ne sont que des femelles imparfaites, c'est-à-dire, dont les organes sexuels n'ont reçu aucun développement. Nouvelle preuve que des organes très naturels à certains animaux, comme faisant partie du plan de leur organisation, peuvent néanmoins n'y avoir aucune existence, par les suites d'un avortement ou d'un défaut de développement.

Il n'y a point d'hermaphrodites parmi les Insectes, les parties mâles et les parties femelles se trouvant toujours sur des individus différens. La même chose s'est montrée dans ceux des *Vers* où l'on a cru apercevoir les premières ébauches de la génération sexuelle. Ainsi, dans les animaux, ce mode de reproduction n'a point commencé par l'hermaphrodisme.

La prodigieuse fécondité des Insectes étonnerait sans doute, si nous ne considérions, en même temps, qu'ils servent de nourriture à la plupart des oiseaux, à plusieurs autres animaux, et qu'ils se détruisent même les uns les autres. On dirait que la nature, attentive aux besoins des êtres vivans, a répandu avec profusion sur le globe, les espèces les plus faibles, celles qui doivent servir à la nourriture d'un grand nombre d'autres animaux, tandis qu'elle a été plus avare des grandes espèces, de celles surtout qui sont les plus destructives.

---

(1) [*Mémoires pour servir à l'histoire anatomique des végétaux et des animaux*, Paris, 1837, t. 2, p. 331 et suiv.] E.

Les parties qui constituent les sexes dans les Insectes sont ordinairement placées au bout de l'abdomen, et cachées dans l'anus. Il est aisé de s'assurer du sexe d'un Insecte ; il faut pour cela lui presser le ventre assez pour faire sortir ces parties; alors on reconnaîtra facilement celles du mâle aux crochets qui les accompagnent, et celles de la femelle à une espèce de tarrière qui les termine.

Tous les Insectes n'ont pas les parties de la génération situées à l'extrémité de leur ventre : dans les libellules, elles sont placées à l'origine du ventre dans le mâle, et à l'extrémité dans la femelle.

Les Insectes ne vivent ordinairement que quelques mois dans leur dernier état, et souvent ils ne subsistent que quelques jours et même quelques heures. Peu après l'accouplement, la plupart des mâles périssent; la femelle ne survit que pour déposer ses œufs, après quoi elle périt à son tour. Mais la propagation des espèces résultant d'une des lois de la nature qui régissent ses opérations, les Insectes qui, nés à la fin de l'été, n'ont pas eu le temps de s'accoupler, passent l'hiver enfermés dans des trous, sous l'écorce des arbres, ou même dans la terre ; ils n'en sortent qu'au printemps suivant pour satisfaire à la loi commune, et périr ensuite.

Tous les Insectes sont ovipares, quoique, dans quelques-uns et dans certains temps de l'année, les œufs éclosent dans le corps même de l'animal. En effet, Reaumur et Ch. Bonnet ont observé que les pucerons mettaient au monde des petits vivans dans une saison de l'année, tandis qu'ils pondaient des œufs dans une autre.

Dès que les femelles sont fécondées, elles cherchent à déposer leurs œufs dans un endroit convenable où les petits en naissant puissent trouver la nourriture dont ils auront besoin. Les Papillons, les Phalènes, etc., placent leurs œufs sur la plante qui doit servir d'aliment aux chenilles; les Libellules retournent aux eaux bourbeuses qu'elles avaient abandonnées depuis quelque temps. On connaît les soins que prennent les Abeilles pour leurs petits. Les Sphex et les Ichneumons enfoncent leurs aiguillons dans le corps des chenilles et des larves de Diptères et de Coléoptères pour y déposer leurs œufs. La plupart des Coléoptères percent le bois le plus dur, d'autres fouillent la terre pour les placer dans la racine des plantes. L'oëstre suit avec opiniâtreté le bœuf, le cheval, le mouton, le renne pour déposer les siens sous la peau, dans les naseaux et dans les intestins de ces animaux. Ainsi, que de faits curieux l'observation des Insectes ne nous a-t-elle pas fait connaître! Ceux dont nous allons parler sont encore plus étonnans.

Métamorphoses. (1)

Je nomme *métamorphose* cette particularité singulière de l'Insecte de ne pas naître, soit sous la forme, soit avec toutes les sortes de parties qu'il doit avoir dans son dernier état. En effet, parmi les animaux qui ne jouissent point d'un système de circulation pour leurs fluides, les Insectes sont les seuls qui éprouvent des métamorphoses dans le cours de leur vie.

Les *métamorphoses* que subissent les Insectes sont, pour le naturaliste, l'un des phénomènes les plus singuliers et les plus admirables que l'histoire naturelle puisse nous offrir. Les mutations qu'elles nous présentent sont si remarquables, qu'il semble que les animaux qui subissent les plus grandes naissent en quelque sorte plusieurs fois. Ces mutations ne sont même pas toujours bornées aux formes et aux parties extérieures, elles s'étendent souvent aux organes intérieurs les plus importans, comme ceux de la digestion, etc. Cependant nous verrons qu'elles ne sont autre chose que des développemens successifs, qu'une suite de modifications de parties, enfin que la formation de quelques-unes qui n'existaient pas d'abord. Nous verrons aussi que, dans les plus grandes de ces mutations, les développemens s'opèrent dans deux directions différentes qui se succèdent l'une à l'autre, et que la seconde amène des résultats fort différens des produits de la première.

Tous les *Insectes* se montrent dans différens âges, soit sous plusieurs formes diverses, soit avec différentes sortes de parties;

---

(1) [Voyez *Recherches sur l'anatomie et les métamorphoses de différentes espèces d'Insectes*, par L. L. Lyonet, publiées par M. W. de Haan, Paris, 1832, 2 vol. in-4° fig.]

tous subissent donc des *métamorphoses*. Cependant, comme ces métamorphoses varient, selon les races, dans les ordres et dans les familles mêmes, qu'elles sont grandes ou petites et qu'elles paraissent tenir à la manière dont les races se nourrissent, il est nécessaire de les distinguer en plusieurs sortes. En conséquence, deux sortes principales de métamorphoses me paraissent devoir être déterminées, ce sont les suivantes :

La *métamorphose générale*,
La *métamorphose partielle*.

La *métamorphose générale* est celle de l'Insecte qui, dans le cours de sa vie, subit des mutations dans sa forme générale et dans toutes ses parties, surtout les extérieures. La forme sous laquelle il naît est différente de celle qu'il acquiert par la suite, et aucune des parties qu'il avait dans son premier état ne se conserve la même dans son état dernier ou parfait. Or, de toutes les métamorphoses, celle-là est la plus grande, quoiqu'elle puisse offrir différens degrés d'intensité.

Je remarque que tous les Insectes assujétis à la *métamorphose générale* ont, dans leur dernier état, une manière de se nourrir différente de celle du premier, ou qu'ils prennent alors une autre sorte de nourriture.

Je vois, en outre, que les larves de tous ces Insectes sont généralement munies d'une peau molle, sauf sur la tête de certaines d'entre elles, et n'ont point d'yeux à réseau.

Ces deux particularités sont importantes à considérer, soit pour juger la métamorphose que devront subir les larves, soit pour saisir la cause même des métamorphoses générales.

Dans tout Insecte qui subit une *métamorphose générale*, l'état moyen de l'animal entre celui qu'il obtient en naissant et celui où il parvient en dernier lieu, est un état d'immobilité, durant lequel l'animal ne prend aucune nourriture et semble presque mort : j'en parlerai en traitant de la *chrysalide*.

La *métamorphose partielle* est celle de l'Insecte qui, dans le cours de sa vie, ne subit point ou presque point de mutation dans sa forme générale, mais seulement acquiert à l'extérieur de nouvelles sortes de parties. Il conserve, dans son dernier état, les parties qu'il avait en naissant; et lorsque son accroissement est sur le point de se terminer, il en obtient de nouvelles qu'il n'avait pas d'abord. Cette métamorphose est la plus petite, mais c'en est une, puisque l'animal possède, dans son dernier âge, des parties qu'il n'avait pas dans le premier.

Ici, au moins pour les Insectes que j'ai observés, je remarque le contraire de ce qui a lieu dans ceux qui sont assujétis à la métamorphose générale. Les Insectes qui ne subissent qu'une *métamorphose partielle* n'ont pas, dans leur premier état, une manière de se nourrir différente de celle du dernier, et ne prennent point alors une autre sorte de nourriture. Je vois aussi que la larve de ces Insectes est munie d'yeux à réseau et d'une peau cornée ou coriace, comme l'Insecte parfait, ou avec très peu de différence.

Enfin, dans tout Insecte qui ne subit qu'une *métamorphose partielle*, l'état moyen de l'animal, entre celui qu'il obtient en naissant et celui où il parvient en dernier lieu, est toujours un état d'activité, durant lequel l'animal cherche et prend de la nourriture, comme avant et après. J'en parlerai en traitant de la *nymphe*.

Tous les Insectes se montrant dans différens âges, soit sous des formes diverses, soit avec différentes sortes de parties, on distingue dans chacun d'eux trois états différens, savoir : leur premier état, leur état moyen et celui qu'ils obtiennent en dernier lieu. On a donné à ces divers états les noms suivans :

Celui de *larve* aux Insectes qui sont dans leur premier état;

Celui de *chrysalide* ou de *nymphe* à ceux qui sont dans leur état moyen;

Celui d'*insecte parfait* à ceux qui sont parvenus à leur dernier état.

Examinons ces trois sortes d'états des Insectes; l'intérêt qu'inspire la connaissance de ces animaux nous porte à exposer quelques détails à cet égard.

Premier état des Insectes.

Le premier état des Insectes étant celui qu'ils offrent après leur naissance, c'est-à-dire dès qu'ils sont sortis de l'œuf, il est à propos de dire un mot des œufs de ces animaux avant de parler de la larve qui doit en sortir.

L'œuf (*ovum*) est la première voie de génération que la nature emploie, lorsqu'elle est parvenue à établir la fécondation sexuelle. Or, comme elle a donné l'existence à un grand nombre d'animaux, avant d'avoir pu former des organes fécondateurs et fécondables, il s'en faut de beaucoup que tous les animaux soient ovipares. Aussi, c'est faute d'avoir étudié les animaux imparfaits des trois premières classes que l'on a dit : *Omne vivum ex ovo;* car les divisions de parties, les gemmes ou bourgeons, en un mot, les corpuscules reproductifs des *Infusoires*, des *Polypes*, des *Radiaires*, et même de la plupart des *Vers*, ne contiennent point un embryon qui ait exigé des organes fécondateurs pour devenir propre à recevoir la vie.

Mais, depuis les Insectes jusqu'aux Oiseaux inclusivement, tous les animaux sont *ovipares*.

Les œufs des Insectes, ainsi que ceux des animaux à sang froid, n'ont pas besoin d'incubation pour éclore; la chaleur seule de l'atmosphère suffit pour exciter les premiers mouvemens de l'embryon et pour le faire éclore, soit plus tôt, soit plus tard, selon qu'elle a atteint le degré nécessaire.

La forme des œufs des Insectes varie dans les différentes espèces; ils sont globuleux, ovales, allongés, linéaires, lisses, luisans, argentés ou dorés, quelquefois bleuâtres, quelquefois hérissés de poils. Enfin, ils sont composés d'un liquide interne, substance alimentaire propre à la nourriture et au développement de l'embryon qui y est contenu, et d'une enveloppe externe, constituée par une tunique ou pellicule assez épaisse, ferme, élastique, quelquefois même dure, et qui paraît inorganique. (1)

Indépendamment de leur enveloppe ou tunique propre, la plupart de ces œufs sont recouverts ou entourés d'autres parties qui les défendent, soit des injures de l'air, soit des oiseaux ou des autres animaux qui les détruiraient. Les uns sont cachés sous des espèces de poils serrés que l'Insecte portait au bout du ventre et qu'il a détachés dans le temps de la ponte; les

(1) [Voyez pour plus de détails sur la structure des œufs le grand travail que M. Hérold publie sur la génération des Insectes.] E.

autres sont cachés sous une matière blanchâtre ; et d'autres sont enfermés dans des alvéoles que les Insectes ont formées. Les Cynips déposent leurs œufs dans une galle produite par l'extravasion des sucs de la plante que l'Insecte a piquée ; les Boucliers, les Dermestes déposent les leurs dans les cadavres des animaux ; des Ichneumons, à l'aide de leur tarrière, enfoncent les leurs dans le corps des chenilles; les Cousins les rassemblent et en forment une masse qui, sous la forme d'une nacelle, voguent sur la surface des eaux; quelques-uns sont portés au bout de très longs poils; d'autres sont cachés dans des feuilles roulées; d'autres sous une matière gluante, etc. Il est utile de bien connaître les endroits où ces œufs sont placés, et comment la plupart sont cachés, afin de s'appliquer à détruire les espèces les plus nuisibles.

La larve.

La larve (*larva*) est le premier état des Insectes, c'est-à-dire celui dans lequel ils se trouvent après leur sortie de l'œuf. La forme des larves varie beaucoup ; on leur a donné tantôt le nom de ver (*vermis*), tantôt celui de larve (*larva*), qui signifie masque, et tantôt celui de chenille (*eruca*), nom que l'on a consacré à la larve des Lépidoptères.

Parmi les larves des Insectes, les unes ont des pattes, et les autres en sont entièrement dépourvues, ce qui fait ressembler celles-ci à des Vers.

Celles qui sont munies de pattes en ont six ou un nombre plus considérable; mais il n'y a que les six pattes qui répondent à celles que doit avoir l'Insecte parfait, qui soient articulées, dures et onguiculées; les autres sont molles, sans articulations, sans ongles, et ne sont que de fausses pattes.

Parmi les larves qui ont des pattes, celles des Coléoptères ont la peau molle, excepté sur la tête qui est dure et écailleuse: ces larves vivant la plupart en rongeant le bois, il leur fallait des mandibules plus fortes et des points d'appui plus solides aux muscles qui doivent les mouvoir. Mais les larves de presque tous les Lépidoptères ont la peau molle partout.

Quant aux larves qui n'ont point de pattes, comme celles des Diptères et d'un grand nombre des Hyménoptères, elles ont aussi la peau molle partout.

Toutes les larves qui n'ont rien de la forme que doit avoir l'Insecte parfait sont tout-à-fait sans yeux, ou n'ont que des yeux lisses.

C'est sous la forme de larve que l'insecte prend tout son accroissement. Aussi la larve est-elle ordinairement très vorace, et elle grossit d'autant plus promptement que sa nourriture est plus abondante. Mais avant de subir sa première transformation, elle change plusieurs fois de peau.

La *mue* est un changement de peau auquel les larves de tous les Insectes sont assujéties. Elle ne fait point partie de la métamorphose, et n'est effectivement point particulière aux Insectes. C'est toujours une espèce de maladie, ou du moins une crise; aussi la larve s'y prépare par une abstinence totale. En effet, non-seulement elle ne mange pas, mais elle reste presque immobile; ses couleurs deviennent pâles et livides; elle paraît malade et elle doit l'être, puisque souvent elle y périt. Quelques jours après sa dernière mue, la larve subit une transformation et passe à l'état de nymphe ou de chrysalide. On croit que les larves de la plupart des Diptères et de plusieurs Hyménoptères ne subissent aucune mue avant leur première transformation.

Second état des Insectes.

On a donné le nom de *nymphe* ou de *chrysalide* aux Insectes parvenus à leur second état; et l'on a considéré cet état sous le seul rapport du changement qu'éprouvent ces animaux dans cette circonstance, quelque différence qu'ils offrent alors entre eux. Leur forme, en effet, varie dans ce second état, au moins autant que dans le premier.

Toutes les larves jouissent de la faculté d'un mouvement progressif, toutes prennent des alimens et acquièrent tout l'accroissement dont elles sont susceptibles. Il n'en est pas de même de tous les Insectes parvenus à leur second état; car, si les uns ressemblent encore beaucoup à la larve, courent et mangent comme elle, et offrent seulement des parties qu'elle ne possédait pas; les autres, tantôt cachés dans une coque opaque qui n'a point la forme d'un animal, tantôt recouverts par une pellicule mince, tantôt même à nu, restent immobiles et ne prennent plus d'alimens. Ces derniers ne ressemblent alors ni à la larve dont ils proviennent, ni à l'insecte parfait qui doit en sortir. Enfin, beaucoup d'entre eux paraissent dans un état de mort.

Relativement à leur forme et à leur état, on a divisé les nymphes ou les chrysalides en quatre sortes différentes; mais je crois qu'il convient de réduire ces divisions, et de distinguer les Insectes parvenus à leur second état, en trois sortes principales, savoir :

1° En chrysalide ;
2° En momie;
3° En nymphe.

Les deux premières sortes appartiennent à la métamorphose générale, et la troisième résulte de la métamorphose partielle.

Je nomme *chrysalide* tout Insecte qui, parvenu à son second état, est alors tout-à-fait inactif, ne prend plus de nourriture, et se trouve enfermé dans une coque non transparente, qui le cache entièrement. Cette coque, ovale ou ovalaire, ne présente point l'apparence d'un animal, elle n'offre point de bouche, point d'yeux, point d'antennes, point de pattes, et l'animal qui y est contenu, s'y trouve dans un état singulier de resserrement sur lui-même. Ainsi, la *chrysalide*, constamment immobile si on ne la touche point, est très différente de la larve, et ne ressemble pas encore à l'Insecte parfait.

Quoique les *chysalides* paraissent dans un état de mort, elles sont néanmoins bien vivantes et ont besoin de respirer. Toutes effectivement sont pourvues de stigmates, et l'air leur est si nécessaire que, dès qu'on les en prive, elles périssent bientôt. La forme des stigmates des chrysalides est quelquefois singulière : au lieu d'être à fleur de la peau, figurés comme des points enfoncés ou comme des espèces de boutonnières, ces stigmates sont quelquefois placés à l'extrémité de certaines élévations, et ressemblent à des cornets, à de petites cornes, ou à des filets tubuleux.

Comme les *chrysalides* présentent plusieurs variations remarquables, j'en distingue de deux sortes, savoir :

La chrysalide à reliefs ;
La chrysalide en barillet.

La chrysalide à reliefs (*chrysalis signata*) offre un corps ovale ou ovale-oblong, pointu à une extrémité, obtus à l'autre, et dans lequel l'animal s'est enfermé. Ce corps, n'étant point transparent, ne laisse pas voir les parties déjà formées de l'Insecte parfait, mais en présente plusieurs qui s'y montrent en reliefs. Il est subanguleux, constitue la coque de cette chrysalide, et, en général, il est étranger à la peau de l'animal. Cette sorte de chrysalide est celle des *lépidoptères*.

Dans les papillons, elle est nue et attachée à quelque mur ou à quelque tronc d'arbre, soit par un fil qui l'entoure comme une ceinture, soit par quelques fils fixés à sa partie postérieure et par lesquels elle est suspendue. Dans la plupart des phalènes ou papillons de nuit, elle est enveloppée dans un cocon de soie d'un tissu plus ou moins serré. Enfin, dans les Sphinx, elle se trouve dans le sein de la terre ou à sa surface, entourée de différens débris liés ensemble par quelques fils.

La chrysalide en barillet (*chrysalis dolioloides*) présente un corps un peu dur, ovalaire, en général subcerclé par les restes des anneaux, et sur lequel les parties que doit avoir l'Insecte parfait ne forment aucun relief. Ce corps constitue la coque de cette chrysalide, et se trouve toujours formé par la peau même de l'animal. En effet, la larve qui y donne lieu ne quitte point sa peau lorsqu'elle subit sa transformation ; on dit même qu'elle n'est point généralement assujétie à la mue ; mais, lorsqu'elle se transforme, se raccourcissant alors successivement, sa peau se durcit par degrés, et finit par former la coque qui contient l'animal. Lorsque l'Insecte veut en sortir, il ouvre à la partie supérieure de sa coque, une espèce de porte en forme de calotte qui, souvent, se divise en deux parties. Telle est la chrysalide des *Diptères* ou du moins du plus grand nombre, car celle des Cousins offre quelques différences dans sa forme.

Je nomme *momie* tout Insecte qui, parvenu à son second état, est tout-à-fait inactif, ne prend plus de nourriture, et cependant n'est point enfermé dans une coque qui le cache entièrement. Il est alors, soit recouvert par une pellicule mince qui laisse apercevoir ses parties, soit même à nu. Comme la *momie* présente quelques variations d'état dans lesquelles elle est bien distincte de la chrysalide, j'en distingue de deux sortes, savoir:

La momie resserrée;
La momie fausse-nymphe.

La momie resserrée (*mumia coarctata*) appartient à la métamorphose générale, et néanmoins présente une modification qui l'éloigne assez fortement de la chrysalide. L'Insecte qui en offre l'exemple, étant parvenu à son second état, est alors tout-à-fait inactif, ne prend plus de nourriture, et, s'étant fortement raccourci et resserré sur lui-même, se trouve en général recouvert par une pellicule mince, le plus souvent transparente, qui laisse apercevoir ses parties, et qui même les enveloppe séparément. Cette momie est molle, blanchâtre, ne fait aucun mouvement, et remue seulement l'abdomen lorsqu'on la touche. Cette transformation est celle des *Coléoptères*, des *Hyménoptères*, etc. Dans la plupart, la pellicule qui recouvre le corps resserré de l'Insecte, laisse voir, par sa ténuité et sa transparence, les parties que doit avoir l'être parfait. Quelquefois néanmoins cette pellicule plus lâche et moins transparente approche de la coque en cachant l'animal; mais elle est toujours molle et non rigidule comme la coque d'une chrysalide.

La momie fausse-nymphe (*mumia pseudo-nympha*) fait encore partie de la métamorphose générale; mais c'est la plus éloignée par sa forme et son état des chrysalides, et même de la momie resserrée; enfin c'est la plus rapprochée des nymphes. Cependant elle diffère essentiellement de celle-ci; car la larve n'a aucune des parties que doit avoir l'Insecte parfait, mais seulement des parties qui y sont correspondantes; et, parvenue au second état de l'Insecte, elle est inactive et ne prend plus de nourriture. Cette *momie* est nue, médiocrement resserrée ou raccourcie, et en général se fait un fourreau dans lequel elle s'enferme. Cette modification du second état des Insectes est peu employée parmi eux, et trouve des exemples dans les *Phryganes* et quelques autres.

Je nomme nymphe (*nympha*) tout Insecte qui, ne subissant qu'une métamorphe partielle, conserve dans ses deux derniers états les parties qu'il avait en naissant, ne fait qu'acquérir des parties nouvelles, et dans sa première mutation ne perd point son activité et ne cesse point de prendre de la nourriture.

Ainsi, la *nymphe* est le second état des Insectes dont je viens de parler. Elle a les mêmes yeux, les mêmes antennes, les mêmes pattes, et à-peu-près la même forme et la même peau que la larve, et conserve ces parties en devenant Insecte parfait. Elle diffère de la larve en ce que celle-ci n'a aucun vestige d'ailes, et que la *nymphe* en offre l'ébauche. Enfin, cette nymphe se distingue de l'Insecte parfait, parce que ses ailes ne sont pas encore développées, et qu'elle a seulement des moignons d'ailes plus ou moins grands, selon qu'elle est plus ou moins avancée.

Par un défaut de développement des ailes, devenu habituel dans certaines races de ces Insectes, quelques-uns d'entre eux conservent toujours leur état de nymphe, s'accouplent et se multiplient comme si c'étaient des Insectes parfaits.

La métamorphose partielle est celle des *Orthoptères*, des *Hémiptères* et de beaucoup de *Névroptères*, conséquemment le second état de ces Insectes est celui de nymphe.

Quelques personnes donnent à la larve de ces Insectes le nom de *demi-larve*, parce qu'elle n'offre pas, comme les autres, un corps allongé, vermiforme et à peau molle, au moins sur le corps. Le nom de larve désignant l'état où se trouve l'Insecte après la sortie de l'œuf, je ne vois pas la nécessité de ce nom particulier.

Troisième état des Insectes.

Le troisième et dernier état sous lequel se montrent les Insectes, est celui auquel on a donné le nom d'*Insecte parfait*. Dans ce dernier état, les Insectes, en général, ont alors, soit une forme tout-à-fait différente de celle qu'ils avaient en naissant, soit des parties nouvelles qu'ils ne possédaient point dans leur premier âge.

En effet, d'Insectes rampans qu'ils étaient, en général, après leur sortie de l'œuf, ils deviennent, dans leur dernière transformation, Insectes volans, au moins pour la plupart, et ont la faculté de reproduire leur espèce. C'est la période la plus brillante de leur vie; ils semblent alors, dit un célèbre entomologiste, ne respirer que la gaîté et le plaisir; enfin ils s'y livrent avec tant d'ardeur, qu'épuisés en peu de temps, ils perdent ordinairement la vie avant la naissance de leur postérité. Ce qu'il y a de certain à cet égard, c'est que cette période de leur vie est réellement la plus courte, au moins pour la plupart. Ils ont satisfait au vœu de la nature; elle ne s'intéresse plus à leur existence.

Sur la cause des métamorphoses des Insectes.

Un des problèmes les plus curieux et les plus intéressans de l'histoire naturelle, mais aussi l'un des plus difficiles à résoudre, c'est de savoir quelle est la cause qui a originairement donné lieu aux *métamorphoses* des Insectes.

Sans doute, on a de la peine à se persuader que l'on puisse trouver des causes capables d'opérer, dans le cours même de la vie d'un individu, des changemens aussi grands que ceux que nous offrent les grandes *métamorphoses* des Insectes.

Cependant si l'on fait attention, d'une part, à la nature des tégumens que les Insectes doivent avoir dans leur état parfait, et de l'autre part, aux changemens singuliers qu'éprouvent, en devenant adultes, tous les animaux dont la reproduction exige une fécondation sexuelle, il me semble que l'on trouvera facilement, dans l'examen de ces deux considérations réunies, tout ce que l'on peut desirer pour la solution du problème en question.

Par la première considération, je remarque que le propre de tout Insecte parvenu à l'état parfait est d'avoir des *tégumens cornés*. J'en ai déjà donné la raison, et j'ai fait voir que les Insectes étant des animaux articulés, et ayant les organes du mouvement attachés sous la peau, la nature avait dû solidifier leurs tégumens, la plupart devant se mouvoir avec vivacité et célérité, s'élancer même dans le sein de l'air et y voltiger.

Mais tout être vivant, depuis le premier instant de sa naissance, devant s'accroître jusqu'à un certain terme de sa vie, et augmenter, par conséquent, les dimensions de son corps et de ses parties, comment opérer l'accroissement d'un animal si, dans sa jeunesse même, ses tégumens sont solides et cornés! La nature fut donc obligée, surtout pour ceux des Insectes qui ont, pendant leur état de larve, un accroissement peu grand à subir, de tenir le corps et les parties de l'animal dans un grand état de mollesse, avec une peau seulement membraneuse et extensible. C'est aussi ce qu'elle a fait à l'égard des Insectes qui, à la suite de leur premier état, ont de grandes transformations à subir, comme les Diptères, les Lépidoptères, les Hyménoptères, les Coléoptères, dont effectivement les larves ont généralement la peau très molle.

Comme la nature n'opère rien que graduellement, elle a préparé peu-à-peu dans ces larves le nouveau corps et les nouvelles parties que doit avoir l'animal dans son dernier état, et elle l'a fait en exécutant une suite de modifications dans les parties déjà existantes du corps de cet animal, à la faveur de la mollesse de ce corps. Or, voilà ce qui concerne la première considération citée : voyons maintenant ce qui appartient à la seconde, et comment la nature se débarrassera de ce corps de larve pour donner au nouveau corps que le premier contient déjà en ébauche, les derniers développemens et la liberté qu'il doit avoir pour accomplir sa destinée.

J'ai déjà dit que tous les animaux qui se régénèrent sexuellement, que l'homme même, dont la reproduction exige une fécondation sexuelle, subissaient des changemens singuliers dans leur être, à l'époque où ils devenaient adultes, époque qui avoisine le terme de leur accroissement. On sait qu'à cette époque, ils éprouvent une crise remarquable qui produit en eux un état véritablement nouveau (1). Comme ce fait est bien connu, examinons sa source et les résultats qu'il peut amener, surtout à l'égard des Insectes.

---

(1) Parmi les changemens connus que les individus subissent à l'époque où ils deviennent adultes, je ne citerai que la voix

Dans les animaux très imparfaits qui ne se régénèrent point par *fécondation*, la reproduction des individus n'est qu'un excès de la faculté d'accroissement, qui donne lieu à des séparations de parties qui ne font ensuite elles-mêmes que s'étendre pour prendre la forme de l'individu dont elles proviennent: de là sont résultées la régénération par scission et celle par gemmules des Infusoires, des Polypes et des Radiaires. Pour cet ordre de choses, la nature n'a eu besoin d'aucun organe particulier régénérateur; et dès qu'un individu a acquis son principal développement, il n'a aucune transformation à subir pour se régénérer.

Les choses sont bien différentes à l'égard des animaux qui ne se reproduisent que par la voie d'une génération sexuelle. Effectivement, dans les animaux en qui la génération ne s'opère qu'à la suite d'une fécondation, il y a toujours pour eux une mutation quelconque, une transformation grande ou petite à subir à une certaine époque, parce que la nature ne travaille à perfectionner les organes sexuels que lorsque les principaux développemens de l'individu sont opérés.

On sait que ce travail de la nature exerce alors une influence réelle sur l'état général de l'individu en qui il s'exécute, qu'il y opère des mutations fort remarquables, et qu'il soumet l'individu à une espèce de crise. Or, l'influence de ce travail de la nature n'est jamais nulle; elle devient très grande dans les animaux dont les parties intérieures sont très molles, surtout si elle est favorisée par l'engourdissement auquel ces animaux peuvent être assujétis. Tel est précisément le cas presque particulier des Insectes.

Dans le cours de leur vie, ceux de ces animaux qui ont la peau molle et de grandes transformations à subir tombent dans

---

qui prend alors un caractère tout-à-fait particulier, qui devient plus forte, plus grave, et qui montre qu'il s'est opéré, dans le corps entier, une mutation sensible. On sait que d'autres traits de mutation s'observent alors dans l'état physique de l'individu; mais il s'en montre aussi dans sa manière de sentir, dans ses penchans, dans son caractère même.

une espèce d'engourdissement plus grand encore que celui qu'ils éprouvent dans leurs mues; ils perdent toute activité, ne mangent plus, et restent dans cette crise périlleuse, quoique naturelle, pendant un temps assez considérable.

Dans cet état, la nature cesse de nourrir les parties du vieux corps de larve qui ne doivent plus être conservées. Elles ont rempli leur objet, en favorisant les modifications de celles qui ont préparé dans la larve les élémens du nouveau corps. Dès-lors, le vieux corps s'amaigrit, se resserre et se consume peu-à-peu, en fournissant à la nutrition du nouveau corps sa propre substance, c'est-à-dire l'espèce de graisse amassée pendant son état de larve. La nature donne donc ici une direction différente à la nutrition, et en effet. elle ne tend plus qu'à compléter le développement d'un nouveau corps et de nouvelles parties.

Nous observons à-peu-près la même chose dans les fleurs des végétaux qui se régénèrent par fécondation sexuelle. Le calice et la corolle de ces fleurs servent d'abord à protéger la préparation des organes essentiels de ces mêmes fleurs (du pistil et des étamines); mais à une certaine époque, ces enveloppes qui protégeaient les organes sexuels, devenant inutiles, nuisant même par la clôture complète qu'elles formaient d'abord, la nature cesse peu-à-peu de les nourrir, et dirige la nutrition vers les étamines et le pistil, qui acquièrent alors leurs derniers développemens; tandis que leurs enveloppes communes s'ouvrent, et la plupart tombent ou se dessèchent.

Ainsi, à l'époque de la vie animale où le corps approche du terme de ses développemens propres, la nature n'ayant plus d'autre objet à remplir que la régénération de l'individu pour la conservation de l'espèce, travaille alors à compléter le développement des organes sexuels qui n'étaient encore qu'ébauchés. Et comme cette opération est grande, qu'elle lui importe plus que la conservation même de l'individu qu'elle ne destine qu'à en produire d'autres, en s'occupant des nouveaux organes, elle amène pour lui une crise, grande ou petite selon les races; crise qui, dans les *Diptères*, les *Lépidoptères*, les *Hyménoptères*, et même dans les *Coléoptères*, est plus grande que dans les autres animaux connus. Cette crise néanmoins se montre généralement dans tous les animaux qui se régénèrent sexuellement par des changemens remarquables qui s'exécutent alors en eux.

Ainsi, la *métamorphose* des Insectes, qui nous paraît si étonnante, parce que nous ne considérons nullement le produit des circonstances que je viens de citer, n'est qu'un fait particulier, tenant à des circonstances particulières à ces animaux, et qui se rattache évidemment, comme tous les autres faits d'organisation, aux principes que j'ai exposés.

L'engourdissement que subissent ces animaux au terme des développemens de leur corps, la direction nouvelle que la nature donne à son travail, lorsqu'elle prépare l'individu à pouvoir se reproduire par la voie des sexes, enfin la nécessité de tenir dans un grand état de mollesse les larves des Insectes qui ont de grandes transformations à subir et d'amener leurs organes intérieurs, pendant l'engourdissement cité, à une espèce de fusion : telles sont les causes principales qui paraissent opérer les grandes *métamorphoses* des Insectes, et qui ont depuis long-temps, par une habitude d'exécution, tracé et préparé dans l'organisation de ces animaux, les voies de ces grandschangemens.

Mais toutes les races d'Insectes ne se trouvent point exactement dans les mêmes circonstances; toutes n'ont point, dans leur état de larve, la peau tout-à-fait molle; toutes ne vivent point habituellement de la même manière; enfin, l'on sait qu'à cet égard, il y a entre elles une grande diversité. Aussi s'en trouve-t-il une considérable dans l'état de l'organisation et dans la nature des métamorphoses des Insectes.

En effet, dans la *métamorphose partielle*, la nature n'a point de vieux corps à se débarrasser, mais seulement quelques parties nouvelles à ajouter au corps déjà existant. Ainsi, ce corps n'ayant point de transformation à subir, n'a besoin ni d'un grand état de mollesse ni d'éprouver un engourdissement propre à favoriser une transformation qui n'est pas nécessaire. Il conserve donc de l'activité et le besoin de prendre des alimens jusqu'à la fin de sa vie, et pendant ce temps d'activité la nature développe en lui, lorsqu'il est adulte, les parties nouvelles qu'il doit avoir, comme insecte, en même temps que celles que le rendent capable de se reproduire.

Passons maintenant à l'exposition des caractères extérieurs des Insectes et aux principes fondamentaux de l'entomologie.

Des caractères généraux et extérieurs des Insectes.

Quoique nous ayons déjà fixé définitivement le caractère essentiel des Insectes, nous dirons ici que ce qui distingue ces animaux et qui en doit donner une juste idée, est d'avoir généralement :

Dans leur premier état.

1° Le corps soumis à la *mue*, c'est-à-dire à des changemens de peau, au moins dans presque tous;

2° Ce même corps assujéti à des *mutations* singulières d'état ou de forme, soit générales, soit partielles, ou susceptible d'acquérir des parties nouvelles dans le dernier âge;

Dans leur dernier état.

3° Le corps composé d'anneaux ou segmens transverses, et offrant un corselet distinct de l'abdomen, quoique plus ou moins séparé de cette partie;

4° Ce corps et ses membres recouverts d'une peau coriace ou cornée, plus ou moins solide, qui maintient les parties, donne attache aux muscles, et facilite les mouvemens;

5° Des stigmates ou petites ouvertures latérales, qui servent d'entrée aux trachées aériennes dont toutes les parties du corps sont munies;

6° Une bouche plus ou moins compliquée de parties différentes, composée néanmoins sur un plan commun, et dont les parties et les fonctions varient selon les habitudes des races;

7° Six pattes articulées;

8° Deux antennes ou petites cornes mobiles, plus ou moins longues, articulées, placées au-devant de la tête;

9° Deux yeux à réseau, situés sur les côtés de la tête;

10° Enfin, des organes sexuels ne pouvant opérer qu'une seule fécondation dans le cours de la vie.

La réunion de ces dix caractères donnant une idée exacte de

tous les *Insectes* en général, nous allons définir leurs différentes parties extérieures, celles surtout qui servent à caractériser leurs ordres, leurs genres et même leurs espèces.

On distingue dans l'Insecte parfait quatre parties principales, qui sont la tête, le tronc ou le corselet, l'abdomen et les membres.

La tête.

C'est, dans les Insectes comme dans tous les animaux qui en sont munis, la partie antérieure du corps, celle qui contient essentiellement le cerveau, celle qui est le siège des sens particuliers, enfin celle qui rassemble les premiers instrumens qui servent à prendre ou à modifier les alimens.

Elle est, dans les Insectes, ovale ou trigone, petite en proportion du reste du corps, et portée sur un pivot court, sur lequel elle se meut médiocrement. On y observe la bouche, les yeux, les antennes, le front et le vertex : voici quelques détails sur ces objets.

La bouche.

La *bouche* offrant un indice de la manière de vivre et des habitudes des animaux dont il s'agit, présente des caractères dont la considération est très importante, soit pour la détermination des rapports, soit pour la distinction des ordres et des familles parmi eux. C'est pourquoi nous allons entrer dans quelques détails pour faire connaître les parties qui la composent ou qui en sont dépendantes, et le plan particulier d'après lequel la nature paraît l'avoir instituée.

Indépendamment de ce que beaucoup d'Insectes, dans l'état de larve, présentent une bouche fort différente dans ses parties et ses fonctions, de celle qu'ils acquièrent en parvenant à l'état parfait, on remarque, en considérant généralement les Insectes, qu'à-peu-près une moitié de ces nombreux animaux ne se nourrissent, dans l'état parfait, que d'alimens liquides, qu'ils ont alors des parties appropriées à cet usage, et sont uniquement des *suceurs;* tandis que ceux de l'autre moitié sont des *broyeurs* qui rongent des matières solides ou concrètes, ayant à leur bouche des instrumens propres à cette fonction. Qui n'eût pensé, d'après cette observation, que la bouche des premiers devait être établie sur un plan très différent de celui de la bouche des seconds!

Cependant il n'en est point ainsi : un seul plan d'organisation paraît appartenir à la classe entière des Insectes, et même à leur bouche; mais là, comme ailleurs, ce plan ne fut établi que graduellement. Non-seulement il est modifié selon les besoins dans les différens Insectes, mais tous n'ont point à leur bouche toutes les parties qui, malgré leurs modifications, appartiennent à ce plan.

Sans doute, la nature, selon les circonstances, approprie les parties aux besoins, sans changer ses plans; elle agrandit ou allonge les unes, atténue ou raccourcit les autres suivant leur emploi; et parvient, à travers toutes ses variations, à exécuter les plans tracés par ses lois. Mais avant tout, elle ne forme que successivement pour chacun d'eux, les parties qui doivent les compléter.

Le plan de la bouche des Insectes, parvenus à l'état parfait, consiste dans l'établissement de six sortes de parties que la nature forme successivement, et qui constituent des instrumens qu'elle emploie et approprie aux besoins de ces animaux.

Ces six sortes de parties, qui ont été considérées, d'après leur forme et leurs usages, dans les Insectes les plus perfectionnés, tels que les *broyeurs*, sont les suivantes :

1° Une lèvre inférieure;
2° Des mâchoires;
3° Des palpes labiaux;
4° Des palpes maxillaires;
5° Des mandibules;
6° Une lèvre supérieure.

Dans les *Insectes broyeurs*, ces six sortes de parties se reconnaissent très bien, soit qu'elles s'y trouvent toutes, soit que quelque-unes d'entre elles manquent ou soient imperceptibles par avortement; mais, dans la plupart des *Insectes suceurs*, on ne trouve dans la bouche de ces animaux que des pièces qui y correspondent, qui sont appropriées à un autre emploi, et que la nature devra modifier pour les amener à leur dernière destination.

Il y a donc un plan unique d'instrumens pour composer la bouche de tout Insecte parvenu à l'état parfait. Mais ces instrumens, dans les premiers Insectes, tels que les suceurs, ne sont que des pièces préparées pour devenir par la suite propres à composer la bouche des Insectes broyeurs. Et comme la nature les a formés successivement, on ne les trouve pas tous à-la-fois dans la bouche des premiers Insectes.

En effet, les ayant ici présentés dans l'ordre de leur formation, on peut voir que dans les *Aptères*, premier ordre des Insectes, la bouche de ces suceurs ne présente que deux sortes de pièces, savoir: les deux valves de la trompe, qui sont des élémens pour former une lèvre inférieure, et les deux pièces du suçoir, qui en sont d'autres pour constituer des mâchoires. En vain chercherait-on, dans ces Insectes, des pièces qui soient correspondantes aux mandibules, on n'en trouverait point. Peut-être néanmoins que les palpes labiaux sont déjà ébauchés dans les deux écailles qui se trouvent à la base de la trompe de ces *Aptères*.

Dans les premiers Diptères, c'est la même chose que dans les Aptères; il n'y a d'autres pièces que celles qui correspondent à une lèvre inférieure et à des mâchoires. Effectivement, dans la première famille [les *Coriaces*], les deux valves du bec, non encore réunies, correspondent à une lèvre inférieure ; et les deux soies distinctes ou réunies du suçoir correspondent aux mâchoires.

Les deux valves dont je viens de parler se trouvent réunies dans les Diptères de la seconde famille, tels que les *Muscides*, et y constituent la trompe univalve de leur bouche, trompe qui correspond à une lèvre inférieure. Souvent même les deux palpes labiaux se montrent à la base de cette trompe ; mais le suçoir de ces Insectes n'est encore que de deux soies distinctes ou réunies, et ne représente que des mâchoires. Ce n'est donc que dans les *Syrphies* que l'on commence à trouver des pièces qui peuvent correspondre à des mandibules.

Nous manquerions encore des preuves propres à établir les développemens successifs de cette unité de plan pour la bouche des Insectes, si M. *Savigny*, par ses observations singulièrement délicates, ne nous les avait récemment fournies (1). Ce naturaliste, d'une sagacité et d'une patience extraordinaires dans l'observation, a prouvé que, dans les *Lépidoptères*, où l'on ne connaissait guère que la langue spirale et bi-lamellaire qui, dans leur état parfait, constituent leur suçoir, il y avait réellement deux lèvres (une supérieure et une inférieure), deux mandibules, deux mâchoires et quatre palpes, dont deux maxillaires et deux labiaux. Mais, dans ces Insectes parfaits, la nature n'ayant besoin que d'établir un suçoir, n'emploie que les deux mâchoires qu'elle développe et allonge en lames linéaires, et laisse sans usage presque toutes les autres parties. Ainsi, à l'exception des deux palpes labiaux qui étaient déjà connus, quoique la nature de leur support ne le fût point, toutes les autres parties observées dans la bouche de ces Insectes par M. *Savigny*, sont restées sans usage, sans développement et d'une petitesse extrême, qui les avait fait échapper à nos observations. Les deux petits palpes maxillaires néanmoins avaient déjà été aperçus par *Latreille* dans quelques Lépidoptères nocturnes; mais on doit à M. *Savigny* de nous avoir montré qu'ils existent dans toutes les races de l'ordre. Enfin, par une comparaison suivie des parties déliées de la bouche des *Diptères* avec celles de la bouche des Insectes broyeurs, dans l'état parfait, M. *Savigny* nous a fait voir entre elles une analogie si marquée, qu'on ne saurait douter maintenant de cette conformité de plan pour la bouche de tous les Insectes, quoique ce plan n'ait pu recevoir son exécution complète que dans la bouche des espèces qui composent les derniers ordres de la classe.

Ce n'est, en effet, que dans les *Hyménoptères*, que les mandibules commencent à exécuter leurs fonctions naturelles; et cependant la plupart de ces Insectes offrent encore, dans leur état parfait, une espèce de suçoir. Mais dans les Insectes des ordres suivans, les mâchoires sont raccourcies, le suçoir n'existe plus,

---

(1) [Le beau travail de M. Savigny sur la théorie de la bouche des animaux articulés, a été publié dans le premier fascicule de ses *Mémoires sur les animaux sans vertèbres*. Paris, 1816. In-8, fig.] E.

ces animaux ne sont plus que des broyeurs, et le plan général de leur bouche a reçu son exécution complète.

La nature, en donnant l'existence aux premiers Insectes, n'ayant pu d'abord leur donner, dans l'état parfait, la faculté de prendre des alimens solides, mais seulement celle de pomper des liquides, on sent qu'elle a dû débuter par en faire des *suceurs*. Par la suite, son plan d'organisation pour les Insectes ayant reçu plus de développement, ses moyens se sont accrus, et elle a pu amener les Insectes parfaits à prendre des alimens solides et à être des *broyeurs*. Il ne lui a point fallu, pour cela, instituer de nouvelles sortes de parties dans la bouche, mais seulement modifier celles qui existaient, et les approprier à de nouveaux usages.

Ainsi, la bouche des Insectes, parvenus à l'état parfait, présente six sortes de parties essentielles, plus ou moins distinctes, lesquelles, malgré la différence de leurs fonctions, appartiennent à un plan uniforme, et sont toutes appropriées aux diverses manières de se nourrir des animaux qui les possèdent.

Ces parties ne se trouvent point toutes à-la-fois, dans tous les Insectes, et elles n'y sont jamais mélangées avec d'autres. Elles ne sont pas toujours reconnaissables, tant elles varient dans leur forme et leur grandeur.

Maintenant, donnons une définition succincte de chacune de ces parties, au moins de celles connues généralement des entomologistes, et considérons-les successivement, dans l'état de leur dernière destination :

1° La lèvre inférieure (*labium inferius*) est une pièce transversale, mobile, coriace ou membraneuse, souvent échancrée, velue ou ciliée à son bord antérieur, terminant inférieurement la bouche, et se mouvant de haut en bas ou de bas en haut. Elle sert à la déglutition par ses mouvemens, et donne naissance aux palpes labiaux. Cette pièce s'appuie sur le *menton* de l'animal, et ce menton est une pièce dure, non mobile, qui ne fait point partie de la bouche. Dans la plupart des Insectes suceurs, cette lèvre est représentée, d'abord par deux valves distinctes, ensuite par deux valves réunies formant, soit une trompe inarticulée, soit un bec articulé;

2° Les mâchoires (*maxillæ*) sont deux pièces minces, presque membraneuses, quelquefois un peu coriaces, presque toujours ciliées en leur bord interne, et terminées en général par des dentelures assez solides. On les trouve au-dessus de la lèvre inférieure, et au-dessous des mandibules, lorsque celles-ci existent. Leur mouvement s'exécute latéralement, et leur consistance est toujours moins solide que celle des mandibules. Elles donnent naissance aux palpes maxillaires. Dans les Insectes suceurs, les mâchoires sont représentées par des soies ou des lames étroites qui forment ou concourent à former le suçoir;

3° Les palpes labiaux (*palpi labiales*) sont au nombre de deux seulement: ce sont des filets articulés, mobiles, et qui ressemblent à de petites antennes. Ils ont leur attache aux parties latérales de la lèvre inférieure. On les voit facilement dans la bouche de tous les Insectes broyeurs, et néanmoins ces parties existent dans celle de presque tous les autres Insectes. Ces palpes sont les premiers que la nature forme. Ils paraissent déjà exister dans les *Aptères*. On les reconnaît très bien dans les *Muscides* où les palpes maxillaires ne se montrent pas encore. Ils n'ont guère plus de deux à cinq articles;

4° Les palpes maxillaires (*palpi maxillares*) sont au nombre de deux ou de quatre, en sorte que dans la bouche d'un Insecte il n'y a jamais plus de six palpes. Ce sont aussi de petits filets articulés et mobiles; mais ceux-ci ont leur attache à la partie extérieure des mâchoires. Leurs articles sont pareillement au nombre de deux à cinq, rarement de six.

On les aperçoit aisément dans la bouche des Insectes broyeurs. et même on les reconnaît encore dans celle des *Lépidoptères*; mais dans un grand nombre d'Insectes suceurs, il ne peut y avoir que quelques soies du suçoir qui puissent les représenter. D'ailleurs, comme la nature les forme postérieurement aux palpes labiaux, il y a apparence que les premières mâchoires formées ou représentées, sont encore sans palpes.

L'usage des *palpes*, ainsi que celui des antennes, ne sont pas encore bien connus. Ces parties cependant semblent destinées à palper et reconnaître les alimens, comme les antennes à l'égard des corps extérieurs. On peut même penser que les palpes tiennent lieu de l'organe du goût, comme les antennes suppléent au sens du toucher, en le particularisant à l'extrémité de ces filets de la tête ;

5° Les mandibules (*mandibulæ*), désignées dans quelques ouvrages sous le nom de mâchoires supérieures, sont deux pièces dures, fortes, cornées, aiguës, tranchantes ou dentées, placées à la partie latérale et supérieure de la bouche, immédiatement au-dessus des mâchoires et au-dessous de la lèvre supérieure. Elles se meuvent latéralement comme les mâchoires, et ont toujours une consistance plus solide. Elles sont bien apparentes ou reconnaissables dans les Insectes qui prennent des alimens solides; elles sont même plus ou moins fortes, selon la dureté des alimens que prennent ces Insectes : en effet, ceux qui rongent le bois ont les mandibules beaucoup plus fortes que ceux qui se nourrissent de feuilles, et ceux qui vivent de rapine les ont plus allongées et plus saillantes que les autres.

Quoique les *mandibules* soient en général bien apparentes dans les Insectes broyeurs, on les retrouve dans les *Hyménoptères* qui ne sont que des demi-suceurs, et on les aperçoit encore dans les *Lépidoptères*; mais elles y sont très petites et sans usage. Elles ne sont plus reconnaissables dans les autres Insectes suceurs, et elles n'y sont représentées que par certaines pièces du suçoir; mais non dans tous, car la nature les a formées postérieurement aux mâchoires :

6° La lèvre supérieure (*labrum vel labium superius*) est une pièce transversale, membraneuse ou coriace, mince, mobile, placée à la partie antérieure et supérieure de la tête, au-dessus de la bouche à laquelle elle appartient. Cette pièce recouvre en tout ou en partie les mandibules, surtout lorsque la bouche est fermée, se trouvant immédiatement au-dessus d'elles.

Formées postérieurement aux autres parties de la bouche, du moins selon les apparences, ce n'est guère que dans les *Hémiptères* qu'elle commence à se montrer. On l'y aperçoit facilement, ainsi que dans beaucoup d'*Orthoptères* et de *Coléoptères*. Elle varie pour la grandeur, selon ses usages et les habitudes des races, de manière que, même dans les *Coléoptères* où elle devrait être toujours apparente, elle est si courte dans plusieurs qu'elle paraît tout-à-fait nulle. Cette pièce se meut de haut en bas, comme la lèvre se meut de bas en haut. Il ne faut pas la confondre avec le chaperon qui est une pièce immobile de la tête.

Telles sont les six sortes de parties qui composent en général la bouche des Insectes parvenus à l'état parfait ; parties que je viens de caractériser d'après l'état où on les observe dans la bouche des Insectes broyeurs, mais qui, dans la plupart des suceurs, sont déjà représentées par des pièces préparées pour y donner lieu ; parties enfin que je viens d'exposer dans l'ordre de leur formation.

Quant aux galettes (*galeæ*), ces parties ne sont point générales, mais particulières à certains Insectes broyeurs. Ce sont deux pièces plates, membraneuses, inarticulées, placées à la partie externe des mâchoires des *Orthoptères*, et qui recouvrent presque entièrement la bouche de ces Insectes. Elles sont insérées au dos des mâchoires, entre celles-ci et les palpes maxillaires. Les *galettes* diffèrent peu de la pièce extérieure des mâchoires de beaucoup de *Coléoptères*; elles sont seulement plus grandes et plus minces.

Ayant exposé la définition des pièces qui composent en général la bouche des Insectes, il me reste à faire celle de certains termes employés dans les ouvrages d'entomologie, pour désigner les différentes formes de la bouche des Insectes suceurs; cette bouche, différemment conformée selon les ordres de ces suceurs, ayant reçu les noms suivans :

La trompe.
Le bec.
La langue.

La *trompe* (*proboscis*) est le nom qu'on donne à la bouche des *Diptères* ou du moins de la plupart. Elle se compose d'une gaîne qui renferme un suçoir. La gaîne est une pièce allongée, un peu charnue, subcylindrique, inarticulée, droite ou coudée, quelquefois rétractile et souvent divisée en deux lèvres à son extrémité. En dessus, cette gaîne est creusée en une gouttière quelquefois fermée, pour recevoir ou contenir le suçoir. Celui-ci consiste, soit en deux, soit en quatre, soit en cinq ou six soies très déliées. La gaîne qui contient ce suçoir est une partie préparée pour former la lèvre inférieure des Insectes broyeurs, et les soies du suçoir en sont d'autres qui doivent constituer des mâchoires, des mandibules et quelquefois les palpes maxillaires.

Le *bec* (*rostrum*) est le nom que l'on donne à la bouche des *Hémiptères*. La bouche de ces Insectes suceurs se compose encore d'une gaîne qui est la pièce la plus apparente, et d'un suçoir qui, dans l'inaction, s'y trouve renfermé; mais ici la gaîne est articulée et a une forme particulière. C'est une pièce mobile, allongée, terminée en pointe, divisée en deux ou trois articles, et creusée antérieurement ou supérieurement en une gouttière pour recevoir le suçoir. Cette gaîne, articulée et en forme de bec, est abaissée vers la poitrine, lorsque l'Insecte ne prend point d'aliment; c'est encore une partie préparée pour former ailleurs une lèvre inférieure. Quant au suçoir, il consiste en quatre soies très déliées, dont souvent deux paraissent réunies, et que l'Insecte introduit dans le corps des autres animaux ou dans le tissu des plantes pour en pomper les sucs. Les quatre soies du suçoir sont destinées à devenir ailleurs des mâchoires et des mandibures. Ici, elles sont contenues dans la gouttière de la gaîne, par le moyen d'une lèvre supérieure qui se montre dans ces Insectes pour la première fois, et qui, chez eux, est une pièce triangulaire et pointue.

La *langue* enfin (*lingua*) est le nom très impropre employé dans les ouvrages d'entomologie, pour désigner la bouche des *Lépidoptères*. C'est, dans ces Insectes suceurs, une partie grêle, filiforme ou sétacé, plus ou moins longue, composée de la réunion de deux lames étroites, et qui est roulée en spirale lorsque l'Insecte n'en fait pas usage. Cette partie grêle, qui est placée entre les deux palpes labiaux, constitue le seul instrument employé de la bouche des *Lépidoptères*. C'est un suçoir nu, c'est-à-dire dépourvu de gaîne et destiné à pomper les sucs mielleux dont ces Insectes, parvenus à l'état parfait, se nourrissent, ou au moins ceux qui prennent encore de la nourriture.

Les deux lames qui composent cet instrument sont linéaires, convexes en dehors, concaves en dedans, finement dentelées sur les bords, et, par leur réunion, forment un cylindre creux qui constitue le suçoir dont il s'agit. Ces lames ne sont pas des mâchoires, mais sont, comme les deux premières soies de la *trompe* et du *bec*, des pièces préparées pour former ailleurs des mâchoires. Aussi leur support offre-t-il déjà deux petits palpes maxillaires, reconnaissables malgré leur petitesse. Ainsi, ce qu'on nomme la *langue* dans les *Lépidoptères*, n'est qu'un suçoir nu; parce que la nature, sur le point de changer les fonctions de la bouche des Insectes, a ici cessé de donner une gaîne au suçoir; et les pièces de ce suçoir, sur le point d'être transformées en mâchoires, sont déjà moins fines que dans les *Aptères*, les *Diptères* et les *Hémiptères*.

Dans les *Hyménoptères*, les entomologistes donnent encore le nom de *langue* (ou de *promuscide*) à la réunion des deux mâchoires avec la lèvre inférieure qu'elles embrassent, pour former une espèce de suçoir.

Conclusion. Il résulte de l'exposé de ces détails, que la nature n'a formé la bouche des Insectes que sur un seul plan qu'elle a successivement établi; mais que ne pouvant instituer d'abord que des *suceurs*, elle a allongé et atténué les pièces qui entraient dans ce plan, afin de les approprier aux fonctions qu'elles devaient remplir; qu'ensuite ses moyens s'étant graduellement accrus, elle a peu-à-peu modifié ces différentes pièces, les a raccourcies, élargies, et les a fortifiées selon leur emploi, de manière qu'avec les mêmes parties de ce plan, elle a fini par instituer la bouche des Insectes broyeurs qui paraît si différente de celle des suceurs.

L'ordre dans lequel je viens de présenter ces détails, ainsi que celui que j'emploie dans ma distribution générale des Insectes, me paraissent les seuls qui puissent donner une idée juste et claire des variations de la bouche des différens Insectes, de l'ordre de ces variations, des vrais rapports entre ces nombreux animaux, enfin de la marche des opérations de la nature en les produisant.

Nota. On a donné improprement le nom de suçoir aux pièces essentielles de la trompe des *Diptères*, du bec des *Hémiptères* et de la langue des *Lépidoptères*. Ce nom présente une fausse idée de la manière dont les sucs sont portés à la bouche et dans l'estomac. En effet, ce n'est point par une véritable succion que les Insectes suceurs retirent le suc des plantes ou le sang des animaux qu'ils piquent, car ils ne peuvent aspirer l'air par leur bouche, mais seulement par leurs stigmates, qui sont placés aux parties latérales de leur corps. Cependant, puisque ces Insectes pompent réellement les sucs dont il s'agit à l'aide de leur suçoir, on sent qu'ils peuvent suppléer la succion par un moyen mécanique, et c'est sans doute pour cela que leur suçoir est formé de plusieurs pièces. Ainsi les filets du suçoir étant retirés de leur gaîne, et introduits ensemble dans la peau d'un animal ou dans le tissu d'une plante, se séparent et s'écartent un peu à leur extrémité pour permettre au liquide extravasé de se présenter à l'ouverture qu'ils y forment. Alors leurs extrémités se recourbent sous la petite masse de liquide qu'ils forcent d'entrer, et par une suite de rétrécissemens successifs, ils forment une ondulation courante, au moyen de laquelle le liquide est porté de l'extrémité à la base du suçoir et de là dans l'estomac. La trompe ou langue bi-lamellaire des papillons n'agit que par le même mécanisme.

Reprenons maintenant la suite de la description des parties principales que l'on distingue à l'extérieur des Insectes.

Les yeux.

Tous les insectes ont, dans l'état parfait, *deux yeux* placés à la partie antérieure et latérale de la tête. Ces yeux sont composés, c'est-à-dire semblent formés d'une réunion de petits yeux lisses et simples, groupés ensemble, en deux masses séparées. Ils paraissent taillés à facettes ou former chacun un joli réseau.

Les yeux des Insectes sont nus, sans paupière, sans iris, convexes, sessiles, immobiles et recouverts d'une substance cornée, luisante et transparente.

Outre les deux yeux dont je viens de parler, on distingue très bien avec une simple loupe, dans la plupart des Insectes, tels que les *Hémiptères*, les *Diptères*, etc., deux ou trois points luisans et convexes, placés à la partie supérieure de la tête, qui représentent des espèces de petits yeux, et que les naturalistes ont en effet nommés *petits yeux lisses*.

On n'a pas encore de preuves certaines que ces points luisans soient de véritables yeux. Ils sontordinairement placés en triangle, sur la partie supérieure et un peu postérieure de la tête. Les *Coléoptères* en sont dépourvus.

Les antennes.

Les *antennes* (*antennæ*) sont des espèces de cornes mobiles, non rétractiles, articulées, plus ou moins longues, diversement conformées, et qui naissent de la partie antérieure et latérale de la tête.

Tous les Insectes parvenus à l'état parfait sont munis d'*antennes* et en ont constamment et uniquement deux.

Si l'on examine la structure des *antennes*, on verra que ces petites cornes mobiles sont composées d'un nombre variable d'articulations ou de petites pièces jointes bout à bout l'une à l'autre, qui communiquent ensemble intérieurement par une cavité commune que traverse le nerf qui y aboutit, et que ces articulations sont revêtues à l'extérieur d'une peau coriace plus ou moins dure.

Il paraît que les *antennes* sont les principaux organes du tact des Insectes, et que ces parties leur servent à tâter les corps qui pourraient se trouver devant eux et leur nuire, suppléant en cela au peu de perfection de l'organe de la vue de ces animaux.

Les *antennes* semblent avoir de grands rapports avec les tentacules des Mollusques, comme les cornes des Limaçons et des animaux à coquille univalve; mais les antennes des Insectes sont articulées, c'est-à-dire composées d'un nombre plus ou moins grand d'articles ou pièces distinctes, tandis que les tentacules ou cornes des Limaçons et des autres Mollusques sont d'une seule pièce. D'ailleurs les tentacules sont, en général, rétractiles et les antennes ne le sont jamais.

Les *antennes* des Insectes ressemblent, à beaucoup d'égard, aux palpes des mêmes animaux. Mais les premières s'insèrent sur la tête et hors de la bouche, au lieu que les seconds sont réellement des parties de la bouche des Insectes ou qui en sont dépendantes, d'après leur insertion constante et vraisemblablement d'après leur usage.

Le sens général du *toucher* devant être fort émoussé et peut-être nul dans les Insectes à cause de leur peau cornée, j'ai pensé que les antennes pouvaient particulariser ce sens en le réduisant au point qui termine chacune d'elles, et où probablement leur peau est très amincie et amollie. Cependant, comme tous les Insectes ne portent pas constamment leurs antennes en avant lorsqu'ils marchent, au lieu de voir que cela peut tenir à des habitudes particulières qui les en dispensent, on a soupçonné qu'elles ne servaient point à tâter les corps et qu'elles pouvaient être l'organe de l'odorat. Il y aurait plus lieu de croire, avec M. Duméril, que le sens de l'odorat est placé à l'entrée des trachées, dans les stigmates, au moins dans ceux qui sont antérieurs.

Au reste, quel que soit l'usage des antennes, il paraît qu'elles ne sont pas absolument nécessaires à la vie de l'animal; puisque, si on les coupe ou s'il les perd par une cause quelconque, il ne paraît pas beaucoup souffrir de leur privation.

Les antennes ont souvent des formes singulières et bizarres : quelques-unes sont figurées en peigne, ou en aigrettes, ou en plumes, ou en panache. Celles des mâles diffèrent souvent beaucoup de celles des femelles, et c'est principalement dans les premiers qu'elles sont souvent moins simples.

On peut regarder les antennes comme une des parties extérieures des Insectes les plus propres à fournir de bons caractères distinctifs, après celles de la bouche; car elles présentent des différences remarquables et peu sujettes à varier.

Le front.

C'est la partie antérieure et supérieure de la tête, celle qui occupe l'espace qui se trouve entre les yeux et la bouche. Cette partie a reçu, dans les Scarabés, le nom de chaperon [*clypeus*], à cause de sa forme. On sait que dans ces Insectes, cette pièce s'avance au-dessus de la bouche, et souvent la déborde en formant une espèce de bouclier aplati. Il ne faut pas confondre le chaperon avec la lèvre supérieure, puisque le premier est fixe et fait partie de la tête, tandis que la lèvre supérieure est une pièce mobile qui appartient à la bouche.

Le vertex.

C'est la partie tout-à-fait supérieure ou verticale de la tête, le lieu où se trouvent ordinairement les petits yeux lisses.

Le tronc. (1)

Le *tronc* est cette partie moyenne de l'Insecte parfait qui est terminée antérieurement par la tête et postérieurement par l'abdomen.

Il comprend le *corselet*, la *poitrine* , l'*écusson* et le *sternum*. Il est la seule partie qui porte les pieds dans les Insectes parfaits, et qui soutienne les organes servant au vol.

On a donné le nom de *corselet* à la partie supérieure et dorsale du tronc, celle qui se trouve entre la tête et l'abdomen. Elle domine la poitrine où s'attachent les pattes. Le *corselet* est une pièce très remarquable dans les *Coléoptères*, les *Orthoptères* et la plupart des *Hémiptères*. Il fournit d'excellens caractères pour la distinction des espèces et quelquefois des genres, d'après la considération de sa forme, de sa substance, de sa surface et de ses côtés.

Quant à la *poitrine*, elle se divise en deux parties; l'une antérieure qui donne attache à la première paire de pattes; et l'autre postérieure qui soutient les deux autres paires. Cette poitrine est la partie du tronc que domine le corselet.

On donne le nom d'*écusson* à une petite pièce triangulaire qui dans la plupart des Insectes à étuis, se trouve sur le dos, au milieu du bord postérieur du corselet, entre les deux élytres.

L'écusson se distingue facilement dans presque tous les *Coléoptères*; sa consistance est la même que celle des élytres. Il est

(1) [Lamarck désigne sous le nom de *tronc* le thorax des Insectes, partie qui se compose de trois anneaux que l'on désigne généralement aujourd'hui sous les noms de *prothorax*, de *mésothorax* et de *métathorax*. Chacun de ces anneaux porte une paire de pattes et peut être considérée comme étant formé de deux anneaux l'un tergal, l'autre sternal, composés à leur tour de pièces médianes et latérales, tantôt bien distinctes, tantôt confondues ensemble. L'étude de ces parties a été singulièrement facilitée par le travail de M. Audouin que nous avons déjà cité et auquel nous renverrons le lecteur pour plus de détails (Voyez *Annales des sciences naturelles*. t. I.] E.

quelquefois si grand dans les punaises qu'il cache entièrement les ailes et qu'il recouvre tout le ventre.

On a aussi donné le nom d'écusson à la partie postérieure du corselet des *Hyménoptères*, des *Diptères*, etc., quoique ces Insectes, qui n'ont point d'élytres, n'aient pas non plus cette pièce écailleuse et particulière qui porte le nom d'écusson dans les *Coléoptères*.

On désigne sous le nom de *sternum*, la portion du milieu de la poitrine postérieure, celle qui se trouve entre les dernières paires de pattes.

Cette pièce est quelquefois terminée en arrière, en une pointe plus ou moins longue et aiguë, comme dans les *Ditiques*, et en devant, en une pointe mousse assez avancée, comme dans la plupart des *Cétoines* (1), des *Buprestes*, etc.

On a encore varié dans la détermination de la partie que l'on doit considérer comme le *sternum* des Insectes; car il y a des auteurs qui donnent ce nom à la portion des deux parties de la poitrine qui est intermédiaire aux pattes, c'est-à-dire, qui est située longitudinalement entre les six pattes.

Cependant toutes les fois que la partie intermédiaire et longitudinale de la poitrine offre quelque protubérance ou quelque pièce particulière saillante en avant en ou arrière, c'est toujours une pièce située dans l'intervalle qui sépare les quatre pattes postérieures, ou qui ne s'avance que médiocrement entre les deux pattes antérieures.

L'abdomen.

L'*abdomen*, ou le ventre, vient immédiatement après le tronc, c'est-à-dire, après le corselet et la poitrine, termine le corps postérieurement, et se trouve souvent caché sous les ailes de l'Insecte. Il contient la plupart des viscères, et dans l'Insecte parfait, il ne porte jamais les pattes. Il est composé d'anneaux ou de segmens transverses, dont le nombre varie. On voit de cha-

(1) [Voyez *Monographie des cétoines et genres voisins*, par MM. H. Gory et A. Percheron, Paris, 1833, in-8 fig.] E.

que côté de ces segmens de petites ouvertures nommées stigmates, et il s'en trouve aussi sur les parties latérales de la poitrine.

L'*anus*, qui est ordinairement placé à sa partie postérieure, renferme, dans presque tous les Insectes, les parties de la génération.

L'abdomen est souvent terminé par des filets en forme de queue, ou par des appendices, ou enfin par un aiguillon quelquefois rétractile et caché dans l'extrémité de cette partie du corps. Cette queue ou ces appendices ne sont presque jamais communs aux deux sexes. Ces parties servent tantôt, à la femelle, soit de tarrière pour percer le bois ou le corps des animaux afin d'y déposer ses œufs, soit d'arme pour attaquer et se défendre, et tantôt, au mâle, de pince, pour accrocher sa femelle et faciliter l'accouplement.

Dans presque tous les Coléoptères, l'abdomen a six anneaux ou segmens; il en a six ou sept dans les Ichneumons, les Abeilles, etc.; et huit ou neuf dans les Libellules.

Les membres ou organes locomoteurs des Insectes.

On divise les membres des Insectes en pattes et en ailes: les premières servent à la locomotion sur les corps, et les secondes à celle dans l'air.

Les *pattes*: Quelles que soient les habitudes des Insectes, des *pattes*, organes de locomotion sur les corps, leur sont nécessaires, pourvu qu'ils ne soient pas fixés. Aussi, tous les Insectes parfaits ont six pattes composées de plusieurs pièces articulées.

Les principales pièces qu'on remarque aux pattes des Insectes, sont la *hanche*, la *cuisse*, la *jambe* et le *tarse*.

La *hanche* est la pièce qui unit la patte au corps: elle est ordinairement très courte, mais toujours assez distincte.

La *cuisse* forme la seconde et principale pièce de la patte. Elle est renflée dans quelques espèces d'insectes, et renferme des muscles assez forts pour faire exécuter un saut considérable à la plupart de ces animaux.

La *jambe* est la pièce qui suit et qui tient à la cuisse. Sa forme est ordinairement cylindrique, et souvent elle est armée de poils raides, de piquans ou de dentelures aiguës.

Enfin la *tarse* termine la jambe, et est composé de plusieurs pièces articulées les unes sur les autres. On y remarque une, ou deux, ou trois, ou quatre, ou cinq divisions qu'on nomme *articles*, et jamais un nombre plus considérable. Ces articles ne variant jamais dans leur nombre, et se trouvant constamment en même quantité dans tous les *Coléoptères* de la même famille, fournissent un bon caractère pour la division de cet ordre, le plus nombreux de tous en sections et en genres.

Le dernier article des tarses est armé de deux ou de quatre crochets menus, mais très forts. Indépendamment de ces crochets, on aperçoit encore sous les tarses de la plupart des Insectes, des espèces de poils courts et très serrés, que *Geoffroi* a comparés à de petites brosses ou pelotes pongieuses, qui soutiennent l'Insecte et l'aident à se cramponner sur les corps, même sur ceux qui nous paraissent lisses et polis.

Les *ailes :* Ces organes locomoteurs dans l'air ne servent qu'aux Insectes dont les habitudes ne les dispensent point du vol. Or, comme ces organes sont dans le plan d'organisation de tout Insecte parfait, depuis les *Diptères* jusqu'aux *Coléoptères* inclusivement, tous ceux de ces Insectes qui ont besoin de voler, acquièrent des ailes dans leur dernier âge; tandis que ces ailes avortent plus ou moins complétement dans les Insectes de presque toutes les familles, lorsque les habitudes qu'ils ont prises les soustraient au besoin du vol.

Les organes dont il s'agit sont attachés à la partie postérieure et latérale du corselet, et sont au nombre de deux ou de quatre. Les ailes sont membraneuses, sèches, élastiques, et parsemées de veines qui forment quelquefois un joli réseau. Les supérieures, lorsqu'il y en a quatre, sont, ou simplement membraneuses, comme les inférieures, ou plus ou moins coriaces et différentés de celles-ci. On leur a donné le nom d'*élytres,* qui signifie étui, lorsqu'elles ont de la consistance, qu'elles sont plus coriaces ou plus cornées, qu'elles ne servent point à voler, et qu'elles font l'office d'étuis, en recouvrant et renfermant, avant l'action du vol, les ailes propres à cette action.

Les *élytres* sont dures, coriaces, et presque toujours opaques dans les Coléoptères : elles sont demi membraneuses dans les Hémiptères et dans les Orthoptères. Dans les Pucerons et quelques Cigales, les élytres sont peu différentes des ailes. Ce sont en effet, des parties vivantes, et organisées, qui plus ou moins durcies, servent plus ou moins au vol.

Les *cuillerons* et les *balanciers* sont des parties saillantes qui semblent tenir quelque chose des organes du vol, et que l'on n'observe que dans les Diptères.

Les cuillerons (*squamæ*) sont deux pièces convexes d'un côté, concaves de l'autre, qui ressemblent à de petites écailles ayant la forme de cuillers. Ces cuillerons sont placés un peu au-dessous de l'origine ou de l'attache des ailes, un de chaque côté. Ce ne sont peut-être que des ailes ébauchées ou commençantes, les Insectes ailés devant en avoir naturellement quatre, quelles que soient la forme, la grandeur et la consistance de leurs ailes. Au reste, les cuillerons manquent dans certaines espèces, tandis que les autres du même ordre en sont munies.

Les balanciers (*halteres*) sont de petits filets mobiles, très menus, plus ou moins allongés, et terminés par une espèce de bouton arrondi. Ils sont placés sous les cuillerons dans les espèces qui en sont pourvues, ou se trouvent à nu dans celles qui n'ont point de cuillerons.

Passons maintenant à la distribution des Insectes, et aux divisions qu'il est nécessaire d'établir parmi eux.

Distribution des Insectes.

Jusqu'ici, nous nous sommes occupé des *Insectes* en général, de leur définition, de leur organisation, de leurs singulières métamorphoses, de la source de leurs habitudes, enfin de leurs parties extérieures.

Maintenant il s'agit de les distribuer, de les diviser pour en faciliter l'étude, en un mot, de les distinguer les uns des autres.

Les *Insectes,* si nombreux, si diversifiés dans leurs caractères, si élégans même et si variés dans leurs couleurs, enfin si singuliers dans leurs actions habituelles, ont tellement intéressé sous ces différens rapports, que, de tous les animaux, ce sont ceux qui ont été le plus observés, le plus étudiés, et sur lesquels les travaux des naturalistes se sont le plus exercés. Cependant, jusqu'à ce jour on a toujours varié dans la manière de les distri buer, de les diviser, d'établir leurs genres, et par conséquent dans les méthodes qui ont été successivement proposées pour les faire connaître et faciliter leur étude.

A la vérité, nos idées sont à-peu-près fixées maintenant sur le caractère général et essentiel des *Insectes*, et sur le rang qu'il faut leur assigner parmi les autres classes du règne animal; mais cela ne suffit pas. Il faut encore établir parmi eux l'ordre le plus conforme à la loi des rapports, et à celle du perfectionnement croissant de l'organisation; ensuite, sans intervertir cet ordre, il faut diviser et sous-diviser leur série de manière qu'à l'aide d'une méthode en quelque sorte simple et fondée sur des caractères faciles à saisir, l'on puisse arriver presque sans obstacle jusqu'aux espèces.

Tel est le problème à résoudre pour toutes les parties de l'histoire naturelle; et, dans les Insectes, c'est celui qui exige le plus de mesure et de discernement dans l'emploi des considérations, et qui par là même présente le plus de difficultés.

A l'égard des *Insectes*, il paraît que les *entomologistes* se sont en général plus occupés de l'art d'accroître et d'étendre les distinctions, que de l'importance de conserver à la méthode la clarté et la facilité qui peuvent seules la rendre utile, et surtout de celle de conserver à la série, la plus grande conformité avec le plan des opérations de la nature.

Ceux qui, dans l'art des distinctions, se sont occupés de la formation des genres, n'ont eu presque aucun égard à ce qu'exige la philosophie de la science, et ne se sont nullement mis en peine de s'assujétir à aucune règle, ni à mettre de la mesure dans leur travail. Ils n'ont vu que de petites divisions à multiplier tant qu'ils en trouveraient la possibilité, et qu'une immense nomenclature à étendre. Cet abus de l'une des plus importantes parties de l'art, ne cessera probablement que lorsque la science sera tellement encombrée qu'il ne sera plus possible d'y pénétrer, et qu'il faudra consacrer sa vie entière à étudier la stérile nomenclature des objets.

Parmi les Insectes, la détermination des ordres n'a pas heureusement subi autant d'écarts inconsidérés que la formation des genres; mais on n'est point d'accord sur les principes qui doivent diriger dans cette détermination.

Dans les premières distributions, les divisions qui forment les ordres ont été fondées sur la considération des *ailes*, soit quant à leur présence, leur nombre et les caractères qu'elles offrent, soit quant à leur absence. Ainsi les caractères si importans de la bouche ne furent nullement considérés et cédèrent leur prééminence aux organes si variables de la locomotion dans l'air.

Les combinaisons arbitraires que cette considération a permises, ont donné lieu à différens systèmes de distribution à l'égard des Insectes, dans lesquels la loi des rapports fut évidemment compromise.

En effet, *Linné*, dans sa distribution des Insectes, fonda, uniquement sur la considération des ailes, le caractère de presque tous les ordres. Il en établit sept, qu'il distribua de la manière suivante; savoir:

1. Les Coléoptères;
2. Les Hémiptères;
3. Les Lépidoptères;
4. Les Névroptères;
5. Les Hyménoptères;
6. Les Diptères;
7. Les Aptères.

Dans cette distribution, les Insectes *suceurs*, qui ne prennent que des alimens liquides, sont mélangés parmi les Insectes *broyeurs* dont les habitudes sont très différentes; les Orthoptères sont confondus avec les Hémiptères malgré les différences de leur bouche; enfin, les Aptères embrassent les Arachnides et les Crustacés, ce qui a été imité par presque tous les auteurs qui ont écrit depuis.

Je ne développerai point ce système, ni ceux des auteurs les plus célèbres en entomologie, parce que ces systèmes sont bien connus. Je vais donc passer de suite à la méthode que j'emploie dans cet ouvrage.

Méthode employée dans cet ouvrage.

La méthode dont il est ici question est la même que celle que je me suis formée depuis long-temps, et que je suis constamment dans mes cours, parce qu'elle me paraît la plus convenable, et qu'elle conserve mieux qu'aucune autre les rapports généraux entre les Insectes.

Je la suivrai dans un sens inverse de celui dans lequel elle a d'abord été présentée ; parce que, pour me conformer à l'ordre de la nature, je dois parcourir l'échelle animale en avançant du plus simple au plus composé.

Avant d'exposer le principe qui m'a guidé dans la disposition des ordres, il convient de présenter les considérations suivantes.

Les ordres des Insectes, considérés chacun particulièrement, sont très naturels, c'est-à-dire, embrassent des animaux convenablement rapprochés d'après leurs rapports; aussi ces ordres ont-ils maintenant l'assentiment de tous les entomologistes. En effet, aucun entomologiste ne pense à détruite l'ordre, soit des *Diptères*, soit des *Lépidoptères*, etc.; et ce n'est que dans la disposition de ces ordres entre eux que l'opinion des naturalistes offre des variations arbitraires.

Puisque, comme je l'ai dit, la cause de ces variations d'opinion réside dans la question de savoir si la considération de la *métamorphose* doit l'emporter en valeur sur celle des *parties de la bouche* des Insectes, examinons s'il y a des moyens de résoudre cette question sans arbitraire et sans employer le prestige de l'autorité.

Je remarque d'abord que les ordres reconnus parmi les Insectes sont naturels; et que le caractère le plus général de chaque ordre, celui qui est le moins susceptible de changer de nature, malgré ses modifications dans les espèces, doit être considéré comme le plus important, puisque c'est celui qui change le moins et qui caractérise le mieux cet ordre.

Or, il est évident que, dans les Insectes, les caractères tirés des *parties de la bouche* ne changent point de nature dans les ordres, quoiqu'ils y offrent diverses modifications selon les genres.

Assurément, la même chose n'a point lieu à l'égard des caractères empruntés de la *métamorphose ;* car, non-seulement la métamorphose des Insectes change de nature dans le cours de leur classe, mais, en outre, elle en change encore dans le cours de plusieurs ordres, même des plus naturels.

Dans les *Diptères*, la famille des *Tipulaires* qui comprend les Cousins, etc., est fort différente par la métamorphose, de celle des *Muscides*, etc. Dans les *Névroptères*, des différences dans la métamorphose sont plus grandes encore entre les Insectes de plusieurs familles, comme le prouve la métamorphose des *Libellules* comparée à celle des *Myrméléons*, et celle des *Hémérobins* comparés entre eux. Il y en a même de très remarquables dans les *Hyménoptères*.

Puisqu'il en est ainsi; puisque la métamorphose est variable, même dans les ordres qui sont des assemblages très naturels; puisque enfin les caractères généraux tirés des parties de la bouche ne sont point dans le même cas, et que nous verrons que ces parties présentent une gradation et une nuance presque insensibles dans leur changement de nature, ce qui s'accorde avec l'ordre dans lequel la nature procède; j'en ai conclu, contre l'opinion de *De Geer*, d'*Ollivier* et même de *Latreille*, que pour caractériser les ordres et les disposer entre eux, la considération des *parties de la bouche* devait avoir une grande prééminence sur celle de la *métamorphose*.

Ainsi dans ma méthode, les Insectes sont distribués en huit ordres qui sont presque les mêmes que ceux de *Ollivier* et *Latreille*; mais ces ordres sont caractérisés et rangés d'après la considération des parties de la bouche, en sorte qu'ici (et je le pense pour la première fois) le caractère tiré des ailes n'est joint à celui de la bouche que comme auxiliaire.

Il est en effet nécessaire de n'employer la considération des ailes que comme secondaire; car l'on sait que, dans tous les ordres, les ailes des Insectes sont sujettes à divers avortemens. Or, comme ces avortemens sont plus fréquens et surtout plus complets que ceux qui s'observent dans les parties de la bouche, le caractère des ailes est donc moins certain.

D'après ces considérations, dont il sera difficile de contester la valeur et le fondement, la distribution des Insectes que je vais présenter n'offrira, dans les quatre premiers ordres, que des *Insectes suceurs*, que ceux qui ne prennent que des alimens liquides, et qui les prennent à l'aide d'un suçoir, tantôt muni d'une gaîne, tantôt tout-à-fait nu.

Or, j'observe que c'est imiter la nature et se conformer à sa marche, que de commencer la classe par les *Insectes suceurs*, car cette classe, venant après celle des *Vers* ou des *Epizoaires*, qui sont pareillement des *suceurs*, les mutations sont moins grandes et la transition est évidemment plus naturelle.

Mais si la première moitié des Insectes n'offre que des animaux suceurs, que ceux qui, à la manière des *Vers* et des *Epizoaires*, ne vivent que de liquides, nous verrons que la seconde moitié des Insectes (surtout ceux des trois derniers ordres) nous présentera des animaux plus avancés en moyens, capables de prendre des alimens solides, en un mot, des animaux broyeurs ou rongeurs, et qui ont des mâchoires appropriées à cet usage. Nous remarquerons même que c'est vers le milieu de la série des Insectes que se présentent les premières mandibules utiles, c'est-à-dire les premières mâchoires coupantes ou broyantes qu'on ait rencontrées dans le règne animal, en remontant la chaîne que forment les animaux.

D'après cet exposé, l'on voit que les premiers Insectes broyeurs (les Hyménoptères) présentent des animaux en partie broyeurs et en partie suceurs, puisqu'ils ont déjà des mandibules broyantes, et qu'ils offrent, en outre, une espèce de trompe formée par des mâchoires encore allongées qui se réunissent avec la lèvre inférieure.

Ainsi, depuis les Diptères jusqu'aux Hyménoptères inclusivement, les mâchoires, très allongées, souvent même sétacées et méconnaissables, concourent à la formation du suçoir; mais elles commencent à se raccourcir dans les Hyménoptères, et après, on les reconnaît facilement pour ce qu'elles sont.

Les *Hyménoptères*, placés vers le milieu de la classe, présentent donc une transition naturelle des Insectes *suceurs* aux Insectes *broyeurs*.

Voici l'exposé des huit ordres qui partagent la classe des Insectes, et qui, par leur disposition, les distribuent conformément à la marche de la nature.

DISTRIBUTION ET DIVISION DES INSECTES.

[*A*] INSECTES SUCEURS.

Leur bouche offre un suçoir muni ou dépourvu de gaîne.

Ier Ordre. — Les Aptères.

Bec bivalve, à pièces articulées, servant de gaîne à un suçoir.

Jamais d'ailes ni de balanciers dans les deux sexes.

IIe Ordre. — Les Diptères.

Deux valves labiales ou une seule sans articulation; imitant, soit un bec à pièces rapprochées ou écartées, soit une trompe, et servant de gaîne à un suçoir.

Deux ailes découvertes, nues, membraneuses, veinées ou plissées. Deux balanciers dans la plupart.

IIIe Ordre. — Les Hémiptères.

Bec univalve, aigu, articulé, recourbé sous la poitrine, servant de gaîne à un suçoir.

Deux ailes croisées sous des élytres molles, demi membraneuses, quelquefois transparentes comme les ailes.

IVe Ordre. — Les Lépidoptères.

Suçoir nu, de deux pièces, imitant une trompe filiforme, roulée en spirale dans l'inaction.

Quatre ailes membraneuses, recouvertes d'une poussière écailleuse, peu adhérente.

[*B*] INSECTES BROYEURS.

Leur bouche offre des mandibules utiles, broyantes ou coupantes.

Ve Ordre. — Les Hyménoptères.

Deux mandibules broyantes ou coupantes, et une

espèce de trompe formée de la réunion de plusieurs pièces.

Quatre ailes nues, membraneuses, veinées, quelquefois plissées, inégales.

VIe ORDRE. — LES NÉVROPTÈRES.

Deux mandibules et deux mâchoires pour prendre et modifier des alimens concrets.

Quatre ailes nues, membraneuses, réticulées.

VIIe ORDRE. — LES ORTOPTÈRES.

Deux mandibules, deux mâchoires, et dans la plupart deux galettes.

Deux ailes droites plus ou moins plissées longitudinalement, et recouvertes par des élytres molles, presque membraneuses.

VIIIe ORDRE. — LES COLÉOPTÈRES.

Deux mandibules et deux mâchoires.

Deux ailes plus ou moins plissées, pliées transversalement, et cachées sous des élytres dures et coriaces.

Telle est, selon moi, la distribution la plus convenable qu'il faut établir parmi les différens ordres des Insectes. J'y tiens fortement, parce qu'elle est conforme à la marche de la nature, qu'elle montre les modifications graduelles des instrumens de la bouche pour transformer les Insectes suceurs en Insectes rongeurs ou broyeurs, et qu'elle conserve, mieux qu'aucune autre, les rapports relativement à la manière de vivre et de se nourrir de ces animaux.

Maintenant je vais passer successivement à l'exposition de chaque ordre des familles que les ordres embrassent, des genres les plus importans qui se rapportent à ces familles, et sous chaque genre je citerai seulement quelques espèces pour exemple.

Mais pour pénétrer avec sûreté dans les détails qui

concernent ces différentes sortes de divisions, j'ai senti que je devais consulter et mettre partout à contribution les savans ouvrages de M. Latreille. J'ai effectivement admis dans chaque ordre ses principales divisions, et j'ai pareillement admis un grand nombre des genres qu'il a institués.

Partout ici l'on trouvera les coupes formées par Latreille, ainsi que les caractères qu'il leur a assignés; et lorsque, pour ménager les divisions génériques et la multiplicité des noms, j'ai réuni dans mes genres plusieurs des siens, mes cadres néanmoins lui appartiennent; en sorte qu'en divisant ces cadres, quels qu'ils soient, il sera toujours facile d'y retrouver les divisions et les coupes génériques qu'il a établies.

Dans les changemens que j'ai faits à cet égard, je n'ai eu pour but que celui de simplifier la méthode et de la rendre d'un usage plus facile.

FIN DU TROISIÈME VOLUME.

TABLE

DES

MATIÈRES DU TOME TROISIÈME.

DEUXIÈME PARTIE. — ANIMAUX SENSIBLES.

FIN DE LA TABLE DU TOME TROISIÈME.

www.ingramcontent.com/pod-product-compliance
Ingram Content Group UK Ltd.
Pitfield, Milton Keynes, MK11 3LW, UK
UKHW020543180726
13838UKWH00001B/5

9 782329 392165